Die Gäste der Ameisen

Bert Hölldobler · Christina Kwapich

Die Gäste der Ameisen

Wie Myrmecophile mit ihren Wirten interagieren

First published by: Harvard University Press

Translated from the English language: The Guests of Ants: How Myrmecophiles Interact With Their Hosts

Bert Hölldobler
School of Life Sciences
Arizona State University
Tempe, USA

Christina Kwapich
Biological Sciences
Kennedy College of Sciences
Lowell, USA

ISBN 978-3-662-66525-1   ISBN 978-3-662-66526-8 (eBook)
https://doi.org/10.1007/978-3-662-66526-8

Die Deutsche Nationalbibliothek verzeichnet diese Publikation in der Deutschen Nationalbibliografie; detaillierte bibliografische Daten sind im Internet über http://dnb.d-nb.de abrufbar.

Planung/Lektorat: Stefanie Wolf
Springer ist ein Imprint der eingetragenen Gesellschaft Springer-Verlag GmbH, DE und ist ein Teil von Springer Nature.
Die Anschrift der Gesellschaft ist: Heidelberger Platz 3, 14197 Berlin, Germany

In memoriam Karl Hölldobler und Ulrich Maschwitz

Vorwort

Als Junge begleitete ich oft meinen Vater, Karl Hölldobler, wenn er in einem verlassenen Kalksteinbruch in der Nähe unserer Heimatstadt Ochsenfurt in Nordbayern nach Myrmekophilen suchte. Im Laufe der Jahrzehnte verwandelte sich der alte Steinbruch in ein Juwel für Naturliebhaber und Myrmekologen, das von vielen Ameisenarten besiedelt war, die man leicht beobachten und sammeln konnte, indem man die vielen Kalksteinbrocken umdrehte, die auf der Grasfläche verstreut lagen. Eine beträchtliche Anzahl dieser Steine diente den Ameisenkolonien als Schutz und Wärmespeicher. Eine bemerkenswerte Artenvielfalt war auf einer relativ kleinen Fläche von etwa 4000–5000 Quadratmetern zu finden. Die meisten dieser Ameisenkolonien beherbergten eine Vielzahl von Ameisengästen, die sogenannten Myrmekophilen. Hier begegnete ich zum ersten Mal den myrmekophilen Kurzflüglern *Lomechusa* (früher *Atemeles*) *emarginata*, *L. pubicollis* und *Lomechusoides* (früher *Lomechusa*) *strumosus*. Ich beobachtete den Glanzkäfer *Amphotis marginata*, den ich gerne den Wegelagerer in der Welt der Ameisen nenne, und hier sah ich zum ersten Mal Aasfresser und Raubkäfer der Kurzflügler-Käfer-Gattung *Pella*. Mein Vater machte mich mit dem Ameisengast *Claviger testaceus* und dem myrmekophilen Stutzkäfer *Haeterius ferrugineus* bekannt. Er zeigte mir die seltsame myrmekophile Ameisenassel *Platyarthrus hoffmannseggii*; eine Silberfischchenart, *Atelura formicaria*, die in Ameisennestern lebt; die nacktschneckenähnliche myrmekophile Larve der Syrphidenfliege *Microdon spp.* und die Larven der myrmekophilen Blattkäferart *Clytra quadripunctata* und vieles mehr. Mein Vater war jedoch am meisten darauf erpicht, die geheimnisvollen winzigen Grillen zu fangen, die schnell umherflitzten, als wir die Wirtskolonie unter dem Stein freilegten. Sie hieß damals *Myrmecophila*, heute wird sie *Myrmecophilus* genannt. Diese endemische Population von *M. acervorum* in dem alten Kalksteinbruch war ein seltener Fund, da die Grille in den umliegenden Kalksteinhabitaten nicht häufig vorkam.

Mein Vater hatte *M. acervorum* zusammen mit verschiedenen Wirtsameisenspezies in seinem Labor kultiviert, und er untersuchte ihre Interaktionen mit den Wirtsameisen und versuchte, ihren Lebenszyklus zu verfolgen. Obwohl mein Vater kein professioneller Zoologe war, hatte er zusätzlich zu seiner Ausbildung als Arzt auch Biologie studiert. Als relativ junger Chirurg wurde er 1940 eingezogen, um im Zweiten Weltkrieg als Kriegsarzt an der Ostfront in Karelien, Finnland, zu dienen. In seinen Aufzeichnungen erwähnte er, dass er eine kleine Ameisenkolonie und mehrere Ameisengrillen in einem kleinen kastenförmigen Formicarium mitnahm, das er zusammen mit seinen chirurgischen Instrumenten verstaut hatte. Wie oft er seine geliebten Ameisengrillen an der Kriegsfront beobachten konnte, weiß ich nicht, aber zwei Jahre nach Ende dieses schrecklichen Krieges veröffentlichte er eine Abhandlung über *Myrmecophilus acervorum*, in der er alle seine Beobachtungen aus mehreren Jahren zusammenfasste.

Dank meines Vaters habe ich mich zum ersten Mal für Myrmekophile interessiert, und seit diesen frühen Erfahrungen faszinierten sie mich immer mehr. So studierte ich, wie diese Lebewesen besondere Nischen in Ameisenkolonien nutzen, und suchte nach Wegen, wie es in der Evolutionsgeschichte zu diesen zum Teil erstaunlichen Anpassungen an ihre Ameisenwirte kam. Leider sind die meisten dieser rätselhaften Myrmekophilen nur schwer in ausreichender Zahl zu finden, um experimentelle Studien durchführen zu können. So kehrte ich in den alten Kalksteinbruch zurück, und tatsächlich konnte ich für einige meiner Studienobjekte genügend Exemplare für meine Arbeit sammeln; in anderen Fällen musste ich andere Orte aufsuchen. Nachdem ich mehrere Arbeiten über die Verhaltensmechanismen veröffentlicht hatte, die den Interaktionen zwischen Ameisen und ihren Gästen zugrunde liegen, wanderte ich in die Vereinigten Staaten aus, wo ich mich auf eine Vielzahl anderer verhaltensphysiologischer und ökologischer Projekte konzentrierte.

1990 veröffentlichten mein Freund und Kollege an der Harvard University, Edward O. Wilson, und ich eine große Monografie über Ameisen; ein umfangreiches Kapitel befasst sich ausschließlich mit Myrmekophilen. Seitdem hatte mich Ed immer wieder gedrängt, ein Buch über dieses Thema zu schreiben, aber so viele andere Aufgaben und dringende Forschungs- und andere Buchprojekte hinderten mich daran.

Im Jahr 2014 kam dann Christina Kwapich als Postdoktorandin zu unserer sogenannten „Social Insect Research Group", an der School of Life Sciences der Arizona State University. Neben verschiedenen anderen Projekten interessierte sie sich zunehmend für Myrmekophile, nachdem sie beim Ausgraben von Nestern der Samen sammelnden *Pogonomyrmex*-Ameisen während ihres Studiums bei Walter Tschinkel neue Spinnen-, Wurm- und Käfer-Mitbewohner in den Ameisennestern entdeckt hatte. Und so begann sie mit Studien über myrmekophile Spinnen und *Myrmecophilus*-Grillen in Arizona. Zusammen mit unserem Kollegen und Freund, Robert Johnson, begannen wir ein (immer noch laufendes) Forschungsprojekt über diese Myrmekophilen. Als ich mich schließlich entschloss, Ed Wilsons wiederholtem Rat zu folgen und ein Buch über Myrmekophile zu schreiben, das sich hauptsächlich mit den verhaltensphysiologischen und verhaltensökologischen Mechanismen befasst, die den Interaktionen zwischen Ameisen und ihren Gästen zugrunde liegen, lud ich Christina ein, die mittlerweile Assistenzprofessorin im Fachbereich Biologie der University of Massachusetts Lowell ist, sich mir anzuschließen.

Zu Beginn unserer Zusammenarbeit an diesem Buch waren wir uns einig, dass wir keine Monografie über Myrmekophile verfassen würden. Der Schwerpunkt dieser Arbeit liegt vielmehr auf der Naturgeschichte des Verhaltens einer ausgewählten Gruppe von Myrmekophilen und der kritischen Analyse der Mechanismen der Interaktionen zwischen Myrmekophilen und ihren Wirtsameisen. Es ist daher unvermeidlich, dass ein großer Teil der Literatur über Myrmekophile in diesem Buch nicht zitiert wird. Wir haben beide diese umfangreiche Literatur gesichtet und die für unsere Synthese am besten geeigneten Studien ausgewählt. Jeder von uns trägt die Hauptverantwortung für bestimmte Kapitel, aber wir haben zusammen an mehreren Entwürfen für alle Kapitel gearbeitet.

Wir sind übereingekommen, dieses Buch Karl Hölldobler zu widmen, der mein erster Lehrer in Myrmekologie war und wesentliche Beiträge zur Erforschung der Myrmekophilen geleistet hat, sowie meinem Freund, dem verstorbenen Ulrich Maschwitz, einem hervorragenden Naturforscher, Myrmekologen und Tropenbiologen, mit dem ich viele anregende Diskussionen über symbiotische Interaktionen bei Ameisen hatte. Wir hoffen, dass dieses Buch das Interesse an den Gästen der Ameisen weckt und anregt. Obwohl der alte Steinbruch zerstört wurde, existiert er in meinen Gedanken und auf den Seiten dieses Bandes weiter.

Bert Hölldobler

Anmerkung zur deutsch-sprachigen Version:

Das Original dieses Buches ist in englischer Sprache verfasst. Der Verlag Springer-Nature hat uns ein von „Künstlicher Intelligenz" übersetztes Manuskript, das von einer Redakteurin sprachlich überarbeitet wurde, vorgelegt. Diese Vorlage wurde von Bert und Friederike Hölldobler weitgehend überarbeitet, mit dem Ziel, möglichst alle Übersetzungsfehler zu korrigieren und den Text leichter lesbar zu machen.

Tempe, USA Bert Hölldobler

Danksagung

Wir bedanken uns bei den folgenden Personen, die uns fotografische Bilder und Illustrationen zur Verfügung gestellt haben: Gary Alpert, Aleksandrs Balodis, Nicky Bay, Paul Bertner, Christian Brede, Gaspar Bruner, Roberto da Silva Camargo, Sue Chaplin, Zhanqi Chen, Roy Cohutta, John Dawson, Izabela Dziekańska, Peter Eeles, Maria Eisner, Tom Eisner, Konrad Fiedler, Jen Fogarty, Luiz Carlos Forti, Paul Freed, Marion Friedrich, Roy Gross, Amanda Hale, Kwan Han, Bharat Hegde, Gregg Henderson, John Heraty, Hubert Herz, Turid Hölldobler-Forsyth, David Hughes, Robert Jackson, Jeevan Jose, E. Kaiser, Lek Khauv, Kyoichi Kinomura, Roger Kitching, Takashi Komatsu, Pavel Krásenský, Stanislav Krejčík, Daniel Kronauer, Jean-Paul Lachaud, Claude Lebas, Chien C. Lee, Hannu Määttänen, Daniel Martín-Vega, Munetoshi Maruyama, Sean McCann, Konrad Mebert, Mark Mofett, Darlyne A. Murawski, Andry Murray, Margaret Nelson, Ximena Nelson, Joseph Parker, Thomas Parmentier, Stano Pekár, Gabriela Pérez-Lachaud, Martin Pfeifer, Naomi Pierce, Simon Pollard, Sanford Porter, Diogo B. Provete, Christophe Quentin, Pavan Ramachandra, Wolfgang Sauber, Peter Seufert, Taku Shimada, Marcin Sielezniew, Thomas Stalling, Marie- Lan Taÿ Pamart, Wolfgang Thaler, Michael Thomas, Walter Tschinkel, Benjamin Twist, Iwan van Hoogmoed, Leonard Vincent, Nikolai Vladimirov, Christoph von Beeren, Andreas Weißflog, Tobias Westmeier, Alex Wild, Gil Wizen, Brandon Woo, Steve Yanoviak, Melvyn Yeo.

Konrad Fiedler gab uns immer wieder fachkundigen Rat und klärte mehrere systematische Probleme, auf die wir bei der Durchsicht der Literatur über myrmekophile Lycaeniden stießen. Al Newton und Margaret Thayer berieten uns als vielseitige Experten während unserer Arbeit mit myrmekophilen Staphyliniden-Käfern. Wann immer wir Christoph von Beeren konsultierten, antwortete er bereitwillig und klärte unsere Fragen. Jesse E. Taylor gab uns wertvolle Ratschläge zur Systematik der Milben. Wir sind Nobuaki Mizumoto, Mari Muto und Munetoshi Maruyama dankbar, die uns bei der Kommunikation mit einigen unserer japanischen Kollegen geholfen haben. Wir danken Friederike Hölldobler für ihre Unterstützung bei der Erstellung des Buchmanuskripts. Besonderer Dank gilt unserem Freund und Kollegen Kevin Haight, der nicht nur ein wichtiger Partner bei unseren jüngsten Forschungen zu Myrmekophilen war, sondern auch das gesamte Buchmanuskript gelesen und viele sehr hilfreiche Vorschläge gemacht hat. Wir danken einem anonymen Rezensenten für wertvolle Ratschläge und insbesondere Naomi Pierce für ihre sehr ausführliche, konstruktive Kritik und substanziellen Vorschläge zu Kap. 4. C. L. K. dankt Walter R. Tschinkel für seine Mentorenschaft und seine unermüdlichen Beiträge zu ihrem wissenschaftlichen Streben.

Wir danken unserer Lektorin Janice Audet und ihren Kollegen Emeralde Jensen-Roberts, Stephanie Vyce, Annamarie Why und Eric Mulder von Harvard University Press für ihre wertvollen Ratschläge, die die Fertigstellung dieses Buches in vielerlei Hinsicht erleichtert und seinen Text und seine visuelle Dokumentation verbessert haben. Janice Audet machte viele durchdachte redaktionelle Vorschläge, die wir sehr zu schätzen wissen. Wir danken Susan Campbell für ihr hervorragendes Lektorat, Shana Jones für ihr sorgfältiges Korrektorat und Melody Negron von Westchester Publishing Services für ihre exzellente Beratung in den letzten Phasen des Produktionsprozesses dieses Buches.

Schließlich möchten wir uns für die finanzielle Unterstützung bedanken, die Bert Hölldobler für seine Forschungen über Myrmekophile von der Deutschen Forschungsgemeinschaft, der National Geographic Society und der Arizona State University erhielt.

Inhaltsverzeichnis

Superorganismen: Eine Einführung 1

Alle Ameisen leben in Gesellschaften. Sie sind soziale Insekten und spielen eine wichtige Rolle in fast allen terrestrischen Ökosystemen. Tatsächlich sind Ameisen die kleinen Lebewesen, die die Welt regieren. So charakterisierte der Myrmekologe Edward O. Wilson einst diese beeindruckenden Insekten. In der Tat gehören Ameisen zu den ökologisch dominierenden Organismen unseres Planeten. Obwohl die etwa 14.000 der Wissenschaft bekannten Ameisenarten nur etwa 2 % aller Insektenarten einnehmen, macht ihre Biomasse (Trockengewicht) 30–45 % der gesamten Insektenbiomasse aus.

Dieser enorme ökologische Erfolg der Ameisen ist auf ihre soziale Organisation zurückzuführen, die auf Arbeitsteilung und Kommunikation beruht. Während Einzeltiere jederzeit nur an einem Ort sein und nur ein oder zwei Dinge tun können, ist ein Ameisenvolk durch den Einsatz seiner Arbeiterinnen an vielen Orten tätig und kann aufgrund der Größe der Arbeiterkohorten und ihrer Arbeitsteilung viele verschiedene Dinge verrichten. In evolutionär fortgeschrittenen Ameisengesellschaften ist dieses System der Arbeitsteilung so dicht geknüpft und voneinander abhängig, dass es gerechtfertigt ist, eine solche soziale Organisation als Superorganismus zu bezeichnen. Es überrascht nicht, dass diese sozialen Systeme für Parasitismus und Ausbeutung durch fremde Organismen anfällig sind, und in der Tat sind Ameisen Wirte vieler Trittbrettfahrer und Parasiten. In diesem Buch konzentrieren wir uns auf eine solche Gruppe, die sogenannten Myrmekophilen. Bevor wir jedoch damit beginnen, die vielfältigen Interaktionen der Myrmekophilen mit ihren Wirtsameisen zu erforschen, geben wir zunächst eine kurze Einführung in die Soziobiologie der Ameisen.

Ameisen leben fast überall in der terrestrischen Umwelt, sind aber in den tropischen Regenwäldern besonders zahlreich vertreten. Ein deutsches Forscherteam um Ernst J. Fittkau und Hans Klinge (1973), das in den Wäldern bei Manaus in Nordbrasilien arbeitete, schätzte, dass Ameisen etwa 40 % der Insektenbiomasse in einem neotropischen Regenwald ausmachen, und wenn man alle sozialen Insekten (alle Ameisenarten, alle

B. Hölldobler, C. Kwapich, *Die Gäste der Ameisen*,
https://doi.org/10.1007/978-3-662-66526-8_1

1

Termitenarten und einige Bienen- und Wespenarten) berücksichtigt, bilden die sozialen Insekten zusammen etwa 80 % der gesamten Insektenbiomasse.

In einigen Laubwäldern der gemäßigten Zonen machen Ameisen im Durchschnitt 4,87 g Trockenbiomasse pro Quadratmeter aus und sind damit fast zehnmal so häufig wie alle anderen in der Laubstreu, im Boden und im Holz lebenden Makroinvertebraten zusammen (King et al. 2013). Dieses enorm verzerrte Verhältnis zwischen der Anzahl sozialer Insektenarten und ihrer überwältigenden Biomasse mag nicht in allen terrestrischen Lebensräumen zutreffen, aber in den meisten Fällen dominieren die Ameisen. Der Grund für ihren enormen evolutionären Erfolg sind Kooperation und Kommunikation. Ohne Kommunikation würde es keine Zusammenarbeit geben. Das gilt für jede Gesellschaft, sogar für Organellen, die innerhalb einer Zelle kooperieren, oder für interagierende Zellen und Organe, die innerhalb eines Organismus zusammenarbeiten. Man könnte sagen, ohne Kommunikation gäbe es kein Leben.

1.1   Paarung und Koloniegründung

Soziale Insekten im Allgemeinen und insbesondere Ameisen sind Meister der Kooperation (Hölldobler und Wilson 1990, 2009). Die fortgeschritteneren Ameisengesellschaften zeichnen sich durch ein System der Arbeitsteilung aus, das in zwei unterschiedliche Funktionsbereiche unterteilt ist. Der eine betrifft die Arbeitsteilung zwischen den sterilen Arbeiterkasten, der andere ist für die Reproduktion der Kolonie entscheidend. Normalerweise pflanzen sich nur ein oder wenige Individuen in einer Ameisengesellschaft fort. Diese Individuen sind „Königinnen". Ihre Hauptaufgabe besteht darin, sich einmal in ihrem Leben mit einem oder mehreren Männchen zu paaren. Dies geschieht in der Regel während des Paarungsflugs, wenn die jungen geflügelten Weibchen und die geflügelten Männchen die Kolonie verlassen (Abb. 1.1), und sich mit anderen Artgenossen aus verschiedenen Kolonien der gleichen Art in der Luft an besonderen Orten, z. B. über Baumkronen, oder an besonderen Stellen auf dem Boden oder in niedrigen Büschen sammeln.

An diesen gemeinschaftlichen Paarungsplätzen findet ein erstaunlicher Paarungsrausch statt, der selten länger als eine Stunde dauert und sich am nächsten Tag oder einige Tage später mit unterschiedlichen Gruppen von Individuen wiederholen kann. Nach dieser Paarung ist das Leben der Männchen in der Regel zu Ende, aber vor dem Tod gelingt vielen von ihnen, ihr Sperma an die Weibchen abzugeben, die es in einer speziellen inneren Spermatasche, der sogenannten Spermathek aufbewahren. Die Lebenszeit eines Männchens ist sehr kurz, sein Sperma lebt aber in einer Art „Samenbank" weiter, die die fortpflanzungsfähigen Weibchen in ihrem Körper tragen. Nach der Paarung brechen die Weibchen ihre Flügel ab, und von da an leben sie fast ausschließlich in dem entstehenden Nest, das sie in den Boden oder in einen Baumstamm graben oder unter einem Blatt in der Baumkrone errichten. Die Wahl des Lebensraums für den Nestbau hängt von der jeweiligen Ameisenart ab. In vielen Fällen zieht die junge Königin ihren ersten Nachwuchs selbst auf. Sie legt Eier, aus denen die Larven des ersten Larvenstadiums schlüpfen (Abb. 1.2).

Die junge Königin füttert die junge Brut mit wertvollen Nährstoffen, die in ihrem sogenannten Fettkörper gespeichert sind, und die sie in der Kolonie ihrer Mutter erhalten hat.

Abb. 1.1 Einmal im Jahr bringt ein ausgewachsenes Ameisenvolk in der Regel geflügelte reproduktive Männchen und Weibchen hervor, die das Muttervolk zum Paarungsflug verlassen. Das Bild zeigt die großen kastanienbraunen geflügelten Weibchen und die viel kleineren schwarzen geflügelten Männchen der Honigameise *Myrmecocystus mendax* beim Verlassen des Nestes zum Hochzeitsflug. (Bert Hölldobler)

Abb. 1.2 Junge Königin der australischen Grünen Weberameise, *Oecophylla smaragdina*, bei der Gründung einer neuen Kolonie. Die Königin füttert die sich entwickelnden Larven mit ihren Körperreserven. (Bert Hölldobler)

Sie verdaut auch ihre eigenen Flügelmuskeln, die nicht mehr benötigt werden, und bei einigen Arten sammeln die Jungköniginnen Nahrung in der Umgebung des entstehenden Nestes. Dies ist jedoch riskant, und in den „fortschrittlichsten" Gesellschaften zieht die Königin deshalb den ersten Nachwuchs in völliger Isolation auf. Sobald die Larven ausgewachsen sind und das letzte Larvenstadium durchlaufen haben, verpuppen sie sich. Während dieser Verpuppungszeit findet die Metamorphose zum Erwachsenenstadium statt. Nach Abschluss der Metamorphose schlüpft die voll entwickelte Ameise aus der Puppenhülle. Obwohl diese frisch geschlüpfte Ameise ebenfalls weiblich ist, sieht sie ganz anders aus als ihre Mutterkönigin. Sie ist in der Regel viel kleiner, hat ein leicht gebautes Mesosoma (der an den Kopf anschließende Körperteil) und eine relativ kleine Gaster (der hintere Körperteil, der die meisten Segmente des Abdomens umfasst). Tatsächlich gehört diese Ameise zu einer anderen Kaste; sie ist eine Arbeiterin. In den nächsten Tagen und Wochen schlüpfen immer mehr Arbeiterinnen aus ihrem Puppenstadium und übernehmen zunehmend alle Wartungsarbeiten der wachsenden Kolonie. Sie erweitern ständig die Neststrukturen, verlassen das Nest, um Nahrung zu sammeln, und kümmern sich um die wachsende Zahl frisch gelegter Eier und sich entwickelnder Larven. Die Mutterkönigin hingegen widmet ihr Dasein von nun an fast ausschließlich dem Eierlegen (Abb. 1.3).

Wenn die Kolonie wächst, sind die neu geschlüpften Arbeiterinnen deutlich größer als die ersten Arbeiterinnen, aber bei den meisten Arten sind sie immer noch kleiner als die Königin. Bei einigen Ameisenarten besteht das Kollektiv der Arbeiterinnen aus mehreren Unterkasten (Abb. 1.4 und 1.5). Dies zeigt sich eindrucksvoll bei der Blattschneiderameisengattung *Atta*, bei der die Arbeiterinnenpopulation aus Minors (sehr kleine Arbeiterinnen), Media (mittelgroße Arbeiterinnen), Majors (größere Arbeiterinnen) und Super-Majors (sehr große Arbeiterinnen) besteht (Abb. 1.6). Es ist wichtig zu beachten, dass die kleineren Arbeiterinnen nicht zu größeren Arbeiterinnen heranwachsen. Wie bei allen holometabolen Insekten hat auch bei Ameisen das aus der Puppe schlüpfende Individuum seine endgültige Körpergröße erreicht (Abb. 1.7). Das einzige Entwicklungsstadium, in dem Ameisen wachsen, ist das Larvenstadium.

Abb. 1.3 Eine im Entstehen begriffene Kolonie der Honigameisenart *Myrmecocystus mexicanus*. Die ersten Arbeiterinnen wurden von der Königin aufgezogen, aber jetzt übernehmen sie die Pflege ihrer Schwesterlarven und helfen ihnen während des Verpuppungsprozesses. (Bert Hölldobler)

Abb. 1.4 Nachdem die Gründerkönigin die ersten Arbeiterinnen aufgezogen hat, wächst die Kolonie schnell. Auf dem oberen Bild ist eine *Pheidole-desertorum*-Königin zu sehen, umgeben von den ersten Arbeiterinnen, Eiern, Larven und Puppen. Das untere Bild zeigt die ersten quadratköpfigen Soldatinnen und einige frisch geschlüpfte, noch hell gefärbte Arbeiterinnen. (Bert Hölldobler)

Abb. 1.5 Kleinere und größere Arbeiterinnen der *Carebara urichi* aus Costa Rica. Die riesigen Majors (Soldatinnen) verteidigen das Nest und zerkleinern größere Beutetiere. Sie können auch als lebende „Vorratsbehälter" dienen, da sie nahrhafte Reserven in ihrer Gaster speichern. (Bert Hölldobler)

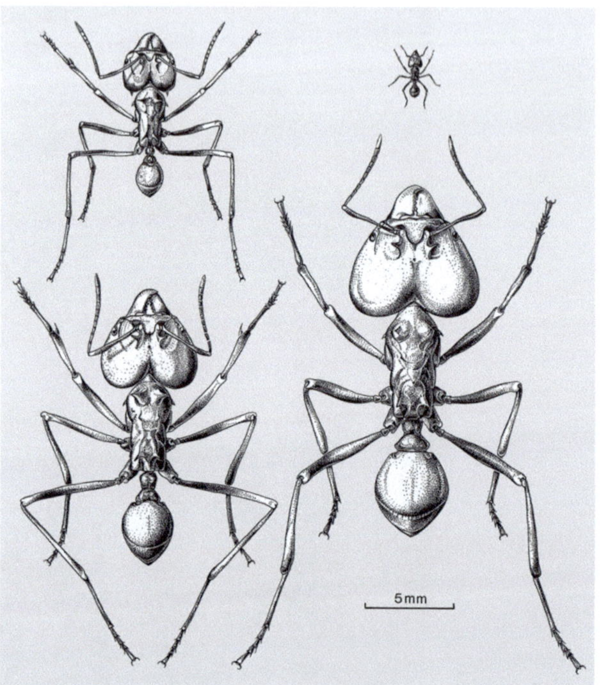

Abb. 1.6 Arbeiterunterkasten der Blattschneiderameise *Atta laevigata*. (Turid Hölldobler-Forsyth, ©Bert Hölldobler)

Abb. 1.7 Super-Major und „Minim" (die kleinste Arbeiterinnen-Unterkaste) der Blattschneiderameise *Atta cephalotes*. Obwohl beide Individuen Schwestern sind, unterscheiden sie sich stark in ihrer Größe und ebenso in ihrem Aufgabenspektrum, das sie innerhalb und außerhalb des Nests erfüllen. (Mit freundlicher Genehmigung von AlexWild/alexanderwild.com)

1.2 Arbeitsteilung unter Arbeiterinnen

Betrachten wir nun die Arbeitsteilung unter den Arbeiterinnen. Es gibt eine Vielzahl von Aufgaben, die ein Ameisenvolk tagtäglich erledigen muss. Die Königin muss gepflegt, gefüttert und geschützt werden, und die Eier müssen vorsichtig von der Königin entfernt werden.

Das ist keine kleine Aufgabe, denn bei einigen Arten, wie z. B. der Blattschneiderameise *Atta laevigata*, kann eine voll befruchtete Königin manchmal 100–850 Eier in einer Stunde legen. Die Hunderttausenden von Larven, die aus den Eiern in den Ameisenkolonien schlüpfen, müssen gefüttert werden. Die oft großen Neststrukturen müssen ständig erweitert oder erneuert, Höhlen repariert und Abfälle entfernt werden. Nahrung muss gesammelt werden, z. B. Honigtau aus extrafloralen Nektarien oder Ausscheidungen von Hemiptera wie Blattläusen oder Schildläusen. Blattschneiderameisen ernten Blattstücke, aus denen sie im Nest eine Art Humus herstellen, auf dem sie einen Pilz züchten, den sie fressen und an ihre Larven verfüttern (Abb. 1.8).

Andere Arten, wie z. B. die hügelbauenden Waldameisen *(Formica polyctena)*, sammeln Honigtau und jagen und erbeuten Insekten und andere kleine Arthropoden, die zur Fütterung der Larven im Nest verarbeitet werden müssen. Dies geschieht in einem so

Abb. 1.8 Brutkammern und Pilze sind eng miteinander verwoben, wie dieser Blick in den Pilzgarten einer reifen *Atta-sexdens*-Kolonie zeigt. (Bert Hölldobler)

Abb. 1.9 Ein fast 2 m hoher Nesthügel der Roten Waldameise *Formica polyctena* in Finnland. Hunderttausende von Ameisen und viele Myrmekophile sind in diesen Nestern untergebracht. (Bert Hölldobler)

hohen Maße, dass die Umgebung von Waldameisenhügeln bei einem Ausbruch von Schadinsekten grünen Inseln ähnelt. Waldentomologen berichten sogar, dass die Bewohner eines einzigen großen *Formica-polyctena*-Nestes an einem Tag 100.000 Insekten erbeuten können. Das ergibt 10 Mio. Beuteinsekten in einem Sommer (siehe Referenzen in Gösswald 1990). Diese Zahlen sind erstaunlich, und der Effekt ist verblüffend: Bäume, die von Waldameisen besucht werden, bleiben vor vielen pflanzenfressenden Insekten geschützt (Abb. 1.9).

Die körperlichen Fähigkeiten der Ameisen und die Folgen ihrer Arbeitsteilung sind wirklich erstaunlich. Obwohl die Arbeiterinnen einer Ameisenart im Südwesten Nordamerikas, *Veromessor pergandei*, weniger als 8 mm lang sind, legen sie jeden Tag bis zu 40 m zurück, um Samen zu sammeln. Bei einer bescheidenen Legerate von 650 Eiern pro Tag sammeln Kolonien dieser Art genug Samen, um jedes Jahr 3,4 kg trockene Biomasse pro Hektar geeigneten Lebensraums in der Sonoran-Wüste zu produzieren, was der Biomasse eines lebenden menschlichen Säuglings oder 27 Riesenkängururatten entspricht (Kwapich et al. 2017). Ameisenkolonien erreichen solche Produktionsleistungen durch artspezifische Muster der Arbeitsverteilung (z. B. Brutpflege, Putzen und Patrouillieren der Kolonie) und durch den Anteil von Arbeiterinnen, die zu spezialisierten morphologischen Kasten gehören.

Ameisenarten, die in großen Kolonien mit Tausenden oder Hunderttausenden von Arbeiterinnen leben, kontrollieren in der Regel auch große Gebiete um ihr Nest. Sie verhalten sich territorial. Das heißt, sie verteidigen ihr Territorium gegen fremde Eindringlinge der eigenen Art, oder sie versuchen, das Verbreitungsgebiet ihrer eigenen Kolonie aggressiv auszuweiten und kleinere Kolonien ihrer Art in ihrer Nachbarschaft zu vernichten. Obwohl die territorialen Taktiken und Strategien je nach Art und Ressourcenverteilung sehr unterschiedlich sein können, waren es bei allen von uns untersuchten Arten immer die älteren Arbeiterinnen, die sich an Territorialkämpfen beteiligten. Bei den afrikanischen Weberameisen (*Oecophylla longinoda*), die in den Baumkronen der Wälder Afrikas leben, weisen die Kolonien spezielle sogenannte Kasernennester aus, in denen besonders alte Arbeiterinnen untergebracht sind, die bereitwillig und aggressiv ausschwärmen, wenn ihre Kolonie von einer benachbarten fremden *Oecophylla*-Kolonie bedroht wird (Abb. 1.10).

Die Territorien von Ameisengesellschaften sind Teil des Phänotyps der Kolonie (erweiterter Phänotyp). Sie werden von den Arbeiterinnen der Besitzerkolonie kooperativ verteidigt. Aufgrund der Arbeitsteilung zwischen den reproduktiven Individuen und den meist sterilen Arbeiterinnen haben Todesfälle bei der Revierverteidigung bei sozialen Insekten eine andere qualitative Bedeutung als bei solitären Tieren. Der Tod einer sterilen und meist

Abb. 1.10 Ein fast fertig gebautes Blattzeltnest der afrikanischen Weberameise *Oecophylla longinoda*. Eine Weberameisenkolonie lebt in vielen solcher Zeltnester, die über das Kronendach mehrerer großer Bäume verteilt sind *(oben)*. Die Weberameisen verhalten sich sehr territorial. Sie verteidigen ihr Territorium vehement gegen bestimmte Eindringlinge. Das *untere Bild* zeigt drei einheimische Ameisen, die eine eindringende Artgenossin aus einer fremden Kolonie angreifen. (Bert Hölldobler)

älteren Arbeiterin stellt eher eine Energie- oder Arbeitsbelastung dar als die Zerstörung einer reproduktiven Einheit. Er wird durch den Schutz der Ressourcen und der Kolonie selbst mehr als wettgemacht (Hölldobler und Lumsden 1980).

Damit sind wir wieder bei der grundlegenden Organisation der Arbeitsteilung unter den Arbeiterinnen. In der Regel (mit einigen Ausnahmen) kann man sagen, dass die jüngeren Arbeiterinnen Ammen sind und sich um die Königin und die Ameisenbrut kümmern. Die etwas älteren Arbeiterinnen sind mit der Instandhaltung des Nestes und der Nahrungsbeschaffung beschäftigt; die noch älteren Arbeiterinnen sind Patrouillengängerinnen und Futtersucherinnen; und die ältesten Arbeiterinnen, obwohl sie sich bei Bedarf auch bei der Futtersuche beteiligen können, sind die ersten in der riskanten Verteidigungslinie. Dieses System der Arbeitsteilung wird als Alterspolyethismus bezeichnet. Etwas komplexer ist das System der Arbeitsteilung bei jenen Arten, die morphologische Arbeiterinnen-Unterkasten haben, wie z. B. die bereits erwähnten Blattschneiderameisen. Obwohl es auch hier einen gewissen Alterspolyethismus gibt, schränken die besonderen Merkmale der morphologischen Unterkaste die Bandbreite der Aufgaben ein, die jede Unterkaste effizient ausführen kann. Die winzige Minim-Unterkaste der Blattschneiderameisen kümmert sich in der Regel um Eier und kleine Larven und pflegt den symbiotischen Pilz. Ältere Minims und die etwas größeren Minors reiten oft als Tramper auf den von den mittelgroßen Arbeiterinnen zum Nest getragenen Blattfragmenten. Die Hauptaufgabe dieser Tramper besteht darin, die Blattstücke von Mikroorganismen und Sporen zu säubern, die für den symbiotischen Pilz schädlich sein könnten, und vor allem parasitäre Phoriden abzuwehren, die die wehrlosen Blattträger angreifen wollen. Offensichtlich sind die Minors sehr gut in ihren Aufgaben, würden aber beim Blattschneiden schlecht abschneiden, und das ist in der Tat eine Aufgabe, die sie nicht ausführen. In einer sehr aufschlussreichen Laborstudie mit Blattschneiderameisenkolonien entdeckte Edward O. Wilson, dass die Gartenarbeit durch ein kompliziertes Fließbandsystem erfolgt, bei dem die Ernte und Verarbeitung der Blattfragmente und die Pilzaufzucht schrittweise erfolgt, und jeder Schritt von einer anderen Arbeiter-Unterkaste ausgeführt wird (Abb. 1.11).

Die Mitglieder der größten Kaste, die sogenannten Super-Majors, haben in erster Linie eine Verteidigungsfunktion (siehe Abb. 1.6 und 1.7). Sie sind Leibwächter für die wertvolle Königin und wehren andere Bedrohungen für die Kolonie ab. Gelegentlich kann man sie beim Schneiden von hartem Pflanzenmaterial beobachten.

1.3 Arbeitsteilung bei der Fortpflanzung

Das Hauptmerkmal von Ameisengesellschaften ist die Arbeitsteilung zwischen der oder den sich fortpflanzenden Königinnen und der Vielzahl der in der Regel sterilen Arbeiterinnen. Solche sozialen Systeme werden als eusozial bezeichnet. Der verstorbene Charles Michener, einer der größten Bienenforscher, definierte die grundlegenden Prinzipien der Eusozialität: „Kooperative Brutpflege, Unterteilung der Koloniemitglieder in fruchtbare, reproduktive und sterile, nicht reproduktive Kasten, Überschneidung der Generationen,

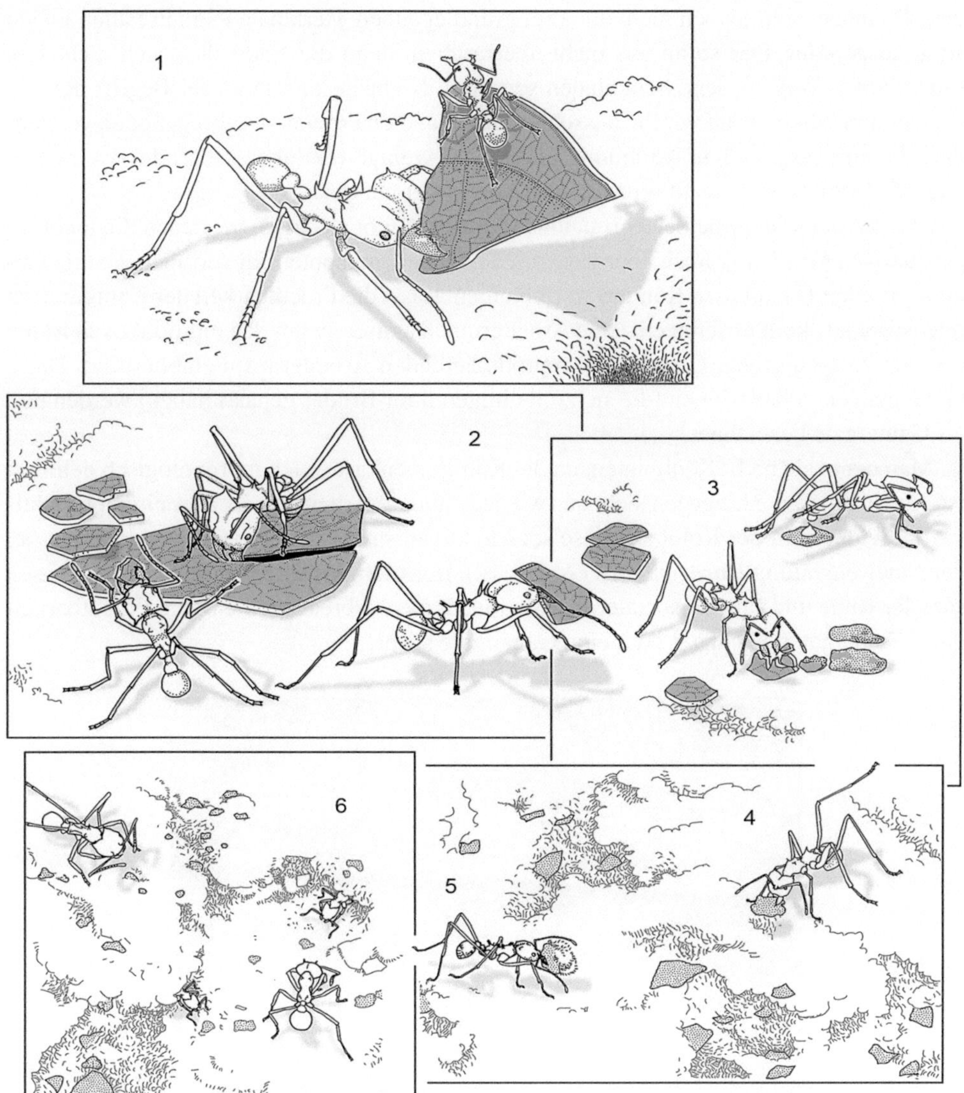

Abb. 1.11   Das „Fließbandverhalten", mit dem Kolonien von *Atta cephalotes* einen Pilzgarten mit frisch geschnittenen Blättern und anderer Vegetation anlegen. (Mit freundlicher Genehmigung von Margaret Nelson)

sodass die Nachkommen ihren Eltern bei der Brutpflege und anderen Aufgaben zur Erhaltung des Volkes helfen" (Michener 1969). Dies ist eine weithin akzeptierte Definition der eusozialen Insekten, zu denen alle Ameisen, bestimmte Bienen- und Wespenarten, Termiten (hier gibt es allerdings einige Ausnahmen in ihrer sozialen Organisation), mehrere andere eusoziale Arthropoden und sogar einige Wirbeltiere gehören. Wie der Entomologe und Soziobiologe Raghavendra Gadagkar und andere Sozio- und Evolutionsbiologen festgestellt haben, sind jedoch nicht alle drei grundlegenden Merkmale in allen Fällen gleich stark ausgeprägt. Das sollte uns nicht überraschen, denn die Natur lässt sich nicht fein säuberlich in verschiedene Schubladen sortieren. Nichtsdestotrotz ist der Begriff der Eusozialität nützlich, wenn wir ihn ausschließlich für solche sozialen Aggregationen verwenden, die eine ausgeprägte Aufteilung in ein oder wenige fruchtbare, reproduktive Individuen und viele sterile, nicht reproduktive Mitglieder aufweisen.

In der Insektenfamilie der Formicidae (Ameisen) gibt es Arten, bei denen die nicht reproduktiven Mitglieder noch über das volle Fortpflanzungspotenzial verfügen, aber in Gegenwart einer fruchtbaren Königin steril bleiben. Lässt die Fruchtbarkeit der Königin nach oder stirbt sie, konkurrieren einzelne Arbeiterinnen aggressiv um den reproduktiven Rang, bis sich eine oder eine Gruppe von reproduzierenden Arbeiterinnen etabliert hat. Diese eier legenden Arbeiterinnen (die sich mit einigen ihrer Brüder gepaart haben) werden nun als Gamergate bezeichnet.

Man nennt sie nicht Königinnen, da die Königinnenkaste auch morphologisch definiert ist. Eine Gamergate hingegen sieht aus wie jede andere Arbeiterin, ist aber ein reproduktives Individuum in der Kolonie. Diese soziale Organisation findet man unter anderem bei der Ameisengattung *Harpegnathos* (Abb. 1.12). In Kolonien dieser Gattung gibt es Phasen sozialer Ruhe und Phasen sozialer Revolutionen, die ausbrechen, wenn die Fruchtbarkeit einer Gamergaten nachlässt oder eine Gamergate stirbt.

Abb. 1.12 Das obere Bild zeigt eine Arbeiterin der asiatischen Springameise *Harpegnathos saltator*. Sie ist fast genauso groß wie die Königin *(unten)*, hat aber nicht das schwerer gebaute Mesosoma, das bei der jungfräulichen Königin die Flügelmuskeln beherbergt. (Bert Hölldobler)

Bei evolutionär fortgeschrittenen (oder abgeleiteten) eusozialen Organisationen wie den Kolonien der Weberameisen, den Blattschneiderameisen, den riesigen Kolonien der Wanderameisen, den *Solenopsis*-Feuerameisen oder den hügelbauenden roten Waldameisen ist die Situation ganz anders. Bei Blattschneiderameisen, afrikanischen Weberameisen und Wanderameisen lebt normalerweise nur eine Königin in einer Kolonie. Bei den hügelbauenden Waldameisen bilden einige Arten Kolonien, die ebenfalls nur eine Königin haben (monogyn), während in anderen mehrere Königinnen leben können (polygyn), aber in allen Kolonien kann die Zahl der Arbeiterinnen Hunderttausende oder sogar Millionen betragen. Die Arbeiterinnen dieser Arten können rudimentäre Eierstöcke haben und in Abwesenheit der Königin lebensfähige Eier legen, die jedoch nicht befruchtet werden können, da die Arbeiterinnen bei diesen Arten keine funktionsfähige Spermathek haben. Wenn aus diesen Eiern Larven schlüpfen, entwickeln sie sich zu Männchen, denn bei allen Hautflüglerarten (und alle Ameisen gehören zur Insektenordnung Hymenoptera) entwickeln sich die Männchen aus unbefruchteten Eiern. Sie sind haploid (sie haben nur einen Chromosomensatz von ihrer Mutter). Dies vorausgeschickt, ist es wichtig darauf hinzuweisen, dass es in Gegenwart einer hochfruchtbaren Königin äußerst unwahrscheinlich ist, dass eine Arbeiterin lebensfähige Eier legt, und wenn es doch geschieht, werden die Eier in der Regel von anderen Arbeiterinnen vernichtet, unabhängig davon, ob es sich bei der Eiablage um eine Voll-, Halb- oder Viertelschwester handelt. Bei einer Reihe von Ameisenarten wurde nachgewiesen, dass die Arbeiterinnen den Fruchtbarkeitsstatus ihrer Königin anhand eines bestimmten Kohlenwasserstoffgemischs auf dem Körper der Königin erkennen, und bei bestimmten Arten, die riesige Nester oder viele Unternester haben (polydom), befindet sich das Fruchtbarkeitssignal der Königin auch auf den von der Königin gelegten Eiern. Auf diese Weise verbreiten die Arbeiterinnen das Signal einer fruchtbaren Königin, wenn sie die Eier in entfernte Brutkammern tragen. Arbeiterinnen von Arten mit diesem Modus von fortgeschrittener Eusozialität werden niemals in der Lage sein, die Rolle einer Königin mit perfekt funktionierender Reproduktion zu übernehmen. In der Evolutionsbiologie dieser Arten ist der „point of no return" erreicht. Wir bezeichnen solche Ameisenkolonien zu Recht als Superorganismen (Hölldobler und Wilson 2009).

Wenn wir dieses Konzept eines Superorganismus akzeptieren würden, mit dem Zusatz, dass es keinen oder nur eine geringe Fortpflanzungskonkurrenz unter den Nestgenossen gibt, könnten viele der poneromorphen Gesellschaften, zu denen die bereits erwähnten *Harpegnathos* gehören, nicht als Superorganismen betrachtet werden, da Reproduktionskonkurrenz innerhalb der Kolonie in der Tat auffallend häufig ist. Allerdings weisen die Tausenden von sozialen Insektenarten untereinander fast alle denkbaren Abstufungen der Arbeitsteilung auf, von wenig oder keine Konkurrenz unter Nestgenossinnen um den Reproduktionsstatus bis hin zu hochkomplexen Systemen von spezialisierten Unterkasten. Der Grad der Abstufung, auf der die Kolonie als Superorganismus bezeichnet werden kann, ist subjektiv; sie kann am Ursprung der Eusozialität oder auf einer hohen Stufe jenseits des „point of no return" liegen, auf der die Konkurrenz innerhalb der Kolonie um den Reproduktionsstatus stark reduziert ist oder ganz fehlt. Man kann argumentieren, dass auf dieser hoch entwickelten eusozialen Stufe die Kolonie als Ganzes von der natürlichen Selektion beeinflusst wird. Das heißt, die Selektion zwischen den Kolonien ist stärker als die Selektion innerhalb der Kolonie. Um die Worte von Richard Dawkins zu übernehmen, dient die Kolonie als „Vehikel für Gene". Die reife Kolonie produziert jedes Jahr Tausende von Jungköniginnen und Männchen. Die Fitness einer Kolonie wird theoretisch anhand der Anzahl der jungen Königinnen pro Kolonie gemessen, denen es gelingt, neue Kolonien hervorzubringen, die überleben und schließlich das Stadium der Reife erreichen und fortpflanzungsfähige Weibchen und Männchen produzieren. In diese Berechnung der Fitness einer Kolonie fließt natürlich auch die Anzahl der Männchen dieser Kolonie ein, denen es gelingt, sich mit Weibchen zu paaren, die bei der Gründung einer Kolonie erfolgreich sein werden.

Die oft komplexe Neststruktur solcher Kolonien ist das Ergebnis des kollektiven Handelns vieler Individuen und stellt somit einen erweiterten Phänotyp der kooperierenden Gruppen – der Superorganismen – dar. Nur wenige Studien haben quantitative Beschreibungen geliefert – insbesondere die von Walter Tschinkel (2021), der auch dreidimensionale Abgüsse von Neststrukturen hergestellt hat, indem er eine dünne Aufschlämmung von Dentalgips oder geschmolzenem Aluminium in Nester goss. Ähnliche vergleichende Studien über die Nester von Blattschneiderameisenarten wurden von Luiz Forti und seinem Team in Brasilien durchgeführt. Obgleich gewöhnlich jeder Abguss von Nestern einer Ameisenart unterschiedlich ist, können die Wissenschaftler artspezifische Baumerkmale in den einzelnen Abgüssen erkennen. (Abb. 1.13).

Abb. 1.13 Ein ausgewachsenes Nest der pilzzüchtenden Ameise *Atta laevigata* in Brasilien wurde ausgegraben, nachdem 6 t Zement und 8000 L Wasser in das Nest gegossen worden waren, um die Struktur in versteinerter Form zu erhalten. (Mit freundlicher Genehmigung von Wolfgang Thaler)

Abb. 1.14 Die lange Straße einer Blattschneiderameisenkolonie, entlang der *Atta*-Arbeiterinnen gelbe Blattfragmente tragen, die sie von einem blühenden Baum oder Strauch geerntet haben. (Mit freundlicher Genehmigung von Hubert Herz)

Diese müssen eindeutig als kollektive artspezifische Merkmale betrachtet werden, und es lassen sich noch viele weitere Beispiele für solche artspezifischen Koloniemerkmale anführen, wie etwa die ausgedehnten horizontalen, oberirdisch verlaufenden Ameisenstraßen, die sich bei bestimmten Blattschneiderameisenarten (z. B. *Atta colombica*) mehr als 250 m vom Nest aus erstrecken können (Abb. 1.14). Diese Merkmale können als Teil des erweiterten Phänotyps des Ameisen-Superorganismus betrachtet werden.

Fassen wir kurz zusammen: Ein Superorganismus ist eine Kolonie von Individuen, in der sich eines oder wenige fortpflanzen, aber die Mehrheit steril bleibt, und die durch Arbeitsteilung und durch ein geschlossenes Kommunikationssystem verbunden ist. Man kann sagen, dass die eusoziale Insektengesellschaft Merkmale der Organisation aufweist, die den Eigenschaften eines Einzelorganismus entsprechen. Die Kolonie ist in reproduktive Kasten (analog den Keimdrüsen) und sterile Arbeiterkasten (analog dem Körpergewebe) unterteilt, die wiederum in spezialisierte Arbeitsgruppen (Organe) unterteilt sind. Dennoch finden wir unter den Tausenden von eusozialen Arten fast alle denkbaren Abstufungen in der Arbeitsteilung, von der hierarchischen Organisation mit Konkurrenz unter den

Nestgenossen um den Reproduktionsstatus und wenig entwickelter Arbeitsteilung bis hin zu den hochkomplexen kooperativen Netzwerken mit spezialisierten Arbeiterinnen-Untergruppen. Auf welchem Level dieses Gradienten die Kolonie als Superorganismus bezeichnet werden kann, ist vielleicht subjektiv. Sie kann am Ursprung der Eusozialität liegen oder auf einem höheren Level, auf der der kolonieinterne Wettbewerb um den Reproduktionsstatus stark reduziert oder gar nicht vorhanden ist.

Unserer Ansicht nach können Insektengesellschaften mit erheblichem Fortpflanzungswettbewerb zwischen Nestgenossinnen und einer folglich schwach ausgeprägten Arbeitsteilung unter den Arbeiterinnen einige Merkmale eines beginnenden Superorganismus aufweisen, verdienen aber nicht die Bezeichnung eines voll funktionsfähigen Superorganismus. Bei echten Superorganismen ist der Größendimorphismus zwischen reproduktiven Individuen (Königinnen) und sterilen Individuen (Arbeiterinnen) meist groß, und die reproduktive Arbeitsteilung ist stabil und nicht plastisch. Obwohl die Arbeiterinnen alle ihre Gene von der Königin und derer Paarungspartner erhalten, weisen sie sehr unterschiedliche Phänotypen auf, weil soziale und Umwelteinflüsse während ihrer Larvenentwicklung dazu führen, dass bei den Arbeiterinnen andere Gene aktiviert und exprimiert werden als bei den Königinnen und Männchen. Die phänotypische Plastizität setzt sich in der Ontogenese der Arbeiterinnen fort. Aus den Verhaltensinteraktionen von Hunderttausenden oder sogar Millionen von Arbeiterinnen entstehen koloniespezifische Merkmale, die Teil des kollektiven Koloniephänotyps des Superorganismus sind.

Offensichtlich bietet ein solcher Ameisen-Superorganismus viele physische und soziale Nischen für Parasiten. Obwohl keine Ameisenart völlig frei von Parasiten zu sein scheint, sind parasitäre Arten, die die sozialen „Errungenschaften" einer Gesellschaft ausnutzen, in poneromorphen Ameisengesellschaften in der Regel seltener. Dies steht im Gegensatz zu den zahlreichen sozialparasitären Arthropoden, die mit solchen Ameisenarten assoziiert sind, deren Kolonien man als echte Superorganismen ansehen kann.

1.4   Parasiten im Inneren des Superorganismus

Verhaltensparasitäre Symbiosen bei Ameisen werden in der Regel in zwei verschiedene Kategorien unterteilt: der Verhaltensparasitismus unter verschiedenen Ameisenarten und der Verhaltensparasitismus anderer Organismen (wie Würmer, Käfer, Schmetterlinge, Motten, Wespen, Fliegen, Milben, Schlangen und andere Wirbeltiere), die im Nest des Ameisenvolkes oder in dessen Umfeld leben. Sozialparasitische Ameisen werden in der Regel als „Sozialparasiten" bezeichnet, und andere parasitäre, oder in einigen Fällen mutualistische Organismen in Ameisengesellschaften, nennt man „Myrmekophile" (von griechisch *myrmekes* Ameisen, *philia* Freundschaft), oder Gäste der Ameisen. In der Tat hat man bei den evolutionär am weitesten integrierten myrmekophilen Mitbewohnern im Ameisennest den Eindruck, dass die Ameisen ihre Gäste wirklich „lieben". Wie wir jedoch noch sehen werden, täuschen viele Myrmekophile ihre Wirte. Der Vorteil dieser Beziehungen liegt in den meisten Fällen ganz auf der Seite der Myrmekophilen.

In den letzten Jahren haben einige Wissenschaftler beschlossen, alle Organismen, die die sozialen Errungenschaften der Wirtsameisen ausnutzen, als „Sozialparasiten" zu bezeichnen (Thomas et al. 2005). Auf den ersten Blick scheint dies logisch, aber es kann verwirrend sein. Wir glauben, dass die alten Myrmekologen gute Gründe für die Unterscheidung zwischen verschiedenen Arten der sozialen Ausbeutung hatten. Die evolutionären Ursprünge der sozialparasitären Ameisen und der myrmekophilen Arten sind recht unterschiedlich. Man kann sagen, dass sich die sozialparasitären Ameisen „von innen heraus entwickelt haben", d. h., fast alle sozialparasitären Ameisen sind eng mit ihren Wirtsameisenarten verwandt (Hölldobler und Wilson 1990; Buschinger 2009; Rabeling 2020; Degueldre et al. 2021), auch wenn es einige Ausnahmen gibt (siehe Maschwitz et al. 2004; Witte et al. 2009; Fischer et al. 2020). Im Gegensatz dazu sind die Evolutionswege der myrmekophilen Parasiten „von außen" entstanden, d. h., sie stammen von Vorläuferorganismen ab, die außerhalb von Ameisennestern lebten und keine direkte evolutionäre Abstammung mit ihren Wirtsameisen teilen. Fossile Beweise deuten darauf hin, dass die Symbiosen zwischen Ameisen und ihren Myrmekophilen fast genauso alt sind wie die Ameisen selbst. Bei der genauen Untersuchung von 99 Mio. Jahre altem birmanischem Bernstein wurde ein fossiler Stutzkäfer, *Promyrmister kistneri*, mit gut entwickelten myrmekophilen Anpassungen entdeckt, die es ihm wohl ermöglichten, die Ameisen seiner Zeit auszunutzen, die heute vermutlich längst ausgestorben sind (Zhou et al. 2019).

Wir sind der Meinung, dass eine klare Unterscheidung zwischen sozialen Ameisenparasiten und anderen Parasiten, die die soziale Organisation von Ameisenkolonien ausnutzen, getroffen werden sollte. Allerdings finden wir, dass die traditionelle Unterteilung der myrmekophilen Organismen in „Synechtren" (Myrmekophile, die hauptsächlich Prädatoren sind und von den Ameisen als feindlich behandelt werden), „Synoeken" (Myrmekophile, die als Aasfresser in oder in der Nähe der Ameisennester leben und von den Ameisen meist ignoriert werden), und „Symphile" (Myrmekophile, die von den Ameisen gepflegt und sogar gefüttert werden, als wären sie Mitglieder des Ameisenvolkes) nicht mehr hilfreich ist (Wasmann 1894; Wheeler 1910; Donisthorpe 1927; Wilson 1971; Hölldobler und Wilson 1990). Wie wir sehen werden, spiegeln diese starren Definitionen in vielen Fällen nicht die Realität wider, weshalb wir beschlossen haben, uns nicht weiter an diese Kategorisierungen zu halten (siehe auch Mynhardt 2013). (Wir müssen den Leser auch darauf hinweisen, dass wir die umfangreichen und äußerst interessanten Themen der Trophobiose zwischen Ameisen und Hemipteren oder der Interaktionen zwischen Ameisen und Pflanzen nicht behandeln).

Der Jesuitenmönch Erich Wasmann leistete eine wahre Pionierarbeit bei der wissenschaftlichen Erforschung der Myrmekophilen. Im Jahr 1894 zählte Wasmann 1246 Arten myrmekophiler Arthropoden, und der Doyen der britischen Myrmekologie, Horace Donisthorpe, zählte in seinem 1927 veröffentlichten Buch *The Guests of British Ants*, 1392 Arten von Myrmekophilen auf. Donisthorpe schätzte, dass weltweit um die 5000 myrmekophile Arthropodenarten existierten. Ohne eine genaue Zählung vornehmen zu wollen, können wir mit Gewissheit sagen, dass heute etwa 10.000 myrmekophile Arten bekannt sind, die meisten davon Käfer (Coleoptera), darunter Arten aus 35 Käferfamilien (siehe

Parker 2016 für eine aktuellere Übersicht), mindestens 5 Familien von Schmetterlingen (Lepidoptera), 16 Familien von Hautflüglern (Hymenoptera), 14 Familien von Fliegen (Diptera), 25 Familien von Schnabelkerfen(Hemiptera), je eine Familie der Orthoptera und Thysanura, und 3 Familien der Blattodea. Darüber hinaus wurden 6 Spinnenfamilien, 4 Milbenfamilien und eine Geißelspinnenfamilie als Myrmekophile identifiziert (Glasier et al. 2018). Das Buch *The Guests of Japanese Ants* von M. Maruyama, T. Komatsu, S. Kudo, T. Shimada und K. Kinomura (2013) bietet einen prachtvollen Bilder-Bericht über die erstaunliche Vielfalt der myrmekophilen Arten in Japan, und Paul Schmid- Hempel veröffentlichte eine wichtige Monografie, *Parasites in Social Insects* (Schmid-Hempel 1998). 1990 veröffentlichten Bert Hölldobler und Edward O. Wilson in ihrem Buch *The Ants* eine Liste der meisten bis 1990 bekannten Ordnungen, Familien und Gattungen myrmekophiler Arthropoden. Die Tabelle, in der viele der bekannten Gattungen und Familien aufgelistet sind, umfasst 14 Seiten und zeigt, dass die größte Anzahl myrmekophiler Arten bei den Coleoptera (Käfern) zu finden ist. Die hervorragende Arbeit einer neuen Generation von Forschern, darunter Joseph Parker (Parker 2016; Maruyama und Parker 2017), Munetoshi Maruyama, Rosli Hashim, Christoph von Beeren und Volker Witte (Maruyama et al. 2010a, b), Daniel Kronauer (2020) und Thomas Parmentier (Parmentier et al. 2015a, b, 2016a, b, 2017a, b), um nur einige zu nennen, liefern neue Erkenntnisse zur Diversität und Phylogenie der myrmekophilen Käfer. Jean Paul Lachaud und Kollegen haben zwei Bände der Zeitschrift *Psyche* herausgegeben, die ausschließlich den Parasiten von Ameisen gewidmet sind (Lachaud et al. 2012; Lachaud et al. 2013).

In diesem Buch geht es nicht darum, die enorme Artenvielfalt der Myrmekophilen zu beschreiben und zu analysieren. Stattdessen konzentrieren wir uns auf die Beschreibung der Verhaltensmechanismen, die es den Myrmekophilen ermöglichen, mit ihren Wirtsameisenarten zu koexistieren und diese in einer beträchtlichen Anzahl von Fällen zu nutzen. In den folgenden Kapiteln geben wir einen Überblick über die experimentellen Analysen der Interaktionen zwischen Myrmekophilen und Ameisen. Wir untersuchen, wie die sogenannten Gäste der Ameisen im Laufe der Evolution den Kommunikationscode ihrer Ameisenwirte geknackt haben und dadurch in der Lage waren, als sozialparasitische Eindringlinge mit ihren Wirtsameisenarten zu koexistieren, indem sie die Ressourcen der Wirtsameisen ausbeuten – z. B. wie sie es schaffen, am sozialen Nahrungsfluss zu partizipieren, der normalerweise nur unter Nestgenossen geteilt wird.

Der Ameisen-Superorganismus bietet viele Nischen für Parasiten, aber gleichzeitig können wir den Ameisenstaat auch als ein Ökosystem, als eine ökologische Insel betrachten, um bestimmte Aspekte der Biologie der Symbionten besser zu verstehen. Das Ameisennest und seine Umgebung sind reichhaltig strukturiert, mit vielen verschiedenen Mikrohabitaten, wie z. B. Futterstraßen, Abfallbereiche, periphere Nestkammern, Vorratskammern (nicht nur für Samen, Pilze und ausgetrocknete Insektenleichen), Brutkammern (mit getrennten Bereichen für Puppen, Larven und Eier), und Königinnenkammern, und natürlich mit den Körpern der erwachsenen und sich entwickelnden Nestbewohner. Ameisen sind Ingenieure des Ökosystems, und ihre Kolonien sind verborgene Quellen der Artenvielfalt, die in einem ökologischen Bezugssystem betrachtet werden können.

In und auf den Körpern der Ameisen 2

Eine der wichtigsten Nischen für Myrmekophile im Ameisen-Superorganismus sind die Körper der einzelnen Ameisen selbst. Einige dieser Körperbewohner sind nur Tramper, wie die vielen Milbenarten, die in den Wäldern der amerikanischen Tropen auf Wanderameisen reiten, oder diejenigen, die sich unter den Köpfen der Ameisen festklammern und die Nahrung direkt aus ihren Mündern stehlen. Andere Parasiten dringen in den Körper der Wirte ein und manipulieren den Körper der Ameisen zu ihrem eigenen Vorteil.

Tatsächlich lebt eine Vielzahl von Organismen auf und in den Körpern der einzelnen Ameisen. Einige davon sind für ihre Wirte von Nutzen, da sie in einer mutualistischen (wechselseitig nützlichen) Beziehung zueinanderstehen, während andere lediglich als Kommensale fungieren. Eine große Anzahl dieser Organismen kann jedoch als echte Parasiten betrachtet werden. Die Vielfalt und Anzahl solcher Mitbewohner sind enorm: Sie umfassen Cestoden (Buschinger 1973; Trabalon et al. 2000; Beros et al. 2015), Nematoden (Poinar 2012; Csösz 2012), Trematoden, Pilze, einzellige Symbionten und andere (siehe de Bekker et al. 2018).

2.1 Mutualistische Symbionten: Der Fall der *Blochmannia*

1887 beschrieb Friedrich Blochmann „bakterienähnliche Strukturen" in den Geweben des Mitteldarms und der Eierstöcke der Rossameise *Camponotus ligniperdus*. Spätere Untersuchungen ergaben, dass es sich bei diesen Bakterien um gramnegative Stäbchen unterschiedlicher Länge handelt, die in großer Zahl in Bakteriozyten (oder Mykozyten) zwischen den normalen Epithelzellen des Mitteldarms der Ameisen eingebettet sind (Dasch et al. 1984; Schröder et al. 1996). Die gleichen Bakterien finden sich auch im Zytoplasma der Eizellen von Königinnen und Arbeiterinnen, und die Übertragung der Bakterien erfolgt offensichtlich vertikal, das heißt, weibliche und männliche Nachkommen erben die Bakterien von ihren Müttern (Kolb 1959; Schröder et al. 1996).

Eine vergleichende genetische Analyse von 13 *Camponotus*-Arten und ihren endosymbiontischen Bakterien ergab, dass die aus den Sequenzdaten abgeleiteten Phylogenien der Bakterien und Wirte ein hohes Maß an Übereinstimmung aufweisen, was stark auf eine Co-Speziation oder parallele Evolution der Bakterien und ihrer Wirtsameisen hindeutet, und einen weiteren Beweis für einen maternalen Übertragungsweg der Symbionten liefert (Sauer et al. 2000). Auf der Grundlage der molekularen Charakterisierung wurde vorgeschlagen, diese bakteriellen Endosymbionten der Ameisengattung *Camponotus* einer neuen Gattung, *Blochmannia*, zuzuordnen, wobei die Arten nach ihren Wirten benannt werden, z. B. *Blochmannia floridanus*, *B. ligniperdus*, *B. herculeanus* usw. (Schröder et al. 1996; Sauer et al. 2000) (Abb. 2.1 und 2.2).

Spätere Arbeiten untermauerten den Vorschlag paralleler Evolutionstrends zwischen den bakteriellen Symbionten und ihren Wirtsameisenarten (Degnan et al. 2004, 2005; Wernegreen et al. 2003, 2009; Ramalho et al. 2017a, b; siehe auch Sameshima et al. 1999). Weiterhin zeigten Sameshima et al. (1999), dass *Blochmannia* in anderen Gattungen des Tribus Camponotini, *Polyrhachis* und *Colobopsis*, vorkommt, und Jennifer Wernegreen und ihre Kollegen (2009) identifizierten *Blochmannia* in den Camponotini-Gattungen *Calomyrmex*, *Echinopla* und *Opisthopsis*. Wernegreen und Kollegen (2009) stellten fest, dass „Blochmannia in eine vielfältige Gruppe von Endosymbionten von pflanzensaftsaugenden hemipteren Insekten wie Schmierläusen, Blattläusen und Blattflöhen eingebettet ist". Ihren Analysen zufolge sind „eine Gruppe sekundärer Symbionten von Schmierläusen die engsten Verwandten von *Blochmannia*." Diese Ergebnisse deuten stark darauf hin, dass die Vorfahren der Camponotini-Ameisen die Symbionten von ihren hemipteren Trophobionten erworben haben, von denen sie ihre Nahrung bezogen.

Außerdem hat eine phylogenetische Analyse einer Reihe von konservierten proteinkodierenden Genen gezeigt, dass *Blochmannia floridanus* (und höchstwahrscheinlich auch die anderen *Blochmannia*-Arten) phylogenetisch mit *Buchnera aphidicola* verwandt sind, die in Blattläusen lebt (Baumann 2005). Tatsächlich lassen diese phylogenetischen Hinweise darauf schließen, dass der Vorfahr von *Blochmannia* horizontal von Hemipteren (mit denen viele Ameisenarten trophobiotische Beziehungen pflegen) auf den jüngsten gemeinsamen Vorfahren des Stammes Camponotini vor etwa 51 Mio. Jahren übertragen wurde (Gil et al. 2003; Wernegreen et al. 2009; Ward et al. 2016). Diese endosymbiontischen Bakterien haben extrem reduzierte Genome und umfassen einige Stämme von *Buchnera aphidicola* mit einem Genom von nur etwa 450 kb (Gil et al. 2002). Auch *Blochmannia floridanus* hat ein sehr kleines Genom von nur etwa 700 kb (Gil et al. 2003). Bemerkenswerterweise fehlen bei *Blochmannia* die bekannten Gene, die für die Biosynthesewege der nicht essenziellen Aminosäuren kodieren, während Gene vorhanden sind, die für die Biosynthesewege der essenziellen Aminosäuren kodieren.

Es war nicht bekannt, ob die *Camponotus*-Ameisen von der Beherbergung von *Blochmannia*-Bakterien in ihrem Mitteldarmepithel profitieren, bis Heike Feldhaar, Roy Gross, Evelyn Zientz und deren Mitarbeiter(innen) in der Lage waren, die Bedeutung

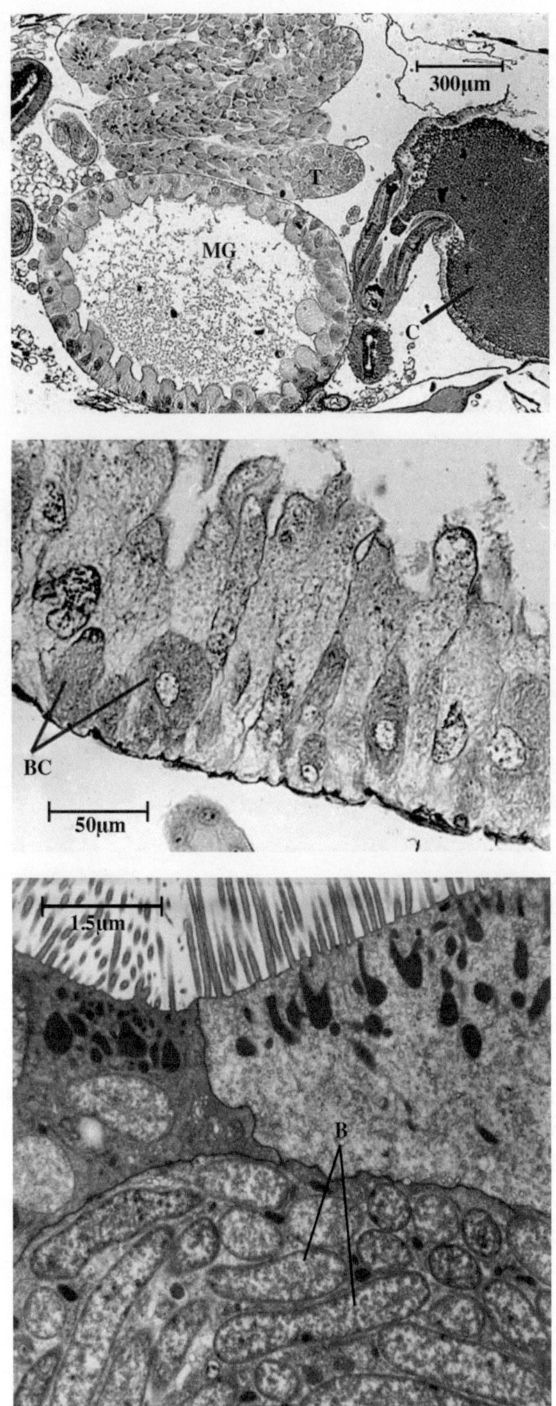

Abb. 2.1 Der Sagittalschnitt durch die Gaster eines Männchens der Rossameise *Camponotus herculeanus* zeigt *(oben)* den Mitteldarm *(MG)*, den Kropf *(C)* und die Hoden *(T)*. Das *mittlere Bild*

(Fortsetzung)

Abb. 2.1 (Fortsetzung) zeigt eine Nahaufnahme des Mitteldarmepithels mit den Bakteriozyten *(BC)* (auch Mycetozyten genannt), die zwischen den Mitteldarmzellen (Enterozyten) liegen (Bert Hölldobler). Das untere Bild ist eine elektronenmikroskopische Aufnahme eines Teils eines Bakteriozyten mit dem stäbchenförmigen Bakterium *Blochmannia (B)* und den Enterozyten mit den Mikrovilli an der apikalen Oberfläche. (Mit freundlicher Genehmigung von Roy Gross)

Abb. 2.2 Alle untersuchten *Camponotus*-Arten sind Wirte von *Blochmannia*-Arten. Der Endosymbiont der Königin und der Arbeiterinnen von *Camponotus floridanus (oberes Bild)* ist *Blochmannia floridanus*, der von *Camponotus socius (unteres Bild)* ist *Blochmannia socius*. (Bert Hölldobler)

dieser Endosymbionten für die sich entwickelnden Wirtsameisenlarven und -puppen sowie für das Brutpflegepotenzial der Ammenarbeiterinnen experimentell nachzuweisen. Sie verfolgten die Expression mehrerer Gene, die mit dem Stickstoff-Stoffwechsel zusammenhängen, sowie von Genen, die an der Synthese von Aminosäuren in *Blochmannia*-Symbionten von *Camponotus floridanus* beteiligt sind, und stellten fest, dass die Genexpression der Symbionten in den frühen Entwicklungsstadien der Wirtsameisen recht gering war und erst in den letzten Larvenstadien zunahm. Eine Spitze der Genexpression „im Zusammenhang mit dem Stickstoffrecycling" wurde während der gesamten Verpuppungsphase festgestellt, und die Expression „von Biosynthesewegen für aromatische Aminosäuren war nur während einer kurzen Phase der Verpuppung erhöht" (Zientz et al. 2006). Diese Ergebnisse deuten darauf hin, dass die endosymbiontischen Bakterien während der Entwicklungsprozesse der Wirtsameisen eine wichtige Rolle spielen könnten. Vielleicht noch spannender ist jedoch die Entdeckung, dass *Blochmannia*-Bakterien die Fähigkeit der Brutpflegerinnen zu beeinflussen scheinen. Zientz et al. (2006) lieferten den ersten Beweis mit experimentellen Arbeiterinnengruppen, die mit Antibiotika behandelt wurden, aber der entscheidende Beweis für die Bedeutung des Endosymbionten in brutpflegenden Ameisen wurde von Feldhaar et al. (2007) erbracht.

Hier ist eine kurze Beschreibung ihres Versuchsprotokolls: Normalerweise wurden die im Labor gezüchteten *Camponotus-floridanus* – Kolonien mit Schaben, Honigwasser und sogenanntem Bhatkar-Agar (einer Mischung aus Agarlösung mit Hühnerei, Honig und Vitaminen) gefüttert; diese Standardnahrung wurde auch den Kontrollgruppen zur Verfügung gestellt. In den Versuchsreihen erhielt die erste Serie (A) der experimentellen Arbeiterinnengruppen ein speziell entwickeltes Futtergemisch, das unter anderem alle essenziellen Aminosäuren für Ameisen enthielt (Feldhaar et al. 2007). Eine zweite Serie (AR) von experimentellen Arbeiterinnengruppen erhielt dasselbe Spezialfutter wie die Gruppen in A, nur dass in diesem Fall alle 2 Wochen das Antibiotikum Rifampicin (2 %) unter das Futter gemischt wurde. In einer dritten Serie (B) erhielten die Arbeiterinnen ebenfalls eine künstliche spezielle Futtergemisch wie in A, allerdings wurden die essenziellen Aminosäuren weggelassen und stattdessen nicht essenzielle Aminosäuren hinzugefügt. Eine vierte Serie (BR) schließlich erhielt das gleiche Futter wie B, jedoch wurde jede zweite Woche 2 % Rifampicin zugesetzt. Jede Arbeiterinnengruppe erhielt die gleiche Anzahl von Eiern und Larven des ersten Stadiums in drei Raten über einen Zeitraum von 8 Wochen, und der Erfolg der Gruppen bei der Aufzucht der Larven und Puppen wurde über einen Zeitraum von 12 Wochen erfasst.

Die Ergebnisse waren verblüffend: Arbeiterinnen, die mit künstlicher Nahrung (A) oder ohne essenzielle Aminosäuren (B) gefüttert wurden, zogen die Larven ebenso erfolgreich bis zur Verpuppung auf wie die Arbeiterinnen der Kontrollgruppen (gefüttert mit Schaben, Honigwasser und Bhatkar-Agar). Die mit Antibiotika behandelten Arbeiterinnen, die mit einer Nahrung ohne essenzielle Aminosäuren (BR) gefüttert wurden, schafften es jedoch nicht, die Larven bis zur Verpuppung aufzuziehen, während die mit Antibiotika behandelten Arbeiterinnengruppen, die mit einer Nahrung mit essenziellen Aminosäuren (AR) gefüttert wurden, die Larven fast genauso gut bis zur Verpuppung brachten wie die Kontrollgruppen. Diese wunderbaren Experimente zeigen überzeugend, dass die *Blochmannia*-Endosymbionten ihre Wirtsameisen mit essenziellen Aminosäuren versorgen, die in ihrer Nahrung fehlen, und dass sie auch eine Rolle im Stickstoff-Stoffwechsel spielen.

Obwohl diese Ergebnisse erst den Anfang unseres Verständnisses der komplexen symbiotischen Beziehung zwischen *Blochmannia* und *Camponotus* darstellen, scheint es gerechtfertigt zu sein zu sagen, dass die Endosymbionten zumindest eine „Rolle bei der Aufwertung der Ernährung spielen, das heißt den Nährwert der Nahrungsressourcen erhöhen", und es *Camponotus* dadurch wahrscheinlich ermöglichen, Nahrungsquellen zu nutzen, die für die Ameisen ohne die Unterstützung der Endosymbionten nutzlos wären (Feldhaar et al. 2007).

Zu ähnlichen Schlussfolgerungen kamen Studien mit pflanzenfressenden Schildkrötenameisen (*Cephalotes*), bei denen Hu et al. (2018) entdeckten, dass darmassoziierte Bakterien Harnstoff (möglicherweise auch aus Vogelkot) in essenzielle Aminosäuren umwandeln, die von ihren Wirtsameisen genutzt werden (siehe auch Moreau 2020).

Wie wir gesehen haben, ist die „Zusammenarbeit" von *Blochmannia spp.* mit seinem Wirt *Camponotus spp.* besonders bei Brutpflegerinnen von Bedeutung, und tatsächlich haben Florian Wolschin und seine Mitarbeiter (2004) festgestellt, dass die Bakterien während der Puppenphase und unmittelbar nach dem Ausschlüpfen der erwachsenen Ameisen proliferieren. Bei älteren Arbeiterinnen nahm die Zahl der Bakterien in den Bakteriozyten des Mitteldarms deutlich ab. Dieses Muster wurde bei *Camponotus floridanus, C. herculeanus* und *C. sericeiventris* festgestellt. Bei der letztgenannten Art konnten sogar mehr als 3 Jahre alte Arbeiterinnen untersucht werden. Während die einige Monate alten Arbeiterinnen dicht mit Bakterien gefüllte Bakteriozyten aufwiesen, konnten bei den alten Arbeiterinnen kaum *Blochmannia* nachgewiesen werden. Das gleiche Muster konnte übrigens bei den Männchen von *Camponotus herculeanus* festgestellt werden, die mehr als 8 Monate in der Kolonie leben. Junge Männchen hatten viele gefüllte Bakteriozyten, die in ihrem Mitteldarmepithel interkaliert waren. In dieser Phase entwickeln die Männchen einen massiven, Fettkörper und zeigen einige soziale Verhaltensweisen wie den Austausch von Nahrung durch Trophallaxis mit anderen Männchen, jungen Arbeiterinnen und jungfräulichen Königinnen. Nach der Winterpause verbrauchen die Männchen ihren Fettkörper und stoßen die *Blochmannia* – Endosymbionten in das Darmlumen aus (Hölldobler 1966). Sobald die *Camponotus* – Männchen zum Paarungsflug bereit sind, sind keine *Blochmannia* mehr in ihnen zu finden (Wolschin et al. 2004). Eine altersabhängige Degeneration der Mitteldarm-Bakteriozyten wurde auch bei *C. floridanus* – Königinnen festgestellt, die im Alter von mehreren Jahren keine Bakterien mehr in ihren Mitteldarm-Bakteriozyten beherbergten, diese aber noch in ihren Eierstöcken trugen (Sauer et al. 2000; Wolschin et al. 2004).

Zusammengefasst nimmt die Anwesenheit von Bakterien in den Bakteriozyten des Mitteldarms mit dem Alter ab, während die Bakterienpopulation in den Eierstöcken vom Reproduktionszustand der Ameisenwirte abhängt. Wenn man bedenkt, dass bei *Camponotus*, wie bei den meisten Ameisenarten, die Arbeitsteilung auf Alterspolyethismus beruht, bei dem die jungen Arbeiterinnen in der Regel die Larven und die Königin füttern, ist ihre besonders reiche Ausstattung mit den endosymbiontischen Bakterien durchaus plausibel. Die Endosymbionten sind für die älteren, nicht reproduktiven Arbeiterinnen unbedeutend, könnten aber bei den Arbeiterinnen, die die Jungtiere pflegen, eine wichtige Rolle spielen.

In jüngster Zeit wurden neue Forschungsergebnisse über die Rolle der Bakteriozyten-Dynamik auf die Entwicklung von *Camponotus*-Ameisen (Stoll et al. 2010) und die Art und Weise, wie die endosymbiontischen *Blochmannia* die embryonale Entwicklung der Wirtsameisen beeinflussen, veröffentlicht (Rafiqi et al. 2020). Im Zusammenhang mit unserer aktuellen Diskussion ist die Arbeit von Sinotte et al. (2018) von besonderem Interesse. Um die Auswirkungen der Symbionten auf die Entwicklung und die Krankheitsabwehr zu erforschen, haben die Autoren durch die Fütterung der Ameisen mit Antibiotika

Blochmannia floridanus in Kolonien von *Camponotus floridanus* reduziert oder vollständig dezimiert. Bei diesen Experimenten ergaben sich mehrere Effekte, wobei nicht immer klar war, ob es sich dabei wirklich um Kausaleffekte oder um Artefakte handelte. In den mit Antibiotika behandelten Kolonien gab es weniger Arbeiterinnen, und die Arbeiterinnen hatten eine kleinere Körpergröße und das Verhältnis von Major- zu Minor-Arbeiterinnen war geringer. Dies deutet darauf hin, dass die Endosymbionten eine entscheidende Rolle bei der Entwicklung spielen, was kürzlich von der Forschungsgruppe um Ehab Abouheif nachgewiesen wurde (Rafiqi et al. 2020). Obwohl die Arbeiterinnen der behandelten Kolonien eine abgeschwächte Cuticulamelanisierung aufwiesen, zeigten sie eine höhere Resistemz gegen das Entomopathogen *Metarhizium brunneum*. Es scheint, dass der Symbiont die Fähigkeit der Ameisen verringert, Infektionen zu bekämpfen, trotz der Verfügbarkeit von Melanin, das bekanntermaßen eine positive Wirkung auf das Immunsystem hat. Die Autoren schlussfolgern:

> Der primäre Endosymbiont *Blochmannia* versorgt seinen Wirt *Camponotus* mit wichtigen Nährstoffen, die im Fall von *C. floridanus* das Wachstum und die Reifung der Cuticula bei den Individuen erleichtern und möglicherweise zum Polymorphismus der Kolonie beitragen, einem Merkmal, das für den Erfolg der Gattung entscheidend ist. Der Symbiont stellt auch einen kritischen Kompromiss dar, da er die Anfälligkeit der Ameisen für Pilzinfektionen erhöht und damit sekundär die Kosten der Pathogenübertragung innerhalb der Kolonie steigert. Die umfassende koevolutionäre Beziehung zwischen den mutualistischen Partnern und die Allgegenwart des Symbionten in der gesamten Gattung impliziert, dass der Nutzen des Bakteriums für die Lebensgeschichte, die Ökologie und die Evolution der Ameisen die Kosten der Schwächung ihrer individuellen und sozialen Immunität überwiegt. (Sinotte et al. 2018, S. 1)

Wir haben uns auf diesen Seiten auf Studien über *Blochmannia* konzentriert, weil die Forschung der letzten Jahre es uns ermöglicht hat, die Funktion dieser mutualistischen Endosymbionten zu verstehen. Es gibt jedoch noch viele weitere Mikroorganismen, die eng mit Ameisen verbunden sind.

Ein Beispiel dafür sind die Darmsymbionten herbivorer Ameisen, die offenbar eng mit der Evolution ihrer Wirtsameisen verbunden sind (Russell et al. 2009, 2017; Martins und Moreau 2020). Der Darm der Schildkrötenameisengattung *Cephalotes* ist mit einem speziellen proventrikulären Filter ausgestattet, der während der oralen und analen Trophallaxis mit symbiotischen Bakterien besiedelt wird. Die Porosität des Filters trennt die Mikrobengemeinschaften zwischen Kropf und Mitteldarm, ähnlich wie der Filter bei einigen Hemipteren, und ermöglicht gleichzeitig den Durchgang gelöster Nährstoffe für die Verdauung (Lanan et al. 2016). In der Tat hatte die Symbiose zwischen Bakterien und Ameisen offensichtlich große Auswirkungen auf die Evolutionsökologie vieler Ameisenarten. Die Arbeit von Corrie Moreau und ihren Kollegen hat viele vergleichende Fallstudien geliefert, die darauf hindeuten, dass darmassoziierte Bakterien eine bedeutende Rolle bei der Entwicklung der Ameisenherbivorie spielen (Russell et al. 2009; Pringle und Moreau 2017). Sie haben auch angedeutet, dass Umweltfaktoren eine Rolle bei der Strukturierung der Mikrobiota in Ameisen spielen könnten (Ramalho et al. 2019), und haben gezeigt, dass Symbiosen über die Ameisenarten hinweg nicht gleichmäßig verteilt sind, und dass einige Stämme anscheinend keine bakteriellen Symbionten haben (Russell et al. 2017).

Darüber hinaus gibt es umfangreiche Literatur über symbiotische externe Mikroorganismen in Blattschneiderameisen, Koloniehygiene bei Blattschneiderameisen und ihre Rolle in der „Agrarpathologie", die hauptsächlich auf den Entdeckungen und Arbeiten von Cameron Currie und seinen Mitarbeitern beruht (Hölldobler und Wilson 2011). Schließlich haben Ronque et al. (2020) in einer sehr aktuellen Studie, die im Labor von Paulo Oliveira durchgeführt wurde, nachgewiesen, dass die Bakteriengemeinschaften auf den Körpern von vier Pilz-züchtenden Ameisenarten (*Mycocepurus smithii*, *Mycetarotes parallelus*, *Mycetophylax morschi* und *Sericomyrmex saussurei*), die aus drei verschiedenen Umgebungen im brasilianischen atlantischen Regenwald gesammelt wurden, sich sowohl zwischen den Arten als auch zwischen Kolonien derselben Art unterschieden, während sich die Bakteriengemeinschaften von Nestarbeitern und Futtersammlern nicht oder nur geringfügig innerhalb jeder Ameisenart unterschieden. Über die biologische Funktion dieser Muster können wir nur spekulieren. (Zu weiteren Studien über die Bakteriengemeinschaften auf der Cuticula von Ameisenarten siehe Birer et al. 2020).

2.2   Innere Parasiten und Parasitoide, die das Verhalten der Ameisen beeinflussen

Parasitoide entwickeln sich im Inneren eines lebenden Wirts und töten ihn schließlich. Im Gegensatz dazu können Parasiten auch auf oder in dem Wirt leben, profitieren aber im Allgemeinen vom weiteren Überleben des Wirts. Bei sozialen Insekten, insbesondere bei Ameisen, können interne Parasiten und Parasitoide vielfältige Auswirkungen auf das Aussehen und die Physiologie der infizierten Ameise, sowie auf ihr Verhalten und ihre Interaktionen mit Nestgenossen haben. Wir werden zunächst untersuchen, wie Bandwürmer das Aussehen und die Lebensbedingungen der Wirtsameise beeinflussen können.

2.2.1   Bandwürmer: Cestoden

Temnothorax nylanderi gehört zu den Knotenameisen (Myrmicinae), deren Kolonien in Hohlräumen von verrottendem Holz leben und aus einer Königin mit etwa 10–300 relativ kleinen Arbeiterinnen (2–3 mm) bestehen. Die Arbeiterinnen und die Königin haben in der Regel eine rötlich-gelbe Farbe. Im Jahr 1972 entdeckte Luc Plateaux, der viele Aspekte dieser Ameisen untersuchte, dass einige Kolonien Arbeiterinnen enthielten, die eine leuchtend weißlich-gelbe Farbe hatten und fast wie „Albino-Ameisen" aussahen. Es stellte sich bald heraus, dass diese Arbeiterinnen von dem Cestodenwurm (Bandwurm) *Anomotaenia brevis* befallen waren. In einer Folgestudie entdeckten Marie Trabalon, Luc Plateaux und ihre Mitarbeiter (2000), dass dieser Parasit nicht nur die ungewöhnliche Pigmentierung der erwachsenen Ameisen hervorruft, sondern auch die morphologischen Merkmale beeinflusst. Er führt zu einer geringeren Körpergröße und einer Verkleinerung des Kopfes, der Augen und der Beine, sowie zu einer Vergrößerung des Petiolus und des Postpetiolus. Vor allem aber verändert er das cuticuläre Kohlenwasserstoffprofil der Kolonie. Bei Ameisen werden koloniespezifische Kohlenwasserstoffmischungen als Erkennungsmerkmale für Nestgenossen verwendet (siehe Kap. 3). Obwohl die von Parasiten befallenen und die nicht befallenen Arbeiterinnen die gleichen cuticulären Kohlenwasserstoffe tragen, führt die Infektion zu einer quantitativen Veränderung von 13 Verbindungen in der Kohlenwasserstoffmischung. Die Autoren berichten, dass das Vorhandensein eines einzigen Cysticercoiden (das Larvenstadium des Bandwurms) ausreicht, um die beschriebenen Veränderungen in den Wirtsameisen hervorzurufen; je höher jedoch die Anzahl dieser Parasiten im Körper der Wirtsameisen ist, desto größer ist der Unterschied zwischen befallenen Ameisen im Vergleich zu parasitenfreien Nestgenossen. Dieser Unterschied könnte das gelegentliche antagonistische Verhalten gesunder Ameisen gegenüber ihren befallenen Nestgenossen erklären.

Wie wirken sich die veränderten Merkmale in den von Parasiten befallenen Ameisen auf die Fitness des Parasiten aus? Diese Frage wurde im Labor von Susanne Foitzik untersucht (Beros et al. 2015). Es zeigte sich, dass mit dem Bandwurm infizierte *Temnothoraxnylanderi*-Arbeiterinnen weniger häufig flüchteten, wenn Angriffe auf das Nest simuliert wurden. Dennoch war ihre Lebenserwartung deutlich höher als die ihrer nicht infizierten Nestgenossinnen. Mit anderen Worten: „Inaktivität bei Kämpfen fördert das individuelle Überleben". Interessanterweise lösen die mit dem Bandwurm infizierten Arbeiterinnen aus fremden Kolonien eine stärkere Aggression bei den *T.-nylanderi*-Arbeiterinnen aus als gesunde nicht infizierte Nestgenossinnen (vorausgesetzt, es gibt keine infizierte Nestgenossin in der eigenen Kolonie). Sind jedoch Ameisen in der eigenen Kolonie ebenfalls von diesem Bandwurmparasiten befallen, ist die Aggression der nicht infizierten Arbeiterinnen gegenüber fremden Artgenossen deutlich geringer. Auch wenn es keine direkten Beweise gibt, liegt die Vermutung nahe, dass die Veränderung des Kohlenwasserstoffprofils infizierter Ameisen eine Schlüsselrolle bei diesen Veränderungen der sozialen Interaktionen spielt. Ob sich diese Verhaltensänderungen zum Vorteil des Parasiten entwickelt haben oder nur zufällige Symptome eines Befalls der Kolonie sind, bleibt eine offene Frage. Wir denken jedoch, dass die von Beros et al. (2015) vorgeschlagene Hypothese, dass die Verhaltens- und Strukturänderungen der Wirtsameisen der Fitness des Parasiten zugutekommen, sehr plausibel ist. Sie erklären:

> Unsere Ergebnisse deuten darauf hin, dass die beobachteten parasiteninduzierten Veränderungen bei infizierten Wirtsindividuen das Überleben und die Übertragung des Parasiten begünstigen könnten. Die geringere Fluchtreaktion infizierter *T. nylanderi*-Arbeiterinnen als Reaktion auf Angriffe auf das Nest würde vermutlich die Übertragung der Bandwürmer auf den endgültigen Vogelwirt erhöhen, der sich von Ameisenbrut oder Käferlarven ernährt. Ursachen für die reduzierte Fluchtreaktion könnten neben der geringeren Aktivität der infizierten Arbeiterinnen auch deren geringere Augen- und Körpergröße sowie kürzere Beine sein. Die höhere Überlebensrate infizierter Ameisen würde die Chancen einer Übertragung auf den nächsten Wirt erhöhen, da Prädationsereignisse durch Spechte selten sein dürften. (Beros et al. 2015, S. 5–6)

Sara Beros und Kollegen weisen darauf hin, dass es auch andere mögliche Gründe für das höhere Überleben der infizierten Ameisen gibt: So wurde bereits gezeigt (Scharf et al. 2012), dass gesunde Nestgenossen die infizierten Arbeiterinnen überdurchschnittlich gut versorgen, was wiederum erhebliche Kosten für die Kolonie als Ganzes verursachen und der Grund dafür sein könnte, dass nicht infizierte Arbeiterinnen einer Kolonie mit befallenen Nestgenossinnen eine kürzere Lebensspanne haben als Arbeiterinnen von Kolonien ohne Bandwurmparasiten. Nichtsdestotrotz können solche Reaktionen auf Kolonieebene hypothetisch damit erklärt werden, dass die Parasiten ihren „erweiterten Wirt" (die Ameisenkolonie) so infizieren, dass sie ihr eigenes Überleben optimieren und dadurch ihre Übertragung auf ihren endgültigen Wirt sicherstellen.

2.2.2   Fadenwürmer: Nematoden

Nematoden aus der Familie der Mermithidae sind ein weiterer häufiger Parasit von Ameisen. Ameisen, die als Larven infiziert werden, entwickeln als Erwachsene oft morphologische Anomalien. Diese sogenannten Mermithergate (Wheeler 1907) sind leicht an ihrer aufgeblähten Gaster zu erkennen und können auch an einer Verkleinerung des Kopfes, einem Funktionsverlust der Abwehrdrüsen, einer vergrößerten Trachea, verkürzten Flügeln und abweichenden Geschlechtsorganen leiden (Übersicht bei Schmid-Hempel 1998). Betrachten wir das Fallbeispiel der Wiesenameise *Lasius flavus*: Die Arbeiterinnen haben einen toten Regenwurm als Beute in das Nest gebracht, an dem die Ameisenlarven fressen. Sie infizieren sich dabei, denn in dem Regenwurm befindet sich die enzystierte Form der *Pheromermis villosa* (Mermithidae) (Kaiser 1986, 1991). Die infizierten adulten Ameisenweibchen, anstatt zum Paarungsflug auszufliegen, machen sich zu Fuß auf die Suche nach Wasser. Sobald sie feuchtes Areal gefunden haben, bricht der parasitäre Mermithide aus der Gaster seines geflügelten Wirts hervor und vollendet seine Entwicklung zur geschlechtsreifen adulten Form. Die Wahrscheinlichkeit, dass sich ein Wurm auf einem feuchten Habitat paaren kann und somit den Lebenszyklus vollendet, ist erstaunlich hoch, denn eine von zwölf geflügelten Ameisenweibchen ist mit *P. villosa* infiziert. In der Tat, Mermithiden sind bei Ameisen sehr häufig. Abb. 2.3 zeigt die Schnappkieferameise *Odontomachus haematodus*, deren Gaster mit einem solchen Parasiten vollgestopft ist.

Eine ähnliche, aber noch nicht beschriebene Mermithiden-Art ist dafür bekannt, dass sie die Gynen der Feuerameise *Solenopsis geminata* kastriert und sie in bis zu 40 m entfernte Teichränder treibt. McInnes und Tschinkel (1996) wiesen nach, dass die ein Jahr dauernde Entwicklung des Wurms mit der seiner Wirtskolonie synchronisiert ist und mit der Aufzucht von Makrogynen (große Königinnen) im Frühsommer zusammenfällt. Bis zu fünf Würmer finden sich im Inneren der Gaster einer einzigen Makrogyne. Hier können die Würmer ihre maximale Größe erreichen, nämlich erstaunliche 15,5 cm. Obwohl der Wurm alle Kasten infizieren kann, tritt er nicht in Phasen strikter Arbeiterinnenproduktion oder in Kolonien auf, die eine alternative Reproduktionsstrategie verfolgen, indem sie spät

Abb. 2.3   Die Schnappkieferameise *Odontomachus haematodus* offenbart eine Mermithidennematode in ihrem Gaster. (Mit freundlicher Genehmigung von Alex Wild/alexanderwild.com)

im Jahr Mikrogyne (kleine Königinnen) aufziehen. Von den Makrogynen werden 6–32 % in jeder Saison infiziert, was darauf hindeutet, dass sich die alternative Reproduktionsstrategie von *S. geminata* (die Produktion von Mikrogynen) wahrscheinlich durch den Druck von parasitären Mermithiden im Laufe der Evolution entwickelt hat.

Einige Mermithiden „treiben" ihre Wirte nicht nur ins Wasser, sondern beeinflussen auch die Fototaxis und das allgemeine Bewegungsverhalten ihrer Wirte und bewirken sogar Verhaltensänderungen bei nicht infizierten Nestgenossen. Kwapich fand heraus, dass infizierte frischgeschlüpfte *Pogonomyrmex badius* – Ernteameisen aus Florida in die oberen Schichten ihrer Nester wandern, wo ältere Arbeiterinnen sie einsammeln und bis zu 20 cm vom Nesteingang wegtragen. Die Jungameisen wandern ziellos umher, ihre Gaster haben keinen Fettkörper und sind durch 3 cm lange, eingerollte Würmer aufgebläht (Abb. 2.4).

Wenn sie den Weg zurück zum Nest finden, werden sie wiederholt von ihren Schwestern ausgestoßen (Kwapich in prep. a). Diese Ergebnisse deuten darauf hin, dass Nestgenossen parasitenbefallene Individuen erkennen, entweder aufgrund ihres abweichenden Verhaltens oder durch Veränderungen in der Oberflächenchemie, wie es bei dem bereits beschriebenen, mit Cestoden infizierten *Temnothorax nylanderi* der Fall ist (Trabalon et al. 2000).

Viele Nematoden sind Parasiten von Ameisen (Poinar 2012), aber die neu entdeckte Gattung und Spezies des Tetradonematid-Nematoden *Myrmeconema neotropicum* ist ein ganz besonderer Fall (Poinar und Yanoviak 2008). Die einzige bekannte Ameisenwirtsart ist die neotropische, baumbewohnende Knotenameise *Cephalotes atratus*. Stephen Yanoviak und seine Mitarbeiter machten eine bemerkenswerte Entdeckung. Obwohl der gesamte Körper der Arbeiterinnen von *C. atratus* schwarz ist, werden gelegentlich Exemplare mit einer rötlich-braunen Gaster gefunden. Wie frühere Sammler dachten auch Yanoviak und seine Kollegen zunächst, sie hätten eine neue Cephalotes-Art oder eine Art Entwicklungsfehler gefunden, aber bei der Sektion der Gaster wurden „Hunderte von durchsichtigen Eiern entdeckt, die jeweils einen kleinen, aufgewickelten Wurm beherbergten", der sich später als eine neue Gattung der Nematodenfamilie Tetradonematidae herausstellte (Abb. 2.5) (Poinar und Yanoviak 2008).

Abb. 2.4 Eine bleiche *Pogonomyrmex-badius-Arbeiterin*. Die geöffnete Gaster enthält keinen Fettkörper und ist durch einen 3 cm langen, eingerollten Wurm aufgebläht. (Christina Kwapich)

Nur eine weitere Tetradonematiden-Art (*Tetradonema sp.*) wurde bei Ameisen gefunden. Sie ist ein Parasit der Feuerameise *Solenopsis invicta* und wurde an einer Stelle in Mato Grosso gesammelt (Jouvenaz et al. 1988). Abgesehen von einer etwas vergrößerten Gaster wurden bei den infizierten Feuerameisen keine weiteren morphologischen Veränderungen oder Verhaltensauffälligkeiten beobachtet.

Deutlich anders ist die Situation bei *Cephalotes atratus*, einer Baumameisenart. Hier bewirkt der Parasit mehrere Veränderungen des Aussehens und des Verhaltens der Ameisen, wobei die Farbveränderung der Gaster am auffälligsten ist. Erstaunlicherweise wird diese Farbveränderung nicht durch eine Veränderung der Pigmentierung verursacht. Im Gegenteil, die Cuticula der befallenen Ameise wird zunehmend „bernsteinfarben durchscheinend, was in Kombination mit den darin befindlichen gelblichen Nematodeneiern zu einem leuchtend roten Aussehen führt" (Yanoviak et al. 2008). Je mehr Nematodeneier sich im Inneren der Gaster befinden, desto intensiver ist die rote Farbe. Im Allgemeinen sind infizierte Ameisen im Durchschnitt 10 % kleiner, aber 40 % schwerer als gesunde Ameisen ähnlicher Größe. Diese Gewichtszunahme ist offensichtlich auf die Parasitenbelastung zurückzuführen. Darüber hinaus ist die Verbindung zwischen Postpetiolus und Gaster bei parasitierten Ameisen deutlich geschwächt, sodass die Gaster leicht von der Ameise getrennt werden kann. Infizierte Ameisen weisen auch auffällige Verhaltensänderungen auf. Sie halten die Gaster beim Laufen fast durchgehend in aufrechter Position

Abb. 2.5 Zwei Arbeiterinnen der Ameise *Cephalotes atratus*; die eine mit der roten Gaster ist mit dem Nematoden *Myrmeconema neotropicum* infiziert, die andere Ameise ist frei von dem Parasiten. Das untere Bild zeigt eine infizierte *C. atratus* – Arbeiterin, die typischerweise ihre rote Gaster zeigt. (Mit freundlicher Genehmigung von Steve Yanoviak)

und zeigen kaum Abwehr- oder Fluchtreaktionen, wenn sie vom Beobachter gestört werden (Abb. 2.6).

Es ist wirklich erstaunlich, wie sehr die Gaster befallener Ameisen einigen der Beeren ähneln, von denen sich fruchtfressende Vögel ernähren. Dennoch stellen Stephen Yanoviak und seine Kollegen etwas frustriert fest: „Trotz hunderter Stunden, in denen wir Vögel und Ameisen in den Baumkronen beobachtet und aufgezeichnet haben, fehlt uns eine direkte Beobachtung der Prädation von infizierten oder gesunden *C. atratus* durch Vögel." Unserer Meinung nach haben die Autoren jedoch eine große Menge an Daten über die Futtersuche der Ameisen und den Grad der Parasitenbelastung in Individuen und Kolonien zusammengetragen sowie Prädationsexperimente mit Vögeln durchgeführt, was es ihnen ermöglichte, den Übertragungsprozess der Parasiten so gut wie möglich zu rekonstruieren.

Die *Cephalotes atratus* sammeln tote Insekten und ernähren sich unter Umständen auch von extrafloralen Nektarien. Der größte Teil der Nahrung, die sie in ihre Nester tragen, ist jedoch Vogelkot (Corn 1980). Der von *C. atratus* gesammelte Kot kann Nematoden enthalten, die den Filter des Proventriculus zwischen Kropf und Mitteldarm der

Abb. 2.6 Eine infizierte *Cephalotes-atratus*-Arbeiterin mit ihrer roten Gaster hat eine frappierende Ähnlichkeit mit den von Vögeln gefressenen Früchten. (Mit freundlicher Genehmigung von Steve Yanoviak)

Ameise nicht passieren, sondern mit dem übrigen Kropfinhalt der Ameise direkt an die Larven verfüttert werden. Die Nematoden entwickeln sich in den Ameisenlarven, und nach der Verpuppung der Ameisen wandern die Würmer in die Gaster. Die Würmer paaren sich dann in den frischgeschlüpften jungen Ameisen. „Hunderte von sich entwickelnden Nematodenembryonen in den graviden weiblichen Würmern verursachen eine verstärkte Rötung und einen veränderten Körperbau, wahrscheinlich durch Sequestrierung von Nahrung und Stoffen des Exoskeletts der erwachsenen Ameise" (Poinar und Yanoviak 2008). Die infizierte Arbeiterin bleibt die ganze Zeit über im Nest, aber sobald die Gaster ihre maximale Farbe erreicht hat, wird die Ameise zu einer Arbeiterin außerhalb des Nests, wechselt also, wie ihre aktuell nicht infizierten Nestgenossen, von der Brutpflege und Nesterhaltung zur Nahrungssuche. Die infizierte Ameise stellt ihre rote Gaster aufrecht und wird vermutlich schließlich von einem frugivoren (Früchte fressenden) Vogel gefressen. Alle von Yanoviak et al. (2008) zusammengetragenen direkten Beweise und Indizien sprechen stark für diesen vorgeschlagenen Lebenszyklus von *Myrmeconema neotropicum*.

2.2.3 Saugwürmer: Trematoden

Der Trematode *Dicrocoelium dendriticum* (Kleiner Leberegel) ist ein Parasit aller grasenden Wiederkäuer, wie Rinder und Schafe, aber auch von Wildtieren. Sein komplexer

Lebenszyklus wurde erstmals von Krull und Mapes (1952, zitiert in Carney 1969) beschrieben. Der Trematode verbringt sein Erwachsenenleben in den Gallengängen und der Leber seiner Wirte. Nach der Paarung produzieren die Weibchen zahlreiche Eier, die mit den Fäkalien der Wirte ausgeschieden werden. Aus den Eiern schlüpfen die Miracidien (Singular: Miracidium), das erste Larvenstadium, entweder wenn sie noch im Kot eingebettet sind, oder nachdem die Eier und Miracidien von der Landschnecke *Cochlicopa lubrica* aufgenommen wurden, die sich von den Wiederkäuerkotproben ernährt. Hier entwickelt sich das Miracidium zu einer Sporozyste, die im Inneren der Schnecke ungeschlechtlich Zerkarien (ein weiteres Larvenstadium) produziert, die anschließend mit dem Schneckenschleim ausgestoßen werden. Schließlich ernähren sich Ameisen der Gattung *Formica* oder *Camponotus* u. a. von dem ausgeschiedenen Schneckenschleim, und so gelangen die Zerkarien des Kleinen Leberegels in den Körper des zweiten Zwischenwirts, der fressenden Ameise. Die meisten dieser Zerkarien durchdringen den Rachen und die Kropfwände, und entwickeln sich im Körper des Ameisenwirts zu bewegungslosen, enzystierten (eingekapselten) Larven. Sie werden nun als Metazerkarien bezeichnet. In diesem Stadium warten sie, bis sie in ihren endgültigen Wirt gelangen, der, wie wir bereits gelernt haben, einer der weidenden Wiederkäuer ist.

Aber wie kann eine eingeschlossene, unbewegliche Metazerkarie im Körper einer Ameise in den Körper einer Kuh, eines Schafes oder eines Rehs eindringen? Dieses Rätsel wurde von W. Hohorst und seinen Mitarbeitern gelöst (Hohorst und Graefe 1961; Schneider und Hohorst 1971). Sie entdeckten, dass einige Zerkarien nicht zu eingekapselten Metazerkarien werden, sondern stattdessen zum Kopf der Wirtsameise wandern und eine von ihnen in das Gehirn der Ameise eindringt, wo sie sich im Unterschlundganglion einnistet. Daniel Martín-Vega und Kollegen (2018) konnten dies mit Hilfe eines nicht invasiven Mikro-CT-Scans wunderbar visualisieren (Abb. 2.7).

Offenbar bringt dieser „Hirnwurm" seine *Formica*-Wirte (oder *Camponotus*-Wirte, siehe Carney 1969) dazu, das Nest zu verlassen, wenn die Tagestemperatur sinkt. Sie heften sich mit einem festen Griff der Mandibeln an die Spitze von Grasblättern oder anderer krautiger Vegetation, wo sie die Nacht und den kühlen Morgen über bleiben. Dies ist natürlich die Zeit, in der der Endwirt weidet, und der Aufenthalt der infizierten Ameise erhöht die Wahrscheinlichkeit, dass ein Weidetier die mit Metazerkarien beladene Ameise aufnimmt. Im Endwirt, dem Wiederkäuer, entwickeln sich die Metazerkarien zu erwachsenen Leberegeln. Dort paaren sie sich und produzieren befruchtete Eier, und der Zyklus beginnt von Neuem.

2.2.4   Pilze

Viele Pilze sind mit Insekten vergesellschaftet. Neben einigen mutualistischen Symbionten, von denen die bekanntesten in den Pilzgärten pilzzüchtender Ameisen zu finden sind (Hölldobler und Wilson 2011), sind die meisten Pilze parasitisch (Araújo und Hughes 2016). Viele der erstaunlichsten dieser Pilzparasiten finden sich in der Gattung *Ophiocordyceps* (früher *Cordyceps* genannt). Dabei handelt es sich um Ascomyceten aus der Familie der Ophiocordycipitaceae in der Ordnung der Hypocreales. Sie parasitieren die

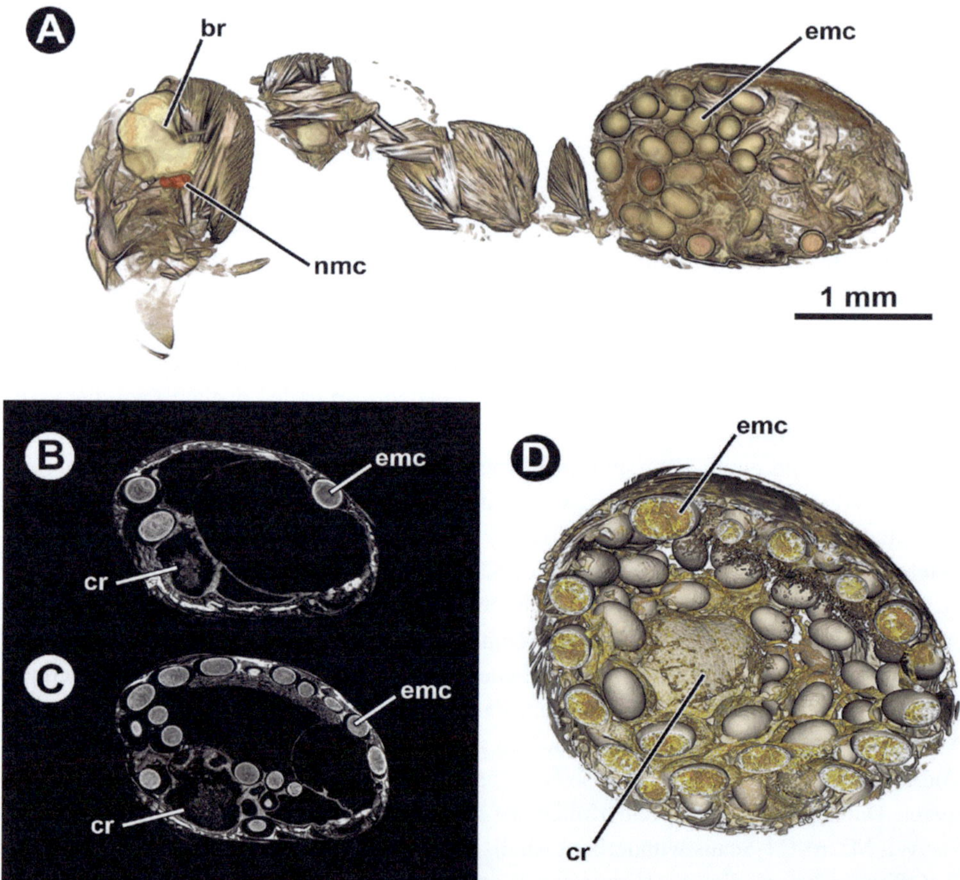

Abb. 2.7 (**a**) zeigt eine Fehlfarben-3D-Volumengrafik einer infizierten *Formica-aserva*-Arbeiterin im Sagittalschnitt, auf der die enzystierten *(emc)* und nicht enzystierten *(nmc)* Metazerkarien zu sehen sind. Die nicht enzystierten Metazerkarien im Ameisenhirn werden auch als „Hirnwurm" bezeichnet. (**b**) zeigt einen mikro-CT-basierten virtuellen Sagittalschnitt einer Ameisengaster, in der sich sechs eingekapselte Metazerkarien befinden, und in (**c**) ist die Gaster dargestellt, die 98 eingekapselte Metazerkarien enthält. (**d**): Fehlfarben-3D-Volumengrafik einer infizierten Ameisengaster im Sagittalschnitt. Auf der Oberfläche des Kropfes (*cr*) befinden sich Verletzungen, durch die die Metacerkarien die Kropfwand durchdrungen haben. (Mit freundlicher Genehmigung von Daniel Martín-Vega)

Larven und erwachsenen Tiere vieler Insektenarten der Coleoptera, Diptera, Hemiptera, Hymenoptera, Lepidoptera und Orthoptera (Steinhaus 1946, zitiert in Van Pelt 1958). Obwohl sie schädliche Parasitoide von Insekten sind, wurde mindestens eine Art zu einer wertvollen Handelsware für den Menschen. Die Spezies *Ophiocordyceps sinensis* kommt auf hoch gelegenen Wiesen des östlichen Himalayas, des Qinghai-Tibet-Plateaus und der Hengduan-Berge vor (Wang und Yao 2011; Wang et al. 2019), wo sie Yarsagumba (wörtlich: „Raupenpilz") genannt wird. Er ist ein Parasit von Raupen der Mottengattung *Thita-*

rodes (Hepialidae) und hat sich zu einem begehrten, teuren Naturprodukt entwickelt, das in der traditionellen Medizin verwendet wird. Das Sammeln dieses Pilzes durch den Menschen ist so intensiv, dass in Kombination mit den negativen Auswirkungen des Klimawandels das Überleben dieser Art ernsthaft gefährdet ist (Cannon et al. 2009; Yan et al. 2017; Hopping et al. 2018).

Für uns Myrmekologen sind diejenigen *Ophiocordyceps*-Spezies faszinierend, die erwachsene Ameisen verschiedener Arten befallen und ihr Verhalten so manipulieren, dass eine effiziente Verbreitung und Vermehrung der Pilzsporen gewährleistet ist. Dieser Ameisen befallende Pilzparasit ist Naturforschern schon lange bekannt und wurde erstmals 1865 in Brasilien als Parasit der Blattschneiderameise *Atta cephalotes* beschrieben. Etwa 150 Jahre später wies David Hughes jedoch anhand der genauen Zeichnung, die dem ersten Bericht beigefügt war, überzeugend nach, dass es sich bei der Wirtsameise nicht um *Atta*, sondern höchstwahrscheinlich um die Rossameise *Camponotus sericeiventris* handelt. Tatsächlich wurden laut Evans, Elliot und Hughes (2011) zwei infizierte Exemplare von *C. sericeiventris* später in Brasilien gefunden.

Der am besten untersuchte Pilzparasit von Ameisen ist *Ophiocordyceps unilateralis*. Ursprünglich wurde angenommen, dass *Ophiocordyceps unilateralis* ein hochgradig wirtsspezifischer Pilz ist, der eine oder wenige *Camponotus*-Arten befällt. Neuere molekularphylogenetische Arbeiten haben jedoch gezeigt, dass *O. unilateralis* eher eine sogenannte Kernklade darstellt, die eine monophyletische Gruppe von 23 Arten enthält (Araújo et al. 2018). Die *Ophiocordyceps*-Arten, die Ameisen infizieren, sind in tropischen Wäldern weltweit verbreitet, mit wenigen Berichten aus gemäßigten Ökosystemen (Araújo et al. 2018). Die folgenden wenigen Fälle illustrieren die bemerkenswerten parasitären Interaktionen des Pilzes mit seinen Ameisenwirten.

Die einzelnen Arten dieser Gruppe *Ophiocordyceps unilateralis sensu* lato (s.l.) weisen eine relativ hohe Wirtsameisenspezifität auf, doch kann es zu einem Wirtswechsel kommen. In jedem Fall braucht der Pilz Ameisen, um sich zu vermehren; er ist ein obligater, direkt übertragener Parasit. Der Befall, die Morphologie, die Ökologie und die Physiologie dieser parasitären Interaktionen wurden von David Hughes und seinen Mitarbeitern eingehend untersucht (Andersen et al. 2009, 2012; Pontoppidan et al. 2009; Hughes et al. 2011; Hughes 2013; de Bekker et al. 2014; Hughes et al. 2016; Araújo et al. 2018).

Die Ameisen, die auf Nahrungssuche sind, werden außerhalb ihres Nests zufällig mit Sporen kontaminiert. Die Pilzsporen, die sich an der Cuticula einer potenziellen Wirtsameisenart festsetzen, bilden eine spezialisierte Zelle, das sogenannte Appressorium, aus, mit dem sie durch die Cuticula in die Ameise eindringen. Im Inneren kolonisiert der Parasit den Körper der Ameise, und der Kopf der Ameise füllt sich mit Hyphenkörpern. Auf diese Weise erfolgt die anfängliche Pilzbesiedlung der Wirtsameise im Inneren des Ameisennests. Sobald jedoch der Zeitpunkt gekommen ist, an dem der Pilz seine eigene Vermehrung vorbereiten kann, übernimmt er die vollständige Kontrolle über die Wirtsameise. Der Pilz „kapert" das zentrale Nervensystem der Ameise, wie es David Hughes ausdrückt, und zwingt die Ameise, das Nest zu verlassen. Obwohl sich die Ameise nicht sehr zielgerichtet und etwas träge fortbewegt, klettert sie schließlich auf ein Blatt des krautigen Unterholzes und umklammert es fest mit ihren Mandibeln, sodass die Kiefer tief in das Pflanzengewebe eindringen. In anderen Fällen kann die infizierte Ameise einen Blattstiel oder ein anderes Stück der Vegetation ergreifen, aber in jeden Fall verankert sie ihren Körper immer fest an exponierten Stellen im Biotop. Dieser sogenannte Todesgriff ist der „Anfang vom Ende des Lebens der Ameise". Die Mandibularmuskulatur baut sich ab, die Kiefer bleiben in ihrer Position verriegelt und die Ameise bleibt auch nach ihrem Tod fest an der Vegetation verankert. Hughes et al. (2011) wiesen „eine hohe Dichte von einzelligen Stadien des Parasiten in der Kopfkapsel sterbender Ameisen" nach und sie vermuten, dass diese wahrscheinlich für den Muskelschwund verantwortlich sind. Auch nach dem Tod des Wirts braucht der Pilz noch mindestens 14 Tage, um sich im Ameisenkörper weiterzuentwickeln. Schließlich bildet er eine „Sporenausbreitungsstruktur", das sogenannte Stroma, aus, die am vorderen Thorax (Pronotum) der Ameise oder zwischen Mesosoma und Petiolus entsteht (Evans 1982; Evans und Samson 1984; Evans et al. 2018) (Abb. 2.8).

In diesem Stadium ist der größte Teil des Kopfes, des Mesosomas und der Gaster mit Pilzhyphengewebe gefüllt. Auf dem Stroma entwickeln sich die Fruchtkörper oder Ascoma-Kissen mit mehreren Ascomata, die jeweils Asci enthalten, in denen Ascosporen gebildet werden. Sobald die Asci reif sind, platzen sie auf und schleudern die Ascosporen heraus, von denen einige schließlich eine andere Wirtsameisenarbeiterin treffen und so einen neuen Zyklus in Gang setzen (Abb. 2.9).

David Hughes und seine Mitarbeiter (2011) vermuten aufgrund einiger fossiler Belege, dass diese Art der Wirtsmanipulation durch einen parasitären Pilz 48 Mio. Jahre zurückverfolgt werden kann, also bis ins Eozän. Im Laufe dieser langen Evolutionsgeschichte hat sich offenbar eine hohe Wirtsspezifität entwickelt, wobei ein Wirtswechsel möglich ist

Abb. 2.8 Der *Ophiocordyceps*-Pilz bildet zwei „Sporenausbreitungsstrukturen" (Stroma) aus dem dorsalen Pronotum und dem Petiolus einer *Camponotus*-Arbeiterin, die von dem Pilz getötet wurde. (Mit freundlicher Genehmigung von Alex Wild/alexanderwild.com)

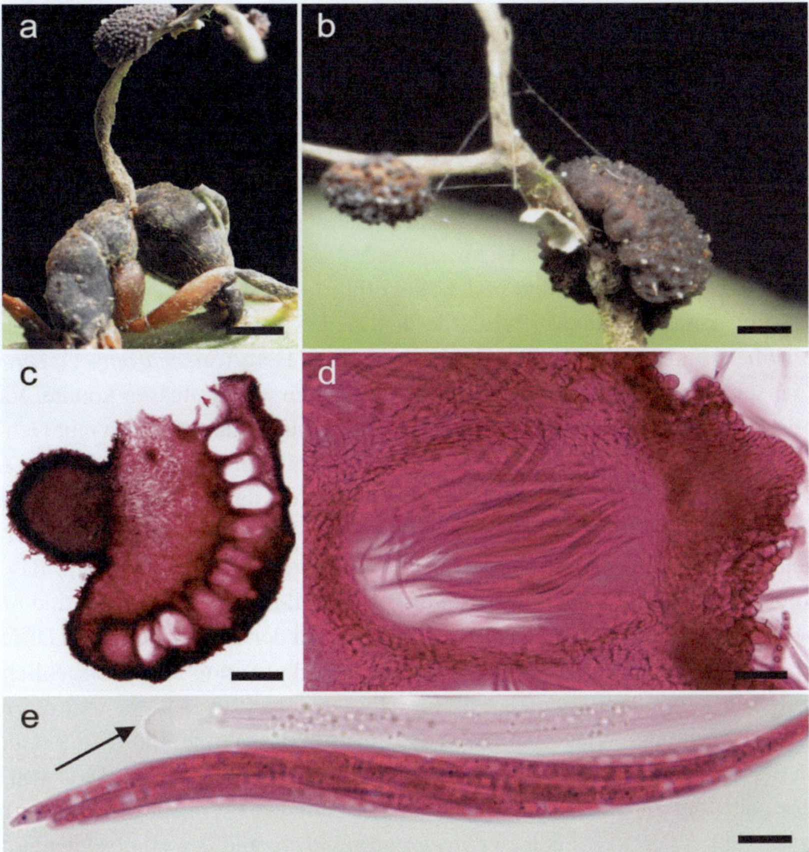

Abb. 2.9 *Ophiocordyceps camponoti-rufipedis*: **a** einzelnes Stroma, charakteristisch für *Ophiocordyceps unilateralis* sensu lato, mit zwei seitlichen Ascomata-Kissen oder -Platten, die aus dem dorsalen Pronotum von *Camponotus rufipes* (der rotbeinigen Ameise) entspringen und fest mit einer Blattader verbunden sind (Balken = 0,8 mm); **b** Detail der fruchtbaren Region, das die eingebetteten bis teilweise hervorstehenden Ascomata innerhalb der Kissen zeigt, wobei die kurzen Hälse oder Ostiolen sichtbar sind (Balken = 0,4 mm); **c** Schnitt durch ein Ascoma-Kissen, der die größtenteils eingebetteten Ascomata zeigt (Balken = 150 μm), und **d** Detail der Asci innerhalb der Kammer (Balken = 25 μm); **e** Asci, keulenförmig und mit vorstehender refraktiver Kappe (*Pfeil*, Balken = 7,5 μm). (Mit freundlicher Genehmigung von David Hughes)

(Hughes et al. 2009; de Bekker et al. 2014, 2017, 2018). Die Wirtsspezifität wird offensichtlich von vielen intrinsischen und extrinsischen Faktoren beeinflusst, aber wie die Arbeit von Charissa de Bekker und ihren Mitarbeitern (2014) nahelegt, könnte ein entscheidender Faktor die chemische Übereinstimmung des Parasiten mit dem zentralen Nervensystem des Wirts sein. Die Autoren führten eine Reihe von Ex-vivo-Experimenten mit dem nordamerikanischen *Ophiocordyceps unilateralis* s.l. durch, der Rossameisen infiziert. Anhand von Kulturen dieses Pilzes testeten sie die Fähigkeit des Pilzgewebes, drei

Camponotus- und eine *Formica*-Art zu infizieren; zwei von ihnen kannte man als regulären Wirt des Pilzes (*C. castaneus* und *C. americanus*), während die beiden anderen Ameisenarten (*C. pennsylvanicus*, *Formica dolosa*) nie von *Ophiocordyceps* befallen wurden. Die Autoren konzentrierten sich auf sekundäre Metaboliten, die der Pilz in Anwesenheit des Gehirngewebes der Ameisen produziert. Die Ergebnisse sind verblüffend: Die Autoren fanden heraus, dass die Verbindungen Guanidinobuttersäure (GBA) und Sphingosin angereichert wurden, wenn der Pilz in Gegenwart seiner natürlichen Zielameisen wuchs, nicht aber, wenn er dem Gehirngewebe der beiden anderen Ameisenarten ausgesetzt war. Diese Ergebnisse sind in der Tat verblüffend, aber auch rätselhaft, denn GBA ist aus Insekten nicht bekannt. Es wurde aus Kälbergehirnen und anderem Säugetiergewebe isoliert und ist ein Stoffwechselprodukt von Hefe (*Saccharomyces cerevisiae*), aber es ist schwer vorstellbar, wie es das Ameisengehirn beeinflussen könnte. Vielleicht stört es den Rezeptor des Neurotransmitters γ-Aminobuttersäure (GABA) im Gehirn. Bei Ratten, Kaninchen und Katzen lösen Guanidinverbindungen Krampfanfälle und Zuckungen aus (Hiramatsu 2003). Natürlich betonen die Autoren, dass es sich bei diesen Erkenntnissen bisher nur um Korrelationen handelt und ein kausaler Schluss aufgrund der aktuellen Datenlage nur spekulativ sein kann. Dies betrifft auch das Sphingosin, das zu den Sphingolipiden gehört, die wichtige Strukturbestandteile aller Membranen sind und nach Acharya und Acharya (2005) als Second Messenger bei der Entwicklung und Differenzierung der Fruchtfliege *Drosophila melanogaster* von Bedeutung sind. Tatsächlich wurde ein Sphingosin aus einem anderen Pilz, der Insekten befällt, isoliert, und offenbar erleichtert diese Verbindung das Eindringen des Pilzes in das Wirtsinsekt (Noda et al. 2011).

Arten der Ameisengattung *Camponotus* scheinen am häufigsten als Wirte von *Ophiocordyceps* gemeldet zu werden, aber es gibt auch Fälle bei *Formica*, *Oecophylla* und *Ectatomma* sowie bei den Myrmecinen *Daceton armigerum* und den Blattschneiderameisen *Acromyrmex* und *Atta* (Hughes et al. 2009; Evans et al. 2018; persönliche Beobachtungen von B. H.). Wie David Hughes jedoch betont hat, kann *Ophiocordyceps* viele Ameisenspezies töten, aber jede *Ophiocordyceps*-Art lässt ihr Stroma nur auf bestimmten Wirtsspezies wachsen.

2.2.5   Buckelfliegen: Phoridae

Die Fliegenfamilie Phoridae umfasst weltweit etwa 4000 Arten. Sie werden Buckelfliegen genannt, weil der dorsale Teil ihres Thorax einem Buckelrücken ähnelt, oder „scuttle flies" (in deutsch etwa „Krabbelfliegen"), weil sie bei Störungen schnell weglaufen, anstatt zu fliegen. Andere Phoriden-Arten werden als Abortfliegen bezeichnet, da sie sich von verwesendem organischem Material wie Tierkadavern und verrottenden Pflanzen ernähren und ihre Eier auf solchen Substraten ablegen. Dort bilden sie oft große Populationen und können zu einem Problem für die öffentliche Gesundheit werden. Viele Phoriden-Arten sind Parasitoide von Spinnen, Tausendfüßern und Insekten, und zum Teil auch von Ameisen. Ameisenarten aus den meisten Ameisenunterfamilien sind in irgendeiner Form mit

Phoridenfliegen vergesellschaftet, und in vielen Fällen besteht eine hohe Artenspezifität zwischen den myrmecophilen Fliegen und ihren Ameisenwirten.

Neben einigen frühen Beobachtungen von Lubbock gehörte der Myrmekologe Erich Wasmann zu den Ersten, die das parasitäre Verhalten der Phoride *Pseudacteon formicarum* als Myrmekophile erkannten und beschrieben (Wasmann 1918). Ungefähr zu dieser Zeit beobachtete der junge Thomas Borgmeier, ein in Deutschland geborener Franziskanermönch in Petropolis (Brasilien), Ameisen, und wunderte sich über das seltsame Verhalten von Phoriden, die über den Ameisen schwebten. Durch den Jesuitenpater und Entomologen Hermann Schmitz lernte Borgmeier die Arbeiten von Erich Wasmann kennen, und untersuchte 1922 die Naturgeschichte der von ihm entdeckten und von Hermann Schmitz beschriebenen neuen Art, der Phoride *Pseudacteon borgmeieri*. Borgmeier wurde nicht nur zu einer Autorität auf dem Gebiet der Heeresameisen der Neotropis, er verfasste auch die wichtigsten Monografien zur Taxonomie und Neubeschreibung der Phoriden der Neotropis, Nordamerikas und Indo-Australiens, und schließlich auch einen Katalog der Phoridae der Welt (Wirth et al. 1978).

Auf diesen Grundlagen bauten spätere Generationen ihre enorm erweiterten taxonomischen, ökologischen und naturgeschichtlichen Arbeiten über die Phoriden auf, allen voran der Dipterologe Ronald Henry L. Disney von der Universität Cambridge, der von sich selbst sagt, er sei von den Buckelfliegen „besessen". Er ist der Autor der Monografie *Scuttle Flies: The Phoridae* (1994) und die weltweite Autorität für diese Insektengruppe. Die nächste Generation von Phoriden-Systematikern arbeitet bereits auf Hochtouren, wie die beeindruckende Arbeit von Brian V. Brown vom Natural History Museum of Los Angeles County zeigt.

Die veröffentlichten Arbeiten über die Interaktionen von Phoriden mit ihren Ameisenwirten sind überwältigend, und verschiedene Aspekte wurden in zahlreichen Artikeln berichtet und zusammengefasst (Feener und Brown 1997; Hsieh und Perfecto 2012; Brown et al. 2017), insbesondere jene Studien, die sich mit dem Phoriden-Parasitismus von landwirtschaftlich wichtigen Ameisenarten wie den Feuerameisen der Gattung *Solenopsis* (Orr et al. 1995; Gilbert und Morrison 1997; Morrison et al. 1997; Porter 1998a, b; Chen und Fadamiro 2018) und den Blattschneiderameisen der Gattung *Atta* (Feener und Moss 1990; Elizalde et al. 2012; Folgarait 2013; Bragança et al. 2016) befassen.

Neben einigen Studien, die die Komplexität und Vielfalt der Myrmekophilie bei Phoriden eindrucksvoll illustrieren, müssen wir mit einer fast anekdotischen Beobachtung von Irenäus Eibl-Eibesfeldt und seiner Frau Eleonore beginnen, die sich während ihres Besuchs der William Beebe Tropical Station in Trinidad ereignete. Der große Verhaltensphysiologie Donald Griffin und seine Frau, die Ethologin Jocelyn Griffin-Crane, wiesen die Eibl-Eibesfeldts darauf hin, dass oft winzige Arbeiterinnen der Blattschneiderameisen *Atta* als Tramper auf den Blattfragmenten mitreisen, die die Ameisen auf ihrer Futtersuche in ihr Nest tragen. Sie erwähnten, dass niemand wisse, warum sie das tun. Also machten sich die Eibl-Eibesfeldts auf die Suche nach dem Grund, und tatsächlich veröffentlichten sie 1967 auf der Basis ihrer Beobachtungen und einfacher, aber aufschlussreicher Experimente eine Arbeit, in der sie vorschlugen, dass diese Minis als Wächter dienen, die die wehrlosen Blattträger vor den Angriffen der parasitoiden Phoridenfliegen schützen, die entlang der Futterstraßen der Ameisen wimmeln. Die Fliegen versuchen, auf der Ameise zu landen und injizieren, nachdem sie die richtige Stelle lokalisiert haben, innerhalb von Sekundenbruchteilen ein Ei in den Körper der Ameise. Die Eibl-Eibesfeldts beobachteten, dass die trampende Minim-Kaste an den Rändern des Blattfragments patrouillierte und ankommende Fliegen mit klaffenden Mandibeln abwehrte (Abb. 2.10).

Diese Hypothese wurde später von Stradling (1978) in Frage gestellt, der vermutete, dass die Tramper den Pflanzensaft sammeln, der aus den abgeschnittenen Blättern sickert, und dass es energetisch effizienter ist, wenn die Minims als Tramper nach Hause getragen werden, anstatt sich selbst fortzubewegen. Diese Hypothese wurde jedoch durch die nachfolgenden quantitativen Studien von Donald Feener Jr. und Karen Moss (1990) widerlegt, die die Interaktionen zwischen Phoriden und Ameisen bei *Atta colombica* untersuchten.

Sie fanden heraus, dass die Weibchen der Phoriden-Art *Apocephalus attophilus* die Blattträger von *A. colombica* angreifen, und ihre Eier in den Kopfkapseln der Ameise ablegen. Es ist nicht ganz klar, ob die Fliegen immer auf weiche Bereiche des Kopfes zielen, wie z. B. die hintere Öffnung (Foramen magnum), die nur von der häutigen Zervix bedeckt ist (Feener und Brown 1993). Andere Berichte deuten darauf hin, dass die parasitoiden Fliegen die häutige Verbindung der Beincoxa mit dem Thorax oder der hinteren Gaster nutzen (Folgarait 2013). Höchstwahrscheinlich gibt es auch artspezifische Unterschiede in der Art und Weise, wie die Eier in den Ameisenkörper injiziert werden, und viele dieser Parasitoiden haben speziell modifizierte, sklerotisierte Ovipositoren, die sie zu scharfen

Abb. 2.10 *Atta-cephalotes*-Arbeiterinnen tragen ein Blattfragment mit Minim-Nestgenossen, die als Tramper auf dem transportierten Blatt reiten. Die Tramper patrouillieren mit klaffenden Mandibeln an den Rändern des Blattfragments entlang und verteidigen den Blattträger gegen Angriffe von Phoriden. (Bert Hölldobler)

Ei-Injektionsvorrichtungen machen. Wir werden darauf zurückkommen. In jedem Fall scheint sich die Phoridenlarve im Inneren des Kopfes zu entwickeln, und die erwachsene Fliege schlüpft durch den Mund der befallenen Ameise. Nach Feener und Moss (1990) benötigt die Fliege bei den Blattschneidern der Gattung *Atta* Blattfragmente, auf denen sie während der Eiablage stehen kann, und offenbar sind nur Blattträger anfällig für Parasitenbefall – zumindest scheint dies entlang des Weges der Fall zu sein. Eine Fülle quantitativer Daten, die von diesen Autoren gesammelt wurden, zeigt überzeugend, dass das Vorhandensein von Trampern die Wahrscheinlichkeit, dass die Fliege auf dem Blattfragment landet, signifikant verringert, und sollte es ihr gelingen, auf dem Blatt zu landen, verringert das Vorhandensein von Trampern signifikant die Zeit, die die Fliege auf dem Blatt bleibt. Der „Verteidigungseffekt" hängt von der Größe des getragenen Blattstücks und wahrscheinlich auch von der Anzahl der Tramper darauf ab.

Es hat den Anschein, dass die Häufigkeit des Trampens bei den tropischen Blattschneiderameisenarten mit dem Auftreten von Angriffen durch Phoriden korreliert. Es gibt jedoch einen Vorbehalt, der dieser Einschätzung zu widersprechen scheint. In Zentraltexas, wo *Atta texana* von den Phoriden *Apocephalus wallerae* und *Myrmosicarius texanus* angegriffen wird, scheint das Trampen unüblich zu sein, und laut Feener und Moss (1990) hat Deborah Waller nie parasitoide Phoriden gesehen, die Blattträger von *Atta texana* angreifen. Die Autoren weisen auch darauf hin, dass bei der blattschneidenden Gattung *Acromyrmex* kein Trampen beobachtet wurde, und sie vermuten, dass die parasitoiden Phoriden bei dieser Gattung eine andere Angriffsstrategie anwenden (siehe auch Folgarait 2013) (Abb. 2.11).

Obwohl die Tramper eindeutig dem Schutz des Blattträgers vor Phoriden-Angriffen dienen, haben Timothy Linksvayer und seine Mitarbeiter (2002) solide Beobachtungen gemacht,

Abb. 2.11   Eine Arbeiterin einer Blattschneiderameisenart der Gattung *Acromyrmex* wird von einer Phoridenfliege der Gattung *Apocephalus* angegriffen, die ihren Hinterleib zur richtigen Stelle „schlängelt", um ein Ei in den Körper der Ameise zu injizieren. (Mit freundlicher Genehmigung von Alex Wild/alexanderwild.com)

die darauf hindeuten, dass die Tramper auch dazu dienen, die Blattfragmente von Keimen und Sporen anderer Pilze zu reinigen, die für den Zuchtpilz im Nest schädlich sein können (siehe auch Griffiths und Hughes 2010). Andere Studien deuten darauf hin, dass die Zwergarbeiterinnen Trichome auf der Blattoberfläche entfernen. Weitere Einzelheiten zur Multifunktionalität des Tramperverhaltens bei *Atta* finden sich in Vieira-Neto et al. (2006).

Im Allgemeinen unterscheiden sich die verschiedenen Phoriden in ihren Angriffsstrategien deutlich. *Apocephalus attophilus* fliegt in der Regel während der Trockenzeit entlang der Futterstraßen von *Atta colombica*. Nur Arbeiterinnen, die mit einem Blattfragment zum Nest zurückkehren, werden angegriffen. Die parasitische Phoride *Neodohrniphora curvinervis*, die *Atta cephalotes* befällt, zeigt ein ganz anderes Verhalten. Sie verfolgen eine „Sit-and-wait"-Strategie und greifen nur aus dem Nest laufende Futtersucherinnen an, deren Kopfbreite mindestens 1,6 mm oder mehr beträgt.

Luciana Elizalde und Kollegen (2012) analysierten die Wirtssuche und die Eiablage von 13 Phoriden-Parasitoiden der Blattschneiderameisen und stellten eine erhebliche Variation und Spezifität in den Angriffsmethoden der Phoriden fest. Einige wie die bereits erwähnte *Neodohrniphora curvinervis* gehen aus dem Hinterhalt vor, andere suchen aktiv nach Wirten und spezialisieren sich auf verschiedene Aufgabengruppen, wie z. B. Futtersammler oder Müllarbeiter, wobei einige eine Vorliebe für bestimmte Körperteile der Wirte zeigen, um ihre Eier zu injizieren. Es hat den Anschein, dass die Phoriden, die Blattschneiderameisen befallen, bei der Wahl ihrer Wirtsarten recht spezifisch sind; obwohl mehrere Arten dieselbe Ameisenart infizieren können, ist jede Fliegenart auf den Befall unterschiedlicher Arbeiterinnengrößen (Unterkasten) spezialisiert (Bragança et al. 2016). Es gibt verschiedene Vermutungen darüber, wie Phoriden ihre Wirtsameisenarten lokalisieren und identifizieren, indem sie speziesspezifische chemische Zeichen nutzen, aber es fehlen meist noch harte experimentelle Beweise. Auf diese Frage gehen wir in einem späteren Abschnitt noch einmal ein.

Da die Phoriden häufig die Futtersuche der Ameisenkolonien negativ beeinflussen, wurden sie als wertvolle biologische Bekämpfungsmittel gegen Blattschneiderameisen angesehen. Eine solche Beeinträchtigung wurde in der Tat in Laborexperimenten mit der parasitischen Phoride *Neodohrniphora sp.* nachgewiesen, die *Atta sexdens* befällt (Bragança et al. 1998).

Schon füher hatte Donald Feener (1981) in natürlichen Populationen nachgewiesen, dass die Phoriden bei konkurrierenden interspezifischen Interaktionen einen sehr negativen Effekt auf befallene Ameisen haben können. Die zu den Myrmicinae gehörende *Pheidole dentata* hat zwei Arbeiterinnen-Unterkasten, die sogenannten Majors (große Arbeiterinnen mit eckigen Köpfen und massiven Mandibeln) und Minors (von geringerer Größe, mit schlanken, ovalen Köpfen). Wie Edward O. Wilson (1976) in Laborexperimenten mit *Pheidole dentata*-Kolonien gezeigt hat, rekrutieren die Minor-Arbeiterinnen die Majors zur Verteidigung des Nestterritoriums, wenn sich Arbeiterinnen von Feuerameisen der Gattung *Solenopsis* zu nahe an den Einzugsbereich der *Pheidole*-Kolonie heranwagen. Sie greifen die *Solenopsis*-Eindringlinge heftig an und zerstückeln sie, um sie daran zu hindern, in ihr Nest zurückzukehren und eine massive Invasion von Feuerameisen in das

Territorium der *Pheidole*-Kolonie zu verursachen. Diese spezifische Alarmrekrutierung, die von *Pheidole*-Minors als Reaktion auf die Begegnung mit *Solenopsis*-Eindringlingen durchgeführt wird, bezeichnet Wilson als feindspezifische Alarmrekrutierung. Dieses Verhalten hat sich möglicherweise aufgrund des intensiven Nistplatz- und Nahrungswettbewerbs zwischen *P. dentata* und den aggressiven, massenhaft rekrutierenden *Solenopsis*-Kolonien entwickelt. Don Feener beobachtete, dass *P. dentata* (und sechs weitere Ameisenarten im Untersuchungsgebiet in Zentraltexas) von Phoridenfliegen befallen werden, aber jede Ameisenart scheint von einem bestimmten Phoriden befallen zu werden. Bei *P. dentata* werden offenbar nur die großen Ameisen von den *Apocephalus*-Arten befallen. Sie reagieren mit hektischem Fluchtverhalten, wenn sie von den Fliegen angeflogen werden, und suchen Zuflucht in der Laubstreu (Abb. 2.12).

Feener beschreibt es so: „Sobald sie in Deckung sind, strecken die großen Arbeiterinnen regelmäßig ihre Köpfe unter der Laubstreu hervor. Wenn diese Aktion keine Phoriden anlockt, wagen sich die großen Arbeiterinnen langsam wieder heraus, um ihre vorherige

Abb. 2.12 *Apocephalus*-Fliegen, die über einer *Pheidole dentata*- Soldatin schweben. Das untere Bild zeigt die Phoriden, die gerade dabei sind, eine Major Arbeiterin anzugreifen, die versucht, Puppen in das Nestinnere zu tragen. (Mit freundlicher Genehmigung von Alex Wild/alexanderwild.com)

Aufgabe wiederaufzunehmen. Eine einzige Phoride, die in der Nähe mehrerer Verstecke schwebt, hält jedoch oft die meisten Arbeiterinnen mehr als eine Stunde lang in Schach" (Feener 1981, S. 861). Somit kann die bloße Anwesenheit von Phoriden die Alarmrekrutierung von *P. dentata* gegen die Invasion von *Solenopsis* empfindlich stören. In der Tat konnte Feener diese Annahme in einer Reihe von Feldexperimenten testen. Er provozierte die Alarmrekrutierung der Majors, indem er *P. dentata* – Minors, die zu einem künstlichen Beuteköder gelockt worden sind, mit *Solenopsis*-Arbeiterinnen zusammenbrachte. In Abwesenheit der Phoriden blieb die Zahl der rekrutierten Soldaten am Köder hoch, aber der Rekrutierungseffekt wurde deutlich abgeschwächt, wenn *Apocephalus*-Fliegen über dem Köder oder entlang der von *Pheidole*-Arbeiterinnen angelegten Spur zwischen Nest und Köder schwebten. Obwohl die Anwesenheit von Phoriden die Alarm- und Rekrutierungsaktivität der Minors nicht beeinflusste, wurden die Majors, die auf das Rekrutierungssignal reagierten und das Nest verließen, sofort von den Phoriden entdeckt, die sie in ihr Versteck verfolgten. Diese Beobachtungen zeigen deutlich, dass parasitäre Phoriden den interspezifischen Wettbewerb in Ameisenökosystemen erheblich beeinträchtigen können.

Feener berichtet von ähnlichen Interaktionen zwischen der Rossameise *Camponotus pennsylvanicus* und der Phoride *Apocephalus pergandei*. *Camponotus*-Arbeiterinnen, die auf einem Köder sitzen und die Anwesenheit der Phoriden bemerken, verlassen den Köder eilig, der dann von anderen Ameisenarten, die nicht von Phoriden befallen werden, ausgebeutet wird.

Vielleicht durch diese Ergebnisse inspiriert, untersuchten Donald Feener und Brian Brown (1992) die Interaktion der Phoriden-Gattung *Pseudacteon* mit der Feuerameise *Solenopsis geminata* in Costa Rica. Sie fanden heraus, dass drei *Pseudacteon*-Arten von den Futterstraßen von *Solenopsis geminata* angezogen werden, dass die Anwesenheit einer einzigen *Pseudacteon*-Fliege „ausreicht, um eine Abwehrreaktion von 100 oder mehr Ameisen auszulösen" und dass die gesamte Futtersammeltätigkeit entlang eines Rekrutierungspfads durch eine relativ kleine Anzahl von Phoriden, die sich über dem Pfad aufhalten, sehr gestört wird.

Diese Ergebnisse warfen erneut die zuvor umstrittene Frage auf, ob Phoriden als biologisches Bekämpfungsmittel gegen die eingeschleppte Feuerameise *Solenopsis invicta* in Nordamerika eingesetzt werden könnten (Williams und Whitcomb 1974; Jouvenaz et al. 1981). Die in Nordamerika heimischen Feuerameisenarten, *Solenopsis geminata* und *S. xyloni*, werden von parasitoiden Phoriden befallen, aber diese *Pseudacteon*-Arten ignorieren die eingeführten Feuerameisen (*S. invicta*). Deshalb schlug Feener (1981) vor, dass die kompetitive Überlegenheit der eingeführten Feuerameisen, die teilweise die einheimischen Feuerameisenarten verdrängen, weitgehend darauf zurückzuführen ist, dass *S. invicta* nicht von einheimischen Phoriden angegriffen wird. Wie bereits erwähnt, gibt es in Nordamerika mindestens drei *Pseudacteon*-Arten, die einheimische *Solenopsis*-Feuerameisen befallen, aber laut Morrison et al. (1997) wurden sie noch nie bei Angriffen auf die eingeführte Feuerameise *S. invicta* beobachtet. In einer Versuchsreihe im Labor haben Gilbert und Morrison (1997 und mehrere andere Studien) gezeigt, dass vier in Südamerika gesammelte *Pseudacteon*-Fliegenarten die eingeführte Feuerameise *S. invicta* leicht angreifen, die in Nordamerika heimischen *Solenopsis*-Arten jedoch völlig ignorieren. Um die Phoriden als biologische Bekämpfungsmittel gegen eingeschleppte Feuerameisen in Nordamerika einsetzen zu können, so die Schlussfolgerung der Wissenschaftler, müssen die geeigneten Parasitoide aus Südamerika eingeführt werden, wo *S. invicta* eine heimische Art ist.

Sanford Porter (1998a, b) untersuchte brasilianische *Pseudacteon*-Arten, die besonders von *S. invicta* angezogen werden, und anschließend wurden solche parasitoiden Phoriden nach Nordamerika eingeführt und in Quarantäne weiter untersucht. Über die Durchführbarkeit und Wirksamkeit der Freisetzung dieser importierten Phoriden wurde eine Fülle von Literatur veröffentlicht (Porter und Alonso 1999; Morrison 2000; Porter und Gilbert 2004; Plowes et al. 2009, 2012; Porter et al. 2013; Chen und Porter 2020). Die Ergebnisse sind gemischt: Die Phoriden beeinflussen zwar die Futtersuche einiger Kolonien, kontrollieren aber höchstwahrscheinlich nicht ganze Feuerameisenpopulationen. Dennoch könnten sie zumindest ein Faktor sein, der zum Wettbewerbsgleichgewicht zwischen einheimischen und eingeführten *Solenopsis*-Arten beiträgt.

Aus der Verhaltensperspektive ist es bemerkenswert, dass diese Feuerameisen-Parasitoide ihre Wirte buchstäblich enthaupten. Die *Pseudacteon*-Larven entwickeln sich im Kopf der Ameise und enthaupten sie schließlich während dieses Prozesses. Wie *Apocephalus attophilus* nutzen auch die *Pseudacteon* die leere Kopfkapsel als Puppenhülle (Porter 1998a), und die erwachsene Fliege kommt aus der Öffnung des Ameisenkopfes heraus. Wie Sanford Porter schreibt:

Der Enthauptungsprozess beginnt, wenn die parasitierten Arbeiterinnen auf der Seite zusammensacken und nicht mehr laufen können. Die Made im dritten Larvenstadium scheint ein Enzym oder Hormon freizusetzen, das die intercuticulären Membranen ihres Wirts degenerieren lässt. Bei diesem Vorgang werden in der Regel der Kopf und das erste Beinpaar gelockert; manchmal sind auch die anderen Beine und die Gaster befallen. Anschließend verzehrt die Made den gesamten Inhalt des Kopfes, ein Prozess, der 6 bis 12 Stunden dauert und in der Regel zur Enthauptung des lebenden Wirtes führt. Die Beine und Stacheln des kopflosen Körpers zucken oft noch. (Porter 1998a, S. 295) (Abb. 2.13, und 2.14)

Nach Angaben von Sanford Porter wurden mindestens 18 Arten von *Pseudacteon*-Fliegen gefunden, die *Solenopsis*-Feuerameisen in Südamerika befallen, und weitere acht Arten befallen Feuerameisen in Nordamerika und dem nördlichen Südamerika. Eine Vielzahl weiterer *Pseudacteon*-Arten wurde bei anderen Gattungen in der Neuen und Alten Welt gefunden (Wasmann 1918; Donisthorpe 1927; Disney 1994, 2000; Maschwitz et al. 2008; Weissflog et al. 2008; Chen und Fadamiro 2018).

Soweit wir wissen, sind alle *Pseudacteon*-Arten Parasitoide von Ameisen, und da ihre besondere Art des Parasitismus in der Enthauptung ihrer Wirtsameisen zu bestehen scheint, werden sie allgemein als „Scharfrichter-Fliegen" bezeichnet. *Pseudacteon*-Arten scheinen bei der Auswahl ihrer Wirte sehr spezifisch zu sein, sicherlich auf der Ebene der Gattung, aber oft auch auf der Ebene der Art oder sogar der Population (Wasmann 1918;

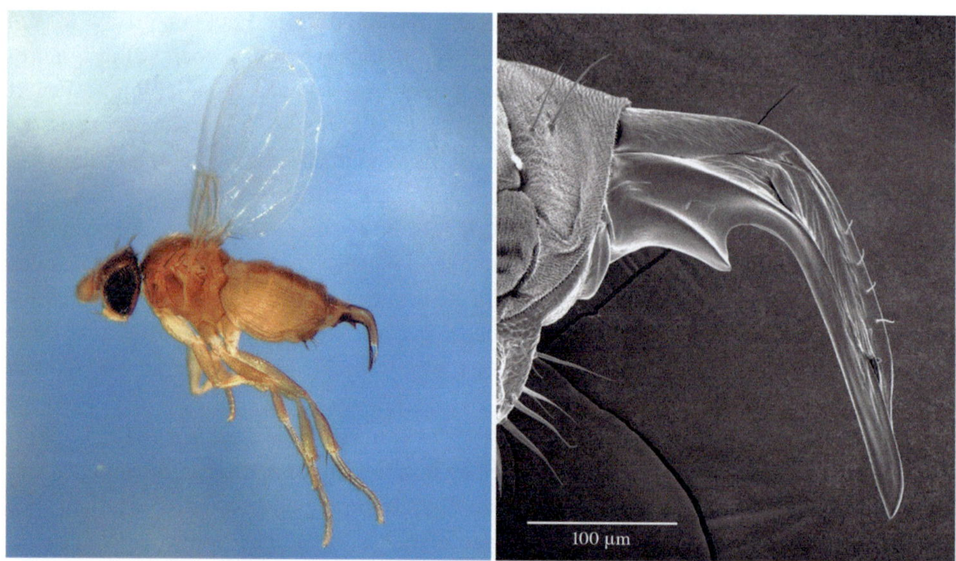

Abb. 2.13 Die Abbildung *links* zeigt das Weibchen der Phoride *Pseudacteon curvatus* mit dem gekrümmten Ovipositor, bereit zum Angriff. Das Bild *rechts* ist eine rastermikroskopische Aufnahme des Ovipositors von *P. curvatus*. (Mit freundlicher Genehmigung von Sanford Porter)

Morrison et al. 1997; Porter 1998a; Morrison und Porter 2006; Weissflog et al. 2008). Ein besonders gut untersuchter Fall ist *Pseudacteon formicarum*, der erstmals von John Lubbock (zitiert in Donisthorpe 1927) als Parasitoid der Ameisen erkannt und dessen Lebenszyklus anschließend von Wasmann (1918) und Donisthorpe (zusammengefasst 1927) untersucht wurde. Wasmann wies darauf hin, dass *P. formicarum* eine hohe Wirtsspezifität aufweist und auf Arten der Ameisengattung *Lasius* beschränkt ist. Im Gegensatz dazu schreibt Donisthorpe (1927), dass *P. formicarum* mit den Schuppenameisen (Formicinae) *Lasius* und *Formica*, der Knotenameise (Myrmicinae) *Myrmica* und der Drüsenameise (Dolichoderinae) *Tapinoma* gefunden wurden. In einer gründlichen Untersuchung von Weissflog et al. (2008) konnte Donisthorpes erweiterte Liste möglicher Wirte von *P. formicarum* jedoch nicht bestätigt werden. Die Autoren wiesen die hohe Wirtsspezifität dieses Parasitoiden nach, und fanden diesbezüglich hohe Übereinstimmung mit anderen *Pseudacteon*-Arten (siehe Disney 1994; Porter 1998a, b). Weissflog et al. (2008) wiesen nach, dass *P. formicarum* in Mitteleuropa *Lasius niger* und *L. emarginatus* parasitiert, während er in Norditalien (Ligurien) ausschließlich bei *L. emarginatus* vorkommt und *L. niger*, die für experimentelle Tests aus Mitteleuropa mitgebracht wurden, nicht befällt. Die Autoren vermuten, dass Donisthorpe *P. formicarum* teilweise mit *P. brevicauda*, einem Parasitoiden von *Myrmica*, verwechselt haben könnte (Disney 2000).

Donisthorpe (1927) machte zufällige Beobachtungen, die darauf hindeuten, dass die Fliegen Duftmerkmale zur Identifizierung ihres Wirts nutzen, und nahm an, dass sie den

Abb. 2.14 Eine Arbeiterin der Feuerameise *Solenopsis invicta* versucht, sich gegen Angriffe einer *Pseudacteon*-Fliege zu verteidigen. Das Bild unten zeigt *Pseudacteon*, die aus dem Kopf einer geköpften Feuerameisenarbeiterin schlüpft. (Mit freundlicher Genehmigung von Sanford Porter)

Geruch von Ameisensäure in der Giftdrüse von Schuppenameisen wahrnehmen könnten. Letzteres wurde von Andreas Weissflog und Ulrich Maschwitz und ihren Mitarbeitern bestätigt (Maschwitz et al. 2008). Diese Autoren führten die detaillierteste Analyse der Verhaltensmechanismen durch, die die Phoriden zur Identifizierung und Lokalisierung ihrer Wirtsameisenarten einsetzen. Sie fanden heraus, dass *Pseudacteon formicarum*, die *Lasius niger* angreifen, selten an ungestörten *L. niger*-Nestern zu beobachtet sind, aber eindeutig von gestörten Nestern angezogen werden. Offensichtlich geben aufgeregte Arbeiterinnen, die aus dem Nest eilen, Sekrete aus ihren Giftdrüsen ab, die Ameisensäure enthalten. Dieses Abwehrsekret stößt die parasitoiden Buckelfliegen jedoch nicht ab, sondern lockt sie eher an, wie schon Donisthorpe (1927) beobachtet hatte. Maschwitz et al. (2008) verwendeten synthetische Ameisensäure, die auf die natürlich vorkommende Konzentration verdünnt und auf Filterpapier präsentiert wurde. Sie erwies sich in der Tat als ein starker Lockstoff. In einem Gebiet, in dem sich viele Fliegen tummelten, konnten sie innerhalb von zwanzig Minuten 200 Fliegen in der Nähe des Testpapiers sammeln. Die Fliegen näherten sich dem Testpapier und flogen in Suchschleifen, offenbar auf der Suche nach Arbeiterinnen. Hier ist die kurze Beschreibung der Autoren, wie die Phoriden die Ameisen angriffen, nachdem diese sie angelockt hatten:

> Sie näherten sich den Ameisen und verfolgten sie von hinten. Sie schwebten in einem Abstand von weniger als 1 cm über den Ameisen und stürzten sich auf die Gaster der Ameisen. An diesem Punkt konnten zwei mögliche Reaktionen beobachtet werden: Entweder berührten die Fliegen die Arbeiterinnen nur sehr kurz und verließen sie sofort (fehlgeschlagene Eiablage) oder die Fliegen blieben 1–3 s auf der Gasteroberfläche und legten ein Ei ab. Ohne ihre Flügel zu bewegen und mit an den Körper gezogenen Beinen „standen" sie auf der Gaster der Ameise, steckten ihren Ovipositor in die Intersegmentalfalte zwischen Gaster-Segment 2 und 3, wobei ihre Körperachse parallel zu der der Ameise verlief und ihr Kopf nach vorne zeigte. Nach erfolgreichem Einsetzen des Legestachels verließen die Fliegen die Ameise und setzten die Suche fort. (Maschwitz et al. 2008, S. 132) (Abb. 2.15)

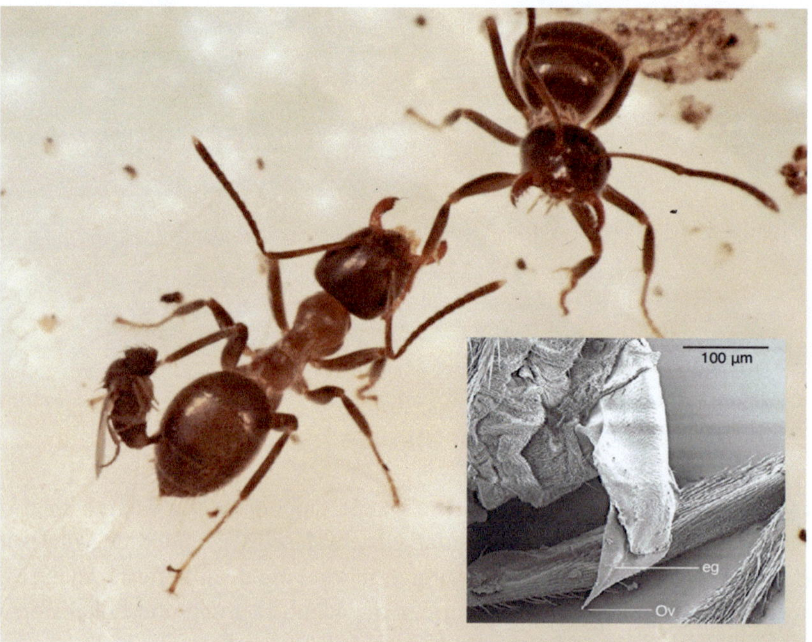

Abb. 2.15 Das Bild auf der *linken Seite* zeigt die Phoride *Pseudacteon formicarum* bei der Eiablage in die Gaster der Ameise *Lasius emarginatus*. Die beiden *Lasius*-Arbeiterinnen sind in aggressiven Interaktionen verwickelt, was die *Pseudacteon*-Fliegen anzulocken scheint. Das *Bild rechts* ist eine rasterelektronenmikroskopische Aufnahme des Ovipositors von *Pseudacteon formicarum*: *Ov* = Ovipositorspitze; *eg* = Legerille. (Mit freundlicher Genehmigung von Andreas Weissflog)

Aber wie erkennen die Phoriden ihre Wirtsameisenarten? Maschwitz et al. (2008) untersuchten mehrere exokrine Drüsensekrete, wie den Inhalt der Dufour-Drüse, des Rektalsacks, der Mandibeldrüsen, der Metapleuraldrüsen und der Hämolymphe. Mit Ausnahme von Giftdrüsensekret und Ameisensäure löste keine dieser Substanzen eine Anziehung bei *P. formicarum* aus. Sie testeten auch Essigsäure mit negativem Ergebnis. Als Ameisensäure auf Filterpapierattrappen von der Größe einer Ameise getestet wurde, landeten die angelockten Fliegen nicht und griffen diese Attrappen auch nicht an. Die Fliegen reagieren offenbar nur auf sich bewegende Objekte. Interessanterweise versuchten die Fliegen in der Nähe, *Lasius*-Arbeiterinnen anzugreifen, die sich unter einer Glasplatte bewegten. Offensichtlich spielt die visuelle Wahrnehmung der Wirtsameisenart durch die Fliegen eine wichtige Rolle, doch reicht dies allein nicht aus, um den Wirt zu identifizieren, denn Arbeiterinnen einer *Crematogaster*-Art, die etwa so groß wie *L. niger* ist, wurden von den Fliegen kurz verfolgt, aber nicht angegriffen. Obwohl also visuelle Merkmale wie Größe, Farbe und Bewegung wichtige Parameter bei der Wirtsidentifizierung sind, spielen wahrscheinlich auch chemische Merkmale, wie artspezifische cuticuläre Kohlenwasserstoffprofile, ebenfalls eine wichtige Rolle (dies wurde jedoch nicht untersucht). Der von der Wirtsart abgegebene und vom Parasitoiden *P. formicarum* genutzte Langstrecken-Lockstoff ist Ameisensäure.

Kaitlyn Mathis und ihre Kollegen (2011) haben experimentell nachgewiesen, dass *Pseudacteon* Fliegen, die die Neotropischen Duftameisen (Dolichoderinae) *Azteca instabilis* parasitieren, von der Alarmpheromon-Substanz 1-Acetyl-2-Methylcyclopentan aus der Pygidialdrüse der Wirtsameisen angelockt werden. Außerdem spielen Bewegungsmuster der Ameisen eine Rolle, wobei in diesem Falle weder Farbe noch Größe der Wirtsameisen bedeutsam sind. In einer weiteren Arbeit haben schließlich Kaitlyn Mathis und Neil Tsutsui (2016) gezeigt, dass die Ameise *Azteca sericeasur* anhand ihres cuticulären Kohlenwasserstoffprofils von der Fliege *Pseudacteon lasciniosus* im Nahbereich als Wirtsameise erkannt wird. Andere, im Habitus sehr ähnliche *Azteca* Arten werden von dieser Fliege nicht angegriffen. In diesen Fällen scheinen also die Alarmpheromone zwar als Anlockstimulus (Kairomon) zu wirken, denn auch andere *Azteca*-Arten, die wahrscheinlich die gleichen Alarmpheromone besitzen, werden von *P. lasciniosus* zwar angeflogen, aber nicht attackiert. Nur das art-spezifische Kohlenwasserstoffprofil der Wirtsameisenart löst den Angriff und die Eiablage aus.

In der Tat, wie wir eben erörtert haben, *Pseudacteon*-Arten parasitieren auch Ameisenarten, die keine Ameisensäure produzieren, wie z. B. die Dolichoderinae -Gattung *Azteca*, oder die Myrmicinae-Gattung *Solenopsis*. Porter (1998b) berichtet, dass *Pseudacteon*-Parasitoide in einigen Fällen von *Solenopsis*-Hügeln über Entfernungen von 10–20 m oder sogar noch weiter angelockt werden können, aber wir wissen nichts über die Art dieses Lockstoffs oder vermeintlichen Kairomons.

In einer späteren Studie wiesen Lloyd Morrison und Joshua King (2004) nach, dass *Pseudacteon tricuspis* häufig von gestörten *Solenopsis invicta* – Kolonien angezogen wurde, aber fast nie an Ködern zu sehen war, in denen Ameisen der Wirtsart auf Nahrungssuche waren. Wurde jedoch experimentell eine Störung durch das Freisetzen von artgleichen Arbeiterinnen aus einer fremden Kolonie herbeigeführt – was stets zu Scharmützeln und einigen Kämpfen unter den Ameisen führte –, wurden deutlich mehr der parasitären Buckelfliegen angelockt. Die Autoren spekulierten, dass die Phoriden durch das von den kämpfenden Ameisen ausgestoßene Alarmpheromon angelockt werden könnten, aber unseres Wissens gibt es dafür noch keine experimentellen Beweise. Chen und Fadamiro (2007) führten Verhaltenstests in einem Y-Rohr-Olfaktometer durch und berichteten, dass die *Pseudacteon tricuspis*-Fliegen von Gerüchen angezogen wurden, die aus dem ganzen Körper der Ameise (*S. invicta*) oder aus Kopf und Thorax extrahiert wurden, aber deutlich weniger von Gerüchen, die aus der Gaster extrahiert wurden. Die Spurpheromone der Ameisen waren nicht wirksam. Die Daten der Elektroantennogramme, die von den Fühlern der Fliegen genommen wurden, stimmten mit dem Ergebnis der Verhaltenstests überein. Diese Ergebnisse stützen die bisherige Annahme, dass die parasitoiden Phoriden ihre Wirte über den Geruch finden.

Das andere gut untersuchte Beispiel für die Wirtsidentifizierung ist die parasitische Buckelfliege *Apocephalus paraponerae*, die Arbeiterinnen der Riesenameise *Paraponera clavata* parasitiert (Brown und Feener 1991). Es wurde wiederholt berichtet, dass diese Phoride sich in der Nähe der Nester von *Paraponera* aufhält (Borgmeier 1958; Janzen und Carroll 1983), aber ein Angriffsverhalten wurde nie beobachtet. Brian Brown und Donald Feener fanden heraus, dass die Phoriden im Gegensatz zu früheren Berichten „selten oder nie von gestörten oder ungestörten *P. clavata*-Nestern, oder von Aggregationen von Arbeiterinnen angezogen" werden. Sie haben jedoch *A. paraponerae* in großer Zahl in der Nähe verletzter *P. clavata*-Arbeiterinnen beobachtet. Sie stellten fest, dass sowohl männliche als auch weibliche Phoriden von 40 verletzten *Paraponera*-Arbeiterinnen angezogen wurden, wo sich die Männchen von Gewebe oder austretender Hämolymphe ernährten und die Weibchen ihre Eier ablegten. Die Weibchen haben, wie bei den meisten parasitären Phoriden, speziell angepasste Ovipositoren. Die Autoren haben außerdem beobachtet, dass eine Ameisenarbeiterin oft von mehreren Eier ablegenden *A. paraponerae*-Weibchen angegriffen wurde. Da die Phoriden fast ausschließlich von verletzten *Paraponera*-Arbeiterinnen angezogen werden, führten Brown und Feener eine Reihe von Feldversuchen durch. Sie fanden heraus, dass frisch zerdrückte Ameisen deutlich mehr Fliegen anlockten als frisch getötete Ameisen (Ameisen, die Blausäure, HCN, ausgesetzt waren) oder zerdrückte, mit HCN getötete Ameisen. Darüber hinaus zogen Ganzkörperextrakte mit Diethylether von *Paraponera*-Arbeiterinnen deutlich mehr Phoride an als die Kontrollsubstanz (reiner Diethylether).

Man könnte sich fragen, ob die Phoriden genügend verletzte *Paraponera* – Arbeiterinnen für die Eiablage finden. Brown und Feener verweisen auf die Arbeit von Jorgenson et al. (1984) über Territorialität bei *P. clavata*, durch die es zu vielen verletzten Ameisen kam, und sie zitieren die Beobachtungen von Michael Breed, der während seiner Studien in La Selva (Costa Rica) etwa jeden zweiten Tag aggressive Interaktionen zwischen benachbarten *Paraponera*-Kolonien beobachtete. Breed stellte auch fest, dass solche Kämpfe viele Phoridfliegen anzogen. Während zerquetschte Körper von Blattschneiderameisen *Atta* oder Wanderameisen *Eciton* keine der vielen parasitären Phoriden anzogen, scheint

Apocephalus paraponerae ausschließlich von verletzten *Paraponera clavata*-Arbeiterinnen angezogen zu werden (Brown und Feener 1991).

Bei bestimmten Ameisenarten, offenbar solchen mit besonders großen Arbeiterinnen, scheinen verletzte Exemplare besonders attraktiv zu sein. Darauf deutet eine anekdotische Beobachtung von Disney und Schroth (1989) hin, die herausfanden, dass die Weibchen von *Megaselia persecutrix* über einer verletzten Arbeiterin von *Dinomyrmex (Camponotus) gigas* schwebten (zitiert von Brown und Feener 1991). Die Arbeiterinnen von *Paraponera clavata* und *Dinomyrmex gigas* gehören zu den größten bekannten Ameisen, und obwohl die sie befallenden Phoriden viel kleiner sind als ihre Wirte, gehören sie zu den größten bekannten parasitoiden Phoriden. Brian Brown (2012) beschrieb die kleinste Phoridenfliege *Euryplatea nanaknihali* aus Thailand. Mit einer Länge von nur 0,40 mm ist sie höchstwahrscheinlich die kleinste bekannte Fliege. Laut Brown erreicht die andere *Euryplatea*-Art (*E. eidmanni*) eine Länge von 1,10 mm. Sie wurde beim Angriff auf die Knotenameise *Crematogaster impressa* gefunden, die etwa dreimal so lang wie die Fliege ist. Obwohl die Wirtsart von *E. nanaknihali* nicht bekannt ist, vermutet Brown, dass sie die kleinsten Arbeiterinnen von *Crematogaster rogenhoferi* befallen könnte, die etwa 2 mm lang sind. In der Tat besteht eine auffällige Korrelation zwischen der Körperlänge der Parasitoiden und der Körperlänge des Wirts, was insbesondere für *Pseudacteon*-Arten, die *Crematogaster*-Arten befallen, gut dokumentiert wurde (Brown 2012). Daraus lässt sich allgemein schließen, dass die Wirtsgröße für die Phoriden bei der Wirtsauswahl eine wichtige Rolle spielt (siehe auch Feener 1987; Fowler 1997).

Obwohl die Wissenschaftler den parasitären Phoriden die meiste Aufmerksamkeit widmeten, gibt es viele andere myrmekophile Fliegenarten, die keine Parasitoide sind. Wer das Glück hat, in den Neotropen oder in den Wüsten des Südwestens Nordamerikas auf eine Heeresameisenkolonne zu stoßen, wird viele Phoriden in der Nähe der Ameisenzüge und Biwaks entdecken. Carl Rettenmeyer und Roger Akre (1968) untersuchten 300 Kolonien in der Neotropis und sammelten 3900 Weibchen und 490 Männchen von Buckelfliegen. Die meisten wurden in Abfalldepots der Biwaknester oder am Ende von Wander- und Raubkolonnen gefunden. Die Anzahl der Buckelfliegen pro Kolonie ist sehr unterschiedlich und kann bis zu 4000 betragen. Die meisten Fliegen sind Aasfresser und ernähren sich von Abfall, Beute und toten Arbeiterinnen, aber auch von Ameisenbrut in den Biwaks. Die Weibchen dieser Phoriden sind flügellos, während die Männchen große Flügel haben. Sie scheinen zu anderen Kolonien zu fliegen, um sich dort zu paaren, während die Weibchen mit den Ameisen von Biwak zu Biwak ziehen. Es wurde jedoch auch beobachtet, dass flügellose Weibchen von ihren fliegenden männlichen Partnern während der Paarung zu einer neuen Wirtskolonie transportiert werden. Die meisten dieser Kommensalen wurden bei *Eciton* und *Labidus* – Wanderameisenarten gefunden, während *Neivamyrmex* – Kolonien weniger Kommensalen aufweisen.

Wie Thomas Borgmeier als Erster feststellte, haben die kommensalen Phoriden Membran-Ovipositoren, röhrenförmige Organe, durch die sie ihre Eier ablegen. Sie benötigen keine Legebohrer, da sie ihre Eier in den Abfallhaufen ihrer Wirtsameisen ablegen. Es wurde vermutet, und einige Feldbeobachtungen stützen die Hypothese, dass die

Eiablage und die Larvenentwicklung der Kommensalen in gewisser Weise mit der stationären Phase der Wanderameisen synchronisiert ist. Dies würde es den Phoridenlarven ermöglichen, ihre Entwicklung und Verpuppung im Abfallbereich des Biwaks abzuschließen, bevor die Kolonie weiterwandert. Während der nomadischen Phase, die etwa 2 Wochen dauert, wandert die Kolonie normalerweise jede Nacht zu einem neuen Biwakplatz. Die Phoriden, die sich während der Wanderphase im Abfalldepot entwickeln sollten, würden aus den Puppen schlüpfen, lange nachdem die Kolonie den Standort verlassen hat.

Obwohl sich einige der myrmekophilen Buckelfliegen von der Ameisenbrut im Biwak zu ernähren scheinen, leben die meisten von ihnen in Abfalldepots und richten keinen Schaden an, sondern können sogar nützlich sein. Dennoch werden Wanderameisen auch von parasitären Phoriden-Arten befallen, wie Brown und Feener (1998) dokumentieren.

Die Lebensweise dieser myrmekophilen Phoriden ist bemerkenswert vielfältig. Die meisten sind Parasitoide; andere ernähren sich, wie wir gelernt haben, von der Ameisenbrut von Wanderameisen; wieder andere sind Abfallkonsumenten in den Depots der Ameisen; und wie Brown et al. (2017) kürzlich berichteten, sind einige parasitoide Phoriden „Ameisenbaby-Killer". Sie beobachteten „Weibchen der Phoride *Ceratoconus setipennis*, die bruttragenden Arbeiterinnen der Ameise *Linepithema humile* angreifen, und ihre Eier direkt auf die Brut im Nest ablegen." Ein ähnliches Verhalten beobachteten sie bei einer nicht identifizierten Phoriden-Art der Gruppe *Apocephalus grandipalpus*, die ihre Eier auf der Brut einer *Pheidole* -Ameisenart ablegt.

Den wohl bizarrsten Fall einer myrmekophilen Anpassung bei Phoridae entdeckten Ulrich Maschwitz und sein Student Andreas Weissflog 1994 im Regenwald von Malaysia. Sie sammelten eine ganze Kolonie der *Aenictus-gracilis*-Wanderameisen (auch Treiberameisen genannt). Insgesamt 57.100 Ameisen waren mit ihren ineinander verschränkten Tarsen in einem dicht gepackten Biwak versammelt, in dessen Mitte sich eine nicht physogastrische Königin befand (eine Königin im nicht reproduktiven Stadium, daher war ihr Gaster nicht geschwollen, wie es bei einer Königin im eiproduzierenden Stadium der Fall ist). Bei der Sortierung des gesamten Funds fand K. Rościszewski, ebenfalls ein Mitarbeiter von Maschwitz, 80 Phoridenlarven und 104 Exemplare eines nicht identifizierten erwachsenen Insekts ohne Flügel. „Die nicht identifizierten Insekten sahen aus wie Ameisenlarven, hatten aber rudimentäre Beine und der Kopf ähnelte dem einer Fliege." Nach eingehender Beratung kam man zu dem Schluss, dass es sich um eine stark abweichende Art der Phoridae handeln könnte. Dies wurde von dem Doyen der Systematik der Phoridae, Ronald Henry Disney, bestätigt. Zumindest für Myrmekologen war dies eine sensationelle Entdeckung, die von Weissflog, Maschwitz, Disney und Rościszewski (1995) in der Zeitschrift *Nature* veröffentlicht wurde. In der Folge beschrieb Disney (1996) diese Kreatur als neue Gattung und Spezies und nannte sie *Vestigipoda myrmolarvoidea*. Sie wurde die Typusart dieser Gattung. In der Zwischenzeit wurden fünf weitere *Vestigipoda*-Arten in Malaysia entdeckt, von denen eine den Namen *Vestigipoda maschwitzi* trägt (Disney et al. 1998; Maruyama et al. 2008). Sie alle wurden in Kolonien von *Aenictus*-Wanderameisenarten gefunden (Abb. 2.16).

Abb. 2.16 Die anomale Buckelfliege *Vestigipoda longiseta*. Das untere Bild zeigt, dass die erwachsene Fliege perfekt an die Form der Larven ihrer *Aenictus*-Wirtsameisen angepasst ist (Balken = 1 mm). (Mit freundlicher Genehmigung von Munetoshi Maruyama)

Über die Biologie dieser myrmekophilen *Vestigipoda* ist noch nicht viel bekannt. Die Eier der Fliegen sind denen der Ameisen sehr ähnlich. Die erwachsenen Tiere ahmen offensichtlich die Ameisenlarven nach, und alle inmitten der Ameisenbrut gefundenen Tiere waren Weibchen, deren Hinterleib mit Eiern gefüllt war. Maruyama et al. (2009) berichten, dass die cuticulären Kohlenwasserstoffmischungen an der Oberfläche der erwachsenen *Vestigipoda* und der *Aenictus*-Larven in den Chromatogrammen zwei Spitzen aufweisen, und die Autoren vermuten, „dass diese beiden Spitzen die Substanzen sind, die die Ameisen dazu verleiten, sie als ihre Larven zu akzeptieren." Zum jetzigen Zeitpunkt ist dies natürlich nur eine Vermutung, da es keine experimentellen Beweise gibt, die diese Spekulation unterstützen. Wir sind der Meinung, dass Ähnlichkeiten in den Kohlenwasserstoffprofilen dazu beitragen könnten, dass die Myrmekophilen nicht als fremd erkannt werden, aber nicht das Adoptions- und Brutpflegeverhalten bei den Ameisenarbeiterinnen auslösen (siehe unsere Diskussion in Kap. 4).

Vermutlich leben die *Vestigipoda* – Larven auch mit der Brut der Wirtsameisen zusammen, und sowohl die erwachsenen Ameisenlarven-Nachahmer als auch die Phoridenlarven können von den Ameisen gepflegt werden und Ameisenbrut fressen. *Vestigi-*

poda-Männchen sind unbekannt, aber es gibt sie eindeutig, denn Weissflog et al. (1995) haben Spermatheken voller Spermien bei *Vestigipoda*-Weibchen gefunden. Wie bei anderen Phoriden-Arten mit flügellosen Weibchen werden die geflügelten Männchen nach *Aenictus* – Kolonien suchen und irgendwie Zugang zu jungen, unverpaarten Weibchen finden. All dies ist jedoch noch unbekannt und wartet auf neue Entdeckungen.

Eine ganz andere myrmekophile Art wurde von Karl Hölldobler (1928) beschrieben, und zwar die Buckelfliege *Metopina formicomendicula*, die in den Nestern der Diebsameise *Solenopsis (Diplorhoptrum) fugax* lebt. Die winzige Fliege verbringt den größten Teil ihrer Zeit auf den Körpern ihrer Wirtsameisen. Sie besteigt eine Diebsameisenarbeiterin und streicht mit ihren Vorderbeinen schnell über den Kopf und die Mundwerkzeuge der Ameise (Abb. 2.17).

Die Arbeiterin reagiert in der Regel mit einem leichten Anheben des Kopfes, dem Öffnen der Mandibeln und der Regurgitation eines Futtertropfens, der dann schnell von der Fliege aufgenommen wird. Die Ameisen greifen die Phoriden gelegentlich an, wenn sie sich durch das Nest bewegen, fügen ihnen aber nur selten Schaden zu, da die Fliegen zu

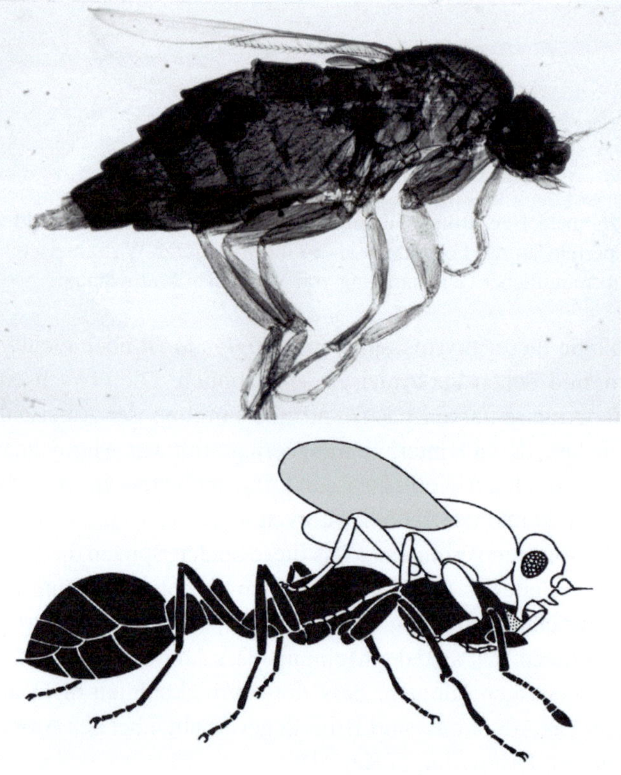

Abb. 2.17 Die Phoridenfliege *Metopina formicomendicula* (mikroskopische Abbildung, *oben*) sitzt auf der Wirtsameise *Solenopsis fugax*. Die Fliege streicht mit ihren Vorderbeinen schnell über die Mundwerkzeuge der Ameise, um die Regurgitation der Nahrung auszulösen. (Foto: Karl Hölldobler; Illustration E. Kaiser nach Beobachtungsskizzen von K. Hölldobler; ©Bert Hölldobler)

flink und schwer zu fassen sind. Wenn sie ruhen, reiten die *M. formicomendicula* häufig auf der Königin, wo sie von den Arbeiterinnen meist ignoriert werden. Nach Disney (1994) beobachtete Borgmeier ein ähnliches Verhalten bei der Phoridfliege *Allochaeta longiciliata*, die bei ihren Wirtsameisen *Acromyrmex muticinodus* um Nahrung wirbt. Dies ist ein überraschender Befund, da es sich bei der Wirtsart um eine pilzzüchtende Ameise handelt und unseres Wissens das Regurgitieren von Kropfinhalten selten ist (bestätigt von Flavio Roces, persönliche Mitteilung). Es ist jedoch bekannt, dass Blattschneiderameisen Pflanzensäfte aufsaugen, und die Hartnäckigkeit der Fliege und ihre starke Stimulierung könnte Regurgitationen bei den Wirtsameisen „erzwingen".

Schließlich beschreibt Wheeler (1910) die Lebensweise der myrmekophilen Buckelfliege *Metopina pachycondylae*, die mit der Ponerinenart *Pachycondyla harpax* zusammenlebt. Wir können die anschauliche Beschreibung von Wheeler nicht übertreffen: „Ihre kleine Larve klammert sich mit einem saugnapfartigen Hinterteil an den Hals der Ameisenlarve und umschließt ihren Wirt wie ein Halsband. Wenn die Ameisenlarve von der Arbeiterin mit Stücken eines Insekts gefüttert wird, die sie auf ihrer muldenförmigen Bauchoberfläche in Reichweite ihrer Mundwerkzeuge platziert, rollt die *Metopina*-Larve ihren Körper ab und nimmt an dem Festmahl teil; und wenn die Ameisenlarve einen Kokon spinnt, schließt sie auch die *Metopina*-Larve in das seidenartige Netz ein" (Wheeler 1910, S. 412).

Metopina verpuppt sich im Puppenkokon der Ameise, und nach dem Schlüpfen der Ameise, die erfolgt, bevor die erwachsene *Metopina* schlüpfen kann, wird der leere Kokon der Ameise mit dem *Metopina*-Puparium von den Ameisen zum Müllplatz transportiert, wo die Fliege schließlich schlüpft und entkommt. Offenbar ist noch nichts darüber bekannt, wie das erwachsene, begattete *Metopina*-Weibchen seine Eier im *Pachycondyla* – Nest ablegt.

2.2.6   Tachinidenfliegen

Es sind noch viele weitere Endoparasiten bei Ameisen bekannt, vor allem endoparasitische Wespen, von denen wir einige im nächsten Abschnitt behandeln. Es ist jedoch nicht unsere Absicht, einen vollständigen Bericht über die Parasiten auf und in den Körpern von Ameisen zu erstellen, ein weites Feld, das bereits in Paul Schmid-Hempels großartigem Buch *Parasites in Social Insects* (1998) behandelt wurde. Ein Beispiel aus der Fliegenfamilie Tachinidae verdient aber eine besondere Erwähnung. Die Larven der meisten Mitglieder dieser Familie sind Parasitoide von Insekten, das heißt Organismen, die sich im Inneren eines lebenden Wirts entwickeln und ihn schließlich töten. Die Larven der Tachinidenfliege *Strongygaster globula* (früher *Tamiclea globula* genannt) entwickeln sich als Endoparasiten in den Gastern von koloniebildenden Königinnen von *Lasius niger* und *L. alienus* (Gösswald 1950). Das Verhalten der infizierten Königin wird nicht merklich beeinträchtigt, außer dass sie keine Eier legen kann. Wenn die Larve des Parasiten den Hinterleib des Wirts durch die Kloake verlässt, verpuppt sie sich schnell und wird von der Königin gepflegt und umsorgt. Im Gegensatz dazu wird die Fliegenimago nach dem Ausschlüpfen aus ihrer Puppenhülle von der Königin nicht freundlich behandelt und muss die Koloniegründungskammer der Königin schnell verlassen (Abb. 2.18).

Abb. 2.18 Die myrmekophile Tachinidenfliege *Strongygaster globula* entwickelt sich als Endoparasit im Innern der Gaster einer koloniebildenden Königin von *Lasius niger*. Wenn die Larve des Parasiten im letzten Larvenstadium den Körper der Königin verlässt, pflegt die Königin die im *oberen Bild* gezeigte Larve und Puppe. Nachdem die erwachsene Fliege aus der Puppenhülle geschlüpft ist (*unteres Bild*), muss sie das Nest der Königin schnell verlassen. (Turid Hölldobler- Forsyth; ©Bert Hölldobler)

Die mit *Strongygaster* befallenen Ameisenköniginnen sterben, nachdem die Parasitoiden das Nest verlassen haben. Histologische Untersuchungen von Gösswald und seinen Mitarbeitern ergaben, dass alle lebenswichtigen Organe im Inneren der befallenen Königin intakt blieben, die Königin aber keine eigenen Eier produzieren konnte, weil die Ovarien völlig degeneriert waren und die Flugmuskulatur und der Fettkörper vollständig verstoffwechselt wurden. All diese Reserven wurden offenbar von der sich entwickelnden parasitären Fliege im Körper der Königin verbraucht.

2.2.7   Parasitäre Wespen

Es gibt neun Wespenfamilien, von denen einige oder alle Arten Räuber, Sozialparasiten oder Parasitoide von Ameisen sind (Kistner 1982; Godfray 1994, 2007; Schmid-Hempel 1998; Lachaud und Pérez-Lachaud 2012). Obwohl viele Arten als Parasiten oder Parasitoide bekannt sind, weiß man relativ wenig über ihren Lebenszyklus oder ihre Verhaltensinteraktionen mit ihren Wirten. Im Folgenden werden einige exemplarische Fallstudien besprochen.

2.2.7.1 Brackwespen (Braconidae)

Die Brackwespen des Stammes Neoneurini (Euphorinae) sind Parasitoide von erwachsenen Ameisen. Sie besitzen einen gekrümmten, hakenförmigen Ovipositor, der im ausgefahrenen Zustand nach vorne gerichtet ist (Huddleston 1976; Durán und van Achterberg 2011). Es wird angenommen, dass die weiblichen Neoneurini ihre Eier durch die Analöffnung ihrer Wirtsameisen ablegen. Von wenigen Ausnahmen abgesehen parasitieren sie Ameisenarten (Shenefelt 1969; Marsh 1979; Yu et al. 2007; zitiert in Durán und van Achterberg 2011). Es wurde vorgeschlagen, dass die in den Giftdrüsen der Ameisen produzierte Ameisensäure als Lockstoff (Kairomon) für die Parasitoiden dienen könnte (van Achterberg und Argaman 1993; Durán und van Achterberg 2011). Eine Verhaltensanalyse ist jedoch noch nicht verfügbar.

José-Maria Gómez Durán und Cornelius van Achterberg (Durán und van Achterberg 2011) liefern die folgenden Informationen zu den Neoneurini-Gattungen und ihren Wirtsameisenarten: *Elasmosoma*-Arten werden hauptsächlich bei *Formica*-Arten und gelegentlich bei *Lasius niger* und *Camponotus*-Arten gefunden; *Kollasmosoma*-Arten befallen Ameisen der Gattung *Cataglyphis*; und *Neoneurus*-Arten wurden nur bei *Formica*-Arten gefunden. Die Eiablage bei der Brackwespen-Gattung *Elasmosoma* wurde von mehreren Wissenschaftlern beobachtet und geht auf den ersten Bericht von Forel aus dem Jahr 1874 zurück (siehe Durán und van Achterberg 2011), und in einigen Fällen wurden erwachsene *Elasmosoma*-Wespen in *Formica*-Nestern aufgezogen. Der genaue Ort der Eiablage blieb jedoch unbekannt. Einige Autoren nahmen an, dass die parasitischen Weibchen ihre Eier durch Einstechen in die intersegmentale Membran im hinteren Bereich der Gaster ablegen, während andere vorschlugen, dass die Eier durch den Anus abgelegt werden. Schließlich konnten Durán und van Achterberg (2011) genaue Beobachtungen des Eiablageverhaltens von *Elasmosoma luxemburgense* auf *Formica rufibarbis* machen, denn José-Maria Gómez Durán gelang es, die gesamte Verhaltenssequenz der Annäherung, des Landens, des Ergreifens der Wirtsameise und des Einsetzens des Ovipositors auf Video festzuhalten. Offenbar waren die Arbeiterinnen von *F. rufibarbis*, die von den Wespen in der Nähe des Nesteingangs angeflogen wurden, erregt, und die Umstände deuteten darauf hin, dass vor Kurzem Kämpfe mit Ameisen anderer Kolonien stattgefunden hatten. Zwei bis drei *E.-luxemburgense-Weibchen* schwebten 1–3 cm über den Ameisen und griffen die *Formica* -Arbeiterinnen wiederholt an, indem sie sich ihnen von hinten näherten und sich auf das hintere Ende der Gaster stürzten. „Die Ameisen nahmen diese Angriffe wahr, drehten sich um und verfolgten die Wespen mit geöffneten Mandibeln." Insgesamt wurden 50 Versuche der Eiablage registriert, von denen vierzig erfolgreich waren. Der gesamte Vorgang eines Angriffs dauerte durchschnittlich nur 0,73 s.

Diese Videoaufnahmen ermöglichten es, alle Details des Verhaltensmusters zu analysieren, das der eigentlichen Eiablage vorausgeht. Die Parasitoiden näherten sich der Gaster (Metasoma) der Ameisen „mit leicht gebogenen Hinterbeinen. Die Vorderbeine werden nach vorne geschleudert, und beim Landen umklammerten die gebogenen Hinterbeine das hintere Ende der Ameisengaster". Die Autoren beschreiben die Details des Landevorgangs auf folgende Weise, die wir zum besseren Verständnis leicht abgewandelt haben: Die Bild-für-Bild-Analyse des Filmausschnitts zeigt, dass der Wespenkopf mit geöffneten Mandibeln auf den hinteren Rand des ersten Gastertergits der Ameise trifft. Dies verursacht eine leichte strukturelle Verformung zwischen dem ersten und dem zweiten Tergit. Vermutlich dient diese strukturelle Veränderung zwischen den beiden Tergiten dazu, an dieser Stelle einen festen Griff der Wespe mit ihren Mandibeln zu gewährleisten. Spezifische tarsale Modifikationen *von Elasmosoma*, wie rudimentäre tarsale Klauen und vergrößerte Pulvilli (Singular Pulvillus, kissenartige Polster an den Füßen), könnten Anpassungen sein, um diesen Greifvorgang zu ermöglichen. Der genaue Zeitpunkt des Einsetzens des Ovipositors konnte festgestellt werden, weil die Wespe mit dem Apex ihres Metasomas eine auffällige Abwärtsbewegung vollführt. Normalerweise findet eine solche Bewegung während der Eiablage statt; gelegentlich konnten auch 2 bis 3 solcher Bewegungen beobachtet werden.

Ähnliche Beobachtungen wurden bei *Kollasmosoma sentum* gemacht, die die Ameise *Cataglyphis ibericus* befällt. Auch diese Wespe greift ihre Wirtsameise von hinten an. Die Eiablage erfolgt jedoch nur selten durch die Gasterspitze der Ameise, sondern häufiger durch die intersegmentale Membran der dorsalen oder ventralen Gastersegmente der Ameise. Die Landungstaktik der Wespen ist etwas vielseitiger als die von *Elasmosoma*. Sie nähern sich der Ameise entweder in horizontaler oder vertikaler Flugposition, wahrscheinlich in Abhängigkeit von der Gasterhaltung der Ameise. Die Autoren beschreiben noch viele weitere Details über die Fähigkeit der Wespen, die Abwehrreaktionen der Ameise zu überlisten. Dazu verweisen wir auf die Originalpublikation und die Filmausschnitte (Durán und van Achterberg 2011).

Wir möchten noch ein weiteres Beispiel für eine parasitoide Brackwespengattung hinzufügen, nämlich *Neoneurus*, die Art, die offenbar eine Raubtiertechnik beim Angriff auf Wirtsameisen perfektioniert hat (Shaw 1993). Die Vorderbeine des Weibchens sind auffallend modifiziert, mit einem komprimierten Femur, einer robusten, verkürzten Tibia mit scharfen Tuberkeln und Stacheln, und einem vergrößerten Tibiasporn, sowie einem verkürzten Tarsus mit großen tarsalen Polstern (Pulvilli). Scott Shaw, der *N. mantis* untersucht hat, berichtet, dass die Wespen ihre Eier auf dem Mesosoma (der auch nicht ganz korrekt als Thorax bezeichnet wird) ihrer Wirtsameise (*Formica podzolica*) ablegen. Durán und van Achterberg (2011) beobachteten jedoch, dass *N. vesculus* die Eier im Metasoma (Gaster) von *Formica cunicularia* injiziert. Während die zuvor genannten Brackwespen-Gattungen vor der Eiablage über den Ameisen schweben, wendet *Neoneurus* zwei unterschiedliche Taktiken an. Entweder hocken die Wespen auf Grashalmen oder Baumstämmen in einigen Zentimetern Höhe, oder auf dem Boden und warten auf sich nähernde Ameisen, um sie anzugreifen, oder sie führen Schwebeflüge durch und folgen den Wirtsameisen, die aus dem Nesteingang herauskommen. Die Wespen scheinen die Ameisen bevorzugt anzugreifen, wenn sie einen Baumstamm hinaufklettern (Shaw 1993; Durán und van Achterberg 2011).

Wir haben uns auf die oben genannten Studien konzentriert, weil sie in erster Linie das Verhalten der Parasitoiden während der Angriffe auf ihre Wirtsameisen untersuchen. Die letzte Studie über parasitoide Brackwespen, die wir behandeln, legt den Schwerpunkt nicht so sehr auf die Verhaltensmechanismen, sondern vielmehr auf die ökologischen Auswirkungen, die die Parasitoide auf ihre Wirte ausüben. Douglas S. Yu und Donald Quicke (1997) entdeckten, dass eine Brackwespenart, *Compsobraconoides* (Braconinae), ein Ektoparasitoid der Königinnen von drei *Azteca*-Arten (Dolichoderinae) ist. Die *Azteca*-Königinnen besiedeln die Ameisenpflanze *Cordia nodosa* (Boraginaceae) im Südosten Perus. Wie Hunderte von tropischen Pflanzenarten, die spezifische morphologische Strukturen entwickelt haben, um Ameisen zu beherbergen und zu ernähren, hat *Cordia nodosa* spezielle Domatien (Singular Domatium, ein dicker hohler Stiel an der Basis der Blätter, der kleine Kammern bildet), die *Azteca*-Ameisen beherbergen und die Pflanze vor Herbivorie schützen. Yu und Quicke entdeckten in den Domatien *Compsobraconoides*-Larven, die sich von paralysierten *Azteca*-Königinnen ernährten. Es wurden auch verpuppende Wespenlarven und Kokons gefunden, die hinter einem seidenen Zelt am distalen Ende des Domatiums geschützt waren. Die Autoren berichten, dass die erwachsene Wespe ein kleines Loch in die Domatiumwand bohrt, durch das sie nach außen schlüpft. Yu und Quicke, die auch das Verhalten der anderen, in den Domatien lebenden Ameisenarten untersuchten, stellten die Hypothese auf, dass parasitoide Wespen eine wichtige Rolle in der Ökologie der mutualistischen Symbiose von *Azteca* und *Cordia nodosa* spielen.

Neben *Azteca* sind zwei weitere Ameisenarten mit dieser Pflanze vergesellschaftet, die Knotenameise (Myrmicinae) *Allomerus octoarticulatus (demerarae)* und die Schuppenameise (Formicinae) *Myrmelachista sp.* Während *Azteca* und vielleicht auch *Myrmelachista* eine rein wechselseitige Beziehung zu den Wirtspflanzen unterhalten, die den Ameisen Unterschlupf gewähren und im Gegenzug Schutz vor Angriffen durch Pflanzenfresser erhalten, schützen die *Allomerus*-Arbeiterinnen zwar die Blätter, die die Domatien enthalten, aber sie greifen die Blütenknospen der Wirtspflanzen an und zerstören sie; sie fungieren gleichsam als „Kastrationsparasiten" (Yu und Pierce 1998; Yu et al. 2001). Das kann dramatische Auswirkungen auf die Symbiose zwischen *Azteca* und der Wirtspflanze haben. Bei *Azteca* können mehrere Königinnen Kolonien in verschiedenen Domatien derselben Pflanze gründen, aber wenn diese Kolonien wachsen, kämpfen sie bis zum Tod, und eine Kolonie übernimmt schließlich die gesamte Pflanze (Perlman 1993; Choe und Perlman 1997; Yu und Davidson 1997). In Situationen, in denen die parasitären *Compsobraconoides*-Wespen reichlich vorhanden sind, greifen die Wespen jedoch viele kolonisierende *Azteca*-Königinnen an und erhöhen damit die Wahrscheinlichkeit, dass es den schädlichen *Allomerus*-Königinnen gelingt, Kolonien in *Cordia*-Pflanzen zu gründen (Yu und Quicke 1997; Yu und Pierce 1998).

2.2.7.2 Schlupfwespen (Ichneumonidae)

Die Hybrizontinae wurden früher Paxylommatinae genannt und als Unterfamilie der Braconidae angesehen. Heutzutage werden sie jedoch den Ichneumonidae zugeordnet (Yu und Hortsmann 1997; Yu et al. 2007). Es ist seit Langem bekannt, dass sie sich in Ameisennestern entwickeln (Donisthorpe 1915; Donisthorphe und Wilkinson 1930), und dass sie mit einer Reihe von Ameisenarten vergesellschaftet sind. Allein für *Hybrizon buccatus* wurden mehrere *Formica*- und *Lasius*-Arten, *Myrmica*-Arten und die Drüsenameise (Dolichoderinae) *Tapinoma erraticum* als potenzielle Wirtsarten aufgeführt. Die Aufzeichnungen beruhen zumeist auf Beobachtungen von Wespen, die über dem Nesteingang oder den Arbeiterinnen verschiedener Ameisenarten schwebten. Ähnliche Beobachtungen gibt es für eine andere Hybrizontinae-Art, *Ghilaromma fuliginosi*, die über *Lasius-fuliginosus*-Arbeiterinnen schwebt. Der Bericht von Cornelis van Achterberg (1999) über Weibchen von *Hybrizon buccatus*, die sich während der Ameisenkriege im Frühjahr in den Dünen bei Den Haag auf *Formica rufa*-Arbeiterinnen stürzten, deutet darauf hin, dass die parasitischen Wespen von Ansammlungen aufgeregter Ameisen angezogen werden, und dass Ameisensäure auch in diesen Fällen als Lockstoff für die Parasitoide dienen kann. Die Myrmicinae und Dolichoderinae, die ebenfalls als mögliche Wirte aufgeführt wurden, produzieren jedoch keine Ameisensäure. Während die oben genannten Braconidae zweifellos Parasitoide erwachsener Ameisen sind und sich die Wespenlarven im Körper ihrer Wirtsameisen entwickeln, gibt es für die Schlupfwespe *Hybrizon buccatus* widersprüchliche Berichte. Donisthorphe und Wilkinson (1930) nahmen an, dass es sich bei *H. buccatus* um einen Parasitoiden erwachsener Ameisen handelt, da sie nackte Puppen der Wespe unter den Puppen der Wirtsart *Lasius alienus* fanden. Andere Autoren (Watanabe 1984; Marsh 1989; zitiert in Durán und van Achterberg 2011) vermuteten, dass *Hybrizon spp.* höchstwahrscheinlich Parasitoide von Ameisenlarven sind. Die Videoaufnahmen von José-Maria Gómez Durán sind unseres Wissens nach die ersten direkten Nachweise von parasitoiden *H.-buccatus*, die Larven ihrer Wirtsameisen *Lasius grandis* angreifen. Die Wespenweibchen wurden beobachtet, wie sie etwa 1 cm über einem Weg schwebten, auf dem die Ameisen zwischen zwei Nesteingängen hin- und herpendelten. „Selbst bei Abwesenheit von Ameisen auf dem Weg fanden Exemplare von *H. buccatus* die genaue Position des Weges und blieben über ihm schwebend" (Durán und van Achterberg 2011). Trotz zahlreicher Videoaufnahmen, die sogar einzelne Wespen beim schnellen Annähern an die Ameise und sogar beim Berühren derselben zeigten, konnte keine Eiablage aufgezeichnet werden. Die sorgfältige Analyse aller Videoaufnahmen ergab, dass sich die Wespen auf die Ameisen „stürzen", um offenbar zu prüfen, ob sie Larvenbrut zwischen ihren Kiefern tragen. In zwei Fällen, in denen die Ameisen Larven im letzten Larvenstadium trugen, konnte die Eiablage der Wespe in die transportierten Ameisenlarven aufgezeichnet werden. „Die Wespe ergriff die Larve mit ihren Vorderbeinen und platzierte ihren Körper in vertikaler Position über der erwachsenen Ameise. Als sich das Metasoma zur Larve zu beugen begann, ergriffen die mittleren Beine der Wespe den Kopf der erwachsenen Ameise, und die Flügel wurden eingeklappt, bis die Eiablage beendet war." Der gesamte Vorgang der Eiablage dauerte etwa eine halbe Sekunde. Offenbar ignorieren die *H.-buccatus*-Weibchen kleinere Ameisenlarven, die von ihren erwachsenen Nestgenossen getragen werden.

Ein solch merkwürdiges Eiablageverhalten wurde unseres Wissens nur bei einer anderen Parasitoidengattung, *Smicromorpha*, beobachtet, die zur Wespenfamilie Chalcididae gehört. In seiner Revision der indoaustralischen Smicromorphinae berichtet Ian D. Naumann (1986) über frühe Beobachtungen des australischen Entomologen F. P. Dodd, die von Girault (1913, zitiert von Naumann 1986) mitgeteilt wurden, dass *Smicromorpha doddi* ein Parasitoid der australischen Grünen Baumameise *Oecophylla smaragdina* ist. Diese baumbewohnende Weberameisen verwenden ihre Seidenfäden produzierenden Larven zum Zusammenbinden von Blättern beim Bau der Blattzeltnester. Berichten zufolge legen die Weibchen von *S. doddi* ihre Eier auf den seidenspinnenden Larven ab, die zwischen den Mandibeln der erwachsenen Ameisen außerhalb des Nests gehalten werden (Abb. 2.19).

Obwohl diese Beobachtungen eher anekdotisch sind, stellte Naumann eine enge Übereinstimmung der Verbreitung der Wespen mit der von *O. smaragdina* in Nordaustralien fest. Weitere direkte Beweise für die Verbindung von *Smicromorpha spp.* mit *Oecophylla* lieferte Christopher Darling (2009), der in Vietnam eine neue *Smicromorpha*-Art, *Smicromorpha masneri*, entdeckte, die er in Blattzeltnestern von *O. smaragdina*

Abb. 2.19 Eine Arbeiterin der Weberameise *Oecophylla smaragdina* hält eine Larve im letzten Larvenstadium in ihren Mandibeln und bewegt sie hin und her, während die Larve einen kontinuierlichen Seidenfaden aus den Labialdrüsenöffnungen am Kopf abgibt. (Bert Hölldobler)

in einem Gewächshaus fand. Darüber hinaus wurden *Smicromorpha*-Wespen in der Natur in der Nähe von Blattzeltnestern von *Oecophylla*-Kolonien beobachtet.

2.2.7.3 Eucharitidae

Die relativ kleine Wespenfamilie Eucharitidae umfasst drei Unterfamilien: Oraseminae, Gollumiellinae und Eucharitinae. Sie sind obligate Parasitoide von Ameisen, deren Brut sie parasitieren (Clausen 1941; Heraty 2000; Baker et al. 2020). Die Eucharitidae-Weibchen greifen die Ameisenlarven jedoch nicht direkt an, sondern legen ihre Eier in oder auf dem Gewebe von Blütenknospen oder Blättern ab, oft auf jungen Trieben in der Nähe von extrafloralen Nektarien. Die Oraseminae (Abb. 2.20) verfügen über spezielle Ovipositoren, mit denen sie das Pflanzengewebe durchbohren und Hohlräume bilden, in die sie ein oder mehrere Eier ablegen (Heraty 2000).

Die winzigen Larven des ersten Larvenstadiums, die dort schlüpfen, werden Planidien (Singular Planidium) genannt, ein Begriff, der bei allen Parasitoiden mit hochbeweglichen Larven des ersten Stadiums verwendet wird, im Gegensatz zu den „stationären" Larven, die sich auf oder im Wirt ernähren und wachsen. Sie sind nur wenig länger als ein Zehntel Millimeter und haben eine ungewöhnlich harte, sklerotisierte Cuticula. Kurz nach dem Schlüpfen aus ihren Eiern werden die Planidien aktiv und suchen ihre Wirte auf. Obwohl es noch nie möglich war zu beobachten, wie genau die Planidien in die Wirtsameisenkolonie eindringen, wird vermutet, dass sie passiv von den Futtersammlerinnen in die Nester der Wirtsameisen getragen werden, indem sie sich entweder an die von den Ameisen getragene Beute anheften oder sich in der Nähe von extrafloralen Nektarien aufhalten, und so von den Ameisen aufgenommen und in der infrabuccalen Tasche in der Mundhöhle der Ameise transportiert werden (Abb. 2.21) (Herreid und Heraty 2017).

Abb. 2.20 Ein Wespenweibchen der Gattung *Orasema* legt ein Ei in das Gewebe eines Pflanzenblattes ab. (Mit freundlicher Genehmigung von Alex Wild/alexanderwild.com)

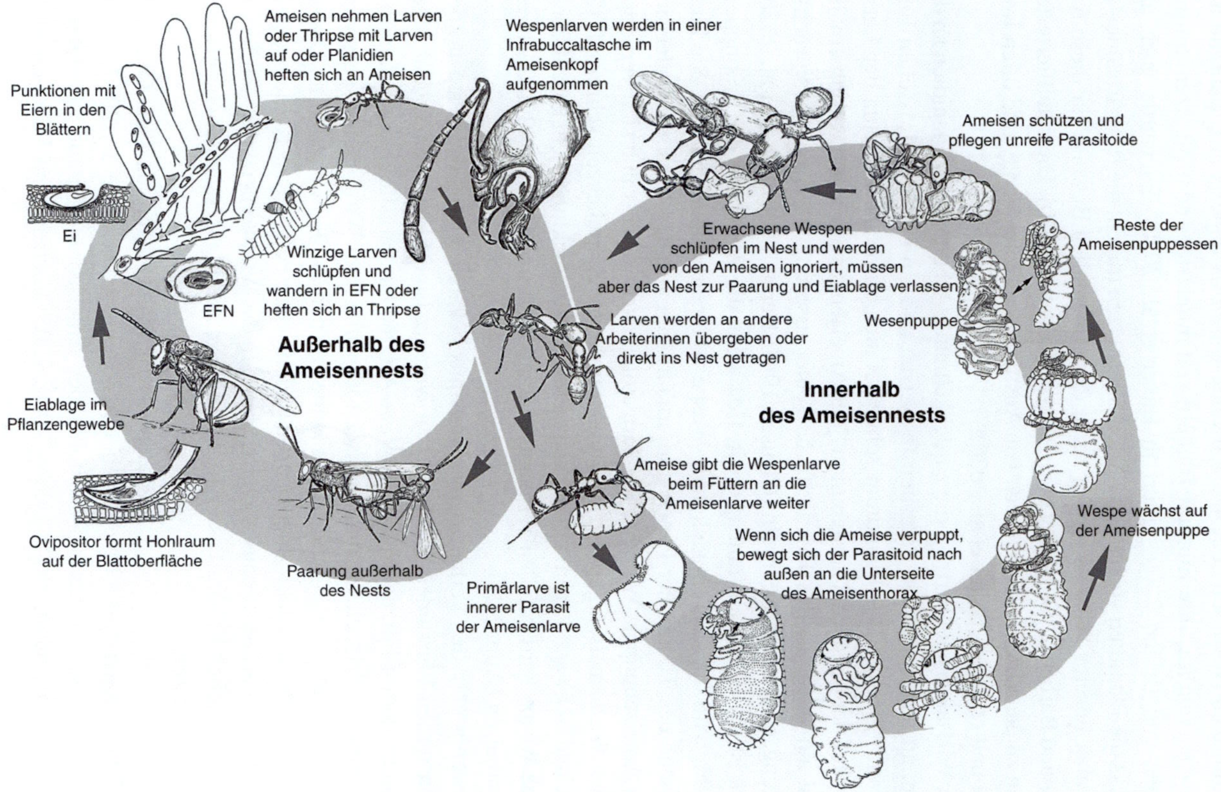

Abb. 2.21 Der Lebenszyklus einer typischen Wespe aus der Familie der Oraseminae. *Auf der linken* Seite sind die Vorgänge außerhalb des Ameisennests dargestellt: Paarung, Eiablage und Sammeln der Planidien durch die Ameisen (*EFN*: extraflorale Nektarien). *Rechts* sind die Vorgänge innerhalb des Ameisennests dargestellt: die Anheftung an die Ameisenlarve, Entwicklung auf der Ameisenpuppe, Verpuppung und Eklosion. (Mit freundlicher Genehmigung von Austin Baker)

Baker et al. (2020) stellten fest, dass einige Arten der Oraseminae „dazu neigen, sich für die Eiablage auf bestimmte Pflanzenstrukturen zu spezialisieren", und einige Arten „sehr spezifische Pflanzenwirte haben (z. B. legt *Orasema simulatrix* ihre Eier nur in der Nähe der extrafloralen Nektarien" der Wüstenweide *Chilopsis linearis* ab), während andere, wie *Orasema simplex*, ihre Eier auf Blättern von mindestens acht Pflanzenfamilien ablegen (Varone und Briano 2009; zitiert in Baker et al. 2020). Es wurde auch angenommen, dass die Planidien von einigen Arten Substanzen tragen, die für Wirtsameisen attraktiv sind, aber unseres Wissens gibt es keine experimentellen Beweise für diese Annahme (Heraty und Barber 1990; Heraty et al. 2004; Baker et al. 2020). Die detailliertesten Beobachtungen zu den Oraseminae werden von Austin Baker, John Heraty und ihren Kollegen berichtet und referiert (Baker et al. 2020).

Im Nest der Wirtsameisen überträgt die zurückkehrende Arbeiterin die Planidien an die Ameisenlarven, an denen sich die Parasiten festsetzen und „in einem gedrosselten Entwicklungszustand" fressen. Das Planidium schneidet sich durch die Cuticula der Larve und setzt sich „auf der dorsalen Thoraxregion" der Ameisenlarve fest, wo es sich ernährt und manchmal auf mehr als das Hundertfache seiner ursprünglichen Größe anwächst, ohne das Häutungsstadium zu wechseln (Clausen 1941; Heraty 2000; Baker et al. 2020). In dieser Phase ist die Wespe ein Innenparasit. Erst wenn die Wirtslarve das Präpuppen-Stadium erreicht, wird die sich entwickelnde Wespe zu einem Außenparasiten. Sie klebt an der Ventralseite des Thorax der Puppe und ernährt sich von den Ressourcen der sich entwickelnden Ameisenpuppe. Während die Parasitoidenlarve wächst und sich verpuppt, wird sie von den Wirtsameisen gepflegt und umsorgt. In der Zwischenzeit schrumpft die Ameisenpuppe und ist zwar noch am Leben, kann aber ihre Entwicklung nicht abschließen. Die erwachsene Wespe wird von den Wirtsameisen ignoriert und verlässt schließlich das Nest der Wirtsameisen (Abb. 2.22).

Es ist sehr wenig über den Verhaltensmechanismus bekannt, der es dem Parasitoiden ermöglicht, von seinen Wirtsameisen toleriert zu werden. Eine Studie von Vander Meer et al. (1989) deutet darauf hin, dass eine *Orasema*-Art, die ein Parasitoid von *Solenopsis invicta* ist, die koloniespezifischen Kohlenwasserstoffprofile ihrer Wirtsameisen passiv erwirbt, aber die Parasitoidenlarven produzieren keine eigenen Kohlenwasserstoffe. Die erwachsenen Wespen weisen jedoch ihre eigenen spezifischen cuticulären Kohlenwasserstoffe auf und behalten darüber hinaus noch Restmengen der Wirtskohlenwasserstoffe. Ob der Erwerb der spezifischen Kohlenwasserstoffe der Wirte zufällig ist oder der chemischen Tarnung dient, ist nicht klar.

Auf der Grundlage von gesammelten Daten wird vorgeschlagen, dass die Oraseminae (die aus 13 Gattungen und 89 beschriebenen Arten bestehen; Heraty 2017, zitiert in Baker et al. 2020) spezialisierte Parasitoide der Ameisenunterfamilie Myrmicinae (Knotenameisen) sind (Clausen 1941; Heraty 2000, 2002; Lachaud und Pérez-Lachaud 2012), zu denen einige der weltweit invasivsten Ameisengattungen gehören, wie *Pheidole*, *Solenopsis*, *Wasmannia* und *Monomorium*. Eine Art, *Orasema minuta*, wurde in Nestern von zwei Myrmicinae-Ameisengattungen, *Pheidole* und *Temnothorax*, gefunden (Baker et al. 2020). Lachaud und Pérez-Lachaud (2012) führen auch *Tetramorium* sowie andere

Abb. 2.22 *Orasema wheeleri* im Brutnest von *Pheidole bicarinate*. Das *obere Bild* zeigt die Wespenpuppe in einem Haufen von Ameisenpuppen. Die frisch geschlüpfte adulte *Orasema*-Wespe wird von den Wirtsameisen toleriert, obwohl einige Arbeiterinnen durch das Aufklappen der Mandibeln ein gewisses Maß an Antagonismus erkennen lassen (*mittleres Bild*). Sobald die Flügel der Wespe vollständig ausgehärtet sind (*unteres Bild*), verlässt sie das Nest der Wirtsameise, um sich zu paaren. (Mit freundlicher Genehmigung von Alex Wild/alexanderwild.com)

Ameisenunterfamilien als mögliche Wirte von Orasema-Wespen auf. Die meisten Sammelberichte und dokumentierten Vorkommen in allen biogeografischen Regionen nennen *Pheidole* als die häufigste Wirtsgattung, die mit Oraseminae-Spezies assoziiert ist. Diese Fakten und weitere biogeografische und phylogenetische Studien deuten stark darauf hin, dass *Pheidole* der angestammte Wirt für die Oraseminae ist (Baker et al. 2020). John Heraty (2002) schlug vor, dass die Phylogenie der Eucharitidae im Allgemeinen mit der der Wirtsameisen-Unterfamilien korreliert und mit Unterschieden in der Eiablage der Parasitoiden, dem phoretischen Verhalten der Planidien und der Art und Weise, wie die Wirtslarven und -puppen befallen werden, in Zusammenhang steht.

Während die Wespen der Unterfamilie Oraseminae in erster Linie Myrmicinae-Ameisen befallen (mit wenigen möglichen Ausnahmen, siehe Lachaud und Pérez-Lachaud 2012), parasitieren die Eucharitinae viele andere Ameisenarten aus den Unterfamilien Formicinae, Ectatomminae, Myrmeciinae und Ponerinae. Trotz der unterschiedlichen Wirtspräferenz haben alle Eucharitiden-Parasitoide einen ähnlichen Entwicklungsablauf, bei dem das erste Larvenstadium ein spezielles Planidium ist, dessen einzige Funktion darin besteht, Futtersammlerinnen als Vektoren zu nutzen, um in das Nest der Wirtsameisen einzudringen, wo sie Ameisenlarven angreifen. Während sich die Planidien von Oraseminae in die Ameisenlarve eingraben und zunächst als Endoparasitoide leben, heften sich die Planidien von Eucharitinae von außen an die Wirtslarve und bleiben während ihrer gesamten Entwicklung Ektoparasitoide. Auch sie wandern in die vordere ventrale Thoraxregion des Wirts, sobald die Ameisenlarve mit der Verpuppung fortgeschritten ist. Im Gegensatz dazu sind die Larven der Eucharitiden-Unterfamilie Gollumiellinae in Larven und Puppen der Ameisenart *Nylanderia (Paratrechina)* endoparasitisch, das heißt, sie entwickeln sich vollständig innerhalb der Larven und Puppen der Wirtsameise (Darling und Miller 1991; Darling 1992, 1999; zitiert in Heraty und Murray 2013; Lachaud und Pérez-Lachaud 2012).

In einigen Fällen wurden mehrere artgleiche Parasitoide in einer einzigen Wirtspuppe gefunden (Heraty und Barber 1990; Lachaud und Pérez-Lachaud 2012; Peeters et al. 2015), und „konkurrierender Parasitismus" wurde für *Ectatomma tuberculatum* berichtet, die mehrfach von den Eucharitinae-Arten *Dilocantha lachaudii*, *Isomerala coronata* und *Kapala sp.* befallen war (Pérez-Lachaud et al. 2006), sowie für *Ectatomma ruidum*, bei der sich zwei *Kapala*-Arten, *K. iridicolor* und *K. izapa*, einnisteten (Lachaud und Pérez-Lachaud 2009). Ein typischer Lebenszyklus einer Eucharitinae-Wespe wurde von Jean-Paul Lachaud und Gabriela Pérez-Lachaud (2012) am Beispiel der Art *Dilocantha lachaudii* (Abb. 2.23) sehr schön dokumentiert.

Wie üblich gibt es jedoch auch Ausnahmen von der Regel: John Heraty und Elizabeth Murray (2013) untersuchten die Lebensgeschichte der Eucharitinae-Art *Pseudometagea schwarzii*, die ein Parasitoid der Schuppenameise (Formicinae) *Lasius neoniger* ist. Sie bestätigten eine frühere Feststellung von Ayre (1962), dass das Planidium von *P. schwarzii* im Innern der Larve der Wirtsameise wächst und sich ernährt, weshalb es als Endoparasitoid betrachtet werden muss. Heraty und Murray argumentieren auf der Grundlage phylogenetischer Analysen, dass die ektoparasitoide Lebensweise bei den Eucharitidae das ur-

Abb. 2.23   a–g Lebenszyklus einer typischen Eucharitiden-Wespe. **a** Das Weibchen von *Dilocantha lachaudii* (Eucharitinae) legt seine Eier auf *Lantana camara* (Verbenaceae) ab. **b** *D.-lachaudii*-Weibchen mit auf der Blattoberfläche verstreuten Eiern. **c.** Planidium *(weißer Pfeil)* auf einer Larve der Ameise *Ectatomma tuberculatum. Kleines Bild:* Rasterelektronenmikroskopische Aufnahme eines Planidiums. **d** Zwei geschwollene Planidien von *D. lachaudii (weißer Pfeil),* die sich von einer Larve von *E. tuberculatum* ernähren. **e** Larve des zweiten Stadiums *(weißer Zeiger),* die nach der Verpuppung des Wirts umgesiedelt wurde. **f** Zwei *D.-lachaudii-Puppen* aus einer einzigen Wirtspuppe. Der Wirtskokon wurde entfernt. **g** Arbeiterinnen von *E. tuberculatum* beim Transport eines kürzlich geschlüpften *D.-lachaudii-Weibchens.* (Mit freundlicher Genehmigung von Jean-Paul Lachaud und Gabriela Pérez-Lachaud)

sprüngliche Merkmal ist und dass sich die abgeleitete endoparasitoide Lebensweise innerhalb der Eucharitidae dreimal unabhängig entwickelt hat.

Dank der gründlichen Untersuchungen vor allem von John Heraty und seinen Mitarbeitern sowie zusätzlicher Studien von Jean-Paul Lachaud und Gabriela Pérez-Lachaud, Christopher Darling und anderen Entomologen, wurden viele Informationen über die Systematik, die Phylogenie und den Lebenszyklus der Eucharitiden-Parasitoiden gewonnen. Über die Rolle, die diese Parasitoide in Ökosystemen spielen, ist weit weniger bekannt. Eine dieser Studien sticht jedoch hervor, die wir im Folgenden zusammenfassen.

Die Pflanze *Leea manillensis* (Leeaceae, früher Vitaceae) ist ein großer, bis zu 6 m hoher Strauch, der auf den Philippinen und in anderen Teilen Südostasiens sehr verbreitet ist. Alle *Leea*-Arten, auch Vertreter in Australien und Neuguinea, sind mit extrafloralen Nektarien ausgestattet und produzieren auch sogenannte Futterkörperchen (auch: perlenförmige Futterkörperchen), die reich an Lipiden, Proteinen und Kohlenhydraten sind. Diese pflanzlichen Produkte werden von Ameisen aufgesucht, die den Nektar aufsaugen und die Futterkörper ernten. Es wurde vermutet, dass die Ameisen, die auf Futtersuche sind, die *Leea*-Sträucher vor dem Raubbau durch Pflanzenfresser schützen. Der direkte Nachweis einer solchen wechselseitigen Beziehung zwischen Ameisen und *Leea* blieb jedoch widersprüchlich, auch wenn die Befunde darauf hinweisen. Eine quantitative Studie von Christoph Schwitzke, Brigitte Fiala, Eduard Linsenmair und Eberhard Curio (2015) deckte die Gründe für diese Unstimmigkeiten auf. Sie konnten zeigen, dass *L. manillensis*, die nicht von Ameisen besucht wurden, tatsächlich einen signifikant größeren Verlust an Blattfläche erlitten als Sträucher, an denen Ameisen extraflorale Nektarien besuchten. Warum also, fragten sie sich, sind so viele *Leea*-Pflanzen frei von Ameisenbesuch und stark durch Herbivorie geschädigt? Vor allem die frischen Triebe, an denen sich die aktiven extrafloralen Nektarien an der Abaxialseite (Unterseite) der jungen Blätter befinden, wurden von Pflanzenfressern angegriffen.

In diesem Zusammenhang ist die Arbeit von Carey et al. (2012) von besonderem Interesse, die Eucharitidae-Wespen im Südwesten von Arizona untersuchten und berichteten, dass die Weibchen von *Orasema simulatrix* fast ausschließlich in der Nähe der extrafloralen Nektarien der Bignoniaceae *Chilopsis linearis* ihre Eier ablegen. Die Füllungszustände der Nektarien waren unterschiedlich; gefüllte Nektarien wurden von *O. simulatrix* mit dreimal höherer Wahrscheinlichkeit für die Eiablage ausgewählt als teilweise gefüllte oder leere Nektarien. Wahrscheinlich suchen die Ameisen eher gut gefüllte Nektarien auf als leere. Die Knotenameise (Myrmicinae) *Pheidole desertorum* war die vorherrschende Ameisenart, die die extrafloralen Nektarien in den Baumkronen aufsuchte, und ist höchstwahrscheinlich auch die primäre Wirtsart von *O. simulatrix*. Indizien deuten darauf hin, dass die Eier oder frisch geschlüpften Wespenlarven (Planidien) von den Ameisenarbeiterinnen mit dem Nektar aufgenommen und so in die *Pheidole*-Kolonie getragen werden.

Es wurde häufig berichtet, dass die Zustände der extrafloralen Nektarien bei vielen Pflanzen unterschiedlich sein können und dass viele Faktoren die Produktivität der extrafloralen Nektarien negativ beeinflussen können und damit indirekt die Nahrungs- und

Schutzeffizienz der Ameisen im Pflanzen-Ameisen-Mutualismus (siehe Lange et al. 2017). Die störende Wirkung von parasitoiden Wespen in solchen mutualistischen Ameisen-Pflanzen-Beziehungen wurde jedoch erst in der Studie von Schwitzke et al. (2015) genauer analysiert. Diese Autoren untersuchten die ökologische Beziehung zwischen der Pflanze *Leea manillensis* und der Eucharitinen-Wespe *Chalcura sp.* Diese parasitische Wespe legt ihre Eier in die extrafloralen Nektarien der Nebenblätter. Im Gegensatz zu mehreren anderen Parasitoiden der Eucharitidae, die zumindest auf der Ebene der Unterfamilie eine relativ hohe Wirtsameisenspezifität aufweisen, scheinen die Planidien von *Chalcura sp.* ein breites Spektrum von Ameisenarten zu befallen, obwohl die Autoren betonen, dass sie nicht wissen, wie sich die Parasitoiden im Inneren der Ameisenkolonien verhalten. Schwitzke et al. (2015) wiesen nach, dass die geschlüpften Planidien einen drastischen Einfluss auf das System Ameise-Pflanze-Herbivore haben. Sie schreiben: „53 % der Triebe der Pflanzen waren mit Planidien befallen. Alle registrierten Ameisenarten an den extrafloralen Nektarien mieden strikt die frischen Pflanzentriebe nach dem Ausschlüpfen der Wespenlarven." Bald verließen die Planidien die Triebe und verbreiteten sich auf der Pflanze. Die Ameisen versuchten, jeglichem Kontakt mit den Planidien zu vermeiden, sie griffen erwachsene Wespen an, und zogen sich schließlich ganz von frischen Trieben der Pflanze zurück. Die Autoren kommen zu dem Schluss, dass „die Abschreckwirkung der Planidien zu einem dauerhaften Mangel an Ameisen auf den Trieben führte, was dann einen fast zehnfachen Anstieg der vollständigen Triebverluste im Vergleich zu nicht befallenen Trieben verursachte". Die primären „Feinde" der *Leea*-Pflanzen sind also nicht so sehr die Pflanzenfresser, sondern die parasitoiden Wespen, die auf die pflanzenschützenden Ameisen störend einwirken.

Wie bereits im Abschnitt über parasitische Phoriden erörtert, stellen diese Wespen ein weiteres Beispiel dafür dar, wie Parasitoide das Futtersammeln und die Wettbewerbsinteraktionen in Ameisengemeinschaften beeinflussen (siehe Feener 2000). Andererseits diskutiert John Heraty (1994) die Frage, ob aufgrund der häufig beträchtlichen Parasitismusraten bei einigen Eucharitiden-Parasitoiden der Gattung *Orasema*, die die Knotenameisenarten *Wasmannia auropunctata* und *Solenopsis invicta* (Myrmicinae) befallen, die Wespen als wirksames Mittel zur biologischen Bekämpfung dieser invasiven Ameisenarten dienen könnten.

2.2.7.4 Diapriidae

Die Diapriidae sind eine Familie parasitoider Wespen, die Larven und Puppen einer Vielzahl von Insekten, insbesondere von Fliegen, befallen. Die Arten sind weltweit verbreitet und werden in drei Unterfamilien unterteilt: Ambrositrinae, Belytinae und Diapriinae (Sharkey et al. 2012). Mehrere Arten der Belytinae, vor allem aber der Diapriinae, sind mit Ameisen vergesellschaftet (Masner 1959, 1993; Huggert und Masner 1983; Masner et al. 2002; Lachaud und Pérez-Lachaud 2012; Loiácono et al. 2013), doch ist nicht viel über ihre Interaktionen mit Ameisen bekannt. Nur wenige Diapriidae sind nachweislich Parasitoide von Ameisen. Der erste direkte Nachweis eines Ameisenparasitoiden aus der Familie der Diapriidae stammt von Jean-Paul Lachaud und Luc Passera (1982), die die Wespe

Plagiopria passerai aus Kokons der Schuppenameise (Formicinae) *Plagiolepis pygmaea* züchteten. Insbesondere die Unterfamilie Diapriinae umfasst mehrere Arten, die sich als echte Parasitoide von Ameisen erwiesen haben (Loiácono et al. 2002, 2013; Masner et al. 2002; Fernández-Marín et al. 2006; Pérez-Ortega et al. 2010). Marita S. Loiácono (1985) züchtete *Szelenyiopria lucens* (Diapriini), gefunden in Uruguay, aus Larven der pilz-züchtenden Ameise *Acromyrmex ambiguus*. Sie berichtet, dass sich bis zu drei Wespen in einer reifen Ameisenlarve entwickelten. *Szelenyiopria pampeana* wurde auch in Larven der Ameise *Acromyrmex lobicornis* gefunden (die auch der Wirt des Parasitoiden *Trichopria formicans* ist), während andere *Szelenyiopria*-Arten – z. B. *S. reichenspergeri* – mit Wanderameisenarten (*Eciton quadriglume* und *Neivamyrmex legionis*) assoziiert sind; Parasitoidismus wurde jedoch nicht bestätigt (Loiácono et al. 2013).

Von zwei weiteren pilzzüchtenden Ameisengattungen wurde berichtet, dass sie von Diapriinae befallen werden. Fernández-Marín et al. (2006) lieferten die erste Beschreibung der Biologie von *Acanthopria spp.* und *Mimopriella sp.*, die die Larven von *Cyphomyrmex minutus* und *C. rimosus* befallen. Die Studien wurden in Puerto Rico und Panama durchgeführt. Zwischen 27 % und 53 % der *C.-minutus* – Kolonien wurden von einer Morphospezies von *Acanthopria* befallen, wobei es erhebliche Unterschiede zwischen den Populationen gab. Die kolonieinterne Prävalenz von *Acanthopria* in den puerto-ricanischen *Cyphomyrmex*-Populationen betrug etwa 16 %, und in der panamaischen Population etwa 34 %. Bemerkenswerterweise waren 70 % der *Cyphomyrmex-rimosus*-Kolonien mit einer *Mimopriella*-Art und vier Morphospezies von *Acanthopria sp.* befallen. Obwohl die Autoren keinen Zusammenhang zwischen der Koloniegröße der Wirtsameisen und dem Anteil der parasitierten Larven von *C. minutus* fanden, konnte bei *C. rimosus* eine negative Korrelation festgestellt werden. Unseres Wissens ist dies die erste Populationsstudie über die Infektion von Parasitoiden durch Diapriidae. Die *Acanthopria*-Larven, die fast den gesamten Körper ihrer Wirtslarven einnehmen, verändern das äußere Erscheinungsbild der Wirtslarven nicht, außer dass die befallenen Larven eine gräuliche Farbe anstelle der cremefarbenen Tönung gesunder Ameisenlarven haben. Die Wirtsameisen scheinen keinen Unterschied zwischen befallenen und gesunden Larven zu machen. Wenn sie gezwungen sind, ihr Nest zu wechseln, werden alle Larven, auch die infizierten, von den Arbeiterinnen in das neue Nest getragen. Ausgewachsene Wespen hingegen werden von den Ameisen angegriffen und können sogar getötet werden. Eine zweite, ähnliche Studie von Pérez-Ortega et al. (2010) beschreibt den Parasitismus der pilzzüchtenden Ameise *Trachymyrmex cf. zeteki*, die von mehreren Diapriinae-Wespenarten befallen wird. Die Studie wurde an einer einzigen Population in Panama durchgeführt. Aus einer großen Anzahl ausgegrabener *Trachymyrmex*-Nester wurden sechs Wespen-Morphotypen gezüchtet: zwei der Gattung *Mimopriella*, eine der Gattung *Oxypria*, zwei der Gattung *Szelenyiopria* und eine der Gattung *Acanthopria*. Der durchschnittliche Parasitismus von Ameisenlarven pro Kolonie lag in einer Saison bei fast 34 % und in einer anderen Saison bei etwa 27 %. Die Daten aus diesen beiden Studien deuten stark darauf hin, dass die Diapriidae-Parasitoiden eine wichtige Rolle in der Populationsbiologie dieser Ameisen spielen.

Lubomír Masner und sein Mitarbeiter Lars Huggert (1983), zwei der führenden Experten auf dem Gebiet der Systematik und Phylogenie der Diapriidae-Wespen, schlugen vor, dass sich die Ameisenparasitoide der Diapriidae aus Vorfahren entwickelt haben, die Fliegen befielen, die in den Abfallbereichen von Ameisennestern leben. Sie vermuten, dass die Diapriidae-Weibchen auf der Suche nach potenziellen Wirten nach und nach in das Ameisenleben eingebunden wurden. Obwohl der Ameisenparasitoidsmus nur bei einer Minderheit aller bekannten myrmekophilen Diapriidae-Wespen nachgewiesen werden konnte, wurden noch viel mehr Arten in Ameisennestern gefunden, die offensichtlich keine Parasitoide sind. Diese myrmekophilen Arten weisen häufig morphologische und verhaltensmäßige Anpassungen an ihre Wirtsameisen auf. So wurde *Apopria coveri* (Diapriinae) in Biwaknestern der Wanderameisenarten *Neivamyrmex opacithorax* und *N. nigrescens* (die letztgenannte *Neivamyrmex*-Art wurde später von Mark Deyrup als *N. texanus* identifiziert; Stefan Cover, persönliche Mitteilung) „im Zentrum der Kolonie, tief unter der Erde, in völliger Dunkelheit" gesammelt (Masner et al. 2002). Die Autoren geben an, dass die Wespen flügellos sind und keine Ocellen haben, weshalb sie davon ausgingen, dass der Lebenszyklus und die Ausbreitungsstrategien möglicherweise eng mit ihren Wirtsameisen synchronisiert sind. Vermutlich verbreiten sich *A. coveri* mit den sich aufteilenden Kolonien ihrer Wirtsameisen, und sie sehen den *Neivamyrmex*-Wirten verblüffend ähnlich (Abb. 2.24).

Zusammen mit Stefan Cover sammelte einer von uns (B.H) diese *N.-opacithorax*-Kolonie mit Königin in Florida, aber wir bemerkten die Diapriidae-Myrmekophilen zu die-

Abb. 2.24 Exemplare der Wespe *Apopria coveri* (Diapriidae) sind in Seiten- und Rückenansicht dargestellt. (Mit freundlicher Genehmigung des verstorbenen Michael C. Thomas). Die Bilder *auf der rechten Seite* zeigen die Wirtsameise *Neivamyrmex opacithorax*. (Jen Fogarty/AntWeb.org)

sem Zeitpunkt nicht. Erst später erkannte Stefan, dass sich unter den Arbeiterinnen eine etwas seltsam aussehende *Neivamyrmex* befand, und natürlich erkannte er, dass es sich um eine Diapriidae-Wespe handelt, die den Wirtsameisen auffallend ähnlichsieht. Stefan schickte die Exemplare an Lubomír Masner, der feststellte, dass es sich um eine neue Art der Gattung *Apopria* handelte und sie deshalb nach ihrem Entdecker, Stefan Cover, benannte.

Es gibt noch viele weitere Beispiele für myrmekophile Diapriinae, insbesondere bei Wanderameisen, die besondere morphologische Anpassungen an ihre Wirtsameisen aufweisen. Loiácono et al. (2013) nennen unter anderem die Wespe *Asolenopsia rufa* (Diapriinae), die bei den Wanderameisenarten *Neivamyrmex carettei* und *N. sulatus* gefunden wurde, und die Wespe *Notoxoides pronotalis*, die mit der Wanderameise *Eciton dulcium* lebt. Auch die Wespe *Bruchopria pentatoma* weist Merkmale auf, die an ihr Leben als Myrmekophile der Knotenameise *Solenopsis richteri* angepasst zu sein scheinen.

In *Solenopsis*-Nestern wurden Exemplare dieser Wespen gefunden, denen die Flügel entfernt worden waren (vermutlich von den Ameisen abgebissen) (Masner et al. 2002). Loiácono et al. (2002) untersuchten *Bruchopria*-Individuen mit und ohne Flügel und kamen zu dem Schluss, dass Apterismus (Flügellosigkeit) entweder „durch Autotomie oder durch Bisse der Wirtsameisen verursacht wird". Die Autoren argumentieren, dass Wespen ohne Flügel leichter in die Gänge und Kammern von Nesthügeln gelangen. Die Weibchen von *Bruchopria pentatoma* und *B. hexatoma* wurden zusammen mit *Solenopsis* und in Nestern der pilzzüchtenden Ameise *Acromyrmex lundii* gefunden.

Wing (1951) beschreibt die neue Gattung der Diapriidae und die Arten *Bruesopria americana* und *B. severi*, die offenbar Myrmekophile der Diebsameise *Solenopsis* (Untergattung *Diplorhoptrum*) *molesta* in Nordamerika sind (Abb. 2.25). Für die Nearktis führen Huggert und Masner (1983) u. a. die Gattungen *Auxopaedentes* und *Bruesopria* auf, die beide mit den Diebsameisen von *Solenopsis* (Untergattung *Diplorhoptrum*) assoziiert sind. Diese Diapriinae-Gattungen sind mit der paläarktischen Gattung *Solenopsia imitatrix* verwandt, die erstmals von Erich Wasmann (1899) entdeckt und beschrieben wurde, sowie mit *Lepidopria pedestris* und *Trichopria inquilina*, die beide von Jean-Jacques Kieffer (1904, 1911) beschrieben wurden. Diese Arten sind mit der Diebsameise *Solenopsis fugax* vergesellschaftet (Wasmann 1891; Hölldobler 1928; Lachaud und Passera 1982; Borowiec 2013). Ihr Verhalten in den Nestern der Diebsameisen ist besser untersucht als das der meisten anderen myrmekophilen Diapriidae. Vor allem *Solenopsia imitatrix* wurde mehr Aufmerksamkeit geschenkt als den anderen Arten (Abb. 2.25).

Die ersten Verhaltensbeobachtungen gehen auf Wasmann (1891) zurück. Er kam zu dem Schluss, dass die Wespen von den Wirtsameisen passiv geduldet werden. Janet (1897a) beobachtete aktivere Interaktionen zwischen *Solenopsia*-Wespen und Ameisen. Die Wespen wurden dabei beobachtet, wie sie den Kopf der Wirtsameisen betasteten, und die Ameisen leckten an den Wespen, obwohl keine Trophallaxis beobachtet werden konnte. Karl Hölldobler (1928) hielt die Diapriidae-Arten in *Solenopsis-fugax*-Kolonien in Formicarien, widmete aber *Solenopsia imitatrix* besondere Aufmerksamkeit. Er beschreibt, dass die Wirtsameisen häufig an der Wespe lecken, vor allem an den Bereichen

Abb. 2.25 Die myrmekophile Wespe *Bruesopria americana* (Diapriidae) mit ihrer Wirtsart *Solenopsis molesta*. (Mit freundlicher Genehmigung von Alex Wild/alexanderwild.com). Das *untere Bild* zeigt die Wespe *Solenopsia imitatrix* (Diapriidae) mit ihrer Wirtsart *Solenopsis fugax*. (Mit freundlicher Genehmigung von Claude Lebas)

zwischen Mesosoma und Metosoma, zwischen Kopf und Mesosoma sowie an den Fühlern. Er beobachtete auch Trophallaxis und stellte fest, dass die Wespen häufig von den Arbeiterinnen der Wirtsameisen innerhalb des Nestes herumgetragen wurden.

Jean-Paul Lachaud (1980, 1982) führte eine Verhaltensstudie zu *Solenopsia imitatrix* und *Lepidopria pedestris* durch und beschrieb die taktile Kommunikation zwischen den myrmekophilen Wespen und ihren Wirtsameisen, und beobachtete trophallaktische Beziehungen zwischen *L. pedestris* und *S.-fugax*-Arbeiterinnen. Er untersuchte auch die Struktur der exokrinen Integumentaldrüsen der Wespen, deren Sekrete eine Rolle in der interspezifischen Beziehung zwischen Ameisen und Myrmekophilen spielen könnten, obwohl es noch keine experimentellen Beweise gibt (Lachaud 1981). Über die Fortpflanzung dieser myrmekophilen Wespen ist nichts bekannt. Sie sind ganz offensichtlich keine Parasitoide von *Solenopsis fugax*. Jean-Paul Lachaud und Luc Passera (1982) vermuten, dass

Solenopsia imitatrix und *Lepidopria pedestris* im Nest von *Solenopsis fugax* überwintern, ihre Eier aber in Nestern eines anderen Wirtsorganismus ablegen. Wie bereits erwähnt, schlugen Huggert und Masner (1983) vor, dass die Anwesenheit von Diapriidae in Ameisennestern wahrscheinlich „nur von untergeordneter Bedeutung ist und mit ihrer Suche nach Dipteren-Wirten zusammenhängt", wie dies bei *Tetramopria aurocincta* und *T. cincticollis* dokumentiert wurde, die in Nestern von der Knotenameise *Tetramorium caepitum* vorkommen (Notton 1994). Diese Wespen sind in der Tat Parasitoide der Puppen von Tachiniden (z. B. *Compsilura concinnata*), die in erster Linie Parasiten des Schmetterlings *Hyphantria cunea* sind (zitiert in Lachaud und Pérez-Lachaud 2012).

In den letzten Jahrzehnten wurden enorme Fortschritte sowohl bei der Klärung der Systematik und Phylogenie sowie bei der Erfassung der erstaunlichen Artenvielfalt der Diapriiden erzielt. Unser Wissen über die Verhaltensinteraktionen von myrmekophilen Diapriidae-Wespen mit Ameisen ist jedoch nach wie vor spärlich und dünn gestreut.

2.3 Phoretische Myrmekophile und Parasiten auf den Körpern von Wirtsameisen

2.3.1 Milben: Acari

Unter der Vielzahl von Organismen, die mit Ameisen vergesellschaftet sind, sind die Milben eindeutig am häufigsten vertreten. Nicht nur die Zahl der Individuen ist enorm, sondern auch die Zahl der myrmekophilen Milbenarten ist überwältigend. Die am weitesten verbreitete Gruppe sind die phoretischen Milben, die vor allem bei den Wanderameisen vorkommen, wo sie als Tramper auf den Körpern der wandernden Ameisen reisen. Andere Arten sind Ektoparasiten, die sich von der Hämolymphe der Ameisen ernähren, und einige Milben sind in der Lage, das Verhalten der Ameisen zu ihrem Vorteil zu manipulieren. Obwohl eine große Anzahl myrmekophiler Milbenarten beschrieben wurde, von denen viele Parasiten sind (siehe z. B. Schmid-Hempel 1998; Campbell et al. 2013; Huhta 2016), wurden nur in wenigen Fällen die Mechanismen untersucht, die es den Milben ermöglichen, mit Ameisen zu leben und ihre Wirte auszunutzen.

Unter den zahlreichen Ektoparasiten – myrmekophile Organismen, die fast ihr ganzes Leben auf den Körpern der Wirtsameisen verbringen – sind die Milben (vor allem die Mesostigmata-Milben) eindeutig die dominierende Gruppe. Viele von ihnen sind „Blutsauger", die sich in die Nähe weicher intersegmentaler Membranen setzen, die sie durchstechen, um die austretende Hämolymphe aufzusaugen. Wasmann (1902) beschrieb die verschiedenen Körperteile der Ameisen, die bestimmte Milbengruppen bevorzugen. Ebenso berichten Kaitlin Uppstrom Campbell und Hans Klompen (Uppstrom und Klompen 2011) über mindestens sechs Milbengattungen, die sich auf geflügelten Königinnen der Ernteameisenart *Veromessor pergandei* aufhalten, und sie entdeckten, dass die Milben „eine Vorliebe für bestimmte phoretische Anheftungsstellen" zeigen. In der Tat weisen viele myrmekophile Milben, die auf den Körpern der Wirtsameisen leben, besondere Anpassungen auf. Nirgendwo ist dies besser untersucht worden als bei den Wanderameisen der Neuen Welt, insbesondere durch Carl Rettenmeyer und seine Mitarbeiter. Von besonderem Interesse sind die Circocyllibanidae, die auf erwachsenen Arbeiterinnen der Wanderameisen leben, aber gelegentlich auch auf Larven, erwachsenen Männchen und Königinnen reiten (Elzinga und Rettenmeyer 1974). Sie scheinen vor allem auf bestimmten Körperteilen der Wirte zu leben, z. B. auf den Mandibeln, dem Kopf, dem Thorax und der Gaster der erwachsenen Arbeiterinnen. Ebenso interessant sind die Coxequesomidae, die darauf spezialisiert sind, auf den Antennen oder Coxen der *Eciton*-Wirte zu leben. Die außergewöhnlichste Anpassung von allen zeigt jedoch der Makrochelide *Macrocheles rettenmeyeri*. Diese Milbe ernährt sich von Blut, das sie aus dem terminalen Membranlappen (Arolium) des hinteren Tarsus der großen Media-Arbeiterinnen ihrer einzigen Wirtsart, *Eciton dulcius*, saugt. Der gesamte Körper der Milbe dient als Ersatz für das Endsegment des Fußes des Wirts und funktioniert auch dann noch effizient, wenn die Arbeiterinnen diese Segmente miteinander verbinden, um mit ihren Körpern Brücken und Biwaks zu bilden (Rettenmeyer 1961; Rettenmeyer 1962a, b; siehe auch Wilson 1971; Hölldobler und Wilson 1990). Viele der bei neotropischen Wanderameisen vorkommenden Milben sind mit besonderen morphologischen Mechanismen (Haltevorrichtungen) ausgestattet, mit denen sie sich an bestimmten Körperregionen der Wirte festsetzen (Elzinga 1978) (Abb. 2.26).

Obwohl es oft nicht einfach ist, festzustellen, ob eine Milbe ein Parasit ist oder nicht, können wir sagen, dass die meisten der unzähligen Milbenarten, die mit Ameisen assoziiert sind, die Wirtsameisen als Transportmittel zu nutzen scheinen. Manchmal lassen sie sich von geflügelten Ameisen in neue Habitate transportieren. Viele Arten scheinen sich von kleinen Mikroorganismen im Nistmaterial des Wirtsameisennests zu ernähren (z. B. Ebermann und Moser 2008; Walter und Moser 2010; Silva et al. 2018). Einige der Milben können sich chemisch tarnen oder Wirtsameisenarbeiterinnen abstoßen (Yoder und Domingus 2003). So scheint die Milbe *Histiostoma blomquisti*, die in Nestern der Feuerameisen *Solenopsis invicta* vorkommt, Sekrete der Öldrüsen zu verwenden (Raspotnig et al. 2009), um Putzarbeiterinnen abzuwehren und so fest an ihrem Träger haften bleiben zu können (Sakata und Norton 2001; Wirth und Moser 2010). Stefan F. Wirth und John Moser (2008) beschrieben morphologische Anpassungen und das Verhalten der phoretischen *Histiostoma bakeri*, die in den Nestern von *Atta texana* gefunden wurde. In Laborexperimenten mit *Atta sexdens* und *A. vollenweideri* beobachteten die Autoren ein eigenartiges Verhalten der Ameisen, nachdem mittelgroße Arbeiterinnen künstlich mit vielen Deutonymphen von *H. bakeri* beladen und anschließend wieder in ihre Pilzgartengemeinschaft eingeführt worden waren: „Ein rhythmisches Hüpfen der beladenen Arbeiterinnen erregte die Aufmerksamkeit kleinerer Arbeiterinnen, die schließlich begannen, diese Deutonymphen zu entfernen. Während dieser Prozedur verharrten die befallenen Arbeiterinnen völlig bewegungslos in einer bestimmten Haltung" (Wirth und Moser 2008, S. 378).

Einige dieser myrmekophilen Milben sind wirtsspezifisch, andere wurden auf mehreren Ameisenarten gefunden. Es scheint, dass vor allem die parasitischen und parasitoiden

Abb. 2.26 Myrmekophile Milben auf Arbeiterinnen der Wanderameisen. Die im *oberen Bild* gezeigte *Circocylliba*-Milbe gehört zu einer Art, die darauf spezialisiert ist, auf der Innenseite der Mandibeln der großen *Eciton*-Arbeiterinnen zu sitzen. Die Milbe *Macrocheles rettenmeyeri*, die normalerweise an der im *mittleren Bild* gezeigten Stelle sitzt, dient als zusätzlicher „Fuß" für Arbeiterinnen von *Eciton dulcius*. Das *untere Bild* zeigt die Milbe *Antennequesoma*, die auf die Befestigung am ersten Antennensegment von Wanderameisen spezialisiert ist. (Turid Hölldobler-Forsyth; ©Bert Hölldobler)

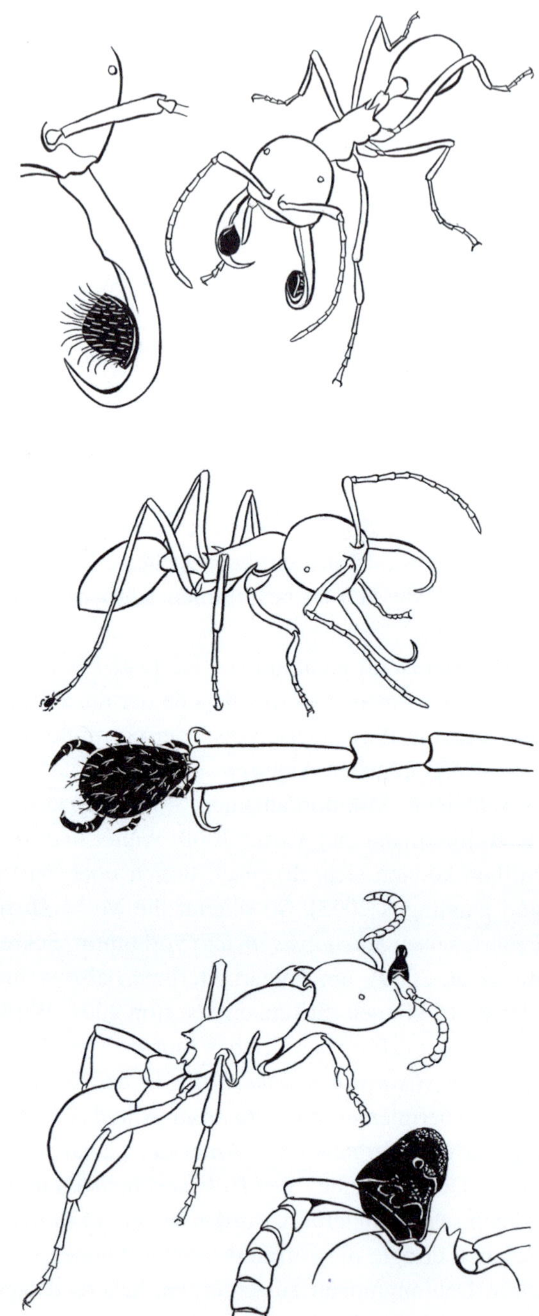

Milbenarten wirtsspezifisch sind, während die phoretischen Arten weniger spezifisch zu sein scheinen. In einer Studie über symbiotische Milben in der Wanderameise *Eciton burchellii* stellten Stefanie Berghoff und Mitarbeiter (2009) fest, dass die meisten symbiotischen Milben, die auf den Ameisen gefunden wurden, höchstwahrscheinlich phoretische Tramper waren, die ihre Wirte als Vektoren nutzten, um z. B. die Abfalldepots zu erreichen oder mit den Ameisen zu neuen Biwakplätzen zu wandern. Im Gegensatz dazu wiesen die parasitären Milben eine hohe Artenvielfalt auf, waren aber relativ selten; nur 5 % der 3146 untersuchten Arbeiterinnen aus zwanzig Wanderameisenkolonien waren von parasitären Milben befallen. „Nur eine Arbeiterin war von Milben verschiedener Arten befallen, und die eine relativ häufige parasitäre Milbe (*Rettenmeyerius carli*) war auf nur zwei Individuen pro Ameise beschränkt" (Berghoff et al. 2009).

Während Parasitismus recht häufig vorkommt, wurde Parasitoidismus bisher nur in der Gattung *Macrodinychus* (Macrodinychidae) beschrieben, wo er bei 7 der 26 anerkannten *Macrodinychus*-Arten beobachtet wurde (Lachaud et al. 2016; Brückner et al. 2018). Wir berichten hier über zwei kürzlich untersuchte Fälle. Adrian Brückner und Christoph von Beeren und ihre Mitarbeiter entdeckten zwei neue *Macrodinychus*-Arten (*M. hilpertae* und *M. derbyensis*). Die Larven beider Arten entwickeln sich als Ektoparasitoide im Kokon von Ameisenpuppen der südostasiatischen Legionärsameise *Leptogenys distinguenda*. Die Milbenlarven durchstechen mit ihren spitzen Kiefern (Cheliceren) die weiche Cuticula der sich entwickelnden Ameise und saugen die Hämolymphe der Puppe aus, wodurch die sich entwickelnde Ameise schließlich getötet wird.

„Von 2360 untersuchten *L.-distinguenda*-Puppen waren 40 mit einer der beiden *Macrodinychus*-Arten infiziert, das heißt, die Puppeninfektionsrate in Ulu Gombak (Malaysia) betrug 1,69 %. Jede Puppe wurde nur von einem einzigen *Macrodinychus*-Exemplar infiziert. Die Untersuchung von Wirtspuppen aus einer einzigen Kolonie zeigte, dass beide *Macrodinychus*-Arten gemeinsam in derselben Kolonie auftreten können" (Brückner et al. 2018, S. 13). Die zweite Studie von Gabriela Pérez-Lachaud und Jean-Paul Lachaud und ihren Mitarbeitern beschreibt einen Wirtswechsel und den Wechsel von einer parasitoiden zu einer parasitären Lebensweise bei der Milbe *Macrodinychus sellnicki*. Diese Art war bisher als Parasitoid der invasiven Ameise *Nylanderia fulva* in Kolumbien bekannt, aber die Autoren entdeckten kürzlich, dass sie auch die einheimische Ameisenart *Ectatomma sp. 2* (*E. ruidum*-Komplex) befällt. „Die Milbe entwickelt sich im schützenden Seidenkokon einer *Ectatomma*-Puppe und wartet auf das Schlüpfen der jungen Ameise, bevor sie den Kokon unbehelligt verlässt. Im Gegensatz zu der rein parasitären Assoziation von *M. sellnicki* mit *N. fulva* führte ein einzelner Milbenbefall bei *E. ruidum* nicht zur Tötung des Wirts (78,6 % der Fälle); ein einzelner *M. sellnicki* verhielt sich also wie ein Parasit. Bei 21,4 % der Angriffe (0,9 % aller verfügbaren Wirtspuppen) war jedoch mehr als eine Milbe involviert; sie verhielten sich wie Parasitoide, indem sie dem Wirt die inneren Flüssigkeiten entzogen und ihn töteten" (Pérez-Lachaud et al. 2019, S. 1).

Das dritte Beispiel für Brutparasitismus, wenn auch aus einer anderen Milbenfamilie, könnte ebenfalls als Parasitoidismus angesehen werden: Le Breton et al. (2006) berichten, dass auf der Insel Okinawa (Südjapan) die Puppen der invasiven Ameise *Pheidole megacephala* von einer nicht näher beschriebenen Milbenart der Gattung *Uropodidae* parasitiert wurden. Offenbar saugen die Milben die Hämolymphe aus den Puppen der Ameisen und töten sie schließlich ab. Die parasitären Milben scheinen die Puppen der Männchen und der großen Arbeiterinnen (Soldatinnen) gegenüber den Puppen der kleinen Arbeiterinnen und Königinnen zu bevorzugen. Die Befallsrate ist erstaunlich hoch: „Von den 75 gesammelten Nestern waren 69 (92 %) von der Milbenart befallen."

In den meisten Fällen weiß man nichts darüber, ob oder wie diese Parasiten das Sozialverhalten der Ameisen beeinträchtigen. Eine Ausnahme ist ein wenig bekannter Fall, den Karl Hölldobler in Ostkarelien entdeckte, wo er während des Zweiten Weltkriegs als Kriegschirurg stationiert war. In einer Feldkolonie von *Camponotus herculeanus* stellte er fest, dass viele Kokons der Ameisenpuppen dicht mit kleinen braunen Scheiben bedeckt waren, die sich als Larven und adulte Tiere einer Milbenart entpuppten, die ursprünglich als eine Art der Gattung *Oodinychus* (Uropodina: Trematuridae) identifiziert wurde, die der Art *O. spatulifera* Meriez 1892 nahe steht, obwohl dieser Myrmekophile größer zu sein schien. (*Oodinychus spatulifera* wurde kürzlich in *Trachyuropoda spatulifera* (Moniez 1892) überführt (Kontschán et al. 2019)). Tatsächlich listet Lehtinen (1987) in seiner Übersicht der Milben, die mit Ameisen assoziiert sind, diese Art als einen Myrmekophilen von *Camponotus herculeanus*. Nach den Beobachtungen von Karl Hölldobler fraßen die Milben das Material des Kokons, sodass die Präpuppen oder frühen unpigmentierten Puppen freigelegt wurden. Da *Camponotus*-Arten keine nackten Puppen „kennen", wie z. B. bestimmte *Formica*-Arten, fraßen die Ammen regelmäßig die freigelegten Puppen oder trugen sie zum Abfallhaufen (K. Hölldobler 1951). Dieser Parasitismus wurde aufgrund einer fehlgeleiteten sozialen Aktion der Wirtsameisen ein besonderer Fall von Parasitoidismus.

Schließlich wollen wir noch auf eine Familie von Dermanyssoidea-Milben, die Larvamimidae, eingehen, die Richard Elzinga (1993) anhand von vier neuen Arten der neuen Gattung *Larvamima* (*L. marianae*, *L. schneirlai*, *L. carli*, *L. cristata*) beschrieb, die die Larven der Wanderameisen nachahmen. Die Milben haben eine längliche Form und werden als Larvenimitatoren innerhalb der Kolonie offenbar nicht entdeckt. Carl Rettenmeyer berichtet in seiner Dissertation (1961) über diese ameisenlarvenähnliche Milbe. Er beobachtete, wie sie von den Arbeiterinnen von *Eciton hamatum* in typischer Wanderameisen-Manier unter dem Körper der Trägerin getragen wurden. Die Milben wurden dabei beobachtet, wie sie auf Ameisenlarven liefen und keine abnormen Reaktionen bei den Larven oder adulten Ameisen hervorriefen. „Aufgrund der Chelicerenstruktur wird angenommen, dass sich die Milben von ihren Larvenwirten ernähren" (Elzinga 1993). Höchstwahrscheinlich haben diese *Larvamima*-Arten nicht nur das Aussehen einer Wirtsameisenlarve, sondern sind auch durch ein dem Brutpheromon der Ameisen ähnliches Allomon geschützt.

Wie die Phoride *Metopina formicomendicula* nutzen auch bestimmte Milben die soziale Reaktion der Ameisen auf taktile Stimulation ihrer Mundwerkzeuge aus. Die

Abb. 2.27 Die myrmekophile Milbe *Antennophorus*, die in den Nestern der Schuppenameisen-gattung *Lasius* lebt. (Mit freundlicher Genehmigung von Taku Shimada)

bekanntesten Beispiele sind die Arten der Antennophoridae-Gattung *Antennophorus* (Abb. 2.27), von denen zehn Arten beschrieben sind (Trach und Bobylev 2018). Sie alle leben mit den Ameisen der Gattung *Lasius* (Haller 1877; Janet 1897b; Wasmann 1902; Karawajew 1906; Wisniewski und Hirschmann 1992) zusammen. Die Milben sitzen auf den Körpern der Ameisen. Charles Janet beobachtete, dass, wenn mehrere Milben den Körper einer Ameise bevölkern, diese dazu neigen, ihre Position so zu verändern, dass eine ausgewogene Belastung entsteht. Dennoch versuchen die Arbeiterinnen oft, die Milben von ihrem Körper zu entfernen, meist ohne Erfolg.

Antennophorus ernähren sich von der Nahrung, die von den Wirtsameisen regurgitiert wird, wenn die Milben mit ihren langen, fühlerartigen Vorderbeinen intensiv über die Mundwerkzeuge der Arbeiterinnen streichen. Außerdem schalten sich die Milben oft in einen trophallaktischen Nahrungsaustausch zwischen zwei Ameisennestbewohnerinnen ein und saugen die regurgitierte Flüssigkeit auf, die eigentlich von einer Ameise an die andere Artgenossin verfüttert werden sollte (Abb. 2.28).

Es wurde auch beobachtet, dass Milben, die auf der Gaster einer Arbeiterin sitzen, einer anderen Ameise Nahrung entlocken. Die Milben sitzen vorzugsweise auf frisch geschlüpften Arbeiterinnen und befinden sich oft auf der Unterseite des Kopfes (Abb. 2.29).

Dies ist vorteilhaft, da junge Arbeiterinnen normalerweise im Nest bleiben und von älteren Arbeiterinnen häufig durch Regurgitation gefüttert werden; somit haben die Milben viele Gelegenheiten, am Nahrungsaustausch zu parasitieren.

Nigel Franks und seine Mitarbeiter (1991) legten ein quantitatives Ethogramm der Interaktion zwischen *Antennophorus grandis* und *Lasius flavus* vor; sie fassten ihre Ergebnisse wie folgt zusammen:

Abb. 2.28   Die myrmekophile Milbe *Antennophorus sp.* stimuliert die Mundwerkzeuge der Wirtsameise *Lasius morisitai*, um die Regurgitation von Nahrung durch die Ameise auszulösen. Das
untere Bild zeigt, wie *Antennophorus*-Milben an der Trophallaxis zwischen zwei Wirtsameisenarbeiterinnen teilnehmen. (Mit freundlicher Genehmigung von Taku Shimada)

> Die Milben halten sich in der Regel auf den kleineren Arbeiterinnen auf und nehmen von
> diesen sehr häufig Nahrung auf. *Antennophorus grandis* partizipiert auch oft, wenn die
> Ameise, auf der sie reitet, von einer Nestgenossin gefüttert wird. Die Präsenz der Milben
> scheinen die Arbeiterinnen, auf denen sie reiten, daran zu hindern, die meisten sozialen Ver-
> haltensweisen, wie die Pflege von Ameisenlarven, zu verrichten. Die Milben wechseln häufig
> von einer Wirtsarbeiterin zu einer anderen. Aus diesen Gründen haben die Milben möglicher-
> weise einen größeren Einfluss auf ihre Wirtskolonie, als ihre relative Seltenheit zunächst ver-
> muten lässt. Die Ameisen scheinen keine spezifischen Abwehrmechanismen gegen diese
> Parasiten zu haben. (Franks et al. 1991, S. 59)

Wenn die Autoren die Milben aus den Wirtsarbeiterinnen entfernten, wurden sie nach
der Wiedereinführung der Milben unter die Arbeiterinnen niemals angegriffen, auch
nicht in fremden Kolonien. Dies war auch bei Milben der Fall, die durch Amputation
ihrer Vorderbeine am Betteln gehindert wurden. Wenn solche verletzten Milben in die

Abb. 2.29   Der bevorzugte Ort für *Antennophorus* ist die Unterseite des Ameisenkopfes. Das Bild zeigt *Antennophorus sp.* und die Wirtsameise *Lasius talpa*. (Mit freundlicher Genehmigung von Kinomura Kyoichi)

Kolonien zurückgebracht wurden, „wurden die Milben in zwei von fünf Fällen zum Bruthaufen der Ameisen getragen und unter die Larven gesetzt. Auch wenn dies nur in den wenigsten Fällen stattfand, könnten diese vorläufigen Ergebnisse darauf hindeuten, dass die Milben den Geruch der Ameisenbrut haben könnten. Diese Hypothese würde erklären, warum die Milben nicht einmal von fremden Arbeiterinnen angegriffen werden, da Ameisenlarvenbrut auch von fremden Kolonien akzeptiert werden kann" (Franks et al. 1991, S. 69).

2.3.2   Käfer: Coleoptera

Alexey Tishechkin, Daniel Kronauer und Christoph von Beeren (2017) entdeckten kürzlich eine besonders interessante Anpassung bei dem bisher unbekannten Stutzkäfer (Histeridae) der Unterfamilie Haeteriinae, *Nymphister kronaueri*, der mit Wanderameisen vergesellschaftet ist und mit einer außergewöhnliche Anpassung an seine phoretische Lebensweise ausgestattet ist. Dieser Käfer ist relativ klein, nicht größer als die Gaster

Abb. 2.30 Der zu den Haeteriinae gehörende Käfer *Nymphister kronaueri* klemmt sich zwischen Petiolus und Postpetiolus von Ameisenarbeiterinnen. Er ähnelt der Gaster der Ameise. (Mit freundlicher Genehmigung von Daniel Kronauer)

einer mittelgroßen Arbeiterin der Wirtsameisenart *Eciton mexicanum* s. str. Wie alle echten Wanderameisen wandert auch *E. mexicanum* häufig zu neuen Biwakplätzen. Dieser kleine Käfer hätte wahrscheinlich große Schwierigkeiten, sich allein entlang der Wanderkolonne der Ameisen zu bewegen, wie es viele andere Myrmekophile tun – z. B. die Staphyliniden-Käfer, die eng mit den Wanderameisen vergesellschaftet sind (Akre und Rettenmeyer 1968; Rettenmeyer et al. 2011). Stattdessen heftet sich *N. kronaueri* zwischen dem Petiolus und dem Postpetiolus (der Taille zwischen Mesosoma und Gaster) der Wirtsameise an, in der Regel einer mittelgroßen Arbeiterin. Der angeheftete Käfer hat eine verblüffende Ähnlichkeit mit der Gaster der Ameisenarbeiterin; es scheint, als hätte diese Ameise zwei Gaster (Abb. 2.30).

Man ist versucht zu vermuten, dass diese Ähnlichkeit als mimetischer Schutzmechanismus (Bates'sche Mimikry) dient; Alexey Tishechkin und seine Kollegen weisen jedoch darauf hin, dass Emigrationen in der Regel nachts stattfinden und es daher unwahrscheinlich ist, dass nächtliche Räuber, die sich kaum auf visuelle Hinweise verlassen, die Anhaftungen von *N. kronaueri* an die Gaster des Wirts verursacht haben. Könnte es der taktilen Mimikry bei Interaktionen mit Wirtsameisen dienen?

Die Autoren berichten, dass ähnliche morphologische Merkmale wie bei *N. kronaueri* auch bei einer anderen Histeriden-Gattung, den *Ecclisister*-Käfern, gefunden wurden, die eine Wirtsspezifität mit *Eciton burchellii* aufweisen (Tishechkin et al. 2017). Er heftet sich an die Unterseite der Köpfe der Major-Arbeiterinnen. Sie spekulieren, dass die dichte Bedeckung mit mechanorezeptiven Setae bei beiden Gattungen vielleicht eine konvergent entwickelte Anpassung an das intime Leben mit Wanderameisen ist, bei dem es zu häufigen taktilen Interaktionen mit den Wirtsameisen kommen kann. Die Autoren argumentieren: „Der häufige Wirtskontakt könnte auch mit dem zweiten gemeinsamen Merkmal dieser Käfer, der Mikroskulptur des Integuments, zusammenhängen", denn die Mikroskulptur des Integuments von *N. kronaueri* und *Ecclisister* „ist der ihrer Wirtsameisen ziemlich ähnlich", wie August Reichensperger (1924), der führende Koleopterologe seiner Zeit, bereits für mehrere myrmekophile Histeriden-Käfer festgestellt hatte. In der Tat wurde die sogenannte Tast-Mimikry von Myrmekologen wiederholt diskutiert (Wasmann 1925; Hölldobler 1947, 1953; Kistner 1979, 1982; Hölldobler und Wilson 1990), doch der experimentelle Beweis bleibt schwer zu führen.

Eine weitere Entdeckung von phoretischem Verhalten, wobei es sich hier um Ektoparasitismus handeln könnte, machte Auguste Forel (1894). Er stellte fest, dass sich einige Arten der Käfer-Gattung *Thorictus* an den Antennen der Wirtsameisen festsetzen. Nach Escherich (1898b) wurde der Käfer sowohl an den Beinen als auch an den Fühlern beobachtet. Die phoretischen *Thorictus*-Arten scheinen recht wirtsspezifisch zu sein und wurden hauptsächlich bei Arten der Ameisengattung *Cataglyphis* gefunden. So wurde z. B. *T. foreli* bei *C. bicolor*, *T. panciseta* bei *C. savignyi* und *T. castaneus* bei *C. bombycina* gefunden, wobei im letzten Fall die Käfer meist frei in den Nestkammern der Wirtsameisen herumliefen. Die Käfer von *Thorictus castaneus* haben eine ausgeprägtere Trichomenstruktur als die anderen Arten. Die meisten myrmekophilen *Thorictus*-Arten leben nicht als festsitzende Ektoparasiten, sondern bewegen sich frei im Nestbereich und in den Abfallhaufen ihrer Wirte, wo sie sich von toten Ameisen ernähren (Abb. 2.31).

Abb. 2.31 Verschiedene Arten des *Thorictus sp.* sind darauf spezialisiert, einen Großteil ihres Lebens an den Beinen und Fühlern ihrer Wirtsameisen zu verbringen, aber andere Arten bewegen sich frei im Ameisennest und ernähren sich von den weggeworfenen Abfällen. (Mit freundlicher Genehmigung von Pavel Krásenský)

Solche *Thorictus* -Arten wurden auch in Nestern anderer Ameisengattungen gefunden, beispielsweise bei *Messor barbarus* (Forel 1894).

Wasmann (1898a, b) argumentiert aufgrund von Indizien, dass die am Antennenschaft ihrer Wirtsameisen angehefteten Arten echte Ektoparasiten sind; sie durchstechen mit den spitzen Laciniae (die innere Kaulade der Maxillen) die Cuticula des Antennenschaftes und saugen die aus der Wunde austretende Hämolymphe auf. Es wurde auch behauptet, dass *T. foreli* und *T. panciseta* an den regurgitierten Flüssigkeiten teilhaben, die Nestgenossinnen während der Trophallaxis austauschen (Gösswald 1985), ähnlich wie wir es gerade für die Milbe *Antennophorus* beschrieben haben, aber es gibt noch keine eindeutige Dokumentation.

Zahlreiche Organismen sind auf die Körper von Ameisen angewiesen, und viele weitere werden sicher noch entdeckt. Diese vielfältigen Partner können sowohl die Morphologie als auch das Verhalten ihrer ahnungslosen Wirte beeinflussen, indem sie deren Köpfe schrumpfen lassen oder sie an Orte treiben, an denen sie zum Nutzen ihrer internen Gäste verzehrt werden. Viele Organismen sind so eng mit Ameisen verbunden, dass sie die Zellen ihrer Wirte besetzen, die ohne sie nicht leben können. Einige Parasiten wiederum ähneln Teilen der Ameisenanatomie und lassen es sogar zu, sie als Ameisenfüße (Tarsen) zu nutzen. Obwohl es die einzelne Ameise ist, die von Endo- und Ektoparasiten befallen wird, gibt es Anzeichen für eine „Immunantwort" auf der Ebene der Superorganismen. In einigen Fällen werden die schädlichsten Eindringlinge, wie z. B. Phoridenfliegen, von einer Unterkaste von Arbeiterinnen bekämpft, die auf die Abwehr dieser Parasiten spezialisiert ist. In Kap. 3 untersuchen wir, wie die Ameisenkolonie zwischen Eigenem und Fremdem unterscheidet und wie myrmekophile Eindringlinge die sozialen Immunbarrieren ihrer Wirtsameisenkolonien überwinden können.

Erkennung, Identitätsdiebstahl und Tarnung

3

3.1 Erkennung von Nestgenossen

Wie jeder normale Organismus, der sich mit einem Immunsystem schützt, das zwischen Eigenem und Fremdem unterscheidet, sind Ameisen-Superorganismen mit „sozialen Immunbarrieren" ausgestattet, die Nestgenossinnen den Zutritt ermöglichen, während sie Eindringlinge, die keine Nestgenossinnen sind, abwehren. Es ist eine der größten Herausforderungen für Myrmekophile, diese Hürden zu überwinden, um von einer Ameisengesellschaft aufgenommen zu werden. Tatsächlich ist die Erkennung eine äußerst wichtige Form der Kommunikation bei allen sozialen Insekten, einschließlich der Erkennung von fremden Arten, von Mitgliedern anderer Kolonien derselben Art, und von Nestgenossen, die verschiedenen Kasten und Entwicklungsstadien angehören.

Nehmen wir die Erkennung von Nestgenossen. So wie ein Mensch eine andere Person anhand von Gesicht und Körperform, und vielleicht auch anhand des Klangs der Stimme identifiziert, klassifiziert eine Ameise eine andere Ameise anhand des Bouquets an Gerüchen auf und um ihren Körper. Die Transaktion erfolgt in einem Sekundenbruchteil. Wenn sich zwei Ameisen im oder außerhalb des Nestes treffen, streicht jede mit ihren Fühlern über einen Teil des Körpers der anderen. Sie testen den Körpergeruch. Wenn sie zur selben Kolonie gehören und daher vertraute Gerüche besitzen, ziehen sie weiter, ohne weiter zu reagieren. Gehört die angetroffene Ameise hingegen zu einer anderen Kolonie derselben Art, und ist die Art eine der großen Mehrheit von Ameisenarten, bei denen Koloniegrenzen beachtet werden, wird der Eindringling ganz anders behandelt. Der fremden Ameise wird mit Feindseligkeit begegnet und im Extremfall wird sie angegriffen oder getötet. Auf einer mittleren Stufe werden Fremde, oft in Abhängigkeit von bestimmten Kontexten, entweder gemieden oder mit offenen Mandibeln bedroht, mit den Mandibel gepackt, oder aus dem Lebensraum der Kolonie geschleppt und entsorgt (Hölldobler und Wilson 1990, 2009).

Was sind die Kolonieerkennungsmarken (auch "Diskriminatoren")? Im Allgemeinen handelt es sich dabei um Kohlenwasserstoffe, die in der wachsartigen Beschichtung enthalten sind, die die Epicuticula des Körpers bedeckt (für Übersichten siehe Singer 1998; Lenoir et al. 1999; Howard und Blomquist 2005; Hefetz 2007; Drijfhout et al. 2009; Martin und Drijfhout 2009a, b; van Zweden und d'Ettorre 2010; Nehring et al. 2011; Sturgis und Gordon 2012; Sprenger und Menzel 2020).

Alle Insekten sind mit cuticulären Kohlenwasserstoffen ausgestattet. Die ursprüngliche Funktion dieser wachsartigen Verbindungen ist der Schutz vor Infektionen und Austrocknung. Insekten weisen artspezifische Unterschiede in der Beschaffenheit und der relativen Menge der cuticulären Kohlenwasserstoffe auf (siehe z. B. Lucas et al. 2005; Greene und Gordon 2007; Martin und Drijfhout 2009a; Kather und Martin 2015; Guillem et al. 2016). Die Verbindungen können sich z. B. in der Länge der Kohlenstoffkette unterscheiden, oder darin, ob sie gesättigt (keine Doppelbindungen: Alkane) oder ungesättigt (Doppelbindungen: Alkene) sind, oder in der Anzahl und Position von Doppelbindungen oder möglichen Methylabzweigungen.

In den späten 1970er- und frühen 1980er-Jahren entdeckten Ralph Howard, Gar Blomquist, Jean-Luc Clément, Robert Vander Meer und Mitarbeiter, dass diese Unterschiede in den cuticulären Kohlenwasserstoffen oder -mischungen bei Termiten und sozialen Hymenoptera (Ameisen, sozialen Bienen und sozialen Wespen) nicht nur artspezifische Muster aufweisen, sondern auch Koloniespezifität kodieren, die möglicherweise der Nestgenossinnen-Erkennung zugrunde liegt. Darüber hinaus kodieren die Kohlenwasserstoffmischungen Informationen über den Fruchtbarkeitsstatus der reproduktiven Individuen in einer Insektengesellschaft (Peeters und Liebig 2009; Liebig 2010; Smith und Liebig 2017; Funaro et al. 2018, 2019) und die Altersklasse und Rolle der Arbeiterkasten (Morel et al. 1988; Bonavita-Cougourdan et al. 1993; Wagner et al. 1998; Kaib et al. 2000; Liebig et al. 2000; Greene und Gordon 2003). Aus Studien mit der Fruchtfliege (*Drosophila melanogaster*) und Schaben (Schal et al. 1998) haben wir gelernt, dass die cuticulären Kohlenwasserstoffe in den subcuticulären Drüsenzellen, wie z. B. den hypodermalen Drüsenzellen, und vor allem in den im Fettkörper eingebetteten Drüsenzellen (ohne Ductuszellen), den sogenannten Oenocyten, produziert werden. Die Kohlenwasserstoffe werden von diesen Zellen durch Hämolymphproteine hoher Dichte zu verschiedenen Zielgeweben wie der Cuticula, den Ovarien (die Eier sind mit Kohlenwasserstoffen beschichtet) und verschiedenen Speicherorganen wie der Postpharynxdrüse und der Dufour-Drüse transportiert, obwohl diese Strukturen ebenfalls Drüsenepithelien besitzen und selbst Kohlenwasserstoffe produzieren können.

Die Postpharynxdrüse, die es nur bei Ameisen gibt, ist ein großes Organ im Kopf. Sie scheint eine Schlüsselrolle bei der Erzeugung des spezifischen Koloniegeruchs zu spielen. Bagnères und Morgan (1991) stellten fest, dass die Postpharynxdrüsen die gleichen charakteristischen Kohlenwasserstoffe enthalten wie die Epicuticula, und Soroker et al. (1994, 1995a, b, 1998) sowie Soroker und Hefetz (2000) lieferten den Beweis, dass die Hauptfunktion der Postpharynxdrüse im Zusammenhang mit dem Koloniegeruch in der Speicherung von Kohlenwasserstoffen besteht. Die Kohlenwasserstoffe werden über den

Körper jeder Ameise verteilt, wenn sie sich selbst und ihre Nestgenossen durch Lecken mit ihren labialen Mundwerkzeugen putzt. Gleichzeitig scheint die aktive Ameise beim Putzen Kohlenwasserstoffe aus der Cuticula des geputzten Nestgenossen in ihre eigene Postpharynxdrüse zu laden, wo sie mit anderen Kohlenwasserstoffen vermischt werden, die sie bei früheren Putzaktionen gesammelt hat. So wird bei jedem Putzen und jeder Trophallaxis der Inhalt der Postpharynxdrüse auf Nestgefährten übertragen und von der geputzten Ameise aufgenommen. Victoria Soroker, Abraham Hefetz und ihre Mitarbeiter waren die ersten, die diese einzigartige Funktion der Postpharynxdrüse erkannten. Sie nannten sie das „Gestalt"-Organ für die Nestgenossinnen-Erkennung (Soroker et al. 1994). Tatsächlich produziert jede einzelne Ameise ihre eigenen genetisch kodierten Kohlenwasserstoffmischungen, und die individuellen Unterschiede zwischen den Nestgenossinnen hängen höchstwahrscheinlich davon ab, wie eng die Arbeiterinnen in einer Kolonie genetisch miteinander verwandt sind. Die Vermischung aller individuellen Kohlenwasserstoffmischungen mit Hilfe der Postpharynxdrüse führt jedoch unweigerlich zu einer kollektiven Mischung von Kohlenwasserstoffen, die in der Kolonie in einem mehr oder weniger homogenen Zustand produziert und verbreitet werden. Genetische Unterschiede zwischen den Nestgenossen werden „ausgelöscht", es gibt keine kolonieinterne Verwandtschaftserkennung oder Nepotismus, was auch noch nie explizit nachgewiesen werden konnte (Hölldobler und Wilson 2009). Auf diese Weise wird eine duftende „Gestalt" geschaffen, auf die die Koloniemitglieder vorhersehbar reagieren (Crozier und Dix 1979).

Aus ethologischer Sicht kann man die Hypothese aufstellen, dass die Schutzbarriere auf der Insektencuticula im Laufe der sozialen Evolution auch die Funktion als Erkennungs- oder Identifikationsmerkmal in der Insektengesellschaft, und in manchen Fällen als ein sogenanntes „ehrliches Signal" fungiert (Liebig et al. 2000; Liebig 2010; Smith et al. 2008, 2009). Dies ist ein markantes Beispiel für Ritualisierung bei sozialen Insekten. Unter Ritualisierung versteht man in der Evolutionsbiologie die Umwandlung eines morphologischen oder physiologischen Merkmals oder eines „Nicht-Display"-Verhaltens in eine Signalfunktion. Die ursprüngliche Funktion bleibt erhalten, aber im Laufe der Evolution erhält sie eine zweite Funktion in der sozialen Kommunikation (Huxley 1966). Tatsächlich entstehen Signale in der tierischen Kommunikation oft nicht de novo, sondern entwickeln sich durch Ritualisierung, das heißt durch „Kooption" bereits vorhandener Merkmale.

Aber können wir wirklich behaupten, dass die cuticulären Kohlenwasserstoffprofile als Unterscheidungs-Signal oder Zeichen fungieren? Es wurden viele Arbeiten veröffentlicht, in denen die Spezifität von cuticulären Kohlenwasserstoffmischungen bei Kolonien zahlreicher Ameisenarten beschrieben wird, aber in den meisten Fällen basiert die Schlussfolgerung, dass diese koloniespezifischen Kohlenwasserstoffprofile als Kolonieunterscheidungsmerkmale dienen, eher auf Korrelationen. Laurence Morel, Robert Vander Meer und Barry Lavine (1988) erbrachten den ersten experimentellen Nachweis, dass cuticuläre Kohlenwasserstoffmischungen die Kolonieerkennung beeinflussen, und Sigal Lahav, Victoria Soroker, Abraham Hefetz und Robert Vander Meer (1999) waren die ersten, die experimentelle Verhaltensnachweise erbrachten, die die Funktion von Kohlenwasserstoffen aus der Postpharynxdrüse bei der Kolonieerkennung (oder -unterscheidung) bei Ameisen belegen. Für ihre Analyse verwendeten sie die Ameisenart *Cataglyphis niger*, und da die cuticulären Kohlenwasserstoffgemische mit denen der Postpharynxdrüse identisch sind, verwendeten Lahav et al. (1999) den Inhalt dieser Drüsen für ihre Experimente.

Durch die Trennung der Kohlenwasserstoffe von den anderen Lipidbestandteilen konnten die Autoren eindeutig nachweisen, dass nur die Mischungen von Kohlenwasserstoffen als Koloniegeruch oder – Unterscheidungsmerkmal fungieren. Die anderen Lipidfraktionen der Postpharynxdrüse lösten keine Verhaltensreaktion aus. Dagegen löste das Auftragen von fremden Kohlenwasserstoffmischungen auf Ameisen Aggressionen bei Nestgenossen aus, vergleichbar mit denen, die bei Begegnungen mit fremden Ameisen auftraten, die nur mit Lösungsmittel behandelt wurden. Die Behandlung einer fremden Ameise mit der Kohlenwasserstoffmischung eines Nestgenossen verringerte die Aggression der Nestgenossen gegen die Fremde. Interessanterweise lösten Nestgenossen, die mit fremden Kohlenwasserstoffen behandelt wurden, mehr Aggressionen bei den Nestgenossen aus, als wenn die fremden Arbeiterinnen mit Nestgenossen-Diskriminatoren behandelt wurden. Nach Lahav et al. (1999) „bedeutet dies, dass Ameisen empfindlicher auf Label-Template-Unterschiede reagieren als auf Ähnlichkeiten". In der Tat wird allgemein angenommen, dass die Erkennung oder Unterscheidung bei Ameisen auf dem Vergleich eines empfangenen Signals oder Zeichens mit einer neuronalen Referenz oder einem erlernten (eingeprägten) Template beruht. In diesem Zusammenhang ist auch bemerkenswert, dass Ameisen, die mit fremden Kohlenwasserstoffgemischen behandelt wurden, keine Aggressionen gegenüber Nestgenossen zeigen, wohl aber gegenüber Fremden, obwohl sie mit den Kohlenwasserstoffen der Fremden bedeckt sind. Dies zeigt, dass die Behandlung mit fremden Kohlenwasserstoffen das Template der behandelten Ameise nicht beeinträchtigt. Die neurobiologischen und sinnesphysiologischen Aspekte der Erkennung von Nestgenossinnen und der Unterscheidung von Nicht-Nestgenossinnen wurden lange Zeit nicht untersucht und basierten daher hauptsächlich auf hypothetischen Modellen.

In einer späteren Studie analysierten Akino et al. (2004) die cuticulären Kohlenwasserstoffe von Kolonien von *Formica japonica* und bestätigten im Wesentlichen die von Lahav et al. (1999) mit Kolonien von *Cataglyphis niger* erzielten Ergebnisse. Akino et al. (2004) wendeten Rohextrakte cuticulärer Kohlenwasserstoffe auf Glasattrappen an und berichteten, dass die Arbeiterinnen aggressives Verhalten „gegenüber den Attrappen zeigten, die mit einem Arbeiterinnenäquivalent isolierter nicht nestzugehöriger Kohlenwasserstoffe behandelt wurden, während sie den Kontrollattrappen [unbehandelte oder mit Lösungsmittel kontaminierte Glasattrappen] und den mit nestzugehörigen Kohlenwasserstoffen behandelten Attrappen weniger Aufmerksamkeit schenkten". Wie Lahav et al. (1999) stellten sie fest, dass nur die Kohlenwasserstofffraktion der Cuticulalipide Diskriminierung auslöste. Interessanterweise lösten Akino und seine Mitarbeiter auch asymmetrische Reaktionen auf Attrappen aus, die mit künstlichen „Cocktails" aus synthetisch hergestellten Kohlenwasserstoffen beschichtet waren, die den natürlichen koloniespezifischen Kohlenwasserstoffmischungen einer fremden Kolonie ähnelten. Attrappen, die mit künstlichen „Cocktails" beschichtet waren, die den Kohlenwasserstoffprofilen der eigenen Kolonie ähnelten, wurden von Nestgenossinnen nicht aggressiv behandelt.

Als Verhaltensbiologen müssen wir bei dieser Studie einige kritische Aspekte ansprechen. Offensichtlich wurden die Bioassays mit den Glasattrappen nicht doppelblind durchgeführt und auch nicht auf Video aufgezeichnet. Aus eigener Erfahrung wissen wir, wie leicht ungewollte Verzerrungen die Beobachtungsergebnisse verfälschen können. Darüber hinaus beschreiben die Autoren nicht, wie die Kohlenwasserstoffmischungen auf die Dummys aufgetragen wurden. Sie berichten, dass für jede Attrappe ein Ameisenäquivalent Kohlenwasserstoffe in 20 µl Lösungsmittel verwendet wurde. Dies ist eine relativ große Menge an Lösungsmittel, und da Glasattrappen die Flüssigkeit nicht absorbieren, muss das Auftragen der Gesamtmenge einige Zeit gedauert haben, bevor sie getestet werden konnten. Zum Vergleich: Lahav et al. (1999) verwendeten 0,7–0,8 Ameisenäquivalente in 1 µl Lösungsmittel für jede Anwendung auf lebende Ameisen. Dies ist leicht nachvollziehbar, zumal die Autoren beschreiben, wie sie die Kohlenwasserstoffextrakte applizierten, und alle Bioassays auf Video aufgezeichnet wurden. In jedem Fall bestätigt die Studie von Akino et al. (2004) die Ergebnisse von Lahav et al. (1999). Obwohl sie cuticuläre Kohlenwasserstoffmischungen verwendeten, wiesen sie auch nach, dass der Kohlenwasserstoffgehalt in der Postpharynxdrüse dem in der Cuticula der Ameisen sehr ähnlich ist.

Eine ausgezeichnete Studie über abgestufte Verhaltensweisen gegenüber Attrappen mit Kohlenwasserstoffmischungen unterschiedlicher Flüchtigkeit wurde von Andreas Brandstaetter, Annett Endler und Christoph Kleineidam (2008) veröffentlicht, die nachwiesen, dass die „komplexen Mehrkomponenten-Erkennungsmarken von Ameisen aus nächster Nähe wahrgenommen und unterschieden werden können", und zu dem Schluss kamen, dass die Kontakt-Chemosensillen für diesen Erkennungs- und Unterscheidungsprozess nicht entscheidend sind.

Diese und mehrere andere Studien deuten zwar stark darauf hin, dass die Unterscheidung zwischen Feind und Nestgenosse auf spezifischen Mischungen von Kohlenwasserstoffen auf der Oberfläche der Cuticula beruht, aber die genauen neurobiologischen Mechanismen, die für die Erkennung verantwortlich sind, sind nicht bekannt, und die Kodierung dieser Informationen innerhalb des Geruchssystems blieben unklar. Ozaki et al. (2005) führten die ersten elektrophysiologischen Studien an *Camponotus japonicus* durch und identifizierten mehrporige Sensillen (wahrscheinlich Sensilla basiconica), die an diesem Erkennungs- oder Unterscheidungsprozess beteiligt sind. Sie schlagen vor, dass diese Sensillen nur auf Kohlenwasserstoffmischungen von Nicht-Nestgenossen reagieren, während die Mitglieder der Kolonie auf die spezifischen Kohlenwasserstoffmischungen ihrer eigenen Kolonie desensibilisiert sind. Ozaki et al. (2005) folgern also, dass die Erkennung von Nestgenossen in Wirklichkeit eine Diskriminierung von Nicht-Nestgenossen ist. Guerrieri et al. (2009); van Zweden und d'Ettorre (2010) sowie Ferguson et al. (2020) kamen in nachfolgenden Arbeiten mit unterschiedlichen experimentellen Ansätzen zu ähnlichen Schlussfolgerungen.

Kavita Sharma und Kollegen (2015) identifizierten mit Hilfe elektrophysiologischer Aufzeichnungen die Sensilla basiconica auf den Fühlern der Arbeiterinnen von *Camponotus floridanus* als wichtige Geruchsrezeptoren für Kohlenwasserstoffe. Jede dieser Sensillen „enthält mehrere Geruchsrezeptorneuronen, die unterschiedlich empfindlich auf cuticuläre Kohlenwasserstoffe reagieren und es ermöglichen, sie in drei große Gruppen einzuteilen, die gemeinsam jeden getesteten Kohlenwasserstoff erkennen, einschließlich der von Königinnen und Arbeiterinnen angereicherten cuticulären Kohlenwasserstoffe." Vermutlich ermöglicht diese Breitbandempfindlichkeit den Ameisen, cuticuläre Kohlenwasserstoffe sowohl von Nestgenossen als auch von Nicht-Nestgenossen zu erkennen, die in den meisten Fällen identisch, aber in koloniespezifischen Mengen gemischt sind. Deshalb zeichneten die Autoren auch die Summationen von Aktionspotenzialen einzelner Sensillen auf. Dadurch war es möglich, dosisabhängige Beziehungen zwischen Stimulationen mit Gemischen unterschiedlicher Kohlenwasserstoffmengen und elektrophysiologischen Reaktionen zu testen. Die Ergebnisse dieser Studien stützen die Hypothese nicht, dass die Geruchsrezeptoren der Arbeiterinnen von *C. floridanus* nicht auf die Kohlenwasserstoffmischungen der eigenen Kolonie reagieren, sondern nur auf die Kohlenwasserstoffprofile fremder Kolonien. Vielmehr deutet die Analyse der elektrophysiologischen Aufzeichnungen stark darauf hin, dass die Geruchssensillen der Arbeiterinnen sowohl cuticuläre Kohlenwasserstoffmischungen von Nestgenossen als auch von Nicht-Nestgenossen erkennen.

Diese Ergebnisse stehen im Einklang mit Antennenaufzeichnungen (Antennogrammen) und kalziumbasierter Bildgebung von olfaktorischen Glomeruli in den Antennenlappen von *C. floridanus*, die von Christoph Kleineidam, Andreas Brandstaetter und ihren Kollegen durchgeführt wurden (Brandstaetter und Kleineidam 2011; Brandstaetter et al. 2011). Die Autoren wiesen nach, dass neuronale Informationen über Gerüche „in räumlichen Aktivitätsmustern im primären olfaktorischen Neuropil des Insektengehirns, dem Antennallappen, der dem Riechkolben der Wirbeltiere entspricht, dargestellt werden". Koloniegerüche von Nestgenossen und Nicht-Nestgenossen lösten teilweise räumlich überlappende Aktivitätsmuster aus, die sich über verschiedene Kompartimente des Antennenlappens verteilten. Die Autoren schlagen auf der Grundlage ihrer Ergebnisse vor, dass „Informationen über Koloniegerüche parallel in verschiedenen neuroanatomischen Kompartimenten verarbeitet werden, wobei die Rechenleistung des gesamten Antennallappennetzwerks genutzt wird. Die parallele Verarbeitung könnte vorteilhaft sein und eine zuverlässige Unterscheidung von hochkomplexen sozialen Gerüchen ermöglichen" (Brandstaetter und Kleineidam 2011, S. 2437).

Da die frühere Arbeit von Kelber et al. (2010) gezeigt hat, wo im Antennallappen die Sensilla basiconica projiziert werden, konnten Brandstätter und Kleineidam die Bedeutung dieser Sensillen für die Kohlenwasserstoffwahrnehmung bestätigen. Die Autoren argumentierten jedoch überzeugend, dass neben den Sensilla basiconica auch die Sensilla trichodea curvata an der Wahrnehmung von cuticulären Kohlenwasserstoffen beteiligt sind. Sie wiesen neuronale Antworten auf Koloniegerüche in Glomeruli-Clustern nach, die nicht von den Sensilla basiconica, sondern von den Sensilla trichodea curvata innerviert werden.

Kleineidam, Brandstaetter und ihre Kollegen bestätigten frühere Vermutungen, dass sich die Gerüche in der Kolonie in verschiedenen Nestbereichen und im Laufe der Zeit verändern und „das Nervensystem sich ständig an diese Template-Reformierung anpassen muss". Tatsächlich fanden Neupert et al. (2018) heraus, dass Arbeiterinnen ihre Nestgenossinnen-Erkennung anpassen, indem sie neue, manipulierte cuticuläre Kohlenwasserstoffprofile lernen, aber immer noch Arbeiterinnen akzeptieren, die das vorherige Profil tragen. Wir stimmen mit der Einschätzung der Autoren überein, dass die Nestgenossinnen-Erkennung bei Ameisen wesentlich komplexer ist als bisher angenommen. Es handelt sich „um einen teilweisen Multipel-Template-Prozess des Geruchssystems, der die Unterscheidung und Kategorisierung von Nestgenossinnen durch Unterschiede in ihren cuticulären Kohlenwasserstoffprofilen ermöglicht". In einer Folgestudie von Andreas Brandstaetter, Wolfgang Rössler und Christoph Kleineidam (2011, S. 1) kommen die Autoren zu dem Schluss: „Ameisen sind nicht anosmisch [geruchsblind] für den Geruch von Nestgenossen. Die räumlichen Aktivitätsmuster in den Antennenlappen allein liefern jedoch keine ausreichenden Informationen für die Diskriminierung von Koloniegerüchen, und diese Erkenntnis stellt die derzeitige Vorstellung von der Kodierung der Geruchsqualität in Frage. Unser Ergebnis veranschaulicht die enorme Herausforderung für das Nervensystem, Mehrkomponentengerüche zu klassifizieren, und deutet darauf hin, dass andere neuronale Parameter, z. B. ein präzises Timing der neuronalen Aktivität, wahrscheinlich für die Zuordnung der Geruchsqualität zu Mehrkomponentengerüchen erforderlich sind."

Abschließend müssen wir verstehen, dass diese spezifischen Kohlenwasserstoffmischungen zwar sicherlich die wichtigsten Parameter bei der Kolonieunterscheidung sind, aber mehrere andere Studien zeigen, dass zusätzliche intrinsische Kolonieparameter und extrinsische Faktoren die Art der Koloniediskriminierungsmerkmale beeinflussen oder modulieren können (z. B. Liang und Silverman 2000; für weitere Diskussionen siehe Hölldobler und Wilson 2009).

3.2 Identitätsdiebstahl und andere Methoden des Eindringens

Nach der bahnbrechenden Entdeckung von Howard, McDaniel und Blomquist (1980), dass der termitophile Staphyliniden-Käfer *Trichopsenius frosti* cuticuläre Kohlenwasserstoffe seiner Wirte nachahmt, und der anschließenden Entdeckung von Vander Meer und Wojcik (1982), dass der Blatthornkäfer *Martineziana dutertrei* (früher *Myrmecaphodius excavaticollis*) (Scarabaeidae) cuticuläre Kohlenwasserstoffe von seinen *Solenopsis*-Wirtsameisen übernimmt, wurden viele Arbeiten über die sogenannte chemische Mimikry in sozialen Insektenkolonien veröffentlicht (für Übersichten siehe Dettner und Liepert 1994; Lenoir et al. 2001; Akino 2008; Guillem et al. 2014).

3.2.1 Myrmekophile Blatthornkäfer, Marienkäfer und Stutzkäfer

Robert Vander Meer und D. P. Wojcik (1982) berichten, dass sich die cuticulären Kohlenwasserstoffe von *Martineziana dutertrei* auffällig unterscheiden, wenn die Käfer aus verschiedenen Nestern der vier Wirtsarten der *Solenopsis*-Feuerameise entnommen wurden, und dass die Käfer leicht die Kohlenwasserstoffe einer *Solenopsis*-Art abwerfen und das Muster einer anderen erwerben können (Abb. 3.1).

Abb. 3.1 Der Blatthornkäfer *Martineziana dutertrei* (Scarabaeidae) ist eine Myrmekophile der Feuerameisen *Solenopsis*. (Mit freundlicher Genehmigung von Alex Wild/alexanderwild.com)

Zusätzlich zu den artspezifischen Merkmalen enthalten die Kohlenwasserstoffmischungen wahrscheinlich auch koloniespezifische Muster. Dies erklärt zum Teil, wie *Martineziana* in der Lage ist, eine Vielzahl von *Solenopsis*-Arten und -Kolonien zu befallen. Vander Meer und Wojcik wiesen diesen Effekt mit dem folgenden Experiment nach. Käfer aus Kolonien von *S. richteri* wurden 2 Wochen lang isoliert und dann in Kolonien von *S. invicta* eingesetzt. Nach 5 Tagen wurden die Käfer entfernt und auf cuticuläre Kohlenwasserstoffe untersucht. Es zeigte sich, dass *M. dutertrei* die cuticulären Kohlenwasserstoffe seiner neuen Wirte erworben hatte. Vander Meer und Wojcik stellten fest:

> Dasselbe Phänomen trat auf, wenn zuvor isolierte Käfer in Kolonien von *Solenopsis geminata* und *S. xyloni* eingebracht wurden. Die schnelle Änderung des Kohlenwassermusters nach dem Wechsel von *Solenopsis geminata* zu *S. xyloni* schwächt die Wahrscheinlichkeit, dass Kohlenwasserstoffe vom Käfer synthetisiert werden. Außerdem fanden wir heraus, dass frisch getötete isolierte Käfer innerhalb von 2 Tagen nach dem Kontakt mit der Ameisenkolonie Kohlenwasserstoffe von *S. invicta* erworben hatten. Diese Daten schließen die Biosynthese durch die Käfer selbst aus. Vielmehr müssen wir einen passiven Mechanismus des Kohlenwasserstofferwerbs annehmen. Nach der Einführung in ein Wirtsvolk wurden die *M. dutertrei* sofort angegriffen. Die Reaktion der Käfer bestand darin, sich totzustellen und zu warten, bis die Angriffe aufhörten, oder sie zogen sich in einen Bereich zurück, der für die Ameisen weniger zugänglich war. Innerhalb von 2 h nach der Einführung in eine Wirtskolonie enthielt die Cuticula der Käfer 15 % der Wirtskohlenwasserstoffe. Die Akkumulation von Kohlenwasserstoffen hielt bis zu 4 Tage an, bis die Cuticula der Käfer etwa 50 % Wirtskohlenwasserstoffe enthielt. Käfer, die so lange überlebten, wurden im Allgemeinen nicht mehr angegriffen (Vander Meer und Wojcik 1982, S. 807).

Vander Meer et al. (1989) erzielten ähnliche Ergebnisse mit der parasitoiden Eucharitiden-Wespe *Orasema sp.* bei der Feuerameise *Solenopsis invicta*, und Akino und Yamaoka

(1998) berichten über entsprechende Ergebnisse mit der parasitoiden Aphidiiden-Wespe *Paralipsis eikoae*, die in Nestern von *Lasius sakagamii* lebt und in die von den Ameisen gepflegten, Honigtau produzierenden Blattläuse ihre Eier ablegt. Die Wespe wird von den Ameisen nicht nur geduldet, sondern es gelingt ihr sogar, bei den Ameisen die Regurgitation von Nahrung auszulösen (Abb. 3.2).

Abb. 3.2 Die parasitische Aphidiidae-Wespe *Paralipsis eikoae* lebt in Nestern von *Lasius sakagamii* und schafft es, die Regurgitation von Nahrung in den Wirtsameisen auszulösen. (Mit freundlicher Genehmigung von Taku Shimada)

Toshiharu Akino und Ryohei Yamaoka konnten zeigen, dass die Wespen durch den engen Körperkontakt mit den Ameisen und durch ihre Pflege die koloniespezifischen cuticulären Kohlenwasserstoffprofile erwerben. Von den Arbeiterinnen ihrer Wirtskolonie werden sie wie Nestgenossen behandelt, von den Ameisen einer fremden Kolonie werden sie heftig angegriffen.

Diese Beispiele zeigen deutlich, dass der Erwerb des koloniespezifischen Kohlenwasserstoffprofils ein einfacher Mechanismus ist, der es den Parasitoiden oder Myrmekophilen ermöglicht, von den Wirtsameisen wohl oder übel toleriert zu werden. Es ist eine Strategie, die es den myrmekophilen *Martineziana*-Käfern ermöglicht, nicht als fremd erkannt zu werden, obgleich der Habitus des Käfers dem einer Ameise überhaupt nicht ähnlich ist. Je vollständiger das erworbene Kohlenwasserstoffprofil des Wirts ist, desto wirksamer bleibt der fremde Bewohner von seinen Wirtsameisen unerkannt. Die Käfer leben in erster Linie als Aasfresser in Feuerameisennestern, wo sie tote Ameisen und Larven sowie Beute fressen, die von Sammlerinnen ins Nest gebracht wird (Wojcik et al. 1991).

Ein weiteres interessantes Beispiel sind die myrmekophilen Larven der Marienkäfer *Thalassa saginata* (Coccinellidae), die in den Brutkammern der Drüsenameise *Dolichoderus bidens* leben. Diese Ameisen und ihre Marienkäfer-Myrmekophile wurden von Jérôme Orivel und Kollegen (2004) in den Wäldern von Französisch-Guinea untersucht. Die Ameisen bauen polydome Kartonnester unter Blättern in Bäumen. Normalerweise bestehen die Kolonien aus einer Königin und Hunderten bis mehreren Tausend Arbeiterinnen. Die Autoren stellten fest, dass 26 der 103 untersuchten *D.-bidens*-Kolonien (25,2 %) eines der Entwicklungsstadien von *T. saginata* oder Exuvien (abgeworfenes Exoskelett der Puppen) beherbergten. Die Larven wurden von den Ameisen besucht und häufig abgeleckt, und wenn ein Brutnest umgesiedelt wurde, trugen die Ameisen die Käferlarven ebenso wie ihre eigene Brut zum neuen Standort. Die Käferlarven und -puppen blieben stets im Bruthaufen der Wirtsameisen, aber es konnte nicht festgestellt werden, ob sie sich von der Brut der Ameisen ernähren. Beim Schlüpfen blieben die erwachsenen Marienkäfer in der aufgeplatzten Puppenhülle, bis ihr Exoskelett vollständig ausgehärtet war. Danach verließen sie das Nest eilig, da die erwachsenen Tiere von den Wirtsameisen angegriffen wurden. Eine vergleichende Analyse der Kohlenwasserstoffgemische an der Oberfläche von Käferlarven und Ameisenlarven ergab eine enge Übereinstimmung zwischen ihnen. Die Autoren stellen die Hypothese auf, dass die myrmekophilen Larven möglicherweise die Oberflächenkohlenwasserstoffmischungen ihrer Wirtslarven biosynthetisch nachahmen, doch gibt es dafür keinen Beweis, was die Autoren auch einräumen. Orivel und seine Kollegen berichten auch, dass die Käferlarven Substanzen aus ihren Haaren und Analdrüsen absondern, die von den Ameisen begierig geleckt werden. Wir vermuten, dass die Myrmekophilen während des Beleckens durch die Ameisen und des engen Kontakts mit den Ameisenlarven und Ammenameisen die Kohlenwasserstoffe der Wirtsoberfläche leicht aufnehmen können. Höchstwahrscheinlich produzieren diese Käferlarven ein Imitat des Brutpheromons der Ameisen, das bei den Ammenameisen die Adoption und Pflege auslöst, wie wir sie von anderen myrmekophilen Immaturen kennen (Hölldobler 1967; Hölldobler und Wilson 1990; Hölldobler et al. 2018).

Abb. 3.3 Der Stutzkäfer *Sternocoelis hispanus* lebt in Nestern der Ameise *Aphaenogaster senilis*. Er bleibt im Brutnest und ernährt sich von den Ameisenlarven. (Mit freundlicher Genehmigung von Pavel Krásenský)

Alan Lenoir und seine Kollegen (2012) untersuchten die chemische Integration der myrmekophilen Käfer *Sternocoelis hispanus* (Histeridae, Haeterinae), die in Nestern der Knotenameise *Aphaenogaster senilis* leben (Abb. 3.3). Die Gattung *Sternocoelis* umfasst 28 Arten, die im Mittelmeerraum (Marokko, Algier, Mittel- und Südportugal und Spanien) verbreitet sind (Lackner und Yélamos 2001; Lackner und Hlaváč 2012).

Alle Arten wurden in Ameisennestern gesammelt, und sie scheinen ziemlich wirtsspezifisch zu sein. Verschiedene Arten wurden in Nestern der Knotenameisengattungen *Aphaenogaster* und *Messor* (Myrmicinae) sowie der Schuppenameisengattungen *Cataglyphis* und *Formica* (Formicinae) gefunden. Es wurde berichtet, dass sie sich von der Brut ihrer Wirtsameisen ernähren und Ameisenkadaver fressen (Yélamos 1995; Lenoir et al. 2012). *Sternocoelis hispanus*-Käfer wurden gelegentlich dabei beobachtet, wie sie auf dem Körper der Wirtsameise ritten oder sich an ihm festhielten, vor allem, um in das Innere der Ameisenkolonie zu gelangen. Dieser sehr enge Kontakt mit den Arbeiterinnen der Wirtsameisen legt nahe, dass diese Myrmekophilen ähnlich wie die oben beschriebenen *Martineziana*-Käfer auch die chemische Koloniesignatur der Ameisen übernehmen, und tatsächlich fanden Lenoir et al. (2012) eine enge Übereinstimmung der artspezifischen und koloniespezifischen cuticulären Kohlenwasserstoffprofile auf der Cuticula der Käfer. Allerdings enthalten die Kohlenwasserstoffmischungen der Käfer zusätzliche Komponenten, die sich von denen der Ameisen unterscheiden. Besonders interessant ist, dass die Käfer die meisten dieser Kohlenwasserstoffkomponenten der Cuticula-Oberfläche auch dann noch beibehalten, wenn sie bis zu einem Monat lang von der Wirtskolonie isoliert sind, was darauf hindeutet, dass die Käfer die meisten von ihnen selbst synthetisieren. Die Profile dieser isolierten Käfer unterscheiden sich zwar etwas von denen der Wirtskolonie, aber wenn sie von der Wirtskolonie wieder aufgenommen werden, erhalten die Käfer schließlich ein cuticuläres Kohlenwasserstoffprofil, das zwar nicht identisch mit dem ihrer Wirte ist, aber diesem in vielen Aspekten ähnelt.

Der Adoptionsprozess bei *Sternocoelis*-Käfern ist kein aktiver Verhaltensakt der Ameisen, sondern wird vielmehr von den Käfern „initiiert", die sich oft an die Körper der Ameisen klammern oder auf ihnen reiten. Die Ameisen können die Käfer anfangs sogar aggressiv behandeln, indem sie sie an den Beinen packen und herumschleppen, bevor sie sie schließlich in das Nest tragen. Im Nest werden die Käfer meist toleriert, auch wenn sie auf den Ameisenlarven sitzen und sich von ihnen ernähren. Lenoir et al. (2012) argumentieren, dass es sich bei der relativ engen Übereinstimmung der cuticulären Kohlenwasserstoffmischungen von *Sternocoelis* und ihren jeweiligen Wirtsameisenarten um ein koevolutives Merkmal handeln könnte, da *S. hispanus* auch von *Aphaenogaster iberica*, die als Schwesterspezies von *A. senilis* gilt, leicht angenommen wird, und beide Ameisenarten sehr ähnliche cuticuläre Kohlenwasserstoffprofile aufweisen. Im Gegensatz dazu weisen *A. simonelli* und *A. subterranea* sehr unterschiedliche cuticuläre Kohlenwasserstoffprofile auf, und *S. hispanus* fand keinen Zugang zu Kolonien dieser Ameisenarten. Obwohl die Stichprobengröße bei diesen Tests eher gering war, sind die berichteten Ergebnisse hinweisend. Eine Tatsache geht aus diesen Studien jedoch sehr deutlich hervor. Die Übereinstimmung der cuticulären Kohlenwasserstoffmischungen zwischen Wirtsameisen und Gästen ist nicht der auslösende Schlüsselreiz für die Adoption, sondern erleichtert vielmehr die Duldung innerhalb der Wirtskolonie.

Eine andere myrmekophile Käfergattung der Histeridae ist *Haeterius* (Haeterinae), die 30 Arten in der Paläarktis und Nearktis umfasst (Abb. 3.4). Zur Schreibweise des Gattungsnamens ist eine kurze Bemerkung angebracht. Seit Jahrzehnten, wird in den Büchern und Abhandlungen von Wasmann, Donisthorpe, Wheeler sowie Hölldobler und Wilson, diese Gattung fälschlicherweise als *Hetaerius* bezeichnet. Wie Bousquet und Laplante (2006) jedoch richtig feststellten, sollte die Gattung Dejean (1833) mit der Schreibweise *Haeterius* zugeschrieben werden, und nicht Erichson (1834) mit der Schreibweise *Hetaerius*.

Haeterius-Käfer wurden in ganz Mittel- und Nordamerika sowie in Europa, Afrika und Asien gefunden. Es wurden nur wenige Arten untersucht, aber nach dem, was man weiß, unterscheiden sich ihre Verhaltensinteraktionen mit Wirtsameisen deutlich von denen der phylogenetisch eng verwandten myrmekophilen Gattung *Sternocoelis*. Bei den meisten der dokumentierten Funde gehören die Wirtsarten zur Gattung *Formica*, aber gelegentlich werden auch die Gattungen *Lasius* und *Aphaenogaster* aufgeführt (Wasmann 1920; Wheeler 1908a, 1910; Martin 1922; Maruyama et al. 2013). Nach Wasmann (1905; zitiert in Wasmann 1920) ist die europäische Art *Haeterius ferrugineus* am häufigsten in Nestern von *Formica fusca* zu finden, wo sie sich von toten und verletzten Ameisen ernährt. Gelegentlich verzehrt sie auch Ameisenlarven. Die meiste Zeit schenken die Ameisen den Käfern keine Beachtung. Wenn sie *Haeterius* angreifen, täuscht der Käfer den Tod vor, indem er sich völlig ruhig verhält und die Beine eng an den Körper presst. Die Ameisen reagieren auf diese gewaltlose Reaktion häufig, indem sie den Käfer herumtragen, ihn ablecken und schließlich freilassen. Es wurde vermutet, dass *Haeterius* spezielle Trichomendrüsen hat, die sich an den Rändern des Thorax öffnen (Wasmann 1903, zitiert in Wasmann 1920; Wheeler 1908a),

Abb. 3.4 Der Stutzkäfer *Haeterius ferrugineus* ist ebenfalls häufig in der Brut seiner *Formica* -Wirte anzutreffen, und es wurde berichtet, dass er sich von den Larven ernährt. (Mit freundlicher Genehmigung von Pavel Krásenský)

aber es wurden keine histologischen Untersuchungen durchgeführt, um diese Vermutung zu bestätigen. Aufgrund unserer eigenen Beobachtungen (B. H.) können wir feststellen, dass die Ameisen vorzugsweise den vorderen Teil des Käferkörpers ablecken, insbesondere die Region am oder in der Nähe des Kopfes. Dieser Umstand deutet stark auf das Vorhandensein

Abb. 3.5 *Haeterius*-Käfer (hier *H. brunneipennis*) richten sich oft auf und winken mit ihren Vorderbeinen. (Mit freundlicher Genehmigung von Gary Alpert)

exokriner Drüsen hin. Wheeler (1908a) beobachtete, dass Käfer der nordamerikanischen Art *Haeterius brunneipennis* von den Wirtsameisen regurgitierte Nahrung erbetteln. Manchmal winkt der Käfer mit den Vorderbeinen in Richtung der vorbeiziehenden Ameisen und scheint so die Aufmerksamkeit der Ameisen auf sich zu ziehen (Abb. 3.5).

Ein sehr ähnliches Verhalten wurde bei *H. ferrugineus* von einem von uns (B. H.) beobachtet. Der umworbene Käfer nimmt eine aufrechte Haltung ein, streckt die Vorderbeine weit auseinander und wedelt mit ihnen leicht in Richtung der sich nähernden Ameise (Abb. 3.6). Die Ameise leckt den Käfer mit ihren fast geschlossenen Mandibeln ab. Tracer-Experimente haben gezeigt, dass die Käfer kleine Mengen an regurgitierter Nahrung aufnehmen (Hölldobler und Wilson 1990).

Wir wissen zwar nicht, ob die cuticulären Kohlenwasserstoffprofile der Käfer, denen der Wirtsameisen ähneln, aber da die Käfer relativ engen Kontakt zu ihren Wirten haben und oft von ihnen abgeleckt werden, gehen wir davon aus, dass sie möglicherweise einige der chemischen Signaturen ihrer Wirte übernommen haben. Die Beobachtungsdaten deuten jedoch darauf hin, dass andere Mittel, wie Sekrete aus exokrinen Drüsen, für ihre Integration in die Gesellschaft ihrer Wirte wichtiger sind.

Betrachten wir schließlich die myrmekophile Blatthornkäfergattung *Cremastocheilus* mit etwa 45 Arten, die alle mit Ameisen vergesellschaftet zu sein scheinen (Abb. 3.7). Es wurden mehrere Untergattungen vorgeschlagen, und Glené Mynhardt und John Wenzel (2010) haben eine neue, auf morphologischen Merkmalen basierende phylogenetische Analyse vorgelegt. Von *Cremastocheilus*-Arten wird berichtet, dass sie sich von Wirtsameisenlarven ernähren (Cazier und Mortenson 1965; Alpert und Ritcher 1975; Alpert 1994). Im Gegensatz zum Blatthornkäfer *Martineziana dutertrei* (den wir oben bespro-

Abb. 3.6 *Haeterius ferrugineus* winkt mit seinen Vorderbeinen in Richtung einer sich nähernden *Formica*-Wirtsameise. Ein solches Verhalten kann zu einem trophallaktischen Nahrungsaustausch zwischen der Ameise und dem Käfer führen. (Bert Hölldobler)

chen haben) sind *Cremastocheilus*-Käfer jedoch mit mehreren exokrinen Trichomdrüsen ausgestattet, die Berichten zufolge von den Wirtsameisen geleckt werden und bei ihren Wirten Adoptionsverhalten auslösen können (Cazier und Mortenson 1965).

Gary Alpert (1994) berichtete in der bisher umfassendsten Studie über die Gattung *Cremastocheilus*, dass einige *Cremastocheilus* -Arten von Ameisen auf Futtersuche in die Nester getragen werden; er konnte jedoch keinen Hinweis darauf finden, dass dies durch die Drüsensekrete ausgelöst wird. Gary Alpert legte eine detaillierte morphologische und histologische Studie der Trichomendrüsen bei Männchen und Weibchen von mindestens einer Spezies aus jeder der fünf Untergattungen von *Cremastocheilus* vor. Alpert behandelte viele Aspekte der Naturgeschichte mehrerer Arten, aber im Zusammenhang mit unserem aktuellen Thema ist der folgende Auszug aus Alperts Monografie von besonderem Interesse. Anhand von zwei Beispielen schrieb Alpert:

Abb. 3.7 Der Blatthornkäfer *Cremastocheilus opaculus*, eine von etwa 45 *Cremastocheilus*-Arten, die mit Ameisen assoziiert sind. (Mit freundlicher Genehmigung von Gary Alpert)

Cremastocheilus stathamae werden aus einer Entfernung von bis zu 7,62 m in die Nester der Ameisen getragen. Die Käfer scheinen spontan zu landen, nachdem sie wahllos Nestplätze von *Myrmecocystus depilis* überflogen haben. Dann wandern sie umher und warten auf die Ameisen, die sie in die Nester tragen. *Cremastocheilus hirsutus* fliegen tief über den Boden und suchen nach Nestern von *Pogonomyrmex barbatus*, landen und bewegen sich direkt auf die Nesteingänge zu, die sie ungehindert betreten. Bei allen Arten zerren die Ameisen häufig Käfer wieder aus dem Nest, aber die Nettobewegung ist in das Nest hinein. (Alpert 1994, S. 228)

Alpert stellte ferner fest, dass *Cremastocheilus*-Käfer in einem Beobachtungsnest häufig angegriffen wurden, diese Angriffe aber nur selten zum Tod der Käfer führten. Wenn die Käfer anfangs von den Wirtsameisen angegriffen wurden, scheinen diese Angriffe oft nachzulassen und in Leckattacken überzugehen, als ob die glandulären Sekrete als Beschwichtigungsstoffe dienen. So wurden beispielsweise *Cremastocheilus harrisii*, die in *Formica schaufussi* eingeführt wurden, von den Ameisen intensiv beleckt, vor allem an den „vorderen Pronotalwinkeln, dem Bereich des Mentums, in dem sich die frontalen Drüsen öffnen, und einer Carina über dem Auge mit einem dichten Polster aus kurzen Setae.". Dies sind Bereiche mit einer hohen Konzentration von Drüsenzellen.

    Alpert (1994) bestätigte, dass *Cremastocheilus*-Arten sich in erster Linie von Ameisenlarven ernähren, und in Auswahltests bevorzugten sie die Larven ihrer jeweiligen Wirtsameisen. Wenn sie jedoch keine Wahl hatten, ernährten sie sich auch von den Larven anderer Ameisenarten. Er widerlegte auch die Behauptung von Kloft et al. (1979), die berichteten, dass adulte *Cremastocheilus castaneus* regurgitierte Flüssignahrung von Wirtsameisen (*Formica integra*) aufnehmen. Aus ihrer Arbeit mit radioaktiv markierter Nahrung schlossen sie, dass die Käfer bei den Ameisen, die zunächst von den Trichomendrüsensekreten der Käfer angelockt wurden, eine Regurgitation der von Kropfinhalt auslösten. Alpert wiederholte diese Tracer-Experimente mit *C. castaneus* und *F. integra* mit einer größeren Anzahl von Versuchstieren und besseren Kontrollen. Er kam zu dem Schluss, dass die myrmekophilen *Cremastocheilus* nicht am sozialen Nahrungsfluss der Wirtsameisen teilnehmen.

Nach dem, was wir durch die Arbeiten von Cazier und Mortenson (1965) und Alpert (1994) wissen, ist die Entwicklung der verschiedenen *Cremastocheilus*-Arten recht einheitlich. Im Frühjahr oder Frühsommer legen alle Arten ihre Eier „im weichen, mit Pflanzenmaterial durchsetzten, humusähnlichen Boden" ab, gewöhnlich in oder in der Nähe der Nester der Wirtsarten. Die Entwicklung durch die drei Larvenstadien dauert etwa 4 bis 6 Wochen. Das ausgewachsene letzte Larvenstadium baut eine Puppenhülle aus Erde und Fäkalien. Die erwachsenen Tiere schlüpfen am Ende des Sommers. Sie verlassen das Nest zur Paarung, die im amerikanischen Südwesten meist nach den Regenfällen stattfindet. Verschiedene *Cremastocheilus*-Arten wählen unterschiedliche Paarungsplätze. Bei *C. beameri* beispielsweise findet die Paarung in Nagetierhöhlen statt (für weitere Einzelheiten siehe Alpert 1994). Die Käfer überwintern in den Nestern der Wirtsameisen.

Obwohl unseres Wissens die cuticulären Kohlenwasserstoffe in *Cremastocheilus*-Käfern nicht untersucht wurden, scheinen diese Myrmekophilen nach den von Alpert vorgelegten Verhaltensstudien ohne Zögern in ihre Wirtsameisennester einzudringen, oder sie werden sogar von den Ameisen (oft täuschen solche Käfer den Tod vor) in das Nest getragen. Für ihre Duldung im Nest scheinen die Sekrete aus den Trichomdrüsen eine Schlüsselrolle zu spielen.

3.2.2 Die nacktschneckenähnlichen Larven der Ameisenschwebfliegen

Wie bereits erwähnt, wurden cuticuläre Kohlenwasserstoffe als ein wichtiger chemischer Indikator für soziale Erkennungssysteme postuliert, und zahlreiche indirekte und einige direkte Beweise aus Studien mit Ameisen und ihren Myrmekophilen stützen diese Annahme. Die Untersuchung der myrmekophilen Syrphiden-Gattung *Microdon* ist eine beispielhafte Fallstudie.

Es gibt widersprüchliche Angaben über die Anzahl der Arten innerhalb dieser Gattung, die zu den *Microdontinae*, der kleinsten der drei Unterfamilien der *Syrphidae*, gehören (Reemer 2013). Nach Reemer und Ståhls (2013a, b), wurden früher 388 Speziesnamen in eine einzige Gattung, *Microdon* Meigen 1803, eingeordnet, aber eine neue Gattungsklassifikation der *Microdontinae* ergab 62 Arten für die Gattung *Microdon* Meigen sensu stricto (s.s.), 44 Arten für die 6 Untergattungen von *Microdon* und 126 Arten für die Artengruppen und „unplatzierten Arten" von *Microdon* sensu lato (s.l.).

Die Larven und Puppen aller bekannten Arten der Schwebfliegengattung *Microdon* leben in Ameisennestern (Reemer 2013). Aus der Literatur lässt sich ableiten, dass *Microdon*-Arten eine relativ hohe Wirtsspezifität aufweisen, das heißt, jede *Microdon*-Art hat nur eine oder sehr wenige eng verwandte Wirtsameisenarten; wie wir später erörtern werden, ist ihre Wirtsspezies-Spezialität jedoch wesentlich komplexer. Obwohl die erwachsenen Fliegen von den Ameisen feindselig behandelt werden und die Fliegen nach

Abb. 3.8 Die Larve einer *Microdon*-Art im Nest der Drüsenameise *Linepithema oblongum*. (Mit freundlicher Genehmigung von Alex Wild/alexanderwild.com)

dem Schlüpfen das Ameisennest eilig verlassen, werden sie häufig in der Nähe des Wirtsameisennests beobachtet, aus dem sie hervorgegangen sind. Im Gegensatz dazu werden die Fliegenlarven und -puppen, die im Inneren der Ameisennester oft sogar in den Brutkammern leben, von den Ameisen in der Regel ignoriert und geduldet.

Das Aussehen der *Microdon*-Larven und -Puppen ist eher ungewöhnlich, und auf den ersten Blick sehen sie wie Nacktschnecken aus (Abb. 3.8). Tatsächlich wurden sie früher als Mollusken oder Schildläuse beschrieben. Sie haben eine elliptische Form mit einer konvexen Rückenoberfläche und eine „flache Kriechsohle", und sie bewegen sich sehr langsam. Wenn sie zur Verpuppung bereit sind, verfärbt sich ihre weißlich-beige Farbe zu hellbraun (Abb. 3.9). Das Integument wird steif und brüchig und dient nun als Puppenhülle, in der sich die Puppe metamorphosiert. Nach Abschluss der Metamorphose „schlüpft die Fliege durch Aufbrechen des vorderen dorsalen Drittels des Pupariums" (Abb. 3.10).

William Morton Wheeler (1910), der selbst mehrere *Microdon* -Arten studiert hatte, zitiert Verhoef (1892), der eine *Microdon* -Fliege bei der Eiablage im Wirtsameisennest beobachtete. Offenbar musste die Fliege in das Nest eindringen, wurde aber immer wieder von ansässigen Ameisen angegriffen und vertrieben, kehrte aber immer wieder zurück, bis die Eier abgelegt waren.

Jeder, der *Microdon*-Larven im Formicarium beobachtet hat, weiß, dass es schwierig ist, die sich sehr langsam bewegenden Larven bei der Nahrungsaufnahme zu beobachten, aber viele veröffentlichte Beobachtungen scheinen zu belegen, dass sie die Brut der Ameisen fressen (Andries 1912; Van Pelt und Van Pelt 1972; Akre et al. 1973, 1988; Duffield 1981; Barr 1995). Richard Duffield berichtete, dass *Microdon*-Larven im dritten Larvenstadium acht bis zehn Ameisenlarven in 30 min verzehren können, und Boyd Barr (1995) stellte fest, dass eine *Microdon*-Larve während ihres Lebens bis zu 125 Ameisenlarven verzehren kann. Menno Reemer (2013) postuliert: „Bei einer durchschnittlichen Anzahl von 5 oder 6 *Microdon*-Larven pro Nest würden über 700 Ameisenlarven pro Nest verzehrt werden".

Abb. 3.9 Die Puppe von *Microdon ocellaris* (*oben*) und eine geschlüpfte *Microdon* -Fliege auf der leeren Puppenhülle. (Mit freundlicher Genehmigung von Gary Alpert)

Graham Elmes und seine Mitarbeiter (1999) machten bei der Untersuchung von *Microdon mutabilis* eine höchst interessante und zugleich verblüffende Entdeckung: „extrem lokalisierte, kleine Populationen, die typischerweise über viele Generationen hinweg auf denselben kleinen (oft 50,1 ha großen) isolierten Flecken überdauern". In diesem Gebiet lebt *M. mutabilis* ausschließlich mit polygynen Kolonien von *Formica lemani* zusammen, deren Nester in mehrere kleinere Unternester unterteilt sind. Elmes et al. (1999) beobachteten, dass *M. mutabilis* räumlich extrem begrenzt ist, obwohl die *F.-lemani*-Population „weit verbreitet und häufig vorkommt." Wie bereits berichtet, scheinen die *Microdon*-Weibchen sehr ortstreu zu sein, und ihre Eier legen sie meist in der Nähe der Nesteingänge

Abb. 3.10 Die frisch geschlüpfte *Microdon ocellaris* - Fliege zeigt schrumpelige Flügel (*oben*). Sobald die Flügel voll entfaltet sind (*unten*), verlässt die Fliege das Nest der Wirtsameisen. (Mit freundlicher Genehmigung von Gary Alpert)

der *F. lemani*-Kolonie ab, aus der sie zuvor hervorgegangen waren. Um herauszufinden, wie die Eier eine mögliche Ameisenprädation überleben, führten Elmes et al. (1999) vergleichende Laborexperimente durch, bei denen sie *M. mutabilis* – Eier von verschiedenen Weibchen mehrerer *F. lemani*-Testkolonien vorlegten. Die Autoren entdeckten einen starken „mütterlichen" Effekt: „Neu gelegte Eier hatten eine Überlebensrate von mehr als 95 %, wenn sie dem Ameisenvolk, das die Mutterfliege aufgezogen hatte, oder seinen nahen Nachbarn vorgelegt wurden, aber die Überlebensrate nahm als Sigmoidfunktion mit der Entfernung vom Mutternest ab, wobei *F. lemani*-Kolonien aus 2 und 30 km Entfernung 80 bzw. 99 % der Eier innerhalb von 24 h töteten". Die Autoren vermuten, dass die Eier „möglicherweise mit einer mimetischen chemischen Tarnung überzogen sind, die 3 bis 4 Tage nach der Eiablage anhält" (Elmes et al. 1999, S. 447). Die Autoren vermuten eine extreme lokale Anpassung einer *M. mutabilis*-Population, nicht nur an eine Wirtsart, sondern an eine einzelne Wirtspopulation und möglicherweise an lokale Familiengruppen innerhalb einer *F.-lemani*-Population.

Aus verhaltensbiologischer Sicht ist es schwer zu erklären, mit welcher Art von Wirtssignal die *Microdon*-Eier beschichtet sein könnten. Unseres Wissens sind keine koloniespezifischen Brutpheromone bekannt, und normalerweise können Eier und Larven leicht von einem Volk auf ein anderes übertragen werden. Soweit wir aus der veröffentlichten Literatur ersehen konnten, wurden keine entsprechenden Vergleichstests mit Ameiseneiern der Wirtsameisenkolonien durchgeführt. Andererseits weisen Graham Elmes und seine Kollegen darauf hin, dass die *Microdon*-Eier für die Ameisen „nie attraktiv" zu sein schienen. Das Ei wurde allenfalls oberflächlich untersucht und dann ignoriert. Keine Frage, diese Entdeckungen sind äußerst interessant, aber auch sehr rätselhaft. In diesem Zusammenhang möchten wir zumindest kurz auf eine weitere verblüffende Beobachtung dieser Forscher hinweisen.

Formica lemani-Kolonien, die von *Microdon*-Myrmekophilen befallen sind, scheinen deutlich mehr fortpflanzungsfähige geflügelte Weibchen (Gynen) zu produzieren als Kolonien, die frei von *Microdon*-Larven sind. Auf den ersten Blick scheint dies paradox zu sein. Es könnte jedoch als eine Reaktion auf Kolonieebene gesehen werden, um dem Parasitismus zu entgehen, da die geflügelten Ameisen die Kolonie verlassen und nach der Paarung entweder in eine weiter entfernte *F. lemani*-Kolonie ohne *Microdon*-Parasiten aufgenommen werden oder unabhängig davon ihre eigene Kolonie gründen, die dann möglicherweise sekundäre Polygynie ohne *Microdon*-Parasitismus entwickelt. Thomas Hovestadt und Mitarbeiter (2012) entwickelten ein Modell „für die Ressourcenzuteilung innerhalb polygyner Ameisenkolonien, das davon ausgeht, dass die Entscheidung, ob sich eine Ameisenlarve zu einer Arbeiterin oder einer Gyne entwickelt, von der Menge an Nahrung abhängt, die sie von den Arbeiterinnen erhält. Demnach fördert die Prädation durch *Microdon* die Entwicklung zur Gyne, indem sie die Ressourcenverfügbarkeit für die überlebenden Bruten erhöht." In der Tat ist das Zahlenverhältnis von Brut zu Arbeiterinnen aufgrund der starken Prädation der Ameisenlarven sehr niedrig, sodass die Arbeiterinnen größere Mengen an Vitellogenin reicher Larvennahrung an einzelne Larven verfüttern, was zu einer Steigerung der Gynenproduktion führt.

Um diese interessante Arbeit zu perfektionieren, hätte man noch eine Reihe von Experimenten mit künstlicher Prädation durchführen können. Anstatt dass *Microdon*-Larven Ameisenlarven erbeuten, hätte der Experimentator die Larven aus den Kolonien entfernen und so das „Brut/Arbeiterinnen-Verhältnis" künstlich beeinflussen können, um anschließend festzustellen, ob diese manipulierten Kolonien mehr geflügelte Weibchen aufziehen.

Betrachten wir nun, wie es den *Microdon*-Larven gelingt, in den Brutnestern zu überleben, wo sie die Brut der Wirtsameisen fressen. Garnett et al. (1985) haben drei *Microdon*-Arten untersucht: *M. albicomatus*, *M. cothurnatus* und *M. piperi*. Sie berichten, dass die Wirtsameisen gelegentlich die *Microdon*-Larven tragen, wobei die Fliegenlarven eine eingerollte, zylindrische Form annehmen, und die Autoren postulieren, dass die Wirtsameisen die *Microdon*-Larven offenbar nicht von den Ameisenpuppen unterscheiden. Sie schreiben: „In den Nestern ihrer Wirtsameisen (*Camponotus*- und *Formica*-Arten) ähneln das erste und zweite *Microdon* Larvenstadium den Ameisenkokons, die sie befallen, und werden von den Arbeiterinnen mit den Kokons transportiert. Die Jungtiere werden von ihren Wirtsameisen nicht angegriffen und scheinen sowohl chemische als auch physische Eigenschaften zu besitzen, die eine Integration mit ihrem Wirt begünstigen" (Garnett et al. 1985, S. 615).

Andererseits beschreibt Wheeler Beobachtungen, wonach die Wirtsameisen eine junge *Microdon*-Larve töteten, „die es nicht schaffte, sich mit ihrer verletzlichen Kriechsohle an einer Oberfläche festzuhalten." Aber im Allgemeinen, so Wheeler, scheinen die Ameisen die *Microdon*-Larven nicht zu bemerken, und er beobachtete, dass die Fliegenlarven zurückgelassen wurden, wenn die Ameisen in ein neues Nest umzogen. Einer von uns (B. H.) hat *Microdon*-Larven in Nestern von *Formica sanguinea* und *Formica fusca* beobachtet und kam zu demselben Schluss, dass die Fliegenlarven von den Ameisen eher ignoriert oder geduldet, aber nicht gepflegt und wie Ameisenbrut behandelt werden.

Dennoch muss man sich die Frage stellen: Warum werden die *Microdon*-Larven von den Wirtsameisen toleriert oder ignoriert, obwohl sie die Brut der Ameisen fressen? Die Antwort wurde wahrscheinlich von Ralph Howard, Roger Akre und William Garnett (1990) gefunden. Sie verglichen die cuticulären Kohlenwasserstoffprofile der Wirtsameisenart *Camponotus modoc* (adulte und Brut) mit den Oberflächen-Kohlenwasserstoffgemischen von *Microdon piper* und fanden auffällige Korrelationen. Sowohl die adulten Tiere von *Camponotus* als auch die Larven enthielten dieselben Kohlenwasserstoffe in Entwicklungsstadien-spezifischen Anteilen, und die Kohlenwasserstoffprofile der *Microdon*-Larven waren mit denen der Wirtsameisen identisch. Die cuticulären Kohlenwasserstoffprofile der erwachsenen *M.-piperi*-Fliegen unterschieden sich jedoch deutlich von denen der Wirtsameisen, und tatsächlich wurden die erwachsenen Fliegen von den Ameisen als Eindringlinge erkannt und angegriffen.

Diese Studie ist ein hervorragendes Beispiel für die Funktion von Kohlenwasserstoffprofilen als Diskriminatoren. Obwohl die *Microdon*-Larven nicht wie Ameisenlarven von Wirtsameisen aufgezogen werden, haben sie während ihrer Larvenstadien offensichtlich häufigen Kontakt mit Ameisen und werden höchstwahrscheinlich mit den Kohlenwasserstoffen der Ameisen „kontaminiert." In einer zweiten Arbeit über die Fliege *Microdon albicomatus*, die in Nestern von *Myrmica incompleta* lebt, fanden Howard et al. (1990) ähnliche Kohlenwasserstoffprofile in den Myrmekophilen und den Wirtspuppen sowie in den Wirtsarbeiterinnen, obwohl in letzteren die Substanzen in unterschiedlichen relativen Häufigkeiten gefunden wurden. Radiomarkierungsexperimente mit *Microdon*-Larven unter Verwendung von $1\text{-}^{14}C$-Acetat scheinen darauf hinzudeuten, dass die Fliegenlarven ihre Kohlenwasserstoffe biosynthetisieren, anstatt sie von ihren Wirten zu bekommen. Überraschenderweise untersuchten die Autoren nur die Kohlenwasserstoffe der Ameisenpuppen und nicht die der Ameisenlarven, obwohl die Hauptbeute der *Microdon*-Larven die Wirtslarven sind. Nach unserer Interpretation der Tabelle mit den in *Microdon*-Larven, Wirtsameisen und Wirtsameisenpuppen gefundenen Kohlenwasserstoffen scheint es, dass die Kohlenwasserstoffe der *Microdon*-Larven aus einer Mischung aus eigenen und von den Wirten erworbenen Verbindungen bestehen, wie es auch bei den Nestgenossen der Ameisen und ihren Entwicklungsstadien meist der Fall ist.

Ob wir dies als chemische Mimikry bezeichnen können, ist eine semantische Frage. Wir würden es eher als „schleichende Aneignung" des Identitätscodes der Wirtskolonie betrachten, oder wir könnten es „Identitätsdiebstahl" nennen.

3.2.3 Andere Schwebfliegen in Ameisennestern

Alle diese Studien befassten sich mit Ameisenschwebfliegenarten aus Europa und Nordamerika. Obwohl viele Arten aus den Tropen bekannt sind, die myrmekophil sind (siehe Duffield 1981; Reemer und Ståhls 2013a; Pérez-Lachaud et al. 2014; Schmid et al. 2014), ist nicht viel über ihre Naturgeschichte bekannt. Nur in zwei Fällen wurde die Prädation von Ameisenlarven dokumentiert: *Microdon tigrinus*, deren Larven in den Nestern der pilzzüchtenden Ameise *Acromyrmex coronatus* leben (Forti et al. 2007), und *Pseudomicrodon biluminiferus*, von der berichtet wurde, dass die Larven des dritten Stadiums die Larven der Wirtsameisen *Crematogaster limata* fressen (Schmid et al. 2014). Vielleicht gibt es noch einen dritten Fall: Hölldobler entdeckte 1980 eine bis dahin unbekannte nacktschneckenähnliche Syrphidenlarve in Nestern einer australischen *Polyrhachis*-Art (möglicherweise *P. australis*) (Hölldobler und Wilson 1990). Erst kürzlich wurde diese Art als *Trichopsomyia formiciphila* beschrieben (Downes et al. 2017).

Die überraschendste Entdeckung jüngeren Datums wurde von Gabriela Pérez-Lachaud und ihren Kollegen (2014) gemacht, die die erste parasitische Schwebfliegenart in Ameisen beschrieben. Die Art *Hypselosyrphus trigonus* wurde aus Kokons der baumbewohnenden Ponerinenameise *Pachycondyla villosa* gezüchtet, die in *Aechmea-bracteata* -Bromelien im Süden von Quintana Roo, Mexiko, nistet. Dies ist eine neue Art von Parasitoidfliegen. Bisher war dies nur von Phoriden und Tachiniden bekannt (siehe Kap. 2).

Schließlich soll noch ein weiterer Fall einer myrmekophilen Syrphidenfliege mit einer völlig anderen Lebensgeschichte kurz erwähnt werden. Die Larven der Syrphide *Xanthogramma citrofasciatum* leben in Nestern der Ameisenarten *Lasius niger* und *L. alienus* (K. Hölldobler 1929). Es wird angenommen, dass sie sich von Wurzelläusen (Aphididae) ernähren, die von den Wirtsameisen in ihren unterirdischen Nestern gezüchtet werden (K. Hölldobler 1929; Speight 2017), obwohl die frühen Larvenstadien für die meisten *Xanthogramma*-Arten unbekannt sind (Nedeljković et al. 2018). Die späteren Stadien, wenn sie die Größe von Ameisenköniginnenlarven erreicht hatten, wurden in der Regel in den Brutkammern der Wirtsameisen gefunden, wo sie von den Ameisen besucht und von den Wirten wie Ameisenlarven behandelt wurden. Karl Hölldobler, der *X. citrofasciatum* zum ersten Mal in Formicarien beobachtete, berichtete, dass er mehrere Verhaltensweisen feststellte, die auf eine Trophallaxis zwischen der Syrphidenlarve und den Ammenameisen schließen lassen, aber nur in einem Fall war der Mund-zu-Mund-Kontakt lang genug, um diese Vermutung zu rechtfertigen. Die Ameisen verloren das Interesse an der myrmekophilen Larve und ignorierten sie, sobald sie begann, sich in den peripheren Nestkammern ohne Ameisenbrut auf die Verpuppung vorzubereiten. Nach der Verpuppung verließen die erwachsenen Tiere schnell das Ameisennest. Nach den Beobachtungen von Karl Hölldobler in Formicarien überwintern die *X.-citrofasciatum*-Gäste zweimal im Nest der Wirtsameisen, einmal als Larven und ein zweites Mal als Präpuppen oder Puppen. Die erwachsenen Tiere verlassen die Nester im April bis Anfang Mai (Abb. 3.11).

Es gibt keine Studien über die Mechanismen, die die *Xanthogramma*-Larven für die Wirtsameisen so attraktiv machen, und warum sie weiterhin toleriert werden, wenn die Gastlarven einmal ihre Anziehungskraft für die Ameisen verloren haben. Nach dem, was

Abb. 3.11 Die Syrphidenfliege *Xanthogramma citrofasciatum*, deren Larven sich in Ameisennestern entwickeln. (Foto: Aleksandrs Balodis/Wikimedia Commons)

wir heute von anderen ähnlichen Fällen wissen, wagen wir die Vermutung, dass die Larvenstadien der Syrphiden, die von den Wirtsameisen im Brutnest gepflegt werden, ein Brutpheromon der Ameisenlarven imitieren. Während der Pflege durch die Ameisenschwestern nehmen die Gastlarven auch die Oberflächenkohlenwasserstoffe der Ameisen auf, die dafür sorgen, dass die Wirtsameisen die Gäste tolerieren oder ignorieren, sobald sie die Präpupalstadien erreicht haben.

3.2.4   Tarnung bei Blattkäferlarven

Identitätsdiebstahl ist nicht der einzige Mechanismus, der einem Räuber von Ameisenlarven im Brutnest der Wirtsameisen das Überleben sichert. Die Larven von Blattkäfern (Chrysomelidae), die zu den Camptosomata gehören, bauen Larvenhüllen, in denen sie sich entwickeln. Diese Gehäuse bestehen aus Fäkalien, Erde und verrottendem Pflanzenmaterial. Die Architektur der tragbaren Gehäuse oder Köcher ist taxonspezifisch, ebenso wie die verhaltensbezogenen, zeitlichen und räumlichen Aspekte des Baus der Larvengehäuse (Erber 1968, 1969, 1988; Wallace 1970; Brown und Funk 2005). Die primäre Funktion dieser Larvengehäuse ist Verteidigung, Schutz und Tarnung (Eisner et al. 1967; Olmstead und Denno 1993; Vencl et al. 1999; Eisner und Eisner 2000; Nogueira-de-Sá und Trigo 2002).

Das Taxon Camptosomata besteht aus zwei Unterfamilien, den Lamprosomatinae und den Cryptocephalinae. Letztere umfassen die drei Triben Fulcidacini, Cryptocephalini und Clytrini, aber nur in den beiden letztgenannten Triben wurde die Myrmekophilie der Larven dokumentiert (Agrain et al. 2015), doch die Informationen über ihre myrmekophilen Interaktionen sind nur bruchstückhaft. Das am besten untersuchte Beispiel ist die Gattung *Clytra* aus dem Tribus der Clytrini. Die Larven aller *Clytra*-Arten leben in den Nestern von Ameisen, obwohl sie nicht besonders wirtsspezifisch sind.

Abb. 3.12 Die Larve der japanischen Chrysomelidenart *Clytra arida* im Larvengehäuse mit der Wirtsameise *Formica yessensis*. (Mit freundlicher Genehmigung von Taku Shimada)

So berichten Jong Eun Lee und Katsura Morimoto (1991), dass *Clytra arida*, die einzige aus Japan bekannte *Clytra* -Art (Abb. 3.12), in Nestern der Ameisengattungen *Formica*, *Camponotus*, *Lasius* und *Cataglyphis* gefunden wurde (Medvedev 1962 zitiert in Lee und Morimoto 1991).

Horace Donisthorpe (1902) war der erste, der die vollständige Lebensgeschichte der myrmekophilen Art *Clytra quadripunctata* aufdeckte, die häufig in Nestern von Arten der *Formica-rufa* -Gruppe, einschließlich *F. pratensis* und *F. sanguinea*, vorkommt. Gelegentlich lebt sie auch in Nestern von *Formica fusca* und *F. rufibarbis*; (für weitere Daten und eine Übersicht über die Wirtsspezifität siehe Skwarra 1927; Erber 1988; Agrain et al. 2015) (Abb. 3.13).

Laut Donisthorpe schlüpfen die erwachsenen Käfer aus ihrer Puppenhülle in den Nestern ihrer Wirtsameisen und verlassen kurz darauf das Nest. Wenn sie von den Ameisen angegriffen werden, reagieren sie oft mit einer „Todstellung". Die Käfer paaren sich auf Sträuchern und Bäumen. Die zur Eiablage bereiten Weibchen suchen Sträucher in der Nähe eines Wirtsameisennests auf und lassen die Eier auf den Boden fallen. Bevor sie dies tun, pressen sie mit ihren metathorakalen Tarsen kleine, flache Stücke (Schindeln) aus Kot um jedes Ei herum. Nach Vernon Stiefel und David Margolies (1998) ist dies ein einzigartiges Merkmal der Weibchen der meisten Arten des Stammes Clytrini. Der Kot, der die Eier umgibt, ist offenbar für die Ameisen attraktiv. Sie transportieren die beschichteten Eier in ihr Nest, wo die Larven schlüpfen. Die leere Eihülle mit ihrem Kotmantel „gibt den Larven eine Grundlage, auf der sie die Larvenhülle aufbauen. Wenn diese Hülle größer wird, kann die Eihülle darin eingebettet oder abgebrochen sein. In letzterem Fall stopft die Larve das Loch aus" (Donisthorpe 1902, 1927). Während die Larve mehrere Häutungen durchläuft, vergrößert sich das zylinderförmige Gehäuse allmählich. Sie ist an einem Ende offen, kann aber durch den harten, sklerotisierten Kopf der Larve verschlossen werden (Abb. 3.14).

Was die Ernährungsgewohnheiten betrifft, ist die Literatur umstritten. Während Donisthorpe berichtet, dass sich die Larven von *C. quadripunctata* teilweise von pflanzlichem

Abb. 3.13 Der erwachsene Käfer von *Clytra quadripunctata*. (Mit freundlicher Genehmigung von Marion Friedrich, arthropodafotos). Das *untere Bild* zeigt eine ausgewachsene Larve von *C. quadripunctata* (in ihrem Larvengehäuse, nur der sklerotisierte Kopf ist sichtbar). (Mit freundlicher Genehmigung von Thomas Parmentier)

Detritus im Ameisennest, aber auch von Exkrementen der Ameisen ernähren, schreiben Escherich (1906) und Skwarra (1927) von Beobachtungen, wie sich *Clytra* -Larven von Ameisenbrut ernähren, und Schöller (2011) beobachtete, dass *Clytra laeviuscula* die Larven ihrer Wirtsameisen *Lasius emarginatus* fraßen. In einer quantitativen Studie zur Prädation von Ameisenlarven durch Myrmekophile von *Formica rufa* fanden Thomas Parmentier und seine Mitarbeiter (2016a, b) heraus, dass 45 % der *Clytra*-Larven in den Brutkammern gesehen wurden und 67 % der Larven Ameisenbrut fressen, obwohl aggressive Interaktionen mit den Wirtsameisen relativ gering waren. Die Autoren bestätigten auch, dass sich die Käferlarven von der Beute ernähren, die von den Ameisen eingebracht wird. Interessanterweise werden die Käfer von den Ameisen meist nicht feindselig behandelt; Parmentier (2019) beobachtete sogar, dass Käferlarven von den Ameisen über kurze Strecken geschleppt oder getragen wurden, wenn die Kolonie zu einem neuen Nest-

Abb. 3.14 Larven von *Clytra quadripunctata* mit der Wirtsameise *Formica polyctena. Unten:* Verschiedene Entwicklungsstadien der Larve von *C. quadripunctata.* (Mit freundlicher Genehmigung von Thomas Parmentier)

standort wanderte. Dies bestätigt ähnliche Beobachtungen, die zuvor von Donisthorpe (1902) berichtet wurden. Bei der Erwägung der Verhaltensmechanismen, die ein solches Verhalten bei den Ameisen auslösen, bietet Parmentier folgende Möglichkeiten an. Vielleicht setzen die Käferlarven eine Art Beschwichtigungssubstanz frei, die die Aggression der Ameisen dämpft. Wir bezweifeln dies, da der Beschwichtigungsprozess in den meisten bekannten Fällen eine kurzzeitige, sanfte chemische Verteidigungsstrategie ist (siehe Hölldobler 1971; Hölldobler et al. 1981; Hölldobler und Wilson 1990; Hölldobler und Kwapich 2019). Die alternative Vermutung ist plausibler: „Die Ameisen könnten die Larvenhülle mit Baumaterial verwechseln, das ständig ins Nest gebracht wird." Unseres Wissens tragen die Waldameisen jedoch kein Nestbaumaterial in die Brutkammern, aber vielleicht bewegen sich die Käferlarven, sobald sie im Ameisennest sind, von selbst in die Brutkammern. Es ist auch möglich, dass *Clytra*-Larven, die sich von Ameisenlarven ernähren, das nicht flüchtige Brutpheromon der Ameisenlarven aufnehmen, sodass die Ameisen sie nicht sofort als Eindringlinge erkennen. Alle Berichte deuten darauf hin, dass aggressive Interaktionen mit den Wirtsameisen gering sind, und wenn sie angegriffen werden, ziehen sich die Larven in das Larvengehäuse zurück und blockieren jegliche Eindringversuche der Ameisen mit ihren harten Köpfen. Ähnliche Beobachtungen wurden bei den Gattungen *Lachnia* und *Tituboea* gemacht (Erber 1969, 1988).

Die Larven der Clytrini-Art *Anomoea flavokansiensis*, die im Grasland des nordöstlichen Kansas (USA) weit verbreitet ist, leben in Nestern der Knotenameise *Crematogaster lineolata*. Die Ameisenarbeiterinnen werden von den Eiern der *Anomoea* angezogen und tragen sie in ihre Nester, wo die Larven bis zur Verpuppung als Myrmekophile leben (Erber 1969, 1988). Vernon Stiefel und David Margolies (1998) machten eine interessante Entdeckung: Arbeiterinnen von *C. lineolata* bevorzugen die Eier von *A.-flavokansiensis*-Weibchen, die sich ausschließlich von Illinois-Bündelblumen (*Desmanthus illinoensis*, Fabaceae) ernährten, gegenüber Eiern von Weibchen, die ausschließlich auf Honigdorn (*Gleditsia triacanthos*, Fabaceae) zu finden waren. Die Autoren vermuten, dass die Fäkalien der Käferweibchen, mit denen sie ihre Eier ummanteln, chemische Verbindungen der extrafloralen Nektarien enthalten könnten, die für die Ameisen attraktiv sind. Im Gegensatz dazu gibt es beim Honigdorn keine extrafloralen Nektarien, die von den Ameisen aufgesucht werden, und daher werden die abgelegten Eier von Käferweibchen, die sich von Honigdorn ernähren, von den Ameisen meist ignoriert (Stiefel und Margolies 1998).

Obwohl *Anomoea flavokansiensis* keine obligate Myrmekophile ist, wiesen Stiefel und Margolies nach, dass die *A.-flavokansiensis*-Larven, die innerhalb des Wirtsameisennests schlüpften und sich dort entwickelten, weniger anfällig für Raubtiere oder andere Umweltgefahren waren. Im Allgemeinen ernähren sich die Larven von *A. flavokansiensis* von verrottendem Pflanzenmaterial, unabhängig davon, ob sie innerhalb oder außerhalb des Ameisennests leben. Allerdings genießen sie innerhalb eines Ameisennests indirekten Schutz durch die Ameisen. Die Ameisen ignorieren die Käferlarven weitgehend, und wenn sie gelegentlich von den Ameisen angefasst werden, ziehen sich die Larven in ihre Röcher zurück. Die Ameisen scheinen die Larvengehäuse wie Nestmaterial zu behandeln, das von Zeit zu Zeit von ihnen neu arrangiert wird.

Stiefel et al. (1995) legen Indizien dafür vor, dass die Larven von *A. flavokansiensis* den letzten Teil ihres Lebenszyklus (insbesondere die Phase vor der Verpuppung) in benachbarten Nestern von *Formica pallidefulva* verbringen, wo sie überwintern und sich verpuppen. Es ist jedoch nicht viel darüber bekannt, wie die Käferlarven den Wirt wechseln oder ob dies ein zufälliges oder regelmäßiges Ereignis ist. Höchstwahrscheinlich handelt es sich um ein zufälliges Ereignis, denn soweit wir diese Befunde verstehen, scheint selbst die Myrmekophilie nur fakultativ zu sein, und die Käferlarven können das Ameisennest verlassen und sich außerhalb von Detritus ernähren. Auf jeden Fall sind die Larven von *A. flavokansiensis* ausschließlich Detritivoren (sie ernähren sich von Detritus), und einen Großteil ihrer Larvenentwicklung verbringen sie unter dem „Schutzschirm", den das Innere eines Ameisennests bietet.

Dieses Beispiel stellt höchstwahrscheinlich eine evolutionäre Stufe dar, von der aus sich Detritivoren zu Prädatoren der Ameisenbrut im Nest entwickeln haben können, wie *Clytra quadripunctata*, deren Larven obligat myrmekophil sind. In beiden Fällen ist jedoch die schützende Verkleidung der Larvenhülle, die von den Ameisen offenbar wie Nestmaterial behandelt wird, der wichtigste Mechanismus, um das Überleben im Ameisennest zu sichern.

3.2.5 Tarnung bei Tineiden und anderen Mottenlarven

Eine faszinierende Konvergenz dieser Art von Myrmekophilie finden wir bei den Tineiden, die auch als „fungus moths" oder „echte Motten" bezeichnet werden. Sie umfassen mehr als ein Dutzend Unterfamilien, von denen eine für uns von besonderem Interesse ist. Zur Unterfamilie Myrmecozelinae gehört die Gattung *Myrmecozela*, in der die Larven einiger Arten Larvenhüllen bauen, die denen der Larven von Clytrinae-Käfern ähneln. Die Larven von *M. ochraceella* wurden in der Nähe oder auf dem Nest von hügelbauenden *Formica*-Arten gefunden, die sich von Detritus ernähren. Es wurde berichtet, dass sich die erwachsenen Tiere in der Nähe von *Formica*-Nestern auf Grashalmen ausruhen (Referenzen in Gaedike 2019). Die Larven dieser und anderer *Myrmecozela*-Arten scheinen Detritivoren zu sein, die oft lose mit Ameisen vergesellschaftet sind, und wie einige zuvor besprochene Clytrini-Arten verbringen auch einige *Myrmecozela*-Arten ihre Larvenphase in Ameisennestern, wo sie die Ameisenbrut und manchmal sogar erwachsene Ameisen erbeuten. Ein markantes Beispiel ist die Gattung *Ippa* (früher *Hypophrictoides* oder *Hypophrictis* genannt), die erstmals von W. Roepke beschrieben wurde, der ihr myrmekophiles Verhalten auf Java untersuchte (Roepke 1925). Er schlug den Gattungsnamen *Hypophrictoides* vor. Etwa ein Jahrzehnt zuvor hatte E. Meyrick (1916, zitiert in Roepke 1925) eine sehr ähnliche Tineiden-Gattung aus Indien beschrieben, die er *Hypophrictis* genannt hatte. Später hielt G. S. Robinson die taxonomischen Unterschiede zwischen den beiden Gattungen für zu unbedeutend, um einen separaten Gattungsstatus zu rechtfertigen, und daher ersetzte *Hypophrictis* (der ältere Name) *Hypophrictoides*. In einer erneuten Revision nahm Gaden Robinson (2001, Referenzen in Gaedike 2019) die Typusart *Hypophrictis* jedoch in die Gattung *Graphara* auf, was zumindest bei uns für erhebliche Verwirrung sorgte, da *Graphara* eine Gattung innerhalb der Noctuidae ist. Konrad Fiedler (persönliche Mitteilung) löste dieses Rätsel für uns auf. Er wies darauf hin, dass *Graphara* früher für eine Gattung innerhalb der Noctuidae verwendet wurde; aufgrund der Homonymie kann dieser Gattungsname daher nicht innerhalb der Tineidae verwendet werden. Der endgültige und gültige Gattungsname für diese interessante myrmekophile Tineiden-Motte ist also *Ippa* Walker 1864.

Meyrick (1916, zitiert in Roepke 1925, S. 175) lieferte eine knappe Beschreibung der *Ippa*-Larven und des aufwendigen Gehäuses, das sie bauen: „In Nestern von *Crematogaster* (Formicidae) in Ambulangoda, Ceylon gefundene Larven[residieren] in einem einzigartigen, fast flachen Gehäuse, das aus zwei dunkelgrauen Abschnitten aus fester Seide

Abb. 3.15 Die Larve der Tineiden-Motte *Ippa conspersa* im Inneren ihrer Larvenhülle (*oben*). Das *untere Bild* zeigt die gesamte Larve in der geöffneten Larvenhülle. (Mit freundlicher Genehmigung von Kyoichi Kinomura)

besteht, die an den Rändern miteinander verbunden sind, in der Form zwischen einer Ellipse und einer Sanduhr, oder wie zwei zusammenwachsende Kreise, Länge 15 mm, größte Breite 8 mm, in der Mitte auf 6 mm zusammengezogen" (Abb. 3.15).

Andere *Ippa*-Arten wurden bei den Ameisenarten *Polyrhachis* und *Lasius* sowie in Nestern von anderen Knotenameisen gefunden. Die von Roepke (1925) beschriebene Art lebte in Nestern von der Duftameise *Dolichoderus bituberculatus*. Der Bericht von Roepke ist unseres Wissens die bisher ausführlichste Beschreibung des prädatorischen Verhaltens der *Ippa*-Larven im Nest der Wirtsameisen.

Die Ameisen scheinen die myrmekophilen Larven in ihren kunstvoll verkleideten Gehäusen nicht zu bemerken. In Formicarien, wo Roepke die Interaktionen zwischen *Ippa*-Larven und *D.-bituberculatus*-Ameisen beobachtete, ignorierten die Ameisen die Larvenhüllen völlig. Wenn die *Ippa*-Larve aus ihrem Gehäuse auftauchte, führte sie mit dem vorderen Teil ihres Körpers kreisende Suchbewegungen aus. Wenn sie zufällig eine Ameise berührte, zog sie sich in Sekundenbruchteilen in die Schutzhülle zurück. Dennoch tauchte die Larve bald darauf immer wieder mit Suchbewegungen auf, und es dauerte nicht lange, bis sie eine Ameisenlarve oder -puppe erbeutete und die Beute rasch in ihr

Abb. 3.16 Die Larve von *Ippa conspersa* greift eine Arbeiterin der Wirtsameise an, wahrscheinlich *Lasius nipponensis*. (Mit freundlicher Genehmigung von Kyoichi Kinomura)

Gehäuse zog. Kurze Zeit später tauchte der Kopf der *Ippa* – Larve wieder auf, und weitere Ameisenlarven und -puppen wurden eingefangen. Es scheint, als ob die parasitische Larve zunächst genügend Beute in ihrem Gehäuse sammelt, bevor sie die Beute verschlingt. Nach diesen höchst interessanten Beobachtungen in künstlichen Nestern untersuchte Roepke, ob diese Parasiten auch in natürlichen *Dolichoderus*-Nestern vorkommen, und tatsächlich wurden *Ippa*-Larven in größerer Zahl gefunden, gelegentlich 20 bis 30 Exemplare, die in einem Nest koexistieren. Beobachtungen in natürlichen Nestern und in Formicarien bestätigten, dass diese Tineiden Larven ausschließlich als getarnte Räuber in Ameisennestern leben. Andere *Ippa*-Arten aus Japan wählen als Wirt *Lasius nipponensis* (manchmal fälschlicherweise als *fuliginosus* bezeichnet) und erbeuten offenbar auch erwachsene Ameisen (Abb. 3.16 und 3.17).

Abb. 3.17   Die Larve von *Ippa conspersa* greift eine junge geflügelte Königin von *Lasius sp.* an. Das *untere Bild* zeigt eine Arbeiterin, die versucht, die gefangene geflügelte Nestgenossin zu retten, jedoch ohne Erfolg. (Mit freundlicher Genehmigung von Taku Shimada)

Naomi Pierce (1995) berichtete, dass der Raub durch Mottenlarven in Ameisennestern auch in anderen Mottenfamilien vorkommt. Einige Arten der Pyraliden-Unterfamilie Wurthiinae leben parasitisch in Ameisennestern. *Niphopyralis myrmecophila* z. B. ernährt sich von der Brut der Weberameise *Oecophylla smaragdina*, und die Larven von *N. aurivilli* leben als Brutparasiten in Nestern von *Polyrhachis bicolor*. Es wurde vermutet, dass die *Niphopyralis*-Larven Erkennungssignale der Ameisen nachahmen, die es ihnen ermöglichen, von den Wirtsameisen angenommen zu werden (Kemner 1923), aber es wurden keine experimentellen Beweise vorgelegt. Laut Pierce gehören die am stärksten auf Ameisen spezialisierten Mottenarten zur australischen Familie der Cyclotornidae (auch „Ameisenwürmer" genannt), zu denen beispielsweise *Cyclotorna monocentra* gehört. Hier die knappe Beschreibung von Naomi Pierce:

Die Larven dieser Motten beginnen ihr Leben als Parasiten von Zwergzikaden (Cicadellidae) und wandern dann in die Nester von Fleischameisen (*Iridomyrmex purpureus* Smith), wo sie ihre Entwicklung abschließen, indem sie die Brut fressen. Dodd (1912) beobachtete, dass die Weibchen dieser Art eine große Anzahl von Eiern in der Nähe von Zwergzikaden ablegen, von denen Ameisen Honigtau sammeln. Die Larve des ersten Larvenstadiums spinnt auf dem

Hinterleib des Zikadenwirts unter den Flügeln ein Seidenpolster mit einem kleinen Sack am vorderen Ende, der den Kopf der Larve schützt. Sobald die Larve die Zikade verlässt, bildet sie einen ovalen, flachen Kokon, in dem sie sich zu einer breiten, dorsoventral abgeflachten Larve mit einem kleinen Kopf entwickelt, der sich in den Prothorax zurückziehen kann. Wenn eine Fleischameise auf sie trifft, nimmt sie eine besondere Haltung ein, indem sie die vordere Körperhälfte anhebt und den hinteren Teil über den Rücken rollt, um den Anus freizulegen, aus dem sie ein für die Ameise attraktives Analsekret abgibt. Nach der Inspektion packt die Ameise die Larve und trägt sie in das Nest, wo sie zum Prädator der Ameisenbrut wird. Auch im Nest produziert die Larve weiterhin das für die Wirte attraktive Analsekret. Sobald die Larve ihre Entwicklung abgeschlossen hat, was Wochen oder möglicherweise Monate dauern kann, verlässt sie das Ameisennest und spinnt ihren Kokon an einer geschützten Stelle in der Nähe (Common 1990); (Pierce 1995, S. 418–419).

Es wäre sicherlich von großem Interesse zu wissen, ob diese parasitären Mottenlarven Ameisenbrutpheromone imitieren, oder das Analsekret als Befriedungssubstanz (appeasement substance) wirkt, aber unseres Wissens gibt es weder verhaltensbiologische noch chemische Beweise, die diese Hypothese stützen würden. Weitere Beispiele für Myrmekophagie bei Lepidoptera siehe Pierce (1995) und Kap. 4.

3.3 Nochmal cuticuläre Kohlenwasserstoffe

Diese Beispiele veranschaulichen die vielen Wege in die Ameisennester, von denen einer in der Tat ein chemischer Identitätsdiebstahl sein könnte, auch wenn diese Erkenntnisse meist auf Korrelationen beruhen, wie z. B. dass die cuticulären Kohlenwasserstoffmischungen der Myrmekophilen in unterschiedlichem Maße mit denen ihrer Wirtsameisenarten übereinstimmen. Wir haben bereits den Fall der Syrphidenfliege *Microdon piperi* und ihrer Wirtsameisen *Camponotus modoc* kennengelernt, bei dem der myrmekophile Räuber *M. piperi* zumindest einen Teil seiner Erkennungsmerkmale von seinen Wirtsameisen übernimmt, oder den Blatthornkäfer *Martineziana dutertrei*, der cuticuläre Kohlenwasserstoffe von seinen *Solenopsis*-Wirten aufnimmt. Andere Beispiele wurden für Bläulingsraupen der Gattung *Phengaris*, die wir in Kap. 4 besprechen, und für *Myrmecophilus*-Ameisengrillen, die wir in Kap. 7 behandeln, berichtet.

Im Allgemeinen gibt es relativ wenige experimentelle Studien, die die Bedeutung dieser chemischen Ähnlichkeiten für das Verhalten aufzeigen. Eine davon wurde von Christoph von Beeren und seinen Mitarbeitern (2011 a, b) durchgeführt, die herausfanden, dass das kleptoparasitische Silberfischchen *Malayatelura ponerophila* höchstwahrscheinlich cuticuläre Kohlenwasserstoffe direkt von seiner Wirtsameise, *Leptogenys distinguenda*, erwirbt. Diese Schlussfolgerung basiert auf der Messung des Transfers einer stabilen Isotopenmarkierung von der Cuticula der Arbeiterinnen auf das Silberfischchen. In einem zweiten Experiment wurden die Silberfischchen 6 oder 9 Tage lang von ihrem Wirt getrennt. Getrennte Individuen zeigten eine verringerte chemische Ähnlichkeit mit dem Wirt, und sie wurden deutlich aggressiver zurückgewiesen als nicht manipulierte Individuen.

Etwas andere Ergebnisse haben Volker Witte und seine Kollegen (2009) bei der Untersuchung der Spinne *Sicariomorpha* (früher *Gamasomorpha*) *maschwitzi* (Oonopidae) und des Silberfischchens *Malayatelura ponerophila* erzielt. Obwohl die cuticulären Kohlenwasserstoffprofile der Spinne denen der Wirtsameisen weniger ähnlich waren als die Profile der Silberfischchen, wurden die Spinnen deutlich weniger von Wirtsameisen angegriffen und überlebten länger in Laborkolonien als die Silberfischchen. Letztere wurden häufig angegriffen und oft sogar getötet, während die Spinnen in Kontakt mit der jeweiligen Wirtsameise blieben und die Aggression schließlich aufhörte. Die Autoren kamen zu dem Schluss, dass die Spinnen weniger auf chemische Mimikry angewiesen waren und es dennoch schafften, akzeptiert zu werden. Wie sie das geschafft haben, ist nicht ganz klar. Die Autoren weisen auch darauf hin, dass die hohe Sterblichkeit der Silberfischchen in den Labornestern auf die vereinfachte Nestarchitektur zurückzuführen sein könnte. In der Tat gedeihen Silberfischchen in natürlichen Wirtskolonien, wo sie in großer Zahl vorkommen. Die Neststruktur ausgewachsener Kolonien von *Leptogenys distinguenda* ist sehr ausgeprägt und bietet viele Flucht- und Versteckmöglichkeiten für die Myrmekophilen (Witte 2001). Volker Witte und seine Kollegen (2009) argumentieren, dass „Begegnungen mit aggressiven Arbeiterinnen häufig waren, die die Silberfischchen ständig störten und wahrscheinlich die Aktualisierung ihrer cuticulären Kohlenwasserstoffprofile durch physischen Kontakt behinderten". Dennoch ähnelten die Kohlenwasserstoffprofile der Silberfischchenarten denen der Wirtsameisen mehr als die der myrmekophilen Spinnenarten. Auch Rettenmeyer (1963) beobachtete bei myrmekophilen Silberfischchen, die mit Ecitoninae-Wanderameisen vergesellschaftet waren, eine hohe Sterblichkeit aufgrund der Aggression der Arbeiterinnen. In Anbetracht all dieser Beobachtungen liegt der Schluss nahe, dass die Ähnlichkeit der Kohlenwasserstoffprofile zwischen Wirten und Gästen nicht der wichtigste Faktor ist, der die Koexistenz von Myrmekophilen mit ihren Wirtsameisen möglich macht.

Andere Beispiele für den Erwerb von Kohlenwasserstoffen und die vermutete Bedeutung für das Verhalten werden in separaten Kapiteln behandelt. Eine ausführliche Diskussion über die Semantik der Begriffe, die bei der vermeintlich adaptiven chemischen Ähnlichkeit verwendet werden, wurde von von Beeren et al. (2012b) dargelegt.

Obwohl eine beträchtliche Anzahl von Studien unterschiedlich starke Korrelationen der cuticulären Kohlenwasserstoffprofile zwischen Myrmekophilen und ihren Wirten ergeben haben – z. B. bei der asiatischen Wanderameisengattung *Aenictus* (Maruyama et al. 2009) oder bei Blattschneiderameisen und myrmekophilen Schaben (siehe Kap. 5) – gibt es auch Fälle, in denen die cuticulären Kohlenwasserstoffprofile gut integrierter Myrmekophiler nicht mit denen ihrer Wirtsarten übereinstimmen. Parmentier et al. (2017a) verglichen die cuticulären Kohlenwasserstoffe einer großen Anzahl von myrmekophilen Arthropoden, die mit den hügelbauenden roten Waldameisen (*Formica rufa*-Gruppe) assoziiert sind, und stellten keine oder nur sehr geringe Ähnlichkeiten mit den Wirtsameisen fest. Obwohl wir nicht bestreiten, dass die Ähnlichkeit der cuticulären Kohlenwasserstoffprofile mit denen der Wirtskolonie ein Mittel sein kann, um das Überleben innerhalb der Ameisenkolonie zu erleichtern, müssen wir uns vor der voreiligen Schlussfolgerung hüten, dass die Kohlenwasserstoffübereinstimmung der alleinige wirksame Mechanismus für die Akzeptanz von Myrmekophilen durch ihre Wirte darstellt. So beschreiben von Beeren et al. (2012a) das Vorkommen einer myrmekophilen Spinne, *Sicariomorpha maschwitzi*, die Kohlenwasserstoffe von ihren Wirten, *Leptogenys distinguenda*, erwirbt. Obwohl Exemplare, die mehrere Tage lang von der Wirtsart isoliert waren, diese Kohlenwasserstoffe verloren, zeigten sie bei der Wiedereingliederung in die Ameisenkolonie keine Veränderung der Integration in ihre Wirtskolonie. Kürzlich präsentierten Parmentier et al. (2018, 2021) weitere Beispiele, die zeigen, dass die Ähnlichkeit der cuticulären Kohlenwasserstoffe zwischen Myrmekophilen und Wirten nicht der Schlüssel zum Überleben in Wirtskolonien ist. Andere Verhaltensmechanismen, wie Risikovermeidung und stille Verteidigungsstrategien, sind wichtiger (siehe auch Hölldobler und Kwapich 2019; von Beeren et al. 2021b).

Obwohl die Erkennung ein wesentlicher Bestandteil des Gruppenzusammenhalts und der Verteidigung ist, gibt es nur wenige experimentelle Hinweise darauf, dass Myrmekophile davon profitieren, wenn sie sich die Erkennungsmerkmale ihrer erwachsenen Wirtsameisen aneignen. Ebenso können zwar einige Myrmekophile, wie auch Ameisenlarven, ohne Beeinträchtigungen zwischen Kolonien derselben Art ausgetauscht werden, aber die Fähigkeit von Myrmekophilen zur Nachahmung von Ameisenbrut ist noch weitgehend ungetestet, und die chemische Natur wichtiger Brutpheromone bleibt unbekannt. Die Möglichkeit, dass einige Myrmekophile sich als Detritus, Beute oder harmlose Objekte tarnen, eröffnet verlockende Möglichkeiten für künftige Forschungen, die weiter klären könnten, wie Myrmekophile die strengen Erkennungssysteme ihrer Wirte überwinden. In Kap. 4 besuchen wir die Bläulinge (Lycaenidae), deren Larven mit speziellen Organen ausgestattet sind, die bei mutualistischen und parasitären Transaktionen mit Ameisen helfen. Die Funktion von Beschwichtigungsdrüsen und die Verwendung anderer Kommunikationsmittel in dieser Gruppe ist für ein ganzes Spektrum von mutualistischen, parasitären und prädatorischen Raupen gut untersucht worden.

Bläulinge: Mutualisten, Räuber und Parasiten   4

Die Bläulinge (Lycaenidae) stellen mit fast 5400 Arten weltweit eine der größten Schmetterlingsfamilien dar (Fiedler 1991a, 2012; Pierce et al. 2002; Fiedler 2021). Sie werden im Englischen als „the blues, coppers, and hairstreaks" bezeichnet, da die Flügel vieler Arten eine charakteristische Strukturfärbung und Zeichnung aufweisen. Ausgewachsene Tiere sind klein, mit einer Flügelspannweite von selten mehr als 3 bis 4 cm. Die meisten Bläulingsraupen ernähren sich von Pflanzen; einige Arten sind jedoch Fleischfresser, die sich von Blatt- und Schildläusen ernähren. Einige wenige leben als Räuber und Kleptoparasiten in Ameisennestern, wo sie Ameisenlarven und -eier erbeuten oder sogar von den Ameisen regurgitierte Nahrung erhalten. Die Mehrheit der myrmekophilen Bläulingsarten lebt jedoch auf Pflanzen, wo sie mit Ameisen Beziehungen eingehen, die mutualistisch zu sein scheinen, da die Raupen Sekrete für die Ameisen im Austausch gegen Schutz vor Parasiten und Räubern bereitstellen und jeder Symbiosepartner einen Nettonutzen vom anderen zu haben scheint (Hinton 1951; Atsatt 1981; Henning 1983a; siehe Übersichten in Pierce 1987; Pierce et al. 2002; Fiedler 2006, 2012). Vermutlich hat sich das parasitäre Lebensmuster, das bei einigen Arten zu beobachten ist (auf das später eingegangen wird), aus solchen ursprünglichen, mutualistischen Interaktionen mit Ameisen entwickelt (hat)(Devries 1991a, 1997; Campbell und Pierce 2003).

4.1   Mutualisten

Mehrere morphologische Strukturen in Bläulingslarven sind wichtig für die bestehenden Verbindungen mit Ameisen. Auf der Oberfläche der Larven und Puppen befinden sich zahlreiche mit Nerven versehene Sinnes- und Sekretionsstrukturen. Dies sind die sogenannten Porenkuppeln. Die Bedeutung dieser Strukturen wurden erstmals von Hinton

© Der/die Herausgeber bzw. der/die Autor(en), exklusiv lizenziert an Springer-Verlag GmbH, DE, ein Teil von Springer Nature 2023

B. Hölldobler, C. Kwapich, *Die Gäste der Ameisen*,

https://doi.org/10.1007/978-3-662-66526-8_4

(1951) erkannt und anschließend von Malicky (1969); Downey und Allyn (1979); Kitching (1983); Pierce (1983); Wright (1983); Franzl et al. (1984) und Kitching und Luke (1985) ausführlich beschrieben (Abb. 4.1 und 4.2). Diese perforierten Strukturen wurden in den Larven aller Lycaeniden gefunden und sind auch in den Puppen einiger Arten vorhanden. Sie leiten sich von innervierten glandulären Setae ab, von denen man annimmt, dass sie entweder Ameisenlockstoffe oder Beschwichtigungssubstanzen ausscheiden (Henning 1983b; Pierce 1983).

Die Larven vieler Lycaeniden-Arten besitzen auch das sogenannte dorsale Nektarorgan oder die Honigtaudrüse, die auch als Newcomer'sche Drüse bezeichnet wird, weil sie erstmals von dem Lepidopterologen E. J. Newcomer (1912) genauer beschrieben wurde. Es befindet sich auf dem Dorsum des siebten Abdominalsegments (Abb. 4.1, 4.2 und 4.3). Dieses Organ kommt bei den meisten Arten der Unterfamilien Polyommatinae und Theclinae vor, fehlt jedoch bei anderen Unterfamilien, darunter den Lycaeninae, Miletinae, Liphyrinae und Poritiinae. Das dorsale Nektarorgan hat sich vermutlich aus dorsalen epidermalen Poren entwickelt (Malicky 1969, 1970; Kitching und Luke 1985). Ähnliche Honigtaudrüsenstrukturen wurden auch bei anderen Gruppen gefunden, darunter die „perforierten Kammern" der Curetinae (Devries et al. 1986), die „Pseudo-Newcomer-Drüse" der Miletinae (Kitching 1987) und die Nektarorgane bei den Riodinidae (Ross 1966; Schremmer 1978; Cottrell 1984).

Das Nektarorgan der meisten Curetinae-, Polyommatinae- und Theclinae-Arten wird auf beiden Seiten von einem Paar ausstülpbarer Tentakel flankiert, die als Lateral- oder Tentakelorgane bezeichnet werden (Abb. 4.1 und 4.4).

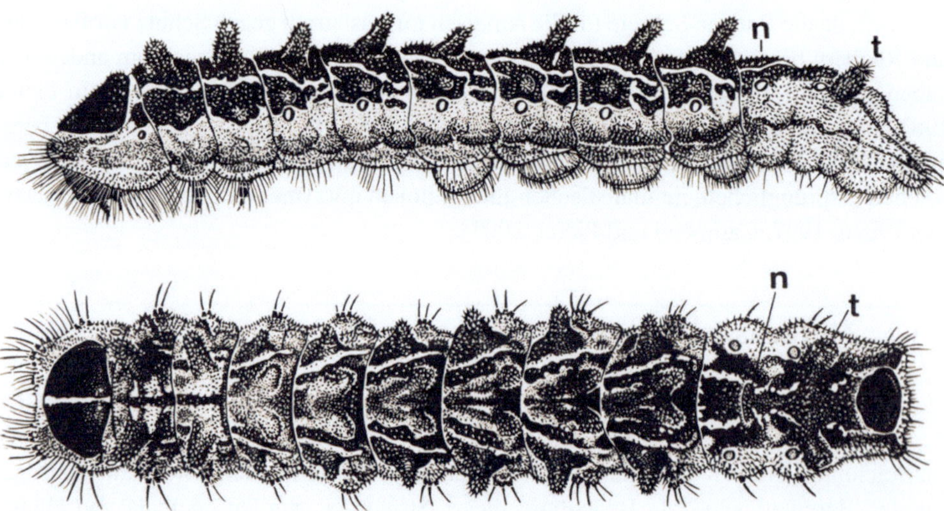

Abb. 4.1 Fünftes Larvenstadium des australischen Bläulings *Jalmenus evagoras*. *n* = Newcomer-Drüse (dorsales Nektarorgan); *t* = Tentakelorgan. (Mit freundlicher Genehmigung von Roger Kitching)

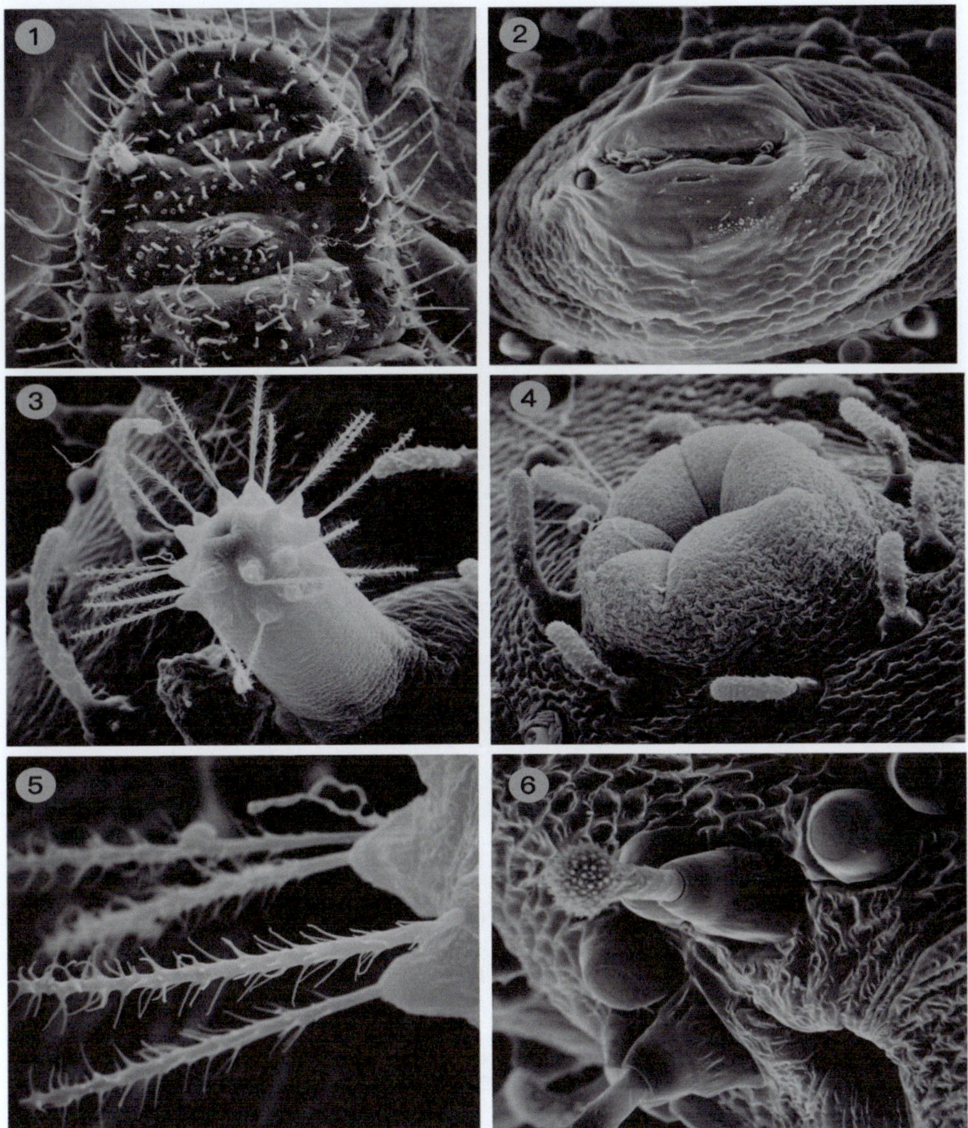

Abb. 4.2 Rasterelektronenmikroskopische Aufnahmen der äußeren Morphologie von myrmekophilen Organen in einer älteren Larve von *Lysandra coridon* (Lycaenidae): *(1)* Posterior- und Dorsalansicht; *(2)* Öffnung der Newcomer-Drüse; *(3)* ausgestülptes Tentakelorgan; *(4)* eingezogenes Tentakelorgan; *(5)* stachelige Haare auf dem Tentakelorgan; *(6)* Porenkuppeln. (Mit freundlicher Genehmigung von Roger Kitching)

Sie fehlen bei den Lycaeninae. Histologische Untersuchungen ergaben, dass sie auch Sekretionsorgane sind (Hinton 1951; Claassens und Dickson 1977). Obwohl die Funktion der Tentakel und ihrer Sekrete unklar ist, wurde verschiedentlich angenommen, dass sie

Abb. 4.3 Eine Arbeiterin der Ameise *Oecophylla smaragdina* sammelt einen Nektartropfen, der aus der Newcomer-Drüse der Raupe des Bläulings *Hypolycaena erylus* austritt. Das *untere Bild* zeigt einen erwachsenen Schmetterling von *Hypolycaena* mit Augenflecken und Schwänzen, die einen Kopf simulieren. Die Täuschung dient dazu, Fressfeinde von dem echten Kopf und Körper abzulenken, während der Schmetterling entkommt. (Mit freundlicher Genehmigung von Konrad Fiedler)

Abb. 4.4 Der erwachsene Schmetterling *Glaucopsyche lygdamus*. (Mit freundlicher Genehmigung von Naomi Pierce)

Substanzen produzieren, die für die Ameisen attraktiv sind oder sie alarmieren, wenn das Nektarorgan erschöpft ist. Einige experimentelle Belege deuten darauf hin, dass die Sekrete der Tentakeldrüsen zumindest teilweise dazu dienen, bei den anwesenden Ameisen Alarmbereitschaft auszulösen (Henning 1983b; DeVries 1984; DeVries et al. 1986; Fiedler und Maschwitz 1987); (Fiedler et al. 1996). Die Tentakel sind bei Arten von *Curetis* und einigen Aphnaeinae besonders gut entwickelt und können selbst zur Verteidigung eingesetzt werden, indem sie Prädatoren oder Parasitoide wie eine „neunschwänzige Katze peitschen" (Boyle et al. 2015; Pierce und Dankowicz 2022).

Strukturen, die dem dorsalen Nektarorgan und den Tentakelorganen ähneln, gibt es bei zwei Triben der Riodinidae (Würfelfalter), aber sie befinden sich an anderen anatomischen Positionen als bei den Lycaenidae. Das Nektarorgan der Riodinidae befindet sich im achten Hinterleibssegment und besteht aus paarigen drüsigen Tentakeln (Ross 1964), die Honigtau absondern. Die Raupen der Riodinidae haben außerdem ein zusätzliches Paar ausstülpbarer Tentakel im dritten Thoraxsegment, die offenbar eine Verteidigungsfunktion haben (Kitching 1983; Kitching und Luke 1985; DeVries et al. 1986; DeVries und Baker 1989; DeVries 1991a, b, 1997).

Es wurde vermutet, dass sich die Ameisenassoziation bei den Lycaenidae und Riodinidae unabhängig entwickelt hat, weil sich ihre myrmekophilen Organe auf unterschiedlichen anatomischen Segmenten befinden (DeVries 1991a, b, 1997), aber dies wurde zunächst von Dana Campbell und Naomi Pierce (2003) in Frage gestellt, die auf der Grundlage ihrer vorausgegangenen phylogenetischen Arbeit (Campbell et al. 2000) argumentierten, dass sich die Tentakelorgane besser als homologe Strukturen erklären lassen, deren Funktion und Position sich im Laufe der Zeit verändert haben. Eine später von Naomi Pierce und ihren Kollegen durchgeführte Rekonstruktion der Ameisenassoziation als Teil einer neueren Tribus-Phylogenie aller Schmetterlinge deutet jedoch darauf hin, dass sich die Ameisenassoziation bei den Lycaenidae und Riodinidae tatsächlich unabhängig entwickelt hat und dass sie bei den Riodinidae, bei denen die Ameisenassoziation nur für zwei Triben dokumentiert ist, möglicherweise zweimal entwickelt hat (Espeland et al. 2018; für aktuelle Phylogenien der Riodinidae siehe Espeland et al. 2015; Seraphim et al. 2018).

In den folgenden Abschnitten konzentrieren wir uns hauptsächlich auf die myrmekophilen Bläulinge (Lycaenidae). Seit der Erstbeschreibung durch Newcomer (1912) ging man davon aus, dass das dorsale Nektarorgan der Bläulinge eine süße Flüssigkeit absondert, die von den Ameisen aufgesaugt wird. Ulrich Maschwitz und seine Mitarbeiter (1975) lieferten den ersten analytischen Beweis für diese Hypothese. Sie fanden heraus, dass die Sekrete des Nektarorgans der Bläulingsart *Lysandra hispana* aus einer Lösung von Zuckern besteht (Fructose, Saccharose, Trehalose, Glucose), deren Konzentration sieben- bis zehnmal höher ist als die der Hämolymphe der Larve. Darüber hinaus wurden geringe Mengen an Eiweiß und der Aminosäure Methionin gefunden. Die Bläulingsraupe bietet den Ameisen also eine Belohnung in Form einer stark angereicherten Zuckerlösung.

Eine detailliertere Analyse des Inhalts von Nektarorganen bei Bläulingen wurde später von Holger Daniels, Gerhard Gottsberger und Konrad Fiedler (2005) durchgeführt. Sie analysierten die Nektarsekrete und die Hämolymphe von drei fakultativ von Ameisen besuchten Lycaeniden-Arten in Europa (*Polyommatus coridon*, *P. icarus* und *Zizeeria knysna*), von denen *P. coridon* diejenige ist, die am häufigsten in der Gesellschaft von Ameisen vorkommt. Man findet sie in Mittel- und Südeuropa, wo sich die Larven von Pflanzenarten der Gattungen *Hippocrepis* und *Coronilla* aus der Familie der Fabaceae ernähren. *Polyommatus icarus* kommt in der Paläarktis vor; er ernährt sich ebenfalls von verschiedenen Arten der Fabaceae und wird ab und zu in Verbindung mit Ameisen gefunden. *Zizeeria knysna* findet man in Afrika und im südlichen Europa. Die Larven dieser Art ernähren sich von verschiedenen Nahrungspflanzen und sind nur gelegentlich in Gesellschaft von Ameisen zu finden.

Der Hauptbestandteil der Sekrete der Nektarorgane aller drei Bläulingsarten war Saccharose, und etwa die Hälfte der Proben von *P. coridon* enthielt auch Glucose, während bei *P. icarus* und *Z. knysna* Melezitose der zweithäufigste Zucker war, gefolgt von Fructose und Glucose. Die durchschnittliche Zuckerkonzentration im Nektar betrug 4,3 % bei *P. coridon*, 7,4 % bei *P. icarus* und 6,8 % bei *Z. knysna*. Bis zu 14 identifizierte Aminosäuren wurden in der Nektardrüsensekretion von *P. coridon* gefunden, wobei Leucin etwa 50 % aller Aminosäuren ausmachte. Weitere Aminosäuren waren Tyrosin, Prolin, Arginin und Phenylalanin. Die mittlere Konzentration aller Aminosäuren im Sekret von *P. coridon* betrug 0,97 %. Bei *P. icarus* enthielt der Larvennektar 6 Aminosäuren (hauptsächlich Tyrosin und Phenylalanin; mittlere Konzentration 12 %) und bei *Z. knysna* Alanin und Prolin (mittlere Konzentration 0,03 %).

Diese umfassenden Ergebnisse stützen die von Naomi Pierce (1987) aufgestellte Hypothese, dass Lycaeniden-Arten, die nicht oder nur sporadisch mit Ameisen interagieren, Nektarsekrete produzieren, die überwiegend aus Kohlenhydraten bestehen, während der Nektar von Arten, die regelmäßig oder sogar ständig von Ameisen besucht werden, eine höhere Konzentration an stickstoffhaltigen Verbindungen enthält. Tatsächlich scheinen die Arten, die enge mutualistische Beziehungen zu Ameisen unterhalten, auch stickstofffixierende Pflanzen oder andere proteinreiche Nahrungspflanzen zu bevorzugen (Pierce 1985). Zusammen mit den früheren Ergebnissen von DeVries und Baker (1989), die einen noch höheren Anteil an Aminosäuren in den Sekreten der Larven der Riodiniden-Art *Thisbe irenea* fanden, wird die Hypothese, dass Aminosäuren eine wichtige Rolle in mutualistischen Riodiniden- und Lycaeniden-Ameisen-Gesellschaften spielen, stark unterstützt. Nicht nur die Menge, sondern auch die Qualität der Aminosäuren scheint mit der Intimität der Assoziationen mit den begleitenden Ameisen zu korrelieren. Obligatorische myrmekophile Arten verfügen möglicherweise über reichhaltigere und vielfältigere Mischungen von Aminosäuren (Daniels et al. 2005). Darüber hinaus unterscheiden sich die verschiedenen Arten oft in der Zusammensetzung der wichtigsten Aminosäuren im Nektar.

Die funktionelle Bedeutung dieser Variationen ist unbekannt, obwohl Yao und Akimoto (2002), die sich mit der Zusammensetzung von Aminosäuren in von Blattläusen produziertem Honigtau beschäftigten, annahmen, dass Serin und Glycin bei allen myrmekophilen Interaktionen zwischen Insekten und Ameisen eine wichtige Rolle spielen. Daniels et al. (2005) weisen zu Recht darauf hin, dass zwar die eine oder andere Aminosäure in einigen obligatorischen und parasitären Lycaeniden-Myrmekophilen vorkommt, Serin und Glycin aber in allen fakultativen Lycaeniden-Myrmekophilen vernachlässigbar waren.

Eine Erklärung dieser Ergebnisse, die eine manipulative Funktion dieser Sekrete annimmt, kann jedoch nicht ausgeschlossen werden. In einer neueren Arbeit beobachteten Masaru Hojo, Naomi Pierce und Kazuki Tsuji (2015), dass Sekrete aus dem dorsalen Nektarorgan der Raupe des Bläulings *Arhopala* (= *Narathura*) *japonica* eine verhaltensverändernde Wirkung auf die anwesenden Ameisen (*Pristomyrmex punctatus*) haben. Ameisen, die Sekrete aus dem Nektarorgan aufnahmen, zeigten eine deutlich verringerte Bewegungsaktivität und eine deutlich niedrigere Reaktionsschwelle, um aggressiv auf das Ausschlagen der Tentakelorgane zu reagieren. Diese Beobachtungen allein würden vielleicht noch nicht für allzu viel Beachtung sorgen; die Autoren konnten jedoch nachweisen, dass „neurogene Amine in den Gehirnen von Arbeiterinnen, die Raupensekrete konsumiert hatten, im Vergleich zu den Kontrollen einen signifikanten Rückgang von Dopamin aufwiesen." Als die Ameisenarbeiterinnen mit Reserpin behandelt wurden, einer Verbindung, die als Dopamininhibitor in *Drosophila*-Fliegen nachgewiesen wurde, zeigten die Ameisen auch eine deutlich verringerte Bewegungsaktivität. Diese Ergebnisse deuten darauf hin, dass die Sekrete aus dem dorsalen Nektarorgan das Verhalten der Wirtsameisen in einer Weise verändern, die die Ortstreue zu den Raupen erhöht und die Aggression gegenüber möglichen Bedrohungen oder Störungen verstärkt. In Anbetracht der starken Korrelation zwischen der Assoziation mit Ameisen bei den Bläulingen und der Vorliebe für stickstoffreiche Wirtspflanzen und Pflanzenteile ist es möglich, dass Stickstoff erforderlich ist, um Verbindungen zu produzieren, die das Verhalten der Ameisen über den dopaminergen Weg beeinflussen können. Dabei könnte es sich um Aminosäuren wie Glycin handeln, von denen Hojo in früheren Arbeiten gezeigt hatte, dass sie Reaktionen der geschmacksverstärkenden „Umami"-Rezeptoren ihrer Wirtsameisen auslösen, wobei die Kombination von Glycin und Saccharose eine deutlich stärkere Reaktion hervorrief als Glycin oder Saccharose allein (Hojo et al. 2008). Es sind weitere Arbeiten erforderlich, bevor weitere Schlussfolgerungen darüber gezogen werden können, ob diese Art von trophobiotischen Bläuling-Ameisen-Assoziationen wirklich auf Gegenseitigkeit beruhen, oder ob es sich einfach um „raffinierte" Formen des Parasitismus handelt, bei denen Sekrete ausgetauscht werden, die nur oberflächlich betrachtet für die anwesenden Ameisen von Vorteil zu sein scheinen.

Der Nährstoffgehalt der Kohlenhydrate in diesen Sekreten lässt jedoch vermuten, dass sie in vielen Fällen als nahrhafte Belohnung dienen könnten. So schließen Daniels et al. (2005) aus den veröffentlichten Studien und ihrer eigenen Arbeit, dass die Sekrete der Nektarorgane im Allgemeinen 5 %, 10 % und manchmal sogar 15 % Zucker enthalten, „mit der positiven Ausnahme des australischen obligatorischen Ameisenmutualisten *Paralucia aurifera*", dessen sekretierter Nektar 34 % Zucker enthalten soll. Die wichtigsten Zuckerkomponenten bei allen untersuchten Lycaeniden- und Riodiniden-Arten sind Saccharose und Glukose.

Eine Reihe von eleganten Verhaltensexperimenten von Konrad Fiedler und Ulrich Maschwitz (1989a) untermauert die nahrhafte Rolle dieser Sekrete. Sie setzten Larven des vierten Stadiums von *Polyommatus coridon* in eine kleine Arena, die durch eine schmale Brücke aus zwei Holzstöcken mit einem Nest der Knotenameise *Tetramorium caespitum* verbunden war. In der Natur ist *P. coridon* mit mehreren Ameisenarten vergesellschaftet, die zu drei Unterfamilien gehören. Als Kontrolle diente die Lycaeniden-Art *Lycaena tityrus*, die zur

Unterfamilie der Lycaeninae gehört und, wie wir bereits berichtet haben, keine Nektarorgane besitzt. Die Ergebnisse waren eindeutig: Larven ohne Nektarorgan lösten bei Ameisen, die ihnen begegneten, keine Rekrutierungsreaktion aus, während Ameisen, die *P. coridon*-Larven entdeckten, chemische Rekrutierungsspuren anlegten, entlang derer Nestgefährtinnen über die Brücke in die kleine Arena liefen, in der *P. coridon*-Raupen platziert waren (Fiedler und Maschwitz 1989a). Die reife Larve von *P. coridon* produziert „durchschnittlich 30,9 Nektartropfen pro Stunde". Wenn man bedenkt, dass im Untersuchungsgebiet die Populationsdichte bei etwa zwanzig Raupen pro Quadratmeter liegt und jedes Individuum während der gesamten Larvenzeit schätzungsweise 22–44 µl Nektar produziert, was einem Energiegehalt von 55–110 J (J) entspricht, kann man schätzen, dass die *P. coridon*-Larven „Kohlenhydratsekrete mit einem Energieäquivalent von 1,1–2,2 kJ pro Quadratmeter produzieren" (Fiedler und Maschwitz 1988, S. 205). Daraus lässt sich schließen, dass diese Kohlenhydratsekrete eine wichtige Nahrungsquelle für die anwesenden Ameisen sind.

Betrachten wir nun erneut die Funktion der Tentakelorgane. Dass raupenbesuchende Ameisen aggressiv auf das Ausstülpen der Tentakel reagieren, sollte nicht überraschen; es wurde von verschiedenen Autoren berichtet, dass während des Ausstülpens der Tentakel vermeintliche chemische Alarmstimuli von der Raupe freigesetzt werden, die bei den anwesenden Ameisen „erregtes Laufen" auslösen, wie Fiedler und Maschwitz (1987) es ausdrückten. Wie bereits erwähnt, sind die Raupen von *Polyommatus coridon* bei mehreren Ameisenarten zu finden. Die stärkste Reaktion auf das Ausstülpen der Tentakel wurde bei *Plagiolepis pygmaea* und anderen Ameisenarten wie *Lasius alienus* beobachtet, während Ameisenarten aus anderen Unterfamilien, die ebenfalls bei *P.-coridon*-Raupen beobachtet wurden, weniger stark reagierten. Viele Arten der Schuppenameisen (Formicinae) verwenden den Kohlenwasserstoff Undecan aus der Dufour-Drüse als Alarmpheromon (Hölldobler und Wilson 1990), und es ist naheliegend, dass das Raupensekret Undecan-Komponenten enthalten könnte.

Henning (1983a, b) berichtet, dass die Schuppenameisen *Lepisiota (Acantholepis) capensis* auf die Tentakelausstülpungen der Raupe mit einer Alarmreaktion reagierten, als sie eine afrikanische Lycaeniden-Art, *Aloeides dentatis*, untersuchten. Henning konnte eine solche Alarmreaktion bei den Ameisen auch mit Extrakten aus den Tentakelorganen auslösen. Offenbar sind diese von den myrmekophilen Raupen ausgesandten Alarmreize ganz speziell auf die Alarmpheromone der „Wirtsameise" abgestimmt. Ähnliche Ergebnisse wurden von DeVries (1984) für die Bläulingsart *Curetis* und ihre begleitende Ameise, *Anoplolepis longipes*, berichtet.

Die Spezifizität solcher mutmaßlichen Alarmpheromon-Nachahmer (auch Allomon genannt) ist wahrscheinlich am deutlichsten bei Arten, bei denen die Raupen von Bläulingen obligatorisch myrmekophil und oft mit einer oder einer kleinen Gilde phylogenetisch eng verwandter Ameisenarten vergesellschaftet sind. Andererseits haben Fiedler und Maschwitz in ihrer Studie über den fakultativen Myrmekophilen *Polyommatus coridon*, der mit einer Vielzahl von Ameisenarten assoziiert ist, gezeigt, dass selbst hier die interspezifische Kommunikation am besten mit nur wenigen Ameisenarten funktioniert, die zur selben Unterfamilie gehören.

Nachdem wir nun die Reaktion der Ameisen auf die Tentakelorgane bei mehreren Lycaeniden-Arten erörtert haben, wollen wir auf die spannenden Ergebnisse von Hojo et al. (2015) zurückkommen, die darauf hindeuten, dass die Nektardrüsensekrete der Larven des Bläulings *Narathura japonica* eine neuromodulierende Komponente enthalten, die das Gehirn der Ameise beeinflusst und eine verringerte Bewegungsaktivität bewirkt. Die Autoren beobachteten auch, dass diese Ameisen deutlich aggressiver auf die Ausstülpbewegungen der Tentakelorgane der Raupe reagieren. Offenbar zeigen nur „erfahrene" Ameisen, das heißt Ameisen, die zuvor mit Bläulingslarven in Kontakt waren, eine verstärkte aggressive Reaktion, während „unerfahrene" Ameisen, die noch keine Nektardrüsensekrete aufgenommen hatten, „nicht aggressiv reagierten und die Ausstülpungen der Tentakel einfach ignorierten". Wenn die Hypothese zutrifft, dass die Raupen von *N. japonica* auch Verbindungen ausstoßen, die die Alarmpheromone der anwesenden Ameisen nachahmen, dann wissen wir nicht, warum die „unerfahrenen" *Pristomyrmex*-Ameisen keine Reaktion auf diese Allomone zeigen. Wir vermuten, dass die Alarmallomone in so geringen Mengen freigesetzt werden, dass die Anzahl der Moleküle unter normalen Bedingungen unterhalb der typischen Reaktionsschwellenkonzentration liegt. Bei „erfahrenen" Ameisen, die den von der Nektarorgandrüse abgesonderten Neuromodulator aufgenommen haben, ist die Reaktionsschwelle der Ameisen jedoch so moduliert, dass sie auf viel niedrigere Konzentrationen der Allomone reagieren, als sie es normalerweise tun würden.

Die neuromodulierende Wirkung des von den Ameisen aufgenommenen Nektars löst also höchstwahrscheinlich nicht die aggressive Reaktion der Ameisen auf die Tentakelorgane aus, sondern senkt lediglich die Reaktionsschwelle der Ameisen auf das von den Tentakelorgandrüsen freigesetzte Alarmpheromon-Imitat. Natürlich dürfen wir nicht vergessen, dass diese Entdeckungen nur eine Bläulingsart, *Narathura japonica*, und eine Knotenameisenart, *Pristomyrmex punctatus*, betreffen. Künftige Arbeiten werden zeigen, ob diese Erkenntnisse auch auf andere myrmekophile Lycaeniden-Arten und die mit ihnen vergesellschafteten Ameisen zutreffen.

Seit Jahrzehnten wird die Beziehung zwischen den Raupen der Lycaeniden und Riodiniden, die sich von Pflanzen ernähren, und den sie begleitenden Ameisen als mutualistisch angesehen. In den vorangegangenen Abschnitten haben wir die Vorteile erörtert, die die Ameisen aus diesen Interaktionen ziehen, aber lange Zeit wurde der Nutzen der Raupen mehr oder weniger als selbstverständlich angesehen.

In den späten 1970er- und frühen 1980er-Jahren wollte Naomi Pierce, damals Doktorandin an der Harvard University und heute Hessel-Professorin für Biologie und Kuratorin für Lepidoptera an derselben Universität, experimentell testen, ob Bläulingslarven, die sich von bestimmten Pflanzenarten ernähren und von spezifischen Ameisenarten begleitet werden, tatsächlich von der Anwesenheit der Ameisen profitieren. Wie wir gelernt haben, suchen die Ameisen vor allem solche Raupen auf, die ihr drittes oder viertes (letztes) Larvenstadium erreicht haben. Diese Larven sind am anfälligsten für den Befall durch Parasitoide, und in dieser Phase hat auch das dorsale Nektarorgan der Raupen hat seinen Sekretionshöhepunkt erreicht. Es sei daran erinnert, dass die Raupen vieler Bläulinge (und auch vieler anderer Arten der eng verwandten Familie der Riodinidae, der Würfelfalter) Pflanz-

engewebe fressen, aber einen Teil der Nährstoffe und Energie zur Herstellung von Honigtau und Aminosäuren im Nektarorgan verwenden; und wie wir gesehen haben, liefern
diese Sekrete eine beträchtliche Menge an wertvoller Nahrung für die anwesenden Ameisen. Natürlich ist dies für die Raupen mit Kosten verbunden, aber was bekommen die
Raupen im Gegenzug von den Ameisen?

Naomi Pierce und ihr studentischer Mitarbeiter Paul Mead, der heute ein bekannter Bak-
teriologe ist, machten sich daran, experimentell zu testen, ob die Anwesenheit der Ameisen
wirklich für die Schmetterlingslarven von Nutzen ist. Sie führten ihre Untersuchungen in
den Bergen von Colorado durch und konzentrierten sich dabei auf den Bläuling *Glaucopsyche lygdamus*, dessen Raupen sich von Lupinenpflanzen ernähren (Abb. 4.4).

Für das Experiment wählten sie zwei unterschiedliche Lebensräume, einen in einer trockenen Region, in der sich die *G. lygdamus* Raupen von Blütenständen der *Lupinus flori-
bundus* ernähren und hauptsächlich von Ameisenarbeiterinnen der Art *Formica altipetens*
besucht werden. In dem anderen Habitat, einer Feuchtwiese, fressen die Raupen von *G. lygdamus* die Blüten, Samenschoten und Blätter von *Lupinus barberi*, und die sie begleitenden Ameisen gehören zur Art *Formica fusca*. In beiden Populationen wurden die Ameisen
bei den Raupen beobachtet, sobald diese das dritte Larvenstadium erreicht hatten (Abb. 4.5).

In einer Reihe von gut durchdachten Experimenten wurde den Ameisen der Zugang zu
den Wirtspflanzen der Raupen entweder verwehrt oder ermöglicht. Pierce und Mead erreichten dies, indem sie eine Gruppe von Lupinenpflanzen mit Barrieren („Tree Tanglefoot") versahen, die es den Ameisen unmöglich machten, die Pflanze zu erklimmen. Eine
zweite Gruppe von Pflanzen (Kontrollen) wurde ebenfalls mit Tanglefoot behandelt. Bei
dieser Behandlung blieb jedoch eine Seite des Pflanzenstängels barrierefrei, sodass die
Ameisen weiterhin Zugang zu den oberen Blättern und Blütenständen hatten. Die Ergebnisse waren eindeutig: Ein signifikant höherer Anteil der Raupen ohne Ameisenbesuch
wurde von Parasitoiden (wie z. B. von Brackwespen [Braconidae]oder Raubfliegen [Ta-
chinidae]) angegriffen als die Kontrollgruppen, die weiterhin von Ameisen besucht wurden. Diese und andere Experimente zeigen deutlich die Vorteile, die *Glaucopsyche*-Raupen
aus der Anwesenheit von Ameisen ziehen (Pierce und Mead 1981). In einer Folgestudie
bestätigten Pierce und Easteal (1986) die früheren Ergebnisse und erweiterten die Datenbasis erheblich. In der Folge schloss sich Naomi Pierce mit Roger Kitching und seinen
Mitarbeitern in Australien zusammen, und gemeinsam führten sie eine gründliche Analyse
der Kosten und des Nutzens der Zusammenarbeit zwischen dem australischen Bläuling
Jalmenus evagoras und seinen Begleitameisen durch (Pierce et al. 1987) (Abb. 4.6).

Diese Lycaeniden-Art ist ein besonders interessanter Fall. Die Larven und Puppen von
Jalmenus evagoras finden sich in Ansammlungen auf den *Acacia*-Pflanzen, von denen
mehrere Arten als Nahrungspflanzen dienen (Abb. 4.7 und 4.8). Die wichtigste begleitende
Ameisenart ist die Drüsenameise *Iridomyrmex mayri* (Dolichoderinae), aber in einigen
anderen Populationen wurde auch *I. rufoniger* in Verbindung mit *J. evagoras* beobachtet.

Pierce und Elgar (1985) stellten fest, dass die Weibchen von *J. evagoras* zur Eiablage
eine deutliche Vorliebe für Nahrungspflanzen zeigen, auf denen *Iridomyrmex*-Ameisen
bereits vorhanden sind, und dass die Schmetterlinge die Anwesenheit der Ameisen bereits

Abb. 4.5 Die Raupe von *Glaucopsyche lygdamus* wird von einer *Formica fusca*-Arbeiterin gepflegt. Das Bild unten zeigt die *Formica*-Wirtsameise, die eine parasitische Wespe angreift, die versucht hat, Eier in die Raupe abzulegen. (Mit freundlicher Genehmigung von Naomi Pierce)

Abb. 4.6 Ventral- und Dorsalansicht des australischen Bläulings *Jalmenus evagoras*. (Oben: mit freundlicher Genehmigung von Benjamin Twist; unten: mit freundlicher Genehmigung von Tobias Westmeier)

im Flug wahrnehmen. Die Schmetterlinge scheinen auch zu unterscheiden, ob die Ameisen auf dem Baum auf Beutefang sind oder sich um Honigtau spendende Hemipteren kümmern. Offenbar bevorzugen sie die letztere Situation, um ihre Eier abzulegen. Wie Pierce und Elgar (1985) feststellten, ist es nicht ungewöhnlich, dass die Bläulingsweibchen das Vorhandensein von möglichen Begleitameisenarten als Hinweis für geeignete Eiablageplätze nutzen. Sie listeten insgesamt 46 Arten aus 29 Gattungen und 5 Unterfamilien der Lycaenidae auf, von denen Beobachtungen und Daten publiziert worden waren, die nahelegen, dass Ameisen auf Nahrungspflanzen als entscheidende Hinweise für die

Abb. 4.7   Raupen von *Jalmenus evagoras*. Sie werden oft von vielen Wirtsameisen von *Iridomyrmex anceps* besucht. (Mit freundlicher Genehmigung von Tobias Westmeier)

Abb. 4.8   Larven und Puppen von *Jalmenus evagoras* treten typischerweise in Gruppen auf, und beide Entwicklungsstadien werden von Wirtsameisen besucht. Dieses Bild zeigt eine Gruppe von *Jalmenus*-Puppen. (Mit freundlicher Genehmigung von Benjamin Twist)

Wahl der Eiablageplätze dienen. Dies ist ein weit verbreitetes, aber nicht universelles Phänomen. Bei einigen Bläulingsarten scheinen die weiblichen Schmetterlinge die Anwesenheit von Ameisen nicht als Anhaltspunkt für die Eiablage zu nutzen. So beobachteten Pierce und Easteal (1986), dass bei *Glaucopsyche lygdamus* Ameisen keine bedeutende Rolle bei der Auswahl der Eiablageplätze spielen.

Bei *Jalmenus evagoras* wird auch die Ansammlung von Larven und Puppen durch die Anwesenheit von Ameisen beeinflusst. Junge Larven und Larven im letzten Stadium werden signifikant häufiger auf Pflanzen mit Ameisen gefunden als auf Pflanzen, bei denen Ameisen versuchsweise ausgeschlossen wurden (Pierce et al. 1987). Die Ausschlussexperimente zeigen außerdem, dass „Larven und Puppen signifikant häufiger von Pflanzen ohne Ameisen verschwanden als von Pflanzen mit Ameisen". Beobachtungen deuten darauf hin, dass zu den wichtigsten Räubern Arthropoden wie Spinnen, Raubwanzen (Reduviidae) und Baumwanzen (Pentatomidae), und vor allem die Ameise *Myrmecia nigrocincta* (Abb. 4.9) und die Vespidwespe *Polistes variabilis* gehören. Darüber hinaus werden unbeaufsichtigte *Jalmenus*-Larven leicht von parasitischen Wespen der Gattungen *Trichogramma* und *Brachymeria* angegriffen.

Die Tatsache, dass *J.-evagoras*-Larven nicht vereinzelt, sondern in Gruppen leben, ermöglicht es den kleinen Larven (des ersten und zweiten Stadiums), vom Ameisenschutz zu profitieren, da die älteren Larven die Anwesenheit der Ameisen sicherstellen, indem sie den Ameisen die wertvollen Sekrete der Nektarorgane zur Verfügung stellen. Pierce et al. (1987) berechneten, dass die Sekrete „bis zu 409 mg trockene Biomasse von einer einzigen Wirtspflanze, die 63 Larven und Puppen von *J. evagoras* beherbergt, über einen Zeitraum von 24 h ausmachen können".

All diese experimentellen Feldstudien und die ergänzenden Untersuchungen im Labor liefern den Beweis dafür, dass diese Wechselbeziehungen zwischen Ameisen und Bläulingsraupen wirklich mutualistisch sind. Dennoch stellten sich die Wissenschaftler die Frage, ob die kontinuierliche Produktion von hochwertigem Nektar eine messbare Belas-

Abb. 4.9 Gelegentlich versagt die Verteidigung der Wirtsameisen. Hier gelingt es der Ameise *Myrmecia nigrocincta*, eine *Jalmenus*-Raupe zu fangen. (Mit freundlicher Genehmigung von Naomi Pierce)

tung darstellt, die sich im Entwicklungsprozess der Raupen niederschlägt. In der Tat hat man bei einigen Arten festgestellt, dass Raupen und Puppen Entwicklungskosten tragen. Die tiefgreifendsten Auswirkungen wurden für *J. evagoras* berichtet (Pierce et al. 1987; Baylis und Pierce 1992). Wie wir gelernt haben, geben die Larven dieser Art erhebliche Mengen an energiereichen Sekreten ab, um die Anwesenheit der Ameisen zu gewährleisten. Die Produktion dieser wertvollen Exsudate ist offensichtlich aufwendig, und mehrere Studien haben gezeigt, dass Larven und Puppen, die von Ameisen gepflegt werden, ein deutlich geringeres Gewicht und eine geringere Größe haben als Bläulinge, die im Labor experimentell auf Futterpflanzen ohne Ameisen gezüchtet werden (Pierce et al. 1987; weitere Studien in Pierce et al. 2002). Unter natürlichen Bedingungen würden die Larven und Puppen von *J. evagoras* ohne Ameisenbegleitung jedoch nicht überleben und unweigerlich Räubern und Parasiten zum Opfer fallen.

Wir müssen jedoch darauf hinweisen, dass – obwohl die oben beschriebenen experimentellen Studien eindeutig zeigen, dass Ameisen eine wichtige Rolle beim Schutz der Raupen und Puppen von Lycaeniden spielen – es Fälle gibt, in denen dieser Effekt nicht so eindeutig ist, insbesondere bei einigen Arten, die nur sporadisch oder fakultativ mit Ameisen zusammenleben (Pierce und Easteal 1986; Fiedler und Hölldobler 1992; Wagner 1993, 1995; Wagner und Del Rio 1997). Bei einigen dieser Arten könnten die Sekrete aus dem Nektarorgan lediglich als Beschwichtigungsstoffe fungieren, die das aggressive Verhalten der Ameisen dämpfen, oder wie Pierce et al. (2002) es ausdrückten: „Die Nahrungsbelohnung, die sie den Ameisen bieten, können als eine Art Bestechung angesehen werden." Dies wurde von Malicky (1969, 1970) vorgeschlagen und könnte in der Tat die ursprüngliche Funktion des Nektarorgans bei fakultativen Lycaeniden-Ameisen-Interaktionen gewesen sein. Im Laufe der Evolution von immer engerer wechselseitiger symbiotischer Bindungen entwickelte sich das Nektarorgan zu einem echten trophobiotischen Organ, das nicht nur winzige beruhigende „Geschmacksproben", sondern große Mengen Honigtau produzierte, wie das Beispiel zeigt, das wir im Folgenden behandeln.

Betrachten wir nun die bemerkenswerte wechselseitige Symbiose zwischen dem obligat myrmekophilen Bläuling *Anthene emolus* und seinen Wirtsameisen, den Weberameisen *Oecophylla smaragdina*, die von Konrad Fiedler und Ulrich Maschwitz (1989b) eingehend untersucht wurde. Zunächst ein paar Sätze zu den bemerkenswerten Weberameisen.

Es gibt zwei Arten der Gattung der Schuppenameise *Oecophylla*. Die eine ist *O. longinoda* aus dem tropischen und subtropischen Afrika, die andere ist *O. smaragdina* aus den tropischen und subtropischen Regionen Asiens und Australiens. Beide Arten bauen Blattzeltnester, und eine ausgewachsene Kolonie lebt in der Regel in einer Vielzahl solcher Nester, die über die Baumkronen mehrerer Bäume verteilt sind (Abb. 4.10).

Die *Oecophylla* werden Weberameisen genannt, denn die erwachsenen Tiere verwenden die vom letzten Larvenstadium ihrer eigenen Larven produzierte Seide, um die Blätter, die das Zelt bilden, fest zusammenzufügen. Normalerweise spinnen die Larven des letzten Stadiums der Formicinae (*Oecophylla* gehört zur Unterfamilie der Formicinae) aus der Seide einen Kokon, in dem sie sich verpuppen. Bei *Oecophylla* wird die Larvenseide jedoch zum Zusammenbinden von Blattzelten verwendet, und die Puppen bleiben „nackt" (nicht in einem seidenen Kokon).

Abb. 4.10 Ein Blattzeltnest von *Oecophylla longinoda*. Das geöffnete Nest zeigt die vielen Ameisenlarven und -puppen, die darin untergebracht sind. (Bert Hölldobler)

Während des Nestbaus halten die *Oecophylla*-Arbeiterinnen die Larven des letzten Entwicklungsstadiums zwischen ihren Mandibeln, und die fast bewegungslose Larve, die offenbar auf die von der Ameisenarbeiterin mit ihren Fühlern gegebenen taktilen Signale reagiert, gibt Seide aus den Labialdrüsen ab, die die Arbeiterinnen an den Blättern befestigen, indem sie die Larve wie einen Webstuhl hin- und herbewegen (siehe Abb. 2.19). *Oecophylla* bauen jedoch nicht nur Nester aus Blattseide, in denen sie ihre Königin, ihre Brut und ihre Nestgenossen unterbringen, sondern auch spezielle Blatt- und Seidenpavillons für ihre Honigtau produzierenden Schnabelkerfen (Hemiptera) (Abb. 4.11) und für einige ihrer Lycaeniden-Symbionten. Einer von ihnen ist *Anthene emolus* (Abb. 4.12).

Abb. 4.11 Spezielles „Stall" Nest von *Oecophylla longinoda*, in dem die Ameisen ihre Honigtau produzierenden Schildläuse pflegen. (Bert Hölldobler)

Die Weibchen von *A. emolus* nutzen die Anwesenheit von *Oecophylla smaragdina* als Hinweis für die Eiablage. Interessanterweise legen weibliche Schmetterlinge, die auf einem mit *Oecophylla* besetzten Ast oder Blatt landen, ihre Eier ab, ohne von den ansässigen Ameisen angegriffen zu werden. Sobald die frisch aus den Eiern geschlüpften Larven des ersten Larvenstadiums von den Ameisen entdeckt werden, tragen diese sie zu den Pavillons, wo sich die jungen *Anthene*-Larven von Pflanzengewebe ernähren. Die jungen Larven haben noch kein funktionsfähiges Nektarorgan, aber die Ameisen kümmern sich um sie. Die älteren Larven verlassen den Pavillon selbstständig und werden von den Ameisen zu den entsprechenden Stellen am Baum getragen, wo die Larven fressen können. Manchmal werden sie auch von den Ameisen zu den Pavillons zurückgebracht. Sobald sie das dritte und vierte (letzte) Larvenstadium erreicht haben, sind die Nektarorgane der Raupen voll aktiv. Jedes Nektarorgan sondert Tröpfchen einer klaren Flüssigkeit ab, die sofort von den anwesenden Ameisen aufgesogen werden. Die Tröpfchen sind relativ groß und können mit bloßem Auge gesehen werden. Die Häufigkeit des Auftretens von Tröpfchen am Nektarorgan ist ebenfalls bemerkenswert hoch: „Voll ausgewachsene Larven produzieren im Durchschnitt mehr als 50 Tröpfchen in 10 min", bei Larven im dritten und frühen vierten Larvenstadium ist die Häufigkeit um etwa 30 % geringer (Fiedler und Maschwitz 1989b). Ein Hauptbestandteil der Sekretion ist Glucose. Bezüglich des Gewinns für die myrmekophilen Lycaeniden stellten die Autoren folgende Berechnung an: „Unter der Annahme, dass (a) eine Larve des vierten Larvenstadiums [L4] am ersten Tag 200 Tröpfchen pro Stunde produziert (der Wert, der bei jungen L4 ermittelt wurde) und an den beiden folgenden Tagen 300 Tröpfchen pro Stunde (der Wert älterer L4) und (b) dass die Larve die ganze Zeit von *O.-smaragdina*-Arbeiterameisen gemolken wird, beträgt die gesamte Sekretionsmenge des vierten Larvenstadiums

Abb. 4.12 Junge Raupen des Bläulings *Anthene emolus* werden in speziellen Nestern unterge-bracht, die von ihren Wirtsameisen *Oecophylla smaragdina* gebaut werden. Das *obere Bild* zeigt ein solches geöffnetes Nest, in dem mehrere kleine *Anthene*-Raupen gruppiert sind. Das *untere Bild* zeigt ältere Raupen, die sich von Pflanzen ernähren, während sie von den begleitenden Weberamei-sen, *O. smaragdina*, bewacht werden. (Mit freundlicher Genehmigung von Konrad Fiedler)

innerhalb von 3 Tagen mindestens 80 µl Nektardrüseninhalt." Unter der Annahme, dass 15 % des Sekrets aus Kohlenhydraten bestehen (wie bei *Polyommatus hispanus*, Maschwitz et al. 1975), machen die Autoren eine grobe Schätzung des Energiegewinns für die Ameisen: „Die gesamte Larvenpopulation eines einzelnen jungen Triebes [an dem die Raupen weiden] besteht oft aus mehr als 50 Individuen, die … eine Energieproduktion von 10 kJ [Kilojoule] oder mehr ausmachen" (Fiedler und Maschwitz 1989b, S. 842).

Diese enge Beziehung ist für die Ameisen offensichtlich von Vorteil, aber wenn man bedenkt, wie viel Energie die Raupen aufwenden, um diese großen Mengen an hochwer-tigen Nektardrüsensekreten zu produzieren, fragt man sich, ob das Kosten-Nutzen-Verhältnis für *Anthene emolus* ausgewogen ist. Fiedler und Maschwitz (1989b, S. 844) listen alle Vor- und Nachteile beider Symbionten auf und kommen schließlich zu dem Schluss: „Zusammenfassend überwiegen die Vorteile, die *A. emolus* aus seiner engen Be-ziehung zu *O. smaragdina* zieht, die Kosten. *Anthene emolus* ist eine häufige Art in gestör-ten, offenen Lebensräumen in Malaysia, in denen *O. smaragdina* eine der vorherrschen-den Arten ist." Die Tatsache, dass die Arbeiterinnen von *Oecophylla* sich bereits um die

Larven des ersten und zweiten Larvenstadiums der Lycaeniden-Myrmekophilen kümmern, die keine Nektarorgansekrete produzieren, muss als großer Vorteil für *A. emolus* angesehen werden. Dies ist, wie schon besprochen, vergleichbar mit *Jalmenus evagoras*, die nicht die gleiche enge Beziehung zu den Ameisen entwickelt hat, aber auch Ansammlungen bildet, die aus Larven mehrerer Stadien bestehen. Auf diese Weise genießen die jungen Larven indirekt Schutz durch die anwesenden Ameisen, obwohl nur die Larven des dritten und vierten Stadiums die Sekrete der Nektarorgane abgeben.

Schließlich sei hier noch eine Entdeckung von Alain Dejean und seinen Mitarbeitern erwähnt (Dejean et al. 2016), obwohl es sich bei dem Myrmekophilen nicht um einen Bläuling, sondern um den afrikanischen Eulenfalter *Eublemma albifascia* handelt, dessen Raupen sich in den Nestern der afrikanischen Weberameise *Oecophylla longinoda* entwickeln. Die erwachsenen Weibchen dieses Falters legen ihre Eier an den Außenseiten der Blätter ab, die die Blattzeltnester bilden. Die frisch geschlüpften Raupen werden von *Oecophylla*-Arbeiterinnen in die Nester gebracht, die in der Regel Ameisenbrut enthalten (und in einem besonders gut bewachten Nest lebt die Königin). Den Autoren zufolge werden die Falterlarven von den Wirtsameisen besser mit regurgitierter Nahrung und trophischen Eiern ernährt als die Ameisenlarven und die Königin, und der Befall mit der myrmekophilen Motte kann ein solches Ausmaß erreichen, dass die Fruchtbarkeit der Königin rasch nachlässt und die Kolonie zugrunde geht. Obwohl solch dramatische Auswirkungen durch Myrmekophile selten sind, sind spezialisierte Räuber bei den Lycaenidae weit verbreitet, die wir im folgenden Abschnitt betrachten.

4.2   Prädatoren und sozialparasitäre Myrmekophile in der Gattung *Phengaris*

Die meisten myrmekophilen Bläulingsarten scheinen in einer mehr oder weniger wechselseitigen Beziehung mit Ameisen zu leben, aber etwa 5 % von ihnen sind Räuber oder myrmekophile Sozialparasiten in den Nestern der Wirtsameisen. Phylogenetische Analysen haben gezeigt, dass sozialparasitische Beziehungen zwischen Lycaeniden und Ameisen mindestens 14-mal entstanden sind (Fiedler 1998; Pierce et al. 2002). Wir konzentrieren uns hier auf die Gattung *Phengaris* und wählen nur einige wenige Arten aus, die die verschiedenen evolutionären Anpassungsgrade als Myrmekophile am besten repräsentieren. Tatsächlich gehören mehrere Arten der Gattung *Phengaris* zu den am gründlichsten untersuchten myrmekophilen Parasiten, vor allem durch die Forschungsanstrengungen von Jeremy A. Thomas und seinen Mitarbeitern, insbesondere Graham W. Elmes, Karsten Schönrogge und J. C. Wardlaw, sowie der Arbeit von David Nash und seinen Kollegen. Die folgenden Beschreibungen mehrerer Fallstudien beruhen in erster Linie auf deren Arbeit.

Zunächst sollten wir kurz auf einige taxonomische Fragen zu diesen Lycaeniden eingehen. In den meisten Veröffentlichungen der Thomas-Gruppe fehlt der Gattungsname *Phengaris*, und stattdessen wird *Maculinea* verwendet, um diese mit europäischen Ameisen assoziierte Artengruppe zu bezeichnen. Bereits 1998 sprach Konrad Fiedler die Möglichkeit an, dass das ostasiatische Taxon *Phengaris* der ältere Gattungsname der *Phengaris-*

Maculinea-Gruppe ist und *Phengaris* eventuell *Maculinea* ersetzen sollte, sofern eine molekularphysiologische Analyse diese Vorstellung unterstützen würde. In der Folge veröffentlichten Als et al. (2004) eine solche Analyse und kamen zu dem Schluss, dass *Phengaris* und *Maculinea* zusammen eine monophyletische Gruppe bilden. Allerdings sind nur die Arten der sogenannten *Maculinea*-Gruppe mit der Ameisengattung *Myrmica* assoziiert und bilden phylogenetisch eine unbestrittene monophyletische Gruppe, während die drei ostasiatischen *Phengaris*-Arten dies nicht tun.

In einer anschließenden erweiterten phylogenetischen Revision bestätigten Ugelvig et al. (2011), dass *Maculinea* in der Tat monophyletisch und innerhalb der *Phengaris-Maculinea*-Gruppe verschachtelt ist, während die *Phengaris*-Gruppe allein paraphyletisch ist. Fric et al. (2007) kamen zu demselben Ergebnis und schlugen vor, den Gattungsnamen *Maculinea* von Eecke, 1915, durch das ältere Synonym *Phengaris* Doherty, 1891, zu ersetzen. Dies würde natürlich eine umfassendere Definition der Gattung erfordern, die alle Arten von *Maculinea* und zwei der drei *Phengaris*-Arten umfassen würde, und aus Prioritätsgründen würde das gesamte Taxon dann *Phengaris* sensu lato heißen. Dennoch ist das neue inklusive Taxon *Phengaris* eine relativ kleine Gruppe, die kaum mehr als zehn Arten umfasst. Die Internationale Kommission für Zoologische Nomenklatur entschied sich schließlich für diese Änderung, obwohl diese Entscheidung bei Ökologen und Naturschutzbiologen, die diese gefährdete Gattung der Lycaenidae in Europa untersucht haben, vor allem auch um praktikable Wege zum Schutz dieser Gattung und ihrer Lebensräume zu finden, einige Bedenken hervorrief. Diese Wissenschaftler argumentierten, dass in den meisten Veröffentlichungen über diese Gattung der jüngere Name *Maculinea* verwendet wurde und dass seine Ersetzung durch den älteren Namen *Phengaris* viel Verwirrung stiften könnte. Wir haben dafür Verständnis, denn wir haben ähnliche taxonomische Probleme bei mehreren unserer Studienobjekte erlebt, bei denen Gattungsnamen, die seit mehr als einem Jahrhundert verwendet wurden, vor Kurzem auf der Grundlage neuer phylogenetischer Studien geändert wurden. Wir verstehen jedoch auch die wissenschaftliche Aufgabe von Systematikern und Taxonomen und sind uns bewusst, dass der Umgang mit mehreren Namen für dieselbe Gattung noch mehr Verwirrung stiften würde. In der Tat verwenden die Autoren in zwei aktuellen Veröffentlichungen den Gattungsnamen *Phengaris* (Casacci et al. 2019b) und *Maculinea* (Tartally et al. 2019).

Nach einer sehr aufschlussreichen Diskussion mit Konrad Fiedler, einem der weltweit führenden Lycaeniden-Forscher, haben wir uns für den Gattungsnamen *Phengaris* entschieden.

Bevor wir fortfahren, müssen wir eine zweite taxonomische Frage klären. Die meisten Studien der Jeremy-Thomas-Gruppe befassen sich mit zwei Arten, von denen man früher annahm, dass es sich um *Phengaris (Maculinea) alcon* und *P. rebeli* handelt. Taxonomische und phylogenetische Studien (Fric et al. 2007; Ugelvig et al. 2011; K. Fiedler, persönliche Mitteilung) legen jedoch nahe, dass die Trennung dieser beiden „Ökotypen" in zwei Arten nicht gerechtfertigt ist, obwohl sie unterschiedliche Wirtspräferenzen aufweisen, in unterschiedlichen Lebensräumen leben und unterschiedliche Wirtspflanzen nutzen. Die Tatsache, dass ein „Ökotyp" in xerophytischen Lebensräumen und der andere in feuchten Lebensräumen lebt und beide unterschiedliche Ameisenwirte nutzen, veranlasste Jeremy Thomas und seine Mitarbeiter, die getrennten Artnamen beizubehalten, obwohl beide „Ökotypen" taxonomisch zu einer Art gehören könnten. Nach reiflicher Überlegung haben wir uns entschlossen, die beiden Namen *P. alcon* und *P. rebeli* beizubehalten, da dies der einfachste und am wenigsten verwirrende Weg ist, die umfangreichen Verhaltensforschungen zu diesen Lycaeniden darzustellen, aber um den Ökotyp-Status von *P. rebeli* anzugeben, setzen wir ihn in Anführungszeichen.

4.2.1   Sozialparasitäre Myrmekophile: Die Kuckucksstrategen

Wie wir bereits erörtert haben, ist die beste ökologische Nische für myrmekophile Arten der Bereich des Ameisennests, in dem die Larven untergebracht sind und von den Ameisen aufgezogen werden. Obwohl der erwachsene Falter von *Phengaris alcon* und *P. „rebeli"* keine oder nur marginale Interaktionen mit den Ameisen hat, wachsen die Raupen (Larven) hauptsächlich in den Brutkammern der Wirtsameisen (*Myrmica*-Arten) heran. Aber fangen wir am Anfang an.

Ein Großteil der Arbeit von Jeremy Thomas und seiner Gruppe konzentrierte sich auf die beiden Spezies oder Ökotypen *Phengaris alcon* und *P. „rebeli"*. *Phengaris „rebeli"* bevorzugt trockene, xerophytische Lebensräume, in denen die Schmetterlinge hauptsächlich *Gentiana cruciata* zur Eiablage wählen. Im Gegensatz dazu lebt *P. alcon* in feuchtem Gras oder Heideland und legt seine Eier vorzugsweise auf *Gentiana pneumonanthe* ab (Abb. 4.13).

Nachdem die Larven des ersten Larvenstadiums aus den Eiern geschlüpft sind, bleiben sie bis zum Ende des dritten oder Anfang des vierten und letzten Larvenstadiums auf der Enzian-Nahrungspflanze. In diesem Stadium fallen sie zu Boden, und sobald eine *Myrmica*-Arbeiterin auf sie stößt, werden sie aufgehoben und zum Ameisennest getragen, wo sie zusammen mit den Ameisenlarven in den Brutkammern untergebracht werden (Abb. 4.14).

Es wurde vermutet, dass die Raupe bis zu einem gewissen Grad sogar in der Lage sein könnte, dem Spurenpheromon ihrer Wirtsameisen zu folgen, was es ihr ermöglichen könnte, den Nesteingang der Wirtsameisen selbstständig zu erreichen, wenn sie in der Nähe eines *Myrmica*-Nestes auf den Boden gefallen ist. Ulrich Maschwitz und sein Schüler Martin Schroth (Schroth und Maschwitz 1984) glaubten, im Labor gezeigt zu haben, dass die Larven der Bläulingsart *Phengaris teleius* den mit dem Spurpheromon der *Myrmica*-Wirtsart gezogenen Spuren zu folgen. In einer Folgestudie konnte Konrad Fiedler (1990) diese Ergebnisse jedoch nicht bestätigen und kam zu dem Schluss, dass die Larven von *P. teleius* tatsächlich nicht dem Spurpheromon der *Myrmica*-Ameisen folgen.

Interessanterweise nehmen die Raupen, obwohl sie innerhalb von etwa 3 Wochen das dritte Larvenstadium auf der Futterpflanze erreichen, nicht viel an Gewicht zu. Während der vierten Phase, in den Brutkammern der Ameisen, erwerben die Raupen den größten Teil ihrer Biomasse. Dieses verzögerte Larvenwachstum ist sehr bemerkenswert und offensichtlich eine Anpassung an die maximale Ressourcenausbeutung in der Wirtskolonie. Die *Phengaris*-Larven werden wie Ameisenlarven behandelt; sie werden von den Ammenameisen gepflegt und zeigen ein ameisenlarvenähnliches Bettelverhalten, indem sie den vorderen Teil ihres Körpers nach oben bewegen und den Kontakt mit dem „Mund" der Ammenameisen suchen (Abb. 4.15).

Abb. 4.13 Der erwachsene Falter von *Phengaris alcon* bei der Eiablage auf der Enzianpflanze, der Nahrungspflanze der ersten drei Larvenstadien von *P. alcon*. (Mit freundlicher Genehmigung von Izabela Dziekańska)

Dieses Verhalten, möglicherweise in Kombination mit mechanischen und chemischen Auslösern, löst bei den Ammenameisen die Fütterung durch Trophallaxis aus. Darüber hinaus erhalten die Raupen trophische Eier und Beute, die von den Futtersammlerinnen eingebracht werden, und fressen möglicherweise sogar einige der Ameiseneier und -larven. Während sie wachsen, sind sie ständig von Ammenameisen umgeben, die sie pflegen und füttern (Abb. 4.16). Die Zeitspanne bis zum Erreichen der Größe, bei der die Raupe bereit ist, sich zu verpuppen, kann 10 bis 11 Monate betragen, aber bei etwa zwei Dritteln der Individuen dauert es bis zur Verpuppung etwa 22 Monate (Abb. 4.17).

Ein solcher Polymorphismus im Larvenwachstum wurde bei beiden Ökotypen von *Phengaris alcon*, das heißt *P. „rebeli"* (Thomas et al. 1998, 2005) und *P. alcon*, festgestellt (Schönrogge et al. 2000; Als et al. 2002; Thomas et al. 2005). Diese ungewöhnlich lange Larvenentwicklungsphase in den Nestern der Wirtsameisen scheint ein besonderes Merkmal dieser sozialparasitären Myrmekophilen zu sein, denn Henning (1984a, b) beschreibt dasselbe Muster für südafrikanische Lycaenidae. Bei den nicht von Ameisen abhängigen Arten dauert die Larvenphase etwa 20 bis 40 Tage, während die Larvenstadien bei den von

Abb. 4.14 Eine Raupe von *Phengaris alcon* im vierten Entwicklungsstadium, die auf den Boden gefallen ist und von einer Wirtsameisenarbeiterin von *Myrmica scabrinodis* entdeckt wurde. Das *untere Bild* zeigt, wie die *Myrmica*-Arbeiterin die *Phengaris*-Larve in das Ameisennest trägt. (Mit freundlicher Genehmigung von Izabela Dziekańska)

Ameisen abhängigen Arten 10 bis 11 Monate dauern. Die Verpuppung findet ebenfalls im Nest in der Nähe der Brutkammern statt, und der frisch geschlüpfte erwachsene Schmetterling muss aus dem Nest krabbeln, bevor er seine Flügel entfalten und wegfliegen kann.

Obwohl alle *Myrmica*-Arten in den jeweiligen Lebensräumen der beiden *Phengaris*-Ökotypen die Raupen unter den *Gentiana*-Pflanzen aufnehmen, haben Thomas et al. (1989) *Myrmica schencki* als Hauptwirtsart in ihrer Studienpopulation von *P.* ‚*rebeli*‘ identifiziert. Die Raupen werden jedoch auch von anderen *Myrmica*-Arten akzeptiert, und sie können ihre Entwicklung in diesen alternativen Wirtsameisennestern abschließen, sind

Abb. 4.15 Im Inneren des *Myrmica*-Nests wird die frisch aufgenommene *Phengaris alcon*-Larve von den Wirtsameisen gepflegt und gefüttert (*unteres Bild*). (Mit freundlicher Genehmigung von Darlyne A. Murawski)

jedoch nicht so erfolgreich wie bei der Aufzucht durch die „richtigen" *Myrmica*-Arten. Warum ist das so? Jeremy Thomas und seine Mitarbeiter (2005) fassen ihre umfangreichen Studien wie folgt zusammen: „*M. rebeli [P. ,rebeli']* sondert beim Verlassen ihres Enzians [Nahrungspflanze] ein einfaches Gemisch von Oberflächenkohlenwasserstoffen ab, das schwach denen von *Myrmica* ähnelt (Akino et al. 1999; Elmes et al. 2002). Sein Profil ähnelt am ehesten dem von *M. schencki* und umgekehrt, aber es ist allen *Myrmica*-Arten ähnlich genug, dass die Raupe von der ersten *Myrmica*-Arbeiterin, die sie berührt, in das Ameisennest getragen wird (Akino et al. 1999). Zum jetzigen Zeitpunkt bezweifeln wir, dass eine *Maculinea-[Phengaris]*-Larve einen artspezifischen chemischen Hinweis zum Auffinden und Apport entwickeln kann, da die *Myrmica*-Sammlerinnen die Larven jeder beliebigen *Myrmica*-Art, die künstlich in ihrem Territorium platziert werden, in ihr Nest aufnehmen" (Thomas et al. 2005, S. 498).

Abb. 4.16 Die Larven von *Phengaris alcon* sind ständig von Ammenameisen umgeben, die die Myrmekophilenbrut mehr pflegen und füttern als ihre eigenen Larven. Dieses Bild zeigt, wie die Arbeiterinnen von *Myrmica scabrinodis* eine Raupe durch Regurgitation füttern. (Mit freundlicher Genehmigung von Marcin Sielezniew)

Wir sind nicht der Meinung, dass die derzeitigen Erkenntnisse die Annahme stützen, dass die Kohlenwasserstoffprofile auf der Oberfläche der Raupen die funktionellen Auslöser für ein solches Adoptions- und Pflegeverhalten sind. Sie könnten aber für die Zugehörigkeit und den Zusammenhalt der Kolonie von Bedeutung sein und vielleicht einen modulierenden Effekt auf die Interaktionen zwischen Raupen und Wirtsameisen haben. Auch die von Akino et al. (1999) berichteten Bioassays rechtfertigen unseres Erachtens nicht die Schlussfolgerung, dass die Kohlenwasserstoffprofile bei den Ameisen das spezielle Brutpflegeverhalten auslösen. Als Larven verschiedener *Myrmica*-Arten und tote Raupen des vierten Stadiums von *Phengaris „rebeli"* außerhalb eines Labornests von *M. schencki* platziert wurden, stellten Akino et al. (1999) fest, dass es signifikante interspezifische Unterschiede in den Zeitintervallen beim Auffinden und Einholen der Larven der verschiedenen *Myrmica*-Arten und der *M. „rebeli"*-Raupen gab, wobei die eigenen Larven in der Regel zuerst eingesammelt wurden. Letztendlich wurden jedoch alle Larven in das Nest von *M. schencki* zurückgebracht. Als die Autoren Glasattrappen (1 mm Durchmesser und 2–3 mm lang) präsentierten, wurden beide Attrappen, die mit Hexanextrakt von *M.-schencki*-Larven oder *P.-„rebeli"*-Raupen behandelt worden waren, in etwa dem gleichen Zeitraum aufgenommen. Im Gegensatz zu den Larven wurden diese Attrappen jedoch auf dem Abfallplatz der Ameisen abgelegt.

Die cuticulären Kohlenwasserstoffmuster der *Phengaris*-Raupen (Akino et al. 1999) ähneln denen der Wirtsameisenarten etwas, was einen modulierenden Effekt haben könnte – z. B. durch die Senkung der Reaktionsschwelle der Ameisen auf die Nachahmung eines postulierten nichtflüchtigen Brutpheromons, das den potenziellen Wirtsamei-

Abb. 4.17   Sobald die Raupen von *Phengaris alcon* die richtige Größe erreicht haben, werden sie sich verpuppen. *Myrmica*-Arbeiterinnen (in diesem Fall *M. sabuleti*) kümmern sich um sie und pflegen sie, und auch die Puppen (*unteres Bild*) werden von Ameisen betreut, wenn auch in geringerem Maße. (Mit freundlicher Genehmigung von Marcin Sielezniew)

sen präsentiert wird. Sie könnten der Grund für eine relativ hohe populationsspezifische Wirtsameisentreue sein. In diesem Zusammenhang ist es wichtig, darauf hinzuweisen, dass Guillem et al. (2016) zeigten, dass die artspezifischen cuticulären Kohlenwasserstoffprofile von zwölf *Myrmica*-Arten, die in vier Ländern gesammelt wurden, in ganz Europa qualitativ stabil blieben.

Nach Thomas et al. (1989) ist *Phengaris „rebeli"* in den Pyrenäen in trockenen Habitaten zu finden, hauptsächlich in Nestern von *Myrmica schencki*, während sie in den Südalpen gelegentlich auch in Nestern von *M. ruginodis* und *M. scabrinodis* vorkommt und in den Nordalpen und in Ostwestfalen (Deutschland) hauptsächlich mit *M. sabuleti* gefunden wird (Meyer-Hozak 2000; Steiner et al. 2003). Eine ähnliche Variation in der Wirtsspezifität wurde bei *Phengaris alcon* festgestellt, die feuchtere Lebensräume bevorzugt. Auch hier variiert die Vorliebe für bestimmte Wirtsarten je nach geografischer Lage und Lebensraum erheblich. In Schweden kommt *P. alcon* ausschließlich in Nestern von *M. rubra* vor, in

Südeuropa nur in denen von *M. scabrinodis*, in den Niederlanden von *M. ruginodis* und in geringerem Maße von *M. rubra* (Gadeberg und Boomsma 1997; Als et al. 2001, 2002).

In diesem Zusammenhang ist es wichtig, die Arbeit von Marcin Sielezniew und Kollegen zu beachten (Sielezniew et al. 2012). Sie untersuchten die genetische Variabilität der beiden Ökotypen von *Phengaris alcon* (*P. „alcon"* und *P. „rebeli"*) in Polen. Sie fanden heraus, dass sich die beiden Ökotypen in ihrer genetischen Variabilität erheblich unterscheiden; *P. „rebeli"* war weniger polymorph und die Populationen waren viel stärker voneinander getrennt als die von *P. „alcon"*. Die Arbeit legt nahe, dass alle Populationen von *P. „alcon"* „eine einzige Klade bilden, aber dass *P. ‚rebeli'* sich entweder in sechs oder zwei Kladen aufteilen kann. Das erste Modell würde auf viele unterschiedliche Ursprünge hindeuten, insbesondere in der Gebirgsregion in Südpolen. Das letztere, einander nicht ausschließend, spiegelt eindeutig die Nutzung unterschiedlicher Wirtsameisen wider."

Die verwirrenden Angaben zur Vielfalt der Wirtsspezifitäten wurden von Pavel Pech und seinen Mitarbeitern (2007) kritisch betrachtet, die eine statistische Analyse aller veröffentlichten Angaben zur Wirtsspezifität bei mehreren *Phengaris*-Arten (*Maculinea*) durchführten; Sie kamen zu dem Schluss, dass die „Entdeckungen bekannter Ameisenwirte bei drei europäischen Arten (*alcon, rebeli, teleius*) mit der Anzahl der untersuchten Ameisen zunehmen", und stellten fest, dass eine gewisse lokale Assoziation mit einer besonders häufig vorkommenden *Myrmica*-Art bestehen könnte, was jedoch nicht bedeutet, dass eine echte Wirtsspezialisierung vorliegt. Tatsächlich wurde lange Zeit angenommen, dass jede *Myrmica*-Art jede *Phengaris*-Art aufziehen kann (Malicky 1969), und nach Wardlaw et al. (1998) können alle *Phengaris*-Arten in Labornestern vieler *Myrmica*-Arten überleben, obwohl Elmes et al. (2004) zeigten, dass *Phengaris*-Arten unter Nahrungsstress besser in Nestern ihres „Hauptwirts" überleben.

In einer kürzlich durchgeführten umfassenden Überprüfung und neuen Analyse aller veröffentlichten Daten kommen Tartally et al. (2019, S. 2) zu folgendem Schluss: „Mit einer Ausnahme wurden alle *Myrmica*-Arten, die an *Maculinea*-[*Phengaris*]- Standorten vorkommen, als Wirte erfasst, wobei die häufigste Art oft unverhältnismäßig stark genutzt wird. Teilen und Wechseln der Wirte sind beide relativ häufig, aber es gibt Hinweise auf eine Spezialisierung an vielen Standorten, die unter den *Maculinea*-[*Phengaris*]-Arten variiert."

Offenbar bevorzugt jede *Phengaris*-Art in einer Population eine „primäre Wirtsameisenart" von *Myrmica*, und eine oder einige andere *Myrmica*-Arten könnten als sekundäre Wirte dienen. Dies könnte auch die auf den ersten Blick rätselhafte, aber sehr interessante Entdeckung von Karsten Schönrogge und Mitarbeitern (2004) erklären, die *Phengaris-„rebeli"*- Larven in im Labor gezüchtete *Myrmica*-Kolonien einführten. Sie fanden heraus, dass nach der Adoption der Raupen in das Brutnest der Ameisen 90 % der Myrmekophilen die ersten 48 h in einer *M.-schencki*-Kolonie überlebten; in Nestern anderer *Myrmica*-Arten überlebten jedoch nur 45–60 %. Sobald jedoch die Hürde der ersten 48 h überwunden war, kamen dieselben Raupen in jedem *Myrmica*-Nest gut zurecht. Die Autoren vermuten, dass dies auf die größere Ähnlichkeit des anfänglichen Kohlenwasserstoffmusters der Oberfläche von *P. „rebeli"* mit dem des Hauptwirts *M. schencki* zurückzuführen sein könnte. Die Autoren beobachteten außerdem, dass *P. „rebeli"* etwa 6 Tage nach der Adoption der Raupe in einem *M.-schencki*-Nest ein komplexeres Kohlenwasserstoff-profil besaß, das dem der Wirtsameisen stark ähnelte. Sie gehen davon aus, dass die Raupen in der Lage sind, diese spezifischen Kohlenwasserstoffprofile selbst zu erzeugen, da ähnlich schnelle Anpassungen nicht beobachtet wurden, wenn die Raupen in Nester anderer *Myrmica*-Arten gesetzt wurden (Schönrogge et al. 2004; Elmes et al. 2004; Thomas et al. 2005; siehe auch Thomas et al. 2013).

Eine alternative Erklärung könnte sein, dass die spezifischen Kohlenwasserstoffmischungen der Wirtsameisen von ihnen auf die *Phengaris*-Raupen übertragen werden, während sie die myrmekophilen Larven pflegen und füttern. Wie in Kap. 3 erläutert, werden Kohlenwasserstoffe bei Ameisen, wie bei allen Insekten, von den Oenozyten im Körper hergestellt und in die Postpharynxdrüse der Ameisen zur Speicherung und späteren Verteilung transportiert. Dieses Organ ist nicht nur eine wichtige Quelle für die Kohlenwasserstoffe, sondern trägt auch zur flüssigen Nahrung bei, mit der die Larven und wahrscheinlich auch die myrmekophilen Larven gefüttert werden (Hölldobler und Wilson 1990). Darüber hinaus werden die Kohlenwasserstoffe auf dem Körper jeder Ameise verteilt, wenn sie sich und ihre Nestgenossen putzt. Dieser Vorgang hat nicht nur eine sozialhygienische Funktion, sondern ist auch ein Mittel zur Homogenisierung und Verteilung der einzigartigen cuticulären Kohlenwasserstoffmischungen der Kolonie, von denen man annimmt, dass sie die chemische Signatur der Kolonie darstellen (Lahav et al. 1999; Lenoir et al. 2001; d'Ettorre et al. 2002; Hölldobler und Wilson 2009). Es ist denkbar, dass die *Phengaris*-Raupen, die von den Ammenameisen abgeleckt und gepflegt werden, ebenfalls mit den Kohlenwasserstoffmischungen der Kolonie überzogen werden. Dieser Prozess könnte sich bei *P.*-„*rebeli*"-Raupen, die in andere *Myrmica*-Arten eingeführt wurden, verzögern, da ihr primäres (vor der Adoption) Kohlenwasserstoffmuster dem von *Myrmica schencki* etwas ähnlicher ist als dem anderer *Myrmica*-Arten. In der Tat scheinen einige der von Schönrogge et al. (2004) berichteten Ergebnisse diese Hypothese zu unterstützen, während andere dies nicht tun.

Hier ist eine Zusammenfassung ihrer rätselhaften Ergebnisse: Als die Raupen von *P.* „*rebeli*" im vierten Larvenstadium in *Myrmica schencki*, *M. sabuleti* und *M. rubra* eingeführt und nach 3 Wochen die cuticulären Kohlenwasserstoffgemische der Raupen mit denen der 3 Ameisenarten verglichen wurden, stellten die Autoren fest, dass „die Kohlenwasserstoffprofile der Raupen nach der Adoption den Profilen der Ameisenkolonien der Nicht-Wirtsarten ähnlicher waren (78 %, 73 %) als die der Raupen, die in Kolonien von *M. schencki* aufgezogen wurden (42 % Ähnlichkeit)." Wurden die Raupen aus dem *M.-schencki*-Nest 4 Tage lang isoliert, änderte sich ihr cuticuläres Kohlenwasserstoffprofil nicht. Im Gegensatz dazu sank die Ähnlichkeit der Kohlenwasserstoffprofile von Raupen, die aus den Kolonien von *M. sabuleti* und *M. rubra* isoliert wurden, auf 52 % bzw. 56 %. Allerdings wurden „6 vermutlich neu synthetisierte Verbindungen auf der isolierten Raupe nachgewiesen, die nicht von *M. sabuleti* und *M. rubra* stammen konnten (und auch nicht in Raupen vor der Adoption vorkamen), von denen 5 auf dem natürlichen Wirt *M. schencki* gefunden wurden." Die Autoren spekulieren, dass „diese neuen Verbindungen möglicherweise auf den hohen Rang zurückzuführen sind, den die Raupen in der Hierarchie der *M.-schencki*-Sozietäten einnehmen." Da 5 dieser 6 Verbindungen auch bei Mitgliedern der

M.-schencki-Wirtskolonie vorkommen, fragt man sich, wie diese 6 Verbindungen für den „hohen Rang" der Raupen verantwortlich sein können. Darüber hinaus scheint es einen Widerspruch zu geben, denn in einer späteren Arbeit (Barbero et al. 2009) behaupten die Autoren, „dass weder Betteln noch chemische Mimikry den hohen Rang von *Phengaris* ,*rebeli*' in der sozialen Hierarchie seines Wirts erklären."

Auf jeden Fall haben Casacci et al. (2019b) in einer Reihe von Studien, einschließlich einer kürzlich veröffentlichten umfassenden populationsbiologischen Untersuchung der Wirtsspezifität und „chemischen Mimikry" von *Phengaris „rebeli",* lokale Variationen in der Wirtsspezifität gefunden, „die mit den Ähnlichkeiten in den chemischen Profilen von Wirten und Parasiten an unterschiedlichen Standorten übereinstimmen." Dies ist in der Tat die erste Feldstudie, die die Korrelation zwischen den Ähnlichkeiten der cuticulären Kohlenwasserstoffprofile von *P.-„rebeli"*-Larven und denen der Wirtsarbeiterinnen von *Myrmica*-Arten gemessen hat. Diese Feldstudien bestätigten, dass die Oberflächenkohlenwasserstoffprofile der *P. „rebeli"*-Raupen aus den meisten Populationsstudien im Vergleich zu denen anderer *Myrmica*-Arten näher an *M. schencki* lagen. Allerdings wiesen die Raupen einer *P. „rebeli"*-Population vor der Adoption Kohlenwasserstoffprofile auf, die denen von *M. lobicornis* ähnelten. In dieser Population wurde eine große Anzahl von *P. „rebeli"*-Larven und -Puppen in *M.-lobicornis*-Kolonien gefunden. Darüber hinaus fanden Casacci et al. (2019b) eine Population, in der die Kohlenwasserstoffprofile von *P. „rebeli"* vor der Adoption denjenigen von *M. sabuleti*-Arbeitern am nächsten kamen, die sich als Hauptwirt der Raupen in dieser Population herausstellte. Diese umfassende Studie bestätigt also, dass die Wirtsspezifität in verschiedenen Populationen variieren kann und dass eine *Phengaris*-Art aus mehreren Ökotypen bestehen kann, die an eine bestimmte *Myrmica*-Art angepasst sind. Diese Wirtspräferenz ist jedoch nicht streng exklusiv.

Wir haben *Phengaris „rebeli"* besondere Aufmerksamkeit gewidmet, weil für diese Gruppe in der Literatur die umfangreichsten Daten zusammengetragen wurden. David Nash, Koos Boomsma und ihre Mitarbeiter, die *P. alcon* in Dänemark studierten, haben ähnliche Ergebnisse für diese Art (Ökotyp) gefunden (Gadeberg und Boomsma 1997; Als et al. 2001, 2002; Nash et al. 2008).

All diese vergleichenden Studien der cuticulären Kohlenwasserstoffprofile der Myrmekophilen und der Wirtsameisenarten lassen gewisse Korrelationen erkennen, aber experimentelle Beweise für ihre Funktion sind noch rar. Der Mechanismus, der dem Erwerb eines wirtsspezifischen cuticulären Kohlenwasserstoffprofils durch *Phengaris*-Raupen nach der Adoption zugrunde liegt, ist noch lange nicht geklärt. Eine neuere Studie über endosymbiotische Mikroben deutet darauf hin, dass sie an der Biosynthese von Lipiden beteiligt sind und „möglicherweise an der chemischen Mimikry von *Phengaris* mitwirken könnten" (Di Salvo et al. 2019; Szenteczki et al. 2019). Diese neuen Studien könnten völlig neue Perspektiven für das Verständnis dieser komplexen, interspezifischen chemischen Interaktionen in Ameisengesellschaften eröffnen.

Zusammenfassend lässt sich sagen, dass die früher vertretene und leidenschaftlich verteidigte Annahme, dass jede *Phengaris*-Art eine bestimmte *Myrmica*-Wirtsart hat, nicht für größere geografische Bereiche gilt. Casacci et al. (2019b) weisen darauf hin, dass verschiedene *Phengaris*-Arten unterschiedliche Neigungen haben, mehrere *Myrmica*-Wirte zu nutzen oder ihre Wirte zu wechseln. Es könnte sogar Wirtsnetzwerke geben, und myrmekophile Parasiten können in mehreren nachfolgenden Generationen aufgrund eines evolutionären Wettrüstens zwischen ihnen wechseln.

David Nash und seine Mitarbeiter (Nash et al. 2008) haben genau so einen Fall beschrieben. Sie untersuchten *Phengaris alcon* in Dänemark und bestätigten eine gewisse Wirtsspezifität mit *M. rubra*. In diesem geografischen Gebiet kann *P. alcon* jedoch sowohl mit *M. rubra* als auch gelegentlich mit dem sympatrischen *M. ruginodis* vorkommen. Sie entdeckten geografische Variationen in den cuticulären Kohlenwasserstoffprofilen von *M. rubra*, die auch eine erhebliche geografische Differenzierung zwischen den *M.-rubra*-Populationen widerspiegeln. Die Autoren stellten die Hypothese auf, dass diese Variationen auf ein koevolutives „Wettrüsten" zwischen Wirten und Parasiten zurückzuführen sind. Durch die Produktion abweichender Kohlenwasserstoffprofile könnte die Wirtsart den Parasitismus durch *P. alcon* unterdrücken, das heißt, der Parasit könnte leichter als Eindringling erkannt und zurückgewiesen werden. Nash et al. (2008) zufolge sind die Populationen von *M. ruginodis* dagegen viel breiter gefächert, sodass die Kohlenwasserstoffprofile zwischen den geografischen Populationen nicht wesentlich variieren. Obwohl die Oberflächen-Kohlenwasserstoffprofile der *Phengaris*-Raupen denen von *M. ruginodis* weniger gleichen als denen einiger *M. rubra*-Populationsgruppen, ist die Übereinstimmung gut genug, um von *M. ruginodis* aufgenommen zu werden. Nash et al. (2008) kamen zu dem Schluss, dass *M. ruginodis* „möglicherweise einen evolutiven Zufluchtsort für einen Parasiten während Perioden der Gegenanpassung [an] seine bevorzugten Wirte darstellt."

Dies ist eine kluge Interpretation der beschriebenen Fakten, aber es bleiben noch viele Fragen offen, was für diejenigen, die sich mit solch komplexen parasitären Symbiosen beschäftigen, nicht überraschend ist.

Wie bereits erwähnt, ist unserer Ansicht nach nicht nachgewiesen, dass die Aufnahme dieser Bläulingslarven in die Brutkammern der Wirtsameisen auf gewisse Ähnlichkeiten in den Kohlenwasserstoffprofilen der Oberfläche zurückzuführen ist. Die Übereinstimmung der Kohlenwasserstoffprofile könnte für die Zugehörigkeit und den Zusammenhalt der Kolonie von Bedeutung sein und vielleicht eine modulierende Wirkung auf die Interaktionen zwischen Raupen und Wirtsameisen haben, aber die chemischen Schlüsselreize, die von den myrmekophilen Larven ausgehen und die Adoption durch die Wirtsameisen auslösen, sind höchstwahrscheinlich andere chemische Verbindungen. Wir vermuten, dass diese Lycaeniden-Larven Allomone produzieren, die den postulierten Ameisen-Brutpheromonen gleichen. (Für eine Diskussion dieser Fragen siehe auch Pierce et al. 2002).

Hier sind unsere Argumente: Es ist ein weit verbreitetes Phänomen in der Myrmekologie, dass Ameisenlarven und -puppen nicht nur zwischen artgleichen Ameisenvölkern, sondern oft auch zwischen verschiedenen Völkern von Arten derselben Gattung übertragen werden können. Ein solcher Austausch ist sogar mit frisch geschlüpften Arbeiterinnen möglich, die nicht älter als ein paar Tage sind. So gelang es Norman Carlin und Bert Hölldobler (1986, 1987), künstliche Kolonien von Rossameisen (*Camponotus spp.*) zu schaffen, die aus zwei bis vier Arten bestanden. Solche Arbeiterinnen aus gemischten Kolonien griffen, wenn sie mit artgleichen Schwestern aus ihrer Mutterkolonie konfrontiert wurden, ihre echten Geschwister heftig an, nahmen aber bereitwillig Larven aus dieser oder einer anderen Kolonie an. Wir haben ähnliche Beobachtungen bei *Formica*-Arten gemacht, und frühere Myrmekologen, insbesondere Adele M. Fielde (1903, 1904) und Luc Plateaux (1960a, b, c), haben Studien mit solchen künstlich gemischten Ameisenkolonien durchgeführt. So werden innerhalb einer Gilde artgleicher oder phylogenetisch eng verwandter Arten Larven und Puppen leicht von Kolonien anderer Arten angenommen und ein Phänomen, das von dulotischen Sklavenhalterameisenarten ausgebeutet wird, die die Brut aus Nestern phylogenetisch eng verwandter Ameisenarten stehlen. Sobald diese „gestohlenen" Puppen in dem fremden Nest schlüpfen, nehmen die jungen Arbeiterinnen langsam den koloniespezifischen Nestgeruch an und fungieren als Arbeiterinnen in einer fremden Kolonie. Sie erleiden einen totalen Verlust ihrer Fitness, erhöhen aber die Fitness ihrer nicht verwandten Nestgenossen, weshalb sie auch als „Sklavenameisen" bezeichnet werden. Bert Hölldobler entdeckte, dass die Larven der Myrmekophilen *Lomechusa* und *Lomechusoides* ebenso leicht wie Ameisenlarven in Kolonien verschiedener *Formica*-Arten übertragen werden können. Dies deutet darauf hin, dass es ein Brutpheromon gibt, das von den myrmekophilen Larven imitiert wird. In der Tat gibt es gute Belege für das Vorhandensein von Brutpheromonen bei Ameisen. Man denke beispielsweise an die detaillierten experimentellen Studien von John Walsh und Walter Tschinkel (1974), die nachwiesen, dass bei den Feuerameisen (*Solenopsis invicta*) ein nicht flüchtiges Kontaktbrutpheromon über die gesamte Cuticula der Larven und Puppen verteilt ist. Obwohl es nicht möglich war, die Pheromone zu isolieren, konnte die Brut durch Extraktion ihrer Attraktivität beraubt werden. Die Autoren schlussfolgerten: „Es gibt stichhaltige Beweise für ein Brutpheromon. Das Erkennen und Eintragen von Haut- und Larvenkörperextrakten auf Löschpapier, das Fortbestehen des Signals über so lange Zeiträume nach dem Tod (72 h), trotz der Verunstaltung der Larvencuticula und der Fähigkeit organischer Lösungsmittel, das Signal zu zerstören, ohne die Cuticula sichtbar zu verändern, sind zwingende Beweise für ein Pheromon" (Walsh und Tschinkel 1974, S. 702). Ähnliches berichtete Murray V. Brian (1975) über Ergebnisse von *Myrmica rubra* und *M. scabrinodis*. Er konnte aus den *Myrmica*-Larven eine Substanz extrahieren, die „unlöslich in Hexan, Wasser, Methanol und 70-prozentigem Ethanol, aber löslich in Aceton, Ether und Chloroform" war, und er vermutete, dass die Verbindung oder Verbindungen als Brutpheromone fungieren. In einer einfachen Verhaltensanalyse untersuchte Stephen Henning (1983b) die vermeintliche Nachahmung der Ameisenbrutpheromone bei Larven von zwei südafrikanischen Bläulingsarten: *Aloeides dentatis*, deren Larven in Nestern der Ameise *Lepisiota (Acantholepis) capensis* leben, und *Lepidochrysops ignota*, deren Larven im Brutnest der Ameise *Camponotus niveosetosus* vorkommen. Henning verwendete das Lösungsmittel Dichlormethan, um Verbindungen aus den Larven der Wirtsameisen und der Myrmekophilen zu extrahieren, und trug die Extrakte auf „Mais auf, der so stark zerkleinert wurde, dass die Ameisen ihn aufnehmen konnten". „Maisgrütze", die in Larvenextrakten „gebadet" war, wurde signifikant besser in die Brutnester aufgenommen als Körner, die nur mit dem Lösungsmittel kontaminiert waren (Kontrollen), wobei es keinen Unterschied zwischen den Larvenextrakten von Wirtsameisen oder Lycaeniden-Myrmekophilen gab. Henning testete den Larvenextrakt einer dritten Bläulingsart, *Euchrysops dolorosa*, die nicht auf Ameisen angewiesen ist. Die Arbeiterinnen von *Lepisiota capensis* ignorierten die in dem Larvenextrakt gebadeten Körner, ebenso wie *Camponotus niveosetosus*. *Camponotus maculatus* zeigte anfangs ein gewisses „Interesse", indem sie die Grütze mit ihren Fühlern inspizierte, sie aber schließlich zum Abfallhaufen brachte.

Die sehr detaillierte Analyse des Brutpheromons bei *Solenopsis invicta* durch Walsh und Tschinkel (1974) zeigt deutlich, dass dieses Pheromon wahrscheinlich nicht flüchtig ist und kaum intakt extrahiert werden kann. Hölldobler (1967, und unveröffentlichte Daten) konnte jedoch mit Aceton (Dimethylketon) Verbindungen aus den Larven der myrmekophilen Kurzflügler *Lomechusoides* und *Lomechusa* extrahieren, die, wenn sie auf Filterpapierattrappen präsentiert wurden, bei den Wirtsameisen eine gewisse Adoption auslösten. Anschließend wurden diese Attrappen bald weggeworfen, während frostgetötete Käferlarven, die von den Arbeiterinnen leicht angenommen wurden, mehrere Tage lang im Brutnest verblieben. Extrahierte und getrocknete Käferlarven wurden dagegen nicht angenommen und von den Ameisen ebenfalls entsorgt. Offensichtlich sind diese extrahierten Brutpheromone oder ihre Nachahmungen nicht sehr oder gar nicht flüchtig, was man von einem effektiven Brutpheromon erwarten sollte (siehe auch Kap. 8). Im folgenden Abschnitt wird dieser Vorschlag unter einem etwas breiteren Blickwinkel näher erläutert.

In diesem Zusammenhang ist die Arbeit von Fiedler et al. (1992) von großem Interesse. Sie untersuchten die „Adoptionssubstanz", die von den Raupen der Bläulingsart *Glaucopsyche lygdamus* produziert wird. Gewebepräparate aus der dorsalen und ventralen Epidermis der *Glaucopsyche*-Larven wurden in Dichlormethan extrahiert. In einer Reihe von Verhaltensversuchen mit der Wirtsameise *Formica altipetens* wiesen die Autoren nach, dass die Extrakte der dorsalen Larvenhaut im Vergleich zu Extrakten der ventralen Haut deutlich bevorzugt wurden. Diese Tests zeigten auch, dass die Reaktion der Ameisen (intensives Trommeln mit den Antennen auf der Stelle mit dem Extrakt der Larvenrückenhaut) identisch ist mit der Reaktion, die die Ameisen bei Berührung der *Glaucopsyche*-Larven zeigen. Offensichtlich ist diese Verbindung nicht oder kaum flüchtig, denn die Ameisen orientieren sich nicht an einem schwachen Luftstrom, der über die Extrakte geleitet wird. Darüber hinaus deuten einige Indikatoren darauf hin, dass es sich um eine Substanz mit geringer Polarität handelt.

Wie wir gelernt haben, können Ameisenlarven, Puppen und frisch geschlüpfte Arbeiterinnen problemlos von einem Volk zu einem anderen übertragen werden, oft sogar zu Völkern anderer Arten, aber nach ein paar Tagen werden die erwachsenen Tiere von einem anderen Volk nicht mehr akzeptiert. Zumindest ist dies bei den meisten monogynen Ameisenarten der Fall. Diese Ablehnung fremder Ameisen beruht höchstwahrscheinlich auf einem koloniespezifischen Geruch, der aus individuell produzierten Mischungen von cuticulären Kohlenwasserstoffen besteht, die kontinuierlich gemischt und durch gegenseitiges Putzen unter den Koloniemitgliedern verbreitet werden. Auf diese Weise entsteht ein sogenannter Koloniegestaltgeruch, der zusätzlich durch Geruchsstoffe aus der Umwelt moduliert werden könnte (siehe Kap. 3). Junge Arbeiterinnen nehmen diesen spezifischen Koloniegeruch innerhalb von 8 bis 10 Tagen nach dem Ausschlüpfen an, und wir sollten davon ausgehen, dass auch die Ameisenlarven diese Verbindungen, die den Koloniegeruch ausmachen, an sich tragen oder damit kontaminiert sind. Natürlich wissen wir heute, dass die cuticulären Kohlenwasserstoffmischungen bei Ameisen nicht nur art- und koloniespezifische Muster enthalten, sondern auch das Alter und damit die Arbeitsrolle der Arbeiterinnen, und nicht zuletzt den Fruchtbarkeitsstatus der reproduktiven Weibchen widerspiegeln (siehe Kap. 3). Dennoch scheint es unwichtig zu sein, ob die Kohlenwasserstoffmischungen an der Oberfläche von Ameisenlarven art- oder koloniespezifisch sind, denn erwachsene Koloniemitglieder diskriminieren, wenn überhaupt, nicht stark gegenüber Larven aus Kolonien fremder Artgenossen oder sogar Gattungsgenossen. Wir vermuten, dass der Koloniegeruch, der an den Brutstadien haftet, durch die Brutpheromone überdeckt wird, die nicht koloniespezifisch sind. Es ist auch denkbar, dass diese Pheromone, die Brutpflege auslösen, in der Hierarchie der sozialen Pheromone eine hohe Stellung einnehmen und daher alle koloniespezifischen Geruchsstoffe „dominieren" (Hölldobler 1977; Hölldobler und Carlin 1987). Hölldobler (1977) argumentierte, dass die Annahme einer hohen Position des Brutpheromons in einem postulierten Pheromonsystem auch bedeuten würde, dass das sogenannte Q/K-Verhältnis – das Verhältnis der freigesetzten Pheromonmoleküle zur Reaktionsschwellenkonzentration (Bossert und Wilson 1963) – sehr niedrig sein sollte. Das heißt, der aktive Raum um die Pheromonquelle sollte sehr eng sein. Bei einem hohen Q/K wäre das Nest mit dem dominanten Signal übersättigt, und die Gerüche der Kolonie und andere chemische Signale wären fast wirkungslos. Die Beobachtungen, dass die Brutpheromone nicht flüchtig sind, oder eine geringe Flüchtigkeit aufweisen und nur in sehr geringem Abstand wirksam sind, stützen diese Annahme.

Wie bereits angedeutet, wurde das Fehlen einer ausgeprägten Brutdiskriminierung, selbst bei einigen eng verwandten Ameisenarten, von sozialparasitischen Ameisen ausgenutzt, die entweder ihre Kolonien innerhalb einer Wirtskolonie gründen oder sogenannte Sklavenraubzüge durchführen, bei denen sie die Brut von eng verwandten Nachbararten rauben (Hölldobler und Wilson 1990); ebenso kann es auch von einer Reihe von myrmekophilen Arten ausgenutzt worden sein, die in den Brutkammern ihrer Ameisenwirte leben, wie z. B. die Kurzflügler (Aleocharinae) *Lomechusoides* und *Lomechusa* (Hölldobler 1967, 1970b, S. 971). Es wäre lohnenswert verhaltensphysiologisch zu untersuchen, ob die Larven von *Phengaris alcon* und andere *Phengaris*-Arten Brutpflegepheromone ihrer Wirtsameisenarten nachahmen, vielleicht sogar auf „supernormale" Weise.

Phengaris „rebeli" und *P. alcon* verfolgen in ihren Interaktionen mit ihren Wirtsameisen die sogenannte Kuckucksstrategie, das heißt, die Ameisen behandeln sie wie ihre eigenen Larven, obwohl die Raupen auch die Eier und kleinen Larven der Ameisen fressen. Sie erhalten von den Ameisen regurgitierte Flüssignahrung, und die Ameisen scheinen die Raupen gegenüber ihren eigenen Larven zu bevorzugen. Dies ist höchstwahrscheinlich nicht auf die Nachahmung der Kohlenwasserstoffprofile der Ameisen zurückzuführen. Wie wir bereits angedeutet haben, könnten die Larven des „Kuckuck" *Phengaris* ein mutmaßliches Brutpheromon der Ameisenlarven auf supernormale Weise imitieren, oder es könnten andere Signalmodalitäten beteiligt sein. In der Tat sind chemische Merkmale und Signale nicht die einzige Art der Kommunikation zwischen den myrmekophilen Lycaeniden und ihren Ameisenwirten; die andere, lange Zeit unbeachtete Art ist vielleicht die Vibrationskommunikation.

Philip J. DeVries gehörte zu den ersten Wissenschaftlern, die die Bedeutung einer solchen Vibrationskommunikation zwischen myrmekophilen Lycaenidae- und Riodinidae-Schmetterlingen und Ameisen erkannten (DeVries 1990, 1991a, b, c, d, 1992; DeVries et al. 1993). In späteren Studien wurde berichtet, dass Larven und Puppen des „Kuckuck"-*Phengaris „rebeli"* Laute nachahmen, die die Königinnen der *Myrmica*-Wirte erzeugen (Barbero et al. 2009; Schönrogge et al. 2017).

Die adulten Tiere von vier Ameisenunterfamilien erzeugen Stridulationslaute, indem sie ein Plectrum auf dem dritten dorsalen Abdominalsegment (Postpetiolus) über eine Riffelplatte (Pars stridens) auf dem vierten dorsalen Abdominalsegment (erstes Segment der Gaster) schaben (Markl 1967, 1968, 1973, 1983; Hölldobler und Wilson 1990; Ruiz et al. 2006). Trotz gelengtlicher Behauptungen (Hickling und Brown 2000) gibt es keine gesicherten Beweise dafür, dass Ameisen Luftgeräusche wahrnehmen können (Roces und Tautz 2001), obwohl Ameisen äußerst empfindlich auf Vibrationen des Untergrunds reagieren (Autrum 1936; Markl 1970; Roces und Hölldobler 1995). Sie nehmen diese Vibrationen über das sogenannte Subgenualorgan wahr, das sich in der Tibia aller Beine befindet. Es besteht aus speziell angeordneten Scolopidialsensillen (Markl 1970; Menzel und Tautz 1994; Hill 2009b).

Barbero et al. (2009) stellten fest, dass das Stridulationsorgan der Königinnen von *Myrmica schencki* eine 44 % längere Riffelplatte und 33 % breitere Lücken zwischen den Rippen auf der Platte aufweist als das der Arbeiterinnen. Diese mechanischen Unterschiede bewirken, dass die Königinnen einen deutlich anderen Klang erzeugen. Es wurde berichtet, dass diese „Königinnenlaute" denen, die von den Larven und Puppen von *Phengaris „rebeli"* erzeugt werden, ähnlicher sind als den von den Arbeiterinnen erzeugten Lauten. Die „Puppenrufe" werden durch einen Stridulationsapparat erzeugt, der sich zwischen dem fünften und achten Hinterleibssegment befindet. Wie die *Phengaris*-Larven die Laute erzeugen, ist noch nicht bekannt, aber Indizien und morphologische Untersuchungen von K. G. Schurian und Konrad Fiedler (1991, 1994) deuten darauf hin, dass die von den Lycaeniden-Larven erzeugten Laute durch Muskelkontraktion im Hinterleib entstehen könnten, oder sie resultieren aus sklerotisierten Strukturen zwischen dem vierten und siebten Segment, die bei der mutualistischen Bläulingsart *Arhopala madytus* gefunden wurden (Hill 1993; Barbero et al. 2009). Travassos et al. (2008) entdeckten, dass die Larven des Würfelfalters *Eurybia elvina* (Riodinidae) „substratgebundene Vibrationen erzeugen, indem sie eine mit Zähnen besetzte Zervikalmembran gegen halbkugelförmige Erhebungen reiben, die entlang der Oberfläche des Kopfes verteilt sind".

In einer Reihe von Verhaltensstudien testeten Barbero et al. (2009) die Reaktion von *Myrmica*-Arbeiterinnen auf Playback-Töne und stellten „verstärkte wohlwollende Reaktionen fest, die denen ähneln, die durch Ameisenköniginnenlaute hervorgerufen werden". Weiter heißt es: „Wir fanden keine signifikanten Unterschiede im Verhalten der Ameisen auf Rufe der Puppen von *Maculinea (Phengaris)* und denen der *Myrmica*-Königinnen in den vier registrierten Antwortreaktionen (Abwehr, Antennation, Aggregation, Wachehalten). Die Rufe der Puppen lösten in Arbeiterinnen sechsmal häufiger die Königin-Wache aus, als dies der Fall war, wenn die Arbeiterinnengeräusche abgespielt wurden". Die Autoren vermuten, dass die *Phengaris*-Larven und -Puppen aufgrund der königinnenähnlichen Vibrationssignale von den Arbeiterinnen der Wirtsameisen „bevorzugt" behandelt werden, und sie vermuten, „dass die regionale Wirtsspezifität in *Maculinea*-[*Phengaris*]-Populationen zunächst durch chemische Mimikry vermittelt wird, aber sobald der Eindringling aufgenommen und als Mitglied einer Wirtsgesellschaft angenommen wird, ahmt er erwachsene Ameisen (insbesondere Königinnen) akustisch nach, um in der Koloniehierarchie die höchste erreichbare Position einzunehmen" (Barbero et al. 2009, S. 785).

Die Autoren geben auch an, dass in früheren Experimenten von Akino et al. (1999), bei denen inerte Attrappen verwendet wurden, die mit Extrakten cuticulärer Kohlenwasserstoffe aus Ameisenlarven bzw. aus *Phengaris*-„*rebeli*"-Raupen beschichtet waren, die ersteren immer wieder vor den letzteren aufgenommen wurden. Auch in einer Notsituation werden lebende *P. „rebeli*"-Larven immer zuerst von den Arbeiterinnen der Wirtsameise aufgenommen und in Sicherheit gebracht (siehe Thomas et al. 1998; Thomas et al. 2005). Barbero et al. (2009) stellten die Hypothese auf, dass dies auf die von den *Phengaris*-Larven und -Puppen erzeugten Geräusche zurückzuführen ist. Besonders frappierend ist, dass die *M. schencki*-Königinnen, laut Interpretation der Autoren, die Puppen von *P. „rebeli*" mit den konkurrierenden Königinnen zu verwechseln scheinen und mit heftiger Rivalität und Feindseligkeit reagieren.

Obwohl diese Ergebnisse faszinierend sind, halten wir es für wünschenswert, diese in einer sehr künstlichen Umgebung gewonnenen Daten mit den natürlichen sozialen Verhältnissen der Wirtsameisen in Beziehung zu setzen. Die Autoren beschreiben z. B., dass sie eine Laborkultur mit 25 Arbeiterinnen und vier Königinnen und etwas Brut verwendeten, in die sie vier *Phengaris*-Puppen einführten, und sie beobachteten, dass jede der vier Testpuppen von den Königinnen heftig angegriffen wurde. Die Autoren interpretieren dies so, dass die Königinnen die von den Puppen erzeugten Geräusche als Königinnenlaute wahrnehmen und deshalb eine vermeintliche Rivalin angriffen. Wir fragen uns, warum die Ameisenköniginnen ihren Nestgenossinnen, deren Stridulations-„Laute" ihren eigenen ähnlicher sind, keine Feindseligkeit entgegenbringen. Beim Vergleich der veröffentlichten Sonogramme können wir keine auffällige Ähnlichkeit zwischen den Stridulationslauten der *Myrmica*-Königinnen und denen der *Phengaris*-Puppen und -Larven erkennen, außer dass die Frequenzen aller drei niedriger sind als die der Ameisenarbeiterinnen. Dennoch unterscheidet sich die Lautfrequenz der Königin deutlich von der der *Phengaris*-Königin, und die Impulslänge und die Impulswiederholungsrate (zwei Parameter, die bei den meisten Insekten wichtig sind, die Schall- oder Substratvibrationen zur Kommunikation nutzen), sind auffallend unähnlich. Barbero et al. (2009) spielten die aufgezeichneten Stridulationslaute über einen „Miniatur-Lautsprecher" ab und zeichneten die Verhaltensreaktion von zehn Arbeiterinnen auf, die in einer 7 cm mal 7 cm mal 5 cm großen Box untergebracht waren. Zusätzlich wurde ein kleines Stück nasser Schwamm, auf dem drei Ameisenlarven der Arbeiterinnenkolonie lagen, in der Mitte des Kastens platziert. Nach Angaben der Autoren versammelten sich die Ameisen um den Lautsprecher und zeigten eine verstärkte Antennation, wenn aufgezeichnete Stridulationsgeräusche abgespielt wurden, und die „Geräusche von Arbeiterinnen und Königinnen lösten ähnliche Mengen an Antennation aus." Die Laute der Königinnen lösten ein signifikant häufigeres Auftreten von – wie die Autoren es nannten – „Wächterverhalten" aus als die der Arbeiterinnen, und wie bereits erwähnt, lösten die Laute von *Phengaris*-Puppen, die der Arbeiterinnengruppe vorgespielt wurden, sechsmal mehr „Wachehalten bei der Königin" aus als die Laute erwachsener Arbeiterinnen.

Weder in der Veröffentlichung noch in den „unterstützenden Online-Materialien" ist angegeben, ob diese Verhaltenstests „doppelblind" durchgeführt oder auf Video aufgezeichnet und anschließend „doppelblind" ausgewertet wurden. Die von den Autoren beschriebenen Verhaltensreaktionen – Antennation, Stehenbleiben mit erhobenem Kopf, klaffende Mandibeln – werden üblicherweise bei mehreren Ameisenarten beobachtet, die substratgebundene Vibrationssignale wahrnehmen, die durch Stridulation oder Klopfen von Nestgenossen verursacht werden (siehe z. B. Markl und Fuchs 1972; Fuchs 1976a, b). Wir gehen davon aus, dass diese Vibrationen als „Aufmerksamkeitssignal" dienen, das die Reaktionsschwelle auf chemische Auslösesignale, wie z. B. Alarmpheromone, senkt. Solche Signale werden als modulatorische Signale bezeichnet und werden typischerweise bei der Alarm- oder Rekrutierungskommunikation eingesetzt (siehe Markl und Fuchs 1972; Markl 1985; Markl und Hölldobler 1978; Baroni Urbani et al. 1988; Hölldobler und Wilson 1990). Da die von der Königin oder von *Phengaris* erzeugten Laute energiereicher sind, können sie bei den Arbeiterinnen einen größeren Reaktionseffekt hervorrufen. Schließlich möchten wir darauf hinweisen, dass Barbero luftübertragene Geräusche abgespielt hat. Autrum (1936) schlug zwar vor, dass die Arbeiterinnen von *Myrmica rubra* theoretisch auf Geräusche reagieren könnten, die durch Windstimulation verursacht werden, fand aber keinen Beweis dafür, dass sie dies tun. Unseres Wissens gibt es keine gesicherten Beweise dafür, dass Ameisen durch die Luft übertragene Geräusche wahrnehmen, obwohl sie, wie wir oben erwähnt haben, extrem empfindlich auf Vibrationen des Untergrunds reagieren (Autrum 1936; Markl 1967, 1970, 1973, 1985; Masters et al. 1983; Roces et al. 1993; für eine Übersicht siehe Hunt und Richard 2013).

Theoretisch könnte es möglich sein, dass die abgespielten Geräusche in diesen Experimenten von Barbero et al. (2009) Vibrationen in der Testbox verursachten, auf die die Ameisen reagierten. Wie Masters (1980) jedoch eindeutig gezeigt hat, unterscheidet sich die Charakteristik von Luftschall deutlich von den Vibrationskomponenten, und es sind letztere, auf die die Ameisen reagieren.

Leider wurde kein Ethogramm des Stridulationsverhaltens von Königinnen und Arbeiterinnen in einer intakten Laborkolonie zur Verfügung gestellt, sodass es nicht möglich ist zu beurteilen, ob das Stridulationsverhalten wirklich als spezifisches Königinnensignal dient. Wir würden auch vorschlagen, die *Myrmica*-Königin oder *Phengaris*-Puppen experimentell „zum Schweigen zu bringen", indem das Stridulationsorgan mit einem Mikrothermokauter mit Kolophoniumwachs bedeckt wird. Dies würde die Insekten an der Stridulation hindern. Obwohl wir diese Arbeit verblüffend finden, wären weitere Experimente wünschenswert, um die Schlussfolgerungen zu untermauern.

In diesem Zusammenhang möchten wir noch einmal darauf hinweisen, dass Larven und Puppen einer Reihe von Lycaeniden- und Riodininen-Arten Stridulationslaute erzeugen (Downey und Allyn 1973, 1978, 1979; DeVries 1991c, d, 1992), und sogar auch die von einigen Arten, die nicht mit Ameisen vergesellschaftet sind, deren Laute oft am lautesten sind (Konrad Fiedler, persönliche Mitteilung). Wir halten die Hypothese für plausibel, dass die ursprüngliche Funktion dieser stridulatorischen Vibrationen die Verteidigung war, wie es bei mehreren anderen Insektenarten der Fall ist (Masters 1980). Mit der Entwicklung engerer Beziehungen zu Ameisen könnten diese durch die Stridulation verursachten Substratvibrationen sekundär zu einem Warnsignal geworden sein, das die anwesenden Ameisen dazu veranlasst, „aufzupassen" und vielleicht näher an das stridulierende Subjekt heranzurücken. Mark Travassos und Naomi Pierce (2000) lieferten den experimentellen Beweis dafür bei *Jalmenus evagoras*. Sie zeigten, dass die Schmetterlingspuppen stridulieren, wenn sie durch eine Perturbation gestört werden. Ameisen, die sich in der Nähe befinden, reagieren darauf, indem sie sich auf die Puppe zubewegen. Die Autoren führten eine Reihe von Experimenten mit Puppenpaaren durch, bei denen Testpuppen experimentell stummgeschaltet wurde. Zu der intakten Puppe, die stridulieren konnte, kamen signifikant mehr Ameisen als zu dem stummen Exemplar. Travassos und Pierce kamen zu dem Schluss, dass die Bläulingspuppen Vibrationssignale einsetzen, um die Anzahl der Ameisen, die sie besuchen, zu regulieren, oder dass sie die Attraktivität der Porenkuppeln der Puppe für die Ameisen modulieren. Schließlich wollen wir noch darauf hinweisen, dass Travassos et al. (2008) ein neuartiges Organ und einen neuen Mechanismus für die Geräuscherzeugung der Riodininen-Raupen beschrieben haben.

Bis vor Kurzem war die Kuckucksstrategie nur von Bläulingsarten bekannt. Lucas A. Kaminski und seine Kollegen (Kaminski et al. 2020) haben den ersten Fall dieser Art von Myrmekophilie bei den Würfelfaltern (Riodinidae) beschrieben. Dies ist ein bemerkenswerter Fall von konvergenter Evolution. Hier berichten wir die Zusammenfassung der Beobachtungen der Autoren: (1) „*Aricoris-gauchoana*-Weibchen legen Eier in der Nähe von Honigtau produzierenden Hemipteren, die von speziellen *Camponotus*-Ameisen gepflegt werden; (2) frei lebende Raupen ernähren sich von Flüssigkeiten (Honigtau und Ameisenregurgitationen); und (3) ab dem dritten Larvenstadium werden die Raupen von Ameisen als ‚Kuckucke' im Ameisennest gefüttert und gepflegt." Die Autoren stellten fest, dass der Lebenszyklus dieser Riodininen-Art dem der asiatischen Bläulingsart *Niphanda fusca* trotz einer Divergenz von 90 Mio. Jahren sehr ähnlich ist, und sie machten die wichtige Beobachtung, „dass konvergente Interaktionen für die evolutionäre Entwicklung ähnlicher funktioneller Merkmale bei sozialen Parasiten wichtiger sein können als phylogenetische Nähe."

4.2.2 Räuberische Phengaris-Arten

Im Gegensatz zu den „Kuckucks-*Phengaris*", die den Hauptteil ihrer Nahrung durch Trophallaxis mit Ammenameisen erhalten, ernähren sich die räuberischen Arten *P. arion* und *P. teleius* von der Ameisenbrut (Abb. 4.18 und 4.19). Auch sie bleiben bis zum vierten

Abb. 4.18 Der Bläuling *Phengaris arion*. (Mit freundlicher Genehmigung von Marcin Sielezniew)

Larvenstadium auf ihren Futterpflanzen, lassen sich dann zu Boden fallen und werden schließlich von *Myrmica*-Arbeiterinnen aufgenommen (Abb. 4.20).

Der Adoptionsprozess verläuft jedoch nicht so reibungslos wie bei *P. „rebeli"* oder *P. alcon*. Es kann mehr als eine Stunde dauern, bis die Raupe von einer Ameisenarbeiterin aufgenommen und ins Nest getragen wird. Bei diesen räuberischen *Phengaris*-Arten scheint das dorsale Nektarorgan der Raupe (Newcomer-Drüse), das sich auf dem siebten Hinterleibssegment befindet, eine viel größere Rolle bei der Adoption zu spielen als bei den sozialparasitischen *Phengaris*-Arten (*P. „rebeli"* und *P. alcon*). Obwohl diese parasitären Arten ebenfalls mit einem solchen Organ ausgestattet sind, liefert es fast keine Sekrete und hat während des Adoptionsprozesses und im Brutnest der Ameisen möglicherweise keine wichtige Funktion.

Übrigens haben sowohl die „Kuckucks-*Phengaris*"- als auch die räuberischen *Phengaris*-Arten keine Tentakelorgane. Es wird vermutet, dass diese Organe im Laufe der Evolution einer immer engeren Verbindung mit den Ameisen in den Nestern der Wirte überflüssig geworden sind. Da sie dazu dienen, die Ameisen außerhalb des Nestes zu alarmieren, besteht innerhalb des Wirtsameisennestes keine Notwendigkeit dafür. Tatsächlich haben auch andere Lycaeniden-Arten ihre Tentakelorgane verloren als folgerichtige Anpassung an spezialisierte ökologische Nischen, wie z. B. endophytische Arten, und wie bereits erwähnt, Arten, die als Kleptoparasiten oder Räuber in Ameisennestern leben (Fiedler und Maschwitz 1987).

Jedenfalls lecken *Myrmica*-Arbeiterinnen während des mühsamen Adoptionsprozesses von *P. arion* und *P. teleius* häufig die Sekrete aus dem Nektarorgan, die eine Beschwichtigungsfunktion haben könnten. Außerdem befinden sich auf der Oberfläche der Raupe verteilt perforierte Porenkuppeln, die offenbar für die Ameisenarbeiterinnen attraktive Sub-

Abb. 4.19 *Phengaris-arion-Weibchen* bei der Eiablage auf einer Thymianpflanze. Das untere Bild zeigt ein Ei von *P. arion* auf Thymianblüten. (Mit freundlicher Genehmigung von Marcin Sielezniew)

stanzen absondern. Jeremy Thomas (2002) schlug vor, dass während des Leckprozesses ein Teil des Gestaltgeruchs auf die Larven von *P. arion* übertragen wird, was den Adoptionsprozess erleichtert. Konrad Fiedler (1990) beschreibt einen ähnlichen Adoptionsprozess für *P. teleius*, die andere räuberische Art.

Abb. 4.20 Raupe von *Phengaris arion* im dritten Larvenstadium, die von der Futterpflanze auf den Boden gefallen ist. (Mit freundlicher Genehmigung von Peter Eeles). Sobald sie von einer *Myrmica*-Arbeiterin, in diesem Fall *M. rugulosa*, entdeckt wird, wird die Ameise dazu verleitet, am dorsalen Nektarorgan zu lecken, was allerdings nicht sehr produktiv ist. Schließlich trägt die Ameise die Raupe in ihr Nest. (Mit freundlicher Genehmigung von Marcin Sielezniew)

Sobald die Raupe in das Nest eingebracht wurde, lässt sie sich in einer Außenkammer in der Nähe der Brutkammern nieder, wo sie die meiste Zeit während der nächsten etwa 10 Monate bleibt. Zur Nahrungsaufnahme begibt sie sich in die Brutkammern, in denen die größeren Ameisenlarven untergebracht sind, und ernährt sich ausgiebig von der Ameisenbrut, fast ohne dass die Ameisen etwas dagegen unternehmen (Abb. 4.21).

Anschließend kehrt sie an ihren Ruheplatz zurück, wo sie bis zu 10 Tage lang bleiben kann, bevor sie sich erneut an der Ameisenbrut labt. Jeremy Thomas und seine Mitautoren (Thomas et al. 2005) machten eine interessante Beobachtung über die Ergonomie der *Phengaris*-Räuberei: „Indem sie die größte verfügbare Beute fressen, töten sie [*Phengaris*-Larven] zunächst nur diejenigen [Ameisen-]Larven, die sich bald verpuppen und als Nahrung verloren gehen werden. Gleichzeitig lässt man die Larven der zweiten (überwinternden) Kohorte der *Myrmica*-Brut größer werden, bevor sie gefressen werden. In der Folge wer-

Abb. 4.21 Im Ameisennest werden die Raupen von den Ameisen geduldet, während Raupen sich von der Ameisenbrut ernähren. In diesem Fall sind die Wirte *Myrmica lobicornis* (*oberes Bild*) und *Myrmica constricta* (*unteres Bild*) abgebildet. (Mit freundlicher Genehmigung von Marcin Sielezniew)

den wieder die großen Individuen ausgewählt, sodass die kleineren weiterwachsen können." Für weitere ergonomische Berechnungen siehe Thomas und Wardlaw (1992).

Auch bei dieser räuberischen *Phengaris*-Gruppe ist die Wirtsspezifität etwas umstritten. Nach Thomas et al. (2005) werden die Raupen von *P. arion* „mit gleicher Wahrscheinlichkeit von bis zu fünf *Myrmica*-Arten angenommen"; allerdings war „die durchschnittliche Überlebensrate der Raupen in Kolonien von *M. sabuleti* 6,4-mal höher als bei allen anderen Myrmica-Arten". Ebenso überlebt *P. teleius* 2,9-mal besser mit *M. scabrinodis* als mit jeder anderen *Myrmica*-Art, die sie im Feld angenommen hat. *Myrmica scabrinodis*, die der Hauptwirt von *P. teleius* zu sein scheint, würde *P. arion* ohne Weiteres töten. Ob diese Spezifizität auf die Ähnlichkeit der Kohlenwasserstoffprofile oder anderer chemischer Signale zurückzuführen ist, oder ob akustische (Vibrations-)Signale der Wirtsameisen von der Raupe imitiert werden, ist noch nicht klar. Thomas et al. (2005) schreiben: „Die von allen *Maculinea*-[*Phengaris*-]Arten erzeugten schnurrenden Laute unterscheiden sich stark von denen typischer Lycaeniden und ahmen die Stridulationen erwachsener Tiere der Gattung *Myrmica* nach, jedoch nicht die von spezifischen *Myrmica*-Arten (DeVries et al. 1993)", sodass die Vibrationssignale kaum der Grund für die Bindung an bestimmte Wirtsarten sein werden. Neuere Studien (Sala et al. 2014; Riva et al. 2017; Schönrogge et al. 2017) gehen jedoch davon aus, dass die Laute der Lycaeniden spezifischer sind und sogar wirtsameisenspezifische Parameter aufweisen, die – vielleicht in Kombination mit chemischen Signalen – eine Rolle bei der multimodalen Kommunikation zwischen Myrmekophilen und ihren Wirten spielen (Casacci et al. 2019a). Unserer Ansicht nach gibt es dafür noch keine eindeutigen Beweise.

Wie wir bereits erörtert haben, wird die Behauptung, dass *Phengaris*-Arten wirtsspezifisch sind, nicht von allen Wissenschaftlern akzeptiert. Nach unserer Interpretation der Literatur gibt es jedoch zahlreiche direkte und indirekte Hinweise, die darauf hindeuten, dass *Phengaris*-Arten eine populationsbasierte Wirtspräferenz aufweisen, das heißt, die optimale Entwicklung und das Überleben sind in der Regel in Nestern einer bestimmten *Myrmica*-Art möglich. Diese bevorzugte Wirtsart kann in verschiedenen Populationen variieren. Ob dies auf eine gewisse phänotypische Plastizität, auf eine genetische Variation auf Populationsebene (siehe auch die populationsgenetischen Studien von Sielezniew und Rutkowski 2012) oder auf andere ökologische und verhaltensbezogene Parameter zurückzuführen ist, ist derzeit nicht bekannt. Wir bezweifeln jedoch, dass die cuticulären Kohlenwasserstoffmischungen oder die Stimuli der Stridulation eine bedeutende Rolle im Adoptionsprozess spielen, und wenn überhaupt, dann könnten sie die Präferenzen bestimmter Wirtsarten nur geringfügig beeinflussen.

4.3 Räuberische Miletinae, dreiteilige Symbiose und indirekter Parasitismus

Wie wir bereits angedeutet haben, ist die häufigste und wahrscheinlich älteste Form der Assoziation von Lycaeniden mit Ameisen eine fakultativ mutualistische Beziehung, auch wenn die diese selten eine ausgewogene ist, von der jeder Partner gleichermaßen profitiert. Stattdessen neigen diese Beziehungen dazu, sich zu einem vollständigen Parasitismus zu entwickeln. Dies zeigt sich besonders deutlich bei den *Phengaris*-Arten (*Maculinea*), die in den obigen Ausführungen behandelt wurden. Diese Arten haben sich höchstwahrscheinlich von pflanzenfressenden Vorfahren zu Fleischfressern entwickelt, die die Brut der Ameisen fressen und bei einigen Arten den sozialen Nahrungsfluss von Ammenameisen zur Ameisenbrut parasitieren. Diese hochgradig sozial angepassten myrmekophilen Parasiten werden von den Ameisen genauso oder sogar mehr als die Ameisenbrut gehegt und gepflegt. Wahrscheinlich erreichen sie dies, indem sie die wesentlichen Schlüsselreize imitieren, die bei den Ameisen nicht nur Adoption und Schutz, sondern auch „falsches" Brutpflegeverhalten auslösen.

Es gibt jedoch noch mindestens eine andere Art von räuberischen Lycaeniden, deren Raupen in den Brutkammern ihrer Wirtsameisen leben und die Brut der Ameisen „gnadenlos" auffressen. Diese Lycaeniden kopieren offenbar keine sozialen Signale, und trotzdem können die Ameisen sich ihrer nicht entledigen, obwohl sie sie ständig angreifen. Es handelt sich um die Gattung *Liphyra* (Miletinae, Liphyrini), insbesondere um die Art *L. brassolis*, eine der größten Arten der Lycaeniden, die auch als „moth butterfly" bekannt ist. Die Gattung kommt in Indien, Südostasien, Indonesien, den Philippinen, Neuguinea, den Salomonen und Nordaustralien vor (Eastwood et al. 2010). Dies ist das geografische Verbreitungsgebiet der Weberameisenart *Oecophylla smaragdina*, die tatsächlich die häufigste Wirtsart von *L. brassolis* ist. Die abnorme, nacktschneckenähnliche Schmetterlingslarve wurde von der verstorbenen Densey Clyne (2011, S. 1) wie folgt treffend charakterisiert: „Sie hat eine ovale Form und ist von einer Art Panzer bedeckt, einem zähen Integument, das sich schützend um und teilweise unter den Körper wölbt. Der goldbraune Panzer ist an der Oberseite abgeflacht und sieht aus wie ein gut gebackener Apfelkuchen. Er ist völlig unempfindlich gegenüber den Angriffen der Ameisen" (Abb. 4.22 und 4.23).

Dies ist von größter Bedeutung, denn die *Liphyra*-Raupe verbringt den größten Teil ihres Lebens in den Blattzeltnestern, die die Kinderstube der Ameisen darstellen, und ernährt sich von den Larven und Puppen der Ameisen (Johnson und Valentine 1986).

Abb. 4.22 Larve der *Liphyra sp.* (Miletinae) im Brutnest der Weberameise *Oecophylla smaragdina*. (Mit freundlicher Genehmigung von Taku Shimada)

Abb. 4.23 Das *obere Bild* zeigt die Unterseite der *Liphyra*-Raupe mit ihren Gliedmaßen. Die Raupe frisst eine Präpuppe ihrer Wirtsameisen. Das *untere Bild* ist eine Nahaufnahme der Unterseite der *Liphyra*-Raupe, auf der der Kopf, die Mundwerkzeuge und die Vorderbeine deutlich zu sehen sind. (Mit freundlicher Genehmigung von Taku Shimada)

Warum ist der Panzer der *Liphyra*-Raupe, die keine sklerotisierten Cuticularplatten besitzt, ein so wirksamer Schutz gegen Angriffe von *Oecophylla*-Arbeiterinnen, die mit scharfen, spitzen Mandibeln ausgestattet sind? Diese Frage wurde von Steen Dupont geklärt, als er Gaststudent im Labor von Naomi Pierce war (Dupont et al. 2016). Sie führten histologische und rasterelektronenmikroskopische Untersuchungen des Raupeninteguments durch und fanden mehrere strukturelle Neuheiten, die „Schutz vor Ameisenangriffen bieten und gleichzeitig die zum Laufen notwendige Beweglichkeit erhalten." Sie fanden insbesondere heraus, dass es deutliche Unterschiede in den Integumentstrukturen zwischen den frühen und späten Raupenstadien von *L. brassolis* gibt. In den späten Stadien fanden die Autoren die Cuticula „mit lanzenförmigen Setae, die als endocuticuläre Streben fungieren, und mit überlappenden schuppenartigen Sockeln, die ein hartes, flexibles Integument bilden", bedeckt. Bemerkenswert ist, dass diese Strukturen bei den Raupen des frühen Stadiums noch nicht gut entwickelt sind. Stattdessen sind sie mit vielen scheinbaren Sekretionsporen ausgestattet, die über die gesamte Oberfläche des Körpers verteilt sind. Sie scheinen homolog zu den Porenkuppelorganen zu sein, die bei den Larven anderer Lycaeniden-Arten vorhanden sind. Die Sekrete können mutmaßlich aggressives Verhalten in den Wirtsameisen dämpfen. Die Autoren stellten die Hypothese auf, dass „die Bedeutung dieser Poren vermutlich abnimmt, wenn die strukturellen cuticulären Schutzvorrichtungen in späteren Stadien verstärkt werden." Die *Liphyra*-Raupen verpuppen sich innerhalb der Larvenhaut des letzten Stadiums. Das Puparium behält die schützenden Cuticularstrukturen bei. Sie ist fest mit Seide im Ameisennest verankert. Über mehrere Tage hinweg verändert sich seine Form. „Der Panzer schwillt zu einer Kuppel an". Er ähnelt nun „einem schön gebräunten Brotlaib, der im Ofen aufgeht" (Abb. 4.24) (Clyne 2011). Der erwachsene Schmetterling schlüpft aus der Puppenhülle im Ameisennest. Der weiche Körper des Schmetterlings wäre eine leichte Beute für die Ameisen, aber er ist mit bemerkenswert effektiven Verteidigungsmitteln ausgestattet. Am besten zitieren wir wieder Densey Clyne (2011, S. 3), die möglicherweise die Erste war, die die Verpuppung von *Liphyra brassolis* in den Nestern der Weberameisen fotografisch dokumentierte. „Der Hinterleib ist mit einer Masse drahtiger schwarzer Schuppen, und die Flügel und Beine mit glatten weißen Schuppen bedeckt. Ameisen, die die Flügel angreifen, werden sofort weggeschleudert. Ameisen, die versuchen, den Körper zu beißen, verheddern sich mit ihren Mandibeln so sehr, dass sie das Interesse an dem Schmetterling schnell verlieren." Und so verlässt der Schmetterling langsam das Ameisennest, breitet seine Flügel aus und wirft die Schuppen und Haare ab, und dabei vermutlich auch die verbleibenden „verfangenen" Ameisen (Abb. 4.24).

Der mottenähnliche Schmetterling scheint nicht in der Lage zu sein, sich zu ernähren, da sein Rüssel völlig verkümmert ist. Offenbar ist er vollständig auf die im Larvenstadium erworbenen und im Körper gespeicherten Fett- und Proteinreserven angewiesen (Hoskins 2015). Es wird berichtet, dass die Weibchen nach der Paarung ihre Eier an der Unterseite von Baumästen ablegen, an denen Blattzeltnester der Weberameisen existieren. Wie *Liphyra brassolis* sind auch alle anderen Miletinae-Arten aphytophag, das heißt, sie ernähren sich nicht von Pflanzen.

Mit einigen bemerkenswerten Ausnahmen – wie den Raupen von *Liphyra*, die sich ausschließlich von Ameisenbrut ernähren; ihrer rein afrikanischen Schwestergattung *Euliphyra*, deren Larven durch Trophallaxis von Arbeiterinnen ihrer Wirtsameisen, *Oecophylla longinoda*, gefüttert werden; sowie der bemerkenswerten südafrikanischen Gattung

Abb. 4.24 Die Puppe von *Liphyra brassolis*, umgeben von Arbeiterinnen von *Oecophylla smaragdina*. (Auscae/Universal Images Group via Getty Images). Das *untere Bild* zeigt den erwachsenen Schmetterling von *Liphyra*. (Mit freundlicher Genehmigung von Taku Shimada)

Thestor, von der man annimmt, dass ihre 27 beschriebenen Arten fast ausschließlich Ameisen parasitieren, insbesondere *Anoplolepis custodien* – ernähren sich die meisten Miletinae-Arten von Hemiptera (Blattläusen, Schildläusen, Buckelzirpen [Membracidae] und Blattflöhen [Psylloidea]) (Kaliszewska et al. 2015). Bei *Logania malayica* (Miletinae) z. B. ernähren sich die Raupen von Blattläusen, und die erwachsenen Schmetterlinge saugen den von den Blattläusen produzierten Honigtau auf. Ulrich Maschwitz und seine Mitarbeiter (1988) untersuchten die Naturgeschichte dieser „sternorrhynchophagen Miletinae" (die sich von Arten der Unterordnung Sternorrhyncha ernähren) und entdeckten eine bemerkenswerte Vielfalt; (für weitere ausführliche Studien zur ökologischen und verhaltensmäßigen Vielfalt von Miletinae-Arten, die sich von Hemipteren ernähren, siehe Pierce 1995; Lohman und Samarita 2009; Kaliszewska et al. 2015). Die Maschwitz-Studie zeigte beispielsweise, dass sich *Miletus biggsii* von mehreren Blattlausarten sowie von Schildläusen ernährt. All diese Honigtau produzierenden Hemipteren werden von Ameisen besucht, meist von Dolichoderus-Arten. Indizien deuten darauf hin, dass die Weibchen von *Miletus biggsii* und *Logania malayica* die Ameisen als Anhaltspunkt für die Wahl der Eiablageplätze nutzen, ein Phänomen, das auch bei anderen Lycaeniden-Arten zu beobachten ist (z. B. Pierce und Elgar 1985).

Ein weiterer, besonders interessanter Fall ist *Allotinus apries* (Miletinae), bei der sich die jungen Raupen von Schildläusen ernähren und die älteren Raupen von *Myrmicaria lutea*-Ameisen ins Ameisennest getragen werden, wo die Raupen wahrscheinlich die Brut der Ameisen fressen. Tatsächlich wurden im Kartonnest von *M. lutea* Puppen von *Allotinus apries* gefunden, und außerdem wurden junge Lycaeniden-Larven aus dem Nest entnommen. Es war leider nicht möglich festzustellen, ob es sich dabei um *Allotinus*-Larven handelte. Wahrscheinlich waren es Larven von *A. apries*, denn die Autoren haben im Labor beobachtet, dass sich die Lycaeniden-Larven aus den *M. lutea* -Nestern von der Brut der Ameisen ernähren. Puppen von *Allotinus apries* wurden nur in *M. lutea*-Nestern gefunden. Wie bereits erwähnt, fehlen den Larven der Miletinae ein dorsales Nektarorgan und Tentakelorgane, aber sie sind reichlich mit Porenkuppelorganen ausgestattet. Letztere sollen Sekrete produzieren, die bei den Ameisen beschwichtigend wirken, und tatsächlich werden die räuberischen Miletinae-Raupen von den Ameisen, die die trophobiotischen Hemipteren aufsuchen, weitgehend ignoriert. Es ist jedoch nichts darüber bekannt, wie die fortgeschrittenen Stadien der Raupen von *Allotinus apries* bei ihrer Wirtsameise *Myrmicaria lutea* Adoptionsverhalten auslösen.

Ein letztes Beispiel, das wir erwähnen möchten, ist das von der Raupe *Allotinus subviolaceus*, die auf der Schlingpflanze *Uncaria* sp. (Rubiaceae) gefunden wurde. Die Buckelzirpen (Membracidae) auf dieser Pflanze wurden von der Ameisenart *Anoplolepis longipes* (Formicinae) gepflegt. Lycaeniden-Eier und verschiedene Raupenstadien wurden in der Nähe der Membracidae gefunden, und die Raupe ernährte sich nur von den jungen Buckelzirpen-Larven. „Es wurde beobachtet, wie Raupen des zweiten Stadiums und ältere Raupen die Buckelzirpen-Larven des ersten und zweiten Stadiums mit ihren Thorax-Vorderbeinen ergreifen und fressen" (Maschwitz et al. 1988).

Obwohl sich viele Miletinae-Arten von Hemiptera ernähren, sind die Adulten und Larven der meisten dieser Miletinae-Arten in irgendeiner Weise mit Ameisen assoziiert. Maschwitz et al. (1988) bezeichnen dies als „indirekten Parasitismus" bei Ameisen. Indem die Miletinae-Raupen Blatt- und Schildläuse fressen, die den Ameisen nahrhaften Honigtau liefern, wirken sie sich negativ auf diese trophobiotische Ameisen-Hemiptera-Assoziation aus. Eine zweite Art des indirekten Parasitismus oder Parasitismus der dreiteiligen Symbiose (Myrmekophyten, Ameisen, Blattläuse und Schildläuse), die ebenfalls zuerst von Maschwitz und seinen Mitarbeitern festgestellt wurde, ist die Parasitierung der symbiotischen Verbindung von Ameisen mit den Myrmekophyten durch Lycaeniden-Larven (Maschwitz et al. 1984). Ein bemerkenswerter Fall ist die paläotropische Pflanzengattung *Macaranga* (Euphorbiaceae), von der viele Arten in Symbiose mit der Knotenameisengattung *Crematogaster* leben. Die hohlen Internodien der Äste sind ideale Nistplätze für die Ameisen, und außerdem produzieren die Pflanzen in den Nebenblättern der Blätter Futterkörperchen, die von den Ameisen geerntet werden. Im Gegenzug schützen die Ameisen die Pflanzen vor Pflanzenfressern, indem sie jeden Eindringling, der versucht, sich von den Blättern der Pflanzen zu ernähren, heftig angreifen. Bei der pflanzenfressenden Bläulingsgattung *Arhopala* (Theclinae, Arhopalini) versagt diese Verteidigung jedoch. Die Raupen mehrerer Arten dieser Gattung überwinden die Aggression der Ameisen, indem sie die Sekrete ihrer Porenkuppeln, des Nektarorgans, und möglicherweise auch der Tentakelorgane einsetzen. Auf diese Weise können sich die *Arhopala*-Raupen ungestört von *Macaranga*-Pflanzen ernähren und außerdem die Ameisen anlocken, die sie vor Räubern und Parasitoiden schützen.

Aber es gibt auch Ausnahmen. Usun Shimizu-kaya und Kollegen (2013) wiesen nach, dass *Arhopala zylda* im Gegensatz zu anderen *Arhopala*-Arten keine feste Bindung an Ameisenarten hat. Sie werden von den Ameisen auf ihren Wirtspflanzen weder besucht noch angegriffen. Selbst wenn sie anderen Ameisenarten ausgesetzt waren, wurde *A. zylda* von den Ameisen ignoriert. Shimizu-kaya (2014) wies außerdem nach, dass die Raupen dieser Lycaeniden bevorzugt an den Futterkörperchen der *Macaranga*-Bäume fressen, selbst wenn diese von den symbiotischen Ameisen aufgesucht wurden. Der Autor vermutet, dass vor allem die jüngeren Raupenstadien bevorzugt an den Futterkörpern fressen. Wie die parasitären Raupen der Ameisenaggression entgehen, ist allerdings unbekannt.

Eine mögliche Antwort auf diese Frage wurde von Yoko Inui und Kollegen (2015) vorgeschlagen. Sie untersuchten drei *Arhopala*-Arten, *A. dajagaka*, *A. amphimuta* und *A. zylda*, die sich von *Macaranga rufescens*, *M. trachyphylla* bzw. *M. beccariana* ernähren (Okubo et al. 2009). Wie bereits von Maschwitz et al. (1984) festgestellt, sind die symbiotischen Partnerschaften zwischen den *Macaranga*-Myrmekophilen und ihren Ameisenwächtern, vor allem den *Crematogaster*-Arten (oft mit dem Untergattungsnamen *Decacrema* bezeichnet), sehr artspezifisch. Von den fünf *Arhopala*-Arten, von denen bekannt ist, dass sie sich von *Macaranga* ernähren, ernährt sich jede von einer oder zwei eng verwandten Arten (Inui et al. 2015).

Die Untersuchungen von Inui und Kollegen bestätigten frühere Beobachtungen, dass sich Ameisen auf *Macaranga*-Pflanzen (auch Pflanzenameisen genannt) gegenüber verschiedenen *Arhopala*-Arten recht unterschiedlich verhalten. Die Raupen von *Arhopala zylda* wurden von den Ameisen gleichgültig behandelt, unabhängig davon, ob sie sich auf ihrer Wirts-*Macaranga*-Art oder auf einer anderen *Macaranga*-Art befanden, die kein Wirt war. Im Gegensatz dazu wurden *A. amphimuta* und *A. dajagaka* auf ihren jeweiligen Wirts-*Macaranga*-Arten sehr viel häufiger von den Pflanzenameisen aufgesucht und weniger häufig angegriffen, als wenn sie auf Nicht-Wirtsarten umgesetzt wurden. Allerdings war der Unterschied bei *A. dajagaka* nicht signifikant. Die Autoren stellten die Hypothese auf, dass die *Arhopala*-Larven eine chemische Tarnung verwenden und vielleicht sogar die cuticulären Kohlenwasserstoffmischungen der Pflanzenameisen auf ihren *Macaranga*-Bäumen nachahmen. Die chemischen Analysen erbrachten keine eindeutigen Ergebnisse: „*A. dajagaka* passte gut zu den Wirtspflanzenameisen, *A. amphimuta* passte nicht, und überraschenderweise fehlten bei *A. zylda* die Kohlenwasserstoffe", oder besser gesagt, es wurden nur geringe Mengen an Kohlenwasserstoffen nachgewiesen. Die Verhaltenstests mit Teflon-Attrappen, die mit den jeweiligen Kohlenwasserstoffextrakten beschichtet waren, deuteten darauf hin, dass die spezifischen Kohlenwasserstoffmischungen bei diesen symbiotischen Interaktionen eine Rolle spielen könnten. Attrappen, die mit dem Extrakt von *A. dajagaka* kontaminiert waren, übten eine gewisse Anziehungskraft auf die Wirtspflanzenameisen und auch auf Pflanzenameisen von *Macaranga*-Arten aus, die nicht zu den Wirtspflanzen gehören, während die mit dem Extrakt von *A. amphimuta* beschichteten Attrappen „häufig von allen Pflanzenameisen angegriffen" wurden, aber deutlich weniger von Ameisen der der eigenen Wirtspflanze. Dummys mit Extrakten von *A. zylda* „wurden von allen Pflanzenameisen ignoriert" (Inui et al. 2015).

Wir sind uns durchaus bewusst, dass diese Versuche anspruchsvoll und oft unvollständig sind, weil es schwierig ist, genügend Proben zu sammeln. Wir vermuten, dass dies einer der Gründe dafür ist, dass zusätzliche Studien nicht durchgeführt werden konnten. Insbesondere bei *A. dajagaka* wäre es spannend herauszufinden, ob es einen Wirtskolonieunterschied bei der gleichen Wirtspflanzenart gibt, oder ob sich die Kohlenwasserstoffmischungen der Larven von *A. dajagaka* und *A. amphimuta* verändern, wenn die Larven über längere Zeiträume Nicht-Wirtspflanzen-Ameisen ausgesetzt sind. Fast beiläufig berichten die Autoren über die interessante Beobachtung, dass die Larven von *A. dajagaka* bei einem Angriff durch Ameisen häufig die Tentakelorgane ausstülpen, „und das Verhalten der Ameisen innerhalb weniger Minuten zu Besucherverhalten umschlägt." Bei den beiden anderen *Arhopala*-Arten konnte dies nicht beobachtet werden. Sie erwähnen sogar, dass die Raupen von *A. dajagaka* größere Nektartröpfchen aus ihren Nektarorganen produzierten, und folgerten, dass „der reichliche Nektar die Pflanzenameisen dafür belohnen könnte, dass sie die *A.-dajagaka*-Larven zumindest kurzfristig besuchen, anstatt sie anzugreifen." Wäre es nicht möglich, dass die Raupen von *A. dajagaka*, die eine „intimere" Beziehung zu den Pflanzenameisen haben, mit größerer Wahrscheinlichkeit einige der cuticulären Kohlenwasserstoffe der Ameisen aufnehmen als die beiden anderen Arten, die weniger enge Beziehungen zu den Ameisen unterhalten? In jedem Fall handelt es sich um ein äußerst faszinierendes System, das viele neue Erkenntnisse über die Wechselbeziehungen zwischen symbiotischen Arten liefern wird.

Shouhei Ueda und Kollegen (2012) führten eine phylogenetische Analyse der *Arhopala*-Bläulinge durch, die sich von *Macaranga*-Pflanzen ernähren, in denen *Crematogaster*-Ameisen residieren. Sie entdeckten, dass sich *Macaranga*- und *Crematogaster*-Arten in den letzten 16 bis 20 Mio. Jahren gemeinsam entwickelt und diversifiziert haben, und dass die dreiteilige Symbiose (*Macaranga*, *Crematogaster*, Schildläuse) vor 9 bis 7 Mio. Jahren entstand, als die Schildläuse in den Pflanzen-Ameisen-Mutualismus einbezogen wurden. Der Parasitismus dieser dreiteiligen Symbiose (oder der indirekte Parasitismus bei Ameisen) durch Lycaeniden reicht etwa 2 Mio. Jahre zurück (Ueda et al. 2012).

Abschließend sei noch ein kürzlich von Luisa L. Mota und ihren Kollegen (Mota et al. 2020) beschriebener Fall von einer unabhängig evoluierten Karnivorie bei myrmekophilen Riodinidae erwähnt. Die Larven des Schmetterlings *Pachythone xanthe*, die in den Feldern von Mato Grosso, Brasilien, untersucht wurden, ernähren sich von Schildläusen, die von Ameisen der Art *Azteca cf. chartifex* (Dolichoderinae) gepflegt werden. Der Körper der *P. xanthe*-Larve hat eine einzigartige, panzerartige Form, unter der Kopf und Anhängsel geschützt werden können. Außerdem sind die Larven wie andere myrmekophile Riodinidae mit Tentakelnektarorganen ausgestattet, die vermutlich Beschwichtigungssekrete für die Ameisen absondern. So können die myrmekophilen Larven ungehindert die Trophobionten der Ameisen erbeuten und genießen sogar Schutz vor anderen Fleischfressern durch die Wirtsameisen.

4.4 Parasitoide, die myrmekophile Bläulinge angreifen

Nicht nur Ameisen werden von parasitoiden Wespen angegriffen; viele verstreute Informationen in der Literatur beschreiben auch Parasitoide, die Gäste in Ameisennestern angreifen. Wir haben nicht die Absicht, einen vollständigen Bericht über diese Fälle zu liefern. Gelegentlich erwähnen wir einige der Beobachtungen in anderen Kapiteln dieses Buches. Im Folgenden beschreiben wir einige exemplarische Beispiele von Wespenparasitoiden in myrmekophilen Raupen von Lycaeniden, die eingehender untersucht worden sind.

Parasitoide Wespen befallen eine Vielzahl von Schmetterlingsarten, darunter auch mehrere Bläulings- und Würfelfalter-Myrmekophile. Obwohl einige dieser Arten durch die Anwesenheit von Ameisen geschützt werden (Pierce und Mead 1981; Pierce und Easteal 1986; Pierce et al. 1987), die die Angriffe durch Parasitoiden erheblich abschwächen, werden die Schmetterlingsraupen weiterhin von Parasitoiden bedroht. Tatsächlich haben Naomi Pierce und ihre Kollegen experimentell gezeigt, dass sowohl parasitoide Brackwespen (Braconidae) als auch Spinnenprädatoren des australischen myrmekophilen Lycaeniden *Jalmenus evagoras* die assoziierten Ameisen (*Iridomyrmex mayri*) als Hinweis für die Lokalisierung der Lycaeniden-Larven nutzen (Elgar et al. 2016).

Wie wir gelernt haben, locken viele Lycaeniden-Arten, die in einer wechselseitigen symbiotischen Beziehung mit Ameisen leben, die Wirtsameisen mit Sekreten an, die in spezifischen epidermalen Drüsen produziert werden, insbesondere in den Porenkuppelorganen und im dorsalen Nektarorgan. Letzteres gibt in der Regel nur dann Sekrete ab, wenn die Ameisen mit ihren Antennen, die mit speziellen Sinneshaaren ausgestatteten Drüsenöffnungen berühren (Tautz und Fiedler 1992). Gelegentlich ernähren sich auch andere Insekten von den Sekreten des dorsalen Nektarorgans, darunter erwachsene Miletinae (Gilbert 1976) und parasitoide Wespen, die sich von Sekreten ihrer Wirtsarten ernähren (Schurian et al. 1993). Klaus Schurian, Konrad Fiedler und Ulrich Maschwitz beobachteten in Südfrankreich im Freiland und im Labor die Interaktionen von Brackwespen mit Raupen verschiedener Lycaeniden-Arten der Gattung *Polyommatus*. So wurden beispielsweise die Raupen von *Polyommatus coridon* von den winzigen Ameisen *Plagiolepis pygmaea* besucht. Zur besseren Beobachtung brachten die Autoren die Schmetterlingslarven ins Labor, wo sich nach 10 Tagen aus jeder der vier Raupen eine ausgewachsene Brackwespenlarve entwickelte. Sie verpuppten sich „in seidenen Kokons, die an der Cuticula der toten Raupen befestigt waren, und 8 Tage später schlüpften etwa 40 männliche und weibliche Wespen einer nicht identifizierten *Apanteles*-Spezies (Microgasterinae)". Anschließend setzten die Autoren Raupen von *Polyommatus daphnis* und eine Puppe von *P. bellargus* den erwachsenen *Apanteles*-Wespen aus. Die meisten von ihnen fanden die dorsalen

Nektarorgane der Lycaeniden-Raupen, forderten wiederholt die Abgabe von Sekreten und erkundeten oft andere Raupen, aber schließlich stachen sie die Lycaeniden-Larve mit ihrem Ovipositor (Stachel) und injizierten ein Ei. Schurian et al. (1993) berichteten außerdem, dass *Apanteles*-Wespen die Puppen von *P. bellargus* intensiv mit ihren Fühlern betasteten, insbesondere die Porenkuppelorgane an den abdominalen Spirakeln. Die Autoren beobachteten, dass die Langlebigkeit der weiblichen Brackwespen offenbar verlängert wird, wenn sie Zugang zu den Sekreten der Lycaeniden-Raupen haben, während die Männchen die Lycaeniden-Raupen nur selten aufsuchen und ihre Lebensspanne durch die Anwesenheit von Lycaeniden-Larven und -Puppen nicht verlängert wird.

Wir sollten bedenken, dass diese Ergebnisse hauptsächlich auf Beobachtungen im Labor mit Lycaeniden-Larven beruhen, die nicht von ihren Wirtsameisen besucht wurden. Vermutlich wäre es unter natürlichen Bedingungen, wenn die Wirtsameisen die Myrmekophilen bewachen, für die Parasitoiden schwieriger, die Raupen zu besuchen.

Dennoch haben Forscher bei Feldstudien immer wieder Raupen gesammelt, die, wie man später feststellte, von Parasitoiden befallen waren (Fiedler et al. 1992). Konrad Fiedler und Kollegen untersuchten 17 Lycaeniden-Arten, die 13 Gattungen und 2 Unterfamilien repräsentieren, deren im Feld gesammelte Raupen zusammen mit ihren Wirtsameisen ins Labor gebracht worden waren. Bei vielen von ihnen schlüpften Parasitoidenlarven aus den Lycaeniden-Raupen, um sich zu verpuppen. Im Gegensatz zu den meisten anderen Parasitoiden bleiben die Lycaeniden-Raupen, die von der oben erwähnte Brackwespengattung *Apanteles* befallen sind, für die Ameisen attraktiv, und die Porenkuppelorgane und die dorsalen Nektarorgane sind mehrere Tage nach dem Schlüpfen der Parasitoidenlarven aus ihrer Wirtsraupe noch funktionsfähig. Wie bereits erwähnt, ist der Bläuling *Anthene emolus* eine obligatorische Myrmekophile, die normalerweise mit der Weberameise *Oecophylla smaragdina* vergesellschaftet ist. Die Raupen von *A. emolus* scheiden besonders viele Tröpfchen aus dem dorsalen Nektarorgan aus. Sie werden häufig von solitären Parasitoiden aus der Gruppe der *Apanteles ater* parasitiert. Konrad Fiedler und seine Kollegen (1992) haben im Feld und im Labor 14 parasitierte Raupen beobachtet. Sie berichten:

Alle Raupen blieben auch nach dem Schlüpfen der Parasitoiden für ihre jeweilige Wirtsameise attraktiv. Eine oder zwei Arbeiterinnen von *O. smaragdina* besuchten und antennierten ständig jeden „Larvenkadaver". Diese reagierten mit ständigen Eversionen des DNO (dorsales Nektarorgan), und am Nektarorgan bildeten sich Tröpfchen von Sekreten. *Oecophylla-smaragdina*-Ameisen ernteten eifrig jedes einzelne Tröpfchen. Die Fähigkeit, DNO-Sekrete abzugeben, blieb bei den Raupen von *A. emolus* bis zu 3 Tage nach dem Schlüpfen der Brackwespenlarve erhalten. Die Attraktivität der Raupenkadaver für *Oecophylla*-Ameisen hielt 4–5 Tage an, und die erwachsenen Brackwespen schlüpften nach einer Verpuppungszeit von 5–6 Tagen. (Fiedler et al. 1992, S. 160) (Abb. 4.25).

Ähnliche Beobachtungen wurden bei den oben erwähnten paläarktischen fakultativen Myrmekophilen *Polyommatus bellargus* und *P. icarus* gemacht. Sie werden häufig von *Apanteles*-Arten parasitiert; in einem Fall schlüpften 14 Wespenlarven aus einer *P.-icarus*-Raupe, aber der Kadaver der Lycaeniden-Larve lieferte 5 Tage lang weiterhin Sekrete aus dem dorsalen Nektarorgan (Abb. 4.26).

Abb. 4.25 Arbeiterinnen von *Oecophylla smaragdina* trinken Sekrete aus dem dorsalen Nekta-rorgan einer parasitierten Bläulingsraupe von *Anthene emolus*. Der weiße Kokon der *Apanteles*-Wespe ist an der Ventralseite der *Anthene*-Raupe befestigt, die als Wirt für den Parasitoiden diente. (Mit freundlicher Genehmigung von Konrad Fiedler)

Abb. 4.26 Parasitierter Kadaver einer reifen Raupe von *Polyommatus icarus*, die einen Tag nach dem Schlüpfen des Parasitoiden einen Nektartropfen an die Ameisen von *Lasius flavus* abgibt. (Mit freundlicher Genehmigung von Konrad Fiedler)

Die Hauptnutznießer der „posthumen Spenden" der Lycaeniden-Larven sind natürlich die Parasitoiden. So profitiert beispielsweise die Puppe des solitären Parasitoiden *Apanteles ater*, die eng mit dem verwesenden Larvenkörper von *Anthene emolus* verbunden ist, weiterhin vom Schutz der Ameisen. Im Gegensatz dazu stehen Lycaeniden-Arten, deren Larven von bestimmten Schlupfwespen- oder Brackwespenarten der Gattung *Aleiodes* (Rogadinae) befallen werden, oder Tachiniden-Fliegen, von denen sich die meisten im Inneren der Lycaeniden-Raupen verpuppen. Für weitere Beispiele beider Arten von Parasitoiden siehe Baumgarten und Fiedler (1998).

Wir schließen dieses Kapitel mit Schlupfwespen (Ichneumonidae) ab, die *Phengaris-*(*Maculinea*)-Arten befallen. Die Arten, die *Phengaris arion*, *P. teleius* und *P. nausithous* parasitieren, verfolgen eine andere Strategie als die Parasitoiden von *Phengaris alcon* (einschließlich des Ökotyps *P.* „*rebeli*"). Betrachten wir zunächst kurz die erstgenannte Gruppe. Wie bereits erwähnt, leben die Raupen dieser Schmetterlingsarten in den ersten vier Entwicklungsstadien auf ihren Nahrungspflanzen, und, obwohl sie das vierte Stadium erreicht haben, sind sie noch nicht sehr weit gewachsen, bevor sie von ihren jeweiligen *Myrmica*-Wirtsameisenarten angenommen werden. Eine beträchtliche Anzahl dieser adoptierten *Phengaris*-Larven wurde auf ihren Nahrungspflanzen von Schlupfwespen der Gattung *Neotypus* besucht, die sie dann stachen und jeweils ein Ei in die *Phengaris*-Larven injizierten. Im Nest Wirtsameisen fressen die *Phengaris*-Raupen die Ameisenbrut, aber bei infizierten Raupen kommt diese hochwertige Nahrung vor allem den Larven der Schlupfwespen zugute, und schließlich schlüpft die erwachsene *Neotypus*-Wespe aus der leeren Puppenhülle des Lycaeniden-Wirts Phengaris (Thomas und Elmes 1993).

Ganz anders verhält es sich bei der Schlupfwespengattung *Ichneumon*. Die parasitische Wespe *Ichneumon eumerus* befällt die Raupen der Lycaeniden-Art *Phengaris alcon* (Abb. 4.27), und in einigen Gebieten kann dieser Befall sehr stark sein. Izabela Dziekańska und ihre Kollegen (2020) stellten fest, dass an einigen ökologischen Standorten in Polen mit einer Fülle von Gentiana-Wirtspflanzen für *Phengaris alcon* -Schmetterlinge und dichten Populationen der Wirtsameisenart (in diesem Fall *Myrmica scabrinodis*) für die *Phengaris*-Larven und -Puppen eine ungewöhnlich große Anzahl von *P. alcon* auftrat und viele (75,5 %) ihrer Puppen von *Ichneumon eumerus* parasitiert waren.

In detaillierten Feldbeobachtungen stellten Jeremy Thomas und Graham Elmes (1993) fest, dass diese Wespen nicht auf ihren Nahrungspflanzen nach *P.*-„*rebeli*"-Larven suchen; stattdessen scheinen sie den Boden nach Nestern der Wirtsameisenart *Myrmica schencki* abzusuchen. Tatsächlich wurden die Weibchen von *I. eumerus* nur selten im Flug gesehen, im Gegensatz zu den Wespenmännchen, die Flüge zur Paarungssuche über dem Boden durchführen. Anhand von Laborexperimenten bestätigten die Autoren, dass die Parasitoiden in die Nester der Wirtsameisen der Lycaeniden eindringen. Sie scheinen in der Lage zu sein, die Nester von *M. schencki* am Geruch zu erkennen und können sogar Ameisennester mit *P.* „*rebeli*"- Larven von Nestern ohne Lycaeniden unterscheiden. Im Inneren des Nestes stechen die Wespen die *P.* „*rebeli*"- Larven und legen ihre Eier ab, und 11 Monate später schlüpfen die erwachsenen Wespen aus den Wirtspuppen.

Abb. 4.27 Das parasitoide Wespenweibchen von *Ichneumon eumerus*, das in *Myrmica*-Nester eindringt, die *Phengaris alcon* beherbergen. (Mit freundlicher Genehmigung von Marcin Sielezniew). Das *untere Bild* zeigt zwei *P. alcon*-Puppen. Das untere Individuum wurde von *I. eumerus* parasitiert, die sich im Inneren der *P.-alcon*-Puppe entwickelt. (Mit freundlicher Genehmigung von Izabela Dziekańska)

In den Nestern von *Myrmica schencki* leben die Lycaeniden-Larven in den Brutkammern, den bestbewachten Zonen eines jeden Ameisennests, und die Frage, wie die Schlupfwespenweibchen in die Brutkammern der Ameisen gelangen können, war eines der faszinierendsten Rätsel der Entomologie. Thomas et al. (2002) entdeckten, dass die Wespen eine Art chemische „Propagandatechnik" anwenden, die bei den Arbeiterinnen von *M. schencki* eine „Panikreaktion" und ziellose Kämpfe hervorruft. Die verwirrten Arbeiterameisen beachten die eindringende Wespe kaum, die in die Brutkammern der Ameisen gelangen kann, ohne dass die Ameisen etwas dagegen unternehmen. Eine sehr ähnliche Technik wurde früher schon von Fred Regnier und Edward Wilson (1971) bei den sklavenhaltenden Ameisen *Formica subintegra* entdeckt, die in Nester der sogenannten Sklavenart *Formica subsericea* eindringen. Die räuberischen Ameisen setzen aus ihrer hypertrophierten Dufour-Drüse hyperbolische Alarmpheromone frei, die in der angegriffenen *F.-subsericea*-Kolonie völlige Verwirrung und ziellose „Panikreaktionen" hervorrufen.

Die räuberischen Ameisen nutzen diese Verwirrung aus und dringen fast ohne Widerstand in das fremde Nest ein und stehlen die Puppen der Sklavenameisenart.

Die Arbeit von Jeremy Thomas, Graham Elmes und Kollegen (2002) deutet darauf hin, dass *I.-eumerus*-Wespen ähnliche „Propaganda-Allomone" einsetzen, die es ihnen ermöglichen, in die Brutkammern der Nester von *Myrmica schencki* einzudringen. Obwohl der anatomische Ursprung dieser „Propaganda-Allomone" nicht bekannt ist, isolierten und synthetisierten die Autoren indirekt drei längerkettige Alkohole (Z-9-C_{20}-ol, Z-9-C_{22}-ol, Z-9-C_{24}-ol) und die entsprechenden drei Aldehyde. In Biotests wiesen die Autoren nach, dass Z-9-C_{20}-ol *M.-schencki*-Arbeiterinnen anlockte, Z-9-C_{24}-ol die Aggression verstärkte und Z-9-C_{22}-ol und Z-9-C_{24}-ol die Ameisen stark abstießen. „In Kombination lockten diese Chemikalien die Ameisen zum Parasitoiden, wo sie, nachdem sie in einen Zustand hoher Aggression versetzt worden waren, zugleich eine starke Abschreckwirkung zeigten. Dies führte dazu, dass drei- bis achtmal mehr Angriffe auf Nestgenossinnen als auf *I. eumerus*, den Auslöser der Aggression, stattfanden" (Thomas et al. 2002, S. 505). Die parasitoiden Wespen nutzen diese völlige Verwirrung unter den Ameisen aus und dringen in die Brutkammern der Ameisen ein, wo sie Lycaeniden-Wirtslarven zur Eiablage aufspüren.

Dies ist in der Tat eine faszinierende Geschichte, auch wenn einige wichtige Fragen offenbleiben. Die erwachsenen Wespenweibchen suchen Nester von *Myrmica schencki* auf, die Larven von *Phengaris „rebeli"* beherbergen, und es wurde vermutet, dass sie in der Lage sind, solche Nester am Geruch zu erkennen. Obwohl die Laborexperimente nur auf zwei *Ichneumon eumerus*-Weibchen beruhen, stützen die Daten diese Schlussfolgerung (Thomas und Elmes 1993). Die Autoren schlagen außerdem vor, dass die Erkennung der am besten geeigneten Wirtsart mit Lycaeniden-Larven wahrscheinlich auf fest verdrahteten Geruchswahrnehmungen beruht, denn sie konnten keine Anzeichen für Lernen finden und vermuten, dass die artspezifischen „Cocktails" von Mandibulardrüsensekreten der Wirtsameisen (Cammaerts et al. 1982) als Erkennungsmerkmale dienen könnten. Gewöhnlich dienen die Mandibulardrüsensekrete als Alarmpheromone; sie sind meist recht flüchtig und möglicherweise für eine solche spezifische Geruchserkennung ungeeignet. Wahrscheinlichere Kandidaten sind die cuticulären Kohlenwasserstoffgemische, die in der Gattung *Myrmica* einen hohen Grad an Artenspezifität aufweisen (Elmes et al. 2002; Guillem et al. 2016). Die bisher angenommene extrem hohe Wirtsameisenspezifität bei *P. alcon* bzw. *P. „rebeli"* kann jedoch nicht mehr aufrecht erhalten werden. Stattdessen scheint es verschiedene Ökotypen dieser Lycaeniden-Art zu geben, die in unterschiedlichen Lebensräumen und geografischen Zonen die eine oder andere *Myrmica*-Art als Wirt bevorzugen. Es ist schwer zu nachzuvollziehen, wie die *Ichneumon eumerus*-Populationen parallel lebensraumspezifische angeborene Präferenzen für bestimmte *Myrmica*-Arten entwickeln, die von den Lycaeniden-Larven in diesem speziellen Ökosystem bevorzugt werden. Eine Möglichkeit wäre, dass sich die jungen erwachsenen Wespen, die aus der Puppenhülle im *Myrmica*-Nest schlüpfen, auf die artspezifischen Kohlenwasserstoffmischungen der *Myrmica*-Arten und von *Phengaris alcon* geprägt werden, und dass sie, wenn sie bereit sind, nach Wirtslarven zu suchen (etwa 10 Tage nach dem Schlüpfen [Thomas und Elmes 1993]), dazu veranlasst werden, zuerst nach den *Myrmica*-Arten zu suchen, mit denen sie während ihrer eigenen Entwicklung vertraut wurden. In diesem Zusammenhang ist eine neuere Entdeckung von Interesse. Natalia Timuş und Kollegen (2013) berichteten, dass mehrere *Phengaris alcon*-Puppen in Nestern von *Myrmica scabrinodis* gesammelt wurden und acht *Ichneumon balteatus*-Wespen aus diesen Puppen schlüpften. Dies war ein sehr überraschender Fund, da diese Schlupfwespenart als Parasitoid der Falter *Melitaea cinxia* und *Calliteara pudibunda* bekannt ist. Obwohl es sich hier nur um einen einzigen Sammelnachweis handelt, deutet dies doch darauf hin, dass das Wirtsfindungssystem der *Ichneumon*-Arten plastischer ist als bisher angenommen.

Eine weitere ungelöste Frage bleibt bestehen: Wie erkennen die Wespen das Vorhandensein von Lycaeniden-Larven im *M.-schencki*-Nest? Nach Thomas und Elmes (1993) dringen die Wespen vorzugsweise in *M. schencki*-Nester ein, in denen sich Larven von *P. „rebeli"* befinden. Doch wenn die Gastlarven und die Larven der Wirtsameisen gleich riechen, wie behauptet wurde, wie können die Wespen dann die flüchtigen Geruchsstoffe der Ameisenlarven von denen der Myrmekophilen unterscheiden? Es gibt noch keine experimentellen Beweise für diese Art der olfaktorischen Unterscheidung oder Identifizierung. Außerdem wäre es interessant zu wissen, in welchem Drüsenorgan die *I. eumerus*-Weibchen diesen bemerkenswerten Cocktail aus Alkoholen und Aldehyden mit sehr geringer Flüchtigkeit produzieren. Ebenso ungeklärt ist der sensorische Mechanismus, der der Verwirrung der Ameisen zugrunde liegt. Diese „Propaganda-Allomone" sind von *Myrmica*-Ameisen nicht bekannt. Würden sie nur eine Abstoßungsreaktion hervorrufen, wäre dies plausibel; sie haben jedoch eine verhaltensmodulierende Wirkung und lenken die Aggression der Ameisen in die falsche Richtung. Als alternative Erklärung schlagen wir vor, dass diese abstoßenden Allomone nur die Erkennungsmerkmale der Kolonie maskieren und dadurch *Myrmica*-Arbeiterinnen dazu bringen, Nestgenossen anzugreifen. Dies sind einige der Fragen, die in Zukunft beantwortet werden könnten.

Mit Ameisen assoziierte Lycaeniden-Raupen stechen unter den Myrmekophilen durch die Vielfalt der Techniken hervor, die sie anwenden, um ihre Ameisenwirte zu beschwichtigen und sie sogar dazu zu bringen, sie anzunehmen und zu füttern. Man findet sie in fast jeder Nische eines Ameisenkolonie, einschließlich in den Brutkammern im Herzen des Nestes, in den peripheren Nestkammern und auf den weit entfernten Nahrungspflanzen, die von Ameisen besucht werden. In Kap. 5 konzentrieren wir uns auf einen dieser Hotspots der Myrmekophilenvielfalt, die Futterstraßen. Entlang der Ameisenstraßen findet man auch suchende Kakerlaken und Fliegen, die darauf warten, in die unterirdischen Nester getragen zu werden, eine Ansammlung von Dieben, die zurückkehrende Sammlerinnen bestehlen, und die vielfältigen Menagerien nomadisierender Wanderameisen.

Futterstraßen und Abfallhaufen

5

Die Straßen von Ameisenkolonien vermitteln nicht nur Rekrutierungssignale und Orientierungshilfen für die Ameisen, die sie anlegen, sondern sie schaffen auch zahlreiche ökologische Nischen, auf die sich verschiedene Symbionten spezialisieren. In den folgenden Abschnitten betrachten wir mehrere Studien verschiedener Myrmekophilen, die als Räuber und Kleptoparasiten – Organismen, die einem anderen Organismus die Nahrung stehlen – entlang der Futter- oder Wanderstraßen von Ameisen leben.

5.1 Futterdiebsfliegen auf den Ameisenstraßen

Die Diptera-Familie Milichiidae umfasst eine Gruppe von kleinen Fliegen, von denen mehrere Arten bekannt sind, die mit Ameisen vergesellschaftet sind, gewöhnlich als Larven, die sich in Ameisennestern entwickeln (Donisthorpe 1927; Moser und Nef 1971; Waller 1980; Peeters et al. 1994). Die Milichiidae-Larven leben in der Regel als Kommensalen und ernähren sich von Futterresten und verrottendem Nestmaterial. Einige andere Milichiidae-Arten sind Kleptoparasiten bei anderen Arthropoden, einschließlich Ameisen (Sivinski et al. 1999; Brake 1999; Swann 2016). Ein besonderer Fall von Kleptoparasitismus wurde von Alex Wild und Irina Brake (2009) in Fotografien festgehalten und eindrucksvoll dokumentiert. Sie fanden mehrere Individuen der Art *Milichia patrizii* auf den Straßen der Knotenameise *Crematogaster castanea tricolor*, die sich auf Akazienbäumen „entlang des Randes einer Lichtung in einem Küstenwald im St. Lucia Estuary, KwaZulu-Natal, Südafrika" aufhielten. Die Fliegen patrouillieren einzeln entlang der Wege, auf denen die Ameisen zur Futterquelle und zurücklaufen. Die Fliege dringt in die Ameisengruppen ein und versucht, eine Ameise zu isolieren. Sie benutzt dabei ihre be-

Abb. 5.1 Die Nistfliege *Milichia patrizii* auf der Spur der Knotenameise *Crematogaster castanea tricolor*. Das *untere Bild* zeigt, wie die Fliege bei der *Crematogaster*-Ameise die Regurgitation von Nahrung auslöst. (Mit freundlicher Genehmigung von Alex Wild/alexanderwild.com)

cherförmigen basalen Flagellomere, um die terminalen Antennomere der kleineren *Crematogaster*-Arbeiterin zu greifen, die daraufhin stillsteht und sich zusammenkauert. Dies ermöglicht es der Fliege, ihren Rüssel zu den Mundwerkzeugen der Ameise zu führen, insbesondere zum Labium (Unterlippe), um die Regurgitationsreaktion der Ameise zu stimulieren (Abb. 5.1).

Diese Interaktion dauert etwa 23 s, „wobei der eigentliche Nahrungsaustausch in den letzten 10 s stattfindet". Die Autoren stellten fest, dass 80 bis 90 % dieser kleptoparasitischen Versuche erfolglos waren. Auf denselben Akazienzweigen, auf denen *Crematogaster* verkehrt, sind auch andere Ameisenarten wie *Tetraponera* spp., *Cataulacus breviseto-*

sus und *Camponotus troglodytes* (letztere scheint *Crematogaster* zu imitieren) unterwegs. *Milichia-patrizii*-Fliegen versuchen nie, Arbeiterinnen dieser Arten anzugreifen. Ein ähnliches kleptoparasitisches Verhalten wird bei anderen *Milichia*-Arten (*M. dectes*, *M. proectes* und *M. prosaetes*) vermutet (Farquharson 1918, zitiert in Wild und Brake 2009), aber es wurden keine Einzelheiten berichtet.

Eine weitere faszinierende, aber wenig erforschte Wegelagererart wurde von der Mückengattung *Malaya* (früher *Harpagomyia*; Culicinae, Sabethini) gemeldet, die erstmals von Jacobson (1909, 1911) auf Java beobachtet und anschließend von Farquharson (1918) im tropischen Afrika bestätigt wurde. Die Larven wurden in Wasser gefüllten Baumlöchern in der Nähe der Nester der Knotenameisengattung *Crematogaster* gefunden, die ihre Kartonnester gewöhnlich auf oder in Baumstämmen bauen. Die erwachsenen Fliegen wurden dabei beobachtet, wie sie entlang des Baumstamms patrouillierten, auf dem die *Crematogaster*-Arbeiterinnen von den Honigtauquellen zurückkehren und die nahrhaften Ausscheidungen der Hemipteren-Trophobionten in ihrem Kropf zurück zu ihren Nestern tragen. Die Mücke begegnet der Ameise frontal, und die Ameise reagiert in der Regel mit einem aggressiven Aufklappen ihrer Mandibeln, was es der Mücke ermöglicht, mit ihrem spezialisierten Rüssel die Mundwerkzeuge der Ameise (insbesondere das Labium) zu stimulieren. Diese taktilen Reize lösen bei den Ameisen die Regurgitation von im Kropf gespeicherte Nahrungsflüssigkeit aus. Vor allem bei voll beladenen Futtersammlerinnen funktioniert dieses Futterstehlen der myrmekophilen *Malaya*-Arten sehr gut. Der Rüssel dieser Mücken ist hoch spezialisiert und wird, wenn er nicht gebraucht wird, nach hinten unter den Körper gefaltet. Offenbar ernähren sich bei diesen Arten die erwachsenen Männchen und Weibchen als Kleptoparasiten ausschließlich von Ameisen, und Jacobson konnte zeigen, dass die Mücken tatsächlich Nahrung von den Ameisen erhalten, denn er wies nach, dass an die Ameisen verfütterter gefärbter Honig schnell an die Mücken verteilt wurde (Downes 1958).

5.2   *Bengalia*: Brut und Beute raubende Fliegen

„*Bengalia* Robineau-Desvoidy, 1830 ist hauptsächlich eine afrotropische und orientalische Gattung großer gelblicher oder bräunlicher Fliegen, wurde aber auch in Australien entdeckt (Farrow und Dear 1978). Sie wird derzeit in einen eigenen Tribus Bengaliini (neben Auchmeromyiini) innerhalb der Unterfamilie Bengaliinae der Calliphoridae eingeordnet (Rognes 1998)" (Rognes 2009, S. 5). Dieses Zitat stammt aus einer systematischen Revision von Knut Rognes (2009). In einigen Publikationen wurde die Gattung *Bengalia* einer eigenen Familie, den Bengaliidae, zugeordnet (Lehrer 2006a, b, 2008). Der derzeitige Konsens scheint jedoch, die Argumente von Knut Rognes (2009, 2011) zu akzeptieren, sodass wir die Klassifizierung von Rognes beibehalten.

Bengalia-Fliegen ernähren sich von Ameisenlarven und -puppen und fangen ihre blasse, weich aussehende Beute, indem sie sie den Ameisen entreißen, die diese entlang ihrer Futter- und Wanderstraßen tragen. Dieses Brutrauben wurde von Jacobson (1910),

Bequaert und Wheeler (1922), Alston (1932), Mellor (1922) und Maschwitz und Schönegge (1980) beobachtet. Unsere Darstellung stützt sich hauptsächlich auf die Ergebnisse von Maschwitz und Schönegge, die die am besten dokumentierte Beschreibung lieferten. Sie führten ihre Studien in Sri Lanka in der Nähe von Anuradhapura durch, wo sie hauptsächlich *Bengalia emarginata* beobachteten, aber ähnliche Ergebnisse auch bei *B. jejuna* und *B. latro* fanden. Sie bemerkten die *B. emarginata*-Fliegen erstmals, als sie ein Nest von *Camponotus rufoglaucus* ausgruben. Als die 5 bis 10 Millimeter langen Ameisenarbeiterinnen aus den gestörten Brutkammern eilten, viele von ihnen mit Larven und Puppen zwischen ihren Mandibeln, begannen plötzlich etwa 12 Millimeter lange Fliegen dicht über dem Ameisennest zu kreisen oder sich auf erhöhten Stellen in der Nähe der bruttragenden Ameisen zu setzen. Die Fliegen schienen die bruttragenden Ameisen aus einer Entfernung von etwa 50 cm zu erkennen, drehten ruckartig auf die Brutträgerinnen zu, und griffen sie plötzlich mit einer Art Flugsprung an. Dabei packte die *Bengalia*-Fliege die transportierte Larve oder Puppe mit ihren vorderen Tarsen, setzte oft auch ihren Rüssel ein und schob ihre mittleren Beine kräftig nach vorne. Diese Angriffe dauerten nur wenige Sekunden, und jeder zweite oder dritte Angriff war erfolgreich. Nachdem die Fliege die Ameisenbrut erbeutet hatte, trug sie die Beute im Flug zu einer ungestörten Stelle in der Nähe, wo sie die Larve oder Puppe trocken saugte; dies dauerte etwa 30 s. Kurze Zeit später kehrte sie zum Ausguck zurück und wartete auf weitere bruttransportierende Ameisen.

Maschwitz und Schönegge konnten nachweisen, dass Brut oder Termiten, die gerade auf den Boden gelegt wurden, von den Fliegen meist ignoriert wurden, aber sobald Ameisen diese aufsammelten, wurden sie Ziel von Fliegenangriffen. Die Fliegen griffen keine Arbeiterinnen an, die dunkel gefärbte Beute trugen, wie z. B. Insektenkadaver, sondern nur diejenigen, die hell gefärbte Objekte trugen. Darüber hinaus wurde nachgewiesen, dass *B. emarginata* nicht auf bestimmte Ameisenarten spezialisiert ist, sondern eine Vielzahl von Ameisenarten angreift. Dazu gehören die bereits erwähnten *Camponotus rufoglaucus*, *C. sericeus*, *Oecophylla smaragdina*, *Polyrhachis* sp. und *Plagiolepis* sp., die Drüsenameise *Technomyrmex albipes*, die Knotenameisen *Myrmicaria brunnea*, *Solenopsis* sp. und *Meranoplus bicolor* sowie die Ponerinen *Bothroponera tesseronoda* und *Leptogenys chinensis*. Es überrascht nicht, dass die Erfolgsquoten der Fliegen bei diesen unterschiedlichen Zielarten variierten. Angriffe auf Brut- oder Beuteträger der nur 3 Millimeter langen *Technomyrmex*-Arbeiterinnen oder der „schwerfälligen" *Bothroponera*-Sammlerinnen waren in der Regel erfolgreich, während der Beute- und Brutraub an den 10 Millimeter langen und wendigen *Leptogenys*-Arbeiterinnen mühsam war und oft misslang. Die Autoren haben nie Angriffe von *Bengalia* sp. auf Wanderameisen beobachtet; Taku Shimada lieferte jedoch fotografische Belege für Angriffe von *Bengalia* sp. auf Wander- und Raubkolonnen von Wanderameisen, die zur Artengruppe *Aenictus laeviceps* gehören (Abb. 5.2 und 5.3). Dabei raubt die Fliege den Ameisen die Beute oder die Ameisenbrut im Fliegen. Wie ein gigantischer Helikopter schwebt sie über den viel kleineren *Aenictus*-Arbeiterinnen und reißt ihnen die Larven aus den Mandibeln.

Abb. 5.2 Eine *Bengalia*-Fliege. Mehrere Arten dieser Gattung wurden beobachtet, wie sie sich in der Nähe von Ameisenstraßen aufhielten. Im unteren Bild schwebt eine *Bengalia*-Fliege dicht über der Straße der Wanderameise *Aenictus laeviceps*. (Mit freundlicher Genehmigung von Taku Shimada)

5.3 Der Käfer *Amphotis marginata*: Wegelagerer von *Lasius fuliginosus*

Eines der eindrucksvollsten Beispiele für Futterstraßen sind die der mitteleuropäischen „Glänzendschwarzen Holzameise" – der Ameisenart *Lasius fuliginosus* –, auf denen riesige Mengen von Ameisen Tag und Nacht unterwegs sind und den Honigtau, den sie auf nahe gelegenen Bäumen gesammelt haben, in ihrem Kropf (auch sozialer Magen genannt) in ihr Nest transportieren. Honigtau ist der „Kot" einer Vielzahl von baumsaftsaugenden Insekten (die meisten von ihnen Hemiptera), der reich an Zuckern und Aminosäuren ist. Je nach Temperatur beginnt die Futtersuche der Ameisen Mitte bis Ende März und dauert fast ununterbrochen bis Oktober an. Futterstraßen von *L. fuliginosus* bestehen aus einem Netz von Stammwegen, die 20 bis 30 m vom Nest weg verlaufen (Dobrzańska 1966; Quinet

Abb. 5.3 Die *Bengalia*-Fliege schnappt sich eine Larve von einer *Aenictus laeviceps*-Arbeiterin und saugt die gefangene Larve aus. (Mit freundlicher Genehmigung von Taku Shimada)

und Pasteels 1991). Die Spuren werden mit Sekreten aus dem Enddarm (Rektalblase) der Tiere markiert, die eine spezifische Mischung von Spurpheromonen enthalten. Diese Pfade gehören zu den am stärksten frequentierten Verkehrswegen, die bei Ameisen bekannt sind, denn die Sammlerinnen sammeln nicht nur Honigtau und andere Nahrungsmittel als Nahrung für die erwachsenen Nestgenossen und die Brut, sondern verwenden den gesammelten Honigtau auch als „Klebstoff" beim Bau der komplexen Kartonnester und als Nahrung für das symbiotische Pilzmyzel, das ein wesentlicher stabilisierender Bestandteil der Kartonneststruktur ist (Maschwitz und Hölldobler 1970).

Die Straßen von *L. fuliginosus* werden von einer Vielzahl von Myrmekophilen bevölkert, von denen wir uns einige später ansehen werden. Betrachten wir zunächst den Glanzkäfer *Amphotis marginata* (Nitidulidae), den wir als „Wegelagerer" auf den Pfaden von *Lasius fuliginosus* bezeichnen, weil diese Käfer Kleptoparasiten sind, die die mit Nahrung beladenen Ameisen erfolgreich dazu verleiten, flüssige Nahrung aus ihrem gefüllten Kropf zu regurgitieren (Hölldobler 1968; Hölldobler und Kwapich 2017). Bei einer Untersuchung mehrerer *L.-fuliginosus*-Nester fanden wir die meisten *Amphotis*-Käfer in der Nähe des

Nesteingangs, entdeckten aber gelegentlich Käfer entlang der Futtersuchpfade in bis zu 28 m Entfernung vom Nest. In einem Fall bemerkten wir eine zweite Ansammlung von Käfern an der Basis eines Baumes, wo *L. fuliginosus*-Arbeiterinnen den Stamm hinauf- und herabwanderten. In diesem Fall war für uns nicht klar, ob die Kolonie ein zweites Nest in diesem Baum hatte, denn sowohl der Hauptnestbaum als auch dieser zweite Baum waren durch eine stark frequentierte Straße verbunden, auf der wir auch *Amphotis* in Unterschlupfen fanden (Abb. 5.4).

Tagsüber halten sich die Käfer in der Regel in Verstecken in der Nähe des Nesteingangs oder (wenn auch viel seltener) entlang der Futterstraßen auf. In der Dämmerung und während der Nacht ergattern die Käfer erfolgreich Nahrung von den beladenen Sammlerinnen (Abb. 5.5 und 5.6). Obwohl wir im Freiland nur nach Einbruch der Dunkelheit beobachten

Abb. 5.4 Der Glanzkäfer *Amphotis marginata* ruht in der Bodenstreu in der Nähe des Nests von *Lasius fuliginosus*. (Mit freundlicher Genehmigung von Konrad Fiedler)

Abb. 5.5 Ein *Amphotis*-Käfer bettelt um Nahrung, die *Lasius fuliginosus* im Inneren ihres Kropfes (sozialer Magen) zum Nest trägt. (Bert Hölldobler)

Abb. 5.6 Wenn es den *Amphotis*-Käfern gelingt, *Lasius fuliginosus* zum Regurgitieren zu stimulieren, wird der regurgitierte Nahrungstropfen über den Kopf des Käfers geschüttet. (Bert Hölldobler)

konnten, wie die Käfer um Nahrung bettelten, wurde das Betteln von *Amphotis* im Labor häufig in der späten Mittagszeit, am Abend und in der Nacht und gelegentlich auch tagsüber beobachtet.

Der *Amphotis*-Käfer veranlasst eine Ameise zur Regurgitation eines Futtertropfens, indem er seinen Kopf und Thorax nach oben stößt, während er sich mit ausgestreckten Fühlern nähert. Die Ameise berührt kurz den Kopf des Käfers und mag dann ihren Heimweg fortsetzen oder sie leckt den Kopf des Käfers kurz mit ihrem ausgestülpten Labium. Der Käfer trommelt rasch mit seinen Fühlern auf dem Kopf der Ameise. Dieser Austausch dauert etwa 1 bis 2 s und führt oft nicht zu einer Trophallaxis, da die Ameise hektisch ihren Weg zum Nest fortsetzt. Im Durchschnitt gelingt es jedoch bei jedem vierten oder fünften Versuch, die „Aufmerksamkeit" der Ameise so lange aufrechtzuerhalten, dass der Käfer das Labium der Ameise mit seinen Mandibeln und Maxillarpalpen stimulieren kann, begleitet von schnellem Trommeln mit seinen Fühlern an den Seiten des Ameisenkopfes. Die Stimulation des Labiums der Ameise durch den Käfer löst den Nahrungsfluss von der Ameise zum Käfer aus. Gelegentlich ergießt sich ein relativ großer Tropfen über den Kopf des *Amphotis*-Käfers. Normalerweise zieht die Ameise schnell weiter, und der Käfer saugt den Futtertropfen auf. Radioaktiv markierte Nahrung ermöglichte es uns, den Nahrungsfluss von den Ameisen zu den Käfern zu verfolgen, und es überrascht nicht, dass die Zeit des Bettelns und die Menge der übertragenen Nahrung positiv korreliert waren. Obwohl es beträchtliche Schwankungen gab, erhielten die Käfer während eines einzigen Fütterungsvorgangs durchschnittlich 24 % der von den Ameisen in ihrem Kropf transportierte Nahrung. Im Durchschnitt teilten die Ameisen während einzelner Fütterungen 1,8-mal mehr Nahrung mit den Käfern als mit ihren eigenen Nestgenossen. Im Gegensatz dazu wurde keine Nahrung von den Käfern auf die Ameisen weitergegeben (Hölldobler und Kwapich 2017).

Während der Interaktionen konnten wir beobachten, dass die Wirtsameisen den Kopf des Amphotis-Käfers kurz ableckten. Histologische und rasterelektronenmikroskopische Untersuchungen ergaben mehrere gut entwickelte exokrine Drüsen im Bereich des vorderen Kopfteils, des Labiums, der Mandibeln und des seitlichen Kopfbereiches des Käfers. Es ist anzunehmen, dass die Ameisen angelockt werden, die Sekrete dieser Drüsen zu

Abb. 5.7 Ameisen, die merken, dass sie vom *Amphotis*-Käfer ausgetrickst wurden, greifen den Käfer gelegentlich an, aber in der Regel ist der Käfer durch seinen schildkrötenartigen Panzer und seine feste Verankerung am Boden, unterstützt durch kräftige Krallen und Tarsen, gut geschützt. (Bert Hölldobler)

lecken, wodurch der Käfer Zugang zum ausgestülpten Labium der Ameise bekommt, und dieses stimulieren kann. Andererseits schützen diese Drüsen den Käfer nicht vor dem Angriff der Ameisen. Ameisen ohne gefüllten Kropf sind weniger geneigt, den Inhalt ihres Kropfs zu regurgitieren und greifen häufig sich nähernde Käfer an. Doch selbst wenn sie angegriffen werden, scheint die äußere Körperform des Käfers gut an seine „Wegelagerer"-Lebensweise in der Ameisenwelt angepasst zu sein. Bei Angriffen schützt sich der Käfer selbst, indem er seine Gliedmaßen und den Kopf unter seinen robusten Panzer zurückzieht und sich flach auf den Boden legt (Abb. 5.7).

Mit Hilfe seiner kräftigen Krallen und spezieller Setae an den Tarsen befestigt er seine Körperunterseite offenbar fest am Boden. In den meisten Fällen ist die Ameise nicht in der Lage, den Käfer anzuheben. In der Tat ist die „Schildkrötenverteidigungsstrategie" von Amphotis sehr effektiv; nur selten haben wir verletzte Exemplare gefunden.

Das Bettelsignal der Käfer ist nicht ameisenartenspezifisch. Obwohl *A. marginata* in der Regel nur bei *L. fuliginosus* vorkommt, gelang es dem Käfer, Regurgitation zu erwirken, wenn er mit Nicht-Wirtsarten wie *Camponotus ligniperdus*, *Formica pratensis*, *F. sanguinea*, *F. fusca* oder *Myrmica rubra* zusammengebracht wurde (Abb. 5.8). Die Erfolgsquote ist jedoch viel geringer als bei ihrer Wirtsart *L. fuliginosus*.

Die Frage, warum *Amphotis*-Käfer vor allem nachts bei den Ameisen um Nahrung betteln, kann nur hypothetisch beantwortet werden. Aus Beobachtungen in einem gut beleuchteten Labor haben wir den Eindruck, dass die Ameisen die Käfer visuell wahrnehmen und sie manchmal angreifen, noch bevor sich die Käfer ihnen genähert haben. Wir nehmen an, dass die Käfer in der Dunkelheit von den Ameisen nicht so leicht wahrgenommen werden. In diesem Zusammenhang ist es bemerkenswert, dass die letzten drei Antennensegmente des Käfers dicht mit Geruchssinneszellen und einigen extrem langen, schnurrhaarähnlichen Setae ausgestattet sind, bei denen es sich offenbar um mechanosensorische Haare handelt (Abb. 5.9).

Abb. 5.8 Das Bettelverhalten von *Amphotis marginata* ist nicht sehr spezifisch. Der Käfer ist in der Lage, eine Vielzahl von Ameisenarten, in diesem Fall *Myrmica rubra*, um Nahrung anzubetteln, obwohl der Käfer nie mit diesen Ameisen vergesellschaftet gefunden wurde. (Bert Hölldobler)

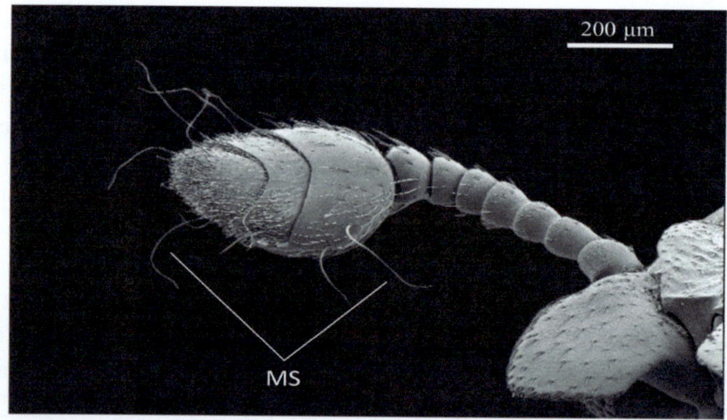

Abb. 5.9 Keulenförmige Antenne von *Amphotis marginata*. Die langen mechano-sensorischen Setae (MS) sind ein auffälliges Merkmal dieser Antennen. Wahrscheinlich dienen sie dem Käfer zur Orientierung im Nahbereich, wenn er bei schlechten Lichtverhältnissen Ameisen um Nahrung anbettelt. (Bert Hölldobler)

Das Verhalten des Käfers deutet darauf hin, dass er die Ameisen mechanisch und über den Geruchssinn wahrnimmt. Wie bereits erwähnt, bleibt die Ameise oft kurz stehen und leckt am Kopf des Käfers, der reichlich mit exokrinen Drüsen ausgestattet ist. Das Lecken der Ameise dauert selten länger als eine Sekunde, da der Käfer sofort die ausgestülpte Unterlippe (Labium) der Ameise stimuliert, wobei er seine Mandibeln einsetzt, deren innere Ränder mit einer besenartigen Borstenstruktur versehen sind, sowie die bürstenartigen Maxillen und das Labium. All dies wird begleitet von schnellen Antennenschlägen, bei denen die langen Mechanosensillen beide Seiten des Ameisenkopfes berühren.

Die Gattung *Amphotis* gehört zur Käferfamilie Nitidulidae, auch Glanzkäfer genannt. Insgesamt sind fünf *Amphotis*-Arten beschrieben worden, die alle in der Nähe von Ameisennestern gesammelt wurden. Eine detaillierte Analyse ihrer Interaktionen mit Ameisen wurde nur für *A. marginata* durchgeführt, aber vermutlich haben die anderen Arten, die bei verschiedenen Ameisenarten gefunden wurden, eine ähnliche Lebensweise. Unseres Wissens ist *Amphotis* die einzige myrmekophile Glanzkäfergattung. Die Vermutung liegt nahe, dass sie sich aus Nitiduliden-Arten entwickelt haben, die Baumsaftfresser oder Mykophagen (sich von Pilzmyzel ernährend) waren, oder sich von verrottendem Holz oder den Ausscheidungen von Baumläusen (Honigtau) und anderen Hemipteren ernährten, die von Ameisen in den Bäumen besucht wurden. Möglicherweise sind die Käfer an diesen Orten häufig auf Ameisen gestoßen und haben schließlich den einfachen Reiz „entdeckt", der bei Ameisen mit einem vollen Kropf die Regurgitation auslöst. Im Laufe der Evolution spezialisierten sich die Käfer also auf eine neue, sehr reiche ökologische Nahrungsnische (Hölldobler und Kwapich 2017).

5.4 Räuber und Aasfresser: Die Geschichte einiger *Pella*-Arten

Neben den Wegelagererkäfern findet man auf den Abfallhaufen und entlang der Straßen von *Lasius fuliginosus* viele andere Myrmekophile. Am häufigsten sind eine Reihe von Kurzflüglern (Staphylinidae, Aleocharinae). In den Untersuchungsgebieten in Bayern und Hessen (Deutschland) verzeichneten Hölldobler und seine Mitarbeiter Michael Möglich und Ulrich Maschwitz (1981) zwölf Staphyliniden-Arten, die zu sieben Gattungen gehören und mit *L. fuliginosus* vergesellschaftet sind. Besonderes Augenmerk legten sie auf die Gattung *Pella*, von der viele Arten myrmekophil sind (Maruyama 2006). In dieser Studie lag der Schwerpunkt auf den Arten *Pella funesta* und *Pella laticollis* (Abb. 5.10).

Die Rekonstruktion des Lebenszyklus der Käfer stützt sich hauptsächlich auf *P. funesta*, für den die umfassendsten Informationen vorliegen, da diese Art in Labornestern gezüchtet wurde. Vergleichende Indizien weisen jedoch darauf hin, dass der Lebenszyklus von *P. laticollis* dem von *P. funesta* ähnlich ist. Die meisten dieser Beobachtungen wurden mit großen Laborkolonien gemacht, bei denen die Nestbehälter, in denen sich das Kartonnest der Ameisen befand, mit großen Futterarenen verbunden waren. Regelmäßige Beobachtungen der Interaktionen der Käfer mit Ameisen wurden jedoch auch in Feldkolonien durchgeführt.

Im zeitigen Frühjahr legen die Käferweibchen ihre Eier in der Nähe der Abfallbereiche der Ameise *Lasius fuliginosus*, der glänzenden schwarzen Holzameise, ab, die, wie schon erwähnt, in kunstvollen Kartonnestern lebt, die die Ameisen in Hohlräumen von Baumstämmen oder anderen versteckten Orten bauen. Die Käferlarven entwickeln sich im Abfallnestbereich und verpuppen sich irgendwann in der Zeit von Mai bis Juli. Im Juli oder August schlüpfen die erwachsenen Käfer. Die jungen Käfer wandern dann offenbar aus, was sich in einer kurzen Phase hoher Bewegungs- und Flugaktivität tagsüber zeigt. Danach jagen die Käfer verletzte, aber gelegentlich auch gesunde Ameisen oder ernähren sich von toten Ameisen, die auf dem Müllhaufen abgelegt wurden. Sie sind hauptsächlich

Abb. 5.10 Zwei *Pella*-Arten, die häufig in der Umgebung von Nestern von *Lasius fuliginosus* zu finden sind: *oben Pella funesta*, unten *Pella laticollis*. (Mit freundlicher Genehmigung von Pavel Krásenský)

nachts aktiv und bleiben tagsüber meist in Unterschlüpfen verborgen. Die erwachsenen *Pella* überwintern in einer Art Schlafzustand (Dormanz) in den Randzonen von *L.-fuliginosus*-Nestern. Am Ende des Winters zeigen sie eine zweite Phase der Tagesaktivität, in der die Paarung stattfindet. Nach der Fortpflanzung sterben die Käfer, meist einige Wochen bevor die neue adulte Käfergeneration aus den Puppen schlüpft.

In der Literatur gibt es widersprüchliche Informationen über die Ernährung der verschiedenen *Pella*-Arten. Leben sie ausschließlich als Aasfresser und ernähren sich von verstorbenen Ameisen und anderen toten Insekten, die von den Wirten übrig gelassen wurden, oder erbeuten sie auch lebende Ameisen, insbesondere behinderte Tiere? Erich Wasmann (1920, 1925) berichtete Letzteres, andere Autoren konnten jedoch nicht für alle *Pella*-Arten eine räuberische Lebensweise bestätigen. So publizierten Stoeffler et al. (2011) Beobachtungen, die darauf hindeuten, dass *P. laticollis* ein strikter Aasfresser ist, der sich von toten Ameisen und anderen Insektenkadavern in den Abfallnestern der Ameisen ernährt, während *P. funesta* und *P. cognata* hauptsächlich Beutefresser sind. Dies stimmt nicht ganz mit den Beobachtungen von Hölldobler et al. (1981) überein. Sie beobachteten, dass die Käfer aller Arten, solange genügend tote Ameisen in den Ameisennestern vorhanden waren, nur selten räuberisches Verhalten zeigten und sich auf die Ernährung von toten Ameisen oder von Insektenkadavern beschränkten. Wenn die Käfer jedoch ausgehungert waren, wurde die Prädation durch *Pella* auffallend deutlich. Der Zeitpunkt des Auftretens war oft unvorhersehbar. Sie sahen die Käfer tagsüber jagen, beobachteten aber am häufigsten prädatorisches Verhalten am Abend oder in der Nacht.

Wie lassen sich die unterschiedlichen Ergebnisse von Stoeffler et al. (2011) und die Beobachtung von Hölldobler et al. (1981) erklären? Es wurde vermutet, dass die Forscher die *Pella*-Arten versehentlich falsch identifiziert haben könnten. In der Tat kann es im Feld leicht zu solchen Verwechslungen kommen. Hölldobler und Kollegen beobachteten zwar, dass Pella während der Dämmerung in einer Feldkolonie jagte, aber die meisten ihrer Beobachtungen wurden in großen Laborkolonien gemacht, wo sie die taxonomische Identifizierung leicht bestätigen konnten. Es ist möglich, dass es artspezifische Unterschiede zwischen *Pella* gibt, was die Neigung betrifft, vom Aasfresser zum Raubverhalten zu wechseln. Hölldobler kann jedoch mit Sicherheit sagen, dass sowohl *P. funesta* als auch *P. laticollis* Aasfresser sind und prädatorisch leben. Obwohl er keine vergleichenden Daten über die Nischenpräferenzen der verschiedenen untersuchten *Pella*-Arten hat, konnte er feststellen, dass *P. funesta*, *P. laticollis*, *P. cognata* und *P. humeralis* sowohl in der Natur als auch in Labornestern im Abfallbereich und auf den Straßen von *L. fuliginosus* vorkommen. Trotz dieser widersprüchlichen Beobachtungen spricht Hölldobler jedoch nicht gegen eine mögliche Bevorzugung bestimmter *Pella*-Arten, wie *P. laticollis* für die Abfallbereiche der Wirte und *P. funesta* und *P. cognata* für die Futterstraßen. Hölldobler deutet lediglich darauf hin, dass sich diese vermeintlichen Vorlieben nicht ausschließen. Die Beobachtungen von Hölldobler und seinen Mitarbeitern bestätigt das von Wasmann beschriebene prädatorische Verhalten von sechs *Pella*-Arten, die alle mit *L. fuliginosus* gefunden wurden, einschließlich *Pella humeralis*, die auch bei Ameisen der *Formica rufa*-Gruppe vorkommt (Hölldobler et al. 1981). Donisthorpe (1927) machte ähnliche Beobachtungen. Weltweit sind mehr als 60 *Pella*-Arten bekannt, die alle mit Ameisen vergesellschaftet zu sein scheinen.

Ameisenjagende *Pella*-Käfer wurden dabei beobachtet, wie sie einzelne Ameisen jagten und sie über Entfernungen von bis zu 6 Zentimetern verfolgten. Wenn sich ein Käfer von hinten näherte, versuchte er, auf die Ameise zu klettern und seinen Kopf zwischen Kopf und Brustkorb des Opfers zu stecken (Abb. 5.11 und 5.12). Die angegriffene Ameise blieb in der

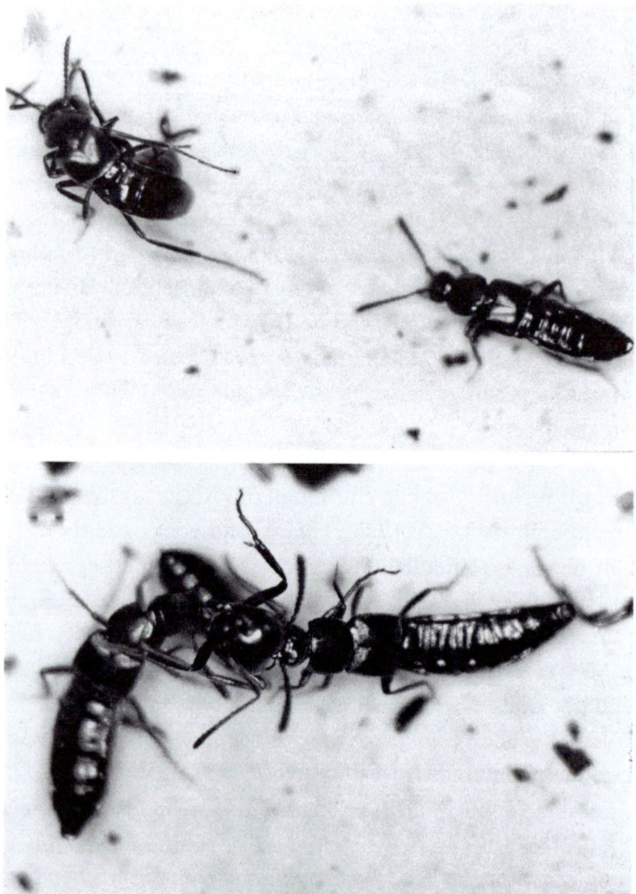

Abb. 5.11 *Pella*-Käfer jagen eine Arbeiterin von *Lasius fuliginosus*. Die Käfer greifen die Arbeiterin an und beißen sie meist zwischen Kopf und Mesosoma (*unten*). (Bert Hölldobler)

Regel abrupt stehen und presste ihre Beine fest an den Körper (Abb. 5.13). Oft wurde der Käfer durch diese schnelle Reaktion der Ameise abgeworfen, sodass die Ameise entkommen konnte. In den meisten Fällen war die Verteidigungsreaktion der Ameise erfolgreich. Allerdings gelang es den Käfern in anderen Fällen, die Ameise teilweise zu enthaupten und die Nervenstränge zu durchtrennen. Gelegentlich wurden zwei oder drei Käfer beobachtet, die eine Ameise verfolgten. Sobald die Ameise von einem Käfer gefangen wurde, schlossen sich andere Käfer an, um sie zu überwältigen und zu fressen (Abb. 5.14).

Obwohl einzelne *Pella* oft versuchten, die Beute von den anderen Jagdgenossen wegzuziehen, wurde sie in der Regel von allen Mitgliedern des Rudels gefressen. Bei solchen Gelegenheiten wurde keine Aggression unter den Käfern beobachtet (Hölldobler et al. 1981). Interessanterweise scheint die Aleocharinae-Art *Drusilla (Santhota) sparsa*, die in Japan in der Nähe der Nester von *Crematogaster osakensis* lebt, eine ähnliche Lebens-

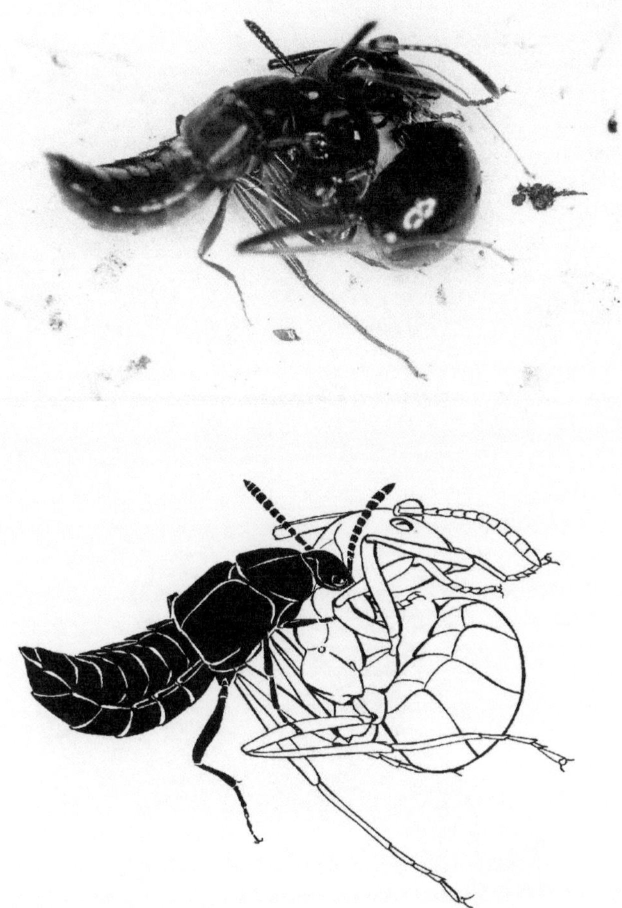

Abb. 5.12   Das *obere Bild* zeigt einen *Pella*-Käfer, der eine *Lasius fuliginosus*-Arbeiterin angreift. Die Zeichnung (*unten*) gibt dieses Verhalten mit größerer Klarheit wieder. (Turid Hölldobler-Forsyth; ©Bert Hölldobler)

weise wie die oben beschriebenen *Pella*-Arten zu haben (Ikeshita et al. 2017). *Drusilla sparsa* ernährt sich hauptsächlich von toten *C.-osakensis*-Arbeiterinnen, erbeutet aber auch lebende Wirtsameisen und beißt sie zwischen Kopf und Thorax, wie eine eindrucksvolle Fotografie von Taku Shimada nahelegt (Abb. 5.15; für eine ähnliche fotografische Dokumentation siehe Maruyama et al. 2013).

Pella-Käfer treffen bei der Nahrungssuche im Abfallbereich der Ameisen am Boden des Kartonnestes oder beim Laufen entlang der Ameisenstraße häufig auf Ameisen, die sich ihnen gegenüber aggressiv verhalten. Wie gelingt es den Käfern, ihren Wirten zu entkommen? In der Regel laufen sie mit leicht nach oben gewölbtem Hinterleib. Wenn sie auf Ameisen treffen, wölben die Käfer ihren Hinterleib stärker nach oben. Dies ist ein häufig zu

Abb. 5.13 Oft blieb die angegriffene *Lasius fuliginosus*-Arbeiterin abrupt stehen und presste ihre Beine fest an ihren Körper. Diese Reaktion warf den *Pella*-Käfer häufig vom Rücken der Ameise. (Bert Hölldobler)

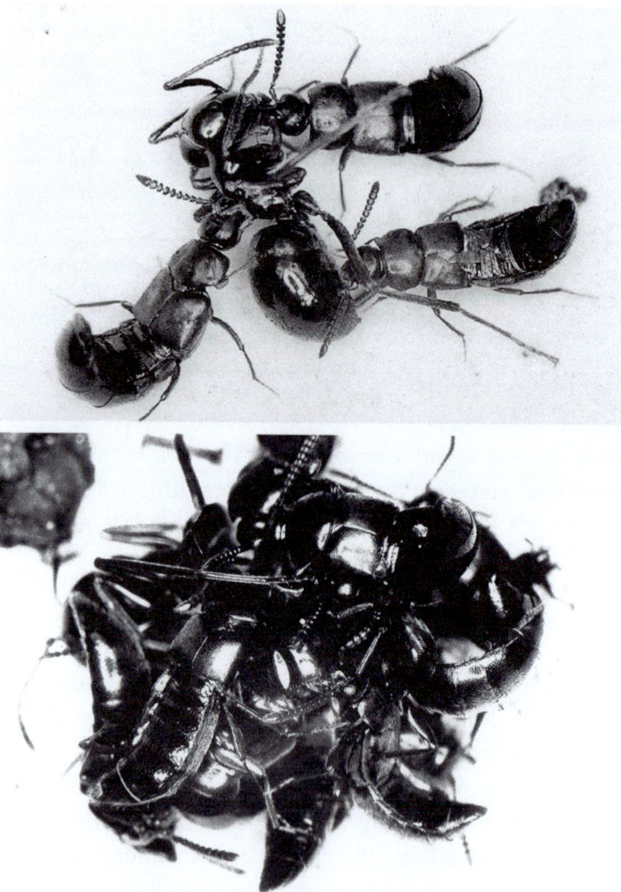

Abb. 5.14 Gelegentlich wurden zwei oder drei *Pella*-Käfer beobachtet, die eine *Lasius*-Arbeiterin verfolgten, und nachdem die Ameise gefangen war, schlossen sich andere Käfer an, um sie zu töten und sie anschließend zu fressen. (Bert Hölldobler)

Abb. 5.15   Der Staphyliniden-Käfer *Drusilla (Santhota) sparsa* greift eine Arbeiterin der Wirtsameise *Crematogaster osakensis* an. (Mit freundlicher Genehmigung von Taku Shimada)

beobachtendes Verhalten vieler myrmekophiler Staphyliniden und wird gemeinhin als Verteidigungsreaktion angesehen. Es wird vermutet, dass die Käfer beim Biegen des Abdomens Sekrete aus ihrer Tergaldrüse absondern, die erstmals 1913 von Karl Jordan beschrieben und später von Jacques M. Pasteels (1968) sowie von Hölldobler und Mitarbeitern (Hölldobler 1970b; Hölldobler et al. 1981, 2018) genauer beschrieben wurde. Die Drüse befindet sich zwischen dem sechsten und siebten Hinterleibstergit. In den meisten Fällen besteht sie aus einem Drüsenreservoir, das eine Einstülpung der Intersegmentalmembran zwischen den beiden Tergiten ist. Die Intersegmentalmembran ist bei den verschiedenen Arten in unterschiedlichem Maße hypertrophiert und teilweise zu einem Drüsenepithel umgebildet. Darüber hinaus leiten paarweise angeordnete Gruppen großer Drüsenzellen, kombiniert mit langen Drüsenkanalzellen, ihre Sekrete in das Tergaldrüsenreservoir.

Nach Jordan (1913); Pasteels (1968) und Steidle und Dettner (1993) scheint diese Tergaldrüse bei allen Arten der Aleocharinae vorhanden zu sein, unabhängig davon, ob sie mit Ameisen assoziiert sind oder nicht. Die chemische Zusammensetzung der Tergaldrüsensekrete mehrerer Arten wurde untersucht und als außerordentlich vielfältig befunden (Hölldobler et al. 1981; Steidle und Dettner 1993; Stoeffler et al. 2007, 2011, 2013). Wir werden uns hier nur auf jene Studien beziehen, die auch die verhaltensbiologische Bedeutung der Tergaldrüseninhalte berücksichtigen.

Kistner und Blum (1971) schlugen vor, dass *Pella japonicus* und möglicherweise auch *P. comes*, die beide mit *Lasius spathepus* leben, Citronellal in ihren Tergaldrüsen produzieren. Diese Substanz ist auch ein Hauptbestandteil der Mandibulardrüsensekrete ihrer Wirtsameisen, für die sie möglicherweise als Alarmpheromon und Wehrsubstanz fungiert. Obwohl kein Sekret der Tergaldrüsen von *Pella* für eine chemische Analyse zur Verfügung stand, die gereizten Käfer aber nach den Mandibulardrüsensekreten der Ameisen zu riechen schienen, vermuteten Kistner und Blum, dass *Pella* in ihren Tergaldrüsen Citronellal produzieren und damit das Alarmpheromon ihrer Wirtsameisen nachahmen. Sie nahmen an, dass die Käfer auf diese Weise „die Ameisen dazu bringen könnten, ihre Richtung zu ändern; eine Reaktion, die den Myrmekophilen die Flucht ermöglicht."

Die Untersuchungen von Hölldobler et al. (1981) über die Verteidigungsstrategie der myrmekophilen *Pella*-Arten ergaben ein anderes Bild. *Pella laticollis* stößt bei mechanischer Reizung ein stechend riechendes Sekret aus seiner Tergaldrüse aus. Nur wenn die Käfer heftig angegriffen und von den Ameisen fest an ihren Gliedern gepackt wurden, konnte man das Tergaldrüsensekret riechen. Hölldobler und seine Kollegen beobachteten nie, dass die Käfer bei ihren Angriffen auf Ameisen den Inhalt der Tergaldrüsen einsetzten. Ameisen, die mit Tergaldrüsensekret kontaminiert waren, reagierten in der Regel mit einer Abwehrreaktion: Sie lösten den Griff an den Käfern, putzten sich und wischten bisweilen ihre Mundwerkzeuge auf dem Untergrund ab. Die Käfer mussten jedoch schnell fliehen, da andere Ameisen in der Nähe alarmiert wurden und sich oft schnell dem Ort des Geschehens näherten, offenbar aufgeschreckt durch das Alarmpheromon der Ameisen, das bei *Lasius*-Arbeiterinnen aus der Dufour-Drüsenöffnung an der Gasterspitze stammt. Die vorläufige Analyse der Tergaldrüsensekrete von *P. laticollis* ergab keine Ähnlichkeit mit den Mandibulardrüsensekreten von *L. fuliginosus*; stattdessen identifizierten Hölldobler et al. (1981) Benzochinon und Toluchinon als Hauptverbindungen. Darüber hinaus wurden in den Sekreten von *P. laticollis* gesättigte Kohlenwasserstoffe und kurzkettige Fettsäuren nachgewiesen. Citronellal konnte bei keiner der untersuchten *Pella*-Arten nachgewiesen werden.

Obwohl Hölldobler et al. (1981) keine Ähnlichkeit zwischen den Tergaldrüsensekreten von *Pella* und den Mandibulardrüsensekreten von *Lasius fuliginosus* feststellten, ist es bemerkenswert, dass die *Pella*-Sekrete auch Undecan enthielten, einen Kohlenwasserstoff, der häufig in den Dufour-Drüsen von Ameisen vorkommt und bei *L. fuliginosus* als Alarmpheromon identifiziert wurde (Dumpert 1972). In Verhaltenstests lösten die Tergaldrüsensekrete von *P. laticollis* bei den Arbeiterinnen von *L. fuliginosus* jedoch eher eine Abstoßungsreaktion (Repellent) als Alarmverhalten aus. Obwohl wir nicht ausschließen können, dass die nachfolgende Alarmreaktion, die häufig bei Ameisen in unmittelbarer Nähe beobachtet wird, durch das Undecan in der Tergaldrüse ausgelöst werden könnte, sind wir dennoch geneigt, dies als eine sekundäre Reaktion zu interpretieren, die ursprünglich durch die Freisetzung von Alarmpheromonen durch die abgewehrten Ameisen ausgelöst wurde.

Dies bringt uns zu einer neueren Studie von Michael Stoeffler, Johannes Steidle und ihren Mitarbeitern (Stoeffler et al. 2007). Diese Gruppe überprüfte die erstmals von Kistner und Blum (1971) vorgestellte Idee, dass die myrmekophile Gattung *Pella* Alarmpheromonverbindungen von *Lasius fuliginosus* nutzt, um Angriffe ihrer Wirtsameisen abzuwehren. Sie bestätigten das Vorhandensein von Chinonen und Undecan in den Tergaldrüsensekreten von *P. funesta* und *P. humeralis* und wiesen neben anderen aliphatischen Verbindungen auch 6-Methyl-5-hepten-2-on (Sulcaton) nach. Die letztgenannte Substanz war zuvor zusammen mit den beiden terpenoiden Furanen Perillen und Dendrolasin in den Sekreten der Mandibulardrüse von *L. fuliginosus* gefunden worden (Bernardi et al. 1967). Sulcaton ist ein flüchtiger Bestandteil von Citronella-Öl und höchstwahrscheinlich Teil des sehr charkterischen und wahrnehmbaren Geruchs von *L. fuliginosus*-Arbeiterinnen und ihrer gesamten Neststruktur.

Stoeffler et al. (2007) stellten die Hypothese auf, dass die Undecan-Komponente in den Drüsensekreten des Käfers bei den Wirtsameisen Alarmbereitschaft auslöst, während die Zugabe von Sulcaton „die aggressionsauslösende Wirkung" von Undecan und Chinonen blockiert. Sie hielten dies für „ein seltenes Beispiel für chemische Mimikry bei myrmekophilen Insekten". Zur Unterstützung dieser Hypothese verglichen Stoeffler et al. (2011) *Pella cognata* und *P. funesta*, die ihren Beobachtungen zufolge meistens entlang der Ameisenstraßen leben, mit *Pella laticollis*, einem Käfer, der sich ihren Beobachtungen zufolge vor allem im Abfallbereich des Ameisennests aufhält. *Pella cognata* und *P. funesta* vermeiden Begegnungen mit Ameisen durch rasche Ausweichbewegungen und setzen (nach Angaben der Autoren) keine Beschwichtigungssubstanzen ein (ein spezielles Mittel bei myrmekophilen Aleocharinae, das wir später beschreiben), aber beide Arten entleeren ihre Tergaldrüsen, wenn sie Angriffen von Ameisen nicht ausweichen können. Nach Angaben der Autoren produziert *P. cognata* nur winzige Mengen von Undecan, dem Alarmpheromon von *L. fuliginosus*, in seiner Wehrdrüse, aber große Mengen an Tridecenen, Tridecan und 7-Pentadecen, Verbindungen, die bei den Wirtsameisen kein Alarmverhalten hervorrufen. Andererseits produziert *L. funesta* größere Mengen an Undecan und eine geringere Menge an Tridecan und Sulcaton (6-Methyl-5- hepten-2-on), das in *P. cognata* nicht vorhanden zu sein scheint. Stoeffler et al. (2011) argumentierten, dass *P. cognata* bei der Abgabe des Tergaldrüsensekrets keine Alarmreaktion bei den Arbeiterinnen der Wirtsameise auslöst; dennoch hat das Sekret aufgrund des Vorhandenseins von Chinonen eine abstoßende Wirkung auf die Ameisen. Während *P. funesta*, wenn er von den Ameisen ernsthaft bedrängt wird, aufgrund des Undecans in seiner Tergaldrüse eine Alarmreaktion bei den Ameisen auslöst, ist er aufgrund des regelmäßig abgegebenen Sulcatons in der Lage, einen „ameisenfreien Raum" um sich herum zu schaffen. Im Gegensatz dazu lebt *P. laticollis*, dessen Tergaldrüseninhalt von Chinonen und Undecan dominiert wird, in Abfallbereichen der Ameisennester, wo er häufig auf Ameisen trifft. Stoeffler et al. (2011) zufolge geben *P. laticollis* jedoch nur selten Tergaldrüsensekrete ab. Stattdessen wenden sie eine Beschwichtigungsstrategie an, die es den Käfern ermöglicht, Angriffe durch die Wirtsameisen zu vermeiden. Auf der Grundlage dieser Ergebnisse postulieren Stoeffler und seine Kollegen, dass diese drei *Pella*-Arten drei verschiedene Verteidigungsstrategien entwickelt haben.

Wir sind nicht sicher, ob diese Schlussfolgerung in ihrer Gesamtheit gerechtfertigt ist. Wie bereits erwähnt, ist Undecan in den Sekreten der Dufour-Drüse von *L. fuliginosus* enthalten und fungiert, wie bei den meisten anderen Schuppenameisen (Formicinae), als Alarmpheromon (Dumpert 1972; Hölldobler und Wilson 1990). Die Hauptfunktion der Mandibulardrüsensekrete von *L. fuliginosus* ist höchstwahrscheinlich die Verteidigung; insbesondere *Formica* und andere *Lasius*-Arten, die in unmittelbarer Nähe eines *L. fuliginosus*-Nestes leben, werden durch die Mandibulardrüsensekrete von *L. fuliginosus* abgestoßen (Maschwitz 1964), während der Alarmeffekt vergleichsweise schwach ist. Das eigentliche Alarmpheromon von *L. fuliginosus* ist Undecan, für das die Ameisen spezifische Geruchssensillen an ihren Antennen besitzen (Dumpert 1972). Weder Ulrich Maschwitz noch Hölldobler konnten bei den Arbeiterinnen von *L. fuliginosus* eine besondere

Vermeidungs- oder Abwehrreaktion beobachten, wenn ihnen Mandibulardrüsensekrete ihrer eigenen Art präsentiert wurden. Da diese Sekrete ebenfalls Sulcaton enthalten, würde man gemäß der von Stoeffler et al. (2007) vorgeschlagenen Hypothese erwarten, dass sie gemieden werden.

In diesem Zusammenhang ist es wichtig, darauf hinzuweisen, dass Johannes Steidle und Konrad Dettner (1993) in den Tergaldrüsensekreten mehrerer Aleocharinae-Arten, auch solcher, die nicht als myrmekophil gelten, Undecan gefunden haben, und es wurde vermutet, dass Undecan als Lösungsmittel für die Chinone dient, die im Allgemeinen in den Tergaldrüsen der Aleocharinae vorkommen. Die Autoren betonten auch, dass Sulcaton bei einigen myrmekophilen Aleocharinae-Arten vorkommt, jedoch nicht bei den sogenannten frei lebenden Arten, aber in den Abwehrsekreten vieler anderer Insektenarten vorhanden ist.

Wir vermuten, dass die eigentliche Funktion von Sulcaton – zusammen mit den Chinonen, die in Tridecan, Undecan und anderen Kohlenwasserstoffen in den tergalen Abwehrdrüsen von *Pella* gelöst sind – darin besteht, *Formica* und andere Ameisengattungen, Ameisenräuber und bei Bedarf die Wirtsart *Lasius fuliginosus* abzuwehren. Unserer Meinung nach ist es in diesem Kontext nicht gerechtfertigt, von chemischer Mimikry zu sprechen.

Michael Stoeffler und seine Mitarbeiter (Stoeffler et al. 2013) stellten einen anderen Fall von chemischer Mimikry bei den Aleocharinae *Zyras collaris* und *Zyras haworthi* vor. Die Tergaldrüsensekrete dieser Käfer unterscheiden sich deutlich von denen der oben beschriebenen *Pella*-Arten. Sie bestehen hauptsächlich aus α-Pinen, β-Pinen, Myrcen und Limonen. Da diese Monoterpene auch in einigen Blattlausarten gefunden wurden, von denen die Ameisen Honigtau sammeln, und da die Arbeiterinnen von *Lasius fuliginosus* in Biotests Filterpapierkugeln, die mit einem Gemisch dieser Verbindungen behandelt wurden, deutlich intensiver mit den Antennen betasteten als die Kontrollen, stellten die Autoren die Hypothese auf, dass diese *Zyras*-Käfer die chemischen Signale von Blattläusen nachahmen „und dadurch die Aufmerksamkeit ihrer Wirtsameisen erlangen". Da keine weiteren Einzelheiten über die Verhaltensinteraktionen dieser Myrmekophilen mit ihren Wirtsameisen bekannt sind, kann man keine fundierten Schlussfolgerungen über die biologische Bedeutung dieser bemerkenswerten Korrelation ziehen. Die Hypothese, dass es sich um eine neue Art der chemischen Mimikry bei den Myrmekophilen handeln könnte, ist hier sicherlich gerechtfertigt.

Bei ihren Untersuchungen über die Interaktionen von *Pella*-Käfern mit ihren Wirtsameisen *Lasius fuliginosus* waren Hölldobler und seine Kollegen (Hölldobler et al. 1981) beeindruckt, wie selten die Käfer die Abwehrsekrete aus der Tergaldrüse einsetzten. Normalerweise waren die schnell laufenden Käfer sehr geschickt darin, direkte Angriffe der Ameisen zu vermeiden, und wenn die Wirtsameisen sie berührten, wendeten sie eine beschwichtigende Verteidigungstaktik an; die abstoßende Verteidigung schien nur als letztes Mittel eingesetzt zu werden.

Ein spezielles Beschwichtigungsverhalten ist besonders im zeitigen Frühjahr zu beobachten, wenn die meisten Käfer in der Nähe des Nesteingangs der Ameisen oder an der Basis der Kartonstruktur zu finden sind, also in der Nähe des Abfallbereichs. Hier stellten sich die Käfer bei einem Angriff der Ameisen tot. Sie fielen auf die Seite, wobei Beine und

Fühler eng an den Körper gefaltet waren und der Hinterleib sich nach oben wölbte. Entweder ignorierten die Ameisen die bewegungslosen Käfer oder trugen sie herum und legten sie schließlich im Nestabfallbereich ab. Nur selten verletzten die Ameisen die Käfer.

Die Vortäuschung des Todes (tonische Immobilität) ist eine häufige passive Verteidigung bei Insekten und wurde bei mehreren Myrmekophilen beobachtet. Šípek et al. (2008) beschrieben einen Prachtkäfer (Buprestidae) *Habroloma myrmecophila*, der an der Westküste Indiens (Bundesstaat Goa) in die Blattzeltnester von *Oecophylla smaragdina* zur Eiablage eindringt. Die Larven dieser Käferart „graben sich in die Blätter ein, die die Nestwand bilden, und verpuppen sich in den Gruben". Wenn die erwachsenen Käfer von den Ameisen berührt oder angegriffen werden, stellen sie sich tot, was die *Oecophylla*-Arbeiterinnen dazu zu verleitet, den bewegungslosen Käfer aufzusammeln und wegzuwerfen. Petr Šípek und Kollegen vermuteten, dass diese Käfer nekrophore chemische Signale von toten Ameisen imitieren, die bei den Ameisen die Beseitigung toter Nestgenossen auslösen (Howard and Tschinkel 1976). Es liegen jedoch keine experimentellen Beweise für eine solche chemische Mimikry vor.

Bleiben wir bei dem Fall *Pella*. Später im Jahr, wenn die Aktivität von Ameisen und Käfern viel höher war, setzten die Käfer eine andere Beschwichtigungsmethode ein. Wie bereits erwähnt, konnten wir nur selten das Ausstoßen von Tergaldrüsensekreten wahrnehmen, obwohl sie jedes Mal, wenn sie auf Ameisen trafen, ihren Hinterleib krümmten und ihre Hinterleibsspitze auf ihre Gegner richteten (Abb. 5.16).

In der Regel reagierten die Ameisen darauf, indem sie die Hinterleibsspitze des Käfers antennierten und manchmal auch ableckten. Dadurch wurde die Aggression der Ameisen normalerweise gebremst, und die kurze Ablenkung, die in der Regel nicht länger als 1 oder 2 s dauerte, ermöglichte dem Käfer die Flucht.

Histologische Untersuchungen ergaben, dass der hintere Teil des Abdomens des Käfers reichlich mit exokrinen Drüsen ausgestattet ist, zusätzlich zu der bereits erwähnten Tergaldrüse zwischen dem sechsten und siebten Hinterleibstergit. Bei den vier untersuchten *Pella*-Arten (*P. cognata*, *P. funesta*, *P. humeralis* und *P. laticollis*) wurden keine großen Unterschiede festgestellt (Hölldobler et al. 1981). Es konnten nicht alle Drüsenstrukturen anatomisch charakterisiert werden; wir konzentrieren uns hier jedoch auf die Strukturen, die am Beschwichtigungsprozess beteiligt sein könnten. Neben den gut entwickelten glandulären hypodermalen Epithelien im achten, neunten und zehnten Segment gibt es paarige Bündel sekretorischer Zellen mit Drüsenkanalzellen, die sich dorsolateral durch die invaginierte intersegmentale Membran zwischen dem siebten und achten oder achten und neunten Segment öffnen. Das heißt, es konnte nicht festgestellt werden, ob ein Paar kleiner Drüsenzellbündel dem siebten und achten Segment, und das größere Cluster dem achten und neunten Segment zugeordnet werden kann. Darüber hinaus wurden zwischen dem neunten und zehnten Segment paarige Ansammlungen von sekretorischen Zellen mit Drüsenkanalzellen gefunden, die sich in Reservoirs öffnen, die als intersegmentalen Einstülpungen seitlich auf jeder Seite des Enddarms liegen. Die Reservoirs öffnen sich offenbar in der Nähe des Anus. Hölldobler et al. (1981) nannten diese Struktur Pygidialdrüse, in Anlehnung an die Erstbeschreibung der Abwehrdrüse in der Staphyliniden-Unterfamilie

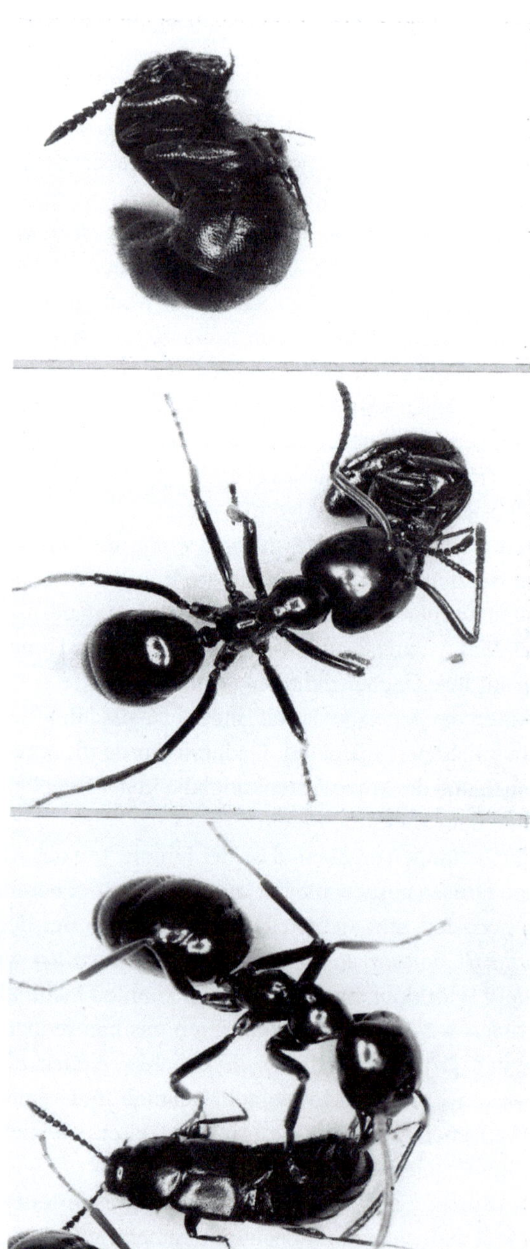

Abb. 5.16 Beschwichtigungsverhalten bei *Pella*-Arten. Die Käfer „stellen sich tot" (*oberes Bild*), was die Ameisen veranlasst, sie entweder zu ignorieren oder ihre bewegungslosen Körper aufzunehmen und zur „Müllhalde" zu tragen. Das *untere Bild* zeigt den typischen chemischen Beschwichtigungsvorgang (appeasement Verhalten) von Käfern, die den Ameisen Beschwichtigungssekrete auf der Hinterleibsspitze präsentieren. (Bert Hölldobler)

Steninae (Jenkins 1957), analog zur Pygidialdrüse in der Käferfamilie Carabidae. Dieser Begriff kann jedoch zu Verwirrung führen, da das Pygidium das dorsale Tergit des letzten äußeren (sichtbaren) Abdominalsegments ist und bei verschiedenen Insektengruppen variieren kann. Darüber hinaus öffnet sich diese Drüse bei den Staphyliniden nicht am letzten externen Segment. Wir neigen daher dazu, der von Konrad Dettner vorgeschlagenen Nomenklatur zu folgen (1993), der diese Art von Drüse als „anale Abwehrdrüse" bezeichnete. Es sei darauf hingewiesen, dass Andreas Schierling und Konrad Dettner (2013) in einer neueren Studie über diese Drüse bei der Staphyliniden-Unterfamilie Steninae sie wiederum als „Pygidialdrüse" bezeichneten. Wie auch immer wir sie nennen, die Pygidialdrüse bei den Carabidae und bei den Staphylinidae sind offensichtlich nicht homolog, und die Pygidialdrüsen bei Käfern unterscheiden sich in vieler Hinsicht von denen in bestimmten Ameisenunterfamilien. Bei *Pella* scheint sich eine weitere Drüsenstruktur an der Spitze des Hinterleibs zu öffnen, aber wir konnten nicht genau feststellen, wo. Da wir nicht sagen können, welche dieser Drüsen an dem chemischen Beschwichtigungssystem beteiligt ist, und weil vielleicht alle Drüsen, die sich am Hinterleibsende öffnen, Teil dieses Prozesses sein könnten, nennen wir sie Beschwichtigungsdrüsen oder den „Beschwichtigungsdrüsenkomplex". Natürlich betrachten wir diesen Beschwichtigungsprozess als Verteidigungsmaßnahme, aber er funktioniert als „sanfte Abwehr" und nicht als einen, der eine Abschreckwirkung bei den Ameisen auslöst. Im Gegensatz zu Stoeffler et al. (2011) haben wir bei allen von uns untersuchten *Pella*-Arten dieses Appeasement-Verhalten beobachtet. Ob die Beschwichtigung bei einer Art häufiger vorkommt als bei anderen, oder ob sie in den Abfallnestbereichen häufiger zu beobachten ist als auf den Straßen, können wir nicht sagen, aber sie kommt mit Sicherheit sowohl auf den Straßen als auch im Abfallnestbereich vor.

Im Feld und im Labor wurden *Pella*-Larven fast ausschließlich in der Nähe oder im Abfallbereich von *L.-fuliginosus*-Nestern gefunden. Hölldobler und seine Kollegen beobachteten die Larven häufig beim Fressen von toten Ameisen. Während des Fressens versuchten die Larven stets, „außer Sicht" zu bleiben, indem sie entweder ganz unter der Beute blieben oder in den Körper der toten Ameise krochen (Abb. 5.17). Gelegentlich konnte man zwei bis vier Larven beim Fressen desselben Kadavers beobachten. Wenn sie sich jedoch zu sehr drängten, griffen sie sich häufig gegenseitig an, was manchmal dazu führte, dass eine Larve die andere fraß. Wenn Ameisen auf die Larven trafen, ignorieren sie sie gewöhnlich, oder zeigen leicht aggressives Verhalten. Fast immer reagierten die Käferlarven mit einer typischen Verteidigungshaltung, indem sie die Hinterleibsspitze in Richtung des Ameisenkopfes anhoben. Oft reagierte die Ameise, indem sie den Angriff abbrach und die Spitze der Larve abtastete. In den meisten Fällen reichte diese kurze Unterbrechung aus, um der Larve die Flucht zu ermöglichen. Histologische Untersuchungen ergaben, dass *Pella*-Larven eine komplexe glanduläre Struktur mit einem Reservoir besitzen, das sich dorsal in der Nähe der Spitze des vorletzten Segments öffnet. Möglicherweise sind die Sekrete dieser Drüse an der Beschwichtigungsabwehr gegenüber den Wirtsameisen beteiligt (Hölldobler et al. 1981).

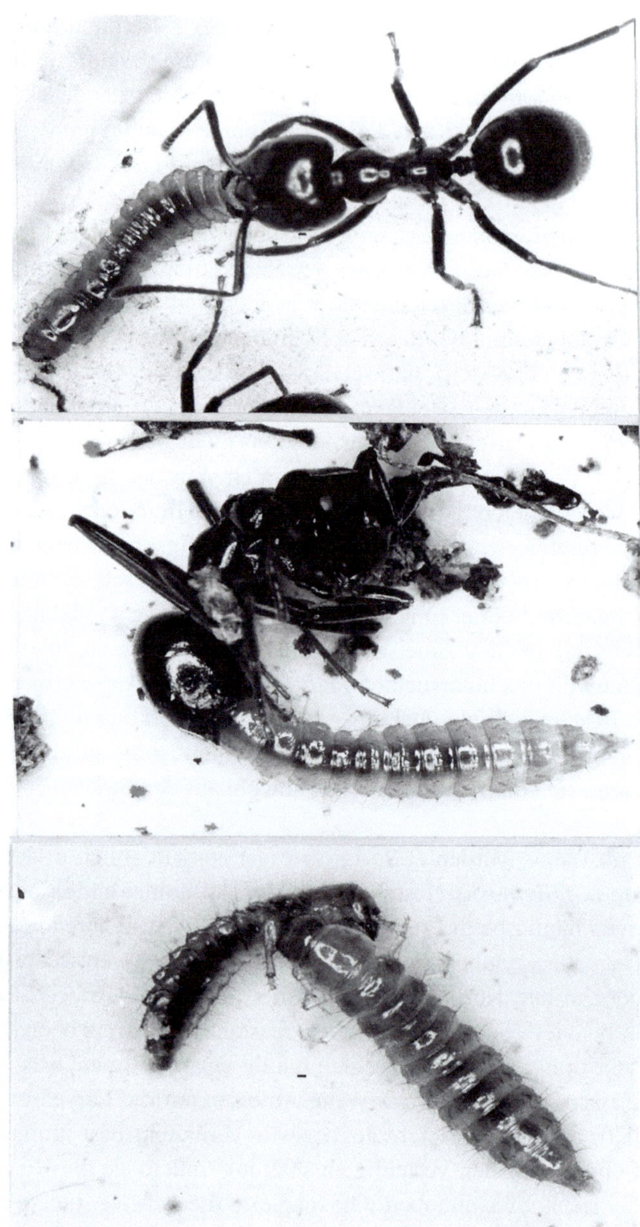

Abb. 5.17 Die *Pella*-Larven werden von den Wirtsameisen normalerweise ignoriert. Wenn sie von den Ameisen berührt werden, heben sie schnell die hintere Spitze an und geben offenbar ein Beschwichtigungssekret aus einer in diesem Bereich befindlichen Drüse ab (*oben*). Das *Bild in der Mitte* zeigt eine *Pella*-Larve, die an einer toten Ameise frisst. Die Käferlarven zeigen auch kannibalistische Verhaltensweisen, wie im *unteren Bild* zu sehen ist. (Bert Hölldobler)

Eine weitere Arbeit über die myrmekophile Gattung *Pella* muss angesprochen werden. Toshiharu Akino (2002) veröffentlichte eine kurze Studie über die japanische Art *Pella comes* (sie wurde früher *Zyras comes* genannt; siehe Maruyama 2006; Hlaváč und Jászay 2009). Laut Maruyama gehört *P. comes* zur „Funesta-Gruppe". Akino sammelte Exemplare auf der Spur von zwei *Lasius-fuliginosus*-Kolonien in der Nähe von Kyoto in Japan und setzte jeweils sieben Individuen zusammen mit fünf *L.-fuliginosus*-Arbeiterinnen in eine Glasschale (höchstwahrscheinlich handelte es sich bei den Ameisen um *Lasius spathepus* oder *L. nipponensis*, da es keine Aufzeichnungen über das Vorkommen von *L. fuliginosus* in Japan gibt). Akino bemerkte, dass Ameisenaggressionen gegenüber dem Käfer nicht auftraten, wenn die Käfer und Ameisen aus derselben Kolonie stammten, während die Ameisen sich feindselig verhielten, wenn die Käfer mit Ameisen aus einer Kolonie untergebracht wurden, in der keine Myrmekophilen gefunden worden waren. Anschließend wurden die cuticulären Kohlenwasserstoffe von Ameisen und Käfern verglichen: Die Kohlenwasserstoffprofile stimmten gut überein. Ob diese Ähnlichkeit der Kohlenwasserstoffmischungen der Schlüsselmechanismus ist, der es den Myrmekophilen ermöglicht, in engem Kontakt mit den Ameisen entlang der Straßen zu leben, konnte nicht geklärt werden, obwohl es naheliegend ist.

Dagegen konnten Stoeffler et al. (2011) keine Ähnlichkeit der Gemische von cuticulären Kohlenwasserstoffen von *Pella*-Arten und denen ihrer Wirte (*L. fuliginosus*) feststellen. Ebenso haben Thomas Parmentier und seine Mitarbeiter (Parmentier et al. 2017a) gezeigt, dass die cuticulären Kohlenwasserstoffprofile mehrerer Myrmekophilen, die in Nestern von *Formica rufa* leben, denen ihrer Wirtsameisen nicht oder nur teilweise ähneln (siehe auch Kap. 9). Vermutlich ernährt sich *P. comes* von toten Wirtsameisen oder jagt Arbeiterinnen, wie mehrere andere *Pella*-Arten auch (Wasmann 1920; Donisthorpe 1927; Hölldobler et al. 1981; Maruyama 2006). Maruyama führt *P. comes* sogar unter den *Pella*-Arten auf, bei denen er räuberisches Verhalten beobachtet hat. Es ist durchaus denkbar, dass *Pella*-Käfer, die sich von Ameisenkadavern ernähren oder die Arbeiterinnen der Wirtsameisen fressen, die Kohlenwasserstoffe der Wirte aufnehmen. Es hat sich gezeigt, dass eine insektenreiche Ernährung die cuticulären Kohlenwasserstoffprofile einiger Ameisenarten verändert (Liang und Silverman 2000; Buczkowski et al. 2005). In einer bemerkenswerten neueren Studie hat Adrian Smith (2019) jedoch gezeigt, dass die cuticulären Kohlenwasserstoffprofile von *Formica archboldi* erstaunlich gut mit denen der einheimischen Ameisenart *Odontomachus* übereinstimmen, die eine wesentliche Beute von *F. archboldi* ist. Handelt es sich bei der Beutetierart hauptsächlich um *O. brunneus*, weist *F. archboldi* das cuticuläre Kohlenwasserstoffprofil von *O. brunneus* auf, und wenn die Beutetierart *O. relictus* ist, trägt *F. archboldi* das Profil von *O. relictus*. Interessanterweise behielt *F. archboldi* ihre *Odontomachus*-ähnliche Kohlenwasserstoffsignatur nach 7 Monaten im Labor ohne Kontakt mit *Odontomachus*-Ameisen bei (Smith 2019). Der Mechanismus dieser offensichtlich sehr stabilen Anpassung des Kohlenwasserstoffprofils ist noch unklar und wird noch untersucht.

Zusammenfassend lässt sich sagen, dass myrmekophile *Pella* als Aasfresser und Räuber leben, die sich von der Beute der Ameisen oder von toten Ameisen ernähren oder lebende Ameisen erbeuten. Es gibt keine dokumentierten Beweise dafür, dass sie auch Regurgitationen von Wirtsameisen erbetteln können. Versuche von Hölldobler et al. (1981), die radioaktive Tracer-Techniken einsetzten, konnten keine Trophallaxis bei *Pella* registrieren, und auch andere Markierungstechniken, die von Parmentier et al. (2016b) eingesetzt wurden, konnten keine Übertragung von regurgitierter Nahrung von Wirtsameisen auf *Pella*-Käfer oder Käferlarven nachweisen. Nichtsdestotrotz berichtete Akino (2002) von *Pella comes*: „Wenn der Käfer die Arbeiterinnen anbettelte, regurgitierten sie oft Flüssigkeit für ihn", und er legte ein Diagramm vor, das 19 beobachtete Regurgitationsereignisse zwischen Ameise und Käfer belegen soll. Es wird nicht erwähnt, in welchen Zeitabständen diese Beobachtungen gemacht wurden. Aufgrund unserer Erfahrung mit *Pella*-Käfern vermuten wir, dass die berichtete Trophallaxis vielleicht eine Fehlinterpretation einer anderen Verhaltensinteraktion ist. Kein anderer Wissenschaftler, der *Pella* untersucht hat, berichtete über Trophallaxis zwischen den Käfern und ihren Wirtsameisen. Im Gegenteil, Taniguchi et al. (2005) stellten in einer früheren Arbeit fest, dass *Pella comes* häufig von den Wirtsameisen *Lasius spathepus* (oder *L. nipponensis*) auf den Ameisenstraßen angegriffen wird.

5.5   Auf den Ameisenstraßen

Eines der spektakulärsten Erlebnisse, die einer von uns (B. H.) während eines Besuchs im costa-ricanischen Regenwald hatte, war die Beobachtung der Raubzüge der Wanderameisen der Gattung *Eciton*, einer sehr auffälligen Ameisengruppe in den tropischen Wäldern von Mexiko bis Paraguay. Diese Ameisen bauen keine Nester wie die meisten anderen Ameisenarten. Sie leben in sogenannten Biwaks, teilweise geschützte Höhlen an der Basis von Baumstämmen oder im Boden, in denen die Königin, die Larven und die Puppen von den Körpern der Arbeiterinnen bedeckt und geschützt sind. Wenn die Arbeiterinnen das Biwak errichten, verknüpfen sie ihre Körper mit Hilfe der starken Hakenkrallen an den Fußspitzen und bilden so Schicht um Schicht eine ineinandergreifende lebende Masse von etwa einem Meter Durchmesser, in deren Mitte sich die Brut und die Königin befindet (Kronauer 2020). Wie die bahnbrechenden Studien von Theodore Schneirla gezeigt haben, wechseln diese Wanderameisenkolonien zwischen einer statischen Periode, in der die Kolonie etwa 3 Wochen lang am selben Biwakplatz verbleibt, und einer Wanderungsperiode. Während der statischen Periode entwickelt die Königin schnell Tausende von Eiern in ihren Eierstöcken. Ihr Hinterleib ist grotesk geschwollen, und in den folgenden Tagen legt sie 100.000 bis 300.000 Eier (Kronauer 2020). Gegen Ende der statischen Periode schlüpfen aus den Eiern kleine Larven, und bald darauf schlüpfen viele neue Arbeiterinnen aus den Puppenkokons. Sie entwickelten sich aus den Larven, die in der vorangegangenen statischen Periode produziert worden waren. Offensichtlich löst das Erscheinen vieler neuer Arbeiterinnen den Beginn der Wanderungsperiode aus, in der etwa über eine halbe Million Arbeiterinnen mit der Königin und mehreren hunderttausend Larven zu einem neuen Biwakplatz ziehen und sich dort niederlassen. Während dieser Wanderungszeit führen die Arbeiterinnen massive Raubzüge durch, indem sie wie riesige Pseudopodien aus den Biwaks ausschwärmen und kleine und große Gliederfüßer, manchmal sogar kleine Wirbeltiere fangen, oder Nester anderer Ameisenarten überfallen und deren Larven plündern, die alle als Nahrung für die schnell heranwachsenden Larven der Wanderameisen dienen. Obwohl die Wanderameisen auch in der statischen Periode Beutezüge durchführen, ist der Nahrungsbedarf der Kolonie während der Wanderungsperiode mit mehreren hunderttausend wachsenden Larven viel höher. Dies ist wahrscheinlich der Grund, warum sie von einem Biwakplatz zum anderen ziehen, um neue Jagdgebiete zu erschließen.

Ein genauer Blick auf die Auswanderungs- und Beutezüge von Wanderameisen offenbart eine Vielzahl anderer Arthropoden, die sich innerhalb oder an den Rändern der Kolonnen bewegen. Carl Rettenmeyer und seine Mitarbeiter haben viele Arten in der Nähe der Biwaks, den Abfalldepots, und den Straßen der Wanderameisen der Neuen Welt gefunden und studiert (Rettenmeyer et al. 2011 und dort zitierte Literatur); David Kistner und seine Mitarbeiter haben eine ebenso reiche Artenvielfalt auf den Straßen und Raubkolonnen der Wanderameisen der Neuen und Alten Welt (auch Treiberameisen genannt) beschrieben (Kistner 1975, 1979, 1982, 1989, 1993, 1997, 2003; Jacobson und Kistner 1991, 1992; Kistner et al. 2003, 2008); und Ulrich Maschwitz, Volker Witte, Christoph von Beeren und Munetoshi Maruyama und ihre Mitarbeiter entdeckten zahlreiche neue Myrmekophile in südostasiatischen Wanderameisen und anderen Legionärsameisenarten der Gattung *Leptogenys* (Maruyama 2006; Maruyama et al. 2009, 2010a,b; von Beeren et al. 2011b, 2016). Auf einige dieser Studien werden wir in späteren Kapiteln zurückkommen. Eine sehr gute Darstellung der erstaunlichen Vielfalt der Myrmekophilen der Wanderameisen und ihrer Naturgeschichte liefert Daniel Kronauer in seinem kürzlich erschienenen hervorragenden Buch *Army Ants: Nature's Ultimate Social Hunters* (2020).

Der Abfallbereich der Wanderameisen und die Auswanderungs- und Raubkolonnen sind besondere ökologische Nischen, die von einer Vielzahl von Myrmekophilen besetzt werden, und ein typischer, lehrreicher Fall von Nischenspezialisierung wird von der Staphyliniden-Art (Aleocharinae) *Tetradonia marginalis* geliefert. Akre und Rettenmeyer (1966, S. 773) stellten fest, dass diese Käferart

> … die am häufigsten gefundene Staphylinide in den Abfalldepots von *Eciton burchellii* und bei der Auswanderung [ist]. Manchmal können mehr als 100 Individuen in einem einzigen großen Depot dieses Wirtes gefunden werden. Viele dieser Myrmekophilen laufen nicht an den Auswanderungskolonnen entlang, sondern fliegen offenbar von einer Kolonie zur anderen. *Tetradonia marginalis* war die Art, die am häufigsten unverletzte, aktive Arbeiterinnen sowie verletzte Arbeiterinnen sowohl von *E. burchellii* als auch von *E. hamatum* an den Rändern der Kolonnen und in der Nähe von Biwaks angriff. Es wurde nicht beobachtet, dass die Staphyliniden Arbeiterinnen angriffen, die in der Mitte der Raub- oder Auswanderungskolonnen oder schnell an den Straßenrändern entlangliefen.

Bei Feldarbeiten in La Selva, Costa Rica, konnten Edward O. Wilson und Hölldobler einige der Beobachtungen von Akre und Rettenmeyer bestätigen. Es war Ende März 1985, am Abend, als sie auf die Auswanderungskolonne der Wanderameisenart *Eciton hamatum* mit Tausenden von Arbeiterinnen, die ihre Larven in typischer Wanderameisen-Manier trugen, wobei die Larve unter dem Körper des Trägers gehalten wird (Abb. 5.18).

Abb. 5.18 Kolonne der Wanderameise *Eciton hamatum* in Costa Rica. (Bert Hölldobler)

Ganz am Ende der Kolonne, mit nicht mehr als hundert Nachzüglern, von denen einige verletzt waren oder sich langsamer bewegten als andere Nestgenossinnen, und die in der Regel keine Larve trugen, entdeckten wir zehn oder mehr Staphyliniden-Käfer, die mit aufgerolltem Hinterleib schnell den Weg entlangliefen. Die meisten dieser Staphyliniden, die sich als Angehörige der Gattung *Tetradonia* herausstellten, griffen umherstreifende *Eciton*-Arbeiterinnen an (Abb. 5.19, 5.20 und 5.21).

Alle Opfer waren langsam und teilweise behindert, unfähig, schnell zu laufen. Wir vermuteten, dass sie aufgrund von Verletzungen zurückgefallen waren und daher von den Käfern attackiert wurden. Die Käfer umkreisten das Opfer, ergriffen ein Bein oder sprangen auf den Rücken der Ameise und versuchten, den Kopf oder den Hinterleib abzubeißen. Einige schleppten ihre Opfer zügig die Straße entlang. In einem Fall griffen zwei Käfer gemeinsam eine Ameise an und rannten mit ihr mit. Bei einer anderen Gelegenheit beobachteten wir die Käfer in der Nähe der Abfalldeponien von *Eciton hamatum*, wo sie die Kadaver von *Eciton*-Arbeiterinnen fraßen. Offenbar sind verletzte oder tote Ameisen die Hauptnahrungsquelle der Kurzflügler, und sie ziehen mit den Ameisen von einem Biwakplatz zum anderen oder fliegen, wie Rettenmeyer und Akre vorschlugen, von einer Kolonie zur anderen (Hölldobler und Wilson 1990).

Akre und Rettenmeyer (1966) unterschieden zwischen „generalisierten" Arten von myrmekophilen Staphyliniden, die wie die meisten Staphyliniden-Arten aussehen, und „spezialisierten" Arten, zu denen sogenannte mimetische oder myrmekoide Formen gehören, das heißt, die äußere Morphologie der Käfer ähnelt der Wirtsameisen (Abb. 5.22 und 5.23).

Akre und Rettenmeyer erstellten einen Katalog der vielen unterschiedlichen Verhaltensweisen der beiden Myrmekophilen-Gruppen. Diese Daten zeigen einen allmählich zunehmenden Grad der Verhaltensintegration mit der Wirtskolonie, und schlagen einen möglichen evolutionären Weg zur vollständigen Integration mit der Wirtsart vor. Die beiden Gruppen von Arten können als Repräsentanten verschiedener evolutionärer Entwicklungsstufen der Anpassung an die Wirtsameisen und ihre Lebensweise interpretiert werden (Hölldobler und Wilson 1990).

Abb. 5.19 Ein *Tetradonia*-Käfer hält eine behinderte Arbeiterin am Ende der Kolonne von *Eciton hamatum* am Bein fest. (Bert Hölldobler)

Von Beeren et al. (2018) verglichen, aufbauend auf der Akre-Rettenmeyer-Hypothese, dass Wirt-Symbionten-Assoziationen über das gesamte Generalisten-Spezialisten-Kontinuum reichen, die verhaltensmäßigen und chemischen Integrationsmechanismen der beiden Gruppen (Generalisten und Spezialisten). Mit Hilfe von Bioassays untersuchten sie die Interaktionen der *Eciton*-Wirtsarten mit den myrmekophilen Käfern *Ecitophya simulans*, *Ecitophya gracillima*, *Ecitomorpha cf. nevermanni* und *Ecitomorpha cf. breviceps*. Diese Arten ähneln im Aussehen ihren *Eciton*-Wirtsarten, und nach David Kistner (1982) werden solche Nachahmer „Wasmann'sche Nachahmer" genannt. Es wurde festgestellt, dass jeder dieser Käfer spezifisch mit einer einzigen Wirtsart assoziiert ist. *Ecitophya gracillima* wurde ausschließlich aus *Eciton hamatum*-Kolonien gesammelt. *Ecitophya simulans*, *Ecitomorpha* cf. *breviceps* und *Ecitomorpha* cf. *nevermanni* wurden nur in *Eciton burchellii foreli* -Kolonien gefunden. Die Autoren fanden keine Wasmann'schen Nachahmerarten bei anderen im Untersuchungsgebiet von La Selva vorkommenden *Eciton*-Arten; sie wiesen jedoch darauf hin, dass *Ecitophya rettenmeyeri* zuvor in *Eciton lucanoides*-Kolonien in La Selva (Costa Rica) gesammelt wurden (Kistner und Jacobson 1990).

Die Verhaltens-Bioassays zeigten, dass die Wasmann'schen Nachahmerarten häufig Kontakt zu ihren Wirtsameisen aufnahmen. Sie wurden von ihren Wirten bereitwillig akzeptiert und betrieben sogar gegenseitiges Putzen. In der eher künstlichen Versuchssitua-

Abb. 5.20 Ein *Tetradonia*-Käfer, der eine behinderte *Eciton-hamatum*-Arbeiterin jagt und anschließend auf ihren Rücken springt (*unteres Bild*). Der Käfer bewegt sich auf den Kopf zu und beißt die Ameise zwischen Kopf und Mesosoma. (Bert Hölldobler)

Abb. 5.21 Zwei *Tetradonia*-Käfer, die eine tote *Eciton-hamatum*-Arbeiterin wegziehen. (Bert Hölldobler)

Abb. 5.22 Das obere Bild zeigt den Kurzflügler *Ecitophya* mit der Wanderameise *Eciton burchellii*. Das *untere Bild* zeigt einen nicht identifizierten Kurzflügler mit der Wirtsameise *Aenictus* sp. In beiden Fällen ahmen die Myrmekophilen das Aussehen ihrer Wirte täuschend ähnlich nach. (Mit freundlicher Genehmigung von Taku Shimada)

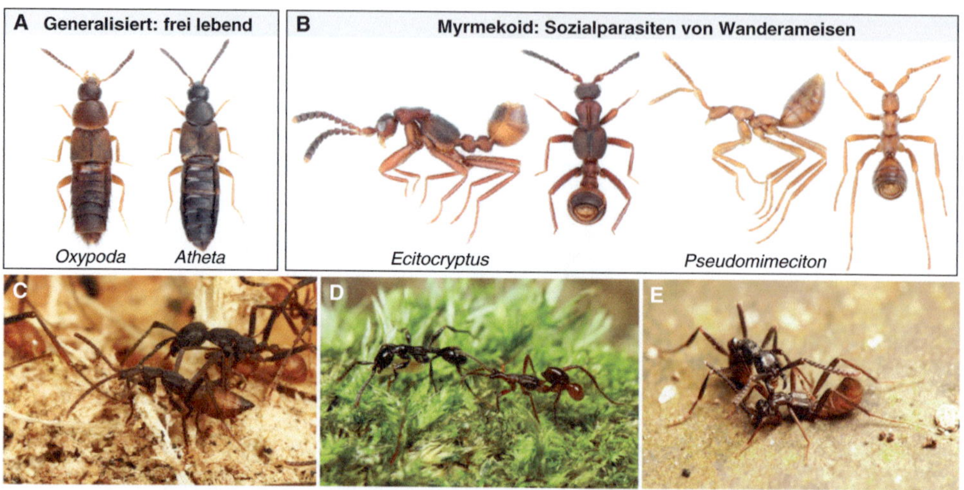

Abb. 5.23 Myrmekoidsyndrom bei Aleocharinae-Kurzflüglern. (**a**) Beispiele für frei lebende Aleocharinae mit generalisierter Morphologie, *Oxypoda* und *Atheta*. (**b**) Beispiele für myrmekophile Aleocharinae mit myrmekoider Morphologie, *Ecitocryptus* (vergesellschaftet mit *Nomamyrmex*) und *Pseudomimeciton* (vergesellschaftet mit *Labidus*). (**c–e**) Lebende Myrmekoide mit Wirtsameisen: *Ecitophya* mit *Eciton*-Wirt (Peru), *Rosciszewskia* mit *Aenictus*-Wirt (Malaysia), *Beyeria* mit *Neivamyrmex*-Wirt (Ecuador). (Mit freundlicher Genehmigung von Munetoshi Maruyama)

tion wurden auch die *Tetradonia*-Käfer (Generalisten) nicht angegriffen. Allerdings haben von Beeren et al. (2018) im Freiland gelegentlich Aggressionen gegen *Tetradonia* beobachtet, jedoch niemals gegenüber den spezialisierten Nachahmern. Die vergleichenden Analysen der cuticulären Kohlenwasserstoffmischungen von Käfern und Wirtsameisen zeigten große Ähnlichkeiten zwischen den Wasmann'schen Nachahmern und den Wirten, während die der generalistischen *Tetradonia* weniger gut mit dem cuticulären Kohlenwasserstoffprofil der Wirte übereinstimmte. Diese Ergebnisse deuten darauf hin, dass *Ecitophya*- und *Ecitomorpha*-Arten sozial enger mit den *Eciton*-Wirten assoziiert sind als *Tetradonia*. Die Annahme, dass die Ähnlichkeit der Kohlenwasserstoffprofile der Schlüsselmechanismus ist, der es diesen Wasmann'schen Nachahmern ermöglicht, tief in die *Eciton*-Gesellschaft einzudringen, ist jedoch auf der Grundlage der derzeit verfügbaren Informationen möglicherweise nicht gerechtfertigt. Es kann argumentiert werden, dass die enge Übereinstimmung der cuticulären Kohlenwasserstoffprofile von Gast und Wirt die Folge der sozialen Integration der Myrmekophilen ist. Wahrscheinlich kommen die Käfer häufig mit den Ameisen in Kontakt und werden dadurch mit der chemischen Koloniesignatur der Ameisen „kontaminiert". Wir gehen davon aus, dass es noch etwas anderes geben muss, was den Käfern ermöglicht, von den Ameisen überhaupt angenommen zu werden.

Dies bringt uns zurück zu einer kurzen Diskussion über die Wasmann'sche Mimikry, denn es wurde schon früher vermutet, dass die bemerkenswerte morphologische Ähnlichkeit von Käfer und Wirt einer der Mechanismen ist, mit denen die Käfer die Wirtsameisen täuschen. Eine ganze Reihe von myrmekophilen Staphylinidae (und einige Wespen der

Diapriidae-Familie), die mit Wanderameisen mitmarschieren, zeigen solche ameisenähnlichen Erscheinungen. Die Ähnlichkeit entwickelte sich konvergent durch die Modifikation des Abdomens und des Thorax, was zur Nachahmung eines ameisenartigen Petiolus führte (Seevers 1965). Darüber hinaus wird die auch die Struktur und Farbe der Körperoberfläche der Wirtsameisen von einigen myrmekophilen Staphyliniden der Wanderameisen kopiert. Man könnte annehmen, dass diese Nachahmer die visuelle Modalität ihrer Wirte ansprechen, aber die Welt dieser Ameisen ist weitgehend chemisch und taktil. Es war Erich Wasmann (1903), der diese Ähnlichkeiten als Erster bemerkte und beschrieb, und vorschlug, dass wahrscheinlich der Tastsinn der Wirtsameisen getäuscht werde, weil sie beim Betasten des Käfers die Form einer Ameisennestgenossin spüren. Carl Rettenmeyer (1970) folgte Wasmanns Interpretation – er prägte den Begriff „Wasmann'sche Mimikry" – und David Kistner (1966, 1979) vertrat die Ansicht, dass das Antennationsverhalten bei Begegnungen von Wirtsameisen mit myrmekophilen Käfern „identisch mit dem einer Ameise bei der Begegnung mit einer anderen Ameise" ist. Er behauptete, dass Ameisen dem Petiolus besondere Aufmerksamkeit schenken, und stellte fest: „Die morphologische Konstriktion ermöglicht es dem myrmekophilen Käfer, innerhalb der Kolonie wie eine Ameise zu funktionieren." Wilson (1971) und Hölldobler (1971) fanden diese Interpretation nicht überzeugend, da eine Reihe von myrmekophilen Kurzflüglern, die den höchsten Grad an sozialer Integration aufweisen, wie die Gattungen *Lomechusa*, *Lomechusoides* oder *Xenodusa*, überhaupt keine Ähnlichkeit mit Ameisen haben und insbesondere morphologisch keinen Petiolus imitieren (siehe Kap. 8). Wasmann (1903, und andere Verweise in Wasmann 1925) wies bereits darauf hin, dass sich die Nachahmung der Färbung der Wirtsameisen durch die Käfer vielleicht entwickelt hat, um Vögel und andere Raubtiere zu täuschen, die die stechenden, giftigen Ameisen nicht fressen (Bates'sche Mimikry) (siehe Kap. 6). Diese Art der schützenden Mimikry wäre natürlich viel effektiver, wenn Körperform und Färbung denen der Ameisen ähneln würden. Obwohl wir die Wasmann'sche-Mimikry-Hypothese von Rettenmeyer und Kistner nicht verwerfen wollen – und höchstwahrscheinlich gibt es eine Art von taktiler Mimikry bei Ameisen-Myrmekophilen-Interaktionen und bei bestimmten sozialparasitären Ameisen (Fischer et al. 2020), fehlt es noch an soliden experimentellen Beweisen. Es ist jedoch bemerkenswert, dass solche Fälle von Wasmann'scher Mimikry am häufigsten in Wanderameisen und bei Termiten zu finden sind (Kistner 1969). Bei einigen Termitophilen sind die „Verformungen" des Hinterleibs der Staphyliniden so grotesk und ähneln dem Körper einer Termite so auffällig, dass wir geneigt sind, in diesen Fällen Kistners Interpretation der Wasmann'schen (taktilen) Mimikry zu akzeptieren.

In einer hervorragenden evolutionsbiologischen Studie haben Munetoshi Maruyama und Joseph Parker (2017) gezeigt, dass sich eine solche morphologische Ameisenmimikry (myrmekoide Körperform) bei myrmekophilen Staphyliniden im Laufe der Evolution mindestens zwölf Mal entwickelt hat. „Jede unabhängige myrmekoide Klade ist auf eine zoogeografische Region beschränkt und hochgradig wirtsspezifisch auf eine einzige Wanderameisengattung. Datierungsschätzungen zeigen, dass die myrmekoiden Kladen durch erhebliche phylogenetische Distanzen von bis zu 105 Mio. Jahre getrennt sind" (Abb. 5.23 und 5.24) (Maruyama und Parker 2017, 920).

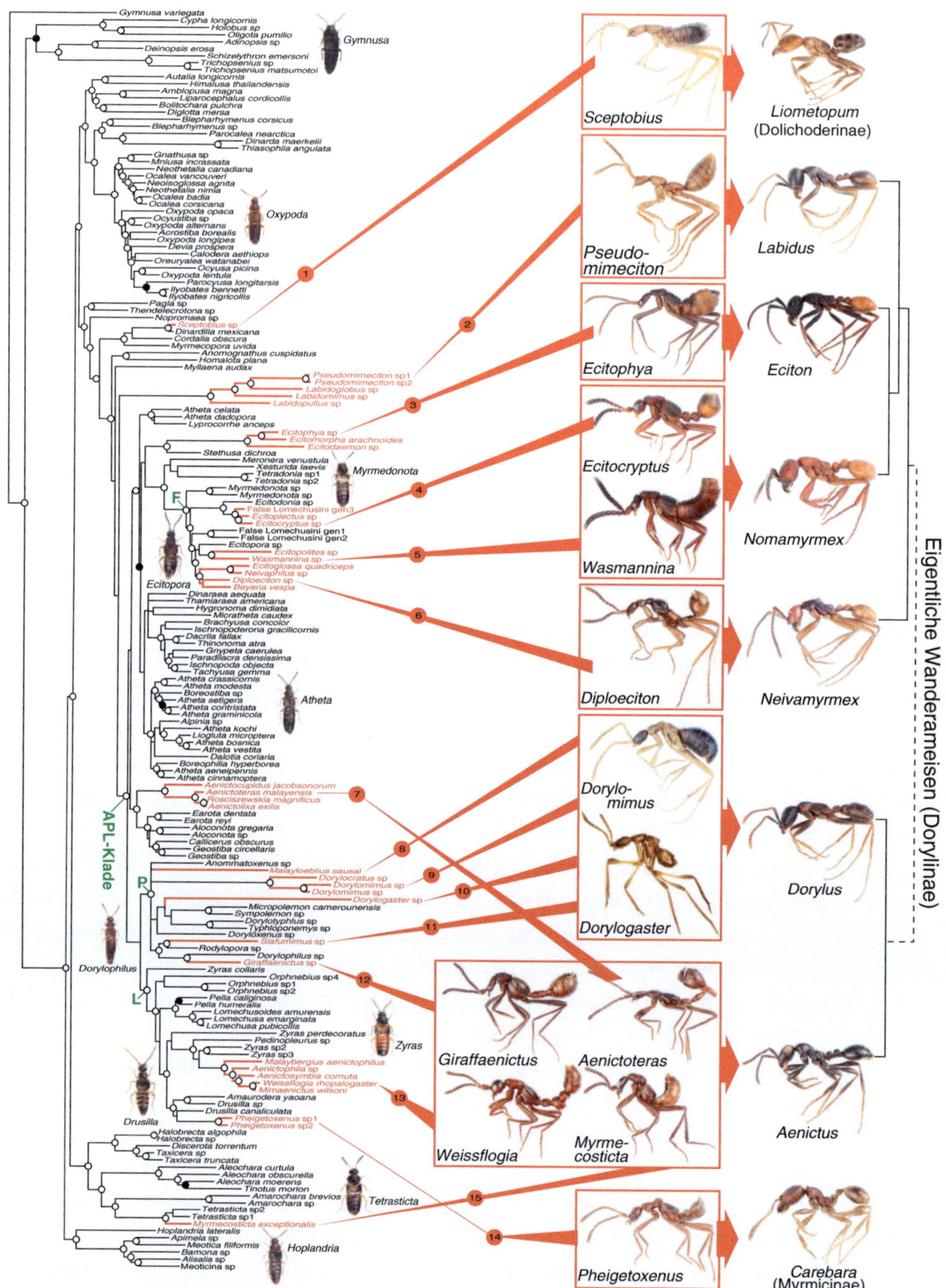

Abb. 5.24 Datierung der Evolution und Abstammung von Myrmekoiden-Kladen. Hier wird nur das Kladogramm mit den wichtigsten Vertretern jeder Gruppe und ihren Wirtsarten vorgestellt. Für weitere Details verweisen wir den Leser auf die hervorragende Arbeit von Maruyama und Parker (2017). (Mit freundlicher Genehmigung von Munetoshi Maruyama)

Leider ist nichts darüber bekannt, wie die mimetischen Käferarten „ihren Lebensunterhalt in den Wanderameisenkolonien bestreiten". Vermutlich ernähren sie sich von der Ameisenbrut oder von der Beute, die von den räuberischen Ameisen erbeutet wird. Wenn sie nur geduldete Gäste in der Kolonie sind und nicht von den Wirtsameisen gefüttert und gepflegt werden, könnte die Aneignung der cuticulären Kohlenwasserstoffprofile der Wirtsameisen und vielleicht die Ähnlichkeit mit den Körperformen der Wirtsameisen für eine profitable Koexistenz mit den Ameisen ausreichen. Dieses Szenario würde die Hypothese der Wasmann'schen Mimikry unterstützen. Kistner (1982) listet ebenfalls einige Fälle von Wasmann'scher Mimikry bei Staphyliniden auf, die mit Nicht-Wanderameisenarten zusammenleben, obwohl diese Mimikry-Fälle nicht so auffällig sind wie die bei Heers-bzw. Wanderameisen gefundenen.

Zusammenfassend lässt sich sagen, dass wir das Konzept der Wasmann'schen Mimikry nicht ablehnen, aber glauben, dass mehr experimentelle Beweise erforderlich sind. In der Tat wurde eine experimentelle Studie von Taniguchi et al. (2005) veröffentlicht, die die Hypothese der Bates'schen Mimikry unterstützt. Die Autoren stellten fest und wiesen experimentell nach, dass der Japanische Laubfrosch (*Hyla japonicus*) viele Ameisenarten frisst, mit Ausnahme von *Lasius spathepus*. Frösche, die *L. spathepus* gefressen hatten, lehnten diese anschließend als Beute ab. Die myrmekophile Staphyliniden-Art *Pella comes*, die entlang der Futterstraßen und Abfallplätze von *L. spathepus* lebt, ähnelt ihren Wirtsameisen in der Größe, der glänzend schwarzen Färbung und der Art der Fortbewegung. Frösche, die in letzter Zeit keine Erfahrungen mit *L. spathepus* gemacht hatten, verzehrten die *Pella*-Käfer bereitwillig; Frösche, die zuvor die Wirtsameisen gekostet hatten, weigerten sich jedoch, die *Pella*-Käfer zu fressen. Offenbar verfügt *L. spathepus* über abstoßende Substanzen, die Frösche nicht vertragen. Zuvor hatten Maruyama et al. (2003) eine neue Art der Aleocharinae-Gattung *Drusilla* aus Malaysia beschrieben, die auf den Straßen und Abfallplätzen der Knotenameise *Crematogaster inflata* lebt. Diese Ameise ist auffällig, weil ihre ausgeprägte Wölbung (Bulla), die die Speicherkammer der Metapleuraldrüse bedeckt, eine leuchtend gelbe Farbe hat. Aus dieser Drüse stoßen die Ameisen, wenn sie gestört werden, klebrige Abwehrsekrete aus (Buschinger und Maschwitz 1984). Interessanterweise weist die neue Art *Drusilla inflatae* eine leuchtend gelbliche Färbung an ihrem dritten, vierten und teilweise fünften Hinterleibstergit auf (Abb. 5.25).

Auf den ersten Blick kann der Käfer leicht mit einer Wirtsameise verwechselt werden. Es liegt die Vermutung nahe, dass es sich hier um einen Fall von Bates'scher Mimikry handelt, doch der experimentelle Beweis steht noch aus.

Viele Gäste der Wanderameisen begleiten regelmäßig Raubzüge, bei denen sie die Beute ihrer Wirte oder die Wirtsameisen selbst rauben. Diese myrmekophilen Aasfresser und Raubtiere, wie z. B. die oben erwähnten *Tetradonia*-Käfer, bilden oft die „Nachhut" der Raubkolonnen und laufen entlang der gerade verlassenen Wege. Es ist seit Langem bekannt, dass sich Gäste von Wanderameisen an den Geruchsspuren orientieren können, ohne dass die Wirte weitere Hinweise geben. Da Wanderameisen häufig den Standort ihrer Biwaks wechseln, ist es für die Myrmekophilen wichtig, den Geruchsspuren folgen zu können. Akre und Rettenmeyer (1968) untersuchten dieses Phänomen systematisch, in-

Abb. 5.25 Der Kurzflügler *Drusilla inflatae* (*oben*), der das Aussehen seiner Wirtsameisenart *Crematogaster inflata* (*unten*) imitiert. (Mit freundlicher Genehmigung von Munetoshi Maruyama)

dem sie eine Vielzahl von Gästen der *Eciton*-Wanderameisen den auf dem Boden der Laborarena ausgelegten Geruchsspuren der Wanderameisen aussetzten. Sie fanden heraus, dass sich fast alle getesteten Arten, einschließlich der myrmekophilen Staphylinidae (Kurzflügler), Histeridae (Stutzkäfer), Limulodidae, Phoridae (Buckelfliegen), Thysanura (Silberfischchen oder Borstenschwänze) und Diplopoda (Tausendfüßer), entlang der Pheromonspur orientieren konnten. Einige Myrmekophile schnitten besser ab als andere. So folgten beispielsweise die Kurzflügler *Ecitomorpha*, *Ecitophya* und *Vatesus*, die regelmäßig Ameisenkolonnen begleiten, den Versuchsspuren leicht und genau, während die Phoriden häufiger von den Versuchsstraßen abwichen, weil sie offenbar den Kontakt zu lebenden Ameisen suchten, die aber auf den Versuchsstraßen fehlten. Obwohl die Myrmekophilen eine bemerkenswerte Wirtsart-Spezifität bei der Wahl der Spurpheromone zeigten – in einigen Fällen wurden sie sogar von Straßen mit Pheromonen anderer Ameisenarten abgestoßen –, unterschieden sie nicht die Straßen ihrer eigenen Wirtskolonie von denen einer anderen, die derselben Art angehört. Es wurden jedoch einige Fälle berichtet, in denen die Myrmekophilen der *Eciton*-Wanderameisen weniger spezifisch auf Pheromonspuren reagierten, und dieser Umstand korrelierte teilweise mit der Akzeptanz der Myrmekophilen bei mehreren Wirtsarten in der Natur. David Kistner, der viele Jahre lang die Wanderameisen der Alten Welt untersuchte, beobachtete, wie ein Limulodidae-Käfer der Art *Mimocete* in eine Raubzugkolonne von *Dorylus* hineinflog, und sich dann etwa 10 cm weit die Straße entlangschlängelte, bevor er im Schwarm der weiterziehenden Wanderameisen verschwand (Kistner 1979). Es ist bekannt, dass viele Myrmekophile auf den Straßen der *Aenictus*-Wirtsameisen laufen (Maruyama et al. 2011) (siehe Abb. 5.22). Volker Witte und seine Mitarbeiter (1999) berichteten, dass die myrmekophile Spinne *Sicariomorpha* (früher *Gamasomorpha*) *maschwitzi* (Oonopidae), die in Nestern der südostasiatischen Legionärsameise (Ponerinae) *Leptogenys distinguenda* (Abb. 5.26) lebt, in der Lage ist, der Spur der Wirtsameisen über eine Entfernung von bis zu 20 cm zu folgen (siehe Abb. 6.17).

In Emigrationskolonnen folgt die Spinne in der Regel dicht hinter einer Wirtsameise, aber wenn sie sich verirrt, kann sie deren Spur nutzen, um die Ameisen wieder einzuholen. Diese myrmekophile Spinne scheint von der Beute zu leben, die von den Wirtsameisen erjagt wurde.

Myrmekophile, die den Spuren ihrer Wirtsameisen folgen, sind nicht nur von Arten bekannt, die in Kolonien von Wander- und Legionärsameisen leben, sondern auch von Arten, die mit in stationären Nestern lebenden Ameisen assoziiert sind. William Morton Wheeler (1910) beschrieb Feldbeobachtungen von *Formica sanguinea* -Kolonien, die zu einem neuen Neststandort wanderten und der myrmekophile Kurzflügler *Dinarda dentata* seinen Wirtsameisen zum neuen Nest folgte. Hölldobler initiierte im Labor einen Nestum-

Abb. 5.26 Eine Auswanderungskolonne von *Leptogenys distinguenda*. (Mit freundlicher Genehmigung von Chien C. Lee)

zug einer *F. sanguinea* -Kolonie, indem er die Ameisen von einer Arena über eine Papp-brücke in eine andere Nestarena ziehen ließ. Die *Dinarda*-Käfer wurden dabei beobachtet, wie sie sich während des letzten Abschnitts des Auswanderungsprozesses über die Brücke bewegten, was darauf hindeutet, dass die Käfer auch in der Lage sind, die Pheromone der Ameisen zu „lesen".

Ein weiteres Beispiel für einen Myrmekophilen, der den Spuren seiner Wirtsameisen folgt, ist die Schabengattung *Attaphila*, von der neun Arten beschrieben wurden (Nehring et al. 2016; Bohn et al. 2021). Sie alle leben in Nestern der pilzzüchtenden Ameisen der Gattungen *Acromyrmex* und *Atta*. William Morton Wheeler (1900) beschrieb die erste Art, *Attaphila fungicola*, und er erkannte die myrmekophile Natur dieser Schabe, die in Nestern von *Atta texana* lebt. Offenbar ernähren sich diese Myrmekophilen von den Zuchtpilzen ih-rer Wirte. Dieselbe *Attaphila* -Art wurde in Nestern einer zweiten Wirtsameisenart, *Atta cephalotes*, in Kolumbien entdeckt (Rodríguez et al. 2013). Kurz nach Wheelers Bericht wurden vier weitere *Attaphila* -Arten aus Südamerika von I. Bolivar beschrieben, der auch beobachtete, dass *Attaphila schuppi* in Brasilien den Spuren von *Acromyrmex* folgt (Bolívar 1905). Etwa 60 Jahre später wies John Moser (1964) nach, dass *Attaphila fungicola* dem Spurpheromon ihrer Wirtsameisen folgt, das er aus den Giftdrüsenspeichern der Ameisen extrahierte und entlang künstlich angelegter Routen in der Futtersucharena des Labornests ausbrachte. Moser (1967) stellte auch fest, dass einzelne Schaben während der Hochzeits-flüge der Ameisen auf dem Rücken der jungen *Atta texana*-Königinnen mitflogen (Abb. 5.27).

Neue Aufmerksamkeit wurde diesen faszinierenden Myrmekophilen kürzlich von Za-chary Phillips und Mitarbeitern im Labor von Ulrich Müller zuteil (Phillips et al. 2017), die die Ausbreitung und die Interaktionen von *Attaphila fungicola* mit ihren Wirtsameisen *Atta texana* in Labor- und Feldexperimenten genauer untersuchten. Sie bestätigten, dass *A. fun-gicola* vorzugsweise begattete Königinnen und nicht Männchen besteigt, bevor sie sich mit auf den Hochzeitsflug begeben. Sie wiesen auch nach, dass ihr Überleben in Gründungs-nestern junger Königinnen oder in Brutkammern sehr schlecht ist, während sie in den Pilz-gärten etablierter Nester sehr gut zurechtkommen, und dass sie selbst in fremden Nestern nur sehr wenig antagonistisches Verhalten von *A. texana* -Arbeiterinnen erfahren. Aus die-sen Beobachtungen kann man, wie Phillips et al. (2017, 2021), schließen, dass die myrme-kophilen Schaben geflügelte *Atta*-Königinnen als Transportmittel (als Vektoren) nutzen, aber vor oder während des Nestbaus durch die jungen Gründerköniginnen wieder abstei-gen. Beim Auffinden etablierter Kolonien kann ihre Fähigkeit, die Pheromone ihrer Wirtsa-meisen zu „lesen", eine wichtige Orientierungshilfe sein. Allerdings haben Phillips et al. (2017) nicht beobachtet, dass *Attaphila* selbstständig in etablierte Kolonien eindringt.

A.-texana-Kolonien in der Natur werden von den Schaben nicht betreten, selbst wenn einzelne *A. fungicola* am Rande von *A.-texana*-Nesthügeln platziert werden. In der Folge machte Zachary Phillips (2021) schließlich die erstaunliche Entdeckung, dass *Attaphila*, nachdem sie von der Ameisenkönigin abgestiegen war, eine Futterkolonne einer reifen *Atta*-Kolonie aufsuchte und auf das Blatt einer Futtersucherin stieg, um sich in das Nest tragen zu lassen.

Abb. 5.27 Die myrmekophile Schabe *Attaphila fungicola* im Pilzgarten von *Atta texana*. *Attaphila* migriert zu neuen Kolonien, indem sie sich auf begattete Königinnen setzt und mit ihnen mitfliegt, wenn die geflügelten Königinnen das Nest für den Paarungsflug verlassen. (Mit freundlicher Genehmigung von Alex Wild/alexanderwild.com)

In diesem Zusammenhang könnte die bereits erwähnte Studie von Nehring et al. (2016) von besonderem Interesse sein. Sie fanden heraus, dass Schaben in erheblichem Maße die cuticulären chemischen Substanzen ihrer spezifischen Wirtsarten teilen und ihre cuticulären chemischen Profile in vielerlei Hinsicht denen ihrer Wirtskolonie ähneln. Die myrmekophilen Schaben werden von den Arbeiterinnen der Wirtskolonie geduldet oder ignoriert, doch wenn sie Ameisen einer fremden, Kolonie derselben Ameisenart ausgesetzt sind, wird *Attaphila* angegriffen. Obwohl die Autoren nicht untersuchen konnten, ob die Myrmekophilen diese chemischen Profile selbst produzieren oder sie von ihren Wirtsameisen erwerben, ist Letzteres sehr wahrscheinlich der Fall. Da *Attaphila* die Wirtskolonien wechseln, müssen sich behutsam in das neue Nest einschleichen und die chemischen Profile der Cuticula des neuen Wirts übernehmen. Möglicherweise tun sie dies bereits auf den Wanderungen und verlieren sogar einen Teil ihres alten Cuticularprofils, wenn sie nicht mehr mit den vorherigen Wirtsameisen in Kontakt kommen. Obwohl es keine genauen Beobachtungen gibt, kann es sein, dass sie, nachdem sie als Tramper in das Nest eingedrungen sind, zunächst im Bereich der Blattablage bleiben, bevor sie sich in die Pilzgärten wagen, wo sie reichlich Nahrung finden.

Obwohl manchmal behauptet wurde, dass myrmekophile Bläulingsraupen den Spuren ihrer Wirtsameisen folgen, konnte dies in den meisten experimentellen Untersuchungen nicht nachgewiesen werden (z. B. Fiedler 1990; Fiedler und Maschwitz 1989b). Es scheint jedoch eine Ausnahme zu geben: Alain Dejean und Guy Beugnon (1996) zeigten, dass die Raupen des myrmekophilen Bläulings *Euliphyra mirifica* den Straßen von *Oecophylla longinoda* folgen.

Ein weiteres faszinierendes Beispiel, bei dem man das Verfolgen von Spuren der Wirtsameisen nicht vermuten würde, wurde kürzlich von Thomas Parmentier (2019) berichtet, der die Vielfalt der Myrmekophilen in hügelbauenden Waldameisen untersuchte. Polygyne Kolonien von *Formica polyctena* (Kleine Rote Waldameise) sind polydom und ziehen häufig von einem Neststandort zum anderen. Im späten Frühjahr, wenn *F.-polyctena*-Kolonien in Europa häufig zu neuen Nistplätzen umziehen, beobachtete Parmentier Larven des Blattkäfers (Chrysomelidae) *Clytra quadripunctata* auf der Straße in Begleitung von *Formica*-Arbeiterinnen, die zu ihrem neuen Nistplatz zogen. *Formica*-Arten markieren ihre Straßen mit dem Inhalt der Rektalblase, und die Käferlarven scheinen in der Lage zu sein, diese Orientierungssignale zu „lesen". Die *Clytra*-Larven sind häufig in den *Formica*-Nestern zu finden, wo sie durch eine Hülle geschützt sind, die sie aus Exkrementen, Erde und Schutt aus dem Ameisennest bauen (siehe Abb. 3.12 und 3.13). Parmentier et al. (2016a) berichteten, dass diese Käferlarven bevorzugt in den dichten Brutkammern der Waldameisen leben und zeigten in Laborversuchen, dass sie sich von Ameisenbrut und der Beute ernähren, die die Ameisen in ihr Nest gebracht hatten (weitere Informationen siehe Kap. 3).

In einer Folgestudie über ganze Gilden von Myrmekophilen in den Kolonien der Roten Waldameise berichteten Thomas Parmentier und seine Mitarbeiter (Parmentier et al. 2021) von einer überraschenden zusätzlichen Beobachtung. Sie verzeichneten eine hohe Anzahl von obligatorischen Myrmekophilen außerhalb der Nester der Roten Waldameise. Die Myrmekophilen bewegten sich mit den Roten Waldameisen entlang des Wegenetzes, das polydome Nester miteinander verbindet und zu den Futterplätzen führt. Die Autoren vermuteten, dass die Myrmekophilen die Straßen der Wirte nutzen, um vom alten Nest zu neuen Wirtsnestern zu wandern. Dies scheint in einem viel größeren Ausmaß vorzukommen, als bisher angenommen. Interessanterweise zeigten Gruppen von Symbionten unterschiedliche Dispersionsmuster, wobei räuberische Myrmekophile sich häufiger und weiter vom Nest entfernten als detritivore (Detritus fressende) Myrmekophile. Die Autoren stellten fest, dass die „myrmekophile Vielfalt in neu gegründeten Nestern geringer war als in reifen Nestern der Roten Waldameise. Die meisten Myrmekophilen waren jedoch in der Lage, neue Nester schnell zu besiedeln, was darauf hindeutet, dass die Heterogenität der Mobilität die Zusammensetzung der Gemeinschaft nicht beeinträchtigt".

Cammaerts et al. (1990) wiesen nach, dass der Fühlerkäfer (Paussinae) *Paussus (Edaphopaussus) favieri* (Carabidae) (siehe Kap. 8) den künstlichen Spuren folgt, die mit dem Pheromongemisch aus der Giftdrüse seiner Wirtsart *Pheidole pallidula* angelegt wurden, und Quinet und Pasteels (1995) stellten fest, dass der Kurzflügler *Homoeusa acuminata* den Spuren seiner Wirtsameisen *Lasius fuliginosus* folgt, die sich bis zu 20 m vom Nest entfernt erstrecken. Auf dieser Straße scheinen die Käfer die von den Ameisen mitgeführte

Beute zu rauben. „Wenn ein Käfer auf eine Ameise traf, die eine Beute zum Nest trug, sprang er auf die Beute und fraß sie, während sie transportiert wurde." Wenn die Käfer von den Ameisen angegriffen wurden, hoben sie schnell die Hinterleibsspitze nach oben, was höchstwahrscheinlich eine beschwichtigende Wirkung auf die Ameisen hatte. Vergleichende Tests mit unterschiedlichen Konzentrationen des aus der Rektalblase der Ameisen extrahierten Spurpheromons deuten darauf hin, dass die Reaktion der Käfer auf die Spurpheromone mindestens so fein abgestimmt ist wie die der Ameisen; die Käfer zeigten sogar eine größere Ausdauer auf den künstlichen Straßen.

Karin Dinter und ihre Mitarbeiter (2002) entdeckten, dass die Larven der ameisenfressenden Laufkäfer (Carabidae) der Gattungen *Anthia* (manchmal fälschlicherweise *Termophilum* genannt) („Säbelzahnkäfer") und *Graphipterus* den Spuren ihrer Beute folgen. Die Arten *A. sexmaculata*, *A. venator* und *G. serrator* (für eine aktuelle Revision der *Graphipterus serrator* -Gruppe siehe Renan et al. 2018) leben in trockenen Gebieten in Nordafrika. Dinter et al. (2002) stellten fest, dass „der Wassergehalt des Bodens und das Nahrungsangebot in den Ameisennestern zwei obligatorische Voraussetzungen für die Fortpflanzung dieser Käferarten während des heißen und trockenen Sommers sind." Erstaunlicherweise hat man gefunden, dass sich die Larven der Käfer in den Nestern einer Vielzahl von Ameisenarten entwickeln, wo sie sich von erwachsenen Ameisen und der Ameisenbrut ernähren (Paarmann et al. 1986). Das würde bedeuten, dass sie den Spuren mehrerer Ameisenarten folgen können. Unseres Wissens wurde das nicht experimentell geprüft,

Die *Anthia*-Larven dringen durch den Nesteingang in Ameisennester ein und greifen die Ameisen fast augenblicklich an. Interessanterweise bewegen sich die *Anthia*-Larven in kurzer Zeit nach dem Eindringen und der Prädation der Ameisen ungehindert unter den Ameisen im Ameisennest. Dinter et al. (2002) zeigten, dass *A. sexmaculata* offenbar die Kohlenwasserstoffe der Ameisen aufnimmt, weil die Oberflächenkohlenwasserstoffe bis zu einem gewissen Grad denen ihrer Beuteameisen ähneln. Im Gegensatz dazu wurden die Larven von *Graphipterus serrator* nie von den Ameisen toleriert. „Die Larven des ersten Stadiums von *G. serrator* drangen unbemerkt in die Eingänge der Ameisennester ein und lebten in einer Höhle in der Nähe der Brutkammern, wo sie sich von der Brut ernährten."

Walter Tschinkel (1992, 2006) berichtete, dass der Kurzflügler *Myrmecosaurus ferrugineus* den Geruchsspuren von Feuerameisen (*Solenopsis invicta*) folgt. Ebenso orientiert sich die myrmekophile Ameisengrille *Myrmecophilus manni* an den Geruchsspuren der hügelbauenden Ameise *Formica obscuripes* (Henderson und Akre 1986a). Insgesamt 63 Grillen, darunter beide Geschlechter und alle Nymphenstadien, wurden auf den Futterstraßen der Ameisen in mehr als 20 m Entfernung von den Nestern beobachtet. Im Juni und Juli wurden diese Insekten abends von der Dämmerung bis zur Mitternacht auf den Straßen gesehen (siehe auch Kap. 7). Myrmekophile „Fährtenleser" sind also offensichtlich viel häufiger als früher angenommen.

Wir schließen dieses Kapitel mit einem kuriosen Fall von myrmekophiler Spezialisierung ab, bei dem es sich um eine mutualistische Assoziation zwischen der Ponerinen-Ameise *Harpegnathos saltator* aus Indien (siehe Abb. 1.12) und einer Nistfliegenart (Milichiidae) handelt. Um diese bemerkenswerte soziale Beziehung zwischen den Fliegen und den Ameisen zu verstehen, müssen wir zunächst die komplexe Nestarchitektur von *H. saltator* beschreiben (Peeters et al. 1994).

Die Nester von *H. saltator* befinden sich in der Nähe der Bodenoberfläche. Eine variable Anzahl von elegant konstruierten Kammern ist direkt übereinandergestapelt. Die Kammern haben flache Böden, und ihre Wände krümmen sich zu niedrigen, gewölbten Decken. Ein charakteristisches Merkmal ist das Vorhandensein eines dicken gewölbten Daches, das die oberste Kammer schützt. Es ist ungewöhnlich, da es durch einen Spalt von 6 Millimetern oder mehr vom umgebenden Boden getrennt ist. Bei größeren Nestern erstreckt sich das dicke Dach bis zu den Seiten der tieferen Kammern, sodass eine abgeflachte Kugel entsteht. Der Zwischenraum, das sogenannte Atrium, ist dann rund um die Außenseite der Hülle durchgängig, mit der Ausnahme, dass diese an mehreren Stellen an den Boden stößt. Interessanterweise ist das Innere der Kammern mit braunem, papierartigem Material tapeziert, das hauptsächlich aus Streifen leerer Kokons besteht, vermischt mit Stücken von Cuticula, Flügeln und trockenem Pflanzenmaterial. Der Eingangsstollen, der etwa 8 bis 10 Millimeter breit ist, führt nach unten und mündet in den Vorhof. Kleine Eingänge zu den Nestkammern im Inneren der Kugel befinden sich im oberen Bereich der Kugel; einige sind von sauber geformten Flanschen umgeben, die 2 bis 3 Millimeter dick sind und sich nach außen zu reifenförmigen Ringen krümmen. Ein weiterer Tunnel führt von den unteren Bereichen des Atriums zu einer Abfallkammer, die etwa 50 bis 250 mm tiefer im Boden liegt. Sie ist mit einer feuchten, schwarzbraunen Masse von Beuteresten (Grillen, Motten, Spinnen, andere Arthropoden, aber keine *Harpegnathos*-Arbeiterinnen), sowie zahlreichen Asseln und Nistfliegenlarven gefüllt. Diese Fliegenlarven fungieren als Zersetzer des Ameisenmülls. Ohne sie wäre diese Müllkammer bald verstopft, was eine Katastrophe wäre, denn diese Kammer dient zusammen mit dem Atrium auch dem Hochwasserschutz. In der Tat könnte dies die Hauptfunktion der Kammer sein, die immer viel tiefer im Boden liegt als die Kugel, die die Hauptnestkammern enthält. Sowohl die Atriumhöhle als auch die Abfall- bzw. Überschwemmungskammer sind so konzipiert, dass sie das Wasser von der Nestkugel ableiten; die Verwendung als Abfallplatz könnte also eine zusätzliche Funktion sein (Peeters et al. 1994).

Wie die 2 Millimeter langen erwachsenen Nistfliegen ihren Brutplatz unter der Erde finden, wurde klar, als man Fliegen beobachtete, die auf dem Petiolus von zurückkehrenden Futtersammlerinnen saßen (Abb. 5.28). Die Fliegen schmiegten sich an den Körper der Ameise und ließen sich nicht leicht stören. Maschwitz (1981) machte ähnliche Beobachtungen in Sri Lanka und identifizierte die Fliegen als Angehörige der Milichiidae, und auch Musthak Ali et al. (1992) berichteten von Fliegen, die auf diese Weise in *Harpegnathos*-Nester eindrangen. Wie bereits erwähnt, haben die Fliegenlarven wahrscheinlich einen nützlichen Effekt für die Ameisen, da sie die von den Ameisen abgeworfenen organischen Abfälle fressen und so eine Verstopfung der Müllkammern verhindern (Peeters et al. 1994).

Ähnliche Beobachtungen wurden von Deborah Waller (1980) veröffentlicht, die beobachtete, wie die Nistfliegenweibchen *Pholeomyia texensis* auf Blätter springen, die von Arbeiterinnen der pilzzüchtenden Ameise *Atta texana* getragen werden, und auf den Blättern ins Ameisennest reiten, wo die Fliegen ihre Eier ablegen und die sich entwickelnden

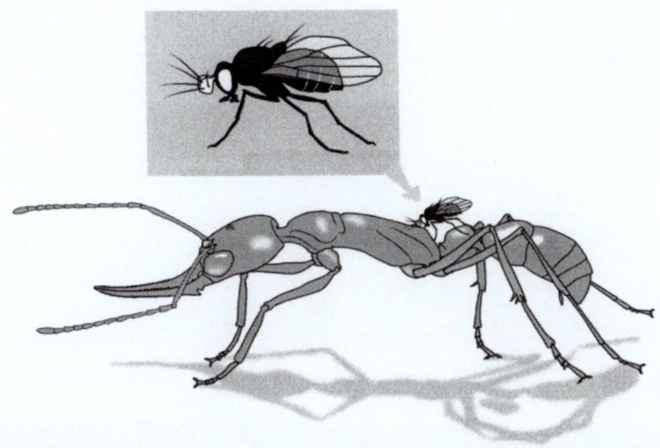

Abb. 5.28   Eine Nistfliege reitet auf einer *Harpegnathos*-Ameise ins Ameisennest. (Mit freundlicher Genehmigung von Margaret Nelson)

Fliegenlarven sich offenbar von den Pilzresten ernähren. Die geschlechtsreifen Fliegen paaren sich draußen auf dem Nesthügel, und nach der Paarung warten die Weibchen am Weg der Ameisen auf Blattträger, die sie für den Transport ins Nest benutzen.

Die belebten Futterstraßen von Ameisenkolonien bieten reichlich Gelegenheit für Kleptoparasiten und eindringende Gäste, von denen viele die Pheromonsignale der Spuren „belauschen", die der Kommunikation zwischen den Ameisen dienen. Es bleibt noch viel zu tun, um herauszufinden, wie Myrmekophile die „Richtungspole" der Pheromonspuren richtig entziffern und ob sie als Tramper im Gegenverkehr auf den Ameisenstraßen gezielt die zurückkehrenden Sammlerinnen aufspüren. In vielen Fällen ähneln Myrmekophile, die entlang von Ameisenstraßen oder mit nomadisierenden Ameisenkolonien gefunden werden, den Ameisen, mit denen sie mitreisen. Diese „oberirdischen" Gefährten täuschen wahrscheinlich visuell orientierte Räuber, indem sie das Aussehen ihrer gut gerüsteten Ameisenvorbilder imitieren. In Kap. 6 erörtern wir einige der Meister der morphologischen und Verhaltens-Nachahmung von Ameisen, besonders bei Spinnen.

Spinnen und andere Nachahmer, Vortäuscher und Räuber

6

Verglichen mit ihren frei lebenden Verwandten haben viele Myrmekophile kürzere Beine und dickere Antennen. Wichtige Merkmale wie Augen und Mundwerkzeuge sind oft reduziert oder nicht vorhanden, während strategische Anordnungen von Setae, Cuticularkerben und exokrinen Drüsen, die bei der Interaktion mit Ameisenwirten helfen, im Vordergrund stehen (Übersicht bei Parker 2016; Parker und Owens 2018). In extremeren Fällen haben unterschiedliche Taxa eine Reihe von sehr ähnlichen Verteidigungsmerkmalen entwickelt, die sie nahezu ununterscheidbar machen. So haben beispielsweise einige Silberfischchen und einige Käfer einen glatten, tropfenförmigen (limuloiden) Körperbau, der den Kopf abschirmt und schwer zu greifen ist. Auch die nackt- und napfschneckenähnliche Morphologie von prädatorischen *Liphyra-brassolis*-Raupen (siehe Abb. 4.22) und *Microdon*-Fliegenlarven (siehe Abb. 3.8) ermöglicht es den Insekten, sich ungehindert über Ameisenbruthaufen zu bewegen, ohne aus der Kammer ausgestoßen zu werden (Dodd 1902; Hinton 1951; Seevers 1957; Duffield 1981; Yamamoto et al. 2016).

Im Gegensatz zu den Myrmekophilen mit schützendem Körperbau ist eine zweite Gruppe von Gästen in der Lage, Färbung und Anatomie von Ameisen mit exquisiter Genauigkeit zu imitieren (Abb. 6.1). Dazu gehört eine große Vielfalt von Aleocharinae-Kurzflüglerarten, die sich parallel aus generalisierten Vorfahren entwickelt haben, um ihren verschiedenen Wanderameisenwirten zu ähneln (Maruyama und Parker 2017) (siehe Abb. 5.23 und 5.24). Die falschen Petioli (Taillen) dieser Myrmekoid-Käfer wurden während der Evolution in mindestens sieben verschiedenen Arten perfektioniert (Seevers 1965). Diese Art der Mimikry wird als Myrmekomorphie bezeichnet, und in vielen Fällen werden die anatomischen Anpassungen der Myrmekomorphen durch überzeugende Verhaltensnachahmungen ihrer Ameisenvorbilder noch verstärkt.

Spinnen gehören auch zu den bedeutendsten Nachahmern von Ameisen in Bezug auf Myrmekomorphie und Verhalten. Sie ahmen nicht nur die detaillierten Farbmuster und die

Abb. 6.1 *Oben*: Ein *Pseudomimeciton*-Käfer (Aleocharinae) reist mit einer Kolonne von *Labidus*-Wanderameisen. Der Käfer gleicht der Form einer Ameise und hat keine Augen und Flügeldecken (Elytren). *Unten*: In Peru mischt sich ein *Colonides*-Stutzkäfer (Histeridae) unter die Wanderkolonne von *Eciton burchellii*. Seine Färbung gleicht der Ameisen. (Mit freundlicher Genehmigung von Taku Shimada)

Anordnung der Segmente der Ameisen nach, sondern verfügen auch über zusätzliche Einschnürungen an Opisthosoma und Cephalothorax, die ihren zweigeteilten Körper wie bei einer Ameise in drei Segmente unterteilen (Abb. 6.2). Einige Ameisen nachahmende Spinnen erzeugen die Illusion, dass sie Fühler haben, indem sie ihr erstes Beinpaar vor sich herbewegen, und sie scheinen sich sogar mit einer ameisenähnlichen Gangart fortzubewegen

Abb. 6.2 Die Körper von myrmekomorphen Spinnen wie *Myrmecium latreillei* (*oben*), *Sphecotypus niger* (*Mitte*) und *Synemosyna formica* (*unten*) sind in drei Segmente unterteilt, mit Einschnürungen am Cephalothorax und Opisthosoma. Zusätzliche Einschnürungen und Schattierungen können die Illusion eines Petiolus, eines Postpetiolus und einer Metanotalnaht der Ameise erzeugen. (Mit freundlicher Genehmigung von AlexWild/alexanderwild.com)

(Cushing 1997; Shamble et al. 2017). In diesem Kapitel erörtern wir einige der außergewöhnlichsten Beispiele von Myrmekomorphie und Ameisenimitation durch Spinnen und andere Gliederfüßer und betrachten die Körperbauelemente ihrer täuschenden Tarnung, die sich möglicherweise durch den Selektionsdruck von visuell orientierten Räubern, oder als Anpassung an Interaktionen mit ihren Ameisenwirten entwickelt haben. Unsere Diskussion wäre nicht vollständig, wenn wir nicht auch die anderen Beziehungen zwischen Spinnen und Ameisen betrachten würden, die durch die Fähigkeit beider Gruppen, architektonische Meisterwerke zu bauen und komplexe soziale Gruppen zu bilden, noch faszinierender sind.

6.1   Mimikry-Umwandlung und kombinierte Mimikry

Arten, die sich schlecht verteidigen können und davon profitieren, dass sie einer gefährlichen oder ungenießbaren Art aus demselben Lebensraum ähneln, werden als Bates'sche Nachahmer bezeichnet. Die meisten myrmekomorphen Spinnen sind Bates'sche Nachahmer, die ameisenscheuen, visuell orientierten Räubern zu entgehen suchen (Abb. 6.3).

Abb. 6.3 *Links:* Die Spinne *Sphecotypus borneensis* (*unten*) ahmt die Verteidigungshaltung von Ameisen der Gattung *Polyrhachis* (*oben*) nach. *Rechts: Myrmarachne* sp. (*unten*) ahmt die Verteidigungshaltung einer ebenfalls vorkommenden Ameise, *Calomyrmex* sp. (*oben*), nach. Beide Ameisenmodelle produzieren Ameisensäure und andere stechend riechende Sekrete. (Mit freundlicher Genehmigung von Paul Bertner, Rainforests Photography)

In einigen Fällen imitieren erwachsene Spinnen, die zu einer einzigen Art gehören, mehrere mitvorkommende Ameisen oder sogar eine Vielzahl generalisierter ameisenähnlicher Formen und Farbmuster (Nelson 2010). Die Paarungspräferenzen dieser unterschiedlichen mimetischen Morphen und ihre Vererbbarkeit stehen im Mittelpunkt umfangreicher „detektivischer" Arbeit (Borges et al. 2007). In der Tat ist die Frage, wie die Paarungspräferenz bei polymorphen Arten mit dem persönlichen Erscheinungsbild zusammenhängt, eine der zentralen Fragen in der Verhaltensforschung.

Spinnenweibchen signalisieren ihre Paarungsbereitschaft oft durch die Produktion von Seide, die mit Sexualpheromonen beladen ist (Baruffaldi et al. 2010), und die Männchen der polymorphen, ameisenimitierenden Spinne *Myrmaplata* (früher *Myrmarachne*) *plataleoides* bevorzugen die Seide von Spinnenweibchen, die dieselbe Ameisenart wie sie selbst imitieren. Obwohl sich die Männchen seltener mit anderen Morphen paaren, können Präferenzen für morphenspezifische Merkmale auf der Seide zu assortativer Paarung und letztlich zu disruptiver Selektion führen, die die Nachahmung mehrerer Ameisenarten durch eine einzige Spinnenart verstärkt (Borges et al. 2007).

Spinnen, die die Größe und Form von im selben Habitat koexistierenden Ameisenarten genau nachahmen, werden mit geringerer Wahrscheinlichkeit von ameisenscheuen Prädatoren mit gutem Sehvermögen gefressen. Angesichts der Tatsache, dass die jungen Spinnen zu klein sind, um die Proportionen der Ameisenarten, die von den erwachsenen Spinnen nachgeahmt werden, zu erreichen, drängt sich eine interessante Frage auf: Wie vermeiden juvenile myrmekomorphe Spinnen die Entdeckung durch Prädatoren, während sie von winzigen Jungtieren zu viel größeren Erwachsenen heranwachsen? Die Jungtiere der ameisenähnlichen Springspinne (Salticidae) *Toxeus magnus* scheinen der Entdeckung zu entgehen, indem sie sich während ihrer Entwicklung im Nest ihrer Mutter verkriechen (Abb. 6.4).

Während sie in einem Seidennest in Sicherheit sind, versorgt ihre Mutter sie mit einer speziellen fett- und proteinreichen „Milch", die sie auf dem Boden deponiert, oder die Jungen saugen sie direkt aus ihrer epigastrischen Falte der Mutter (Chen et al. 2018).

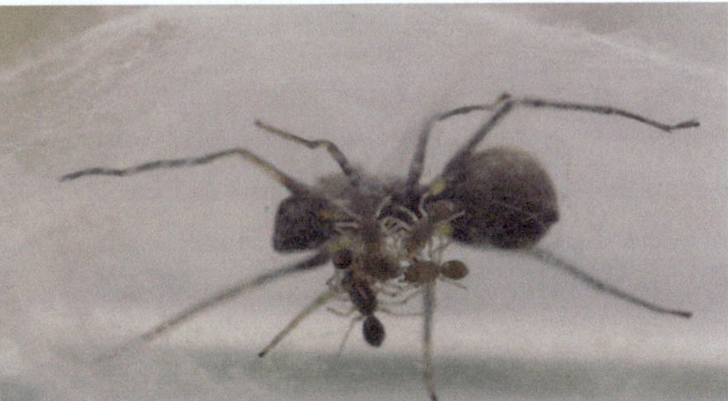

Abb. 6.4 Ausgewachsene Tiere der Spinne *Toxeus magnus* (Salticidae) sind Ameisenimitatoren (*links*). Die weibliche Spinne sondert eine spezielle Milch ab, mit der sie ihre Jungen füttert, die sich in einem Seidennest entwickeln (*rechts*). Die Spiderlinge verlassen das Nest erst, wenn sie groß genug sind, um Ameisen zu ähneln. (Mit freundlicher Genehmigung von Zhanqi Chen)

Diese Form der säugetierähnlichen Versorgung wurde bei nicht mimetischen Spinnen noch nie beobachtet, und ihre Existenz könnte ein Hinweis auf die Stärke des selektiven Drucks sein, den Prädatoren auf Jungtiere ausüben, die noch nicht die Proportionen einer größeren Ameisenart erreicht haben.

Die Jungtiere anderer myrmekomorpher Spinnenarten bleiben während ihrer Entwicklung nicht verborgen, sondern durchlaufen eine bemerkenswerte und ungewöhnliche Entwicklungssequenz. In aufeinanderfolgenden Stadien ihrer Entwicklung imitieren diese Myrmekomorphen eine Reihe verschiedener Ameisenarten. Junge Spinnen ahmen kleine Ameisen nach, während ältere Spinnen größere Ameisen nachahmen, die im selben Lebensraum vorkommen. Unter ihnen zeigt *Myrmarachne bakeri* (Salticidae) zahlreiche generalisierte Ameisenformen und Farbmuster. Einzelne Spinnen können im Laufe ihres Lebens bis zu sechs dieser unterschiedlichen Ameisenmorphen ähneln. In einigen Fällen kehren sie in späteren Stadien zu früheren Ameisenformen zurück und ändern sogar ihre Färbung im Erwachsenenalter (Nelson 2010). Tiere mit dieser außergewöhnlichen Lebensgeschichte werden als Mimikry-Umwandler bezeichnet. Zwischen den Häutungen können diese Spinnen Ameisen aus verschiedenen Unterfamilien ähneln, die sich in Form, Farbe und Glanz erheblich unterscheiden (Cushing 1997).

Auch die Nymphen der Wanzen *Hyalymenus tarsatus* und *H. limbativentris* (Hemiptera, Alydidae) durchlaufen eine ähnliche Entwicklungssequenz wie die der Ameisennachahmer der Spinnen. Im Laufe ihrer Entwicklung ähneln die Wanzen einer Reihe von spezifischen Ameisenarten. Im ersten bis dritten Entwicklungsstadium sieht *H. limbativentris* wie eine schwarze *Camponotus*-Arbeiterin (*C. crassus* oder *C. blandus*) aus, die dieselben Pflanzen bewohnt, während die Wanzen im fünften Entwicklungsstadium entweder schwarzen *Camponotus*-Arten, *Ectatomma quadridens*, gelblichen *C. pittieri*, *C. latangulus*, *E. tuberculatum* oder *Pheidole biconstricta* ähneln. An einem zweiten Standort sind die Wanzen der späteren Stadien mehrfarbig, wie ihre lokalen Ameisenvorbilder (Oliveira 1985). In allen Lebensstadien wird die Ähnlichkeit der Wanzen mit Ameisen durch einen ameisenähnlichen Zickzacklauf, mit wippenden Hinterleib und „sich ständig bewegende Antennen" verstärkt (Oliveira 1985).

Die bereits erwähnte Springspinne *Myrmaplata plataleoides* ist eine berühmte, in ganz Südostasien, Indien und Sri Lanka vorkommende Mimikry-Umwandlerin (Prószyński 2016). In mindestens einer Region ahmen *M.-plataleoides*-Spiderlinge während ihrer ersten drei Stadien dunkelbraune Ameisen der Gattung *Prenolepis* nach (Mathew 1934), später auch Arbeiterinnen der Feuerameise *Solenopsis geminata*. Im vierten Stadium imitieren die Spiderlinge die langbeinige gelbe *Anoplolepis gracilipes*, und als Erwachsene haben sowohl männliche als auch weibliche Spinnen Körper mit Einschnürungen, Augenflecken und derselben hell orangefarbenen Cuticula wie ihr Vorbild, *Oecophylla smaragdina* (Bhattacharya 1939). Diese Abfolge wird nicht durch die Erfahrungen oder Begegnungen der Spinne mit Ameisen während ihrer Entwicklung beeinflusst. Stattdessen verläuft die Mimikry-Sequenz von *M. plataleoides* wie erwartet, selbst wenn die jungen Spinnen experimentell in Röhren im Laboratorium isoliert werden (Mathew 1934). Insgesamt dauert die Entwicklung vom Schlüpfen bis zum Erwachsenwerden nur 11 Wochen und umfasst die Nachahmung von vier verschiedenen Ameisenmodellen.

An dieser Stelle ist anzumerken, dass Marson (1946) *M. plataleoides* während der frühen Stadien als „physische Nachahmer" ansah, aber erst im Erwachsenenalter als echte „ökologische Nachahmer". Dies liegt daran, dass er die Spinnen nur in Gesellschaft ihres endgültigen Modells, *O. smaragdina*, beobachtete und nie mit den Ameisenarten, denen sie als Jungtiere ähnelten. Damalige Untersuchungen in der gleichen Region durch Mathew (1934) offenbarten jedoch junge *M. plataleoides* in Gesellschaft ihres ersten Ameisenmodells, *Prenolepis* sp.. Räumliche Assoziationen zwischen Jungspinnen früher Stadien und den Ameisen, denen sie ähneln, sind auch in anderen Fällen von Mimikry-Umwandlung bekannt, wie bei der eng verwandten Gattung *Myrmarachne*, zu der *Myrmaplata plataleoides* bis vor Kurzem gehörte.

Bevor sie als Erwachsene die Weberameise *Oecophylla longinoda* nachahmen und auf ihren Spuren laufen, ähneln die Spiderlinge von *Myrmarachne foenisex* einem kleinen, dunkel gefärbten Ameisenmodell, *Crematogaster castanea*, und vergesellschaften sich mit diesem (Edmunds 1978). Auch in Ghana ahmen junge *Myrmarachne legon* zunächst ihre Ameisenvorbilder *Acantholepis* sp. nach und werden mit ihnen gefunden, dann mit *Cataulacus* sp. und schließlich mit *Camponotus acvapimensis* im Erwachsenenalter. Die Spinne *Myrmarachne elongata* ähnelt und vergesellschaftet sich während ihrer Entwicklung mit Ameisen aus zwei verschiedenen Unterfamilien, zunächst mit *Pheidole megacephala* und später mit *Tetraponera anthracina* (Edmunds 1978). Offenbar ist die Täuschungslist jeder Spinne gegen Fressfeinde in Gegenwart ihres jeweiligen Ameisenmodells am wirksamsten. Die Tendenz der Spinnen, im Laufe ihrer Entwicklung die Gesellschaft verschiedener Ameisen zu bevorzugen, ist faszinierend. Ob diese Spinnen das Sehvermögen oder den Geruchssinn nutzen, um die einzelnen Ameisenvorbilder während ihrer Entwicklungssequenz zu lokalisieren, muss noch untersucht werden.

Obwohl einige *Myrmarachne*-Arten die Ameisen fressen, denen sie ähneln (Holmes 2019), tut *Myrmaplata plataleoides* dies nicht. Dies wurde gezeigt, indem man die *M. plataleoides* in Behältern mit entweder *Oecophylla*-Arbeiterinnen oder Schaumzikaden platzierte. Nach 2 Tagen waren alle Zikaden verschwunden, und alle Ameisen waren noch am Leben (Marson 1946). Obwohl sie in der Nähe ihrer Ameisenvorbilder nisten und jagen, meiden sie aktiv den Kontakt mit Ameisen und huschen an den Arbeiterinnen vorbei, um ihnen auszuweichen. *Myrmaplata plataleoides* zeigt gegenüber Jungtieren der Ameisen nachahmenden Wanze *Riptortus serripes* nicht dieselbe Rücksicht (Abb. 6.5).

Obwohl die Wanze die Ameise *Oecophylla smaragdina* genau imitiert, erkennen *M.-plataleoides*-Spinnen sie leicht als „Nicht-Ameise" und weichen ihnen nicht aus (Ceccarelli 2010). Die Nachweise mehrerer Autoren deuten darauf hin, dass der Preis für die Fehlinterpretation einer *Oecophylla*-Arbeiterin hoch ist, da Gruppen von *O. smaragdina M. plataleoides* fangen und zerteilen, wenn sie die Gelegenheit dazu haben (Abb. 6.6) (Mathew 1954; Ramachandra und Hill 2018). Daher kann *M. plataleoides* zwar Prädatoren vermeiden, indem sie einer Weberameise ähnelt, erhält aber weder Nahrung noch Schutz von den Ameisen selbst und wird von ihren Ameisenmodellen nicht als Nestgenossin anerkannt.

Abb. 6.5 Nymphen der Krummfühlerwanze *Riptortus serripes* (Alydidae) vergesellschaften sich mit der australischen Grünen Weberameise *Oecophylla smaragdina* und ahmen sie nach. (Mit freundlicher Genehmigung von Lek Khauv)

Im Erwachsenenalter stehen die männlichen *M. plataleoides* in einem Konflikt zwischen Mimikry und Paarung. Ausgewachsene männliche *M. plataleoides* haben enorm übertriebene Cheliceren (Mundwerkzeuge), die bei Wettbewerben zwischen Männchen eingesetzt werden (Abb. 6.7) (Nelson und Jackson 2007). Diese Cheliceren sind so übertrieben, dass sie die gesamte Körperlänge ihrer Besitzer um 50–70 % vergrößern, und sie verfügen nicht über den normalen Giftabgabeapparat der weiblichen Spinnen (Pollard 1994).

Mit solch ungewöhnlichen Cheliceren scheint es unmöglich, dass ein Spinnenmännchen eine Weberameise korrekt imitieren kann. Und doch hat die Evolution die übertriebenen Mundwerkzeuge der Männchen nahtlos in einen morphologischen Bluff integriert, der seinesgleichen sucht. In einigen Populationen ähneln die geschlossenen Cheliceren der männlichen *M. plataleoides* der Form und Färbung einer zweiten Ameise, komplett mit eigenem Kopf und Augenflecken (Abb. 6.8).

Somit ist *M. plataleoides* nicht nur ein Fall von Bates'scher Mimikry und von Mimikry-Umwandlung, das Männchen zeigt auch eine Form kombinierter Mimikry, indem es aus zwei verschiedenen Ameisenkomponenten besteht, von denen eine die andere trägt (Nelson und Jackson 2006, 2012).

Die von den Cheliceren des Männchens gebildete „Ameise" ähnelt einer erwachsenen *Oecophylla*-Arbeiterin in ihrer puppentragenden Haltung, wie sie bei Nestgenossen üblich ist, die zwischen den zahlreichen Seiden- und Blattnestern einer einzigen Kolonie von

Abb. 6.6 Die Spinne *Myrmaplata plataleoides* (Salticidae) ist eine Bates'sche Nachahmerin der Weberameise *Oecophylla smaragdina*. Sie lebt in der Nähe ihres Ameisenvorbilds, vermeidet aber aktiv den Kontakt mit den Ameisen. Wird *M. plataleoides* entdeckt, wird sie schnell angegriffen und getötet. (Mit freundlicher Genehmigung von Pavan Ramachandra)

Abb. 6.7 Die Spinne *Myrmaplata plataleoides* ahmt die Weberameise *Oecophylla smaragdina* nach. Die Männchen haben enorm verlängerte Cheliceren, die bei ritualisierten Wettkämpfen mit Artgenossen eingesetzt werden. Man beachte die Augenflecken an den Randspitzen der Cheliceren. (Mit freundlicher Genehmigung von Bharat Hegde)

Oecophylla smaragdina transportiert werden (Nelson und Jackson 2012). In dieser Hinsicht erinnert die Anpassung des Männchens nicht nur an die Morphologie einer Ameise, sondern spiegelt auch die polydome Ökologie ihres Vorbilds wider. Obwohl die aus den Cheliceren des Männchens geformte „getragene Ameise" aus unserer Sicht rückwärts ausgerichtet ist, stellt eine zweite *M.-plataleoides*-Morphe eine „getragene Ameise" in der richtigen Position dar. Das Männchen dieser *M.-plataleoides*-Morphe hat ein schwarzes Opisthosoma, das wie die Gaster einer einheimischen Rossameise aussieht. In diesem Fall haben auch die löffelförmigen Spitzen seiner Cheliceren die dunkle Färbung einer Ameisengaster (Abb. 6.8) (Borges et al. 2007).

Obwohl es Nachahmern wie *M. plataleoides* gelingt, Fressfeinden zu entgehen, die Ameisen ungenießbar finden, gibt es einige spezialisierte Prädatoren, die bevorzugt Ameisen jagen. Die myrmekophage Spinne *Chalcotropis gulosus* (Salticidae) ist ein Spezialist für Ameisen, die Objekte tragen. Wenn sie die Wahl hat, bevorzugt sie beladene Ameisen gegenüber solchen, deren gefährliche Mandibeln gerade nicht benutzt werden. Nelson und Jackson (2006) wiesen nach, dass Individuen von *C. gulosus* nicht nur Ameisen mit Beute und Brut verzehren, sondern auch gerne männliche *M. plataleoides*, die Nestgenossen tragende Ameisen imitieren. Diese Prädatoren meiden die Weibchen von *M. plataleoides*, die keine übertriebenen Cheliceren haben und unbeladenen Weberameisen ähneln. Die

Abb. 6.8 Männchen von *Myrmaplata plataleoides* sind Nachahmer von *Oecophylla*-Ameisen. Ihre verlängerten Cheliceren ähneln einer Ameise, die von einem Nestgenossen getragen wird. Das *obere Bild* zeigt eine männliche *Myrmaplata plataleoides*-Morphe mit Augenflecken am Ende der Cheliceren. (Mit freundlicher Genehmigung von Melvyn Yeo). Das *untere Bild* zeigt eine männliche Morphe, die am Ende der Cheliceren den Gaster einer getragenen Ameise imitiert. (Mit freundlicher Genehmigung von Jeevan Jose)

Abb. 6.9 Das Pronotum der Buckelzirpe *Cyphonia clavata* (Membracidae) ähnelt einer nach hinten gerichteten Ameise, mit Antennen, Propodealstacheln oder -beinen und einem glänzenden Kopf. (Mit freundlicher Genehmigung von Iwan van Hoogmoed)

Vorliebe der Prädatoren ist ein Beweis für die Genauigkeit der Maskierung der männlichen Spinne, obwohl die Mimikry *M. plataleoides* eindeutig für eine Reihe anderer Gefahren anfällig macht (Nelson und Jackson 2006).

Spinnen sind nicht die einzigen Myrmekomorphen, die einzelne Körperteile in ganze Ameisen verwandeln. Das Pronotum der Buckelzirpe *Cyphonia clavata* (Membracidae) ist zu einer rückwärts sitzenden Ameise geformt, komplett mit ihren eigenen langbeinigen Fortsätzen und Propodealstacheln (Maderspacher und Stensmyr 2011). Die „Ameise" hängt wie ein seltsames Ornament über dem ansonsten eher unscheinbaren Körper der Zikade (Abb. 6.9).

Auch die Körper anderer Membracidae-Arten scheinen einzelnen Ameisengastern zu ähneln, was es schwierig macht, sie unter den Ameisen, die sie wegen ihres Honigtaus pflegen, auszumachen (dokumentiert von Alex Wild, Abb. 6.10).

6.2   Kollektive Mimikry

Ameisen sind selten allein, und ameisenimitierende Spinnen profitieren offensichtlich davon, wenn sie sich ihren Aggregationen anschließen, entweder weil sie die Wahrscheinlichkeit verringern von Prädatoren entdeckt zu werden, oder weil Prädatoren von der kollektiven Verteidigung der Ameisen abgeschreckt werden. Eine Spinnenart hat sich das kollektive Erscheinungsbild ihres Ameisenvorbilds zunutze gemacht, indem sie sowohl deren Morphologie nachahmt als auch ihre eigenen Aggregationen von bis zu 50 Spinnen

Abb. 6.10 Ameisen der Gattung *Cephalotes* pflegen Buckelzirpen und sammeln den von ihnen produzierten Honigtau. Die Körper einiger Membracidae (möglicherweise *Chelyoidea* sp.) passen sich den Gastern ihrer gut gewappneten Ameisenbegleiter an. (Mit freundlicher Genehmigung von Alex Wild/alexanderwild.com)

bildet, die in miteinander verbundenen Spinnseidenverstecken leben (Jackson et al. 2008). So werden die Gemeinschaftswohnungen der Springspinne *Myrmarachne melanotarsa* (Salticidae) in der Nähe von Baumnestern der mit chemischen Abwehrmitteln ausgestatteten Knotenameisen *Crematogaster* sp. an den Ufern des Viktoriasees in Kenia und Uganda errichtet (Jackson 1986; Wesołowska und Salm 2002). Aus der Ferne sind die 3 mm langen Spinnen kaum von ihren *Crematogaster*-Ameisenvorbildern zu unterscheiden. Bei kurzen Zusammenstößen entlang der Futterstraßen „antenniert" *M. melanotarsa* sogar Ameisen mit ihren Vorderbeinen und hebt ihren Hinterleib nach oben, sodass er fast senkrecht zum Boden steht. Diese vorübergehenden Interaktionen zwischen Ameise und Ameisennachahmer ähneln den Interaktionen zwischen Paaren von Ameisennestbewohnerinnen (Jackson et al. 2008).

Robert Jackson und Kollegen (2008) beobachteten ein weiteres bemerkenswertes Detail in der Beziehung zwischen *M. melanotarsa* und ihrem *Crematogaster*-Vorbild. Sie fanden heraus, dass die Spinnen sich bis zu einem Meter von ihrem Nest entfernen, um Honigtau von den Schildläusen zu sammeln, die von den Ameisen bewacht werden (Abb. 6.11).

Obwohl andere Salticidae dafür bekannt sind, Nektar zu konsumieren (Jackson et al. 2001) und sogar Seidenkappen auf extraflorale Nektarien zu setzen, die von Ameisen genutzt werden (Painting et al. 2017), stellt diese Entdeckung eine einzigartige Verhaltensweise der Nahrungssuche unter Spinnen dar. Zusätzlich zum Honigtau verzehrt *M. melanotarsa* die Eier von Echten Webspinnen (Hersiliidae) und die Eier und Jungtiere von zwei anderen Gattungen sozialer Salticidae (*Menemerus* und *Pseudicius*), die sich ihre Gemeinschaftsnetze teilen und wahrscheinlich Schutz durch die Assoziation mit *Crematogaster* erhalten (Jackson et al. 2008).

Die Geschichte von *M. melanotarsa* und ihrem *Crematogaster*-Vorbild wird noch ungewöhnlicher durch die Beobachtung, dass Ameisenarbeiterinnen in die Seidennester der Spinnen eindringen, um ihre weggeworfenen Beutestücke, Kadaver und anderen Detritus zu fressen (Jackson et al. 2008). Die mimetischen Spinnen sind nicht aggressiv gegenüber ihren Ameisenbesuchern, die kaum Schwierigkeiten haben, sich in den äußeren Bereichen der Seidenhöhlen der Spinnen zu bewegen (Abb. 6.11). Angesichts der Tatsache, dass Spinnen und Ameisen einander Dienste erbringen, könnte man die Beziehung zwischen den Partnern nach einigen Definitionen als mutualistisch ansehen. Die wichtigsten Prädatoren von Spinnen sind oft andere Spinnen, insbesondere araneophage Springspinnen (Salticidae) (Huang et al. 2011). Die Häufigkeit der Ameisenmimikry bei Springspinnen könnte zu einem großen Teil auf eine angeborene Aversion gegen chemisch geschützte Ameisen zurückzuführen sein (siehe Cushing 1997). Ximena J. Nelson und Robert R. Jackson (2009b) fanden heraus, dass größere, ameisenscheue Springspinnen ihre Eikokons mit signifikant höherer Wahrscheinlichkeit aufgeben, wenn sich Gruppen von Ameisen oder Gruppen der mimetischen *M.-melanotarsa* nähern, als wenn es sich um einzelne Ameisen oder einzelne Ameisenimitatoren handelt. Die araneophagen Spinnen flüchteten nicht vor nicht-myrmekomorphen Arthropoden und attackierten bereitwillig Salticidae, die keine Ameisen nachahmen. Die Bewegung potenzieller Beutetiere hatte wenig mit der Abneigung der Prädatoren zu tun, da sowohl Aggregationen von lebenden als auch bewegungslosen Ameisen und Ameisenimitatoren bei den räuberischen Spinnen Fluchtverhalten auslösen.

Springspinnen sind in der Regel solitäre Jäger, die sich nur zur Überwinterung in gemäßigten Regionen zu Gruppen zusammenschließen (Kaston 1948; Jennings 1972). Während *M. melanotarsa* wahrscheinlich Fressfeinden ausweicht, indem sie einer gut gewappneten Ameisenart ähnelt (Bates'sche Mimikry), agieren Gruppen mimetischer Spinnen auch als aggressive Nachahmer und verschaffen sich durch die Ähnlichkeit mit

Abb. 6.11 *Myrmarachne melanotarsa* ist eine soziale Spinne und eine morphologische Nachahmung der Ameisen von *Crematogaster* sp. Die Spinne saugt den Honigtau von Schildläusen (Coccoidea) auf, die von den Ameisen als „Lebendvieh" gehalten werden (*oben*), und verschafft sich Zugang zu den Eiern größerer, ameisenscheuer Spinnen. Die Ameisen wiederum (*unten*) ernähren sich von weggeworfenen Beutestücken in den Gemeinschaftsnetzen der Spinnen. (Mit freundlicher Genehmigung von Ximena Nelson)

Ameisen Zugang zu den Eiern größerer, ameisenscheuer Salticidae (Nelson und Jackson 2009a, b). In der Tat, die kollektive Mimikry von *Crematogaster* durch die myrmekophile Springspinne *M. melanotarsa* ist ungewöhnlich, wenn nicht sogar einzigartig unter den Spinnen.

6.3   Rucksäcke, Schutzschilde und falsche Köpfe

Eine Vielzahl von Schnabelkerfen (Hemiptera) erbeutet soziale Insekten, sammelt dann deren Kadaver und stapelt sie auf ihrem Rücken. Es ist erwiesen, dass diese Kadaverrucksäcke als physische Barrieren, visuelle oder chemische Tarnungen für Fressfeinde und sogar als Köder oder Tarnung für die eigene Beute dienen können (Brandt und Mahsberg 2002; Jackson und Pollard 2007). Eine solche Wanze, *Salyavata variegata* (Reduviidae), lädt die Krümel von Termiten-Kartonnestern auf ihren Rücken und lockt lebende Termiten mit den verbrauchten Kadavern ihrer Nestgenossen aus dem Nest (McMahan 1983). Die Meister des Ameisentragens sind die Raubwanzen der Gattung *Acanthaspis* (Reduviidae), die bis zu 222 Ameisenkadaver in einem „Panzer" anhäufen können, der durch klebrige Sekrete mit dem Körper verklebt ist (Abb. 6.12).

Wanzen ohne diesen Panzer laufen Gefahr, Opfer von sowohl nicht visueller als auch visueller Prädation zu werden (Brandt und Mahsberg 2002; Jackson und Pollard 2007). Miriam Brandt und Dieter Mahsberg (2002) fragten, ob das Tragen von Ameisen auch den

Abb. 6.12 Mehrere Arten von Raubwanzen (Reduviidae) ernähren sich von Ameisen und anderen kleinen Insekten. Die Nymphen stapeln Ameisenkadaver wie einen Panzer auf ihrem Rücken. Das Bild zeigt eine Nymphe einer unbekannten Art (entweder *Acanthaspis petax* oder *Inara flavopicta*) mit ihrer Sammlung von Ameisenkadavern. (Mit freundlicher Genehmigung von Nicky Bay)

Abb. 6.13 *Oben:* Die Spinne *Aphantochilus rogersi* (Thomisidae) ist eine Bates'sche Nachahmung von *Cephalotes pusillus*. *Unten:* Die Spinne ist ein aggressiver Nachahmer, der die Ameisen, denen sie ähnelt, jagt und oft einen Ameisenkadaver wie ein Schild vor sich herschiebt, wenn sie sich unter ihnen bewegt. (Mit freundlicher Genehmigung von Alex Wild/alexanderwild.com)

Jagderfolg der Wanzen erhöhen könnte, da sie so der Entdeckung durch Ameisen entgehen können. Sie fanden heraus, dass es eher der Staub ist, der sich auf dem Leichenhaufen der Wanze angesammelt hat, als die Leichen selbst, die es den Wanzen ermöglichen, sich lebenden Ameisen zu nähern, ohne entdeckt zu werden.

Spinnen nutzen Ameisenkadaver auch auf direktere Weise. Die Krabbenspinne *Aphantochilus rogersi* (Thomisidae) ist eine morphologische Nachahmung der stacheligen und chemisch geschützten Ameise *Cephalotes* (früher *Zacryptocerus*) *pusillus*. Wie ihr Ameisenvorbild hat die Spinne eine mattschwarze Cuticula, einen ovalen Hinterleib und einen robusten Cephalothorax, der mit Dorsalstacheln besetzt ist (Abb. 6.13).

Sie hat eine ameisenähnliche Fortbewegung und schwingt ihre Vorderbeine wie ein Paar Antennen vor dem Körper. Mit nur zwei Körpersegmenten ist *A. rogersi* jedoch eine verkürzte und unvollkommene Nachbildung des hinteren Teils einer Ameise. Das Fehlen eines ameisenähnlichen „Kopfes" wird durch das ungewöhnliche Verhalten der Spinnen „korrigiert", die Kadaver toter *C.-pusillus*-Arbeiterinnen in die Höhe zu halten, wenn sie in der Nähe der Nester von *C. pusillus* umherwandern (Piza 1937). Das Tragen eines Ameisenkadavers erweckt nicht nur den visuellen Eindruck einer Ameise, die einen Nestgenossen transportiert, sondern, wie Paulo Oliveira und Ivan Sazima (1984) herausfanden, kann der Kadaver auch wie ein chemisches oder taktiles Schild wirken, der es der Spinne ermöglicht, unter den lebenden Ameisen unentdeckt zu bleiben.

Im Gegensatz zu anderen morphologischen Nachahmern, die nur räumlich mit Ameisen assoziiert sind, ernährt sich *A. rogersi* auch ausschließlich von *Cephalotes* und lehnt andere Ameisen- und Insektenarten ab, wenn sie angeboten werden (Oliveira und Sazima 1984). Während des Fressens entleeren die Spinnen die Kadaver von *C. pusillus* und höhlen sie aus, ohne deren Äußeres zu beschädigen. Die Kadaver werden dann getragen und bei Interaktionen mit lebenden Ameisen bis zu 3 Tage lang als Schutzschild verwendet. *A. rogersi* ist also ein aggressiver Nachahmer, der die Abschirmung als sekundäre Tarnung einsetzt, und so die chemotaktilen Wahrnehmungen der Ameisen perfekt täuscht. Wenn ihre List fehlschlägt, flieht die Spinne oder hängt sich an einer Seidenschnur auf, bis die Ameisen ihre Suche beenden (Oliveira und Sazima 1984).

Couvreur (1990) beobachtete einen weiteren bemerkenswerten Fall von Abschirmung bei der Spinne *Zodarion rubidium* (Zodariidae). Diese Spinnen fangen Ameisen in der Nähe der belebten Nesteingänge von *Formica cunicularia* und *Tetramorium caespitum* in Mitteleuropa. Wenn eine Spinne auf der Flucht mit ihrer Beute auf eine andere lebende Ameise trifft, streckt sie ihr erstes Beinpaar aus und trommelt auf die Fühler der Ameise. Während sie die volle Aufmerksamkeit der Ameise hat, positioniert sie die paralysierte Beute in ihren Cheliceren und trägt sie wie einen Schild vor sich her (Couvreur 1990). Vorbeikommende Nestgenossen halten durchschnittlich 11 s lang inne, um solche Köder zu inspizieren, und in der Mehrzahl der Laborversuche ziehen die Inspektoren ohne weitere Konfrontation weiter (Pekár und Křál 2002).

Obwohl *Z. rubidium* ihren Beutetieren in Farbe und Glanz nur wenig ähnelt, schlagen Stano Pekár und Jirí Křál (2002) vor, dass die taktilen Signale der Spinne durch detailliertere morphologische Anpassungen verstärkt werden, darunter das Fehlen von Makrosetae am distalen Teil der Vorderbeine der Spinne und das Vorhandensein von abgeflachten, eingeschnittenen Setae an ihren anderen Gliedmaßen. Es wird vermutet, dass beide Muster der Behaarung von Ameisenantennen und -beinen entsprechen. Obwohl die Ähnlichkeit zwischen den Fortsätzen von Ameisen und Spinnen nicht auffallend ist, könnten solche anatomischen Ähnlichkeiten bei taktilen Interaktionen mit Ameisen hilfreich sein. Wie schon in vorherigen Kapiteln erwähnt hat Wasmann (1889b, 1903, 1925) vorgeschlagen, dass in einigen Fällen Ameisen das „Ziel" für einige der anatomischen und taktilen Ähnlichkeiten ihres Gastes sein könnten (Wasmannsche Mimikry), obwohl die derzeitigen Beweise weitgehend anekdotisch sind.

Zwei Hinweise deuten darauf hin, dass *Z. rubidium* sowohl Geruchs- als auch Tastsignale von lebenden Ameisen verwendet, wenn sie ihren Wirten Kadaverschilde präsentieren. Erstens rufen paralysierte Nestgenossinnen Alarm und intensive Inspektion hervor,

Abb. 6.14 Rasterelektronenmikroskopische Aufnahme des Femurorgans, das sich an der distalen Spitze der Femora des ersten Beinpaars der Spinne *Zodarion rubidium* befindet. An der Basis der Setae sind Gangöffnungen zu sehen, die zu Sekretionszellen führen. (Mit freundlicher Genehmigung von Stano Pekár)

wenn sie nicht von der Spinne präsentiert werden. Zweitens werden die Kadaver fremder Ameisen, wenn sie von Spinnen präsentiert werden, stärker angegriffen als unbewachte Kadaver fremder Ameisen (Couvreur 1990). Diese Befunde unterstreichen die Rolle der Bewegung und des Koloniegeruchs bei der Präsentation. Allerdings merkte Couvreur (1990) an, dass das Beintrommeln der Spinne möglicherweise geringere Bedeutung hat, denn *Z. rubidium* zeigt dieses Verhalten auch gegenüber sich nähernden männlichen und weiblichen Spinnen. Trifft sie auf einen Artgenossen, präsentiert die Spinne nicht das Ameisenschild, sondern zieht sich entweder zurück oder lässt ihre Mahlzeit fallen, um zu kämpfen oder zu balzen.

Neben den mechanischen Aspekten des Beintrommelns beherbergt die dorsolaterale Spitze des ersten Femurs von *Z. rubidium* ein spezielles Organ, das durch eine Ansammlung von Sekretionszellen gekennzeichnet ist, deren Produkte durch Porenreihen austreten, die von speziellen Setae umgeben sind (Abb. 6.14) (Pekár und Sobotník 2007).

Die Funktion dieses Femurorgans ist unbekannt, seine Lage lässt jedoch vermuten, dass es eine Rolle bei der Beschwichtigung oder bei sensorischen Aktivitäten im Zusammenhang mit Interaktionen mit Ameisen spielen könnte. Wenn eine Ameise eine Spinne intensiver inspiziert, reagiert die Spinne, indem sie schnell mit ihren Beinen über der Ameise und sich selbst wedelt. Derzeit ist noch unklar, ob das Wedeln und Trommeln mit den Beinen bei *Z. rubidium* ein Beschwichtigungssignal vermittelt, oder ob es einfach eine Möglichkeit für die Spinne ist, Informationen zu sammeln, während sie ihr Schild präsentiert (Pekár und Křál 2002; Pekár und Sobotník 2007).

Unsere Erörterung der Ameisennachahmer wäre nicht vollständig, wenn wir nicht auf die Täuschung der Spinne *Pranburia mahannopi* (Corinnidae) eingehen würden, die von Christa Deeleman-Reinhold (1992) beschrieben wurde. Auf den ersten Blick scheinen der Cephalothorax und das Opisthosoma der Spinne einer Ameise ohne Kopf zu ähneln. Doch wenn sie sich bedroht fühlt, verwandelt *P. mahannopi* ihr Aussehen, indem sie ihre Vorderbeine zusammenklappt und ein Paar halbkreisförmiger Bürsten vor ihrem Körper vereinigt. Zusammen bilden diese Bürsten eine überzeugende Imitation eines Ameisenkopfes – genauer gesagt, des Kopfes der Ameise *Diacamma rugosum* (Abb. 6.15).

Jenseits des falschen Kopfes und am Ende der ausgestreckten Beine schwingt die Spinne ihre paarigen Tibiae und Metatarsen und erzeugt so die Illusion der gebogenen Fühler einer Ameise (Deeleman-Reinhold 1992, 2001). *Pranburia mahannopi* lebt in Südostasien, wo sie das einzige bekannte Mitglied ihrer Gattung und die einzige Spinne ist, die einen Teil ihres Körpers auf diese Weise in den Kopf einer Ameise verwandelt. Es ist möglich, dass weitere Exemplare dieser bemerkenswerten Art der Mimikry in Museumsschubladen versteckt sind, obwohl sie ohne Verhaltensbeobachtungen schwer zu identifizieren sein könnten.

6.4　Bewegungsmimikry

Die Spinnen *Phrurolithus festivus*, *Liophrurillus flavitarsis* (Corinnidae) und *Micaria sociabilis* (Gnaphosidae) sind ungenaue Ameisenimitatoren, denen es an den typischen Körpereinschnürungen, den überzeugenden Antennentäuschungen und dem Wackeln des Opisthosomas fehlt, wie sie von präzisen Myrmekomorphen gezeigt werden. Stattdessen passen sich diese Spinnenarten dem Lauftempo ihrer Ameisenmodelle an, ebenso wie der Länge und Färbung der Ameisen. Allein durch die Kombination von Tempo, Größe und Färbung scheinen die Spinnen entlang der Ameisenstraßen nahezu unsichtbar zu sein (Pekár und Jarab 2011). Das vertraute Lauftempo der Spinne könnte auch die Ameisen täuschen oder sie zumindest nicht alarmieren. Diese Möglichkeit muss noch getestet werden, könnte aber einen taktilen Aspekt der Spinnenmimikry darstellen, der sich an die Ameisen selbst richtet.

Forscher haben Ameisen-Spinnen beobachtet, die nicht nur das Tempo nachahmen, sondern auch auf sechs, statt auf acht Beinen zu laufen scheinen (Cushing 1997). Eine neuere Arbeit von Paul Shamble und Kollegen (2017) stellte diese Annahme in Frage, denn sie zeigten, dass die mimetische Spinne *Myrmarachne formicaria* den sechsbeinigen Gang einer Ameise nur vortäuscht (Abb. 6.16).

Hochgeschwindigkeitsvideos zeigten nämlich, dass die Fortbewegung der Spinne zwar der ihres Ameisenvorbilds zu gleichen scheint, dass aber der Eindruck des Ameisengangs und der winkenden Fühler deshalb zustande kommt, weil die Spinne ihr erstes Beinpaar in 100-Millisekunden-Intervallen über ihren Körper hebt, was für Beobachter mit einem langsameren visuellen System nicht wahrnehmbar ist. Für Amphibien, Reptilien und an-

Abb. 6.15 Bei Bedrohung streckt die Spinne *Pranburia mahannopi* ihre Vorderbeine aus, um ein Paar halbkreisförmiger Bürsten zu vereinen, und schwingt ihre ausgestreckten Tibiae und Metatarsen der Vorderbeine wie ein Paar gebogener Antennen. (Oben und Mitte: mit freundlicher Genehmigung von Paul Bertner). Zusammen ähneln die Bürsten des Männchens dem Kopf der Ameise *Diacamma rugosum*. (Unten: mit freundlicher Genehmigung von Kwan Han)

Abb. 6.16 Die Ameisen nachahmende Spinne *Myrmarachne formicaria* erweckt die Illusion, auf sechs statt auf acht Beinen zu laufen, indem sie ihre Vorderbeine wie Fühler für 100-Millisekunden-Pausen aufrichtet, die für viele visuelle Fressfeinde nicht wahrnehmbar sind. (Mit freundlicher Genehmigung von Gil Wizen)

dere Springspinnen scheint sich die mimetische Spinne genauso zu bewegen wie eine Ameise (Shamble et al. 2017).

Zwar scheint das ameisenähnliche Aussehen von *M. formicaria* gegen araneophage Spinnen wirksam zu sein, doch heben Springspinnen typischerweise ihre Vorderbeine zur Abwehr anderer Springspinnen und während der Balz. Es ist unklar, ob araneophage (spinnenfressende) Salticidae durch den Eindruck des Ameisenvorbilds oder durch die Präsentation der erhobenen Beine der Nachahmer vertrieben werden. Versuche mit animierten Modellen zeigten, dass araneophage Salticidae bevorzugt auf animierte Repräsentationen von nicht mimetischen Spinnen in Bewegung angriffen, und zwar mit einer 4,5-mal höheren Rate als bei Ameisenzielen und einer 3-mal höheren Rate als bei mimetischen *M. formicaria* (Shamble et al. 2017). Ebenso zeigten Spinnen, die Ameisen als Beute bevorzugen, wie z. B. *Sandalodes bipenicillatus*, ein größeres Interesse an myrmekomorphen *Myrmarachne* als an nicht mimetischen Spinnen (Nelson und Card 2015). Diese Präferenzen können elegant demonstriert werden, indem man räuberischen Salicidae die Silhouetten potenzieller Beutearten auf Videoleinwänden zeigt.

Wahrscheinlich entwickelten sich die morphologischen und Verhaltenstäuschungen bei Ameisen nachahmenden Spinnen durch den Selektionsdruck, der von mehreren räuberischen Arten ausging, sodass bestimmte Anpassungen gegen einen Fressfeind wirksamer sind als gegen einen anderen. So können z. B. das Profil und die Dorsalansicht einer Ameisennachahmung jeweils für eine andere Größenklasse von Prädatoren bzw. für kriechende oder fliegende Räuber sichtbar sein. In einigen Gebieten sind sowohl ameisenfressende als auch spinnenfressende Prädatoren weit verbreitet (Nelson und Card 2015), sodass das Auftreten von ameisenimitierenden Spinnen interessante Fragen zur relativen Prädatorenpräferenz, der sensorischen Fähigkeiten der Predatoren, der Beutebevorzugung, und der Häufigkeitsverteilungen aufwerfen.

6.5   Deckmäntel aus Gerüchen

Pekár und Jiroš (2011) stellten die Frage, ob myrmekomorphe Spinnen nicht nur wie Ameisen aussehen, sondern auch die Geruchsprofile ihrer Ameisenmodelle während ihrer Interaktionen übernehmen könnten. Diese Spinnen leben zwar nicht in Ameisennestern, sind aber in unmittelbarer Nähe ihrer Ameisenvorbilder über der Erde anzutreffen und ähneln diesen in Farbe, Größe und Bewegung sehr stark. Im Allgemeinen stellten die Autoren fest, dass die cuticulären Kohlenwasserstoffe der myrmekomorphen Spinnen und ihrer Vorbilder nicht übereinstimmten. Insbesondere zeigten die Ameisen und Spinnen wenig Ähnlichkeit zwischen Di- und Trimethyl-verzweigten Alkanen und Alkenen, die von Ameisen häufig zur Identifizierung von Nestgenossen und deren Status verwendet werden (Hefetz 2007; Martin und Drijfhout 2009b; Sprenger und Menzel 2020; siehe Kap. 3). Von den untersuchten Spinnen ist nur *Zodarion alacre* ein spezialisierter Räuber seines Ameisenvorbilds, *Formica subrufa*. Obwohl *F. subrufa* in Verhaltensversuchen gegenüber gefriergetöteten Nachahmern weniger aggressiv war als gegenüber nicht assoziierten Spinnen, gab es nur eine schwache Ähnlichkeit zwischen den Geruchsprofilen der Paare (Pekár und Jiroš 2011). Wie andere *Zodarion*-Spinnen sondert auch *Z. alacre* eine Substanz aus einem speziellen Femurorgan an ihrem ersten Beinpaar ab, die möglicherweise eine größere Rolle bei ihren Interaktionen mit Ameisen spielt (Pekár und Sobotník 2007). Insgesamt scheinen sich die nicht integrierten Myrmekomorphen, die nur lose mit Ameisen assoziiert sind, mehr auf Verhaltenstaktiken als auf Geruchsnachahmung zu verlassen, um der Entdeckung durch ihre Ameisenvorbilder zu entgehen.

Eine Vielzahl von Spinnentieren lebt als integrierte Gäste in Ameisenkolonien (Abb. 6.17). Die Zwergsechsaugenspinne, *Sicariomorpha* (früher *Gamasomorpha*) *maschwitzi* (Oonopidae), ist ein häufiger Gast der südostasiatischen Wanderameise *Leptogenys distinguenda* (Wunderlich 1994; Ott et al. 2015). Die kleinen Spinnen sind fast blind und folgen den häufigen Koloniewanderungen ihrer Wirte, indem sie in einer Art Tandemlauf Körperkontakt mit den Ameisen aufnehmen (Abb. 6.18).

Volker Witte und Kollegen (1999) wiesen auch nach, dass diese Spinnen frisch angelegten künstlichen Straßen folgen können, die mit dem Inhalt der Giftdrüsen und Pygidialdrüsen ihrer Wirte markiert wurden. Die Spinne bleibt eher im Biwak, als dass sie an Beutezügen teilnimmt. Im Biwak klettert sie über Gruppen von Arbeiterinnen und Larven, und ruht sich auf ihnen aus. Sie besteigt auch laufende Ameisen und lässt sich von ihnen tragen. Die Ameisen sind nur selten aggressiv gegenüber ihren kleptoparasitischen Spinnengästen, die vollständig mit ihren Wirten integriert zu sein scheinen, und sogar von ihnen gepflegt werden (Witte et al. 1999; von Beeren et al. 2012a). Wie wir bereits in Kap. 3 erörtert haben, fanden von Beeren und Kollegen (2012a) heraus, dass *S. maschwitzi* einen beträchtlichen Anteil seiner cuticulären Kohlenwasserstoffe von seinem Wirt bezieht und diese verliert, wenn er in Isolation gehalten wird. Obwohl die Ameisen cuticuläre Kohlenwasserstoffe als Erkennungsmerkmale für Nestgenossen verwenden, bleiben Spinnen, die sie während der experimentellen Isolation verlieren, nachdem sie wieder in das jeweilige Nest gesetzt wurden, gut in Wirtskolonien integriert. Dies könnte darauf hin-

Abb. 6.17 *Oben:* Die Spinne *Phruronellus formica* lebt in den Nestern der Ameise *Crematogaster cerasi.* (Mit freundlicher Genehmigung von Sean McCann). *Unten:* Eine nicht identifizierte Spinne wandert mit *Labidus*-sp.-Wanderameisen mit. (Mit freundlicher Genehmigung von Taku Shimada)

deuten, dass die Spinnen eher auf „chemische Unauffälligkeit" als auf Mimikry setzen, da sie, wenn sie isoliert werden, nur eine geringe Menge an cuticulären Kohlenwasserstoffen beibehalten.

Ein weiterer ungewöhnlicher Gast unter den Spinnentieren ist in den Regenwäldern Mittelamerikas zu finden. Die Geißelspinne *Phrynus barbadensis* (= *gervaisii*) (Amblypygi) ist ein fakultativer Gefährte der Tropischen Riesenameise *Paraponera clavata* (LeClerc et al. 1987; Pérez et al. 1999; de Armas und Seiter 2013). Etwa die Hälfte aller untersuchten Nester auf der Insel Barro Colorado, Panama, beherbergen junge und ausgewachsene Geißelspinnen (LeClerc et al. 1987; Pérez et al. 1999; Peretti 2002). Die Tropischen Riesenameise wird auch „bullet ant" genannt, weil sie einen ungewöhnlich

Abb. 6.18 Die Zwergsechsaugenspinne, *Sicariomorpha maschwitzi* (Oonopidae), ist ein integrierter Gast der südostasiatischen Wanderameise *Leptogenys distinguenda*. (Mit freundlicher Genehmigung von Christoph von Beeren)

schmerzhaften Stachel und ein starkes Gift besitzt. Trotz ihres Namens sind die Ameisen nicht aggressiv gegenüber den großen Spinnentieren, die ihre Nestkammern besetzen (Abb. 6.19).

Monica LeClerc und Kollegen (1987) beobachteten, dass „wenn Ameisen aus gestörten Kolonien aus dem Nest zur Verteidigung ausbrachen, *P. gervaisii [barbadensis]* in der Regel an den Seiten des Eingangs zurückblieb, es sei denn, die Ameisenaktivität wurde zu intensiv, in diesem Fall wichen sie zur Seite, um den Ameisen freien Lauf zu lassen. Dabei streckten sie ihre langen Beine und hoben ihren Körper vom Boden des Tunnels in die Höhe, sodass die Ameisen ungehindert unter ihnen hindurchlaufen konnten. Wenn *P. barbadensis [gervaisii]* sanft berührt wurde, zogen sie sich in der Regel tiefer in den Nesttunnel zurück."

Wie es den großwüchsigen Geißelspinnen (12–22 mm) gelingt, unentdeckt zu bleiben, ist unbekannt (de Armas und Seiter 2013). Chapin und Hebets (2016) vermuten, dass eine zweite Art, *Phrynus pseudoparvulus*, nur ein opportunistischer Höhlenbewohner ist, der keine besondere Beziehung zu den Ameisen hat, bei denen er gefunden wird. Obwohl beide Arten auch außerhalb von Ameisennestern Unterschlupf suchen, können sie durch ihre langsamen Bewegungen und ihren Geruch (oder dessen Fehlen) mit ziemlicher Sicherheit vermeiden, aggressive Reaktionen bei den Ameisen hervorzurufen. Rolando Pérez und Kollegen (1999) vermuteten, dass die Beziehung zwischen *P. barbadensis [gervaisii]* und ihren Ameisenwirten sogar mutualistischer oder kommensaler Natur sein könnte. In einer Langzeitstudie der biotischen Faktoren, die mit dem Überleben von Kolonien in Verbindung stehen, war das Vorhandensein von Geißelspinnen positiv mit dem Überleben von Kolonien verbunden: 61 % der Kolonien, die während des ersten Stichprobentermins der Studie *P. barbadensis* beherbergten, waren nach 2 Jahren noch am Leben, verglichen mit nur 17 % der Kolonien, die die Spinnentiere nicht beherbergten. Es ist natürlich auch möglich, dass größere und robustere Ameisenkolonien von suchenden *P. barbadensis* leichter bemerkt werden oder mehr Kammern für die Unterbringung bieten.

Abb. 6.19 Die Geißelspinne *Phrynus barbadensis* (Amblypygi) kommt in den Regenwäldern Panamas vor, wo sie ein fakultativer Gast der Tropischen Riesenameise *Paraponera clavata* ist. (Mit freundlicher Genehmigung von Gil Wizen)

Der erste Nachweis von Myrmekophilie bei einem echten Skorpion, *Birulatus israelensis* (Scorpiones: Buthidae), wurde 2017 im israelischen Jordantal erbracht. Yoram Zvik beobachtete Dutzende der ein bis 2 cm langen Skorpione auf den Wegen und rund um die Nesteingänge der Samen erntenden Ameise *Messor ebeninus*. Die Skorpione gingen in den Nestern der Ameisen ein und aus, und wanderten zwischen den Ameisen umher, ohne sie zu beunruhigen, und hielten gelegentlich inne, damit die Ameisen sie inspizieren konnten. Die Arbeiterinnen legten tote Skorpione zusammen mit toten Nestgenossen auf Kadaverhaufen ab, die von jeder Kolonie angelegt werden. Die Tatsache, dass die toten Skorpione nicht bei den anderen Abfällen deponiert wurden, deutet darauf hin, dass sie den Geruch ihrer Wirtskolonie teilen könnten. Im Allgemeinen gibt es nur wenige Belege dafür, dass Myrmekophile ein „Ameisenbegräbnis" erhalten und bei vielen Ameisenarten wird auch nicht so streng zwischen Abfall und Deponieren von toten Nestgenossinnen getrennt, wie es offenbar bei *Messor ebeninus* der Fall zu sein scheint.

Abb. 6.20 Die Krabbenspinne *Amyciaea* sp. ähnelt der australischen Grünen Baumameise *Oeco-phylla smaragdina* und jagt sie. (Oben: Mit freundlicher Genehmigung von Alex Wild/alexander-wild.com). Die Springspinne *Cosmophasis bitaeniata* lebt nahe der Baumzeltnester von *Oecophylla smaragdina*, wo sie sich von Ameisenbrut ernährt. (Mit freundlicher Genehmigung von Mark Mofett)

Mehrere Spinnen bilden Assoziationen mit Ameisen der Gattung *Oecophylla*, darunter die bereits erwähnte Mimikry-Umformung betreibende *Myrmaplata plataleoides*, *Myrmarachne foenisex* und die räuberischen Krabbenspinnen *Amyciaea albomaculata*, *A. lineatipes* und *A. forticeps* (Thomisidae) (Allan et al. 2002). Während jede dieser Arten eine optische Ähnlichkeit mit *Oecophylla* aufweist, ist dies bei der Springspinne *Cosmophasis bitaeniata* nicht der Fall (Abb. 6.20).

Cosmophasis bitaeniata lebt nahe der Zeltnestern von *Oecophylla smaragdina*. Sie ist eine häufig vorkommende Myrmekophile, und in 130 Nestern, die von Rachel A. Allan und Mark A. Elgar (2001) in Queensland, Australien, untersucht wurden, enthielten 36 % bis zu sechs Spinnen. Von den vielen Blatt- und Seidennestern, in denen eine einzige Wirtskolonie lebt, findet man die Spinnen bevorzugt in Nestern mit vielen Ameisenlarven.

Cosmophasis bitaeniata legt ihren eigenen Eikokon in den Zeltnestern der Ameisen ab, vermeidet aber den engen Kontakt mit den Ameisen. Die Spinnen nähern sich den Minor-Arbeiterinnen nur, um ihnen die Larven aus den Kiefern zu entwenden. Dazu berühren sie mit ihren Vorderbeinen die Fühler der Ameise, was diese dazu veranlasst, die in ihren Mandibeln gehaltene Larve fallen zu lassen (Allan und Elgar 2001). In Laborversuchen waren die Spinnen erfolgreicher beim Diebstahl der Brut von Minor-Arbeiterinnen aus dem eigenen Nest als von solchen aus fremden Nestern (Elgar und Allan 2006). Major-Arbeiterinnen scheinen wenig Interesse an *Cosmophasis bitaeniata* zu zeigen. Während die Ameisen aggressiv auf Platten reagieren, die mit den Cuticulargerüchen fremder Arbeiterinnen markiert sind (größenstandardisiert), zeigen sie keine Aggression gegenüber Scheiben, die mit Cuticularextrakten von Arbeiterinnen und Spinnen aus dem eigenen Nest markiert sind (Elgar und Allan 2006). Spinnen versuchen zwar zu fliehen, wenn sie mit Major-Arbeiterinnen aus fremden Nestern zusammengebracht werden, aber nicht, weil sie vielleicht von den Ameisen verfolgt oder bemerkt worden sind. Stattdessen, so wird vermutet, nutzen die Spinnen ihr eigenes Geruchstemplate, um zwischen Ameisen aus ihrem Wirtsnest und Ameisen aus einem fremden Nest zu unterscheiden (Elgar und Allan 2006).

Um festzustellen, ob Spinnen sich die Erkennungsmerkmale der Arbeiterinnen oder Larven ihrer Wirte aneignen können, nahmen Elgar und Allan (2004) 45 frisch geschlüpfte *C. bitaeniata* von mehreren Müttern und teilten sie nach dem Zufallsprinzip drei Gruppen zu. Jede Gruppe erhielt Larven aus einer von drei *O.-smaragdina*-Kolonien und wurde ohne direkten Kontakt mit Ameisen aufgezogen. Die cuticulären Kohlenwasserstoffprofile der isolierten Spinnen wurden später mit denen von Spinnen verglichen, die zusammen mit Ameisen und Larven aus jeder der drei *O. smaragdina*-Kolonien aufgezogen wurden. Die Geruchsprofile der isoliert aufgezogenen Spinnen ähnelten denen der Kolonien, die sie mit Larven versorgten. Sie stimmten nicht mit den Geruchsprofilen ihrer eigenen Spinnengeschwister überein, die separat aufgezogen und mit Larven aus anderen Ameisenkolonien gefüttert wurden. Die cuticulären Kohlenwasserstoffprofile von Spinnen, die mit und ohne Arbeiterinnen aufgezogen wurden, waren ähnlich, obwohl beide Spinnengruppen nur einige der cuticulären Kohlenwasserstoffe der Minor- (Allan et al. 2002) und noch weniger der Major-Arbeiterinnen (Elgar und Allan 2006) gemeinsam haben. Zusammengefasst deuten diese Studien darauf hin, dass *C. bitaeniata* in ihrem Wirtsnest unbemerkt bleiben kann, indem sie Ameisen zumeist meidet und dafür einige der Erkennungsmerkmale mit Larven und Minor-Arbeiterinnen teilt.

Obwohl wir diese Studien sehr interessant fanden, stimmen wir den Autoren zu, wenn sie anmerken, dass es schwierig ist festzustellen, welche Koloniemitglieder die Spinnen imitieren könnten. Aus den Gas-Chromatogrammen (Allan et al. 2002) geht hervor, dass die chemischen Profile der Cuticula von Ameisenlarven und von Minor- und Major-Arbeiterinnen viele derselben Verbindungen in ähnlichen Anteilen enthalten. Die cuticulären Kohlenwasserstoffprofile der Spinnen ähneln eher denen der Ameisenlarven, da ihnen auch die kürzerkettigen Verbindungen fehlen, die bei den Major- und Minor-Arbeiterinnen vorkommen. Elgar und Allan (2006) berichteten, dass es zusätzliche koloniespezifische

Komponenten in den Cuticularprofilen von Spinnen und Ameisenarbeiterinnen gibt, und dass sich diese koloniespezifischen Komponenten auch zwischen Spinnen und Ameisen aus demselben Nest unterscheiden. Berichten zufolge beziehen die Spinnen ihre cuticulären Kohlenwasserstoffmischungen von den Ameisenlarven, die sie fressen (Elgar und Allan 2004), aber es ist noch unklar, ob die cuticulären Kohlenwasserstoffe der Ameisenlarven eine Koloniespezifität aufweisen. Wenn der Spinnengeruch dem der Ameisenlarve gleicht, dann sollten Spinnen problemlos in Kolonien derselben Art aufgenommen werden, so wie auch die Larven allgemein akzeptiert werden. Stattdessen wurde festgestellt, dass sich die Gerüche der Spinnen je nach Kolonie und Region unterscheiden, und die eigenen Geruchs-Templates der Spinnen scheinen sie davon abzuhalten, sich fremden Nestern anzuschließen (Elgar und Allan 2006).

6.6 Phoretische Spinnen

Wie wir gesehen haben, läuft eine Vielzahl von Spinnen wie und mit den Ameisen, aber es gibt mindestens eine Gattung, die es vorzieht, auf ihnen zu reiten. Die Gattung *Attacobius* (Corinnidae) umfasst mehr als ein Dutzend Spinnenarten (Pereira-Filho et al. 2018), von denen mehrere Parasiten neotropischer Blattschneiderameisen der Gattungen *Atta* und *Acromyrmex* sind (Mendonça et al. 2019). Am Tag der jährlichen Hochzeitsflüge der Ameisen verlassen die geflügelten Männchen von *Atta bisphaerica* und die zukünftigen Königinnen ihre Nester mit bis zu drei *Attacobius-luederwaldti*-Spinnen auf dem Rücken (Ichinose et al. 2004). Die blass-orangen-farbigen Spinnen werden von den Ameisen nicht belästigt und die Tramperspinnen stören auch nicht die Flügelbewegungen der Ameisen, wenn diese in die Luft aufsteigen und Entfernungen von mehr als 10 km zurücklegen (Jutsum und Quinlan 1978; Ichinose et al. 2004). Ungefähr 11 % der unbegatteten Ameisenköniginnen fliegen mit Spinnen als Mitreisende vom Nest ab, aber auf frisch begattete Königinnen wurden nie Spinnen gefunden, die nach dem Paarungsflug noch an ihnen hafteten. Ebenso fand man bisher auch keine Spinnen in den jungen Gründungskolonien der Blattschneiderameisen. Offensichtlich scheinen *A. luederwaldti* geflügelte Ameisen nur zu nutzen, um in die Luft und weg von ihren Geburtsnestern getragen zu werden. Es wird vermutet, dass sie mitten im Flug von ihren Wirten abspringen und an Seidenfallschirmen davonfliegen, um große, etablierte Kolonien aufzusuchen (Ichinose et al. 2004).

Wie wir in Kap. 5 beschrieben haben, beobachtete Phillips (2021) bei der flügellosen Zwergschabe *Attaphila fungicola* eine ähnliche „zweiteilige" Art der Ausbreitung. Die Schaben heften sich vor den Paarungsflügen an die Weibchen von *Atta texana alates*, bleiben aber nicht bei den Gründerinnen, wenn diese landen, um neue Koloniegründungsnester zu graben. Stattdessen „trampen" die Schaben entlang der Routen bereits bestehender *A.-texana*-Nester, wobei sie auf Blätter springen, die von vorbeilaufenden Sammlerinnen getragen werden. Der vorgeschlagene Begriff für diese Art der Ausbreitung ist Diplophorese (Phillips 2021). Die Wahrscheinlichkeit, dass eine junge Blattschneiderameisenkönigin es schafft, dass ihre kleine Gründungskolonie sich zu einer riesigen, voll geschlechtsreifen Kolonie entwickelt, ist äußerst gering (Fowler 1992), und angesichts dieser hohen Misserfolgswahrscheinlichkeit ist es für Spinnen (und Schaben) eindeutig von Vorteil, sich in bereits bestehenden Ameisennestern zu paaren. Dies ist wahrscheinlich der Grund, warum *A.-luederwaldti* -Spinnen sowohl weibliche als auch männliche Ameisen als Transportmittel benutzen, wobei die Ameisenmännchen kurz nach der Paarung sterben (Ichinose et al. 2004; Camargo et al. 2015). Im Gegensatz dazu reitet die Schabe *Attaphila fungicola* bevorzugt auf geflügelten Ameisenköniginnen (Phillips et al. 2017), und anstatt mitten im Flug abzuspringen, wie die *Attacobius*-Spinnen es tun, bleiben die Schaben bei ihrer geflügelten Ameise, bis sie gelandet ist. Im Allgemeinen wählen viele weibliche Ameisen geeignete Nistplätze aus der Luft aus, wodurch die Schaben näher an den bereits von anderen etablierten Kolonien besetzten Lebensraum gelangen können (King und Tschinkel 2016).

Während Spinnen sich mit Hilfe von Seide und Wind in entferntere Gefilde treiben lassen können, sind die flügellosen Schaben *Attaphila fungicola* unfähig sich weiträumig fortzubewegen. Verschiedene phoretische Milbenarten bevorzugen aus sehr unterschiedlichen Gründen ebenfalls weibliche geflügelte Ameisen gegenüber männlichen (Sokolov et al. 2003; Ebermann und Moser 2008; Uppstrom und Klompen 2011). Milben sind viel kleiner und anfälliger für Austrocknung als *Attacobius*-Spinnen und *Attaphila*-Schaben. Uppstrom und Klompen (2011) vermuteten, dass die Milben entweder auf den Erfolg der von ihnen gewählten Königin setzen oder auf dem Kadaver der toten Ameise ausharren, bis dieser von kannibalistischen Ameisen, die die Körper gescheiterter Königinnen einsammeln, in ein neues Nest transportiert werden.

Roberto da Silva Camargo und Kollegen (2015) fanden heraus, dass sich bei einer zweiten *Attacobius*-Art, *Attacobius attarum*, hauptsächlich Spinnenweibchen mit Hilfe geflügelter Ameisen verbreiten (Abb. 6.21).

Das Geschlechterverhältnis der erwachsenen Spinnen in den Nestern ist uns nicht bekannt, aber 96,9 % der Spinnen, die sich mit Hilfe der Ameisen verbreiteten, waren erwachsene Weibchen. Anstatt die geflügelten Ameisen im Nest zu besteigen, wählen die Spinnen ihre geflügelten Ameisenträger auf dem Nesthügel aus. Vor dem Abflug hat man auf etwa 9 % der geflügelten Ameisen mitreisende Spinnen gefunden. Dies sind wichtige Beobachtungen, denn es gibt nur sehr wenige Berichte über die geschlechtsspezifische Philopatrie und Ausbreitung von Myrmekophilen, insbesondere über ihr typisches Geschlechterverhältnis. Man findet regelmäßig in der Nähe von *Atta sexdens* Nestern *Attacobius attarum*, die sich an die Köpfe und Gaster von ähnlich großen Ameisenarbeiterinnen klammern, und so in große Kolonien ihrer Wirtsameisen getragen werden (Erthal und Tonhasca 2001).

Wenn sie ihre Trägerinnen verlieren, suchen sie sofort nach anderen Wirtsameisenarbeiterinnen, mit denen sie schließlich in das Nest gelangen (Platnick und Baptista 1995). In Labornestern von *Atta sexdens*, in denen *Attacobius attarum* gehalten wurden, konnte man eindeutig beobacten, dass die Spinnen Ameisenlarven und -puppen fressen (Erthal und Tonhasca 2001). Diese Beobachtung stimmt mit der an *Attacobius lavape* überein, die in den Nestern von *Solenopsis saevissima* in Brasilien gefunden wurde. In Habitaten, in

Abb. 6.21 Die südamerikanische Rindensackspinne *Attacobius attarum* reitet während der Paarungsflüge auf den geflügelten Geschlechtstieren der Blattschneiderameise *Atta sexdens* (Phoresie) und lässt sich so in entfernte Gefilde tragen. Die *oberen Bilder* zeigen die Spinnen, wie sie auf unverpaarten Königinnen von *Atta sexdens* reiten, bevor diese zum Hochzeitsflug aufbrechen; die unteren Bilder zeigen die Spinnen, wie sie auf *A.-sexdens*-Männchen reiten. (Mit freundlicher Genehmigung von Roberto da Silva Camargo)

denen *A. lavape* lokal häufig vorkommt, findet man durchschnittlich sieben (und bis zu 23) Spinnen pro Ameisenkolonie. Spinnen aus einem einzigen Nest können schätzungsweise 35 Larven und 32 Puppen sowie zahlreiche Eier pro Wirtskolonie pro Tag verzehren (Mendonça et al. 2019). Die Spinnen der Gattung *Attacobius* waren die ersten unter allen Spinnen, die als parasitisch beschrieben wurden (Mello- Leitão 1923). Die faszinierende Geschichte über ihre Entdeckung und Klassifizierung ist in Platnick und Baptista (1995) und Bonaldo und Brescovit (2005) zu finden.

6.7 *Veromessor pergandei* jagende Spinnen

Veromessor pergandei ist eine samenfressende Ameise, die in der Sonora- und der Mojave-Wüste im Südwesten der Vereinigten Staaten vorkommt. Jeden Morgen verlassen Zehntausende der schwarz glänzenden Ameisen ihre Kolonie in einer einzigen Kolonne. Die Nestgenossinnen laufen in einer bandähnlichen Kolonne bis zu 40 m weit vom Nest weg, bevor sie sich auf der Suche nach Samen in einem weiten Fächer verteilen (Plowes et al. 2013). Unsere Neugier trieb uns dazu, das Verhalten von *V. pergandei* bei der Nahrungssuche zu untersuchen und später die Rate der Arbeiterinnenproduktion zu berechnen, die notwendig ist, um die tägliche Arbeiterinnensterblichkeit in dieser riesigen Gesellschaft auszugleichen. Wie bei so vielen zufälligen Begegnungen mit Myrmekophilen entdeckten wir in den Stunden, die wir an den Nestern von *V. pergandei* verbrachten, auch eine Vielzahl von Spinnen, die neben den Ameisen lebten.

6.7.1 *Steatoda* und *Asagena*

Die großen, aber kurzlebigen Futterstraßen von *Veromessor pergandei* werden vor allem von Falschen Witwenspinnen der Gattungen *Steatoda* und *Asagena* (Theridiidae) ausgenutzt. Die Spinnen verbringen ihre Nächte unter den Steinbrocken neben den Nesteingängen von *V. pergandei*, wo sie auch ihre Eikokons ablegen. Bei Sonnenaufgang kommen die männlichen und weiblichen Spinnen aus ihrem Versteck und beginnen, kleine Netze über oder neben der neu errichteten Futterstraße der Ameisenkolonie zu bauen. Jede Spinne verankert mehrere unordentliche Fangnetze mit klebrigen Fäden am Boden und befestigt weitere Schnüre zwischen Vegetation und Steinen. Wenn eine vorbeilaufende Ameise eine gespannte Seidenschnur berührt, wird sie nach oben geschleudert und hängt im Netz der Spinne fest (Abb. 6.22).

Gefangene Ameisen werden von der Spinne entweder schnell eingeholt und in Seide gewickelt, oder hängen gelassen, und sie kümmert sich um ihre Beute von bis zu sieben weiteren gefangenen Ameisen, die auf mehrere Spinnenfallen verteilt sind (Kwapich und Hölldobler 2019).

Obwohl *V. pergandei* in einem der heißesten Lebensräume der Welt vorkommt, ist sie hitzeempfindlich und anfällig für Austrocknung (Johnson 2000, 2021). Daher beeilen sich die Arbeiterinnen, innerhalb eines engen Temperaturintervalls mehrere Futtersuchgänge zu absolvieren, die in der Regel nicht länger als 2 h pro Morgen dauern (Bernstein 1974; Hunt 1977). Anstatt durchlässigere Netze zu bauen, wie es viele Theridiidae, einschließlich der Echten Witwen (*Latrodectus*), tun, konstruieren die myrmekophagen *Steatoda* und *Asagena* temporäre Fallen, die nur wenige Stunden auf dem Wüstenboden überdauern. Durch den Bau von „Einwegnetzen" können die Spinnen die kurzzeitig auftretenden Futterkolonnen der Ameisen verfolgen, die sich jeden Tag in eine neue Richtung bewegen.

Die Sammlerinnen einer anderen dominanten Samen fressenden Ameisengattung, *Pogonomyrmex*, stellen ihre Sammelaktivitäten ein, oder ändern ihre Sammelroutine als Reaktion auf räuberische Spinnen (Hölldobler 1970a; MacKay 1982). Im Gegensatz dazu fanden wir heraus, dass *V. pergandei* kooperativ die von *Steatoda* und *Asagena* gebauten Netze zerlegt und in der Seide gefangene Schwestern befreit. Eine Untergruppe der großwüchsigen Arbeiterinnen sammelt gefangene Nestgenossinnen (lebende und tote) ein und entfernt deren Seidenfesseln innerhalb des Nestes (Abb. 6.22) (Kwapich und Hölldobler 2019). Netzentfernende Arbeiterinnen sind sogar in der Lage, auf den Spinnennetzen zu

Abb. 6.22 *Oben:* Eine Spinne der Gattung *Steatoda* sp. baut das Fangnetz über einer Futterstraße von *Veromessor pergandei*. *Links:* Großwüchsige Ameisen zerlegen das Netz der Spinne. Sie werden durch das Alarmpheromon angelockt, das eine Nestgenossin in der Mitte des Netzes abgibt. *Rechts:* Die Ameisen arbeiten zusammen, um ihre Schwester aus der Spinnenseide zu befreien. (Christina Kwapich)

laufen und trotz des Risikos, gefangen zu werden, die Seide erfolgreich abzulösen, indem sie sie mit ihren Mandibeln packen und sich dabei rückwärts bewegen. Nur wenige andere Beutearten spüren die Fallen auf, mit denen sie gefangen werden sollen, und zerstören sie. Tatsächlich ist das Entfernen von Spinnweben einer von nur vier natürlichen Kontexten für das Rettungsverhalten von Ameisen. Ein ähnliches Verhalten der Seidenentfernung und der Rettungsaktionen wurden auch bei *Oecophylla smaragdina* (Uy et al. 2019) und *Novomessor* sp. (Michael C. Clark persönliche Mitteilung, 2019) beobachtet.

Tiere, die ein Rettungsverhalten zeigen, bilden in der Regel kleine Gruppen mit wertvollen Individuen. Im Gegensatz dazu haben *V. pergandei* riesige Kolonien, die in ihrem Spitzenmonat der Nahrungssuche sage und schreibe 34.000 Arbeiterinnen ersetzen können und 230.000 in einem einzigen Jahr (Kwapich et al. 2017). Um herauszufinden, warum sich Kolonien die Mühe machen, „Einweg-Arbeiterinnen" zu retten, haben wir die Kosten und Nutzen der Spinnennetzentfernung auf Kolonieebene berechnet. Unter Berücksichtigung der Dauer der erfolgreichen Futtersammelkarriere und der Anzahl der Futtertouren, die eine durchschnittliche Futtersuchpopulation pro Tag unternimmt, schätzten wir, dass der Verlust von nur 5 neuen Sammlerinnen pro Tag durch Spinnenräuber den Kolonien 65.000 Samen pro Jahr kosten könnte. Dies ist ein hoher Preis, denn die Kolonien müssen ohnehin genug Ressourcen sammeln, um mehr als 600 Schwestern pro Tag zu ersetzen. Zusätzlich zu den direkten Kosten der Prädation verheddern sich die von den Ameisen getragenen Samen häufig in unentdeckten Spinnennetzen, was den Transportablauf behindert und die Gesamtzahl der täglichen Futtertouren weiter reduziert. Wenn sich ihre Samen in Spinnweben verheddern, ziehen die Ameisen, die das entdeckt haben, für den Rest der täglichen Sammelperiode an ihnen, ohne sich um die Ursache des Problems zu kümmern oder die Seide zu entfernen, die sie behindert (Kwapich und Hölldobler 2019).

Viele Ameisenarten säubern ihre Futterwege von Unrat, aber *V. pergandei* ignoriert neue Objekte und reagiert nicht aggressiv auf Spinnenseide allein. Nur wenn verfangene Ameisen ein chemisches Alarmsignal aus der Mandibulardrüse freisetzen, wird eine Untergruppe der großwüchsigen Nestgenossen dazu stimuliert, das Gespinst zu entfernen. Gefrorene „Dummys", die mit demselben Alarmstoff markiert sind, werden ebenfalls aus ihren Seidengebinde befreit (Kwapich und Hölldobler 2019). Im Wesentlichen profitieren die Kolonien nur dann von der Entfernung der Gespinste, wenn die Arbeiterinnen darin gefangen sind und Nestgenossinnen alarmieren. Die Tendenz von *V. pergandei*, während eines begrenzten Temperaturzeitfensters auf einer einzigen Route zu suchen, ermöglicht es den Arbeiterinnen, auf ihre alarmierenden Schwestern zu treffen. Die schnelle Wahrnehmung der gefangenen Nestgenossinnen und die Notwendigkeit einer möglichst hohen Samenernte hat wahrscheinlich die evolutionäre Entwicklung dieser ungewöhnlichen Abwehrmechanismen der Ameisen gegen Spinnen begünstigt.

6.7.2 Euryopis

Soziale Beutetierarten stellen ein besonderes Problem für Prädatoren dar, die mit zusätzlichen Aggressionen durch wachsame Gruppenmitglieder rechnen müssen. Im amerikanischen Westen sind die Spinnen der Gattung *Euryopis* (Theridiidae) ausgesprochene Jäger von Ernteameisen aus den Gattungen *Veromessor* und *Pogonomyrmex*. Jede *Euryopis*-Art wendet eine einzigartige, aktive Jagdstrategie an, die Seide und Gift kombiniert. *Euryopis californica* überwältigt die Arbeiterinnen von *Veromessor pergandei*, indem sie deren Beine mit Seide fesselt und ihnen einen Biss in die Gaster verabreicht, bevor sie die Arbei-

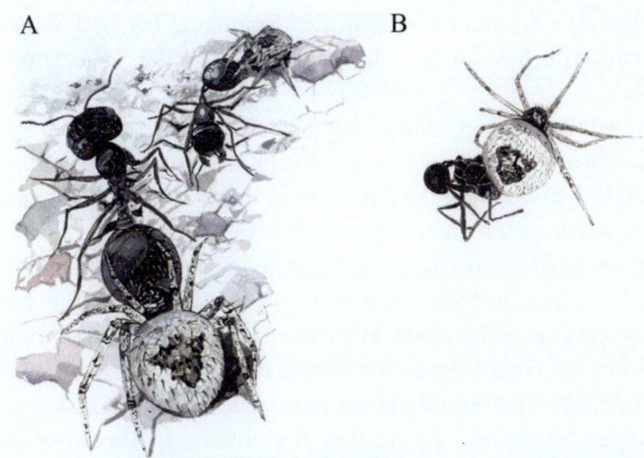

Abb. 6.23   (**a**) *Euryopis californica* attackiert Arbeiterinnen der Samen sammelnden Wüstenameise *Veromessor pergandei* in der Nähe des Nesteingangs. (**b**) Spinnen schleppen ihre paralysierte Beute an Seidenfäden, die an den Spinnwarzen der Spinne befestigt ist. (Mit freundlicher Genehmigung von Amanda Hale)

terinnen an Seidenschnüren, die an ihren Spinnwarzen befestigt sind, wegschleift (Abb. 6.23) (Hale et al. 2018).

Genauso überfällt *Euryopis coki* ihr Opfer der Art *Pogonomyrmex salinus* (= *owhyheei*) mit einem Biss ins Bein und fesselt sie dann mit klebrigen Seidenschnüren an den Boden, während das Gift seine Wirkung entfaltet. Sobald die Beute gelähmt ist, wickelt die Spinne sie in eine Seidenschlinge und trägt sie fort (Porter und Eastmond 1982). Eine dritte *Euryopis*-Art, die von Kwapich in Arizona beobachtet wurde, beißt *P. barbatus* am letzten Beinpaar, wartet die Lähmung ab und frisst dann vom Kopf der Ameise, direkt über den Mandibeln. Schließlich beißt eine vierte *Euryopis*-Art aus Arizona ihre *V.-pergandei*-Opfer hinter dem Kopf und umhüllt dann schnell Kopf und Mandibeln mit Seide, wodurch die primären Abwehrkräfte der Ameise deaktiviert werden und möglicherweise auch verhindert wird, dass sie, mit Hilfe von Alarmpheromonen Nestgenossinnen in der Nähe alarmiert. Selbst wenn durch dieses Verhalten die Ameisen gehindert werden, chemische Alarmsignale aus ihren Mandibulardrüsen abzugeben, die beobachteten Unterschiede bei den bevorzugten Bissstellen könnten auch einfach darauf zurückzuführen sein, dass die Spinne einen Körperteil lieber verzehrt als einen anderen.

Stano Pekár und Kollegen (2010) wiesen nach, dass Spinnen, denen entweder die Vorderteile oder die Gaster von Ameisen angeboten wurden, unterschiedlich schnell wuchsen und unterschiedliche Sterberaten aufwiesen. Ebenso litten myrmekophage *Euryopis episinoides*, die mit *Drosophila,* statt mit Ameisen gefüttert wurden, unter einer verminderten Fruchtbarkeit und einer geringeren Lebenserwartung (Líznarová und Pekár 2016). Offenbar sind mehrere *Euryopis*-Arten stenophag und bevorzugen nicht nur eine einzige Beutetierart, sondern auch ein bestimmtes Körpersegment (Carico 1978). Dies könnte eine Folge der Zusammensetzung des Spinnengiftes und seiner Wirksamkeit gegen die Abwehrkräfte bestimmter Ameisengattungen oder Unterfamilien sein (Hale et al. 2018).

Neben der Anwendung unterschiedlicher Seiden- und Gifttaktiken gibt es auch beträchtliche Unterschiede im Tagesrhythmus des Jagdverhaltens von *Euryopis. Euryopis californica* (Theridiidae) überfällt die Arbeiterinnen von *V. pergandei* nach Einbruch der Dunkelheit, wenn die Ameisen nicht mehr auf Futtersuche sind, und sich die wenigen um den Nesteingang verstreuten Arbeiterinnen langsam in der kühlen Nachtluft bewegen. Bis zu fünf Spinnen besuchen ein Nest gleichzeitig (Hale et al. 2018). Im südlichen Arizona versteckt sich *Euryopis* sp. während der Hitze des Tages in den oberen Kammern der Nester von *V. pergandei*. Im Gegensatz zu ihren Pendants in Kalifornien jagen sie aktiv während der morgendlichen Hauptsuchzeit der Ameisen. Die Spinnen warten an der Peripherie der *V.-pergandei*-Nester, wo sie ihre Hinterbeine in Richtung der wandernden Ameisen ausrichten und Seide abgeben, um ihre Beute zu fangen, wenn ihr hinterer Tarsus oder Metatarsus gestreift wird. Gruppen von paralysierten Arbeiterinnen werden dann an ihren Beinen gebündelt und an Pflanzenstängeln hochgezogen, wo sie verzehrt werden, während die Spinnen an kurzen Seidensträngen hängen. Hier nähern sich manchmal kleinere Männchen, um sich mit den Weibchen zu paaren und an deren Mahlzeiten teilzuhaben (C. L. K., persönliche Beobachtungen).

Während die Jagdzüge von *E. coki*, die mit *Pogonomyrmex salinus* vergesellschaftet sind, tagsüber stattfinden, beobachtete Kwapich, dass *Euryopis* sp. eine Stunde vor Sonnenuntergang über die Nester von *P. barbatus* herfällt. Männliche und weibliche Spinnen schnappen sich umherstreunende Sammlerinnen und Wächterinnen an der Nestoberfläche oder dringen in offene Nesteingänge ein, um einzelne Arbeiterinnen herauszuziehen. Bis zu 19 hellbraune oder rosafarbene Spinnen versammeln sich jeden Abend in der Nähe von *P.-barbatus*-Kolonien. Sie passen perfekt zu den bunten Kieselsteinen, die von den Ameisen auf ihren Nesthügeln zusammengetragen und angeordnet werden. Wenn die weiblichen Spinnen Ameisen erbeuten, eilen die Männchen herbei, um sich mit ihnen zu paaren, und manchmal teilen sie ihre Beute nach der Kopulation mit den Männchen (C. L. K., persönliche Beobachtungen). Die Tendenz einiger *Pogonomyrmex*-Kolonien, die Nesteingänge am Ende des Arbeitstages zu verschließen, bietet auch eine Gelegenheit für *Euryopis*-Spinnen, sich die spät zurückkehrenden Sammlerinnen zu herauspicken, die gezwungen sind, zu warten, bis das Nest am Morgen wieder geöffnet wird.

6.7.3　Neue Spinnenarten

Es gibt noch viel bei den Spinnen zu entdecken, die in Ameisennestern leben. Im Jahr 2019 haben Martin J. Ramirez und Kollegen anhand molekularer und morphologischer Daten eine neue Spinnenart, *Myrmecicultor chihuahuensis*, beschrieben, die zu einer völlig neuen Spinnenfamilie, den Myrmecicultoridae, gehört. Diese Spinnen weisen eine einzigartige Kombination von morphologischen Merkmalen auf, und kommen auf der Oberfläche und in den Nestern von *Pogonomyrmex rugosus*, *Novomessor albisetosus* und *Novomessor cockerelli* in Texas (USA) vor. In den letzten 5 Jahren haben wir während unserer Feldarbeit eine andere Spinnenart kennengelernt, die mit Ernteameisen im Südwesten der Vereinigten Staaten vergesellschaftet ist und vorläufig als die Rindensackspinne *Septentrinna bicalcarata* (Corinnidae) identifiziert wurde (Bonaldo 2000). Kwapich entdeckte die leuchtend roten und gelben Spinnen in den Nestern von *Veromessor pergandei*, *Pogonomyrmex rugosus*, *Pogonomyrmex barbatus* und *Novomessor albisetosus* in Arizona (USA), und hat die Lebensweise und Ökologie dieser Spinnen mit wachsendem Interesse untersucht.

Die Spinnen sind leicht in den oberen Kammern der Wirtsnester zu finden und wandern häufig unter der Masse von Ernteameisen umher, die sich kurz vor Beginn der Nahrungssuche auf den Nesthügeln sammeln. Wir gruben ein Nest von *Veromessor pergandei* bis zu einer Tiefe von 160 cm aus, bis es in die harte Caliche-Schicht eindrang, und fanden elf erwachsene und junge Spinnen in Kammern voller Ameisen über die gesamte Breite des unterirdischen Nests. Zusammen mit unserem Kollegen Ti Eriksson verwendeten wir das mitochondriale Gen Cytochrom-c-Oxidase 1 (CO1), um DNA-Barcodes von Spinnen aus drei Wirtsarten an drei Feldstandorten in Arizona zu erhalten, und stellten fest, dass die Spinnen wahrscheinlich eher Wirtsgeneralisten als kryptische Arten mit einem hohen Grad an Wirtsspezifität sind (Kwapich et al. in prep. a). Individuen, die von einem Nest von *P. rugosus*, *V. pergandei* oder *N. albisetosus* an einem Standort gesammelt wurden, waren genetisch ähnlicher als Spinnen, die bei denselben Wirtsarten an verschiedenen Standorten gesammelt wurden. Im Labor konnten die Spinnen leicht von einer Ameisenart zu einer anderen gesetzt werden, obwohl sie anfangs von ihren neuen Wirten angegriffen wurden und bei der Verfolgung oft Teil ihrer eigenen Beine abwarfen (Autotomie).

Wir haben mit Hilfe von Festphasenmikroextraktion Proben der cuticulären Kohlenwasserstoffe von lebenden *S. bicalcarata* gesammelt und festgestellt, dass die Spinnen keine neuen Verbindungen in dem Bereich des Kohlenwasserstoffprofils aufwiesen, die bei allen ihren Wirtsameisen vorhanden ist und möglicherweise der Erkennung von Nestgenossinnen dient. Die Spinnen entwickelten auch 3 Tage nach der Häutung in Isolation von ihren Ameisenwirten keine passenden Geruchsprofile. Stattdessen waren die Spinnen wie ein „unbeschriebenes Blatt" und erwarben im Laufe der Zeit nur einen Teil des Profils ihrer Wirte in den Nestern. Drei Tage nach dem experimentellen Transfer erwachsener Spinnen in die Nester neuer Wirtsarten enthielten ihre Profile eine Mischung aus den cuticulären Kohlenwasserstoffprofilen beider Wirte, aber nach 2 Wochen hatten sie die wichtigsten cuticulären Kohlenwasserstoffspitzen nur noch mit dem neuen Wirt gemeinsam. Die Spinnen erwerben ihren Geruch wahrscheinlich durch das Fressen von erwachsenen Ameisen und Ameisenbrut, und obwohl die Aggression der Ameisen mit der Zeit abnimmt, ist immer noch unklar, ob das Teilen des Geruchs der Ameisenkolonie für die Spinnen einen großen Vorteil darstellt. Junge Spinnen ernähren sich bevorzugt von Ameisenpuppen und tragen die Puppen manchmal stundenlang mit sich herum, während

Abb. 6.24   *Oben:* Eine nicht identifizierte Spinnenart, die in den Nestern von *Pogonomyrmex rugosus*, *Veromessor pergandei* und *Novomessor albisetosus* in der Wüste im Südwesten der Vereinigten Staaten gefunden wurde. *Unten:* Ein erwachsenes Männchen pirscht sich an seine Beute *V. pergandei* heran. Das *kleine Bild* zeigt ein frisch geschlüpftes Jungtier, das sich von einer *V.-pergandei*-Larve ernährt. (Christina Kwapich)

sie sie verzehren (Abb. 6.24). Ausgewachsene Spinnen ernähren sich vorzugsweise von erwachsenen Ameisen, während sie sich an der Decke der Kammer festhalten. Nach der Nahrungsaufnahme putzen sich die Spinnen akribisch, manchmal bis zu 30 min lang.

Wir hielten männliche und weibliche Spinnen zusammen in gläsernen Beobachtungsnestern mit *Veromessor-pergandei*-Kolonien. Auf den Glasdeckeln der Nester legten die Spinnen dünne, schnörkelige Seidenspuren ab, die vermutlich der Orientierung im Nest dienten. Ausgewachsene männliche Spinnen wurden nach der Paarung mit Weibchen häufig ohne einen oder beide Pedipalpen angetroffen, was darauf hindeutet, dass die Pedipalpen als Paarungspfropfen eingesetzt werden (um Paarungen mit anderen Männchen zu verhindern), oder dass sie bei körperlichen Interaktionen ebenso leicht abgeworfen werden wie die Beine. Die Weibchen legten Eikokons an der Decke der Kammern ab, die nur

4 bis 10 Eier enthielten. Die Eikokons wurden häufig in Ecken platziert, in denen eine oder beide Spinnen auch während der Ruhephasen saßen. Ob es sich dabei um eine echte Brutbewachung handelt oder nicht, ist unklar. Männliche elterliche Fürsorge ist bei Spinnen außergewöhnlich selten (Moura et al. 2017), obwohl das Leben unter Ameisen eine höhere Investition in die Brutbewachung erfordern könnte. Schließlich sind die Nistplätze durch die Ameisenarchitektur räumlich begrenzt, die Gäste haben möglicherweise nur begrenzte Paarungsmöglichkeiten, und die Eikokons sind durch patrouillierende Ameisen gefährdet. Der häufige Verlust der Pedipalpen bei *S. bicalcarata* könnte auch die Männchen zur elterlichen Fürsorge prädisponieren, da Männchen ohne Pedipalpen keine Spermien an zukünftige Partnerinnen abgeben können.

Warum myrmekophile Spinnentiere und Myrmekophile im Allgemeinen so wenige Eier legen, ist unklar. Könnte die räumliche Begrenzung der Wirtsnester oder die Verfügbarkeit von Ressourcen zu Konflikten zwischen den Eltern und dem Nachwuchs führen? Werden die Ameisen zum Verlassen ihrer Nester angeregt, wenn die parasitären Gäste zu zahlreich werden? Müssen die Weibchen in einige wenige größere Nachkommen investieren, die als Schlüpflinge erfolgreich große Ameisen jagen können, anstatt in viele kleine Nachkommen? Der bereits erwähnte Ameisengast *Sicariomorpha maschwitzi* z. B. produziert nur ein bis fünf Eier pro Gelege (Witte et al. 1999). Kleine Gelege sind am besten bei myrmekomorphen Spinnenarten dokumentiert, bei denen die ameisenartige Einschnürung des Hinterleibs die Anzahl der Eier, die die Weibchen tragen können, verringern (siehe Cushing 2012) und sogar die Größe und Anordnung ihrer seidenproduzierenden Drüsen verändern kann (Jessica Garb, persönliche Mitteilung). Die mit der Myrmekomorphie verbundenen physischen Nachteile sind zahlreich. Wenn sie sich z. B. auf ihre Beute stürzen, müssen Springspinnen Hämolymphe in den Cephalothorax pumpen, um einen hydraulischen Katapultmechanismus anzutreiben, der ihre Beine ausfährt. Die länglichen Körper der Ameisen nachahmenden *Myrmarachne* scheinen die Mechanik dieses Systems einzuschränken, sodass sehr schlanke *Myrmarachne* zu den schlechtesten Springern gehören (Hashimoto et al. 2020).

Die Beziehungen zwischen Ameisen und Spinnen sind zahlreicher und vielfältiger, als wir in diesem kurzen Kapitel darstellen können. Als weiterführende Lektüre empfehlen wir die umfassenden und fesselnden Berichte von Paula Cushing (1997, 2012) und Jackson und Nelson (2012). In Kap. 7 begeben wir uns unter die Erde, um die merkwürdigen Gewohnheiten von mit Ameisen assoziierten Grillen zu betrachten. Obwohl sie keine Bates'schen Nachahmer sind wie viele mit Ameisen assoziierte Spinnen, wird vermutet, dass ihre glatten, gerundeten Körper bei einer chemisch-taktilen List helfen, die in der Dunkelheit unterirdischer Nester eingesetzt wird. Viele Arten verwenden auch spezielle taktile Signale, um Nahrung direkt aus den Mäulern zahlreicher Wirtsameisenarten zu stehlen.

Die Geheimnisse der myrmekophilen Grillen $\qquad$ 7

Viele Grillen aus der Familie der Myrmecophilidae leben ausschließlich in den Nestern von Ameisen. Diese Ameisengrillen werden nicht länger als 1,47–8 mm und sind sowohl die kleinsten als auch die einzigen obligaten Parasiten in der Ordnung Orthoptera (Grashüpfer und Grillen). Sie gehören zu der einzigen Linie von Langfühlerschrecken (Ensifera) ohne Flügel, ohne Gesang und ohne ein Tympanalorgan, das dem Hören dient (Song et al. 2020) (Abb. 7.1). Ihre runden, flügellosen Körper werden von knolligen hinteren Femora flankiert und enden in haarigen Cerci (Abb. 7.2).

In ihrer frühen taxonomischen Geschichte wurden Ameisengrillen fälschlicherweise als Schaben (*Blatta*) klassifiziert (Panzer 1799), und in jüngerer Zeit wurde eine fossilisierte flügellose Schabe fälschlicherweise als kreidezeitliche Ameisengrille identifiziert (Martins Neto 1991; siehe Parker und Grimaldi 2014). Die Verwechslung wäre leicht möglich, da Ameisengrillen viele Merkmale mit den flügellosen Schaben gemeinsam haben, darunter eine unvollständige Metamorphose, bei der die Jungtiere winzigen Erwachsenen ähneln.

Im Jahr 1825 wurden die Ameisengrillen erneut kurzzeitig falsch klassifiziert, dieses Mal als Muscheln (Bivalvia). Toussaint de Charpentier wollte die „corporis globositatem" der Insekten mit dem neuen Gattungsnamen *Sphaerium* beschreiben, wusste aber nicht, dass sie bereits zu einer Gruppe gehörte, die umgangssprachlich als Erbsenmuscheln bekannt war. Der Gattungsname war daher ein ungültiges taxonomisches Homonym. Heute sind sechs Gattungen aus zwei Unterfamilien anerkannt. Die Unterfamilie Bothriophylacinae (*Eremogryllodes*, *Bothriophylax* und *Microbothriophylax*) umfasst Grillen, die nicht in Ameisennestern, sondern in Höhlen und Erdbauten von Wüstenwirbeltieren leben (Tahami et al. 2017), während die Unterfamilie Myrmecophilinae die bekannteren Ameisengrillen-Gattungen *Myrmecophilus*, *Myrmophilellus* und *Camponophilus* umfasst. Die Gattung *Myrmecophilus* (früher *Myrmecophila*) umfasst mindestens 62 gültige Arten und steht im Mittelpunkt der meisten Verhaltensuntersuchungen (Cigliano et al. 2020).

B. Hölldobler, C. Kwapich, *Die Gäste der Ameisen*,
https://doi.org/10.1007/978-3-662-66526-8_7

Abb. 7.1 Ameisengrillen (Myrmecophilidae) sind flügellos und haben keine Tympanalorgane, die dem Gehör dienen. *Myrmecophilus pergandei* kommt bei zahlreichen Ameisenwirten im Osten der Vereinigten Staaten vor. Das Bild zeigt ein erwachsenes Weibchen. (Mit freundlicher Genehmigung von Alex Wild/alexanderwild.com)

Ameisengrillen kommen in ganz Asien, Afrika, Europa und Nordamerika vor, sind aber in Mittel- und Südamerika sehr selten, außer bei Ameisenwirtsarten, die aus anderen Teilen der Welt eingeführt wurden (Saussure 1877).

In diesem Kapitel erforschen wir die fortdauernden Geheimnisse der Ameisengrillen und die ungewöhnlichen Folgen ihrer hemimetabolischen Entwicklung, ein Merkmal, das sie von den meisten Myrmekophilen unter den Insekten unterscheidet. Einige Ameisengrillenarten können zahlreiche Ameisenwirte aus verschiedenen Unterfamilien und Größenklassen nutzen. Der offensichtliche Einfluss der Wirtsidentität auf die Körpergröße der Grillen ist seit dem frühen 20. Jahrhundert Anlass wissenschaftlicher Neugierde (Hebard 1920; Hölldobler 1947).

7.1　Strigilatoren und Diebe

William Morton Wheeler (1910) beschrieb *Myrmecophilus nebrascensis* als „Strigilatoren" mit Mundwerkzeugen, die dazu bestimmt sind, Wachse von den Körpern der Ameisen zu lecken und abzuraspeln, ähnlich wie die Klingen einer Strigilis (die im antiken Griechenland

Abb. 7.2 Ameisengrillen erkennt man sofort an ihrem gerundeten Körper und den kräftigen hinteren Femora. *Oben und Mitte:* Ein erwachsenes Weibchen einer unbekannten Ameisengrillenart aus Malta. Ihr langer Ovipositor ist sichtbar. (Mit freundlicher Genehmigung von Nikolai Vladimirov). Unten: Ein borstiges erwachsenes *Myrmecophilus-ochraceus*-Männchen aus Sardinien, Italien. (Mit freundlicher Genehmigung von Thomas Stalling)

zum Abschaben von Badeöl verwendet wurde). In vielerlei Hinsicht ähnelt die Strigilation der intensiven Körperpflege, die von den Partnern bestimmter Wirbeltiere gegenseitig betrieben wird, und frühe Myrmekologen gingen davon aus, dass die Beziehung zwischen Grillen und Ameisen ebenfalls mutualistisch sein könnte (Savi 1819; Wasmann 1901, 1905). Spätere Beobachtungen von Karl Hölldobler (1947) zeigten, dass *Myrmecophilus acervorum* auch Ameiseneier verzehrt, sich von Beuteinsekten ernährt, die von den Ameisen eingebracht werden, und sogar Mund-zu-Mund-Trophallaxis mit ihren Wirten betreibt. Er kam zu dem Schluss, dass die Beziehung zwischen Ameisengrillen und ihren Wirten wirklich einseitig ist. Heute gelten alle ameisenassoziierten Grillen als obligate Kleptoparasiten.

Die Wüstenameisengrille, *Myrmecophilus manni*, kopiert die Antennen- (Fühler)-Trommelsequenz, mit der Ameisen bei ihren Nestgenossinnen die Regurgitation von Futter stimulieren (Trophallaxis). Henderson und Akre (1986a) beobachteten, dass „die Grille während der Trophallaxis eine angespannte Haltung mit ausgestreckten metathorakalen Beinen einnahm. Die Trophallaxis dauerte in der Regel ca. 5 Sekunden, bevor die Ameise aggressiv wurde, und es bedurfte eines kräftigen Antennenkontakts durch die Grille, um die Trophallaxis über diese Zeit hinaus aufrechtzuerhalten. In drei Fällen verharrte eine Ameise jedoch über eine Minute lang in der Trophallaxis-Position; die Grille verließ den Ort und kehrte innerhalb dieses Zeitraums mehrmals zurück."

Die Autoren haben in Washington (USA) mehr als 50 solcher Trophallaxis-Beobachtungen zwischen *M. manni* und einigen ihrer zahlreichen Wirte gemacht, darunter *Formica obscuripes*, *F. fusca*, *F. haemorrhoidalis*, *Camponotus vicinus*, *C. modoc*, *Tapinoma sessile* und *Myrmica* sp. Im Labor haben Grillen aus Nestern von *F. obscuripes* auch Trophallaxis mit unbekannten Ameisenarten wie *F. fusca*, *F. haemorrhoidalis* und *Camponotus vicinus* betrieben, was ihre fehlende Wirtsspezifität und ihre Fähigkeit, Ameisenarten zu nutzen, denen sie während ihres Lebens noch nie begegnet sind, belegt (Henderson und Akre 1986a).

Obwohl *M. manni* problemlos Trophallaxis mit einer Vielzahl von Ameisen initiiert, nutzt sie auch Ameisenwirte, die unter Nestgenossinnen keinen Austausch von Flüssignahrung betreiben, darunter verschiedene *Pogonomyrmex*-, *Veromessor*-, *Aphaenogaster*-, *Novomessor*- und *Pheidole*-Arten im Südwesten der USA (Hebard 1920; Kwapich et al. in prep. b). Bei diesen Wirten besteht die Ernährung der Grillen wahrscheinlich aus einer Kombination von Strigilation und dem Vertilgen von Nahrungsresten, Ameiseneiern und toten Arbeiterinnen (Henderson und Akre 1986a). *Myrmecophilus manni* scheint von ihren verschiedenen Wirten „alles zu nehmen, was sie kriegen kann", und Gruppen von Grillen strigilieren auch Wirte wie *Formica obscuripes*, mit denen sie flüssige Nahrung austauschen. Während des Vorgangs bewegen sich die Arbeiterinnen so, dass sie Teile ihres Körpers, einschließlich des Kopfes, den anwesenden Grillen präsentieren, so als würden sie von Ameisennestgenossinnen gepflegt (Abb. 7.3).

Bei Grillen, die Wirtsgeneralisten sind, werden die mit der Wirtswahl verbundenen potenziellen Nachteile besonders deutlich, wenn eine Untergruppe der Wirte nicht an der Trophallaxis teilnimmt. Wie wir später in diesem Kapitel sehen werden, kann die Ernährung des Wirts starke Auswirkungen auf den Phänotyp und die Lebensgeschichte der Grillen haben.

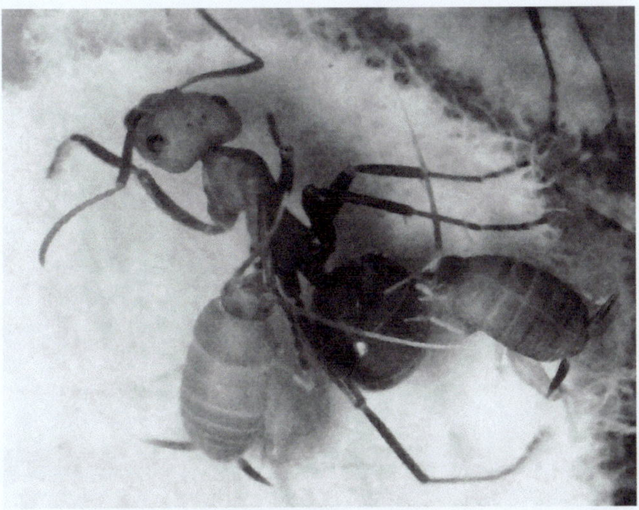

Abb. 7.3 Die Wüstenameisengrille, *Myrmecophilus manni*, ist bei zahlreichen Wirtsarten zu finden. Eine Gruppe von Grillen pflegt und strigiliert eine *Formica-obscuripes*-Wirtsarbeiterin. Die Grillen fressen auch die Brut des Wirts und können erfolgreich ihre Wirte um Futter anbetteln (Trophallaxis), indem sie Antennensignale imitieren. (Mit freundlicher Genehmigung von Gregg Henderson)

7.2 Spezialisierte Mundwerkzeuge

Der Epipharynx des Wirtsgeneralisten *Myrmecophilus manni* ähnelt dem einiger Wasserinsekten, mit bürstenartigen Fortsätzen, die über ein vertieftes Labrum (Oberlippe) und die Mandibeln hinausragen (Abb. 7.4) (Henderson und Akre 1986b). Da *M. manni* seine Wirte strigiliert und Trophallaxis betreibt, vermuten Henderson und Akre (1986b), dass ihr ungewöhnlicher Epipharynx die Oberflächenbindung flüssiger Nahrungströpfchen brechen kann und gleichzeitig als eine Art Schaufel beim häufigen Schaben der Ameisenkörper und den Nestoberflächen durch die Grille fungiert.

Andere Ameisengrillenarten haben ebenfalls spezialisierte Mandibeln, die mit ihrer Ernährungsweise zusammenhängen. In einer morphometrischen Studie über die Mundwerkzeuge von Grillen aus vier *Myrmecophilus*-Arten aus Japan entdeckten Takashi Komatsu und Mitarbeiter (2018), dass der Wirtsspezialist *Myrmecophilus albicinctus* im Vergleich zu den wirtsgeneralistischen Arten weniger komplexe und weitgehend funktionslose Mandibeln hat. *Myrmecophilus albicinctus* kann sich nicht selbst ernähren und ist ausschließlich darauf angewiesen, flüssige Nahrung von seinen Wirten zu stehlen, indem er sich entweder zwischen Ameisen schleicht, die mit trophallaktischem Nahrungsaustausch beschäftigt sind, oder indem er die Signale der Ameisen zum Betteln um Nahrung imitiert, um ihnen Regurgitationen auszulösen (Komatsu et al. 2009). Im Gegensatz dazu gehören die robustesten Mandibeln dem Wirtsgeneralisten *M. formosanus*, einer Grillenart, die mit keinem ihrer Ameisenwirte eine Trophallaxis eingeht, sondern stattdessen

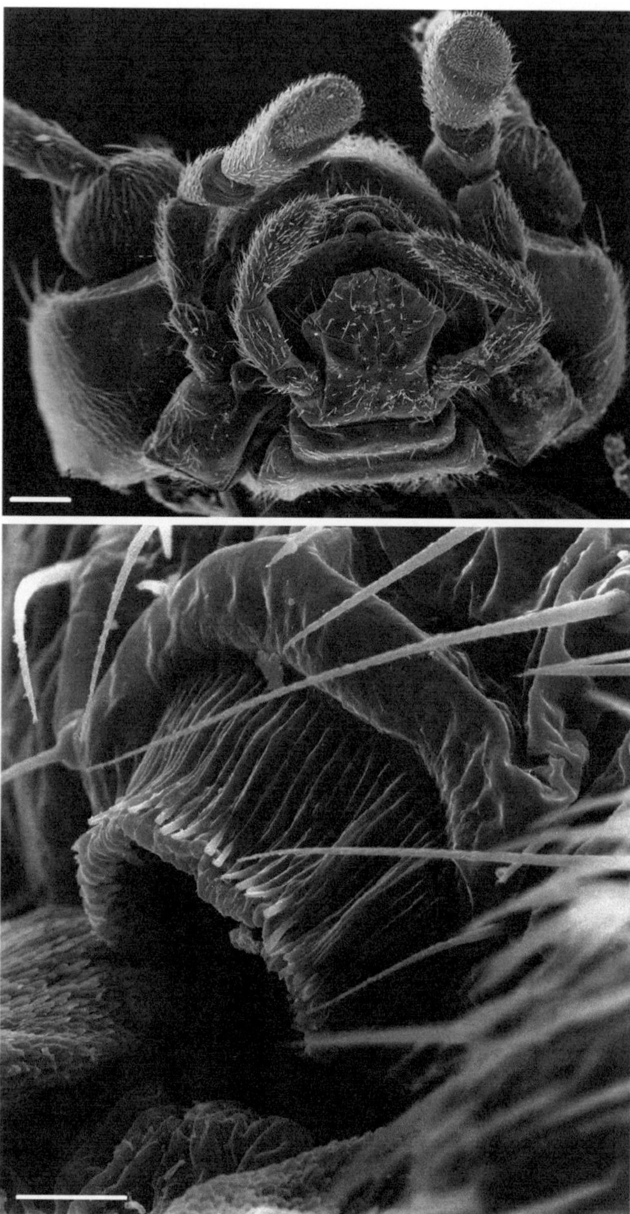

Abb. 7.4 *Oben:* Rasterelektronenmikroskopische Aufnahmen einer Ventralansicht der Mundwerkzeuge der Wüstenameisengrille *Myrmecophilus manni* (Balken: 100 µm). *Unten:* Der Epipharynx der Grille hat bürstenartige Fortsätze, die die Oberflächenspannung flüssiger Nahrungströpfchen brechen können und während der Strigilation wie eine Kelle funktionieren (Balken: 10 µm). (Mit freundlicher Genehmigung von Gregg Henderson)

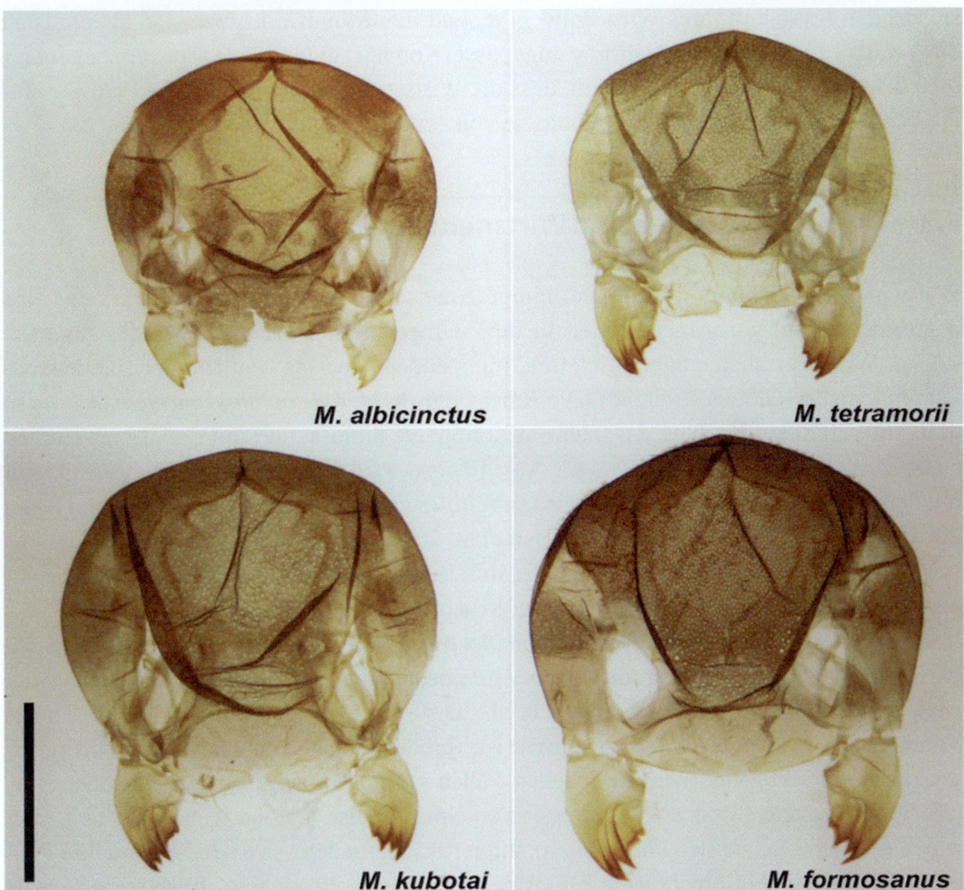

Abb. 7.5 Bilder der präparierten Köpfe von vier *Myrmecophilus*-Arten mit unterschiedlichen Ernährungsgewohnheiten und -graden der Wirtsspezifität. *Myrmecophilus albicinctus* (*oben links*) hat einfache Mandibeln. Er ist ein Wirtsspezialist, der ausschließlich flüssige Nahrung von seinen Wirten stiehlt. *Myrmecophilus formosanus* ist ein Wirtsgeneralist mit robusten Mandibeln. Er ernährt sich von Wirtsbrut und von Ameisen gesammelter Insektenbeute (Balken = 0,50 mm). (Mit freundlicher Genehmigung von Takashi Komatsu)

Ameisenbrut und tote Insekten in ihren Nestkammern verzehrt (Maruyama 2004). Diese prädatorischen Ameisengrillen haben vergleichsweise große Mandibeln mit gut entwickelten Zähnen entlang der Schneidekante (Abb. 7.5) (Komatsu et al. 2018).

Auch wenn es den Anschein hat, dass sich Grillen mit einer einzigen Wirtsart nur durch Trophallaxis ernähren, ist die vollständige Beziehung zwischen Wirtsspezifität und Ernährung noch nicht ganz geklärt. *Myrmecophilus tetramorii* z. B. ist ein Wirtsspezialist, der fast ausschließlich bei der Ameise *Tetramorium tsushimae* zu finden ist. Die Grille ist jedoch nicht gut mit ihren Wirten integriert und beteiligt sich nicht an engen Kontaktaktivitäten wie Trophallaxis oder direkter Strigilation der Wirtskörper (Komatsu et al. 2013). Trotz eines hohen Grades an Wirtsspezifität verzehrt *M. tetramorii* nur feste Nahrung, die sie aus den Kammern ihres Wirts entwendet, und ihre Mundwerkzeuge sind ebenfalls an die Verarbeitung von fester Nahrung angepasst (Komatsu et al. 2018). Zusammengenommen deuten diese Studien darauf hin, dass die Wirtsspezifität kein wichtiger Prädiktor für die Ernährung und Fütterungsmorphologie von Ameisengrillen ist.

7.3 Wirtsspezialisten und Wirtsgeneralisten

Wie wir bereits erwähnt haben, sind einige Ameisengrillenarten auf nur eine oder eine begrenzte Anzahl von Ameisenarten in ihrer Umgebung spezialisiert. Mindestens zwei solcher Wirtsspezialisten haben sich mit „trampenden Ameisen" entlang der Handelsrouten rund um den Globus verbreitet. Die Ameisengrille *Myrmecophilus americanus* kommt in ihrem Verbreitungsgebiet, das mehrere Kontinente umfasst, nur mit der „Long-Horned Crazy Ant", *Paratrechina longicornis*, vor. Ebenso wird *Myrmecophilus albicinctus* nur mit der „Yellow Crazy Ant" *Anoplolepis gracilipes* gefunden (Abb. 7.6) (Hugel und Blard 2005; Komatsu und Maruyama 2016; Hsu et al. 2020). Trotz ihres Namens ist die „gelbe verrückte Ameise" ein beliebter Wirt, der mindestens sieben weitere Grillenarten beherbergt, alle mit unterschiedlichem Grad an Wirtstreue (Hsu et al. 2020).

Der Wirtsspezialist *Myrmecophilus albicinctus* löst bei den Arbeiterinnen von *A. gracilipes* Trophallaxis aus, indem er mit seinen Vorderbeinen und Maxillarpalpen auf ihre Mundwerkzeuge klopft (Abb. 7.7) (Komatsu et al. 2009). Obwohl die Grille vollständig in das Nahrungsflusssystem der Kolonie integriert ist, verhält sie sich in der Nähe ihrer Wirtsameisen meist vorsichtig und wird in seltenen Fällen von diesen angefeindet. Komatsu et al. (2009) beobachteten, dass eine Grille, die von einer Ameise verfolgt wurde, „anhielt, starr wurde (während sie auf den Füßen blieb), ihren Rücken rundete, sich streckte und ihre Fühler an die Seite ihres Körpers legte. Die Ameise, die die Grille einholte, blieb stehen, setzte

Abb. 7.6 *Myrmecophilus albicinctus* ist ein Spezialist, der nur bei der Ameise *Anoplolepis gracilipes* vorkommt. Er hat sich mit seiner Wirtsameise über den ganzen Globus verbreitet. (Mit freundlicher Genehmigung von Taku Shimada)

Abb. 7.7 *Myrmecophilus albicinctus* trommelt mit den Beinen und Palpen auf die Mundwerkzeuge einer *Anoplolepis-gracilipes*-Wirtsarbeiterin. Die Grille ernährt sich ausschließlich von flüssiger Nahrung, die sie auf diese Weise durch Trophallaxis erlangt. (Mit freundlicher Genehmigung von Taku Shimada)

sich auf sie, krümmte ihren Rücken ein wenig, wurde starr und legte ihre Fühler ebenfalls an. Die Ameise zeigte auch andere Verhaltensweisen, wie z. B. das Reiben der Dorsallinie der Grille mit ihren Fühlern und das Ablecken der Cerci. Nach ein paar Sekunden entkam die Grille, indem sie sich schnell durch die Beine der Ameise schlängelte oder sprang."

Während *Myrmecophilus albicinctus* den Feindseligkeiten ihres gewohnten Wirts, *A. gracilipes*, ausweichen kann, überlebt sie nicht, wenn sie versuchsweise in die Nester anderer Ameisen gesetzt wird, sogar nicht in solchen, in denen regelmäßig andere Grillen beherbergt werden. So überlebt *M. albicinctus* beispielsweise nicht, wenn sie mit *Diacamma* sp. zusammengebracht wird, einer Ponerinen-Art, die von der Ameisengrille

M. formosanus, einem Generalisten, bevorzugt wird (Komatsu et al. 2009). Tatsächlich dringt *M. albicinctus* nie in die Nester anderer Ameisenarten ein, obwohl andere endemische *Myrmecophilus*-Arten eine Vielzahl von Wirtsoptionen nutzen. *Myrmecophilus albicinctus* ist so sehr auf die Trophallaxis mit *A. gracilipes* angewiesen, dass sie in Isolation sterben würde, weil sie sich nicht selbst ernähren kann (Komatsu et al. 2009).

Die Mechanismen, auf denen die Wirtstreue der Grillen beruht, sind nicht bekannt, aber die Struktur der Wirtskolonie kann viele Aspekte der Lebensgeschichte und der Ausbreitung von Myrmekophilen steuern. Es ist anzunehmen, dass die auf *P. longicornis* und *A. gracilipes* spezialisierten Grillen bei normalen Ausbreitungsvorgängen nur selten auf andere Wirtsarten treffen. Stattdessen schließen sich *M. americanus* und *M. albicinctus* wahrscheinlich Teilen ihrer ursprünglichen Kolonie an, wenn diese einen Prozess durchläuft, der als Kolonie-Budding bezeichnet wird. Budding (Knospung) ist ein Mechanismus, der sowohl von *P. longicornis* als auch von *A. gracilipes* genutzt wird, um neue Kolonien aus bestehenden Kolonien ohne den Aufwand von Paarungsflügen zu gründen (Haines und Haines 1978; Pearcy et al. 2011).

Im Gegensatz zu den soeben besprochenen spezialisierten Grillen können andere Ameisengrillenarten mehr als eine Ameisenart nutzen und kommen sogar mit Wirten aus verschiedenen Größenklassen und Unterfamilien zusammen. *Myrmecophilus oregonensis* ist ein solcher Wirtsgeneralist, der mit mindestens 14 verschiedenen Ameisenarten im äußersten Westen der Vereinigten Staaten vorkommt. Die Grillen wurden sogar in den Nestern der eingeführten argentinischen Ameise *Linepithema humile* gefunden, einer Art, mit der sie keine gemeinsame Evolutions- oder geografische Geschichte hat und die in ihrem Heimatgebiet normalerweise keine Ameisengrillen beherbergt (Hebard 1920; Elizabeth Cash, persönliche Mitteilung). Ein weiterer Wirtsgeneralist aus Nordamerika, *Myrmecophilus pergandei*, wurde kürzlich in Nestern einer hybriden importierten Feuerameise, *Solenopsis invicta richteri*, gefunden, deren Elternarten vor weniger als hundert Jahren aus Südamerika in die Vereinigten Staaten eingeführt wurden (Abb. 7.8) (Hill 2009a).

Solche Wirtsgeneralisten sind faszinierend, weil, wie Glasier et al. (2018) betonen, parasitische Myrmekophile in der Regel weniger Wirte nutzen als mutualistische Myrmekophile, und obligate Myrmekophile in der Regel weniger Wirte nutzen als fakultative Arten. Angesichts dieser allgemeinen Muster ist es faszinierend, dass alle Ameisengrillenarten obligate Parasiten sind, und dass viele von ihnen mit mehr als einer Ameisenart zusammenleben können, einschließlich solcher, denen sie in der Natur nie begegnet sind.

Wheeler (1900) stellte fest, dass ein anderer nordamerikanischer Wirtsgeneralist, *Myrmecophilus nebrascensis*, problemlos aus den Nestern von *Formica neorufibarbis* in Nester der ebenfalls im Habitat vorkommenden Ernteameise *Pogonomyrmex barbatus* gesetzt werden konnte, wobei er bemerkte, dass die Anpassung der Grillen „an ein neues Nest und an eine Ameise von beachtlicher Größe, die zu einer völlig anderen Unterfamilie als ihr früherer Wirt gehört, sofort und vollständig erfolgte". Wheeler glaubte, dass die Fähigkeit einiger Ameisengrillenarten, mehrere Wirte zu nutzen, allein auf ihre schnellen, zickzackförmigen Fluchtbewegungen zurückzuführen ist, die es jeder Ameisenart schwer machen, sie zu fangen.

Abb. 7.8 Der Wirtsgeneralist *Myrmecophilus pergandei* ist hier mit einem seiner zahlreichen Ameisenwirte, *Tapinoma sessile*, abgebildet. Er ernährt sich nicht nur von einheimischen Ameisen aus verschiedenen Unterfamilien und Größenklassen, sondern wurde auch bei einer kürzlich eingeführten Feuerameisenart gefunden. (Mit freundlicher Genehmigung von Alex Wild/alexander-wild.com)

Obwohl Wirtsgeneralisten mehrere Wirte nutzen können, ist es nicht für alle einfach, problemlos zwischen den Nestern zu wechseln. Als Karl Hölldobler (1947) *M. acervorum* zwischen Wirtskolonien austauschte, beobachtete er, dass sie nur langsam eindrangen und oft 4 bis 6 Tage brauchten, bevor sie den Eingang ihres neuen Wirtsnests betraten (Abb. 7.9). Wenn sie dann im Nest waren, passten sich die Grillen langsam an das Tempo ihrer neuen Wirte an und bewegten sich nur bei Bedrohung mit schnellen flitzenden Bewegungen. Er schlussfolgerte, dass die Ameisengrillen zwar schnelle Bewegungen als letztes Mittel einsetzen könnten, sich aber wahrscheinlich auf taktile und geruchliche Nachahmung als primäre Verteidigung gegen Entdeckung in der Dunkelheit des Nestes verlassen. Er spekulierte, dass die Ameisen sowohl den Körper der Grille als auch die Chemikalien auf der Oberfläche der Grillen wahrnehmen. Dies war vielleicht der erste Hinweis darauf, dass Grillen chemisch-taktile Nachahmer von Ameisen sein könnten, und dass das Tempo und die abgerundete Körperform der Grille Teile ihres Bluffs sind (Hölldobler 1947).

Abb. 7.9 *Myrmecophilus acervorum* lebt mit zahlreichen Wirtsameisen in Europa, darunter *Formica fusca*. Die meisten Populationen dieser Art haben keine Männchen. Die Grille variiert in ihrer Größe je nach Wirtsart. (Mit freundlicher Genehmigung von Pavel Krásenský)

7.4   Geruchsnachahmung und Fährtenlesen

Kopf, Thorax und Abdomen der Ameisengrillen sind mit langen, gezackten Schuppen besetzt, die ihrem Körper ein schimmerndes Aussehen verleihen (Abb. 7.10) (Henderson und Akre 1986b; Maruyama 2004). Bei anderen Insekten dienen die Schuppen als ablegbare Schutzschicht, die bei einem Prädatorenangriff oder in einem Spinnennetz abgeworfen werden kann (Nentwig 1982). Die Schuppen könnten es den Grillen ermöglichen, durch die Mandibeln der Ameisen zu schlüpfen, aber auch die Wachse aufzunehmen, die sie während der Strigilation von ihren Wirten sammeln und bei der Körperpflege auf ihrem Körper verteilen.

Toshiharu Akino und Kollegen (1996) wiesen nach, dass Grillen zwar Cuticularwachsester, aber keine eigenen Cuticularkohlenwasserstoffe produzieren. Cuticuläre Kohlen-

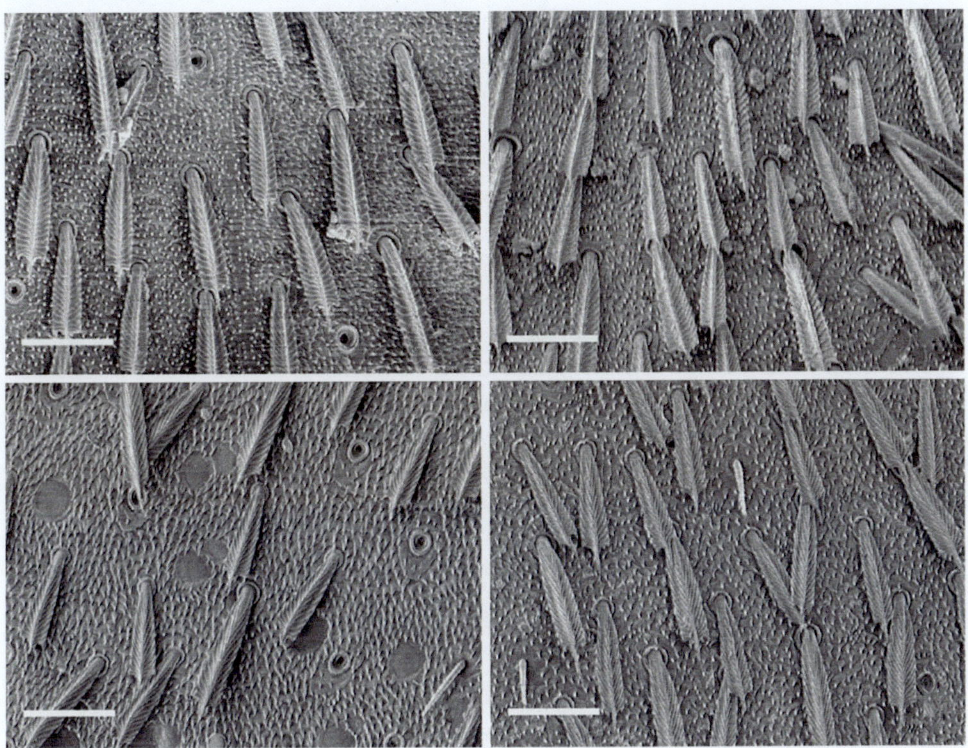

Abb. 7.10 Grillen sind mit schuppen- oder federähnlichen Setae bedeckt. Abgebildet sind die Schuppen der Pronotumoberfläche bei *Myrmecophilus horii* (*oben links*), *M. kubotai* (*oben rechts*), *M. kinomurai* (*unten links*) und *M. ishikawai* (*unten rechts*) (Balken = 20 μm). (Mit freundlicher Genehmigung von Munetoshi Maruyama)

wasserstoffe schützen die meisten Insekten vor Wasserverlust, aber ihr spezifischer Geruch hat bei Ameisen eine weitere Funktion; er dient als Erkennungsmerkmal für Nestgenossen (siehe Kap. 3). Wie von K. Hölldobler (1947) vorhergesagt, nimmt die Wirksamkeit dieser Gerüche ab, wenn Grillen von ihren Wirtsameisen isoliert werden (Akino et al. 1996). Daraus lässt sich schließen, dass die Grillen die cuticulären Kohlenwasserstoffe fast ausschließlich aus der Interaktion mit den Ameisen gewinnen und dass die Anhäufung von Ameisenkohlenwasserstoffen ihre Tarnung in Ameisennestern fördern könnte.

Obwohl Ameisengrillen während der Strigilierung Ameisen-Cuticularkohlenwasserstoffe ernten, die sowohl als Nahrung als auch zur Tarnung verwendet werden könnten, werden die meisten Wirtsgeneralisten immer noch als „verfolgte Gäste" behandelt und entkommen den Angriffen und Bissen ihrer Wirtsameisen nur durch schnelles Davonflitzen (Wheeler 1900), oder durch Abwerfen ihrer enormen Hinterbeine (Henderson und Akre 1986a). Obgleich die cuticulären Kohlenwasserstoffe vor Austrocknung einen gewissen Schutz bieten, vermuten wir dennoch, dass wegen drohender Austrocknung Langstreckenmigrationen von einigen Arten zwischen Wirtsnestern in trockenen Gebieten stark eingeschränkt sind. Das ist besonders bei der in der Wüste lebenden Ameisengrille *M. manni* der Fall. Es ist zwar spekulativ, aber die Gefahr der Austrocknung könnte ein Grund dafür sein, dass *M. manni* ein extremer Wirtsgeneralist ist, der in der Lage ist, sich in das nächstgelegene Nest von mindestens 41 Ameisenarten im trockenen Westen der USA einzuschmuggeln (Kwapich et al. in prep. b).

Ameisengrillen haben keine Flügel und verbreiten sich unseres Wissens nicht, indem sie auf Ameisenarbeiterinnen reiten oder sich während der Hochzeitsflüge an Wirtsameisen festhalten. Stattdessen müssen sie auf der Suche nach einem neuen Ameisennest laufen. Einige Arten, wie *M. nebrascensis*, werden Berichten zufolge „zurückgelassen", wenn Kolonien von *Formica neorufibarbis* nach Überschwemmungen zu neuen Nistplätzen umziehen (Wheeler 1900). Allerdings berichteten Wasmann (1901, 1905) und andere frühere Myrmekologen, dass einige *Myrmecophilus*-Gäste den Umzugsstraßen ihrer Wirtsameisen bei Nestverlegungen folgen. In jüngerer Zeit beobachtete Thomas Stalling (2017), dass *Myrmecophilus cyprius* den Straßen von *Messor structor* auf Zypern folgte (Abb. 7.11).

Henderson und Akre (1986a) berichteten ebenfalls, dass *Myrmecophilus manni* während der Umzüge von Kolonien neben ihren Wirtsameisen wanderte, und vermuteten, dass

Abb. 7.11 *Myrmecophilus cyprius* kann entlang der Straßen von *Messor structor* auf Zypern gefunden werden. (Mit freundlicher Genehmigung von Thomas Stalling)

sie zu neuen Nestern gelangen könnten, indem sie auf die Straßen fremder Ameisen ausweichen, die sich mit der Auswanderungsroute ihrer derzeitigen Wirtskolonie kreuzen. Sie fanden alle Lebensstadien von *M. manni* entlang der chemisch markierten Futterstraßen eines ihrer Wirte, *Formica obscuripes*. Die Grillen waren während des letzten Abschnitts der Nahrungssuche der Ameisen, zwischen der Abenddämmerung und 23:00 Uhr, am häufigsten auf den Straßen anzutreffen. Obwohl *Myrmecophilus manni* in einem einzigen Sprung bis zu 40 cm zurücklegen kann, ist das Springen nicht ihre normale Fortbewegungsart. Sollten die Grillen nämlich die Pheromone der Ameisenspur nutzen, um neue Nester zu finden, müssten sie ihre ständig vibrierenden Antennen in Bodennähe halten.

Um festzustellen, ob Grillen die chemischen Spuren ihrer Wirte erkennen und ihnen folgen können, entwickelte Eva Junker (1997) einen Auswahltest für die europäische Ameisengrille, *Myrmecophilus acervorum*. Sie präsentierte 14 Grillen ein T-förmiges Labyrinth. Ein Arm des Labyrinths war mit einem Pheromon markiert, das aus der Rektalblase einer Wirtsameise, *Lasius niger*, gewonnen wurde. Der andere Arm wurde als Kontrolle nicht markiert. In 50 von 64 Versuchen entschieden sich die Grillen dafür, den mit dem *L.-niger*-Pheromon markierten Arm zu wählen, unabhängig von der Identität der Kolonie. Diese Ergebnisse deuten darauf hin, dass das Spurpheromon von *L. niger* für die Grillen attraktiv war und dass sie sich entlang der chemischen Spur orientieren können. Da die Alternative zum Spurpheromon jedoch keinen Geruch bot, wäre eine zusätzliche Versuchsserie erforderlich, um festzustellen, ob die Grillen nur auf das Spurpheromon reagierten, oder auch von anderen Gerüchen angezogen werden würden.

In der Tat lebt *Myrmecophilus acervorum* mit einer Vielzahl von Ameisenwirtsarten. Das heißt, diese Wirtsgeneralisten müssten die Spuren von Dutzenden von Wirtsarten aus verschiedenen Unterfamilien identifizieren und sich entlang der Spuren orientieren können, wobei die meisten Ameisenarten artspezifische chemische Signale verwenden. Wie diese Grillen den Code der Ameisen während ihrer Ausbreitung knacken und ob die Spurpheromone die einzigen Signale sind, die von eindringenden Grillen verwendet werden, muss noch untersucht werden. Experimente zum Vergleich der Vorlieben der Grillen für die Spurpheromone von bekannten und unbekannten Ameisen aus der Vielzahl von *M. acervorum* -Wirtsarten wäre sicherlich eine interessante Erweiterung der Arbeit von Junker (1997).

7.5 Das Geheimnis der Körpergröße

Es besteht eine klare morphologische Beziehung zwischen Grillen und ihren Wirtsarten. Die größte Ameisengrille der Welt, *Camponophilus irmi* (8 mm), lebt beispielsweise zusammen mit der größten Ameise der Welt, *Dinomyrmex gigas* (Abb. 7.12) (Ingrisch 1995). Ein Diagramm, das die Größe aller bekannten Ameisengrillen der Größe ihrer Wirtsarten gegenüberstellt, würde eine starke positive Korrelation zwischen den beiden Variablen ergeben.

Neben den Größenunterschieden zwischen den Arten ist einer der auffälligsten Aspekte der Biologie der Ameisengrillen die offensichtliche Größenvariation innerhalb der Arten.

Abb. 7.12 *Links: Camponophilus irmi* ist die größte bekannte Ameisengrille der Welt und misst 8 mm in der Länge. Sie lebt in Borneo zusammen mit der größten Ameisenart der Welt, *Dinomyrmex gigas*. (Mit freundlicher Genehmigung von Martin Pfeifer). *Rechts:* Zum Vergleich: Einige erwachsene *Myrmecophilus pergandei* erreichen eine maximale Länge von nur 2 mm. (Mit freundlicher Genehmigung von Brandon Woo)

In seinem Verzeichnis der nordamerikanischen *Myrmecophilus* (= *Myrmecophila*)-Arten haderte Morgan Hebard (1920) mit der von ihm beobachteten morphologischen Variation innerhalb der einzelnen Sammelstellen und stellte fest: „Wir haben bei den nordamerikanischen Arten wenig oder gar nichts von Wert gefunden, was die Größe, die Form der Segmente, die Breite des Augenzwischenraums, die Größe der Augen, die Länge im Verhältnis zur Breite, die Form der kaudalen Femora, die Form der äußeren männlichen Genitalien oder die Form des Ovipositors betrifft." Er untersuchte die Körpergröße sorgfältig im Hinblick auf geografische Faktoren und fand heraus, dass bei allen nordamerikanischen Arten, mit Ausnahme von *Myrmecophilus oregonensis*, der Breitengrad und die Umwelt keinen Einfluss auf die Körpergröße der Grille hatten.

Hebard (1920) vermerkte indessen, dass großwüchsige Grillen bei großen Wirten und kleinwüchsige Grillen bei kleinen Wirten gefunden wurden. Grillen verschiedener Größenklassen wurden anhand der Muster der Spinulae auf dem Metatarsus und der Setae auf der hinteren Tibia zu einzelnen Arten zusammengefasst. Die kleinsten erwachsenen Grillen, die er entdeckte, waren gerade 1,47 mm lang und wurden zusammen mit Kolonien von *Tapinoma sessile* gefunden. Er bezeichnete diese „armseligen" Exemplare wegen ihrer schlaffen und schwach sklerotisierten Ovipositoren und der extremen Reduktion typischer Erwachsenenmerkmale als „unterentwickelt".

Korrelationen zwischen der Größe der Myrmekophilen und der Größe des Wirtskörpers wurden bei mindestens einer anderen Myrmekophilenart, der geschlechtsdimorphen ameisenassoziierten Isopode *Platyarthrus hoffmannseggii*, beobachtet. Terrestrische Asseln durchlaufen ebenfalls eine ähnliche Entwicklungsabfolge wie die Ameisengrillen. In beiden Fällen ähneln die Jungtiere den erwachsenen Tieren und verändern ihre Merkmale bis zum Erreichen des Erwachsenenalters nicht mehr wesentlich. Wie viele Ameisengrillen ist auch *P. hoffmannseggii* ein Wirtsgeneralist, der eine Vielzahl lokaler Ameisenarten nutzen kann einschließlich solcher, die kürzlich durch menschliche Aktivitäten in sein Verbreitungsgebiet eingeführt wurden (Dekoninck et al. 2007). Kleine männliche und weibliche *P. hoffmannseggii* werden in Nestern von *Lasius flavus* gefunden (siehe Abb. 9.9), während die Weibchen bei *Formica polyctena*, einem alternativen großwüchsigen Wirt, bis zu 30 % größer sind (Parmentier et al. 2017b).

Es wird vermutet, dass die Plastizität der Größe der Weibchen von *P. hoffmannseggii* darauf zurückzuführen ist, dass größere Asseln bei verschiedenen Ameisenarten mehr Nachwuchs produzieren können, während Myrmekophile, die im Verhältnis zu ihren Wirten sehr klein sind, bei einer Vielzahl von Ameisenarten eher ignoriert werden (Parmentier et al. 2016c, 2017b). *Platyarthrus hoffmannseggii* ahmt den Kolonieerkennungsgeruch von Ameisen nicht nach und sollte daher, so die Hypothese der Autoren, so groß wie möglich sein, um sich fortzupflanzen und dennoch zu vermeiden, von den von ihr gewählten Wirtsarten bemerkt zu werden. Ähnliche Beziehungen zwischen geringer Größe und Wirtstoleranz wurden bei zahlreichen phylogenetisch unterschiedlichen Myrmekophilen der *Eciton*-Wanderameisen beobachtet. In diesen Fällen ist die absolute Größe ein besserer Prädiktor für die Wirtsaggression als der gemeinsame Koloniegeruch (von Beeren et al. 2021b).

Dies führt uns zu einer einfachen Frage, die schwer zu beantworten ist: Warum sind große Ameisengrillen bei großen Wirten und kleine Ameisengrillen bei kleinen Wirten zu finden? Eine mögliche Antwort ist, dass Ameisengrillen die gleiche Regel wie *P. hoffmannseggii* befolgen und so groß wie möglich werden, während sie gleichzeitig eine relative Anonymität mit ihren Wirten wahren. Die Vorteile des Zusammenlebens mit einem gleich großen Wirt liegen möglicherweise nicht nur in der Toleranz, sondern auch in einer angemessenen Skalierung der mechanischen Stimulation, die für die Einleitung der Trophallaxis mit Ameisen erforderlich sind.

Wasmann (1905) beobachtete, dass kleinwüchsige *Tetramorium caespitum* eher jugendliche *Myrmecophilus* sp. beherbergten, während die vergleichsweise großwüchsige *Formica* sp. die größeren, erwachsenen Grillen zu beherbergen pflegten. Er schlussfolgerte, dass, wenn die Grillen eine akzeptable Größe haben, um in einer Kolonie geduldet zu werden, junge Grillen bei kleinwüchsigen Wirten zu finden sein sollten und sich später, wenn sie älter und größer werden, in die Nester großwüchsiger Wirte begeben. Bei dieser

Lebensweise müsste ein erwachsenes Weibchen das Nest seines großwüchsigen Wirts verlassen, in das Nest einer kleinwüchsigen Wirtsart eindringen und lange genug bleiben, um dort ihre Eier abzulegen. Alternativ dazu müssten die geschlüpften Junggrillen schon früh in ihrer Entwicklung die Nester der großen Ameisen auf der Suche nach den kleinen Wirtsameisen verlassen. Der zweite Mechanismus wurde auch von Thomas Stalling und Kollegen (2020) vorgeschlagen, die acht juvenile und elf erwachsene *M. orientalis* sammelten, die mit verschiedenen Wirtsarten lebten. Erfolgerte, dass die Nymphen der Grille, auch wenn dies riskant ist, im Erwachsenenalter von ihren Kolonien kleinwüchsiger Wirte (*Crematogaster erectepilosa* und *Lepisiota frauenfeldi*) zu großwüchsigen Wirten wie *Camponotus samius* wechseln könnten.

Ein dritter Mechanismus der Wirtsgrößenaufteilung wurde von Karl Hölldobler (1947) vorgeschlagen, nachdem er beobachtet hatte, dass kleine Nymphen von *Myrmecophilus acervorum* nur selten in Kolonien großer Ameisen zu sehen waren, dafür aber häufig bei kleinwüchsigen Ameisen wie *Lasius niger* und *Tetramorium* sp. (Abb. 7.13). Er schlug vor, dass große Grillen während ihrer Entwicklung zweimal wandern könnten, zunächst von ihrem Geburtsnest (einem großen Wirt) zu einem kleinen Wirt und dann als ältere Nymphen und Erwachsene zurück zu einem großen Wirt.

Es gibt mehrere Möglichkeiten, die erklären könnten, warum juvenile Grillen in großer Zahl bei kleinwüchsigen Ameisenwirten zu finden sind. Erstens ist es möglich, dass die Nahrung, die die Grillen bei kleinwüchsigen Wirten erhalten können, so schlecht ist, dass die Geschwindigkeit, mit der die Nymphen die Stadien durchlaufen, verändert wird, wie es bei anderen hemimetabolischen Insekten, einschließlich zahlreichen anderen Orthopteren, üblich ist (Whitman 2008). Wenn sie verhungern, können die Grillen in die von Hebard (1920) beschriebene „unterentwickelte" Erwachsenenform übertreten oder in dem Larvenstadium verharren, bis eine Nahrungsquelle verfügbar wird. Folglich wäre die relative Häufigkeit juveniler Grillen in der Entwicklungsverteilung in den Nestern von kleinwüchsigen Ameisenwirten höher. Eine andere Möglichkeit besteht darin, dass große Ameisen gegenüber winzigen Grillen-Nymphen aggressiver sind und angesichts des extremen Größenunterschieds mehr Nymphen erbeuten als kleinwüchsige Ameisenwirte.

Bei unseren Untersuchungen von *M. manni* fanden wir auch einen größeren Anteil unreifer Grillen, die mit kleinwüchsigen Ameisen zusammenlebten (< 1,5 mm, Weber's length). Unreife Grillen wurden jedoch mit Ameisenarten aller Größen gesammelt, einschließlich der großen *Camponotus*-, *Formica*- und *Novomessor*-Arten. Junge Grillen wurden zu allen Jahreszeiten sowohl bei großen als auch bei kleinen Wirten gefunden, auch wenn sie in Nestern von großen Ameisen insgesamt weniger häufig vorkamen. Obwohl die Körpergröße des Wirts ein guter Prädiktor für die Körpergröße der Grillen war, hatte die Anzahl der Arbeiterinnen innerhalb einer Kolonie keinen Einfluss auf die Körpergröße der Grillen. So beherbergten Kolonien mit Tausenden von kleinwüchsigen Arbeiterinnen weiterhin kleine Grillen, während Kolonien mit nur wenigen großwüchsigen Arbeiterinnen große Grillen beherbergten (Kwapich et al. In prep. b).

Ein besonderes Szenario ergibt sich, wenn Ameisen, die Grillen beherbergen, selbst polymorph sind. Innerhalb eines einzigen Ameisenvolkes kann es viele unterschiedlich

Abb. 7.13 *Myrmecophilus acervorum* ist ein Wirtsgeneralist, der mit zahlreichen Ameisenarten zusammenlebt. Hier ist er mit *Lasius* sp. (*oben*) und *Tetramorium* sp. (*unten*) abgebildet. (Mit freundlicher Genehmigung von Pavel Krásenský)

große und unterschiedlich geformte Arbeiterinnen geben. Polymorphismus und monophasische Allometrie treten nur bei einer Minderheit von Ameisenarten auf. Im Südwesten der Vereinigten Staaten gehören zu den Ameisengattungen mit polymorphen Arbeiterinnen *Pheidole*, *Formica*, *Camponotus*, *Liometopum*, *Veromessor*, *Myrmecocystus* und *Acromyrmex*. Die Wüstenameisengrille, *Myrmecophilus manni*, kommt bei all diesen Gattungen und bei mindestens 13 polymorphen Wirtsarten von insgesamt 33 Wirten allein in unseren Studien in Arizona und Nordmexiko vor (Kwapich et al. In prep. b).

Während die Verfügbarkeit von Wirtsarten das überproportionale Auftreten von Ameisengrillen bei polymorphen Wirten erklären könnte, gibt es auch eine spannende Alternative: Polymorphe Ameisenwirte könnten ein breiteres Template für die Referenzhinweise haben, mit Bezug auf Größe der Nestgenossinnen oder der Fülle an Kohlenwasserstoffen. Wenn die Wachsamkeit der Ameisen gegenüber parasitären Myrmekophilen aufgrund der natürlichen Variation der Ameisengröße innerhalb von Kolonien nachlässt, haben parasitische Grillen möglicherweise eine bessere Chance, bei polymorphen Wirten einzudringen und dort zu überleben. Dies führt uns zu einer weiteren Frage: Wenn die Ameisengröße tatsächlich die Skalierung der Ameisengrillen beeinflusst, welcher Größenklasse von Arbeiterinnen werden die Grillen dann in einer Kolonie mit polymorphen Arbeiterinnen ähneln? Bei den polymorphen Wirten, die wir im Detail untersucht haben, entsprach die Körpergröße von *M. manni* der durchschnittlichen Größe der Arbeiterinnen in einem Nest und nicht der größten oder kleinsten, oder der am häufigsten vorkommenden Arbeiterklasse in einer Kolonie (Kwapich et al. In prep. b).

7.6   Phänotypische Plastizität und kryptische Speziation

Kehren wir nun zu der ursprünglichen Frage zurück, die wir im letzten Abschnitt gestellt haben: Warum sind große Grillen bei großen Wirten zu finden, und kleine Grillen bei kleinen Wirten? Wie wir bereits erörtert haben, ist es weniger wahrscheinlich, dass sich die Grillen als Jungtiere auf entsprechend große Wirte verteilen. Eine offensichtliche, aber weitgehend ungeprüfte Alternativhypothese besagt, dass es sich bei den als eine Art identifizierten Grillen in Wirklichkeit um mehrere kryptische Arten handelt, die sich an Ameisenwirte innerhalb einer bestimmten Größenklasse angepasst haben. Nach der Hypothese der kryptischen Arten sollte die Wirtspräferenz streng sein, und die Körpergröße dürfte relativ fest und vererbbar sein.

Gemeinsam mit unseren Kollegen Bob Johnson und Jeffrey Sosa-Calvo untersuchten wir die Mechanismen, die den enormen Unterschieden in der Körpergröße und der Wirtspräferenz der Wüstenameisengrille, *M. manni*, zugrunde liegen. Die Ameisenwirte umfassten ein breites Größenspektrum, von den winzigen *Forelius pruinosus* und *Pheidole hyatti* bis zu den vergleichsweise riesigen *Camponotus sansabeanus* und *Novomessor albisetosus*, die ein Dutzend Arbeiterinnen kleinerer Wirtsarten auf ihrem Rücken tragen könnten. Wir fanden heraus, dass jede Zunahme der Wirtsgröße um eine Einheit (Weber's length) eine Zunahme der Breite der Grille (Breite des zweiten Abdominalsegments) um 0,32 und eine entsprechende Zunahme des Volumens zur Folge hatte. Allerdings gab es zwei besondere Abweichungen von dieser vorhersagbaren Beziehung. Ameisen der Gattung *Pogonomyrmex* beherbergten tendenziell kleinere Grillen als erwartet, während Ameisen der Gattung *Trachymyrmex* tendenziell größere Grillen als erwartet beherbergten. Erstere ist eine samenerntende Ameise, die keine Trophallaxis von Erwachsenen zu Erwachsenen durchführt, während Letztere eine Pilzzüchterin ist, deren Nester eine robuste, domestizierte Nahrungsquelle enthalten. Diese Hinweise ließen uns vermuten, dass die Wirtsidentität und die entsprechend verfügbare Nahrung den von uns beobachteten Mustern in der Körpergröße zugrunde liegen könnten (Kwapich et al. In prep. b).

In der Tat ist die Ernährung oft der entscheidende Faktor für die Toleranz und das Auftreten von Myrmekophilen in Wirtsameisenkolonien. So scheint z. B. die spezifische Samenbehandlung der paläarktischen Gattung *Messor* die Chancen einer anderen Gruppe von Myrmekophilen, nämlich verschiedener Silberfischchenarten, zu erhöhen. Molero-Baltanás und Kollegen (2017) fanden heraus, dass *Messor*-Kolonien mehr Individuen und mehr Silberfischchenarten (insbesondere wirtsspezifische Silberfischchen) beherbergten als gleichzeitig auftretende Wirtsgattungen wie *Aphaenogaster* und *Camponotus*. Diese Vorherrschaft der Silberfischchen (bis zu 20 Arten) konnte nicht auf die Koloniegröße, die Körpergröße oder die allgemeine Aggressivität und Wachsamkeit der Wirtsameisen zurückgeführt werden, sondern stand in direktem Zusammenhang mit der granivoren Ernährung der Ameisen. *Messor* kann die zähen Schalen der von ihnen gesammelten Samen nicht verdauen, aber viele Lepismatinae-Silberfischchen sind in der Lage, Zellulose zu verdauen, und zwar ohne die Hilfe von endosymbiotischen Mikrobiota. Infolgedessen scheinen sich die Silberfischchen in der Nische, die durch die zahlreichen von den Ameisen abgeworfenen Hülsen entstanden ist, als Kommensalen diversifiziert zu haben. Im Gegensatz zu den Ameisengrillen haben die mit *Messor* assoziierten Silberfischchen keine negativen Auswirkungen auf die Ameisen selbst. Auch dies könnte die Aggression der Ameisen ihnen gegenüber verringern und ihre Abundanz erhöhen (Molero-Baltanás et al. 2017).

Um unsere Hypothesen über die verfügbare Nahrung und die Körpergröße von *Myrmecophilus manni* zu testen, sammelten wir mehr als 300 Grillen und extrahierten DNA von 66 Individuen, die 11 Populationen in Arizona und Nordmexiko repräsentierten. Das Sammeln von *M. manni* war ein aufregendes Unterfangen, denn an neuen Fundorten fanden wir oft Grillen, die mit nicht dokumentierten Wirtsarten gepaart waren, sowie Grillen von überraschender Größe („Jumbo-Shrimps"). Wir fanden *M. manni* zusammen mit acht verschiedenen Wirtsarten hinter der Pinto-Valley-Mine in der Nähe von Miami, Arizona. Darunter waren winzige *Pheidole hyatti* und vergleichsweise große *Novomessor albisetosus*. Bei einer zufälligen Sammelaktion wurden unter einem einzigen Stein Grillen aus zwei gegensätzlichen Größenklassen (*Camponotus sansabeanus* und *Pheidole hyatti*) entdeckt, die mit Ameisen aus zwei verschiedenen Unterfamilien lebten. Trotz der von uns beobachteten Größenunterschiede bei den Grillen wiesen die Spinulae und die Anordnung der Setae darauf hin, dass es sich bei allen Grillen morphologisch um *M. manni* nach dem Verzeichnis von Hebard (1920) handelte.

Um festzustellen, ob große Grillen und kleine Grillen separate, kryptische Arten sind, erstellten wir ein Kimura-2-Parameter-Modell, mit dem mitochondrialen DNA-Barcoding-Gen Cytochrom-c-Oxidase I (CO1) (Moulton et al. 2010). Wir schlossen eine Schuppengrille als Außengruppe sowie weitere Ameisengrillenarten mit ein, deren Sequenzen bereits verfügbar waren (Ortega-Morales et al. 2017). Eine der Herausforderungen bei der Arbeit mit Orthopteren ist die Fülle an nicht funktionalen mitochondrialen Pseudogenen (Numts), die herkömmliche DNA-Barcoding-Methoden zur Identifizierung kryptischer Arten erschweren können (Song et al. 2008; Moulton et al. 2010). Dennoch zeigte unser

Modell, dass der jeweilig geografische Fundort der *M. manni* – Exemplare am besten mit den spezifischen Gruppierungen der Grillen korrelierte. Mit anderen Worten: Die meisten Grillen aus derselben Region wurden in Kladen zusammengefasst, in Abhängigkeit von ihrer Körpergröße oder Wirtspräferenz. An unserem Standort in Pinto Creek beispielsweise umfasste eine einzige Gruppe sowohl große als auch kleine Grillen, die mit mehreren Wirtsarten aus verschiedenen Unterfamilien gefunden wurden. Zwischen benachbarten Standorten gab es ein hohes Maß an Divergenz zwischen den Grillen, was eine Folge ihrer geringen Ausbreitungsfähigkeit sein könnte. Während diese Unterschiede zwischen den Fundorten darauf hindeuten, dass *M. manni* besser als ein Artenkomplex beschrieben werden sollte, können wir mit Sicherheit sagen, dass die Grillen eine flexible Wirtspräferenz zeigen und in den meisten untersuchten Populationen eine Reihe von Erwachsenen-Körpergrößen aufweisen (Kwapich et al. In prep. b).

Um festzustellen, wie die Identität des Wirts die Größe der Grillen direkt beeinflussen könnte, führte Kwapich Experimente zur reziproken Aufzucht von jungen Grillen mit kleinen Wirten und jungen Grillen mit großen Wirten durch. Jede in freier Wildbahn gefangene Junggrille wurde in eine Laborkolonie mit Ameisen gesetzt, die entweder größer oder kleiner waren als die aus ihrem Geburtsnest, einschließlich *Crematogaster emeryana* (klein) zu *Formica occulta* (groß); *C. emeryana* (klein) zu *Liometopum apiculatum* (groß); *L. apiculatum* (groß) zu *Pheidole hyatti* (klein); und *L. apiculatum* (groß) zu *C. emeryana* (klein). Zur Kontrolle wurden die jungen Grillen auch in neue Laborkolonien gesetzt, die derselben Art angehörten wie die ihres ursprünglichen Wirts.

Wenn sie mit großwüchsigen Ameisen zusammengebracht wurden, wuchsen Grillen mit kleinen Eltern entweder größer als erwartet oder zu einer Zwischengröße heran, die zwischen der ihrer Eltern und der erwarteten Größe lag. Grillen, die als Jungtiere von großwüchsigen Wirten entnommen wurden, verbrachten eine längere Zeit in dem Jungtierstadium, und einige von ihnen erreichten im Laufe eines Jahres nie das Erwachsenenstadium. Diejenigen, die erwachsen wurden, fielen in eine Reihe von Größenklassen, was darauf hindeutet, dass auch die äußeren Bedingungen ihr Wachstum beeinflussen können (Kwapich et al. In prep. b). Obwohl der Austausch von Eiern zwischen Wirten unterschiedlicher Größe der ideale Test für unsere Frage wäre, ist uns dies noch nicht gelungen.

Als Nächstes wollten wir die natürlichen Wachstumsverläufe von *M. manni* beschreiben, die mit einem kleinwüchsigen Wirt, *Crematogaster* sp. (19 erwachsene Tiere, 57 Jungtiere), und *M. manni*, die mit einem großwüchsigen Wirt, *Liometopum apiculatum* (13 erwachsene Tiere, 25 Jungtiere), gefunden wurden. Zu diesem Zweck sammelten wir Grillen entlang einer einzigen Waldstraße in den Chiricahua Mountains in Arizona (USA). In den Nestern der Ameisenwirte schlüpften Grillen der gleichen Größe, obwohl die Größe der erwachsenen Tiere im Nest erheblich variierte. Die Messung der Kopfkapselbreite der Grillen in jedem Entwicklungsstadium ergab, dass die Kopfgröße der Grillen von großen Ameisenwirten um durchschnittlich 11 % pro Entwicklungsstadium zunahm, während die Grillen von kleinen Ameisenwirten zwischen den einzelnen Entwicklungsstadien nur um 7 % wuchsen. Der Unterschied in der Wachstumsrate war bereits zwischen dem zweiten und dritten Larvenstadium zu erkennen, was darauf hindeutet, dass die Körpergröße schon früh in der Entwicklung „festgelegt" wird.

Unsere ersten molekularen Erkenntnisse deuten darauf hin, dass Grillen, die morphologisch *M. manni* zugeordnet werden können, zahlreiche Wirte (41 und mehr) nutzen, wobei Körpergröße und Wirtszugehörigkeit innerhalb der Populationen erheblich variieren. Da ein Genbaum jedoch nicht unbedingt repräsentativ für einen Speziesbaum ist, ist noch weitere Arbeit „unter der Cuticula" erforderlich. Wahrscheinlich handelt es sich bei *Myrmecophilus manni* um einen Artenkomplex, und die in Arizona und Mexiko gesammelten Grillen unterscheiden sich möglicherweise erheblich von denen, die Henderson und Akre in Washington untersucht haben. Tatsächlich hat Kwapich nie gesehen, dass *M. manni* mit ihren Wirten Trophallaxis betreibt, obwohl Henderson und Akre (1986a) berichten, dass dieses Verhalten bei *M. manni* häufig vorkommt. Inwieweit die Variationsbreite der Körpergröße dieser faszinierenden Grillen über die Generationen hinweg erhalten bleibt, muss weiter untersucht werden. Bei *M. manni* ist die Körpergröße ein plastisches Merkmal, das von der Wirtsidentität und höchstwahrscheinlich auch von der Ernährung und der Lebensgeschichte des Wirts beeinflusst wird. Es bleibt abzuwarten, ob Größenplastizität auch bei auf Wirte spezialisierten Grillenarten experimentell induziert werden kann.

7.7   Gaster- und Eiermimikry

Die positive Korrelation zwischen der Körpergröße von Ameisen und der Körpergröße erwachsener Grillen ist eindeutig, aber eine Funktion der Größenanpassung, wenn es sie denn gibt, ist bisher nicht zu erkennen. Den meisten Beobachtern wird auffallen, dass die glatten, abgerundeten Körper der erwachsenen Tiere dem hinteren Teil des Ameisenkörpers, der Gaster, ähneln (Abb. 7.14).

Wenn die taktile Mimikry für das Überleben der Gäste in Ameisennestern wichtig ist, dürfte ein ähnliches gemeinsames morphologisches Merkmal von Ameisennestbewohnern weniger störend sein als eine Grille mit deutlich anderen Strukturen, die sich im Ameisennest herumtreibt. Bei unseren Untersuchungen von *M. manni* stellten wir fest, dass die Größe der Gaster der Wirte häufig der Größe der erwachsenen Grille entspricht.

Allerdings waren *M. manni*, die mit sehr kleinen Wirtsameisenarten gesammelt wurden, oft größer als die Gaster ihrer Wirte (Kwapich et al. In prep. b). Die Möglichkeit, dass diese Grillen stattdessen der Gaster einer großen Ameisenkönigin ähneln könnten, die in der Kolonie ein Objekt der taktilen Vertrautheit wäre, wurde von Wetterer und Hugel (2008) vorgeschlagen. Sie beobachteten, dass *Myrmecophilus americanus* die gleiche Größe und Form wie die Gaster einer *Paratrechina-longicornis*-Königin hat. Obwohl ein manipulatives Experiment erforderlich ist, um festzustellen, ob diese Ähnlichkeit für die Ameisen von Bedeutung ist, gibt es zumindest für einige der untersuchten Ameisengrillenarten eine grobe Korrelation zwischen der Größe der erwachsenen Grille und der Größe der Arbeiterinnengaster.

Abb. 7.14 In einigen Fällen haben die Ameisengrillen die gleiche Größe und Form wie die Gaster des Wirts (posteriorer Abschnitt). Kleine adulte und juvenile *Myrmecophilus acervorum* leben mit kleinwüchsigen Ameisenarten, wie der hier abgebildeten *Lasius* sp. Große adulte Tiere sind bei großwüchsigen Wirtsarten zu finden. (Mit freundlicher Genehmigung von Thomas Stalling)

Die Eier der Wüstenameisengrille, *Myrmecophilus manni*, haben die gleiche Größe und Form wie die Eier von mindestens einer Wirtsameise, *Formica obscuripes*. Grillen legen ihre Eier unterhalb von Ameisenbrutkammern ab, wo sie nicht von Ameisen zerstört werden (Henderson und Akre 1986a). Angesichts ihrer Ähnlichkeit und ihres Ablageortes gingen wir davon aus, dass Grilleneier taktile Imitate der Ameisenbrut sein könnten. Wenn Grilleneier nicht entdeckt werden, weil sie den Eiern oder Larven ihrer Wirte ähneln, dann könnte die positive Korrelation zwischen der Größe der erwachsenen Grille und der Größe der Ameisen bestehen, sodass die Weibchen entsprechend große Eier legen können. Um diese Idee zu testen, verglich Kwapich die Eigröße von großwüchsigen *M. manni*, die mit großen Ameisenwirten leben, mit der von kleinwüchsigen *M. manni*, die kleine Ameisenwirte haben.

Bei *M. manni* fanden wir keinen Zusammenhang zwischen der Größe der Wirtseier und der Grilleneier. Vielmehr legten sowohl große als auch kleine Grillen Eier, die durchweg eine Länge von 1,2 mm aufwiesen, und das bei einer fast 2-fachen Spanne in der Körperbreite der Weibchen und einem 2,5-fachen Unterschied in der Rückenlänge zwischen den größten und kleinsten erwachsenen weiblichen Grillen in unserer Studie. Bei größeren Wirten wie *Liometopum apiculatum* und *Novomessor albisetosus* waren die Eier von *M. manni* von der Größe her näher an den Eiern und frühen Larven der Wirtsameisen. Die Eier kleinerer Grillen entsprachen jedoch eher der Größe der Larven des späten Stadiums kleinerer Wirtsameisen wie *Crematogaster emeryana*.

Es ist unwahrscheinlich, dass die starke Korrelation zwischen der Körpergröße des Wirts und der Körpergröße der erwachsenen Grille auf die Notwendigkeit zurückzuführen ist, Eier zu legen, die der Größe der Wirtsameiseneier entsprechen. Wahrscheinlicher ist, dass die Eiergröße die untere Größengrenze von *M. manni* einschränkt, was erklären könnte, warum die kleinsten Grillen neben den kleinsten Ameisenwirten immer noch unverhältnismäßig groß sind. Wenn die Körpergröße der erwachsenen Weibchen von der Eigrößenmimikry abhängt, würde man auch nicht unbedingt erwarten, dass die Körpergröße der erwachsenen Männchen so eng mit der Größe der Wirtsameisen korreliert ist, da die Männchen wahrscheinlich Spermatophoren an Weibchen jeder Größe abgeben können (Henderson und Akre 1986c). Tatsächlich sind erwachsene Männchen von *M. manni* genauso groß wie erwachsene Weibchen, wenn sie mit der gleichen Ameisenart zusammenleben. In dieser Hinsicht (und in vielen anderen) sind die *Myrmecophilus*-Grillen einzigartig. Das Fehlen eines sexuellen Größendimorphismus ist bei anderen Grillen- und Heuschreckengruppen, bei denen die Weibchen fast immer das größere Geschlecht sind, außergewöhnlich selten (Hochkirch und Gröning 2008).

Wenn die Eier von Grillen nicht die Größe der Ameisenbrut imitieren, warum legen Grillen dann ihre Eier in den Bruthaufen von Ameisen ab? Die Ablage der Eier in einer Brutkammer bietet den jungen Myrmekophilen alle Vorteile, die auch die Ameisen selbst genießen. Schließlich ist ein Ameisennest eine Kinderstube in einer Festung mit einem sorgfältig gepflegten hygienischen Umfeld und Mikroklima. Ein zweiter Vorteil der Geburt in einem Bruthaufen wurde durch frühe Beobachtungen des Brutverzehrs durch Ameisengrillen nahegelegt (K. Hölldobler 1947). 1986 fotografierten Henderson und Akre eine erwachsene *M. manni*, die anscheinend mit einer *F. obscuripes*-Larve, die sie aus dem Bruthaufen geschleppt hatte, Trophallaxis betrieb. Bei näherer Betrachtung zeigte sich, dass die Grille den Kopfbereich der Larve aufgeschlitzt hatte. Wie Wheeler (Wheeler 1910) beobachteten auch Henderson und Akre (1986a), dass Ameiseneier häufig von Grillen geputzt und bearbeitet werden, ohne dass sie offensichtlich verzehrt werden. Obgleich wir einen Rückgang der Ameisenbrut beobachteten, wenn Ameisengrillen in großer Zahl in die Kolonien gebracht wurden, hatten wir nicht das Glück, direktes Fressverhalten zu beobachten.

In Labornestern der Ameise *Aphaenogaster texana* stellten wir fest, dass *M. manni* in Abwesenheit von Ameisenbrut keine Eier ablegte. Wurde die Ameisenbrut wieder in die Kolonie zurückgebracht, begannen die Grillen mit der Eiablage im Boden unter dem Bruthaufen ihres Wirts. Aus den vom Ameisennest isolierten Eiern schlüpften keine Nymphen (Grillen-Larven), obwohl sich die Eier gut entwickelten und ein gut gepanzertes Chorion hatten. Im Gegensatz dazu schlüpften aus den bei ihren Wirten verbliebenen Eiern Nymphen, was darauf schließen lässt, dass die Ameisen die Eier reinigen oder sogar beim Schlüpfen aus der harten Schale helfen. Nachdem die isolierten Grilleneier wieder nahe dem Eingang der Labornester der *Aphaenogaster-texana*-Kolonie platziert waren, wurden sie von den Ameisen ins Innere des Nestes gebracht (Kwapich et al. In prep. b). Im Gegensatz zu den weichen und glänzenden Eiern und Larven der Ameisen härten die Eier der Ameisengrillen nach der Eiablage schnell aus. Sie sind sogar so hart, dass sie sich nicht leicht verformen lassen, wenn man sie zwischen die Spitzen einer Uhrmacherpinzette klemmt.

Die Funktion der Größenanpassung zwischen Ameisengrillen und ihren Wirten bleibt ein Rätsel. Während die Körpergröße dieser ungewöhnlichen Gäste einfach ein Epiphänomen der Ernährung der Kolonie oder der Aggression des Wirts sein könnte, mag die untere Größengrenze von der Notwendigkeit bestimmt sein, den Weibchen zu ermöglichen, Nachkommen zu produzieren, die groß genug sind, um nach dem Schlüpfen mit ihren Wirten in Trophallaxis zu treten oder um Eier zu produzieren, die in den Brutkammern der Ameisen toleriert werden.

Da die Eigröße in der *Myrmecophilus-manni*-Gruppe unveränderlich ist, gibt es eindeutige Reproduktionskompromisse, die mit der Ausprägung des kleinwüchsigen Phänotyps verbunden sind, der durch kleinwüchsige Wirtsarten hervorgerufen wird. Warum sind erwachsene Grillen dann immer noch in den Nestern dieser „suboptimalen" Wirte zu finden? Vielleicht machen harsche Umweltbedingungen, eine geringe Ausbreitungsfähigkeit und/oder ein geringes Vorkommen von vor Austrocknung schützenden Kohlenwasserstoffen eine selektive Ausbreitung riskant. Die fehlende Wirtsspezifität von *M. manni* könnte auch mit anderen lebensgeschichtlichen Merkmalen zusammenhängen, in denen sich die Größenklassen unterscheiden, wie etwa das Alter der Geschlechtsreife. Es sind sorgfältige experimentelle Arbeiten erforderlich, um festzustellen, wie unterschiedlich große Grillen mit unbekannten Wirten interagieren und ob die Anpassung an die Wirtsgröße eine adaptive Plastizität in der Umwelt eines Ameisenvolkes darstellt.

7.8 Insel-Endemiten und Inselhüpfer

Weibliche Grillen legen für ihre Größe außergewöhnlich große Eier. Der Anblick einer weiblichen Grille neben ihrem riesigen Ei erinnert an einen Kiwi-Vogel mit ähnlichen Proportionen. Um ihre Eier abzulegen, benutzen die Weibchen von *Myrmecophilus* einen ungewöhnlichen Ovipositor (Eiablageapparat), der ein Drittel ihrer Körperlänge ausmacht und einen Artikulationspunkt entlang der fest verbundenen, verlängerten achten und neunten Tergite aufweist (Schimmer 1909). Der Ovipositor ist mit einer dehnbaren, membranösen Vorrichtung ausgestattet, die spiralförmig ist, um den Durchgang jeweils eines Rieseneis zu ermöglichen (Henderson und Akre 1986b). Die Weibchen von *Myrmecophilus manni* (mit einer Länge von 1,75 bis 4 mm) produzieren Eier von gleicher Größe (1,2 mm). Daher müssen kleine Weibchen pro Einheit von Körpermasse mehr investieren, um ein Ei von gleicher Größe wie das eines großen Weibchens zu produzieren. Die Anpassung an die Körpergröße einer Wirtsameise und im weiteren Sinne die Wahl des Wirtes führen wahrscheinlich zu einigen energetischen Kompromissen, die sich daraus ergeben.

Bei *M. manni* stellten wir fest, dass jedes Weibchen maximal zwei Eier trug, von denen eines voll ausgebildet war und das andere sich noch entwickelte. Auch die europäische *M. acervorum* trägt nicht mehr als vier Eier auf einmal (K. Hölldobler 1947). Obwohl die kleine Gelegegröße und die relativ große Eigröße der Ameisengrillen für Orythopteren ungewöhnlich ist, sind reduzierte Gelegegrößen, wie wir in Kap. 6 erörtert haben, bei einer Vielzahl von Myrmekophilen und Myrmekomorphen in allen Arthropodenlinien üblich.

Für Myrmekophile mit begrenzter Ausbreitungsfähigkeit kann das Feststecken in einer Ameisenkolonie von bestimmter Größe und Qualität einen starken Einfluss auf die Gelegegröße haben. Dieses Thema wurde bei inselbewohnenden Vögeln eingehend untersucht, wobei die Gelegegröße abnimmt und die Größe der einzelnen Eier auf kleineren Inseln zunimmt (Higuchi 1976; Covas 2012). Bei endemischen Inselvögeln sind weibliche Geschlechtsvorlieben und Parthenogenese (ungeschlechtliche Fortpflanzung) ebenfalls häufiger als bei Festlandspopulationen und -arten.

Wie Vögel auf Inseln haben auch *Myrmecophilus*-Grillen in Ameisenkolonien häufig ein weibchenlastiges Geschlechterverhältnis. Bei der europäischen Ameisengrille, *M. acervorum*, wurde angenommen, dass sie parthenogenetisch ist (Wasmann 1901; K. Hölldobler 1947), bis im zentralen Teil ihres Verbreitungsgebiets einige Populationen mit beiden Geschlechtern gefunden wurden (Iorgu et al. 2021). Wheeler (1900) beobachtete bei *M. nebrascensis* ebenfalls ein deutliches Weibchen begünstigtes Geschlechterverhältnis und stellte fest, dass bei verschiedenen Wirten die erwachsenen Tiere zu etwa 88 % weiblich und zu 12 % männlich waren. Die thelytoke Parthenogenese ist bei Orthoptera (Grillen und Heuschrecken) selten, mit Ausnahme einiger weniger Arten, darunter isolierte Höhlengrillen und bestimmte Ameisengrillen (Hobbs und Lawyer 2003). Die oft verzerrten Geschlechterverhältnisse könnten eine echte Tendenz in der relativen Anzahl der in einer Population geborenen Weibchen und Männchen darstellen, ebenso könnten auch Unterschiede in der Biologie oder der Lebensweise zu geschlechtsspezifischen Überlebensraten führen. Eine Möglichkeit ist, dass männliche Grillen ihre Geburtsnester verlassen, während die Weibchen philopatrisch sind. Dieser geschlechtsspezifische Unterschied in der Überlebensrate könnte dazu führen, dass männliche Grillen einem größeren Risiko ausgesetzt sind, erbeutet zu werden oder außerhalb des Nests auszutrocknen. *Myrmecophilus manni* konkurrieren Berichten zufolge auch in Zweikämpfen zwischen Männchen um Weibchen und bilden Dominanzhierarchien innerhalb der Nester. Diese Interaktionen sowie ihre Interaktionen mit den Weibchen während der Balz können zu Beeinträchtigungen führen und die relative Häufigkeit der Männchen verringern (Henderson und Akre 1986c).

In allen Insektengruppen korrespondieren Infektionen mit dem intrazellulären Bakterium *Wolbachia* auch mit der Produktion weiblicher Nachkommen, entweder durch den vorprogrammierten Tod männlicher Embryonen, die Verweiblichung genetischer Männchen oder durch die Induzierung von thelytoke Parthenogenese, bei der infizierte Weibchen Töchter aus unbefruchteten Eiern produzieren (Werren et al. 2008). Shu-Ping Tseng und Kollegen (Tseng et al. 2020) entdeckten, dass Wolbachien horizontal zwischen Ameisen und mindestens drei Ameisengrillenarten übertragen werden. In ihrer Studie wiesen

Grillen, die Trophallaxis mit ihren Wirten betrieben und wirtsspezifisch waren, eine höhere *Wolbachia*-Prävalenz und eine größere geteilte Diversität auf als wirtsgeneralistische Grillen und wirtsspezialisierte Grillen mit vielfältigerer Ernährung.

Myrmecophilus americanus, ein strikter Spezialist von *Paratrechina longicornis*, wies die höchste *Wolbachia*-Prävalenz und -Vielfalt auf: 43 % der Grillen waren mit drei Stämmen und 55 % mit vier Stämmen infiziert. Nur einer dieser Stämme wurde von den Grillen und ihren Wirtsameisen gemeinsam geteilt, was darauf hindeutet, dass *M. americanus* möglicherweise von Natur aus anfälliger für *Wolbachia*-Infektionen ist. In der Tat sind Wirtsspezifität und Trophallaxis nicht die einzigen Prädiktoren für die Übertragung von *Wolbachia*-Stämmen zwischen Grillen und Wirten. So teilt beispielsweise der Wirtsgeneralist *Myrmophilellus pilipes* einen *Wolbachia*-Stamm mit der Ameise *P. longicornis*, während zwischen dem Wirtsspezialisten *Myrmecophilus albicinctus* und seiner einzigen Ameisenwirtsart *Anoplolepis gracilipes* keine *Wolbachia* übertragen werden (Tseng et al. 2020).

Obwohl Tseng et al. (2020) in ihrer Studie keine Angaben zum Geschlechterverhältnis der Grillen machen, ist das Auftreten von *Wolbachia*-Infektionen zwischen Ameisen und ihren Myrmekophilen ein sehr interessanter Faktor. *Wolbachia*-Infektionen können nicht nur das Geschlechterverhältnis beeinflussen, sondern auch zytoplasmatische Inkompatibilitäten zwischen männlichen und weiblichen Insekten hervorrufen, die unterschiedliche Stämme beherbergen (Werren et al. 2008). Solche Inkompatibilitäten könnten ein unsichtbarer Mechanismus der Artbildung unter Myrmekophilen sein, die an der Trophallaxis mit ihren Wirten teilnehmen. Unerwartet fanden Iorgu und Kollegen (2021) heraus, dass *Wolbachia* in geschlechtlich reproduzierenden Populationen der europäischen Ameisengrille *Myrmecophilus acervorum* vorkommt und in den häufigeren, parthenogenetischen Populationen nicht vorhanden ist.

Zusammenfassend können wir feststellen, dass einige Ameisengrillen in der Lage sind, zahlreiche Ameisenarten aus mehreren Unterfamilien zu nutzen, deren Arbeiterinnen und Kolonien in ihrer Größe stark variieren. Die Körpergröße der Grillen wiederum kann plastisch sein und korreliert stark mit der Körpergröße des Wirts. Innerhalb der Familie Myrmecophilidae gibt es eine Vielfalt von Ernährungsspezialisierungen und Wirtsspezifität. Dennoch sind alle Ameisengrillen obligate Parasiten, die in den Nestern ihrer Wirtsameisen leben. Andere Myrmecophilidae weisen ausgeprägtere Grade der räumlichen und sozialen Integration auf und umfassen Arten, die außerhalb von Ameisennestern räuberisch oder als Aasfresser tätig sind, sowie solche, die in Ameisenbrutkammern gepflegt und gefüttert werden. In Kap. 8 gehen wir der Frage nach, wie im Laufe der Evolution frei lebende Insekten zu voll integrierten Gästen in Ameisennestern wurden und wie bestehende Strukturen wie Wehrdrüsen mit physiologischen Innovationen wie Beschwichtigungsdrüsen gepaart wurden, um die Aggression der Wirtsameisen zu dämpfen.

Stufen der myrmekophilen Anpassung 8

Eine Ameise verfügt über ein komplexes Kommunikationssystem, das ihr nicht nur die Zusammenarbeit bei der Nahrungssuche, Brutpflege und anderen sozialen Aktivitäten ermöglicht, sondern auch die sofortige Erkennung von Nestgenossen und die Unterscheidung von Fremden (Hölldobler und Wilson 1990, 2009). Dieses Erkennungs- und Unterscheidungssystem funktioniert wie eine soziale Immunbarriere: Nur Mitglieder der Kolonie dürfen die Ameisengesellschaft betreten, und fremde Individuen werden zurückgewiesen (siehe Kap. 3). Dennoch ist es einer beträchtlichen Anzahl von solitären Arthropoden durch den Einsatz verschiedener Techniken gelungen, in Ameisennester einzudringen und als sogenannte Inquiline in Unterabteilungen der komplexen Nestarchitektur ihres Wirts zu leben.

Nur wenige Studien haben ganze Ökosysteme in großen Ameisennestern und deren Umgebung untersucht. Ein Beispiel für eine solche umfassende Studie ist die fast vergessene Untersuchung der Gäste (Myrmekophilen) in den komplexen Nestern der Blattschneiderameisen *Atta sexdens* von Hermann Eidmann (1937). Eine weitere umfassende Übersicht über die Interaktionen der Waldameisen mit anderen Organismen wurde 2016 von Elva Robinson, Jenni Stockan und Glenn Iason veröffentlicht. Thomas Parmentier und seine Mitarbeiter (Parmentier et al. 2014, 2015a, b, 2016a, b, c, 2017a, 2018) untersuchten die gesamte Arthropoden-Biozönose, die mit den europäischen hügelbauenden Roten Waldameisen der *Formica-rufa*-Gruppe assoziiert ist, und sie versuchten, die ökosystemischen Interdependenzen von Myrmekophilen und Wirtsameisen zu analysieren. Ihre faunistische Untersuchung ergab 125 obligate arthropode Myrmekophile in den Nesthügeln und ihrer näheren Umgebung. Die Käfer (Coleoptera) bilden die größte Gruppe, mit 40 %, aber auch Hemiptera (Wanzen, Blattläuse, Schildläuse, Zikaden), Diptera (Fliegen), Hymenoptera (Ameisen, Bienen, Wespen), Acari (Milben) und Araneae (Spinnen) wurden häufig gefunden. Parmentier et al. (2014) argumentieren, dass die erstaunliche

Vielfalt der Myrmekophilen am besten durch die Neststruktur der Wirtsameisen erklärt werden kann, da ihre großen Nesthügel stabile und langlebige Lebensräume mit unterschiedlichen Temperatur- und Feuchtigkeitszonen und konstanter Verfügbarkeit von Nahrung bieten.

In den Nestern von *F. rufa* leben gut integrierte Myrmekophile in der Regel in der Nähe der Brutkammern der Ameisen, und viele von ihnen ernähren sich von der Brut der Wirte, von der Beute, die von den nahrungssuchenden Ameisen eingebracht wird, oder nehmen am sozialen Nahrungsfluss der Kolonie teil. Bemerkenswerte Beispiele für solche voll integrierten Myrmekophilen sind die Kurzflügler der Gattung *Lomechusa* (früher *Atemeles* genannt) und die Larven der Syrphiden-Gattung *Microdon* (siehe Kap. 3). Beispiele für weniger integrierte Invasionslinien sind Arten der Gattung *Dinarda*, die seltener im Inneren der Brutkammern auftreten, und stattdessen die peripheren Nestabteilungen und Abfallkammern durchstreifen. Unter den Diptera führen Parmentier et al. (2014) die Nistfliege *Phyllomyza formicae* (Milichiidae) und die Gnitze *Forcipomyia myrmecophila* (Ceratopogonidae), aber es ist sehr wenig über ihre Beziehung zu ihren *Formica*-Wirten bekannt. Und dann gibt es noch die Mitbewohner, die nicht direkt mit den Ameisen zu tun haben, sondern in der Nähe der Ameisennester leben und Schnabelkerfen (Hemiptera) erbeuten, die von den Ameisen bevorzugt werden, weil sie wertvollen Honigtau produzieren, eine wichtige Nahrungsquelle für die Ameisen.

Es ist nicht unsere Absicht, den gesamten faunistischen Bericht von Parmentier et al. (2014) wiederzugeben; stattdessen möchten wir uns auf einige ausgewählte Studien konzentrieren, die die Verhaltensmechanismen analysiert haben, die es den gut integrierten Myrmekophilen ermöglichen, die „sozialen Errungenschaften" ihrer Wirtsameisen auszunutzen. Zur hypothetischen Betrachtung der möglichen Übergänge im Verhalten und in der Morphologie, die es bestimmten Myrmekophilen ermöglichten, sich gut bei ihren Wirtsameisen zu integrieren, werden wir zunächst vier rezente Aleocharinae-Gattungen vergleichen, die unterschiedliche Grade der Integration aufweisen.

8.1 *Pella humeralis*: Räuber und Aasfresser

Wir beginnen an der Peripherie des Nestes von *Formica rufa* mit einem Käfer, der als Aasfresser und Räuber fungiert, aber auch Beschwichtigungs- und Verteidigungsstoffe ausstoßen kann. Wir haben bereits Beispiele für myrmekophile Käfer der Gattung *Pella* erörtert, deren wichtigste Nischen die Futterstraßen und Abfallbereiche einer ihrer Wirtsameisen, *Lasius fuliginosus*, sind (siehe Kap. 5). *Pella humeralis* (auch *Zyras humeralis* oder *Myrmedonia humeralis* genannt) (Abb. 8.1) ist nicht nur mit *L. fuliginosus* vergesellschaftet, sondern kommt auch bei Ameisen der *Formica-rufa*-Gruppe vor.

Nach Wasmann (1912, zitiert in Wasmann 1920) hat *P. humeralis* zwei Wirtsameisenarten: Der Hauptwirt ist *L. fuliginosus*, mit dem er im späten Frühjahr, Sommer und frühen Herbst zusammenlebt, während er im Winter und frühen Frühjahr hauptsächlich mit Arten der *Formica-rufa*-Gruppe zu finden ist. Donisthorpe (1922, zitiert in Donisthorpe 1927)

Abb. 8.1 Der Staphyliniden-Käfer *Pella humeralis*. (Mit freundlicher Genehmigung von Pavel Krásenský)

machte ähnliche Beobachtungen. Er bestätigte die Berichte von Wasmann, wonach *P. humeralis* ein Prädator von *Formica*- und *L.-fuliginosus*-Arbeiterinnen ist, obwohl Kolbe (1971) diese Beobachtungen nicht bestätigen konnte. Wir glauben jedoch, dass Wasmann und Donisthorpe richtig lagen. Die Beobachtungen von Donisthorpe über das räuberische Verhalten von *P. humeralis* sind nämlich recht detailliert und stimmen mit denen von Hölldobler et al. (1981) für andere *Pella*-Arten überein, die *Lasius fuliginosus* fressen (siehe Kap. 5). Laut Donisthorpe ist *P. humeralis* ein Räuber und Aasfresser in den Kolonien beider Wirtsarten. Wie für *Pella* spp. berichtet, sondern die Käfer bei Kontakt mit den Wirtsameisen wahrscheinlich auch Beschwichtigungssekrete aus dem am Hinterleibsende befindlichen Beschwichtigungsdrüsenkomplex ab. Nur in den seltenen Fällen eines ernsthaften Ameisenangriffs setzt *P. humeralis* das stark riechende, abwehrende Sekrete aus der Tergaldrüse ein. Die Larven von *P. humeralis* scheinen sich in den Abfallbereichen von *L. fuliginosus* zu entwickeln.

8.2 *Dinarda*-Käfer: Heimtückische Diebe

Als Nächstes beschreiben wir das Verhalten von Käfern der Gattung *Dinarda*, die ebenfalls an der Nestperipherie von *Formica*-Wirten leben, aber nicht auf deren Futterstraßen zu finden sind. Diese Käfer sind mit Beschwichtigungs- und Verteidigungsdrüsen ausgestattet und können zusätzlich zum Aasfressen und gelegentlicher Prädation auch den sozialen Nahrungsfluss ihrer Wirte ausnutzen, indem sie während der Trophallaxis zwischen Ameisen flüssige Nahrung aufnehmen. Die Aleocharinae-Gattung *Dinarda* gehört zur Tribus der Oxypodini, deren bekannte Arten alle obligate Myrmekophile sind, und mit verschiedenen Ameisenarten assoziiert sind (Wasmann 1889b, 1920). *Dinarda dentata* lebt hauptsächlich in Nestern von *Formica sanguinea*; *D. maerkelii* ist mit *Formica rufa* vergesellschaftet; *D. hagensii* lebt mit *Formica exsecta*; *D. pygmaea* lebt mit *Formica rufibarbis*; und *D. lompei* wurde mit *Formica gagates* gefunden. Obwohl *Dinarda* recht wirtsspezifisch zu sein scheint, gibt es Ausnahmen. So kann *D. dentata*, die normalerweise in Nestern von *F. sanguinea* lebt, auch in Nestern anderer *Formica*-Arten gefunden werden. Tatsächlich nennen Päivinen et al. (2003) neben *F. sanguinea* auch *F. fusca*, *F. rufibarbis*, *F. exsecta*, *F. cinerea* und *F. aquilonia* als Wirte. Wasmann, der ebenfalls gelegentliche Unterschiede in der Wirtsidentität feststellte, bezeichnete diese als „abnormale" Wirte, während *F. sanguinea* der „normale" Wirt ist. Bei unseren eigenen Untersuchungen fanden wir *D. dentata* (Abb. 8.2) nur in F.-sanguinea-Nestern (Hölldobler und Kwapich 2019).

Im Allgemeinen können wir feststellen, dass *Dinarda*-Arten nicht streng wirtsspezifisch sind, aber bestimmte Wirtsarten scheinen von den verschiedenen *Dinarda*-Arten bevorzugt zu werden.

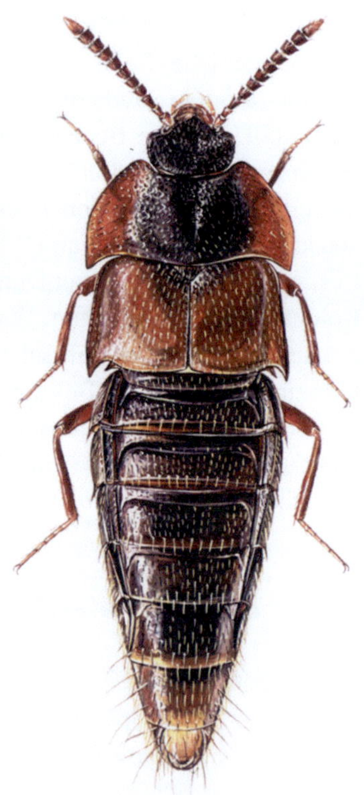

Abb. 8.2 Der Staphyliniden-Käfer *Dinarda dentata*. (Turid Hölldobler-Forsyth; ©Bert Hölldobler)

Wasmann und später Donisthorpe (1927) waren die ersten, die die myrmekophile Lebensweise von *Dinarda dentata* und anderen *Dinarda*-Arten beobachteten. Wasmann postulierte, dass diese Gattung einen evolutionären Zwischenzustand zwischen den myrmekophilen Räubern und Aasfressern wie der Gattung *Pella* und den myrmekophilen Brutparasiten wie *Lomechusa* (früher *Atemeles* genannt) und *Lomechusoides* (früher *Lomechusa* genannt) darstellt (wir behandeln diese beiden Gattungen in den nächsten Abschnitten). Wasmann betrachtete diese Fälle nicht als verschiedene Grade der Anpassung an besondere ökologische Nischen in Ameisennestern und -kolonien, sondern argumentierte, dass *Dinarda* sich noch im evolutionären Prozess befand, um die höchste Stufe der Myrmekophilie zu erreichen. Heutzutage wissen wir natürlich, dass die Evolution nicht entlang einer Leiter verläuft, die auf die eine oder andere Form ausgerichtet ist, aber wir können uns den evolutionären Übergang von einer frei lebenden prädatorischen Lebensweise zu einer integrierten sozial-parasitären Lebensweise vorstellen. Bevor wir uns jedoch mit diesem Thema befassen, wollen wir zunächst die Lebensweise von *Dinarda dentata* näher betrachten, die sich mit intakten Wirtsameisenkolonien in Formicarien gut untersuchen lässt. Bei hügelbauenden *Formica*-Wirtsarten wäre dieser Ansatz wesentlich schwieriger. *Dinarda dentata* (Abb. 8.3) hält sich hauptsächlich in den besser zugänglichen, peripheren Nestkammern und Nestabfallbereichen von *Formica-sanguinea*-Kolonien auf.

Der Grad der Integration von *Dinarda* und die von ihm besetzte Nische lassen sich am besten verstehen, wenn man die Ernährung und den Standort des Käfers sowie seine Reaktion auf Aggressionen von Wirtsameisen betrachtet. Die Käfer wurden noch nie bei der Jagd auf Ameisen beobachtet. Stattdessen berichtet Wasmann (1889b, 1920), dass die Käfer die Abfälle der Wirtsameisen fressen und gelegentlich gesehen werden, wie sie sich zwischen zwei Ameisen, die Nahrung austauschen schieben, um einen Futtertropfen zu ergattern, der von einer Ameise zur anderen weitergegeben werden sollte. Er berichtete auch von einem Fall, in dem er einen *Dinarda*-Käfer mit einem Ei zwischen seinen Mandibeln beobachtete. In einer neueren Arbeit über *Dinarda maerkelii* beobachteten Parmentier et al. (2016b) gelegentliche Prädation von Eiern und Larven und präsentierten Beweise für Trophallaxis mit den Wirtsameisen *Formica polyctena* und *F. rufa*. Sie verwendeten gefärbte Flüssignahrung, die an die Wirtsameisen verfüttert wurde, die anschließend zusammen mit *D.-maerkelii*-Käfern gehalten wurden. Nach 48 h wurden die Eingeweide der Käfer seziert, und die gefärbte Flüssigkeit in den Eingeweiden der Käfer zeigte an, dass sie Nahrung von den Ameisenarbeiterinnen erhalten hatten.

In den späten 1960er-Jahren führte Hölldobler ähnliche Versuche mit *Dinarda dentata* und ihrer Wirtsart *Formica sanguinea* durch. Er verwendete jedoch Honig-Saccharose-Wasser, das mit dem Radioisotop ^{32}P markiert war, das als Orthophosphat zugesetzt wurde. Dadurch war es möglich, den Nahrungstransfer von den Ameisen zu den Käfern quantitativ zu messen, ohne dass die Eingeweide der Käfer seziert werden mussten. Ameisen, die das Nest mit einem vollen Kropf betreten, versuchen, die gesammelte Flüssigkeit an die Nestgenossen abzugeben, und gelegentlich kann man den großen regurgitierten Tropfen zwischen den klaffenden Mandibeln sehen. *Dinarda*-Käfer neigen dazu, sich zwischen die

Abb. 8.3 *Dinarda dentata* hält sich hauptsächlich in den peripheren Nestkammern auf und ernährt sich u. a. von toten Ameisen. (Oben: Mit freundlicher Genehmigung von Pavel Krásenský; unten: Bert Hölldobler)

Ameisen zu schleichen, die an der Trophallaxis beteiligt sind, und sich einen Teil der regurgitierten Nahrung zu schnappen (Hölldobler und Kwapich 2019) (Abb. 8.4).

Ein ähnliches Verhalten wurde zuvor von Wasmann für *D. hagensii* berichtet, und wie oben erwähnt, haben Parmentier und seine Mitarbeiter Nachweise für Trophallaxis bei *D. maerkelii* erbracht. Darüber hinaus haben wir gelegentlich beobachtet, dass sich der Käfer heimlich einer nahrungsbeladenen Ameisensammlerin näherte und durch Berühren des Ameisenlabiums die Regurgitation eines kleinen Tröpfchens auslöste (Abb. 8.5).

Durch die Anwendung der radioaktiven Tracer-Technik konnten wir nachweisen, dass die Wahrscheinlichkeit, dass die Käfer Nahrung von den Wirtsameisen erhalten, deutlich höher ist, wenn mit Nahrung beladene Futtersammler versuchen, den Inhalt ihres Kropfes an Nestgenossen im Nest abzugeben, als wenn die Käfer mit einer Gruppe von gut gefütterten Ameisen zusammen gehalten werden, in der trophallaktische Interaktionen viel seltener sind. Obwohl die Käfer viel kleiner sind als ihre Wirtsameisen, erhielten sie immer noch bis zu 32 % des Nahrungsanteils, der normalerweise an die Wirtsarbeiterinnen geliefert wird. Dies ist wahrscheinlich darauf zurückzuführen, dass die Trophallaxis-Akte

Abb. 8.4 *Dinarda-dentata*-Käfer, die von den Wirtsameisen *Formica sanguinea* regurgitierte Nahrung aufnehmen. *Oben:* Eine Sammlerin kehrt mit einem vollen Kropf zurück und bietet den Nestgenossen Nahrung an. Ein großer regurgitierter Nahrungstropfen erscheint zwischen den klaffenden Mandibeln der Spenderameise. Mitte: Käfer suchen nach Nahrung austauschenden Ameisen. *Unten:* Sie schieben sich zwischen die Ameisen, die Nahrung austauschen, und versuchen, etwas von der regurgitierten Flüssigkeit zu erhaschen. (Bert Hölldobler; Turid Hölldobler-Forsyth; ©Bert Hölldobler)

häufiger waren und die Käfer mehr Chancen hatten, den Ameisen Nahrungstropfen zu stehlen. Es muss jedoch betont werden, dass die einzelnen *Dinarda*-Käfer sehr unterschiedlich erfolgreich waren, wenn es darum ging, regurgitierte Nahrung von den Ameisen zu bekommen (Hölldobler und Kwapich 2019).

Dinarda dentata wurden seltener in den Brutkammern und in anderen Nestbereichen gefunden. Weniger als 15 % der Beobachtungen innerhalb des Nests und nur 12 % der Beobachtungen des gesamten Nests und der Arena ergaben, dass *Dinarda*-Käfer in den

Abb. 8.5 *Dinarda-dentata*-Käfer bei der Nahrungsaufnahme von Wirtsameisen. Der Käfer schleicht sich unter eine mit Nahrung beladene Ameise (*oben*) und stimuliert die Unterlippe (Labium) der Ameise (*unten*). Dies führt manchmal dazu, dass die Ameise Teil des Kropfinhaltes regurgitiert (Bert Hölldobler; Turid Hölldobler- Forsyth; ©Bert Hölldobler)

Brutkammern vorkamen. Die meiste Zeit wurden Käfer in den peripheren Nestkammern oder in den Abfallbereichen des *F.-sanguinea*-Nests gesehen. Diese Ergebnisse stimmen mit denen überein, die von Parmentier et al. (2016a, b, c) für *Dinarda maerkelii* berichtet wurden. Eine Hauptnahrungsquelle für *Dinarda*-Käfer und ihre Larven sind tote Ameisen, die von Wirtsarbeiterinnen auf den Abfallhaufen abgelegt werden.

Wenn Ameisen mit den *Dinarda*-Käfern in Kontakt kommen, zeigen sie oft aggressives Verhalten. Dies zeigt sich auch, wenn die Käfer einen Teil der regurgitierten Nahrungstropfen abzapfen, die für Nestgenossen bestimmt sind. Kurz darauf bedrohen die Ameisen mit klaffenden Mandibeln den Käfer, der den Angriff jedoch abzuwehren scheint, indem er seinen Hinterleib anhebt, und schnell entkommt (Abb. 8.6). Obwohl *Dinarda* seinen Hinterleib nicht ständig nach oben wölbt, biegt er ihn immer dann, wenn er sich einer Wirtsameise nähert, in Richtung des Kopfes der Ameise.

Frühere Beobachter interpretierten diesen Vorgang als Intentions-Bewegung, die möglicherweise zur Abgabe des abwehrenden Sekrets aus der Tergaldrüse führt, die sich wie bei allen Aleocharinae-Käfern zwischen dem sechsten und siebten Tergit öffnet. Wir haben

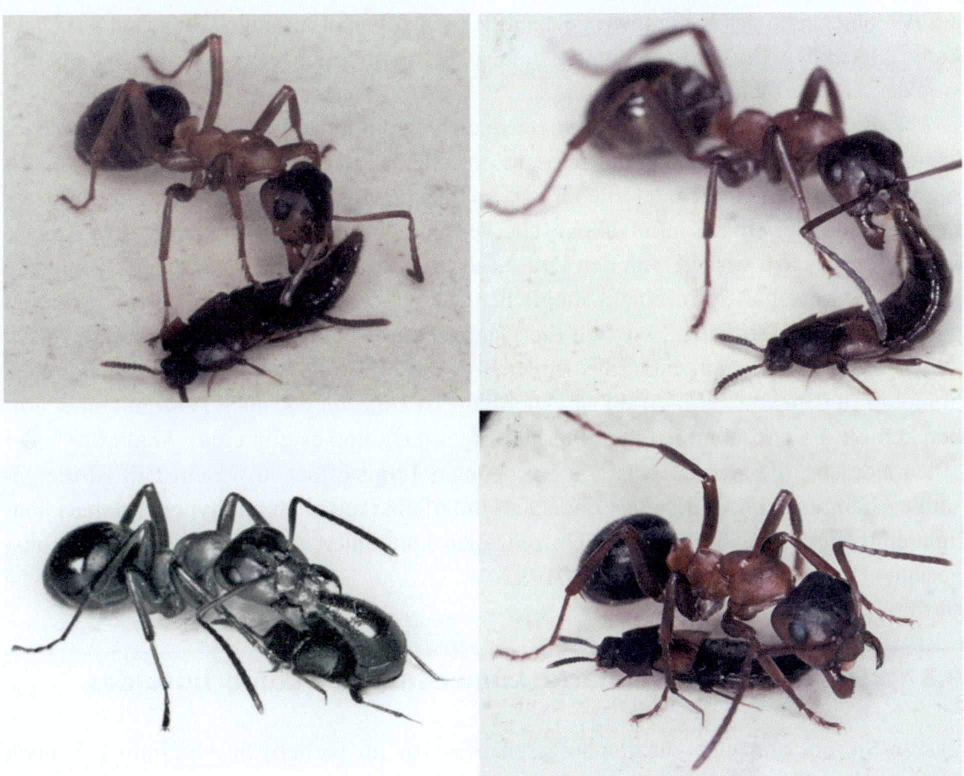

Abb. 8.6 Appeasement (Beschwichtigungs)-Interaktionen zwischen *Dinarda dentata* und der Wirtsameise *Formica sanguinea*. Die Wirtsameise trifft auf einen *Dinarda*-Käfer (*oben links*). Der Käfer reagiert, indem er seinen Hinterleib anhebt (*oben rechts*). Der Hinterleib des Käfers wird angehoben, um die Mundwerkzeuge der Ameise zu erreichen, und die Ameise fährt ihre Unterlippe (Labium) aus und leckt am Hinterleibsende des Käfers (*unten links*). Dadurch wird die Aggression der Ameise gedämpft, und der Käfer entkommt rasch (*unten rechts*). (Bert Hölldobler)

jedoch nur wenige Fälle beobachtet, in denen im Freiland gefangene *Dinarda*-Käfer die abwehrenden Substanzen ausstießen, wenn sie fremden Wirtsameisen präsentiert und von einigen Ameisen angegriffen wurden. Die Ameisen zeigten eine kurze Abwehrreaktion, indem sie Kopf und Thorax schnell zur Seite bewegten oder andere aversive Verhaltensweisen zeigten (Hölldobler und Kwapich 2019). In allen Fällen gelang es den Käfern zu entkommen. Wasmann (1920) berichtet jedoch von einigen Fällen, in denen der *Dinarda*-Käfer von Wirtsameisen getötet wurde.

Wie bereits erwähnt, heben *Dinarda*-Käfer regelmäßig die Hinterleibsspitze nach oben, wenn sie von einer Ameise berührt werden, aber in den meisten Fällen wird das abwehrende Sekret aus der Tergaldrüse nicht ausgestoßen. Stattdessen wird den Ameisen der in der Hinterleibsspitze befindliche Beschwichtigungsdrüsenkomplex präsentiert. In den meisten Fällen wird dadurch die Aggression der Ameisen gedämpft. Die Ameisen lecken am Abdomenende des Käfers, wo gelegentlich eine opake Flüssigkeit zu sehen ist. Diese kurze Ablenkung, die nur etwa eine Sekunde dauert, ermöglicht es dem Käfer, der Aggression der Ameisen schnell zu entkommen.

Unsere histologischen Untersuchungen deuten darauf hin, dass *Dinarda*-Käfer mit exokrinen Drüsen am Ende des Hinterleibs ausgestattet sind, und unsere Beobachtungen lassen vermuten, dass einige oder alle Drüsen an dem chemischen Beschwichtigungsprozess beteiligt sind, der eine „sanfte" chemische Verteidigung darstellt. Die aggressive Ameise wird offenbar dazu verleitet, an den Drüsensekreten zu lecken, was dem Käfer genügend Ablenkung verschafft, um einem möglichen Angriff zu entgehen. Da wir nicht immer genau bestimmen konnten, wo sich die Gangzellen der sekretorischen Zellcluster nach außen öffnen, lässt sich nicht feststellen, ob dieser Beschwichtigungsdrüsenkomplex homolog zu dem von *Pella*-Arten ist. Allerdings ist *Dinarda* wie auch *Pella* mit einer großen komplexen Drüse am neunten Sternit ausgestattet, und es gibt eine „Analdrüse" oder „Pleuraldrüse", die sich dorsolateral am neunten Tergit öffnet. In jedem Fall ist die gesamte Abdominalspitze (d. h. das Ende des Hinterleibs) reichlich mit hypodermalen Glandularepithelien und Gruppen von Drüsenzellen kombiniert mit Drüsenkanalzellen ausgestattet (Hölldobler und Kwapich 2019).

8.3   Der Code wird geknackt: Lomechusa und Lomechusoides

Lassen Sie uns zunächst zusammenfassen, was wir im vorherigen Abschnitt behandelt haben: Zwei Untersuchungen der Gattung *Dinarda* haben gezeigt, dass sich sowohl *D. dentata* als auch *D. maerkelii* hauptsächlich in den Randkammern und an den Abfallstellen der Nester der Wirtsameisen aufhalten (Hölldobler 1971; Hölldobler und Kwapich 2019; Parmentier et al. 2016b). Keiner der beiden Käfer greift lebende Ameisen an, aber experimentelle Nachweise zeigen, dass beide Käfer flüssige Nahrung von Ameisen erhalten und gelegentlich Ameisenbrut erbeuten. Die Käfer stehlen entweder den regurgitierten Kropfinhalt von zwei Ameisen während der Trophallaxis, oder sie stimulieren heimlich die Mundwerkzeuge von zurückkehrenden Ameisen und lösen so die Regurgitation bei den Ameisen aus, die flüssige Nahrung in ihrem vollen Kropf tragen. Die Hauptnahrung der *Dinarda*-Käfer scheinen jedoch tote Ameisen und entsorgte Beuteobjekte in den Abfallbereichen ihrer Wirtsameisen zu sein. *Dinarda*-Käfer werden von den Ameisen in der Regel nicht beachtet und entkommen einem drohenden Angriff meist schnell, indem sie kurz die Spitze ihres Abdomens präsentieren, wo sich mehrere exokrine Drüsen öffnen. Die Sekrete werden von den Ameisen geleckt und lenken offenbar damit die Aggression der Ameisen ab. Auf der Grundlage der vergleichenden Verhaltensanalyse schlagen wir vor, dass das Verhalten von *Dinarda* eine evolutionäre Stufe zwischen der Aasfresser-Prädator-Myrmekophilie von *Pella* und den Brutparasiten wie *Lomechusa* und *Lomechusoides* darstellt, die wir als Nächstes betrachten.

Bevor wir auf die Geschichte von *Lomechusa* und *Lomechusoides* eingehen, müssen wir einige erklärende Bemerkungen zu den Änderungen der Nomenklatur dieser beiden

Gattungen machen. Für Leser der klassischen Literatur über Myrmekophile könnten diese Änderungen in der taxonomischen Nomenklatur verwirrend sein. Bis vor relativ kurzer Zeit wurde die Gattung *Lomechusoides* in buchstäblich allen Verhaltensstudien, Übersichten und Buchkapiteln, die sich in den letzten mehr als hundert Jahren mit Myrmekophilen wie der Gattung *Lomechusoides* befassten, als *Lomechusa* bezeichnet. Eine neuere Revision hat jedoch gezeigt, dass diese Klassifizierung unter dem Gesichtspunkt einer strengen taxonomischen Priorität falsch war (Hlaváč 2005), und die Gattung, die *Atemeles* hieß, ist jetzt *Lomechusa* und die früher *Lomechusa* genannte Gattung ist jetzt *Lomechusoides* (Abb. 8.7).

Die beiden Gattungen *Lomechusa* und *Lomechusoides* gehören zusammen mit der Gattung *Xenodusa* zur Subtribus Lomechusina, die eine monophyletische Gruppe innerhalb der Tribus Lomechusini darstellt (Hlaváč 2005). Die früher diskutierte Gattung *Pella* gehört ebenfalls zu dieser Tribus. Für *Lomechusa* listen Hlaváč, Newton und Maruyama (2011) 18 bekannte Arten auf. Alle *Lomechusa*-Arten leben in enger Verbindung mit Ameisen, und alle können als Brutnestparasiten betrachtet werden. Soweit bekannt sind ihre Lebenszyklen sehr ähnlich, außer dass die verschiedenen Arten unterschiedliche Ameisenwirte wählen. Seit Wasmanns bahnbrechenden Studien zu Beginn des 20. Jahrhunderts (alle zitierten Arbeiten in Wasmann 1920) ist bekannt, dass *Lomechusa* spp. in den Wintermonaten mit anderen Wirtsarten leben als in den späten Frühlings- und Sommermonaten. Für die meisten *Lomechusa*-Arten sind die Winter- und Sommerwirte erfasst worden, aber für zwei Arten wurden noch keine Wirtsarten identifiziert, und bei einigen Arten ist nur der Winter- oder Sommerwirt bekannt (Hlaváč et al. 2011). In Europa sind die Sommerwirte der meisten *Lomechusa*-Arten *Formica*- und die Winterwirte

Abb. 8.7   Die myrmekophilen Staphyliniden *Lomechusa pubicollis* (*links*) und *Lomechusoides strumosus* (*rechts*). (Turid Hölldobler-Forsyth; ©Bert Hölldobler)

Myrmica-Arten. Eine Ausnahme bildet *Lomechusa bifoveolata*, die in Spanien in einem Nest einer *Lasius*-Art gesammelt wurde. Interessanterweise wurde eine andere *Lomechusa*-Art (*L. atlantica*) auch als Wintergast von *Lasius* (*L. myops*) in Marokko gefunden. Ob diese Funde die Regel sind, lässt sich nicht sagen, da bei anderen *Lomechusa*-Arten eine Vielfalt von Wirtsarten gemeldet wurde. Wir nennen drei der häufigeren europäischen *Lomechusa*-Arten als Beispiele. Für *Lomechusa emarginata* sind die folgenden Sommerwirte aufgeführt: *Formica fusca*, *F. rufibarbis*, *F. sanguinea*, *F. rufa*, *Polyergus rufescens*, *Lasius fuliginosus*. Winterwirte sind *Tetramorium caespitum*, *Myrmica scabrinodis* und *M. rubra*. Die Sommerwirte von *Lomechusa pubicollis* sind *Formica pratensis*, *F. sanguinea*, *F. truncorum*, *F. polyctena* und *F. rufa*, und der Winterwirt ist *Myrmica rubra*. Für *Lomechusa paradoxa* dienen als Sommerwirte *Formica fusca*, *Formica rufibarbis* und *Lasius fuliginosus* und als Winterwirte *Myrmica rubra*, *Myrmica rugulosa* und *M. scabrinodis* (Hlaváč et al. 2011).

Dies sind erstaunlich große Gruppen von Wirtsarten; aufgrund der Erfahrungen von Hölldobler und unserer Durchsicht der Literatur werden jedoch bestimmte Wirtsarten unter diesen aufgelisteten Arten eindeutig von diesen *Lomechusa*-Arten bevorzugt. So findet man *L. emarginata* in der Regel in Nestern von *Formica fusca*, und als Winterwirte wählen sie mehrere *Myrmica*-Arten. *Lomechusa paradoxa* ist am häufigsten in Nestern von *Formica rufibarbis* zu finden, und die Winterwirte sind *Myrmica*-Arten. *Lomechusa pubicollis* schließlich lebt im Sommer in Nestern von Arten der *Formica rufa*-Gruppe, vor allem von *F. polyctena* und *F. rufa*, manchmal aber auch von *F. sanguinea*, und im Winter lebt der Käfer hauptsächlich mit *Myrmica rubra*, gelegentlich aber auch mit anderen *Myrmica*-Arten.

Betrachten wir nun die Lebensweise von *Lomechusa pubicollis*, über die wir die umfassendsten Informationen über ihre Verhaltensinteraktionen mit Ameisen haben (Wasmann 1920; Hölldobler 1967, 1970b, 1971; Hölldobler und Wilson 1990). Im Frühjahr verlassen die erwachsenen Käfer ihre Winterwirte (meist *Myrmica rubra*) und wandern zu *Formica*-Wirten, wo sie sich paaren und die Weibchen ihre Eier in die Brutkammern der *Formica*-Nester ablegen. Da die Lebensweise der Larven beider Gattungen (*Lomechusa* und *Lomechusoides*) identisch ist und die Larven fast gleich aussehen, behandeln wir hier die Lebensweise der Larven von *Lomechusa pubicollis* und *Lomechusoides strumosus*. Die frisch geschlüpften Larven der Gäste werden von den Wirtsameisen zusammen mit den Ameisenlarven aufgezogen. Schon Erich Wasmann (1920) beobachtete, dass die Wirtsameisen die Käferlarven besser behandeln als ihre eigenen. In der Tat wurden in den Nestkammern, in denen die Ameisenlarven untergebracht waren, immer wieder Käferlarven beobachtet. Wenn Hölldobler Käferlarven in der Futterarena oder in der Nähe des Abfallbereichs aussetzte, entdeckten die Arbeiterinnen diese deplatzierten Käferlarven bald und trugen sie rasch zurück in die Brutkammern. Als er Gast- und Ameisenlarven in einer runden Versuchsschale ausbreitete und etwa 20 Ameisenarbeiterinnen hinzufügte, versammelten die Ameisen bald alle Käfer- und Ameisenlarven an einer Stelle, wo sie sie bewachten. Hölldobler stellte fest, dass die Käferlarven oft zuerst von den Arbeiterinnen aufgegriffen wurden. Dies würde mit den Larven von *Pella* oder *Dinarda*, die in den Abfallbereichen leben und von ihren Wirtsameisen meist ignoriert werden, nie passieren. Gelegentlich verhalten sich die Ameisen ihnen gegenüber aggressiv, aber die Käferlarven weichen den Angriffen der Ameisen problemlos aus. *Lomechusa-* und *Lomechusoides-* Larven versuchen dagegen überhaupt nicht, den Wirtsameisen auszuweichen, und sie wehren sich nicht, wenn sie von den Ameisen aufgenommen und zum Brutnest getragen werden (Abb. 8.8). Wenn eine Käferlarve von den Mundwerkzeugen oder Antennen einer Ameisenarbeiterin berührt wird, richtet sie den Kopf und Thoraxbereich nach oben und bewegt sich leicht auf und ab oder zur Seite, wobei sie wahrscheinlich den Kontakt mit dem Kopf der Ameise sucht (Abb. 8.9). Nachdem es der Käferlarve gelungen ist, mit ihren Mundwerkzeugen die Lippe (Labium) der Ameise zu berühren, scheint es zur längeren Trophallaxis mit der Wirtsameise zu kommen (Abb. 8.10).

Die Käferlarven scheinen den Bettelvorgang intensiver auszuführen als die Ameisenlarven, und wahrscheinlich erhalten sie auch aus diesem Grund mehr Nahrung. Um die Verteilung der Nahrung an die Larven in einer Brutkammer zu verfolgen und zu messen, wurden die Ameisen mit radioaktivem Phosphat markiertem Futter gefüttert. Anhand der

Abb. 8.8 Eine *Lomechusoides-strumosus*-Larve wird „sanft" von einer *Formica-sanguinea-* Arbeiterin behandelt (*oben*) und eine *Lomechusa*-Larve wird von einer *Formica*-Arbeiterin zu einem anderen Ziel getragen (*unten*). (Bert Hölldobler)

Abb. 8.9 Die Larven des myrmekophilen Käfers heben häufig den Kopf und bewegen ihn nach oben und unten oder zur Seite. Dies ist besonders auffällig, wenn die Larve von einer Ameisenarbeiterin berührt wird, was darauf hindeutet, dass die Larve versucht, den Kopf der Ameise zu berühren. Diese Bilder zeigen *Lomechusoides*-Larven und ihre Wirte *Formica sanguinea* und *Formica fusca*. (Bert Hölldobler)

Anzahl der radioaktiven Impulse pro Minute, die von den lebenden Insekten abgegeben wurden, konnte Hölldobler feststellen, wie viel der radioaktiven Nahrung von den Ameisen aufgenommen und auf die Larven übertragen wurde. Diese Versuche zeigten, dass in einer gemischten Population aus Käfer- und Ameisenlarven die Käfer einen unverhältnismäßig großen Anteil der Nahrung erhielten. Die Anwesenheit von Käferlarven verringerte den normalen Nahrungsfluss zu den Ameisenlarven, während die Anwesenheit von Ameisenlarven den Nahrungsfluss zu den Käferlarven nicht beeinträchtigte. Die Messungen wurden mit Käfer- und Ameisenlarven im letzten Entwicklungsstadium durchgeführt.

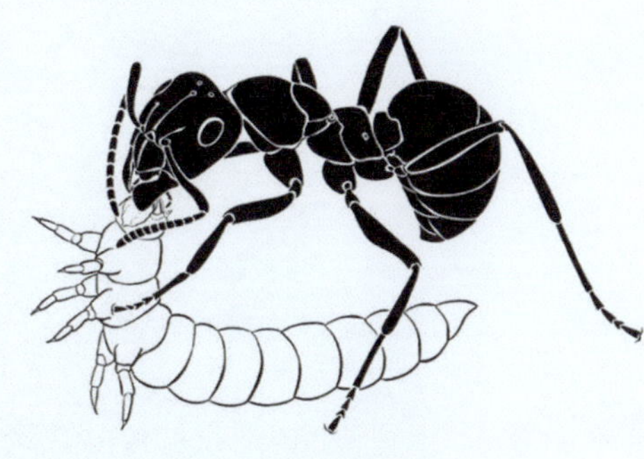

Abb. 8.10   Eine *Lomechusa-pubicollis*-Larve in Mund-zu-Mund-Kontakt mit der Ameise, die die vom Wirt regurgitierte Flüssigkeit aufnimmt. (Turid Hölldobler- Forsyth; ©Bert Hölldobler)

In diesem Stadium unterscheidet sich die Körpermasse der beiden Käferarten und der Ameisen nicht wesentlich.

Außerdem ernähren sich die Larven von *Lomechusa* und *Lomechusoides* von den Ameisenlarven, ohne dass die Ammenameisen eingreifen (Abb. 8.11). Diese Beobachtung wirft eine Frage auf: Wie schafft es das Ameisenvolk, die Konkurrenz der Käferlarven um Nahrung und ihre intensive Prädation der Ameisenlarven in den Brutkammern zu überleben? Eine mögliche Erklärung könnte das kannibalische Verhalten der Käferlarven sein. Offensichtlich sind sie nicht in der Lage, ihre Artgenossen von Ameisenlarven zu unterscheiden. Daher reduzieren sie ihre eigene Population, während die Ameisenlarven dies nicht tun. Während die Ameisenlarven in den Brutkammern dicht zusammen liegen, leben die Käferlarven normalerweise nicht in enger Nachbarschaft mit ihren Artgenossen.

Wie ist es möglich, dass die Käferlarven von ihren Wirtsameisen wie Ameisenlarven behandelt werden? Sicherlich spielt die Nachahmung des Bettelverhaltens der Larven bei der Nahrungsaufnahme eine Rolle, aber das kann nicht alles sein, denn gefriergetötete Käferlarven werden, wenn sie in der Futterarena angeboten werden, ausnahmslos von Ameisenarbeitern aufgenommen und in die Brutkammern getragen. Mehrere nachfolgende Untersuchungen deuteten darauf hin, dass chemische Kommunikation im Spiel ist. Wenn gefriergetötete Käferlarven mit Diethylether oder Dimethylketon (Aceton) gewaschen und nach dem Trocknen mit einer gefriergetöteten, aber unbehandelten Käferlarve zusammen in die Arena gelegt wurden, sind letztere intensiv gepflegt (Abb. 8.12) und bereitwillig in das Brutnest getragen worden, während erstere ignoriert und schließlich im Abfallbereich deponiert wurden.

In den Brutkammern wurden die lebenden Käferlarven häufig von den Ameisen geputzt, was in der Regel zu dem oben beschriebenen typischen Bettelverhalten führte. Hölldobler konnte nachweisen, dass etwa 2 bis 4 Tage, nachdem die Larven von den Ammenameisen mit radioaktiv markierter Nahrung gefüttert wurden, die putzenden Ameisen geringe Mengen an Radioaktivität von den Käferlarven aufnehmen. Ob sie diese von der

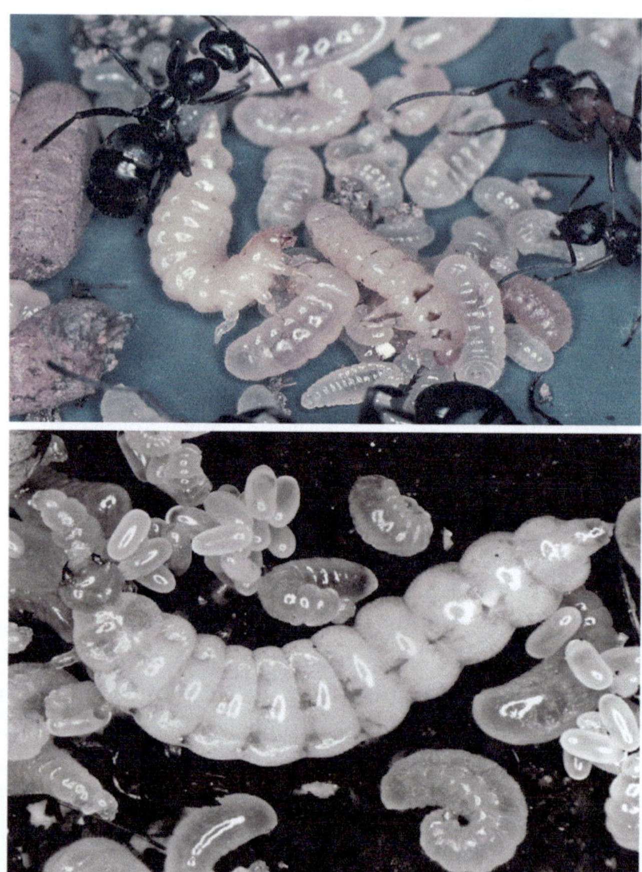

Abb. 8.11 Die Larven von *Lomechusa* und *Lomechusoides* ernähren sich auch von der Brut der Wirtsameisen. Das *obere Bild* zeigt *Lomechusoides-strumosus*-Larven im Brutnest, die sich ohne Widerstand von Ameisenlarven ernähren; das *untere Bild* zeigt eine Larve von *Lomechusa pubicollis*. (Bert Hölldobler)

Oberfläche, aus dem Analbereich oder während der Trophallaxis aufnehmen, ist uns nicht bekannt. Mehrere Ausschlussversuche deuten darauf hin, dass die Sekrete auf der Oberfläche der Käferlarven aus großen Drüsenzellen stammen, die sich dorsolateral in jedem Segment befinden. Obwohl wir die chemische Beschaffenheit dieser Sekrete nicht kennen, gehen wir davon aus, dass es sich um sehr schwer oder gar nicht flüchtige Verbindungen handelt, die höchstwahrscheinlich ein Brutpflegepheromon auf der Oberfläche der Ameisenlarven nachahmen (Hölldobler 1967, 1971).

Eine ausgezeichnete aktuelle Studie über die äußere Ultrastruktur von *Lomechusa-pubicollis*-Larven im Vergleich zu der von *Pella laticollis*-Larven wurde von Bernard Staniec und Kollegen (2017) veröffentlicht. Sie beschreiben auffällige Unterschiede zwischen den beiden Arten, wobei *Lomechusa*-Larven viel mehr an Ameisenlarven erinnern als

Abb. 8.12 Eine gefriergetötete *Lomechusoides*-Larve ist für die Wirtsameisen *Formica sanguinea* sehr attraktiv und wird schnell in die Brutkammern des Ameisennestes gebracht, wo sie mehrere Tage lang gepflegt wird. (Bert Hölldobler)

Pella-Larven. Obwohl wir keine Hinweise darauf haben, dass die Ultrastruktur an sich eine wichtige Rolle bei der Adoption von *Lomechusa*- oder *Lomechusoides*-Larven durch die Ameisenwirte spielt, leugnen wir die Möglichkeit einer topologisch-chemischen Kommunikation zwischen Ameisen und Gastlarven nicht, wobei die Oberflächenmorphologie und die Pubeszenz eine modulierende Rolle spielen könnten.

Bemerkenswert ist, dass eine beträchtliche Anzahl von Filterpapier-Attrappen, die mit den Extrakten aus den Käferlarven getränkt waren, von den Arbeiterinnen ins Nest getragen wurden. Die meisten dieser Dummys wurden jedoch später in der Arena oder im Abfallbereich entsorgt. Sie blieben in der Regel nicht länger als etwa 15 bis 20 min im Nest, während gefriergetötete Larven bis zu mehreren Tagen in den Brutkammern belassen wurden. Einige extrahierte Larven, die experimentell mit Extrakt kontaminiert waren, wurden ins Nest getragen, aber auch sie erlitten das gleiche Schicksal wie die Filterpapier-Attrappen und wurden schließlich entsorgt. Daraus kann man schließen, dass einige kurzlebige, wirksame Bestandteile extrahiert wurden, aber wahrscheinlich wurden die wichtigsten, scheinbar nicht flüchtigen Bestandteile durch den Extraktionsprozess zerstört und konnten nicht nachgewiesen werden.

Im Spätsommer verpuppen sich die *Lomechusa pubicollis* in den Nestern ihrer *Formica*-Wirte. Die mit Erde bedeckten Puppenhüllen im Boden der Waldameisenhügel sind oft schwer zu erkennen, da sie wie die umgebende Erde und verrottetes organisches Material aussehen. Hölldobler konnte nicht den gesamten Lebenszyklus im Labor verfolgen, aber er beobachtete, wie die jungen adulten Käfer aus ihrer Puppenwiege schlüpften (Abb. 8.13). Schon bald nach dem Ausschlüpfen wurden die Käfer von den Ameisen geputzt, und obwohl wir gelegentlich antagonistisches Verhalten beobachteten, gelang es den jungen Käfern schnell, die Ameisen zum Regurgitieren aufzufordern. Wie bereits von Erich Wasmann

Abb. 8.13 Die mit Erde und kleinen Steinchen bedeckte Puppenwiege von *Lomechusa pubicollis*, aus der der erwachsene Käfer schlüpft. (Bert Hölldobler)

beobachtet, ahmt der Käfer das Futterbettelverhalten seiner Wirtsameisen mehr oder weniger gut nach. Der Käfer schlägt zunächst mit den Antennen auf den Kopf der Ameise und stimuliert dann mit seinen Vorderbeinen die Mundwerkzeuge der Ameise, was in der Ameise den Regurgitationsreflex auslöst (Abb. 8.14). Viele trophallaktische Interaktionen zwischen den jungen adulten *Lomechusa*-Käfern und den *Formica*-Arbeiterinnen konnten beobachtet werden, und mit Hilfe radioaktiver Tracer wurde dokumentiert, dass die jungen Käfer erhebliche Mengen an Nahrung von den Ameisen erhalten. Offensichtlich brauchen sie diese Nahrung, denn bald werden sie die Nester ihrer Sommerwirte verlassen, um zu einer anderen Wirtsart abzuwandern.

Wie bereits erwähnt, war Wasmann (1910b, zitiert in Wasmann 1920) der Erste, der entdeckte, dass *Lomechusa*-Käfer zwei Unterkünfte bei 2 verschiedenen Ameisenarten haben, eine für den Sommer, die andere für den Winter. Vom Frühjahr bis zum Spätsommer lebt *L. pubicollis* in Nestern der *Formica rufa*-Gruppe, und im Spätsommer und Herbst wandern sie in *Myrmica*-Nester, wo sie überwintern.

Etwa 1 bis 2 Wochen nach dem Schlüpfen aus der Puppenwiege, und nach reichlichem Erbetteln regurgitierter Nahrung von den *Formica*-Wirten verlassen die Käfer die *Formica*-

Abb. 8.14 Der frisch geschlüpfte Käfer *Lomechusa pubicollis* erwirbt erfolgreich regurgitierte Nahrung bei seinen *Formica*-Wirten (oben) wie auch später bei seinen Winterwirten, *Myrmica rubra* (*unten*). (Bert Hölldobler)

Nester im Flug. In den Beobachtungsnestern fanden viele kurze Flüge statt. Während dieser Phase zeigten die Käfer in der Arena eine deutliche Fortbewegungstendenz in Richtung der weißwandigen Seite der Arena, im Gegensatz zur gegenüberliegenden schwarzwandigen Seite. In einer Olfaktometer-Arena, in die ein schwacher Luftstrom geblasen wurde, zeigten die Käfer eine positive Anemotaxis und bewegten sich in unregelmäßigen, mäandernden Schleifen in Richtung des entgegenkommenden Luftstroms. Wenn der Luftstrom den Geruch des *Myrmica*-Wirts trägt, bewegen sich die Käfer bevorzugt zu der Öffnung, aus der der Luftstrom aus dem *Myrmica*-Nest austritt. Im Vergleich mit anderen Ameisen wird *Tetramorium caespitum* (Myrmicinae) gegenüber den Arten der Formicinae *Camponotus ligniperdus*, *Formica polyctena* und *Formica fusca* bevorzugt, aber in Wahlversuchen mit *Myrmica* wird dieser der Vorzug gegeben. Erst viel später erfuhren wir aus dem von Peter Hlaváč, Alfred Newton und Munetoshi Maruyama (2011) veröffentlichten Weltkatalog der Tribus der *Lomechusini*, dass gelegentlich *Tetramorium caespitum* als Winterwirt von *Lomechusa* dienen kann, wobei es sich dabei sicherlich um Ausnahmefälle handelt. Merkwürdigerweise zeigen die Käfer nur eine vorübergehende Sensibilität gegenüber diesem Wirtsgeruch. Sie ist auf etwa 1 bis 2 Wochen nach Verlassen des *Formica*-Nestes beschränkt und nimmt in dieser Zeit stetig ab. Obwohl Hölldobler nicht in der Lage war, ähnliche quantitative Tests mit Käfern durchzuführen, die im folgenden Frühjahr zu *Formica*-Nestern zurückkehrten, deuten Indizien darauf hin, dass die Käfer auf ähnliche Weise *Formica*-Nester über den Geruch finden (Hölldobler 1970b, 1971).

Wenn der *Lomechusa*-Käfer ein *Myrmica*-Nest findet, erlangt er die positive Wahrnehmung und Adoption durch die Wirtsameisen mit Hilfe eines Rituals von taktilen und chemischen Interaktionen (Abb. 8.15, 8.16 und 8.17). Trifft eine *Myrmica*-Arbeiterin

Abb. 8.15 *Lomechusa-pubicollis*-Käfer, die ein Nest ihres Winterwirts, *Myrmica rubra*, gefunden haben, durchlaufen eine Reihe von Verhaltensinteraktionen mit ihren Wirtsameisen, die zur Adoption führen (oben). Zunächst streckt der Käfer der Ameise seine Hinterleibsspitze entgegen. Dieses Beschwichtigungsverhalten mildert das anfängliche aggressive Verhalten der Ameise (*unten*). (Bert Hölldobler)

Abb. 8.16 Als Nächstes senkt der *Lomechusa*-Käfer seinen Hinterleib und ermöglicht der *Myrmica*-Ameise den Zugang zu den sogenannten Adoptionsdrüsen, die mit den dicht gepackten Trichomen am dorsolateralen Vorderleib verbunden sind (*oben*). Die Ameise leckt „begierig" an den Trichomen, ergreift dann die Trichome mit ihren Mandibeln und hebt den Käfer hoch (*unten*). (Bert Hölldobler)

einen Käfer und berührt ihn mit ihren Antennen, hebt der Käfer die Spitze seines Hinterleibs in Richtung der Ameise. Die Ameise reagiert darauf mit dem Lecken am distalen Ende des Abdomens, wo wahrscheinlich Sekrete aus den Öffnungen des „Beschwichtigungsdrüsenkomplexes" abgegeben werden. Die Kanalzellen einer dieser Drüsen (zwischen den Tergiten acht und neun) öffnen sich an der Hinterleibsspitze in der Nähe der Analregion. Diese Drüse könnte mit der identisch sein, was Pasteels (1968) als Postpleuraldrüse bezeichnete. Wir fanden eine weitere komplexe Drüse im hinteren sternalen Teil des Abdomens von *L. pubicollis* und *L. emarginata* mit großen intrazellulären Reser-

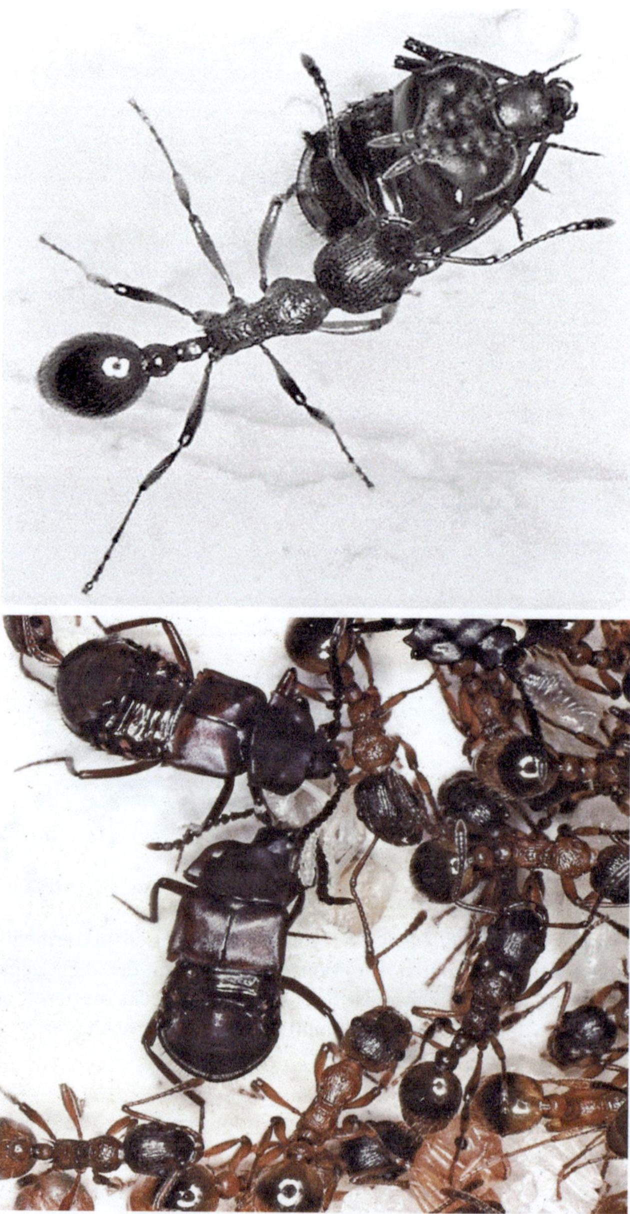

Abb. 8.17 Die *Myrmica*-Arbeiterin trägt den Käfer, der eine Puppenstellung einnimmt (seine Beine und Fühler sind eng an den Körper angelegt), in das Nest (*oben*). Die Ameise entlässt den Käfer direkt in das Brutnest der Ameisen, wo er die Ameisenbrut frisst (*unten*) und von den Ammen- ameisen regurgitierte Nahrung erbettelt (siehe Abb. 8.14). (Bert Hölldobler)

voirs, aber wir konnten die Ausgänge der Kanalzellen nicht bestimmen. Darüber hinaus sind die hinteren Segmente mit drüsigen hypodermalen Epithelien ausgestattet. Schließlich stellten wir im Enddarmgewebe ein ungewöhnlich dickes Drüsenepithel fest, dessen Zellen große Zellkerne haben. Wir wissen nicht, von welcher dieser exokrinen Drüsen das sogenannte Appeasement-Sekret stammt. Vielleicht sind eine oder alle diese Drüsenstrukturen an diesem sanften Verteidigungsprozess beteiligt; daher nennen wir diese bemerkenswerte Ansammlung exokriner Drüsen in der Nähe der Hinterleibsspitze, wie bei den zuvor diskutierten myrmekophilen Staphyliniden, den „Beschwichtigungsdrüsenkomplex".

Der *Lomechusa*-Käfer reckt sich nach hinten und antenniert immer wieder die Ameise, die am distalen Ende des Abdomens leckt, und „vergewissert" sich so offenbar, dass es sich um die richtige Wirtsameise handelt. Außerdem zeigt der Käfer oft leichte Zitterbewegungen und sanftes Trommeln mit den Beinen. Schließlich streckt der Käfer seinen Hinterleib so, dass die Ameise an die Hinterleibsränder gelangen kann, wo sich die sogenannten Adoptionsdrüsen befinden. Die Ränder der Tergite II, III, IV und V sind mit auffälligen goldenen Haarbüscheln, sogenannten Trichomen, versehen (Abb. 8.18). Diese Trichome sind besonders dicht auf den Lappen der Paratergite. Im Gegensatz zu Erich Wasmann (1903, zitiert in Wasmann 1915) erkannte Karl H. C. Jordan (1913), dass diese goldenen Borsten eng mit exokrinen Drüsen verbunden sind, die sich durch Poren in der Cuticula neben den goldenen Borsten an den oberen Rändern der Paratergite und Pleurite öffnen, und er erkannte, dass die Borsten innerviert sind. Jordan beschrieb die Drüsen als flaschenförmige hypodermale Drüsenzellen. Diese Charakterisierung der Drüsenzellen ist nicht korrekt. Stattdessen sind die sekretorischen Zellen mit Kanalzellen kombiniert, die sich durch Gänge in unmittelbarer Nähe der Basen der Trichom-Setae öffnen (Pasteels 1968; Hölldobler 1970b; Hölldobler et al. 2018; Abb. 8.19).

Ähnliche morphologische und drüsige Strukturen gibt es in der Gattung *Lomechusoides* (Abb. 8.18 und 8.20) und höchstwahrscheinlich auch in der nordamerikanischen Gattung *Xenodusa*, die identische Trichomstrukturen aufweist.

Während des Adoptionsprozesses wird die Ameise von diesen Drüsentrichomen angezogen und schließlich ergreift sie den Käfer an den Trichombüscheln, um ihn vom Boden zu heben. Der Käfer nimmt eine Puppenstellung ein, wobei Beine und Fühler eng an den Körper angelegt sind, und wird von der Ameise in die Brutkammern des Wirtes getragen (Abb. 8.17). Offenbar sind die Sekrete dieser Trichomdrüsen für den Adoptionsprozess unerlässlich. In einer Reihe von Experimenten, in denen Hölldobler die Drüsen mit einer dünnen Schicht Kolophoniumwachs überzog, schlug der Adoptionsprozess meist fehl. Er nannte diese Drüsen daher „Adoptionsdrüsen" und stellte die Hypothese auf, dass sie vielleicht auf „übernormale" Weise die Brutpheromone der Wirtsameisen imitieren. In den Brutkammern können die Käfer ungehindert die Ameisenbrut fressen und ihre *Myrmica*-Wirte erfolgreich um Regurgitation anbetteln (siehe Abb. 8.14), wie sie es zuvor bei ihren *Formica*-Wirten getan haben.

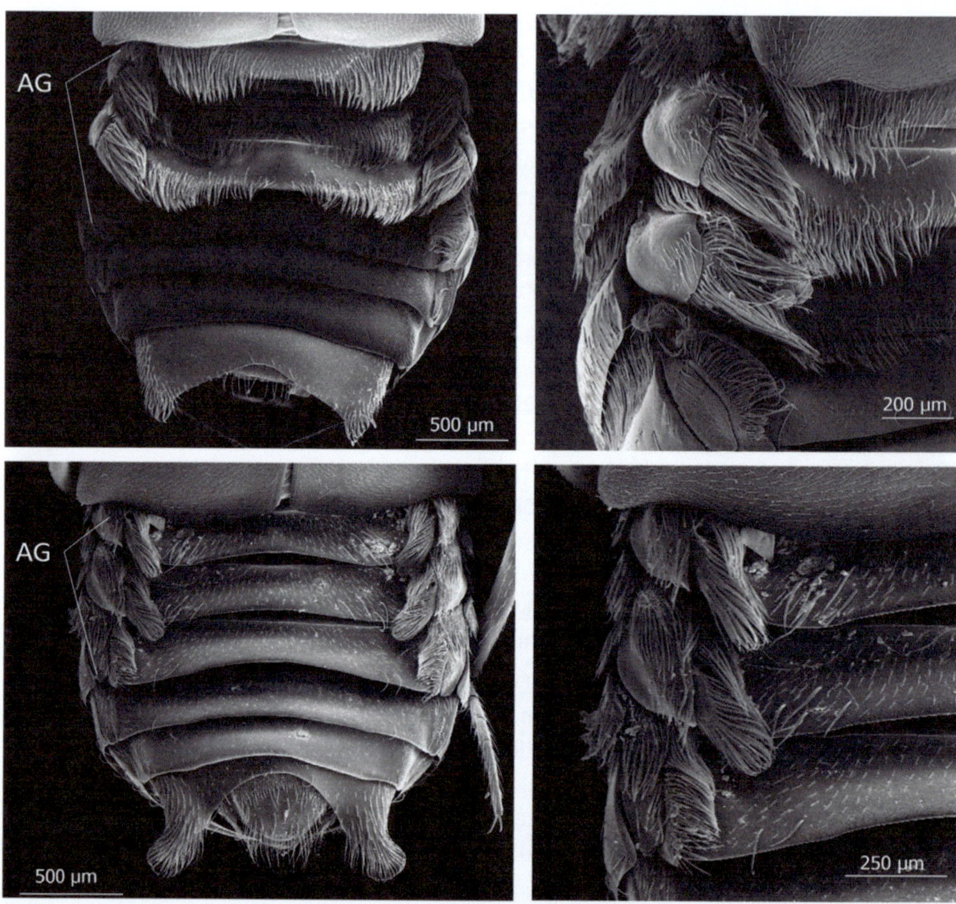

Abb. 8.18 Rasterelektronenmikroskopische Aufnahmen des Hinterleibs der myrmekophilen Staphyliniden-Käfer *Lomechusoides strumosus* (*oben*) und *Lomechusa pubicollis* (*unten*). *AG* bezeichnet die Lappen der Paratergite mit der dichten Ausstattung mit Trichomen. Dieser Bereich ist reichlich mit exokrinen Drüsen ausgestattet, die als „Adoptionsdrüsen" bezeichnet werden. (Bert Hölldobler)

Andere *Lomechusa*-Arten wie *L. emarginata* oder *L. sinuate* (Abb. 8.21) zeigen die gleichen Verhaltensmuster, auch wenn sie andere Wirtsarten nutzen. Wir freuen uns, einige der von Taku Shimada zur Verfügung gestellten fotografischen Dokumentationen von *L. sinuate* zeigen zu können. Auch hier werden die Larven von *Formica*-Arten aufgezogen und die Winterwirte sind *Myrmica*-Arten (Abb. 8.22, 8.23, 8.24 und 8.25).

Hölldobler hat die Nahrungsweitergabe vom *Myrmica*-Wirt auf die *Lomechusa*-Gäste (*L. pubicollis* und *L. emarginata*) mit Hilfe von radioaktiv markierter Nahrung nachgewiesen. Die *Lomechusa*-Käfer nehmen zwar sehr erfolgreich am sozialen Nahrungsfluss ihrer Wirtskolonien teil, aber wir haben keine Hinweise darauf, dass während der Trophallaxis auch Nahrung von den Käfern zu den Ameisen fließt. Im Gegensatz zu den *Formi-*

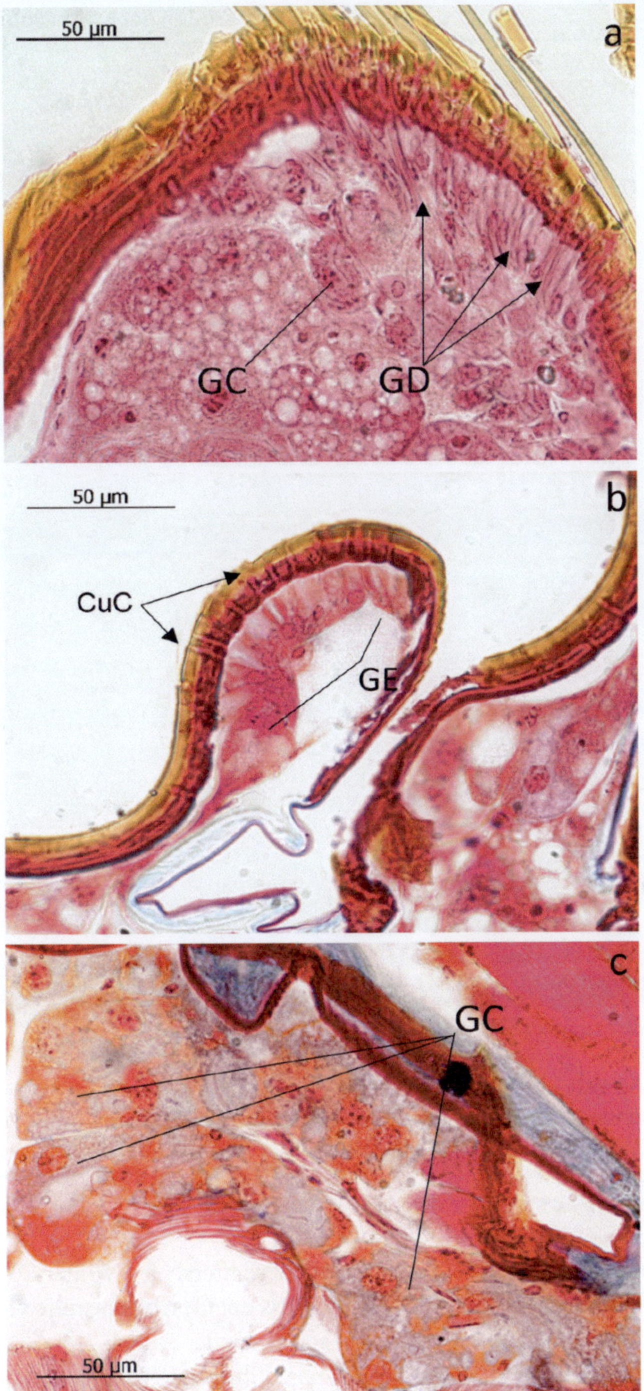

Abb. 8.19 Teile des Adoptionsdrüsenkomplexes von *Lomechusa pubicollis*. Längsschnitt durch die abdominalen Paratergal-Lappen. **a** Ein Lappen mit Trichomen und vielen Drüsenzellen (*GC*), deren Kanalzellen (*GD*) sich durch Cuticularkanäle zwischen den Trichom-Setae öffnen. **b** Einige Bereiche der Lappen, die keine Trichome aufweisen, haben Drüsenepithelien (*GE*), deren Zellen sich durch Cuticularkanäle (*CuC*) öffnen. **c** Die zweite Ansammlung von Drüsenzellen an der Basis der Trichomlappen, deren Gangzellen? sich in der Nähe eines großen Trachealgangs durch die Cuticula öffnen. (Bert Hölldobler)

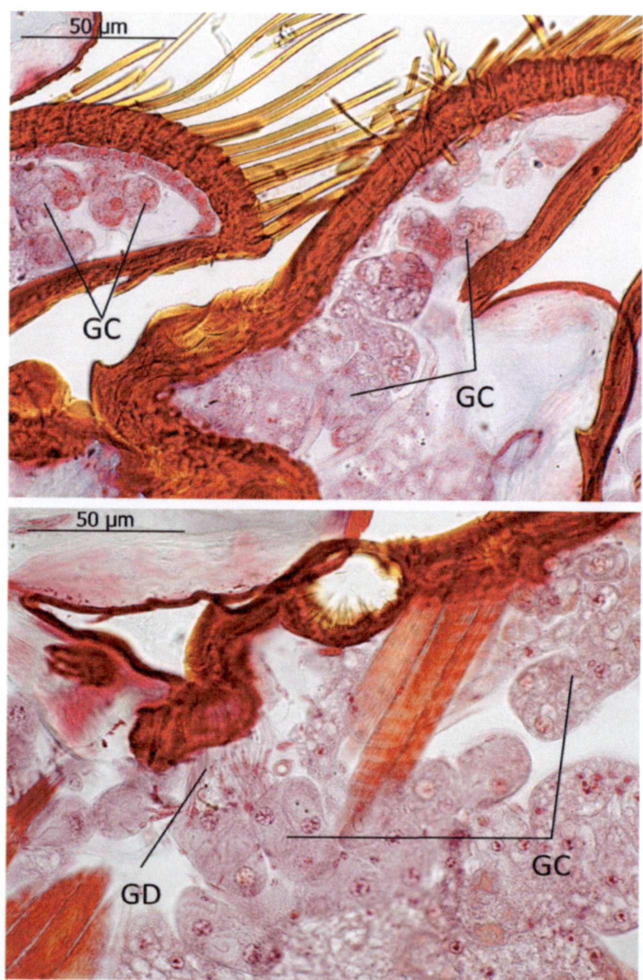

Abb. 8.20 Adoptionsdrüsenkomplex von *Lomechusoides strumosus*. Das *obere Bild* zeigt zwei
Lappen mit Trichomseatae und Drüsenzellen (*GC*). *Unten:* Die zweite große Ansammlung von
Drüsenzellen in der Nähe der Basen der Tergallappen: die Drüsenkanalzellen (*GD*) öffnen sich
durch die Cuticula in der Nähe eines Trachealtrakts. Diese Drüsen sind wahrscheinlich Teil des
Adoptionsdrüsenkomplexes. (Bert Hölldobler)

ca-Arten enthalten die *Myrmica*-Kolonien auch während des Winters Brut, sodass der
Käfer über ausreichend Nahrung für den Abschluss der Geschlechtsreife verfügt. Im Frühjahr, nach dem Winterschlaf, wandert *Lomechusa* wieder zu den *Formica*-Kolonien, und
zwar genau zu dem Zeitpunkt, an dem die *Formica* ihre erste Brut aufzieht und der soziale
Nahrungsfluss reichlich ist. Die Paarung findet in den *Formica*-Nestern statt, wo die Weibchen auch ihre Eier ablegen, und, wie bereits erwähnt, werden die Käferlarven von den
Ameisen aufgezogen, obwohl diese Larven auch die Brut der Ameisen fressen.

Abb. 8.21 *Lomechusa emarginata* (*oben*, mit freundlicher Genehmigung von Pavel Krásenský) und *Lomechusa sinuate* mit *Myrmica*-Wirtskönigin. (*Unten*, mit freundlicher Genehmigung von Taku Shimada)

Lomechusa sind nicht die einzigen myrmekophilen Staphyliniden, die in der Lage sind, sich bei mehr als einer Ameisenart niederzulassen. William Morton Wheeler (1910) berichtet, dass die Staphyliniden-Käfer der Gattung *Xenodusa* ihr Domizil mit den Jahreszeiten wechseln. Die Larven leben den Sommer über in *Formica*-Nestern, und die erwachsenen Tiere überwintern in Nestern der Rossameisen der Gattung *Camponotus*. Es ist von besonderem Interesse, dass die Rossameisen auch den Winter über Larven halten. Es ist gut möglich, dass die Entwicklungsgeschichte der *Xenodusa*-Käfer mit der von *Lomechusa* parallel verlief, was die Auswahl und Anpassung an ein Winterquartier betrifft. Der Wissenschaft sind 6 Arten der nearktischen *Xenodusa* bekannt, und für alle von ihnen werden *Formica*-Arten als Sommerwirte und *Camponotus*-Arten als Winterwirte aufgeführt (Hlaváč et al. 2011).

Wasmann (1920) betrachtete die Strategie, im Winter und Sommer verschiedene Wirtsarten zu nutzen, als einen abgeleiteten Zustand, der sich aus Vorfahren entwickelt hat, die nur eine Wirtsart besiedelten. Die Arten der phylogenetisch eng verwandten Gattung *Lomechusoides* wechseln ihre *Formica*-Wirtsarten nicht, obwohl sie im Herbst und Frühjahr

Abb. 8.22 Ein *Lomechusa-sinuate*-Käfer entlockt dem Wirt *Myrmica* sp. Nahrung. Zunächst stimuliert er mit seinen Vorderbeinen die Mundwerkzeuge der Wirtsameise (*oben*). Dadurch wird der Regurgitationsreflex in der Ameise ausgelöst (*unten*). (Mit freundlicher Genehmigung von Taku Shimada)

ebenfalls zu verschiedenen *Formica*-Kolonien derselben Art wandern. Der Wissenschaft sind 15 *Lomechusoides*-Arten bekannt, die alle *Formica*-Arten als Wirte nutzen. Die am besten untersuchte Art ist *Lomechusoides strumosus*. Keiner hat mehr Arbeiten veröffentlicht oder *L. strumosus* länger beobachtet als Erich Wasmann. Er hat mehr als 200 Arbeiten über Myrmekophile verfasst, viele davon über *L. strumosus*. Ein Großteil dieser Arbeiten sind in einer 1915 veröffentlichten Übersicht zusammengefasst. Über einen Zeitraum von 3 Jahrzehnten entdeckte Wasmann viele Phänomene in der Naturgeschichte von *L. strumosus*. Er versuchte auch, die Evolution dieser komplizierten parasitär-symbiotischen Beziehung zwischen diesen Myrmekophilen und seinen Wirtsameisen, *Formica sanguinea*, zu verstehen. Er schlug vor, dass die Ameisen einen Symphilie-Instinkt entwickelt haben, eine Abart des Brutpflegeinstinkts. Er argumentierte auch, dass die Wirtsameisen aktiv die begehrtesten Käferindividuen für die Zucht auswählen, weil die Ameisen „süchtig“ nach den Drüsensekreten wurden, die aus den „Trichom-Drüsen“ austreten. Er bezeichnete diese spezifische Selektionsform als „Amikalselektion“. Obwohl Wasmanns Hypothese von mehreren zeitgenössischen Entomologen wie Jordan (1913); Escherich (1898a) und Wheeler (1910) angegriffen wurde, antwortete Wasmann mit einer Auflistung

Abb. 8.23   *Lomechusa sinuate* wandern vom „Winterwirt" *Myrmica* zum „Sommerwirt" *Formica*. *Formica japonica* tragen den Käfer in ihr Nest (*oben*). Im Nest bettelt der Käfer bei den *Formica*-Arbeiterinnen um Nahrung, so wie er es auch bei seinen *Myrmica*-Wirten getan hat (*Mitte* und *unten*). (Mit freundlicher Genehmigung von Taku Shimada)

Abb. 8.24 Die Larven von *Lomechusa sinuate* entwickeln sich im Brutnest des Wirts *Formica hayashi*, wo sie sich ungehindert von den Ameisenlarven ernähren. (Mit freundlicher Genehmigung von Taku Shimada)

zahlreicher Verhaltenstatsachen, die er zusammengetragen hatte, und die seiner Meinung nach seine Theorie eindeutig stützten. Schließlich veröffentlichte Karl Hölldobler 1948 eine detaillierte Analyse der von Wasmann aufgelisteten Fakten und theoretischen Argumente und kam zu dem Schluss, dass, obwohl die meisten Fakten nicht in Frage gestellt werden, Wasmanns Evolutionstheorie eine logische Grundlage fehlte. Nichtsdestotrotz hat auch er erwogen, ob die Ameisenwirte eine Art „Sucht" nach dem Trichomexudat entwickeln könnten und die Käfer daher tolerieren, obwohl sie für die Kolonie schädlich werden können. In der Tat fand Wasmann in Kolonien, die *L. strumosus* beherbergten, eine starke Korrelation zwischen abweichender Morphologie der Arbeiterinnen (sogenannte Pseudogynen) und einem auffälligen Rückgang der Produktion geflügelter reproduktionsfähiger Ameisen. Obwohl die genaue physiologische Ursache für die abnorme Entwicklung der Arbeiterinnen und den Rückgang der Geschlechtstiere (reproduktiver Ameisen) nicht bekannt ist, ist es wahrscheinlich, dass dieses Phänomen durch die Unterernährung der Larven verursacht wird, da die Käfer der Kolonie Nahrung entziehen. Es sei auch darauf hingewiesen, dass Horace Donisthorpe (1927) den Zusammenhang zwischen dem Auftreten von *Lomechusoides*-Larven und Pseudogynen in *Formica-sanguinea*-Kolonien nicht bestätigen konnte. Allerdings gibt Donisthorpe selbst an, dass seine Datenbasis bei weitem nicht so umfangreich ist wie die von Wasmann. Zusammenfassend erkannte K. Hölldobler, dass die Myrmekophilen Schlüsselreize ausnutzen, die bei intraspezifischen Interaktionen innerhalb der Kolonie eine wichtige Rolle spielen, und nannte die myrmekophilen Käfer „Psychoparasiten".

Abb. 8.25 *Lomechusa-sinuate*-Larven werden von den *Formica*-Wirtsarbeiterinnen gepflegt und gefüttert, und wenn die Brutkammern verlegt werden, tragen die *Formica*-Arbeiterinnen die parasitischen Myrmekophilen in das neue Domizil. (Mit freundlicher Genehmigung von Taku Shimada)

Unsere vergleichenden Untersuchungen von *Lomechusa* und *Lomechusoides* ergaben, dass beide Gattungen eine fast identische Drüsenausstattung haben und beide Myrmekophilen die Drüsen auf ähnliche Weise nutzen (Hölldobler et al. 2018). Darüber hinaus hat *Lomechusoides* gut entwickelte Trichomendrüsen in den Beinen, insbesondere in den Femura, die anscheinend auch am Adoptionsprozess beteiligt sind (Abb. 8.26 und 8.27).

Als wir einen aus einer Feldkolonie gesammelten Lomechusoides-Käfer in die Arena einer Labor-kolonie *Formica sanguinea* setzten, stellten wir fest, dass der Käfer, wenn er von der Ameise berührt wurde, seine Beine nach außen stellte, sodass das relativ große Femur in einer fast horizontalen Position nach außen ragte. Gewöhnlich leckten die Ameisen an den Beinen, insbesondere an den Femura (Abb. 8.28). Der Käfer beugte sich mit

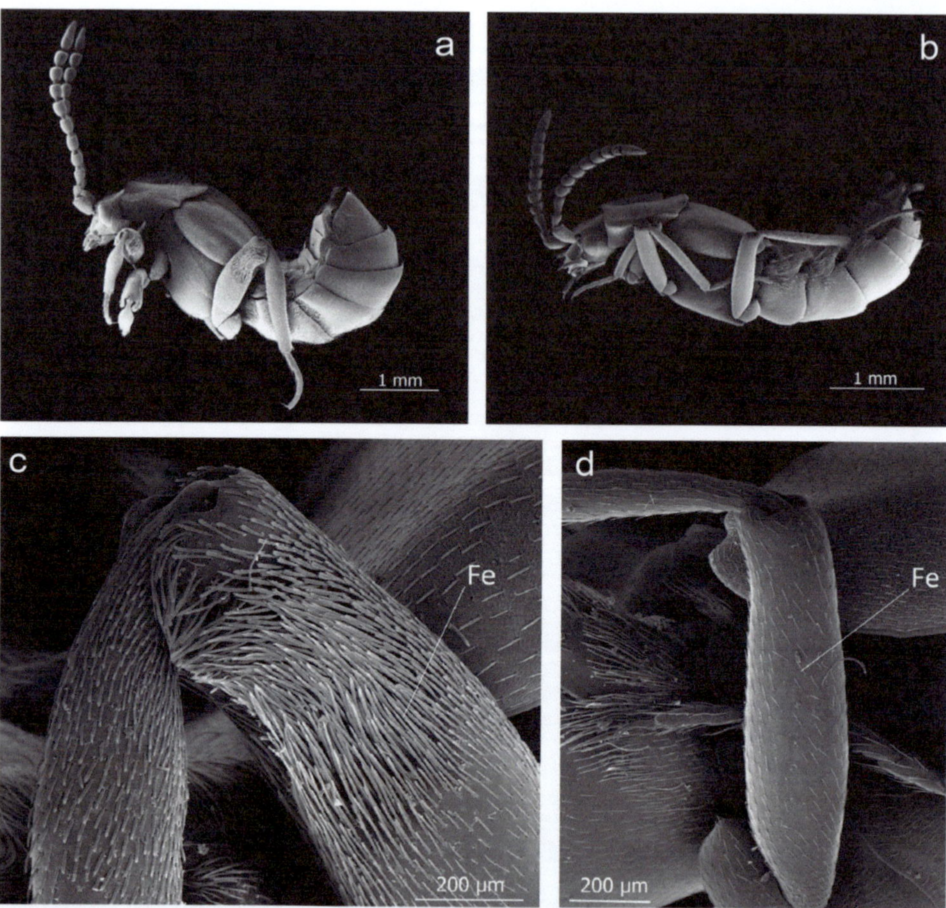

Abb. 8.26 Rasterelektronenmikroskopische Aufnahmen der Seitenansicht von *Lomechusoides strumosus* (**a**) und *Lomechusa pubicollis* (**b**). Nahaufnahme des Femurs (*Fe*) von *L. strumosus* (**c**), die Trichom-Setae sind deutlich sichtbar; (**d**) Nahaufnahme des Femurs von *L. pubicollis*, Trichom-Setae fehlen. (Bert Hölldobler)

Kopf und Thorax nach hinten oder zur Seite und versuchte offenbar, die Ameise mit seinen Fühlern zu berühren. Oft rollte der Myrmekophile seinen Hinterleib ein und richtete die Spitze auf die Ameise (Abb. 8.29).

Unsere genaueren Beobachtungen der Begegnungsphase zeigten, dass die Ameisen am häufigsten den hinteren Teil des Käferhinterleibs berühren, gefolgt von den Beinen. Die Ameisen zeigten oft ein leicht aggressives Verhalten, doch *L. strumosus* setzte das abweisende Sekret aus der Abwehrdrüse nicht ein. Stattdessen präsentierte der Käfer seine Hinterleibsspitze, an der die zunächst aggressive Ameise leckte, während der Käfer seine Antennenspitzen, deren letzte Segmente dicht mit Chemosensillen besetzt sind, weiter nach hinten streckte. Gelegentlich erschien ein weißes, undurchsichtiges Tröpfchen an der

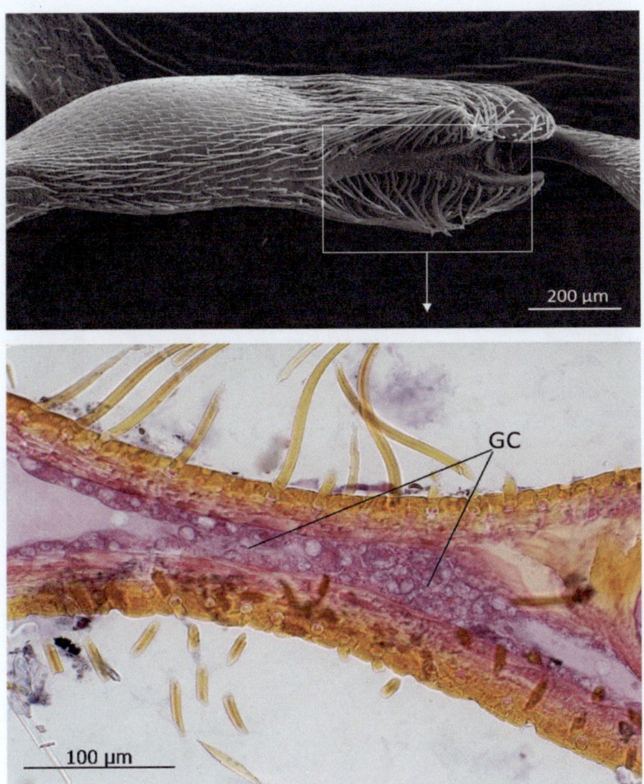

Abb. 8.27 Trichomdrüsen im Femur von *Lomechusoides strumosus*. Rasterelektronenmikroskopische Aufnahme der Ventralseite des Femurs. Der Rahmen zeigt die Lage des im *Bild unten* gezeigten histologischen Präparats mit Drüsenzellen (*GC*) im Inneren des Femurs. (Bert Hölldobler)

Stelle, an der wir die „Analdrüse" (oder Pleuraldrüse) vermuten. Wir nehmen an, dass diese Drüse und andere exokrine Drüsen in der Abdomenspitze zusammen mit dem Rektum an dem Beschwichtigungsprozess beteiligt sind, der dazu führt, dass die Ameise ihre Aggression dämpft und in gefügiges Lecken übergeht. Erst nach dieser Anfangsphase, die in der Regel einige Minuten oder weniger dauert, manchmal aber auch bis zu 20 min in Anspruch nehmen kann, gewähren die Käfer den Ameisen in vollem Umfang Zugang zu den Büscheln an den Hinterleibsrändern, wo sich die Adoptionsdrüsen öffnen (Abb. 8.30). Schließlich wird der Käfer von der Ameise in das Brutnest der Wirtskolonie getragen, und das Verhalten von Lomechusoides während dieses Transports ist identisch mit dem von *Lomechusa*-Käfern.

Die Beteiligung von *Lomechusoides*-Käfern am Nahrungsfluss innerhalb der Wirtsameisenkolonie ist seit Wasmanns umfangreichen Studien bekannt. Häufig kann man Mund-zu-Mund-Kontakt zwischen den Käfern und Ameisen beobachten, und durch Markierung der den Ameisen angebotenen Nahrung mit einem Farbstoff und anschließende

Abb. 8.28 Adoptionsprozess bei *Lomechusoides strumosus*. Bei der ersten Begegnung lecken die Ameisen (*Formica sanguinea*) oft den distalen Teil des verlängerten Femurs (*oben*) oder den proximalen Teil der Tibia (*unten*) des Käfers ab. (Bert Hölldobler)

Sektionen konnte Wasmann nachweisen, dass die Nahrung von der Ameise auf den Käfer übertragen wird (Abb. 8.31).

Die Anwendung der radioaktiven Tracer-Technik ermöglichte es uns, quantitative Daten zu erhalten (Hölldobler et al. 2018). Die Beobachtungen zeigten, dass Häufigkeit und Dauer der trophallaktischen Kontakte zwischen Ameisen und Käfern unterschiedlich waren, je nachdem, ob die Gruppen mit vertrauten „Nestgenossen" oder mit unbekannten Ameisen aus einer fremden Wirtskolonie untergebracht waren. Wahrscheinlich nehmen die Käfer durch die häufigen engen Kontakte mit den Ameisen einen Teil des spezifischen Nestgeruchs der Wirtskolonie an. Während die Übertragung von Flüssignahrung von den Ameisen auf die Käfer offensichtlich ist, haben unsere Experimente auch gezeigt, dass es unwahrscheinlich ist, dass die Käfer Nahrung zurück an die Ameisen übertragen. Wir fanden heraus, dass nach 48 h nur 4 % der durchschnittlichen Nahrung aus dem Inneren der Käfer mit den Ameisen geteilt wurde. Statt diese durch Mund-zu-Mund-Trophallaxis

Abb. 8.29 Im nächsten Schritt des Adoptionsprozesses von *Lomechusoides strumosus* präsentiert der Käfer dem Wirt *Formica sanguinea* die Hinterleibsspitze (*oben*). Die Ameise leckt die distalen Teile des Käferhinterleibs; während dieses Vorgangs versucht der Käfer, die Ameise mit seiner Antennenspitze zu berühren (*unten*). (Bert Hölldobler)

aufzunehmen, verzehrten die Ameisen wahrscheinlich kleine Mengen von Käferkot oder Sekreten, die von den Käfern aus dem Rektum ausgestoßen wurden (Hölldobler et al. 2018).

Wasmann und andere verglichen den Nahrungsaustausch zwischen erwachsenen *Lomechusoides*-Käfern und Wirtsameisen mit dem von *Lomechusa*. *Lomechusoides* benutzt die Vorderbeine nicht, um die Regurgitation der Wirtsameisen auszulösen. Bei *Lomechusoides* ähnelt das Verhalten der Ameisen oft dem, das die Ameisen beim Füttern von Ameisenlarven oder Käferlarven zeigen. Die Antennen sind oft auf den Kopf der Käfer gerichtet, und die Mandibeln sind geschlossen. Obwohl wir Wasmanns Beobachtung be-

Abb. 8.30 In der letzten Phase des Adoptionsprozesses von *Lomechusoides strumosus* ermöglicht der Käfer der *Formica-sanguinea-*Arbeiterin den Zugang zu seiner Adoptionsdrüse. Die Ameise leckt eifrig an den Trichomen (*oberes* und *mittleres Bild*) und hebt den Käfer schließlich hoch. Der Käfer legt seine Beine eng an den Körper und wird in dieser Position von der Ameise ins Nest getragen (*unteres Bild*). (Bert Hölldobler)

Abb. 8.31 Im Nest erbetteln die *Lomechusoides*-Käfer regurgitierte Nahrung von den Wirts-ameisen und führen gelegentlich eine Trophallaxis mit einer der *Formica-sanguinea*-Wirtsameisen durch, während sie von einer anderen Wirtsameise am Hinterleibsende geleckt wird. (Bert Hölldobler)

stätigen können, haben wir auch bei Ameisen das typische „Spenderverhalten" bei der Käferfütterung beobachtet, das mit dem bei der Trophallaxis mit Nestgenossen identisch ist: weit aufgespreizte Mandibeln, ausgestrecktes Labium und nach hinten geklappten Antennen (Abb. 8.32).

Gelegentlich kann man zwei Käfer beobachten, die Kopf an Kopf stehen, als ob sie Trophallaxis betreiben. Unsere Tracer-Versuche ergaben jedoch keinen Hinweis darauf, dass zwischen diesen *Lomechusoides*-Käfern ein Nahrungsaustausch stattfindet.

Abb. 8.32 Obwohl die *Formica*-Ameisen die *Lomechusoides*-Käfer oft auf dieselbe Weise füttern wie ihre Larven (mit geschlossenen Mandibeln), beobachteten wir auch das typische „Spenderverhalten", das die Ameisen beim Nahrungsaustausch mit Nestgenossen zeigen: weit geöffnete Mandibeln, ausgestrecktes Labium und nach hinten geklappte Antennen. (Bert Hölldobler)

Wie gesagt, das trophallaktische Verhalten der Wirtsameisen gegenüber *Lomechusoides* unterscheidet sich von dem gegenüber *Lomechusa*. Bei *Lomechusoides* werden nicht nur die Käferlarven wie Ameisenlarven behandelt, sondern oft auch die erwachsenen Tiere. Wir wissen nicht, ob sich die Qualität der Nahrung unterscheidet, wenn die Käfer im „Larvenmodus" gefüttert werden, im Vergleich zum trophallaktischen Modus für Erwachsene, obwohl wir die Übertragung von radioaktiv markierter Nahrung in beiden Situationen registriert haben. Es ist möglich, dass im „Larvenmodus" auch Inhalte aus der Labialdrüse an den Käfer verfüttert werden. In diesem Zusammenhang ist es bemerkenswert, dass *Lomechusoides*-Käfer reichlich mit epithelialen Drüsen an den Rändern des Prothoraxschildes und des Kopfes ausgestattet sind (Hölldobler et al. 2018). Wir fanden Drüsenzellen im vorderen Kopfbereich und ventral in der Nähe der Mandibeln und im Inneren der Mandibeln, des Labiums und des Labrums. Die Drüsengänge dieser hypodermalen Zellen öffnen sich durch Porenplatten oder singuläre Poren. Ähnliche Strukturen wurden auch bei den Arten *Lomechusa pubicollis* und *L. emarginata* gefunden. Da wir insbesondere bei *Lomechusoides* häufig beobachtet haben, dass die Wirtsameisen den Kopf des Myrmekophilen belecken, bevor die Trophallaxis einsetzt, vermuten wir, dass die Ameisen von den Drüsensekreten dieser hypodermalen Drüsenzellen angezogen werden, was dann aufgrund der taktilen Stimulation durch die Käfer mit ihren bürstigen Mundwerkzeugen (insbesondere Mandibeln, Galea und Lacina) zur Trophallaxis führt (Hlaváč 2005; Hölldobler et al. 2018).

Auf der Grundlage unserer experimentellen Untersuchungen von *Lomechusa pubicollis* und *Lomechusoides strumosus* kommen wir zu dem Schluss, dass diese Myrmekophilen einige der Kommunikationscodes der Ameisen geknackt haben. Wahrscheinlich ahmen sie die Pheromone der Ameisen für die Brutpflege nach und parasitieren auf dem „angeborenen Brutpflege- Auslösemechanismus" des Wirts. Bei beiden Arten erhalten sowohl die Larven als auch die erwachsenen Käfer mehr Nahrung von den Arbeiterinnen als die Ameisenbrut und die Nestgenossinnen. All dies deutet darauf hin, dass der Sozialparasitismus von *Lomechusa* und *Lomechusoides* auf der übernormalen Nachahmung eines Brutpflegeauslösers beruht, einem chemischen Signal, das die erwachsenen Käfer aus abdominalen „Trichomdrüsen" ausscheiden. Bei beiden Arten spielen diese Drüsen eine entscheidende Rolle bei der Adoption der Käfer durch die Wirtsameisen, weshalb wir sie „Adoptionsdrüsen" nennen. Die „Trichomdrüsen" an den Beinen (insbesondere am Femur) der *Lomechusoides*-Käfer scheinen einzigartig für diese Gattung zu sein. Sie fehlen bei *Lomechusa* und höchstwahrscheinlich auch bei *Xenodusa*, der dritten Gattung der Subtribus Lomechusina. Diese Strukturen werden offenbar bei den ersten Begegnungen mit Ameisen eingesetzt. Sie dienen als erste „besänftigende" Barriere für Ameisen, die Zugang zu den abdominalen Adoptionsdrüsen suchen. Wenn die Ameisen schließlich an die Adoptionsdrüsen eines Käfers außerhalb des Nests kommen, packen sie den Käfer an den Trichombüscheln und tragen ihn ins Nest. Manchmal werden die Käfer auch innerhalb des Nestes von einer Brutkammer in eine andere getragen.

Die Adoptionsphase ist ein Schlüsselfaktor für die parasitären Beziehungen von *Lomechusoides* zu seinen Wirten. Während seines Lebensweges muss der Käfer bei verschiedenen Wirtsameisenkolonien Aufnahme finden. Wie Wasmann in mehreren seiner Studien (1915, 1920) feststellte, wandern die Käfer als Erwachsene mehrmals von einem Wirtsvolk zu einem anderen. Nach Erreichen der Geschlechtsreife in dem *F.-sanguinea*-Nest, in dem die Larven aufgezogen wurden, verlassen die Käfer das Wirtsnest und wandern zu einem anderen, wo sie auf Artgenossen treffen, die in verschiedenen *F. sanguinea*-Nestern aufgezogen worden waren. Wie Wasmann beobachtete, kann sich ein Männchen (erkennbar an den Haarbüscheln auf dem dritten und vierten Antennensegment) mit mehreren Weibchen paaren, und ein Weibchen paart sich oft mit mehreren Männchen. Sie speichert die Spermien in einer großen sklerotisierten Spermathek, die für viele Aleocharinae-Kurzflügler typisch ist. Nach der Paarung wandern einige Käfer erneut in ein anderes *F. sanguinea*-Nest, wo ihre Larven aufgezogen werden. In jedem Fall müssen sich die Käfer einen „sanften" Eintritt in eine fremde Kolonie verschaffen, was durch den komplexen Adoptionsprozess erheblich erleichtert wird.

In seiner ausgezeichneten Übersichtsarbeit über die Myrmekophilie bei Käfern hat Joseph Parker (2016) darüber nachgedacht, welche Eigenschaften bei so vielen Gattungen der Unterfamilie Aleocharinae (wie *Pella*, *Zyras*, *Dinarda*, *Lomechusa*, *Lomechusoides* und viele andere) die evolutionäre Entwicklung der Myrmekophilie förderten. Eines der entscheidenden Merkmale, so schlug er vor, ist die Fähigkeit der Käfer, den Hinterleib schnell nach oben zu biegen. Wasmann (1920, 1925) schlug vor, dass diese Eigenschaft es den Käfern ermöglicht, den Ausstoß der Abwehrsekrete aus der Tergaldrüse gezielt auf die angreifende Ameise auszustoßen. Er stellte aber auch die These auf, dass der Käfer durch die Aufwärtskrümmung des Hinterleibs die Gaster der Ameise nachahmt und dadurch von den Ameisen nicht sofort als Eindringling erkannt wird. Einen ähnlichen Vorschlag bezüglich rundlicher Körperteile bei Myrmekophilen und taktiler Mimikry machte K. Hölldobler (1941, 1947). Wir haben diesen Gesichtspunkt auch in Kap. 7 diskutiert. Obwohl wir eine mögliche Funktion der taktilen Mimikry nicht in Abrede stellen, sind wir der Meinung, dass es andere plausible Erklärungen für die Neigung der Aleocharinae-Käfer zur Entwicklung von Myrmekophilie gibt.

Viele Aleocharinae-Kurzflügler sind Räuber auf dem Boden und in der Laubstreu. In diesen Lebensräumen treffen sie häufig auf Ameisen, die sie wahrscheinlich angreifen, und daher kann es von großem Vorteil sein, mit einer doppelten Verteidigungsstrategie ausgestattet zu sein. Die eine ist ein sanftes Beschwichtigungsmanöver, das die Aggression der Ameise ablenkt und es dem Käfer ermöglicht, schnell zu entkommen. Die andere Verteidigungstaktik ist ein „letzter Ausweg", bei der hoch wirksamen, abstoßenden Sekreter aus der tergalen Abwehrdrüse abgegeben werden. Möglicherweise ist ein Teil des „Beschwichtigungsdrüsenkomplexes", die sogenannte Analdrüse (oder Pleuraldrüse), die sich dorsolateral am neunten Tergit öffnet, homolog zu den sogenannten pygidialen Abwehrdrüsen anderer Kurzflüglerunterfamilien (Jenkins 1957; Dettner 1993; Schierling und Dettner 2013), die in diesen Gruppen abstoßende Sekrete produzieren. Wir stellen die Hypothese auf, dass diese Drüsen bei den Aleocharinae zu einem Teil des sanften Beschwichtigungsabwehrsystems geworden sind, und sich daher zwischen dem sechsten und siebten Tergit eine neue Abwehrdrüse entwickelt hat. Bevor die Käfer ihr „letztes Mittel", die Abwehrsekrete, einsetzen, bieten sie zunächst ihre Beschwichtigungssekrete direkt an der Spitze des Hinterleibs an, was ihnen ein schnelles Entkommen ermöglicht.

Diese spezifische Drüsenanpassung ermöglicht es den Aleocharinae-Arten, sich zu effektiven Prädatoren von Ameisen zu entwickeln. Einige haben sich auf die Jagd und das Plündern von Futterstraßen und Abfällen von Ameisenkolonien spezialisiert (z. B. *Pella* und *Zyras*); andere sind hauptsächlich Aasfresser innerhalb oder in der Nähe von Ameisennestern, und einige von ihnen haben Verhaltensmechanismen entwickelt, um den Ameisen flüssige Nahrung zu stehlen (z. B. *Dinarda*). Wiederum andere haben die höchste Stufe der Myrmekophilie erreicht, indem sie als Parasiten in den Brutkammern der Ameisen leben, den vollen Schutz der Ameisen genießen, die Brut der Ameisen erbeuten, Nahrung von den Ameisen erbetteln und die Brut der Myrmekophilen von den Wirtsameisen aufziehen lassen (z. B. *Lomechusa, Lomechusoides*). Wie wir betont haben, ist die Entwicklung dieser speziellen Anpassungen nicht auf das „Ziel" einer vollständigen Integration in die Brutkammern von Ameisennestern ausgerichtet. In der Tat gibt es die gesamte Bandbreite myrmekophiler Strategien bei den heute lebenden Aleocharinae-Käfern. Wir können jedoch die Hypothese aufstellen, dass die Verhaltensweisen, die bei gut integrierten Arten auftreten, wie die der Gattungen *Lomechusa* und *Lomechusoides*, nicht auf einmal bei frei lebenden Käfern oder solchen mit nur loser Verbindung zu Ameisen entstanden sind. Vielmehr waren Prädatoren- und Aasfresser mit einem doppelten Wehrsystem, wie bei *Pella* und *Zyras*, wahrscheinlich ein erster Schritt, um sich den Ameisen und ihren Nestern anzunähern, und die für diesen frühen Schritt erforderlichen Drüsenanpassungen dienten wahrscheinlich als Substrat für die evolutionäre Entwicklung einer komplexeren chemischen Kommunikation zwischen myrmekophilen Aleocharinae Käfern und ihren Ameisenwirten.

Diese Sichtweise wird durch einen von Munetoshi Maruyama und Joseph Parker im Jahr 2017 erstellten, fossil kalibrierten Stammbaum der Aleocharinae gestützt. Innerhalb der Tribus Lomechusini und unter den Käfern, die wir besprochen haben, stellt *Lomechusa* die jüngste Gattung dar und ist die Schwestergattung von *Lomechusoides*, der nächstjüngeren Gattung. Die Prädatoren- und Aasfresserkäfer *Pella*, *Zyras* und *Drusilla* sind noch älter. Obwohl Verhaltensumkehrungen möglich sind, ist es unwahrscheinlich, dass die spezialisierten Drüsen und Anpassungen, die es *Lomechusa* und *Lomechusoides* ermöglichen, gut integrierte Gäste zu sein, in den älteren Linien verloren gegangen sind. Stattdessen scheint die Raubtier-Aasfresser-Strategie bei den Lomechusini früher aufzutreten als andere myrmekophile Strategien. Angesichts ihrer Unterschiede im Verhalten und in der Morphologie ist es nicht überraschend, dass *Lomechusa* und Lomechusoides ihren letzten gemeinsamen Vorfahren mit ihrer Schwestergattung *Pella* vor etwa 45 Mio. Jahren hatten (Maruyama und Parker 2017).

Wir stellen die Hypothese auf, dass die meisten Kurzflügler der Aleocharinae-Familie sowie diejenigen, die nicht mit Ameisen vergesellschaftet sind, ein chemisches Beschwichtigungssystem in der Spitze des Hinterleibs besitzen. Sie verfügen zwar nicht über einen so reichhaltig ausgestatteten „Beschwichtigungsdrüsenkomplex" wie die myrmekophilen Arten, aber das, was ursprünglich eine abwehrende Drüse war, die sich im achten und neunten Tergit befand, könnte sich bei den Aleocharinae zu einer Beschwichtigungsdrüse gewandelt haben, während die abwehrende Drüse zwischen dem sechsten und siebten Tergit ein evolutionär neues Organ bei den Aleocharinae-Käfern ist.

Die Brutkammern in den Nestern der Wirtsameisen sind sehr reichhaltig mit Nahrung für die Myrmekophilen bestückt. Die Ameisengäste werden von den Ammenameisen gefüttert und machen ungehindert Beute an der Ameisenbrut. *Lomechusa* und *Lomechusoides* werden in die Brutkammern aufgenommen, wahrscheinlich durch Nachahmung von Ameisenbrut-Pheromonen. Andere Myrmekophile, wie die im nächsten Abschnitt beschriebenen Claviger-Käfer, die sich ebenfalls zu Brutkammerspezialisten entwickelt haben, scheinen jedoch andere Mittel zu nutzen, um von den Ameisen toleriert zu werden. Und wieder andere Brutspezialisten haben möglicherweise ähnliche Strategien wie *Lomechusa* und *Lomechusoides* entwickelt, wie das Beispiel des Käfers *Paussus favieri* nahelegt, den wir im letzten Abschnitt dieses Kapitels beschreiben werden. Für diese Fälle können wir keine Beispiele für evolutionäre Grade (Stufen) vorlegen, obwohl eine eingehendere Analyse der myrmekophilen *Paussus*-Käfer zur Entwicklung einer plausiblen Hypothese für evolutionäre Grade führen könnte (Geiselhardt et al. 2007).

8.4 Claviger: Vortäuschung eines Beutestücks?

Die Unterfamilie Pselaphinae ist die andere Unterfamilie der Staphyliniden mit vielen myrmekophilen Arten. Wir werden uns auf eine besondere Art konzentrieren, den europäischen *Claviger testaceus* (Abb. 8.33) (Tribus Clavigerini), da wir zusammen mit der Clavigerinen-Gattung *Adranes* der Neuen Welt (Abb. 8.34) die besten Daten über die Verhaltensmechanismen haben, die der Myrmekophilie des Käfers zugrunde liegen.

Abb. 8.33 Zwei myrmekophile Clavigeritae: *Claviger testaceus* (*oben*) und *Claviger longicornis* (*unten*). (Mit freundlicher Genehmigung von Pavel Krásenský)

Nach Park (1964) sind alle der etwa 250 Arten der Tribus Clavigerini speziell an das Leben in Ameisennestern angepasst. David Kistner hat in seiner umfangreichen Übersicht über die Myrmekophilie (1982) eine Tabelle erstellt, in der alle bisher bei *Adranes* (Akre und Hill 1973; Hill et al. 1976) und *Claviger* (Wasmann 1920; Donisthorpe 1927; Hölldobler 1948; später insbesondere Cammaerts 1974, 1991a, b, 1992, 1995, 1996, 1999a, b) beobachteten Verhaltensweisen aufgelistet sind. Aus diesen Arbeiten erfahren wir, dass

Abb. 8.34 Ein Exemplar der Gattung *Adranes* sp. (Clavigeritae) ernährt sich von der Brut seiner *Lasius*-Wirtsameisen. (Mit freundlicher Genehmigung von Alex Wild/alexanderwild.com)

Claviger testaceus ein häufiger myrmekophiler Gast bei der Ameisenart *Lasius flavus* ist; gelegentlich wurde er auch in Nestern von *L. alienus* und *L. niger* gefunden, und Donisthorpe (1927) berichtete, dass er gelegentlich in *Myrmica*-Nestern vorkommt. Die andere, etwas größere *Claviger*-Art, *C. longicornis* (Abb. 8.33), wurde hauptsächlich in Nestern von *Lasius umbratus*, aber manchmal auch mit *L. flavus*, *L. niger* und mit *Myrmica*-Arten gefunden. Donisthorpe berichtete von einem Fund in einem *Lasius-fuliginosus*-Nest, aber er nahm an, dass es sich dabei um eine relativ junge Kolonie handelte, die parasitisch in einem *L.-umbratus*-Nest gegründet wurde, und dass der *C. longicornis* ein „Überbleibsel" der ehemaligen *L.-umbratus*-Kolonie war. Donisthorpe zufolge ernähren sich die *Claviger*-Käfer von der Ameisenbrut, den Eiern, Larven und sogar Puppen, obwohl Letztere von Roger Cammaerts, der die gründlichsten neueren Studien über diese Ameisengäste durchgeführt hat, nicht bestätigt wurde. Die Käfer wurden dabei beobachtet, wie sie sich von Beute ernährten, die von ihren Wirten in das Brutnest gebracht wurde, und sie wurden häufig von den Ameisen geputzt. Die Trichome an den basalen Abdominalrändern des Käfers sind für die Wirtsameisen besonders attraktiv. Die exokrinen Drüsen, die mit diesen Trichomen verbunden sind, wurden von Cammaerts (1974) beschrieben. Unseres Wissens ist nichts über die Larven und die Lebensgeschichte der *Claviger*-Käfer bekannt, obwohl die Paarung der Käfer im Nest von mehreren Autoren beobachtet wurde (Donisthorpe 1927); vor kurzem wurden jedoch von Taku Shimada Fotos im Internet veröffentlicht, die offenbar die Larven von der Clavigerinen-Gattung *Diartiger fossulatus* zeigen, aber es wurden keine weiteren Einzelheiten berichtet (Abb. 8.35).

Abb. 8.35 Die Entwicklungsstadien des Käfers *Diartiger fossulatus* (Clavigeritae): (*oben links*) Larve im letzten Larvenstadium; (*oben rechts*) Seidenpuppenwiege; (*unten links*) die Wiege wurde geöffnet, um das frühe Puppenstadium freizulegen; (*unten rechts*) erwachsener *D.-fossulatus*-Käfer mit Wirtsameisenlarven. (Mit freundlicher Genehmigung von Taku Shimada)

Die *Claviger*-Käfer scheinen flugunfähig zu sein. Donisthorpe (1927) berichtete, dass das erste in Großbritannien gesammelte Exemplar von *C. testaceus* an einem geflügelten *Lasius-flavus*-Weibchen an der Körperunterseite befestigt war, und er wies darauf hin, dass Hetschko und Janet *C. testaceus* sowohl an Männchen als auch an geflügelten Weibchen ihrer Wirte gefunden haben. Dies deutet darauf hin, dass dieser Myrmekophile seine Verbreitung als Tramper auf den geflügelten Ameisen seiner Wirtskolonie vollzieht. Sollte der Käfer bei solchen „Irrflügen" im Nest einer anderen Ameisenart landen, gefährdet dies offenbar nicht sein Leben. Tatsächlich wurden die Käfer, als sie in Labornester anderer Ameisenarten gesetzt wurden, von einer Vielfalt von Wirtsgattungen akzeptiert, bei denen sie in der Natur nie gefunden wurden (Donisthorpe 1927; Hölldobler 1948). Karl Hölldobler gelang es, *Claviger testaceus* viele Monate lang in einem Nest der winzigen Diebesameise *Solenopsis fugax* zu halten.

Lange Zeit war es den Wissenschaftlern ein Rätsel, wie die *Claviger*-Käfer in der Lage sind, bei den Arbeiterinnen der Wirtsameisen die Regurgitation auszulösen, denn im Gegensatz zu früheren Berichten setzen die Käfer weder ihre Antennen ein, um die Ameisen zur Trophallaxis zu bewegen, noch sind die Mundwerkzeuge der Käfer speziell für die

Stimulation der Ameisenlabium (Unterlippe) ausgestattet. Daher scheinen frühere Behauptungen von Erich Wasmann (1891, 1898a, b zitiert in Wasmann 1920), dass *Claviger testaceus* die Regurgitation durch Stimulierung der Wirtsameisen mit seinen Antennen und Ablecken der Mundwerkzeuge der Ameisen auslöst, nicht ganz richtig zu sein. Nach den Beobachtungen von Cammaerts stößt der Käfer seine Mundwerkzeuge nur dann gegen das Labium (Unterlippe) seines Wirts, wenn die Ameise, die mit einem vollen Kropf ankommt, „spontan" einen Tropfen regurgitiert, „oder wenn Reste der regurgitierten Nahrung noch auf dem Labium des Wirts vorhanden sind." In einer Reihe geschickter Experimente fand Roger Cammaerts (1995) die Lösung für dieses Rätsel. Er entdeckte, dass die Regurgitation bei den Ameisen chemisch durch Sekrete ausgelöst wird, die aus Drüsen im Kopf des Käfers stammen (Cammaerts 1996). Nach einer sorgfältigen morphologischen Analyse der Öffnung der Drüsenkanalzellen der exokrinen Drüsen im Kopf überzog Cammaerts bestimmte Abschnitte der Mundwerkzeuge des Käfers mit einem Lack und beobachtete unter dem Stereomikroskop, ob die Ameisen für die behandelten Käfern Nahrung regurgitierten. Auf diese Weise konnte er die wirksamen Teile identifizieren. Wenn z. B. nur die Oberlippe (Labrum) des Käfers nicht behandelt wurde, aber alle anderen Mundwerkzeuge schon, gab es keinen Unterschied in der Häufigkeit der Regurgitation bei den Ameisen im Vergleich zu unbehandelten Käfern. Wenn jedoch nur die Unterlippe (Labium) unbedeckt blieb und die Oberlippe (Labrum) bedeckt war, wurde von den Arbeiterinnen kein Futter an die Käfer regurgitiert. Cammaerts stellte die Hypothese auf, dass Drüsensekrete, die aus den Kopfdrüsen am oder in der Nähe des Labrums öffnen, als chemische Signale (Allomone) dienen, die bei den Wirtsameisenarbeiterinnen Regurgitation auslösen. Zuvor hatte Cammaerts (1974) gezeigt, dass sich die meisten Kanalzellen der sogenannten Labraldrüsen und einige der Kanalzellen der Mandibeldrüsen an der Oberfläche des Labrums öffnen, beziehungsweise einige Kanalzellen der Labraldrüsen und die meisten Kanalzellen der Mandibeldrüsen an der Oberfläche der Mandibeln. Weitere Ausschlussexperimente deuten stark darauf hin, dass die Labraldrüsensekrete für das Auslösen der Regurgitation bei den Ameisen verantwortlich sind. Darüber hinaus regurgitierten die Wirtsameisen überraschenderweise auch auf den Käfer, wenn sie an den Trichomen leckten, an deren Basis sich die Drüsenkanalzellen öffnen. Die Regurgitationsrate war jedoch geringer als wenn sie an den Mundwerkzeugen des Käfers leckten. Wie bei der Kopf-zu-Kopf-Trophallaxis geht dem Regurgitieren der Ameise auf die Trichome ein intensives Lecken der Arbeiterin am Kopf bzw. den Hinterleibstrichomen des Käfers voraus.

Wenn man bedenkt, wie klein die Käfer von *C. testaceus* sind (etwa 2 bis 3 Millimeter Länge), ist die selektive Abdeckung der Drüsenöffnungen an Labrum (Oberlippe) und Labium (Unterlippe) oder Mandibeln eine beachtliche Leistung von Roger Cammaerts. Auf den ersten Blick erscheinen diese Ergebnisse rätselhaft und merkwürdig. Warum sollten Arbeiterinnen von *Lasius flavus* auf den Hinterleib des Käfers regurgitieren? Wie und warum lösen die Trichomdrüsensekrete einen solchen Regurgitationsreflex aus?

In einer detaillierten Studie über das Regurgitationsverhalten von *L. flavus* entdeckte Cammaerts (1996), dass Ameisenarbeiterinnen, die im Begriff sind, Stücke von Insektenbeute an ihre Larven zu verfüttern, einen Tropfen auf diesen Kadaver regurgitieren, und er stellte fest, dass dieses spezielle Regurgitationsverhalten der Ameisen dem Abgeben von regurgitierter Flüssigkeit an *Claviger*-Käfer sehr ähnlich ist. Er vermutete, dass sich dieses Regurgitationsverhalten von dem unterscheidet, dass Arbeiterinnen bei der Fütterung von Larven, Nestgenossinnen und Königinnen anwenden, und schlug vor, dass die *Claviger*-Käfer von den Wirtsameisen wie ein Beutestück behandelt werden, das den Larven zum Verzehr angeboten wird. Da die Ameisen „als Antwort auf bestimmte Sekrete des *Claviger*-Käfers regurgitieren, kann man daraus schließen, dass das vom Käfer abgesonderte Regurgitationsallomon die Wirkung einer Substanz nachahmt, die von verwesenden Insektenkörpern produziert wird", so Cammaerts. Er stellte die Hypothese auf, „dass diese Substanz wesentlich dazu beiträgt, die extraorale enzymatische Verdauung fester, fleischhaltiger Nahrung für die Larven zu gewährleisten oder sie mit einer ausgewogeneren Ernährung zu versorgen". Pavel Krásenský hat uns ein interessantes Bild einer *Lasius*-Wirtsameise zur Verfügung gestellt, die offenbar darauf bedacht ist, ein Beutestück in der Nähe des *Claviger*-Käfers abzuladen (Abb. 8.36).

Dies ist eine sehr faszinierende Hypothese, und wenn sie sich bestätigt, wäre dies ein völlig neuer Mechanismus der Verhaltensanpassung von Myrmekophilen, die in den Brutkammern ihrer Wirtsameisenkolonien leben. Ein kleiner Vorbehalt steckt in der Frage: Warum wird der *Claviger*-Käfer von den Ameisen selbst nicht als Beute behandelt? Es gibt keine Berichte, die darauf hindeuten, dass die Ameisen versuchen, den Käfer zu fressen oder ihn in Stücke zu reißen, wie sie es bei Beuteobjekten tun. Niemand hat über ein aggressives Verhalten der Ameisen gegenüber dem Käfer berichtet; selbst wenn sich der Käfer im Nest bewegt, wird er von den Ameisen meist ignoriert oder geleckt. Allerdings

Abb. 8.36 Arbeiterinnen von *Lasius* sp. laden ein Beutestück neben dem myrmekophilen Käfer *Claviger testaceus* ab. (Mit freundlicher Genehmigung von Pavel Krásenský)

nehmen die Ameisen häufig Käfer auf, tragen sie zu den Larven und legen sie dort ab. Nach den Beobachtungen von Hölldobler (Hölldobler und Wilson 1990) sucht *Claviger* aktiv den Mund-zu-Mund-Kontakt mit seine Wirtsameisen. Oft gelingt es ihm nicht, die Regurgitation auszulösen, aber wenn es ihm gelingt, zieht sich die Ameise in den meisten Fällen nach der Trophallaxis zurück, und der Käfer tut dies auch. Wird ein Käfer jedoch außerhalb der Brutkammern in der Futtersucharena ausgesetzt, wird er schließlich von einer Arbeiterin aufgenommen, die zunächst den Trichombereich leckt, den Käfer dann an den Trichomborsten oder am Thorax packt und ins Nest trägt, auch wenn sie den Käfer manchmal im Abfallbereich ablegt. Dies kann auf zweierlei Weise interpretiert werden: Der Käfer ahmt in seinen Trichomdrüsen Brutpheromone seiner Wirtsameisen nach, wie es bei *Lomechusa* und *Lomechusoides* wahrscheinlich der Fall ist; oder, wie von Cammaerts vorgeschlagen, der Käfer imitiert Allomone, die den Ameisen und ihren Larven als Erkennungsmerkmale von Insektenkadavern dienen.

Für Cammaerts' „Beute-Allomon-Hypothese" sprechen die Ergebnisse von Roger Akre und Bruce Hill (1973) bei der in der Neuen Welt vorkommenden Clavigerinen-Art *Adranes taylori*, die mit *Lasius sitkaensis* lebt. Wie *Claviger* besitzen sie Trichome auf dem Abdomen, den Elytrenspitzen und den mittleren Sterniten (siehe Abb. 8.34). Die Autoren stellten fest, dass diese Trichomdrüsensekrete für die Wirtsameisenlarven sehr attraktiv sind, und zwar noch mehr als für die Ameisenarbeiterinnen. Tatsächlich schienen die Trichome für die Wirtsameisen nur „mäßig attraktiv" zu sein. Wie Akre und Hill betonten, wurden die Ameisenlarven stark von den abdominalen Trichomen angezogen, und die Käfer liefen häufig mit einer oder mehreren Larven herum, die die Trichome mit ihren Mundwerkzeugen festhielten (Akre und Hill 1973). Sowohl Käfer als auch Ameisenlarven sind mit einer behaarten Oberfläche ausgestattet, was eine Verklumpung von Larven und Käfern möglich macht. Im Allgemeinen wurden vor allem kleine bis halbwüchsige Larven von den Käfertrichomen angezogen; die größeren Larven wurden viel seltener beim Trichom-Lecken beobachtet. Dennoch ist für die kleineren Ameisenlarven die Anziehungskraft der Trichome des Käfers bemerkenswert. Akre und Hill beobachteten, dass die Larven bis zu 15 min lang an den Trichomen „knabberten".

Obwohl Trophallaxis zwischen *Adranes*-Käfern und Wirtsameisen beobachtet wurde, konnte die Übertragung von Flüssigkeiten nicht bestätigt werden. In jedem Fall sind trophallaktische Interaktionen zwischen Käfern und Ameisenlarven viel häufiger. Es ist bekannt, dass die Larven vieler Ameisenarten bei Kontakt mit einer Ammenameise oft einen Tropfen aus dem Mund absondern, der von einer erwachsenen Ameise aufgenommen wird (Hölldobler und Wilson 1990). Dies ist auch der Fall, wenn die Wirtsameisenlarven von ihrem Gast *Adranes* mit dem Kopf berührt werden. Tatsächlich berichteten Akre und Hill, dass eine solche Trophallaxis zwischen *Adranes*-Käfern und *Lasius*-Arbeiterinnen mit Larven recht häufig vorkommt. Obwohl *Adranes* nie dabei beobachtet wurde, wie er lebende Ameisenlarven erbeutete (wie von Park 1932 berichtet), sah man bei *A. lecontei* und *A. taylori*, wie sie tote Ameisenlarven, tote Ameisen und von Arbeiterinnen ins Nest gebrachte Insektenkadaver fraßen.

Zusammengefasst: Ein Großteil des Verhaltens von *Adranes* unterstützt die von Roger Cammaerts für *Claviger* aufgestellte Hypothese; sie könnte sogar für alle Clavigeritae-Myrmekophilen gelten. Darüber hinaus täuschen *Adranes*-Käfer oft den Tod vor, wenn sie von Ameisen angefasst werden, eine Verhaltensweise, die auch bei *Claviger* beobachtet wurde. Solche Käfer wurden manchmal sogar zum Abfallhaufen getragen, kehrten dann aber von selbst in die Brutkammern zurück.

8.5   Paussinae: Myrmekophile Dracula-Käfer

Die Paussinae sind eine Unterfamilie innerhalb der Laufkäfer (Carabidae). Sie umfasst vier Triben: Metriini, Ozaenini, Paussini und Protopaussini. Einige von ihnen produzieren in ihren Pygidialdrüsen explosive Verteidigungssekrete. Diese Arten werden als „Bombardierkäfer mit Flansch" bezeichnet, obwohl sie phylogenetisch ziemlich weit von den Käfern der Carabiden-Tribus Brachini entfernt sind, die gemeinhin als Bombardier-käfer bekannt sind (Eisner et al. 1977; Muzzi und Di Giulio 2019). Die Unterfamilie Paus-sinae umfasst etwa 800 Arten. Myrmekophile Arten sind in den Triben Paussini und Pro-topaussini sowie in der Ozaeni-Subtribus Physeina bekannt (Di Giulio et al. 2003; Geiselhardt et al. 2007; Moore und Di Giulio 2019). Obwohl die myrmekophilen Paussi-nae von großem Interesse für frühe Myrmekologen wie Wasmann (seine zahlreichen Arbeiten wurden in seinen zusammenfassenden Schriften 1920 und 1925 besprochen), Escherich (1898a, 1899a, b, 1906, 1907), Reichensperger (1948), Eidmann (1937) und andere waren, ist über das Verhalten dieser Myrmekophilen nicht viel bekannt. Stefanie Geiselhardt, Klaus Peschke und Peter Nagel (2007) haben eine umfassende Übersicht über die Morphologie, Systematik, Phylogenie, Verbreitung und Myrmekophilie der Paussinae vorgelegt. Wir konzentrieren uns hier nur auf einige Studien, die myrmekophile Ver-haltensinteraktionen mit Wirtsameisen beschreiben und analysieren.

Paussinae, auch Fühlerkäfer genannt, sind meist mit Ameisenarten der Unterfamilien Myrmicinae und Formicinae vergesellschaftet (Nagel 1987), aber Wirtsameisenspezifität scheint kein allgemeines Merkmal dieser Myrmekophilen zu sein (Nagel 1987; Di Giulio und Taglianti 2001). Beispielsweise wurde *Paussus megacephala* als Gast von *Messor barbarus*, *Camponotus lateralis* und *Ponera* sp. gefunden (Kistner 1982; Wasmann 1894, zitiert in Geiselhardt et al. 2007). Andererseits stellten Geiselhardt und ihre Kollegen fest, dass eine einzige Ameisenart mehrere verschiedene Paussinae-Arten beherbergen kann, und „auf Gattungsebene wurden Arten der Knotenameisengattung *Pheidole* am häufigsten als Wirte von Fühlerkäfern gemeldet". Eine der am besten untersuchten Gattungen ist *Paussus*, insbesondere *P. favieri*. Die folgenden Überlegungen konzentrieren sich haupt-sächlich auf diese Art.

George Le Masne (1961a, b, c) untersuchte die Ernährung und das prädatorische Ver-halten der *Paussus favieri*-Käfer, die in den Nestern der Knotenameise *Pheidole pallidula* leben (Abb. 8.37).

Abb. 8.37 Der Käfer *Paussus favieri* (Paussinae) mit seiner Wirtsameise *Pheidole pallidula*. Diese *Paussus*-Art diente als Modell für viele Verhaltensstudien innerhalb der Gattung *Paussus*. (Mit freundlicher Genehmigung von Pavel Krásenský)

Die Käfer ernähren sich von den Eiern und Larven der Wirtskolonie, und von erwachsenen Ameisen (Escherich 1899a, b, 1907; Le Masne 1961a, c; Nagel 1979). Mit ihren spitzen Mandibeln durchstechen sie die Haut ihrer Beute und saugen Hämolymphe und Weichgewebe heraus. Die Mundwerkzeuge des Käfers scheinen für diese Art des „Dracula-ähnlichen" Beutemachens sehr gut geeignet zu sein. M. E. G. Evans und T. G. Forsythe (1985) beschrieben die Morphologie der Kopfstrukturen, die für diesen Fressvorgang besonders geeignet zu sein scheinen. „*Paussus*-Arten haben kleine, scharf zugespitzte Mandibeln und ein gut entwickeltes Prämentum, das von internen Mentum-Stützen flankiert wird, die ein Suspensorium stützen; außerdem gibt es einen vergrößerten Cibarium-Pharynx. All dies deutet auf eine Saugpumpe zur Flüssigkeitsaufnahme hin" (Evans und Forsythe 1985, S. 116). Obwohl diese funktionelle morphologische Erklärung hypothetisch ist, ist sie dennoch sehr plausibel. Interessanterweise reagierten Ameisen, die von Paussinae-Käfern angegriffen wurden, nicht aggressiv oder versuchten nicht, den Angreifer loszuwerden, und nachdem der Käfer mit der Nahrungsaufnahme fertig war, blieben die Ameisen in der Nähe des Käfers und starben schließlich innerhalb weniger Tage (Geiselhardt et al. 2007). *Paussus*-Käfer wurden nie dabei beobachtet, wie sie sich von der Beute der Ameisen ernährten oder im Abfallbereich des Wirtsnestes Aas fraßen.

Warum werden die *Paussus*-Käfer in die Nester der Wirtsameisen aufgenommen und dort geduldet? Die Käfer sind reichlich mit exokrinen Drüsen mit und ohne Trichomen in den Antennen, dem Kopf, dem Thorax, den Flügeldecken, den Beinen und dem hinteren Abdomen ausgestattet, die zuerst von Y. C. Mou (1938) gründlich untersucht und wunderschön illustriert wurden; weitere Studien über diese exokrinen Drüsenstrukturen bei Paussinae-Myrmekophilen wurden von Reichensperger (1948); Nagel (1979, 1987); Di Giulio et al. (2009) und Maurizi et al. (2012) vorgelegt. Bei den meisten dieser Drüsen handelt es sich wahrscheinlich um sogenannte myrmekophile Organe, die von den Ameisen beleckt werden und möglicherweise für die Integration der Käfer in die Wirtsameisenkolonie verantwortlich sind, obwohl bisher keine experimentellen Beweise veröffentlicht wurden. Insbesondere während des Adoptionsprozesses der adulten Käfer, die versuchen, in eine neue Wirtskolonie einzudringen, wurde das ausgiebige Belecken und Ziehen des Käfers von Karl Escherich (1898a) beschrieben. Die Sekrete der in den Antennen befindlichen Drüsen scheinen für die Ameisen besonders attraktiv zu sein.

Der Prozess der sozialen Adoption und Integration verlaufen bei verschiedenen *Paussus*-Arten unterschiedlich. *Paussus arabicus* -Käfer werden von ihren *Pheidole*-Wirten zunächst aggressiv behandelt. Die Ameisen versuchen, die Käfer aus den Brutkammern zu entfernen oder dem Käfer die Brut abzunehmen, aber schließlich ignorieren die Ameisen den Gast und hindern ihn nicht daran, die Larven zu fressen (Escherich 1898a, 1907; besprochen in Geiselhardt et al. 2007). Im Vergleich zu anderen *Paussus*-Arten schreiben Stefanie Geiselhardt und ihre Kollegen: „Im Gegensatz dazu wird *Paussus turcicus* nach kurzer anfänglicher Aggression intensiv von seinen *Pheidole*-Wirtsameisen gepflegt, die sich besonders von den Antennenhöhlungen angezogen fühlen und den sich langsam bewegenden Käfer stets umgeben oder sogar bedecken (Escherich 1898a, 1899a, b). Dennoch wird *P. turcicus* wie *P. arabicus* durch die Gänge des Nestes geschleift" (Geiselhardt et al. 2007, S. 883). Die myrmekophile Beziehung von *Paussus favieri* zu seiner Wirtsameise, *Pheidole pallidula*, unterscheidet sich auffallend von den oben erwähnten Fällen. Geiselhardt et al. (2007, S. 883) stellten fest: „Die Käfer werden in der Regel von den Ameisen ignoriert, bewegen sich schnell und ungestört in den Tunneln und betasten Ameisen und Gegenstände mit den Fühlern. Obwohl *Paussus favieri* während der Adoption auch manchmal angegriffen und beleckt werden kann, berühren die Ameisen den Käfer später nur sehr selten, putzen ihn schnell oder zerren an ihm" (Le Masne 1961b). Geiselhardt und Kollegen stellen folgende Hypothese auf,

Aus evolutionärer Sicht kann der Integrationstyp von *Paussus arabicus* als der basalste angesehen werden, da Angriffe stattfinden, die aber nach Kontakten mit den Ameisen nachlassen. Eine mögliche Erklärung wäre, dass der Käfer den Geruch der Kolonie während der Interaktion mit den Ameisen annimmt. Im Gegensatz dazu bietet *P. turcicus* eine Belohnung in Form eines myrmekophilen Sekrets, das für die Ameisen einen Nährwert haben kann oder auch nicht. Auf jeden Fall ist die Produktion des Sekrets für den Käfer kostspielig, da das Sekret kein Abfallprodukt darstellt wie z. B. Honigtau von Blattläusen, sondern ein Produkt spezialisierter Drüsen ist. Aus diesem Grund betrachten wir den Integrationstyp von *P. favieri* als den am besten entwickelten. Diese Käfer können sich ohne offensichtliche Kosten frei unter den Ameisen bewegen, und man kann davon ausgehen, dass fortgeschrittene chemische Mimikry dieser sozialen Bindung mit den Wirtsameisen zugrunde liegt. (Geiselhardt et al. 2007, S. 884)

Dies sind zwar nur Spekulationen, aber da nichts über die Beschaffenheit der Drüsensekrete der Paussinae-Myrmekophilen bekannt ist, scheint die Annahme, dass diese Sekrete als „Belohnung" für die Ameisen dienen, fragwürdig. Frühe Myrmekologen haben sogar in Erwägung gezogen, dass eine mutualistische oder wechselseitige Beziehung zwischen hochgradig angepassten Paussinae-Myrmekophilen und Wirtsameisen bestehen könnte, eine Art „Geben und Nehmen", wobei davon ausgegangen wurde, dass die Drüsensekrete des Käfers den durch sein Raubverhalten verursachten Verlust ausgleichen. Diese Spekulationen wurden jedoch später fast einstimmig verworfen. Dennoch blieb der Begriff „Belohnungssekrete" in der Literatur erhalten (z. B. Maurizi et al. 2012). Unseres Erachtens wäre es angemessener, diese Sekrete als Beschwichtigungssekrete zu bezeichnen, oder, wenn dies experimentell nachgewiesen werden könnte, als Adoptionssekrete, die Brutpheromone nachahmen könnten.

Emanuela Maurizi und Kollegen (2012) lieferten den ersten Versuch eines Verhaltensrepertoires (Ethogramm) von *Paussus favieri* innerhalb des Ameisennests. Sie zeichneten die Häufigkeit und Dauer von fünf Verhaltenskategorien auf: Belohnung, Antennen-Rütteln, Antennation, Flucht, und „kein Kontakt". Der Begriff „Belohnung" steht für das Lecken der Käfer an den Trichomdrüsen durch die Ameisen. Wie wir bereits erwähnt haben, kann der Begriff irreführend sein. Interessanterweise ist dies die am häufigsten vorkommende Verhaltensweise, was die Bedeutung dieser Beschwichtigungs- oder Adoptionssubstanzen für die soziale Integration in die Wirtsameisengesellschaft unterstreicht. Eine auffällige Beobachtung ist der wiederholte enge Kontakt der *P.-favieri*-Käfer mit der Ameisenkönigin. Die Autoren schrieben, dass die Käfer gelegentlich „einige Tage lang in der Kammer der Königin blieben, ihre Fühler ausstreckten und sich am Körper der Königin rieben, ohne dass es zu einer aggressiven Reaktion seitens der Königin oder der Arbeiterinnen kam". Diese Verhaltensweise wird von den Arbeiterinnen vollständig toleriert; offenbar verletzen die Käfer die Königin in keiner Weise. Wahrscheinlich ermöglicht dieses Verhalten den Käfern, einige der spezifischen cuticulären Kohlenwasserstoffe zu erwerben, die die Königin charakterisieren. Andrea Di Giulio und seine Kollegen (2011) berichteten, dass die Käferweibchen ihre Eier im Nest der Wirtsameisen ablegen, und sich die fast unbeweglichen Käferlarven in den Brutkammern der Ameisen entwickeln. Sie sind morphologisch stark verändert: „Die Teile ihrer Terminalplatte sind fest zusammengedrückt und die Oberfläche ist mit modifizierten Strukturen bedeckt, die vermutlich dazu beitragen, für die Ameisen attraktive Substanzen zu verbreiten" (siehe Abb. 8.38) (Di Giulio 2008; Di Giulio et al. 2017; Moore und Di Giulio 2019). Wie bereits erwähnt, haben die *Paussus*-Larven scharfe, spitze Mandibeln, und während der Nahrungsaufnahme durchstechen sie das Integument der Ameisenlarven und saugen die Hämolymphe aus ihren Opfern.

Abb. 8.38 Larve des dritten Stadiums von *Paussus siamensis*; *oben*: Seitenansicht; *unten*: Dorsalansicht. Man beachte die Terminalplatte am hinteren Ende der Larve. (Mit freundlicher Genehmigung von Munetoshi Maruyama)

Außerdem fordern sie die Wirtsameisen auf, ihre Nahrung zu regurgitieren, indem sie vielleicht das Betteln der Ameisenlarven imitieren. Das myrmekophile Verhalten der *P.-favieri*-Larven ähnelt auffallend dem von *Lomechusa* und *Lomechusoides*, und es ist verlockend zu vermuten, dass sich dieselben Verhaltensmechanismen konvergent in diesen phylogenetisch entfernten myrmekophilen Käferfamilien entwickelt haben. In beiden Fällen scheinen die Larven die Larven-Kommunikationssignale der Wirtsameise zu imitieren. Schließlich graben die Larven Höhlen in den Boden des Ameisennests, wo sie sich verpuppen (Di Giulio et al. 2017; Moore und Di Giulio 2019).

Eine höchst bemerkenswerte Entdeckung machten Andrea Di Giulio und seine Kollegen (2017) bei Larven des dritten Stadiums von *Paussus siamensis*, die relativ große Tropfen einer transparenten Flüssigkeit aus dem Thorax ausscheiden (Abb. 8.38 und 8.39).

Die Wirtsameisen (*Pheidole plagiaria*) saugen diese Flüssigkeit bereitwillig auf. Bei der Freisetzung dieses Sekrets scheinen keine Drüsenstrukturen beteiligt zu sein. Es handelt sich wohl um eine Art Autohämorrhagie (Reflexblutung), die einige Insekten zur Verteidigung gegen Fressfeinde einsetzen. Im Falle der Larven von *P. siamensis* könnte es eine Methode der „sanften Verteidigung" oder Beschwichtigung sein. Diese sehr be-

Abb. 8.39 Erwachsener Käfer von *Paussus siamensis* (*oben*). Das *untere Bild* zeigt die Larve von *P. siamensis* im dritten Entwicklungsstadium, die einen großen Tropfen einer klaren Flüssigkeit ausscheidet, die von einer Arbeiterin der Wirtsameisenart *Pheidole plagiaria* aufgenommen wird. (Mit freundlicher Genehmigung von Takashi Komatsu)

merkenswerte und eigentümliche Verhaltensweise ist bei anderen *Paussus*-Larven noch nie beobachtet worden und sollte weiter untersucht werden.

Es ist bekannt, dass viele Käferarten mit stridulatorischen Cuticulastrukturen ausgestattet sind, und dass sie Stridulationslaute erzeugen, wenn sie bedrängt werden. Diese akustischen oder vibrierenden Reize werden oft mit chemischer Verteidigung kombiniert (Alexander et al. 1963; Freitag und Lee 1972; Masters 1979; Eisner 2005). Auch die erwachsenen *Paussus favieri* verfügen über ausgefeilte Stridulationsorgane. Andrea Di Giulio und seine Kollegen (2014) beschrieben drei Arten von Stridulationsorganen bei drei Arten der Tribus *Paussini* und stellten die Hypothese auf, dass die akustische Kommunikation eine wichtige Rolle bei der Evolution der Myrmekophilie dieser Fühlerkäfer gespielt hat. Sie argumentierten: „Während die Rolle der Stridulation in dieser Gruppe spekulativ bleibt, haben wir festgestellt, dass alle drei Arten von Stridulationsorganen bei beiden Geschlechtern vorhanden sind und den Stridulationsorganen ähneln, die bei ihren Wirtsameisen bekannt sind, die ebenfalls Stridulation als Kommunikationsmethode verwenden" (Di Giulio et al. 2014, S. 692). Nach unserem Kenntnisstand wurde die Kommunikation durch Stridulationsvibrationen bei *Pheidole* noch nicht experimentell nachgewiesen, doch wir bestreiten nicht, dass Vibrationssignale bei *P. pallidula* auch die Reaktionsschwelle auf chemische Signale modulieren könnten, wie dies bei anderen Knotenameisenarten gezeigt wurde (z. B. Markl und Hölldobler 1978; Baroni Urbani et al. 1988).

In einer späteren Arbeit schienen Di Giulio et al. (2015) dies nachgewiesen zu haben, insbesondere in Bezug auf die myrmekophilen Interaktionen von *Paussus favieri* und seinen Wirtsameisen. Di Giulio und Kollegen zeichneten die von kleinen und großen Arbeiterinnen (Soldatinnen) und Königinnen über die Luft übertragenen Geräusche auf und fanden keine Unterschiede in der Impulsfolge und Frequenz der von Major-Arbeiterinnen und Königinnen erzeugten Geräusche, während die Impulsfolgen der Arbeiterinnen länger waren. Allerdings unterscheiden sich die Laute der beiden Arbeiterinnen-Unterkasten und der Königin in ihrer Intensität. Bei den Käfern von *Paussus favieri*, die mit drei verschiedenen Stridulationsstrukturen ausgestattet sind, bestehen die Stridulationslaute aus drei verschiedenen Arten von Impulsen. Die Impulsfolgen dauerten im Durchschnitt etwa 3 s, und beide Geschlechter gaben alle drei Arten von Signalen ab. Ein Vergleich des Stridulationspakets der drei Pulstypen von *P.-favieri*-Käfern mit *Pheidole pallidula*-Lauten ergab, dass sie die gleichen Pulslängen aufweisen wie die der Major- und Minor-Arbeiterinnen, während ein anderer Pulstyp, den der Käfer aussendet, die gleiche Intensität und Pulslänge wie die der Königinnen hat.

Um die Auswirkungen dieser Stridulationsgeräusche auf das Verhalten von *Pheidole*-Arbeiterinnen zu testen, verwendeten die Autoren einen sehr ähnlichen Verhaltens-Bioassay wie Barbero et al. (2009) mit den Larven und Puppen des Kuckucks-Bläulings *Phengaris "rebeli"*, die angeblich Geräusche erzeugen, die denen der *Myrmica*-Königinnen ähneln (siehe Kap. 4). Bei den Playback-Experimenten wurden nur zwei Arbeiterinnen in die Testarena mit einem Durchmesser von 7 cm gesetzt. In der Mitte der Arena wurde ein Miniaturlautsprecher durch ein Loch im Boden installiert, wobei die umliegenden Ränder versiegelt und der Lautsprecher mit einer dünnen Sandschicht bedeckt wurde. Die Kontrollen bestanden entweder aus einem stummen Lautsprecher oder aus weißem Rauschen. In randomisierten Sequenzen mit einem Doppelblind-Beobachtungsprotokoll wurden Geräusche von 5 einzelnen *P.-favieri*-Männchen und 4 Weibchen sowie von jeweils 5 Minor- und Major-*Pheidole*-Arbeiterinnen und 5 *Pheidole*-Königinnen getestet. Während der Playback-Experimente wurden die folgenden Verhaltensweisen aufgezeichnet: „(1) Laufen (die Arbeiterin wurde von dem Lautsprecher angezogen und lief über ihn hinweg); (2) Antennieren (die Arbeiterin antennierte den Lautsprecher mindestens 3 s lang); (3) Wachehalten auf dem Lautsprecher für mindestens 3 s (die Arbeiterin zeigte eine aufmerksame, wachsame Haltung, die insbesondere auf die Königin oder andere „Wertgegenstände" für die Kolonie gerichtet war); (4) Graben (die Arbeiterin zeigte Grabeverhalten oberhalb des Lautsprechers); (5) Stehenbleiben (die Arbeiterin blieb auf dem Lautsprecher, ohne eine Bewegung auszuführen oder eine besondere Haltung einzunehmen)" (Di Giulio et al. 2015, S. 16).

Über die Ergebnisse schreiben die Autoren:

Bei den Playback-Experimenten konnten wir keine antagonistischen oder alarmierten Ameisen beobachten, sondern immer nur nichtaggressive Reaktionen, die mit Anziehung (Laufen, Antennieren und Stehenbleiben) und Interaktion mit anderen Ameisenkasten (Wachehalten, Graben) verbunden waren. … Verhaltensweisen wie Wachehalten, Graben und Stehenbleiben wurden durch die Kontrolllaute nicht ausgelöst. *Pheidole pallidula* Arbeiterinnen wurden von allen Schallreizen angezogen und zum „Laufen" auf dem Lautsprecher veranlasst, wobei sie keine Unterschiede in der Häufigkeit der Reaktionen auf die Stridulationen der Käfer- oder Ameisenkasten zeigten. Interessanterweise löste die Wiedergabe der Stridulation von *P. favieri* eine ähnliche Anzahl von Antennenbewegungen aus wie die von *Pheidole pallidula*-Königinnen abgegebenen Laute. Die Stridulationen der Soldatinnen lösten eine geringere Anzahl von Antennationen aus, die sich jedoch statistisch nicht von denen unterschieden, die durch Einzelimpulse von *Paussus favieri* oder Stridulationen der Arbeiterinnen ausgelöst wurden. Die Ergebnisse für die Antennation sind bemerkenswert, da bekannt ist, dass dieses Verhalten mit der Erkennung von Nestgefährten, der Rekrutierung oder der Initiation der Trophallaxis oder der Pheromonabgabe zusammenhängt. Die Bewachung wurde nur durch Laute von *Paussus favieri* und Königinnen ausgelöst. Die Arbeiterinnen reagierten auf diese Reize, indem sie eine Haltung einnahmen, die derjenigen ähnelte, die sie einnahmen, wenn sie Königinnen oder Objekte von großem Wert für ihre Kolonie aufsuchten. Die Geräusche der Königin lösten am meisten das Auftreten von Wachehalten aus, was mit dem hohen Status und dem Schutz der Königin in der Hierarchie der Kolonie zusammenhängt. (Di Giulio et al. 2015, S. 10–11)

Die Ergebnisse werden in der Aussage zusammengefasst: „Unsere Daten deuten darauf hin, dass *Paussus* in der Lage ist, die Arbeiterinnen seines Wirts zu täuschen, indem er die Stridulation der Königin nachahmt und demnach königlich behandelt wird" (Di Giulio et al. 2015, S. 1).

Diese Ergebnisse klingen äußerst interessant und aufregend, aber sind die Schlussfolgerungen auf der Grundlage der durchgeführten Verhaltensuntersuchungen auch gerechtfertigt? Wir denken, dass die genaue morphologische Beschreibung der Stridulationsorgane und die vergleichende Charakterisierung von luftübertragenen Stridulationslauten bei *Paussus*-Käfern und Wirtsameisen wertvolle Beiträge sind. Allerdings halten wir die Verhaltensstudien für weniger aussagekräftig. Die Untersuchung sozialer Verhaltensweisen an zwei Ameisenexemplaren, die von der Kolonie oder einer größeren Gruppe von Nestgenossen völlig isoliert sind, ist unserer Meinung nach fragwürdig. Solche Studien sollten immer mit Beobachtungen in der intakten Kolonie kombiniert werden. Das Ethogramm von Maurizi et al. (2012) erwähnt kurz das Bewegen der Hinterbeine von *Paussus*-Weibchen als „ein Merkmal, das möglicherweise mit der Produktion von Stridulationen während der Präkopulation" von *P.-favieri*-Käfern verbunden ist. Ein solcher Stridulationsvorgang bei der Interaktion mit Ameisen wurde im Ethogramm jedoch nicht erwähnt, und die Autoren haben auch nicht versucht, die Stridulationsgeräusche in einer intakten Kolonie aufzunehmen. Stridulationsbewegungen von Arbeiterinnen und Königinnen sind sichtbar, sogar bei viel kleineren Ameisenarten wie *Temnothorax*. Sie werden jedoch in der Ethogramm-Studie nicht erwähnt, ebenso wenig wie das „königliche Wachehalten", das die *Pheidole*-Arbeiterinnen angeblich um ihre Königin und die myrmekophilen Käfer herum ausführen. Die Arbeit über Stridulationssignale wird auch durch die Tatsache erschwert, dass Ameisen keine Luftgeräusche wahrnehmen, sondern sehr empfindlich auf Vibrationen des Untergrunds reagieren (siehe Diskussion in Kap. 4). Die Autoren platzierten die Miniaturlautsprecher in direktem Kontakt mit dem Boden, sodass ein Teil der Schwingungen durch den Untergrund übertragen wurde; dies ist jedoch nicht der ideale Weg, um die Spezifität der vom Untergrund übertragenen Schwingungssignale zu testen. Es wäre auch wichtig zu wissen, wie die Stridulationsgeräusche aufgezeichnet wurden. Die Autoren geben an: „Während der Aufnahmen wurden die Exemplare auf dem Mikrofon platziert". Wir möchten wissen, wie die Ameisen und Käfer dazu gebracht wurden, auf dem Mikrofon zu bleiben, und wie die Stridulation ausgelöst wurde. Sind die Versuchsexemplare am Mikrofon befestigt worden? Normalerweise stridulieren Knotenameisen, wenn sie an der freien Bewegung gehindert werden, und dies ist höchstwahrscheinlich auch bei *Paussus*-Käfern der Fall. Ameisen reagieren im Allgemeinen sehr empfindlich auf Substratvibrationen und reagieren entweder mit Schreck- oder Achthabe-Verhalten, Antennation, oder schnelleres Laufen. Eine interessante – eigentlich die richtige – Kontrolle wäre es gewesen, die Substratvibrationen zu testen, die durch die Stridulation einer anderen Art wie *Messor barbarus* verursacht werden, deren Arbeiterinnen etwa so groß sind wie die *P.-pallidula*-Königinnen.

Wir schlagen eine einfachere Erklärung für die spezifischen Reaktionen von *Pheidole*-Arbeiterinnen auf die von *Pheidole*-Königinnen und *Paussus*-Käfern verursachten Stridulationsvibrationen vor. Aufgrund der größeren Körpermasse von Königinnen und Käfern erzeugen beide wahrscheinlich eine stärkere Substratvibration innerhalb eines bestimmten Frequenzbereichs, die bei *Pheidole*-Arbeiterinnen die typische „Aufmerksamkeitsreaktion" hervorruft, die von einer Reihe von Ameisenarten bekannt ist. Die Ameisen erstarren mit leicht erhobenem Kopf und Thorax, die Antennen wedeln, und die Mandibel-Schere leicht geöffnet. Ein solches Verhalten deutet eine erhöhte Empfindlichkeit an, auf verhaltensauslösende Signale, wie z. B. Alarmpheromone, zu reagieren. Stimuli, die solche Reaktionen hervorrufen, werden gewöhnlich als modulierende Signale oder modulierende Kommunikationssignale bezeichnet (Markl 1985).

Alle bisherigen Experimente deuten darauf hin, dass die Attraktivität der Königinnen in Ameisengesellschaften auf chemische Zeichen und Signale zurückzuführen ist, die von einigen myrmekophilen Käfern wie *Paussus favieri* nachgeahmt oder erworben werden könnten. Vibrationsreize könnten bei der Modulation oder Verstärkung der chemischen Kommunikation eine Rolle spielen, und einige der oben beschriebenen Ergebnisse könnten auf diese Weise interpretiert werden, doch muss dies erst noch nachgewiesen werden.

Abschließend sind wir der Meinung, dass Andrea Di Giulio und seine Mitarbeiter viele wertvolle Beiträge zu unserem Verständnis zahlreicher Aspekte der Myrmekophilie bei den Paussinae geleistet haben, und vielleicht spielt die Vibrationskommunikation innerhalb der Wirtsameisengesellschaft eine wichtige Rolle; wir denken jedoch, dass dies noch nicht nachgewiesen wurde.

In diesem Kapitel untersuchten wir die Wege der Aleocharinae-Kurzflügler, von generalistischen Prädatoren in der Laubstreu bis hin zu spezialisierten Ameisenräubern, die entlang der Ameisenstraßen und an Abfallplätzen außerhalb des Nestes umherstreifen. Dann haben wir die Aasfresser und Räuber betrachtet, die hauptsächlich in den Abfallkammern der Ameisennester leben. Die nächste Anpassungsstufe stellen die spezialisierten Myrmekophilen dar, die hauptsächlich in den peripheren Nestkammern leben, von wo aus sie sich gelegentlich in die Brutkammern schleichen, um Ameiseneier und kleine Larven zu erbeuten und regurgitierte Nahrung von zurückkehrenden Sammlerinnen zu stehlen. Schließlich betrachteten wir die am weitesten entwickelte Klasse der Brutkammerspezialisten, die von den Ameisen adoptiert und gefüttert werden, ungehindert die Ameisenbrut erbeuten und ihre Larven von den Ameisen aufziehen lassen. Diese Brutkammerparasiten haben das Zentrum des Wirtsameisennestes erobert, indem sie vermutlich auf supernormale Weise die Brutsignale nachahmen. Außerdem weisen auch darauf hin, dass es anderen myrmekophilen Käfern im Laufe der Evolution gelungen ist, in die Brutkammern der Ameisen einzudringen und von ihnen versorgt zu werden. Diese Käfer können ihren Wirt auch mit anderen Mitteln austricksen, indem sie z. B. ein Beutestück imitieren.

In Kap. 9 kehren wir zum Ökosystem eines Ameisennests zurück und untersuchen, wie die verschiedenen Myrmekophilen, die unterschiedliche Nischen im Nest besetzen, miteinander ökosystemisch verbunden sind, und wie die soziale Organisation eines Ameisenvolks den Befall durch myrmekophile Sozialparasiten beeinflussen kann.

Myrmekophile im Ökosystem der Ameisennester

9

„Die ‚Nische' eines Tieres bezeichnet seinen Platz in der biotischen Umwelt, seine Beziehungen zu Nahrung und Feinden". Mit diesen Worten definierte und klassifizierte Charles Sutherland Elton (1927) eine ökologische Nische mit Bezug auf die Futtersuche einer Population einer Art. Nach Elton wird die Nische durch die Reaktion der Art auf die Umwelt und ihre Auswirkungen auf diese definiert. Spätere Ökologen (u. a. G. Evelyn Hutchinson 1959) erweiterten diese Definition und erklärten, dass eine ökologische Nische die Rolle und Stellung einer Art in ihrer Umwelt ist: wie sie die Bedürfnisse der Arten nach Nahrung, Schutz, Überleben und Fortpflanzung erfüllt. „Die Nische einer Art umfasst alle ihre (räumlichen und zeitlichen) Wechselwirkungen mit den biotischen und abiotischen Faktoren ihrer Umwelt". Unsere Interpretationen beziehen sich auf das vereinfachte Nischenkonzept von Elton, da die Anwendung des umfassenderen Nischenkonzepts in diesen empirischen Studien, in denen nur einige Nischenparameter wie die Position im Nest der Wirtsameisen und der Nahrungsfluss untersucht wurden, unmöglich gewesen wäre. Wichtig ist, dass Ameisen Nischen konstruieren, indem sie die physische Umgebung durch eine Reihe von artspezifischen Nestarchitekturen und durch die soziale und physische Organisation von Individuen und Ressourcen in diesen Nestern verändern.

Hölldobler und Wilson (1990) vermuteten, dass die größte Vielfalt an myrmekophilen Arten bei Ameisenarten zu finden ist, deren ausgewachsene Kolonien außergewöhnlich groß sind und eine größere Bandbreite an Nischen aufweisen, in die sie eindringen können. So beherbergen beispielsweise die riesigen Kolonien der neotropischen Wanderameisenarten der Gattung *Eciton* oder der afrikanischen *Dorylus*-Arten eine außergewöhnliche Vielfalt und Fülle an myrmekophilen Arten. Deutlich weniger myrmekophile Arten sind bei Ameisen zu erwarten, die vergleichsweise kleine Kolonien bilden (z. B. Arten von *Strumigenys* und *Orectognathus*; von *Leptothorax* und *Temnothorax*; bestimmte Arten von Amblyoponinae, Heteroponerinae und Ectatomminae und viele andere).

B. Hölldobler, C. Kwapich, *Die Gäste der Ameisen*,
https://doi.org/10.1007/978-3-662-66526-8_9

Die Begründung für diese Annahmen war, dass große Kolonien mit komplexen sozialen Organisationen und Neststrukturen eine größere Vielfalt an Nischen für Myrmekophile bieten, was wiederum zu einer größeren Vielfalt dieser symbiotischen Arten führt, die sich jeweils auf besondere Nischen spezialisieren. Die Häufigkeit der Myrmekophilen einer Art wird in der Regel durch die räumliche Ausdehnung der speziellen Nischen und die intra- und interspezifische Prädation zwischen den Myrmekophilen oder den Wirtsameisen gesteuert. Ähnliche Vorschläge, wenn auch mit einem anderen Schwerpunkt, wurden von Hughes et al. (2008) unterbreitet, die die Hypothese aufstellten, „dass die einzigartigen Bedingungen in Nestern großer Insektengesellschaften höchst unterschiedliche Gemeinschaften von relativ avirulenten Pathogenen (und myrmekophilen Parasiten) und relativ gutartigen Mutualisten hervorbringen dürften". Unseres Wissens gibt es so gut wie keine Daten über den Virulenzgrad spezieller myrmekophiler Parasiten in großen Kolonien. Einer von uns (B. H.) verglich den sozialen Nahrungsfluss, der auf die Larven von *Lomechusa pubicollis* und die Larven der Wirtsameisen gerichtet ist, und stellte fest, dass die Parasiten deutlich mehr Nahrung von den Ammenameisen als die Ameisenlarven erhalten, und ähnliche Ergebnisse wurden für *Lomechusoides strumosus* erzielt (Hölldobler 1967). Außerdem beschrieb Wasmann (1920), wie bereits in Kap. 8 erwähnt, eine abweichende Morphologie der Arbeiterinnen, die wahrscheinlich auf die Anwesenheit vieler *Lomechusoides*-Käfer und ihrer Larven zurückzuführen ist. Es gibt Indizien dafür, dass die Wirtsameisen aufgrund des intensiven Nahrungsverbrauchs durch die parasitischen Myrmekophilen nicht in der Lage sind, lebensfähige, fortpflanzungsfähige Weibchen aufzuziehen. Diese Ergebnisse sprechen gegen die Hypothese von Hughes et al. (2008), dass hochgradig angepasste Myrmekophile in großen komplexen Kolonien nur eine sehr geringe oder gar keine Virulenz ausüben. Ihre Hypothese ist faszinierend und basiert hauptsächlich auf theoretischen Überlegungen, ist aber empirisch noch nicht belegt.

Die Zahl der Myrmekophilen in den Nestern einiger Ameisengattungen und -unterfamilien, deren Arten kleine Kolonien bilden, ist begrenzt. Jüngste Erhebungen ergaben jedoch eine überraschend große Vielfalt in Teilen der myrmekophilen Gemeinschaft bei der neotropischen Art *Ectatomma tuberculatum* (Pérez-Lachaud et al. 2011) und in der gesamten myrmekophilen Fauna der neotropischen *Neoponera villosa*, die ihre Nester in der Bromelienpflanze *Aechmea bracteata* bauen (Rocha et al. 2020). Diese Arten bilden relativ kleine Kolonien mit monomorphen Arbeiterinnen und wenig entwickelter Arbeitsteilung, beherbergen aber eine bemerkenswert vielfältige Gemeinschaft von Ameisengästen. Die Kolonien von *N. villosa* z. B. bestehen aus 1 bis 3 Königinnen und etwa 100 Arbeiterinnen (große Kolonien können etwa 300 Arbeiterinnen haben), und obwohl die Zahl der einzelnen Myrmekophilen relativ gering ist, ist die Vielfalt erstaunlich. Obwohl nicht alle aufgeführten Arten in jedem Nest gefunden wurden, ist die Gesamtzahl der Arten beeindruckend, die sich in den 82 Kolonien oder Koloniegruppen befanden. Die Autoren berichteten, dass sie „Organismen aus 6 Klassen, verteilt auf mindestens 43 verschiedene Taxa, die zu 16 Ordnungen und 24 Familien gehören", gesammelt haben. Zu den Myrmekophilen, die in direkter physischer Verbindung mit der Ameisenbrut oder den Arbeiterinnen im zentralen Teil des Nestes gefunden wurden, gehörten Hymenoptera (Diapriidae,

Eucharitidae), Lepidoptera (Riodinidae), Diptera (Syrphidae), Coleoptera (Staphylinidae, Tenebrionidae), verschiedene Milben, Pseudoskorpione und Pilze (Ophiocordycipitaceae).

Wahrscheinlich werden ähnliche gründliche Erhebungen in Zukunft unsere Ansichten und theoretischen Überlegungen zur Anfälligkeit von Ameisenarten für den Befall durch myrmekophile Parasiten, Parasitoide, Prädatoren und Kommensalen verändern. In den folgenden Studien wird die Artenvielfalt innerhalb der räumlichen und sozialen Landschaft von Nestern verschiedener Ameisenarten detailliert beschrieben.

9.1 Das Nest-Ökosystem der Ernteameise *Pogonomyrmex badius*

Pogonomyrmex badius ist eine samenfressende Ameise, die in den Sumpfkiefernwäldern in der südöstlichen Küstenebene der Vereinigten Staaten verbreitet ist. Ihre spiraligen Nester können sich mehr als 2 m tief unter der Oberfläche erstrecken und beherbergen eine kleine Gruppe von Kommensalen, Prädatoren und Parasiten. Generalisten und Endemiten, die bei keiner anderen Ameisenart zu finden sind, leben in den vertikalen Schichten von *P. badius*-Nestern und auf den Futterstraßen. Um die Nischen zu verstehen, die diese Myrmekophilen besetzen, beginnen wir beim Nesteingang.

Jeden Abend verschließen die Ameisen den Nesteingang mit nach hinten geschleudertem Geröll und Sand, bevor sie durch das locker gefüllte Eingangsloch krabbeln (Abb. 9.1).

Abb. 9.1 Eine Umzugsstraße verbindet die alten und neuen Nester einer Kolonie von Ernteameisen in Florida, *Pogonomyrmex badius* (*links*). (Foto: Mit freundlicher Genehmigung von Walter Tschinkel). Das Bild *rechts* zeigt *P.-badius*-Arbeiterinnen, die am Ende des Tages ihren Nesteingang verschließen. Die Ameisen sammeln Sandkiesel und Holzkohlestücke (Reste von Naturverbrennungen), um das Nesteingangsloch zu schließen. Die Kupferdrahtringe am Petiolus der Ameisen dienten zur Markierung der Ameisen. (Christina Kwapich)

Am Morgen findet man bereits die Raubwanze *Apiomerus crassipes* (Hemiptera: Reduviidae) (Abb. 9.2), die darauf wartet, dass sich das Nest wieder öffnet (C. L. K., persönliche Beobachtung). Wenn sich die Ameisen auf ihrem Nesthügel versammeln, beginnen die Wanzen, sie wegzuschnappen. Sie packen ihre Beute mit den Vorderbeinen, durchbohren sie hinter dem Kopf (Abb. 9.3) und werfen die ausgesaugten Körper wie zerdrückte Limonadendosen weg (Morrill 1975). Die Wanzen können auf diese Weise stundenlang jagen und den aggressiven Ameisen leicht ausweichen, indem sie schnell die Seiten wechseln. Es ist nicht bekannt, ob die Wanzen ungeöffnete Nester anhand chemischer Merkmale

Abb. 9.2 Die Raubwanze *Apiomerus crassipes* (Reduviidae) ist ein Räuber der Florida-Ernteameise. (Mit freundlicher Genehmigung von Roy Cohutta)

Abb. 9.3 Die Raubwanze *Apiomerus crassipes* ernährt sich von einer *Pogonomyrmex-badius*-Arbeiterin, indem sie sie hinter dem Kopf durchbohrt hat. (Christina Kwapich)

Abb. 9.4 Männchen der Spinne *Asagena fulva* vor dem Eingang eines Ameisennestes. (Mit freundlicher Genehmigung von Lynette Elliott). Das *untere Bild* zeigt ein Weibchen von *Asagena fulva*. (Mit freundlicher Genehmigung von Leonard Vincent)

oder anhand visueller Anhaltspunkte aufspüren, wie z. B. die auffälligen, schwarzen Holzkohlestückchen, die von den Ameisen gesammelt und um den Nesteingang platziert werden.

Die Wanzen sind nicht die einzigen Jäger, die die Nisthöhlen von *P. badius* aufsuchen. Die Falsche Witwenspinne *Asagena* (= *Steatoda*) *fulva* (Theridiidae) baut ebenfalls ihre Netze auf den Nesthügeln von *P. badius* in Florida (USA) (Hölldobler 1970a) (Abb. 9.4). In den Mittagsstunden kann man Weibchen mit riesigen rot-weißen Abdomen beobachten, die sich auf die Nester von *P. badius* zubewegen. Einer von uns (B. H.) beobachtete, dass die Spinnen die Phasen geringer Futtersammelaktivität der Ameise ausnutzen, um ihre Beutefang-Gespinste über dem Eingang des Ameisennestes zu errichten.

Nachdem die Mittagshitze abgeklungen ist, werden die Ameisen, die während der Nachmittagsschicht zur Futtersuche wieder auftauchen, schnell im Spinnennetz gefangen. Versuche der alarmierten Ameisen, den gefangenen Nestgenossinnen zu helfen, werden durch die klebrige Seide und den Raubtierhunger der Spinne vereitelt. Als Reaktion auf die Anwesenheit einer Spinne können die Kolonien ihre Nesteingänge bis zu 3 Tage lang verschließen, bevor sie das Nest durch einen neuen Eingang wieder öffnen. Auf diese Weise wird der Beuteerfolg am Nest der Kolonie deutlich begrenzt. (Hölldobler 1970a).

Wenn sie nicht von *Asagena fulva* gestört werden, verlässt *P. badius* das Nest auf chemisch markierten Futterstraßen und kehrt mit Samen und anderen Objekten zurück, einschließlich Insekten und Holzkohle aus verbrannten Kiefernnadeln (Hölldobler und Wilson 1970; Hölldobler 1971). Futtersammlerinnen können auch dazu verleitet werden, strategisch platzierte Haufen von Kekskrümeln und Vogelsamen aufzusuchen, was uns ermöglicht, sie zu markieren und ihre Anzahl und Langlebigkeit zu bestimmen (Kwapich und Tschinkel 2016). Bei vielen Gelegenheiten hat einer von uns einen ungewöhnlich aussehenden Sammler von einem Haufen Kekskrümel aufgelesen, bei dem es sich in Wirklichkeit um eine kleine Plattbauchspinne (Gnaphosidae), *Micaria delicatula*, handelte (C. L. K., persönliche Beobachtung, Artbestimmung durch Nadine Dupérré). Dieser Eindringling ist rostrot gefärbt wie sein Ameisenvorbild und läuft mit gestelzten Beinen, wobei er gelegentlich seinen Hinterleib auf eine für die Ameisengattung charakteristische Weise hängen lässt oder einkrümmt (Abb. 9.5).

Die Männchen haben eine echte Einschnürung des Hinterleibs, die der schmalen Taille ihres mutmaßlichen Vorbilds ähnelt, während die Weibchen eine Einschnürung durch zwei rotbraune Streifen auf der Rückenfläche des Hinterleibs, die genau die Farbe des Sandes

Abb. 9.5 Die Spinne *Micaria delicatula* ist auf den Straßen von *Pogonomyrmex badius* zu finden. Von oben und in der Profilansicht ähnelt sie einer Ameise. Auf den Fotos ist ein Männchen der Spinne zu sehen. (Christina Kwapich)

darunter haben, vortäuschen. Dieser Dimorphismus könnte es den Weibchen ermöglichen, genügend Eier im Hinterleib unterzubringen und gleichzeitig eine wirkungsvolle Tarnung aufrechtzuerhalten. Obwohl die Spinne kein Interesse daran zeigt, die Ameisen selbst zu fressen, schlängelt sie sich langsam auf den Pfaden von *P. badius* hin und her, und man erkennt sie erst dann als Spinne, wenn sie aufgeschreckt Fluchtverhalten zeigt. In dieser Hinsicht ist die Spinne wahrscheinlich ein Bates'scher Nachahmer, der von der Ähnlichkeit mit einer gerüsteten Vorbildart profitiert.

Ankommende *P.-badius*-Sammlerinnen legen Samen und erbeutete Insekten in den flachen Eingangskammern des Nestes ab, die nicht tiefer als 12 cm unter der Oberfläche liegen (Kwapich und Tschinkel 2013). Diese Objekte werden später von einer anderen Gruppe von Arbeiterinnen nach unten in tiefere Lagerkammern gebracht. Der schrittweise Transport nach unten zu den Samenkammern kann verfolgt werden, indem man den Kolonien in verschiedenen Zeitabständen gefärbte Samen vorlegt und nach einer Wartezeit das Nest ausgräbt. Dabei zeigt sich, dass die Ameisen auch Abfall in einer Reihe von Arbeiterinnengruppen, gleichsam wie ein Fließband, an die Oberfläche schaffen (Rink et al. 2013; Tschinkel et al. 2015). Somit kommt es zu einem vorübergehenden Zusammenfluss von ankommender Nahrung und abgehenden Abfällen in den obersten Kammern jedes *P. badius*-Nestes. Bunte Neuropteren-Larven und Schnellkäfer (Coleoptera: Elateridae) können häufig in der Nähe dieser Kammern gefunden werden (C. L. K., persönliche Beobachtung) (Abb. 9.6).

Bei näherer Betrachtung zeigt sich, dass die Böden der Eingangskammern ebenfalls mit Dutzenden gleich großer Löcher perforiert sind. Die Löcher führen zu kleinen vertikalen Tunneln, die jeweils von einer einzelnen Larve oder Puppe einer neuen, noch nicht beschriebenen Käferart der Gattung *Hymenorus* (Tenebrionidae: Alleculinae) bewohnt werden (Kwapich und Johnston, in Vorbereitung).

Um festzustellen, wie dieser *Hymenorus*-Käfer in Kammern nahe der Oberfläche überlebt, wurde den Kolonien eine Auswahl von ganzen und teilweise zerkleinerten Samen (die von anderen Kolonien geerntet worden waren), Termiten und Viehfliegen (Bremsen), (die beim Blutsaugen an der Freilandforscherin C. L. K. gefangen wurden), angeboten. Jeweils gleiche Portionen wurden entweder in Rhodamin-B oder Methylenblau getaucht, dann mit Wasser abgewaschen und auf einem Papiertuch auf der Motorhaube eines glühend-heißen Autos getrocknet. Vierundzwanzig Stunden nach dem Einsammeln der Objekte durch die Ameisen wurden die Kolonien von Hand ausgegraben, und die Eingeweide der Käfer- und Ameisenlarven nach Farbstoff mit Hilfe der Fluoreszenz unter UV-Licht, untersucht. Die Käfer hatten weder zerkleinerte Samen noch ganze Samen verzehrt. Im Gegensatz dazu wurde in den Eingeweiden vieler Ameisenlarven (65 %) und einiger frisch geschlüpfter Arbeiterinnen gefärbter Samenbrei gefunden. Durchschnittlich 87 % der Käferlarven ernährten sich von den Proteinen, die von den Jägerinnen im Nest in den obersten Kammern gelagert wurden, bevor die Beute unter die obersten 5 cm des Nestes gelangte. Wahrscheinlich verzehren die Käfer den größten Teil der Insektenbeute, bevor die Ameisenlarven überhaupt eine Chance dazu haben. In einem Nest verzehrten 22 von 23 Käferlarven Insektenprotein, während nur 3 von 180 Ameisenlarven die Gelegenheit

Abb. 9.6 Gleich hinter den Wänden der oberen Kammern von *Pogonomyrmex-badius*-Nestern (*oberes Bild*) finden sich farbenprächtige Neuropteren-Larven und andere Insektenlarven. Die Samenkammern befinden sich tiefer unter der Oberfläche und enthalten Tausende von großen Samen und die dazugehörigen Myrmekophilen (*mittleres Bild*). Weiter unten bieten die Brutkammern eine weitere Nische für Gäste. (Christina Kwapich)

dazu hatten. In einem benachbarten Nest ohne den *Hymenorus*-Käfer enthielten 58 von 63 Ameisenlarven gefärbtes Insektenprotein in ihren Eingeweiden. Obwohl *Hymenorus* sp. in Kolonien jeder Größe vorkommt, waren die in unserem Experiment verwendeten Kolonien jung (<700 Arbeiterinnen) und vielleicht anfälliger für die Kosten, die durch das Beherbergen von Käferlarven entstehen (Kwapich und Johnston, in Vorbereitung).

Angesichts dieser Ergebnisse können wir schlussfolgern, dass die Larven von *Hymenorus* sp. Kleptoparasiten sind, die die Tendenz von *P. badius* ausnutzen, Futter und Abfall in mehreren Schritten die vertikalen Schichten des Nests hinunter- und hinaufzubefördern. Käferlarven wandern nie in den Kammern herum, und sowohl Larven als auch Puppen werden von den Ameisen schnell angegriffen und verzehrt, wenn sie beim Ausgraben freigelegt werden. Wahrscheinlich schnappen sich die Käferlarven von ihren Bohrlöchern aus die Insektenbeute, die von den Ameisen abgelegt worden war, wie Figuren in einem Miniaturspiel „hau den Maulwurf"-„Whack-a-Mole"-Spiel. Die Käferlarven leben zu allen Jahreszeiten, auch im Winter, in den Nestern, und die frisch geschlüpften erwachsenen Käfer können manchmal in ihren Puppenkammern versiegelt direkt unter den oberen Kammern der Nester vorgefunden werden. Bei der Ausgrabung von Nestern riecht man sie bereits. Vollständig sklerotisierte erwachsene Tiere werden selten in Nestern gefunden, sie verlassen ihre Puppenkammern vermutlich in einer Wolke von Chinone, um sich dann an der Oberfläche anderweitig zu ernähren.

Tiefer in den Nestern von *P. badius* werden Tausende von großen Samen in Samenkammern gelagert, und noch weiter unten werden die Eier, Larven und Puppen in separaten Brutkammern aufbewahrt (Abb. 9.6). Die Ameisen können die meisten ihrer gelagerten Samen nicht selbst öffnen und warten stattdessen darauf, dass die Samen keimen, um an ihre Nährstoffe zu gelangen (Tschinkel und Kwapich 2016). Der Samenbrei und die verbleibenden Insektenreste (die nicht von *Hymenorus* sp. erbeutet wurden) werden in den untersten Bereich des Nestes getragen und auf die wartenden Larven gelegt, deren Unterseite nach oben gedreht ist. Hier entdeckte Sanford Porter (1985), dass mindestens vier Milbenarten aus vier verschiedenen Familien ihre Nische gefunden haben (Belbidae, Uropodidae, Laelapidae und Rhodacaridae). Wie wir in Kap. 2 erörtert haben, ist Protein von Beuteinsekten, das an die Larven verfüttert wird, wahrscheinlich auch die Quelle für Infektionen mit Mermithiden-Würmern bei *P. badius*. Mit Würmern infizierte Arbeiterinnen werden aus der Kolonie ausgestoßen und wandern an der Oberfläche umher, bis die Würmer aus ihren ausgehöhlten Gastern schlüpfen (Kwapich In prep. a).

Kleine weiße Springschwänze (Collembola) tummeln sich in den Brutkammern und Samenlagerkammern von *P. badius*. Dazu gehören *Pseudosinella rolfsi* (Entomobryidae) und eine Isotomidae-Art, beides Kommensalen, die sich von Abfällen und Pilzen auf den Samen und den Kammerböden ernähren (Porter 1985). Wenngleich die Ameisen keine Notiz von den Springschwänzen nehmen, ernährt sich eine 2 Millimeter lange Spinne, *Masoncus pogonophilus*, von ihnen (Porter 1985; Cushing 1995a, b). Die Spinne ist nur in den Nestern von *P. badius* zu finden, wo sie sich in all ihren Lebensstadien das ganze Jahr über aufhält. Beide Geschlechter bauen Miniatur-Fangnetze und produzieren bis ins Erwachsenenalter klebrige Seide, was für männliche Spinnen eher ungewöhnlich ist. Die Weibchen legen Eiersäcke mit 1 bis 6 Eiern in kleinen, mit Seide bedeckten Vertiefungen an den Decken der *P.-badius*-Kammern ab, wo sie nach nur 3 Wochen schlüpfen (Porter 1985; Cushing 1995b).

Pogonomyrmex badius zieht im Durchschnitt einmal pro Jahr (bis zu viermal) um und trägt seine gesamte Sammlung von Samen und Holzkohle (die sie sammeln und auf ihr Nest legen) zu jedem neuen Nestplatz (Gentry und Stiritz 1972; Tschinkel 2014). Springschwänze und die Spinne *M. pogonophilus* folgen den Umzugsstraßen ihrer Wirte und kommen in großer Zahl in frisch umgesiedelten Kolonien vor, was darauf hindeutet, dass beide auf das Spurpheromon von *P. badius* abgestimmt sein könnten (Porter 1985), obwohl Tests vor Ort nicht eindeutig waren (Cushing 1995b). Als Spinnen experimentell in fremde *P.-badius*-Kolonien gesetzt wurden, wurden sie sofort angegriffen und getötet, was darauf hindeutet, dass sie auch den Koloniegeruch ihrer Wirte teilen (Porter 1985).

Paula Cushing (1998) sagte voraus, dass die myrmekophilen Spinnen in isolierten Populationen innerhalb ihrer Wirtsnester leben würden. Tatsächlich beträgt der durchschnittliche Abstand der Nester von *P. badius* immerhin 16 m (Tschinkel 2017), und die kleinen Spinnen, die schnell vertrocknen, könnten nur Zugang zu neuen Nestern erhalten, wenn die Eingänge während der Hitze des Tages geöffnet sind. Molekulare Daten ergaben jedoch eine hohe genetische Ähnlichkeit zwischen benachbarten Nestern und eine hohe genetische Vielfalt innerhalb der Nester, was darauf hindeutet, dass die Spinnen in jeder Generation oft genug zwischen benachbarten Kolonien wechseln, was jegliche Signale einer genetischen Drift abschwächt (Cushing 1998). Die Wanderung der Spinnen zwischen den Nestern findet höchstwahrscheinlich während der Umzüge der Kolonien statt, da die Spinnen dann die Möglichkeit haben, sich auf die Spuren benachbarter Wirtskolonien zu begeben. Das extrem weiblich geprägte Geschlechterverhältnis der Spinne (7,5 Weibchen auf 1 Männchen [Cushing 1995a]) deutet darauf hin, dass es möglicherweise die Männchen sind, diese Wanderung unternehmen und sich unterwegs häufiger verirren.

Zusammenfassend können wir feststellen, dass die Myrmekophilen von *P. badius* von der täglichen Nahrungssuche, den häufigen Nestwechseln, der Ernährung und der vertikal geschichteten Arbeitsteilung dieser Ameise abhängen. Diese Konstellation von Koloniemerkmalen unterscheidet sich von den Dutzenden anderer Ameisenarten, die im selben Habitat leben und von denen jede ihre eigene Quelle der Vielfalt besitzt.

9.2 Die Rolle der Myrmekophilen im Ökosystem der hügelbauenden Waldameisen

Kehren wir nun zu den Ökosystemstudien über Myrmekophile in Nestern der hügelbauenden Roten Waldameisen der *Formica-rufa*-Gruppe zurück. Im Jahr 2013 veröffentlichten N. A. Robinson und E. J. H. Robinson die Ergebnisse einer Untersuchung der wirbellosen Tiere, die in Nestern von *Formica rufa* leben, die sie über einen Zeitraum von 3 Jahren durchgeführt hatten. Sie fanden 22 obligate Myrmekophile und mehr als 70 Wirbellose mit unbekannten Assoziationen mit Roten Waldameisen, darunter die xenobiontische Ameisenart „*Formicoxenus nitidulus* [die bei fast allen Arten der *F.-rufa*-Gruppe zu finden ist], Wespen, Käfer, Fliegen, Springschwänze, Asseln, Tausendfüßler, Hundertfüßler, Spinnen, Pseudoskorpione, Milben und Würmer". Die untersuchten *Formica*-Nester gehörten zu einer isolierten Population von *F. rufa* „an der Nordgrenze ihres britischen Verbreitungsgebiets". Dies könnte erklären, warum die Zahl der obligaten Myrmekophilen zwar hoch ist, aber deutlich niedriger als die später von Parmentier et al. (2014) publizierte Zahl für dieselbe Wirtsart. Eine umfassende Übersicht über die Mitbewohner in *Formica*-Waldameisennestern und ihrer näheren Umgebung findet sich in Robinson et al. (2016).

Wie in Kap. 8 beschrieben, haben Thomas Parmentier und seine Mitarbeiter eine Literaturübersicht über alle in Nestern der Roten Waldameise (*Formica rufa*) gefundenen Arthropoden erstellt und insgesamt 125 obligate Myrmekophile aufgelistet, die eine Vielzahl von Nischen besetzen, die durch die besondere Nestarchitektur und die soziale Organisation der Wirtsameisen geschaffen werden (Parmentier et al. 2014). Um eine Art Kategorisierung dieser Myrmekophilen für nachfolgende Studien zu erreichen, übernahm die Parmentier-Gruppe die Nomenklatur der „integrierten" und „nicht integrierten" Arten, die erstmals von David Kistner (1979) eingeführt wurde. Parmentier verwendete jedoch unterschiedliche Parameter für die Charakterisierung dieser Kategorien. Das Hauptmerkmal war der Ort innerhalb des Nestes, an dem sich die Myrmekophilen aufhalten, und nicht das Verhalten der Symbionten oder das Verhalten der Wirtsameisen gegenüber den Symbionten. Nach ihrer Definition ist eine integrierte Art „in der Lage, in die dichten Brutkammern einzudringen, während nicht integrierte Arten in spärlich besiedelten Nestkammern ohne Brut am Rande des Nestes vorkommen". Sie untersuchten, ob sich die Nischenspezialisierung durch unterschiedliche Toleranzgrade der Wirte gegenüber Symbionten entwickelt, und gingen der Frage nach, ob Symbionten, die „geringere potenzielle Kosten" für den Wirt verursachen, besser in die Wirtskolonie integriert sind und von den Ameisen mit weniger Aggression behandelt werden. Bei der asiatischen Wanderameisenart *Leptogenys distinguenda* scheint dies in der Tat der Fall zu sein (Witte et al. 2008; von Beeren et al. 2011a). Wir müssen allerdings in Betracht ziehen, dass fast alle in Parmentiers Studie untersuchten Myrmekophilen der *F. rufa*-Gruppe „nicht spezialisiert" sind; sie sind z. B. nicht darauf spezialisiert, ausschließlich in den Brutkammern der Ameisen zu leben, wie es bei *Lomechusa*-Käfern und ihren Larven der Fall ist.

Parmentier et al. (2016a) untersuchten die trophischen Interaktionen zwischen einer relativ großen Gruppe von Myrmekophilen mit Hilfe von selektiven Fütterungstests und Analysen von stabilen Isotopen von Kohlenstoff und Stickstoff. Eine der wichtigsten Erkenntnisse dieser Studie war, dass zahlreiche trophische Interaktionen zwischen den Myrmekophilen bestehen, und dass „die Wirtsameisen indirekt von diesen Interaktionen profitieren können, da die Brauträuber auch von anderen Myrmekophilen gejagt werden." Wir haben bereits einen solchen Effekt erörtert, der durch das kannibalistische Verhalten der Larven von *Lomechusa*- und *Lomechusoides*-Käfern verursacht wird. In der Tat sind Ameisennester nicht immer ein „sicherer Hafen" (oder ein feindfreier Raum) für die Symbionten, wie gelegentlich vorgeschlagen wurde (Kronauer und Pierce 2011). Obwohl dies für einige Symbionten der Fall sein mag, sind andere dem inner- und zwischenartlichen Raubverhalten ausgesetzt.

Parmentier et al. (2015a, b, 2016a, b, c) argumentieren auf der Grundlage von Studien zum Verhalten und zur trophischen Interaktion, dass die Nischenspezialisierung myrmekophiler Parasiten im Nest der Wirtsameisen aus dem Wettbewerb zwischen verschiedenen Arten entstehen, oder vom Wirt selbst vorgegeben werden kann, wenn seine Verteidigungsstrategie von der potenziellen Wirkung des Parasiten abhängt. Wenn Letzteres der Fall ist, sollte man erwarten, dass Parasitenarten, die keine oder nur eine geringe Brutprädation aufweisen, von den Wirtsameisen weniger aggressiv behandelt werden als Parasiten, die auf Brutprädation spezialisiert sind. Es ist also zu erwarten, dass die erstgenannte Gruppe von Symbionten besser in das soziale System der Wirtsameisen integriert ist als die Bruträuber. Wie wir bereits betont haben, müssen wir jedoch berücksichtigen, dass sich die Untersuchung der Autoren ausschließlich auf sogenannte unspezialisierte Ameisensymbionten konzentrierte, von denen die meisten zur Unterfamilie Aleocharinae gehören (*Dinarda maerkelii*, *Thiasophila angulata*, *Notothecta flavipes*, *Lyprocorrhe anceps*, *Amidobia talpa*), zwei Arten der Staphylininae (*Leptacinus formicetorum*, *Quedius brevis*) und eine der Steninae (*Stenus aterrimus*) (Abb. 9.7 und 9.8).

Darüber hinaus wurden fünf nicht zu den Staphyliniden gehörende Käferarten, zwei Spinnen und ein Springschwanz verglichen. Von allen aufgelisteten Staphyliniden-Arten scheint *D. maerkelii* die am stärksten spezialisierte Myrmekophile zu sein, jedoch bei Weitem nicht in dem Maße wie *Lomechusa pubicollis*, die wir in Kap. 8 besprochen haben.

Es ist seit einiger Zeit bekannt, dass die Ameisenbrut (vor allem die Eier und Larven) eine begehrte Quelle für hochwertige Nahrung ist, aber das Ausmaß, in dem diese wertvolle Ressource von einer Vielzahl von myrmekophilen Arthropoden genutzt wird, ist bisher nicht dokumentiert worden. Ein gutes Beispiel ist die Assel *Platyarthrus hoffmannseggii*, eine sogenannte Ameisenassel, die ein obligater Gast in Nestern von *Lasius*- und *Myrmica*-Arten ist, aber auch in *Formica*-Nestern vorkommt (Abb. 9.9).

Abb. 9.7 Die Kurzflügler *Notothecta flavipes* auf dem *linken Bild* und *Thiasophila angulata* auf dem *rechten*. (Mit freundlicher Genehmigung von Pavel Krásenský)

Abb. 9.8 Die Kurzflügler *Quedius brevis* (*oben*) und *Stenus aterrimus* (*unten*). (Mit freundlicher Genehmigung von Pavel Krásenský)

Sie wurde allgemein als Kommensale in den Ameisennestern betrachtet, die sich hauptsächlich von verrottendem Nestmaterial und anderen Abfällen ernährt. Parmentier et al. (2016a) wiesen jedoch nach, dass sich diese Assel auch von Ameiseneiern ernährt. Im Gegensatz dazu ist *Porcellio scaber* (die sogenannte Kellerassel) eine fakultativ myrmekophile Assel, die häufig außerhalb von Ameisennestern, aber auch in *Formica*-Hügeln vorkommt, wo sie sich von verrottenden Abfällen zu ernähren oder kleine Beutetiere in und um das Nest zu fressen scheint.

Es ist wirklich überraschend, wie weit verbreitet die Eier-Prädation durch Myrmekophile in *Formica*-Nestern ist. „Mit Ausnahme des Kurzflüglers *Stenus aterrimus* und des Springschwanzes *Cyphoderus albinus* ernährten sich alle (getesteten) Myrmekophilen unter anderem auch von den Eiern der Wirtsameisen" (Parmentier et al. 2016a) (Abb. 9.10).

Die meisten der getesteten Symbionten ernährten sich auch von Ameisenlarven, mit Ausnahme des Kurzflüglers *Lyprocorrhe anceps*, der Assel *Platyarthrus hoffmannseggii*, *Stenus aterrimus* und *Cyphoderus albinus*. Die beiden letztgenannten Arten ernähren sich überhaupt nicht von Ameisenbrut. Darüber hinaus zeigt diese Studie, dass sich alle untersuchten Myrmekophilen, wenn auch in unterschiedlichem Maße, von der Beute ernährten, die von Ameisensammlerinnen ins Nest gebracht wurden, und dass ein großer Teil von ihnen bei der Wahl der Orte, an denen sie die meiste Zeit im Ameisennest verbrachten, „nicht spezialisiert" war.

Abb. 9.9 Zwei Asseln: die Ameisenassel *Platyarthrus hoffmannseggii* (*oben*; mit freundlicher Genehmigung von Christophe Quentin) und die Kellerassel *Porcellio scaber* (*unten*). (Jymm/Wikimedia Commons/CC BY 4.0)

Es wurde nur bei dem Kurzflügler *Dinarda maerkelii* nachgewiesen, dass er von seinen Wirtsameisen regurgitierte Nahrung stiehlt. Diese Art scheint stärker auf diese soziale Beziehung angewiesen zu sein als ursprünglich angenommen, doch ernährt sie sich auch von Beutetieren, die von den Ameisen gesammelt wurden, und von anderen Insektenkadavern. In der Tat könnten die Käfer und ihre Larven (wie zuvor für die Kurzflüglergattung *Pella* beschrieben) den Wirtsameisen indirekt einen Dienst erweisen, indem sie mit der Vertilgung von Insektenkadavern im Abfallbereich zur „beschleunigten Zersetzung der Kadaver" und damit zur „Kontrolle des Pilzbefalls" beitragen (Parmentier et al. 2016a).

Welche Rolle spielen schließlich die beiden Spinnenarten (*Thyreosthenius biovatus*, *Mastigusa arietina*) (Abb. 9.11) bei diesen trophischen Interaktionen? Parmentier und seine Mitarbeiter fanden heraus, dass sie andere kleine Myrmekophile wie den Springschwanz *Cyphoderus albinus*, Käferlarven, Milben und andere kleine Arthropoden fressen.

Abb. 9.10   Der Springschwanz *Cyphoderus albinus*. (Mit freundlicher Genehmigung von Pavel Krásenský). Das *untere Bild* ist eine Nahaufnahme von *C. albinus*. (Andy Murray/Wi-kimedia Commons/CC BY 2.0)

Der Kurzflügler *Stenus aterrimus*, bei dem nie beobachtet wurde, dass er Ameisenbrut erbeutet, scheint ebenfalls auf die Jagd nach Springschwänzen und Milben im Ameisennest spezialisiert zu sein. Der Kurzflügler *Quedius brevis*, ein fakultativer Räuber von Ameisenbrut, ernährt sich auch von Larven anderer Myrmekophiler. Diese trophischen Interaktionen werden in dem Diagramm, das die Ergebnisse von Thomas Parmentier und seinen Mitarbeitern zusammenfasst (Parmentier et al. 2016a), sehr gut veranschaulicht (Abb. 9.12).

Zusammenfassend lässt sich sagen, dass die Brutkammern nicht die Hauptorte sind, an denen diese von Parmentier untersuchten „nicht spezialisierten" Myrmekophilen zu finden sind. Dennoch schleichen sich viele von ihnen in die Brutkammern der Ameisen ein und erbeuten bei Gelegenheit Eier und Larven. Auf der Grundlage dieser Beobachtungen teilten Parmentier und Kollegen (2016b) die Myrmekophilen in drei Gruppen ein: (1) Arten, die von dicht bestückten Brutkammern angezogen werden; (2) Arten, die zufällig im

Abb. 9.11 Die Spinne *Thyreosthenius biovatus* (mit freundlicher Genehmigung von Pavel Krásenský) und *Mastigusa arietina*. (©Hannu Määttänen)

ganzen Nest verteilt sind; und (3) Arten, die sich selten oder nie in den Brutkammern aufhalten. Zur Gruppe 1 gehören z. B. der Staphyliniden-Käfer *Thiasophila angulata* oder die Larven des Blattkäfers *Clytra quadripunctata* (siehe Kap. 3). Natürlich sind die Verhaltensweisen, die es diesen beiden Arten ermöglichen, die Brut der Wirte zu erbeuten, sehr unterschiedlich. Dennoch nutzen sie beide erfolgreich dieselbe Ressource. Die meisten der untersuchten Arten gehören zur Gruppe 2, die zufällig im Nest verteilt sind. Ihr Auftreten in den Brutkammern schwankte zwischen durchschnittlich 10 % und etwa 25 % der Sichtungen, wobei es erhebliche Unterschiede zwischen den Arten gab. Einige wenige Arten, wie z. B. der Histeriden-Käfer *Dendrophilus pygmaeus* (Abb. 9.13), der

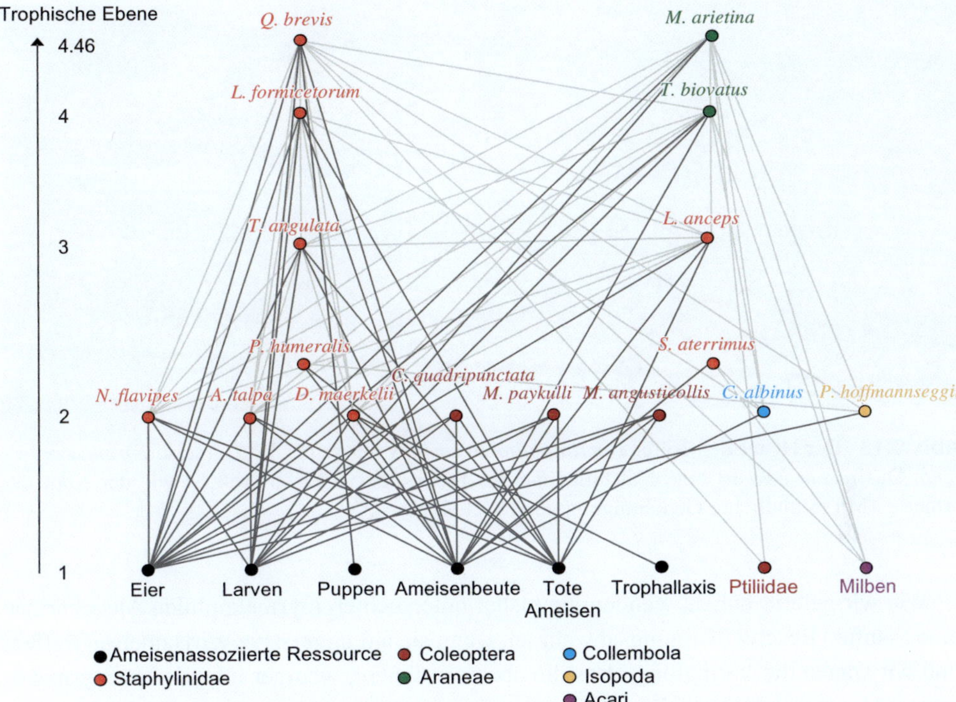

Abb. 9.12 Darstellung der trophischen Interaktionen in der Gemeinschaft der Myrmekophilen in einem Nest der hügelbauenden Roten Waldameisen (*Formica polyctena* und *F. rufa*). Die trophische Ebene basiert auf der durchschnittlichen Kettenlänge, die eins plus der durchschnittlichen Kettenlänge aller Pfade von jedem Knoten zu den basalen Arten ist. Schwarze Verbindungslinien beziehen sich auf trophische Verbindungen, bei denen die Bezugsart mit den Wirtsameisen assoziiert war. Die grauen Verbindungen beziehen sich auf Räuber-Beute-Interaktionen zwischen myrmekophilen Arten. Die folgenden Arten sind an diesem Interaktionsnetz beteiligt: *Mastigusa arietina, Thyreosthenius biovatus* (Spinnen); *Quedius brevis, Dinarda maerkelii, Pella humeralis, Thiasophila angulata, Notothecta flavipes, Lyprocorrhe anceps, Amidobia talpa, Leptacinus formicetorum, Stenus aterrimus* (Kurzflügler); *Clytra quadripunctata* (Blattkäfer); *Monotoma angusticollis* (Rindenglanzkäfer); *Myrmetes paykulli* (Stutzkäfer); *Cyphoderus albinus* (Springschwanz); *Platyarthrus hoffmannseggii* (Assel). (Mit freundlicher Genehmigung von Thomas Parmentier)

Staphyliniden-Käfer *Quedius brevis*, die Spinnen *Mastigusa arietina* und *Thyreosthenius biovatus* sowie die Assel *Porcellio scaber* scheinen bei der Annäherung an die dicht bestückten Brutkammern „zurückgestoßen" zu werden und wurden kaum jemals in diesen Nischen gesehen (Gruppe 3).

Am wichtigsten ist jedoch, dass die Beobachtungsdaten keinen Zusammenhang zwischen der Neigung der Parasiten, die Brut zu erbeuten, und der aggressiven Behandlung durch die Ameisen erkennen ließen. Mit anderen Worten: Rote Waldameisen reagierten nicht mit mehr Feindseligkeit gegenüber myrmekophilen Arten, die sich eher von ihrer Brut ernähren als gegenüber Arten, die seltener oder gar keine Brut von ihnen fressen.

Abb. 9.13 Der Histeriden-Käfer *Dendrophilus pygmaeus* mit seiner Wirtsameise *Formica polyctena*. Das *rechte Bild* ist eine Nahaufnahme des Käfers, der etwa so groß ist wie der Kopf der Ameise. (Mit freundlicher Genehmigung von Pavel Krásenský)

Wie wir gelernt haben, wenden die bisher untersuchten myrmekophilen Aleocharinae eine „sanfte" Beschwichtigungsabwehr an, wenn sie auf aggressive Wirtsameisen treffen, und wir wagen die Vermutung, dass die oben erwähnten, weniger integrierten myrmekophilen Aleocharinae ebenfalls mit Beschwichtigungsdrüsen an der Spitze des Abdomens ausgestattet sein könnten. Wie auch immer diese Beschwichtigungssekrete beschaffen sein mögen, wir gehen davon aus, dass sie etwas enthalten, das die Ameisen zum Lecken verlockt, vielleicht etwas Proteinhaltiges oder Zuckerartiges. Dies scheint die Ameisen kurzzeitig von ihrem aggressiven Verhalten abzulenken, sodass der Käfer schnell entkommen kann. Höchstwahrscheinlich fehlt ein solcher Beschwichtigungseffekt bei den Staphylininae- und Steninae-Arten, die mit einer abwehrenden Pygidialdrüse an der Spitze des Hinterleibs ausgestattet sind (Schierling und Dettner 2013). Mit Ausnahme von *Dinarda* sind keine besonderen Verhaltensinteraktionen dieser Kurzflügler-Mitbewohner in *Formica*-Nestern beschrieben worden, und daher können unsere Überlegungen zu den von diesen Käfern angewandten Verhaltensmechanismen nur Spekulation sein.

Miroslaw Zagaja und seine Mitarbeiter (2017) veröffentlichten eine Studie über die Verteidigungssekrete und die allgemeine Biologie der myrmekophilen Aleocharinae *Thiasophila angulata* (die Art gehört zur Gilde der Myrmekophilen der *F.-rufa*-Gruppe, die von Parmentier und seinen Mitarbeitern analysiert wurde). Sie berichteten, dass dieser eher kleine Käfer (1,9–4,3 mm Körperlänge) in Nestern von *Formica aquilonia, F. lugubris, F. polyctena, F. pratensis, F. rufa, F. sanguinea, F. uralensis, F. truncorum, Lasius brunneus* und *L. fuliginosus* (Päivinen et al. 2002, 2003, 2004; Staniec und Zagaja 2008) gefunden wurde, und er wurde auch gelegentlich außerhalb von Ameisennestern in der Laubstreu und in Sanddünen gesehen (Tenenbaum 1913, zitiert von Zagaja et al. 2017). Diese Beobachtungen deuten darauf hin, dass *T. angulata* keine strenge Wirtsspezifität aufweist, und dies gilt wahrscheinlich auch für viele dieser „nicht spezialisierten" Myrmekophilen. Sie scheinen als Aasfresser und opportunistische Bruträuber zu leben und bevorzugen „dicht bestückte Brutkammern", wo sie sich hauptsächlich von Ameiseneiern ernähren. Einer von uns (B. H., unveröffentlichte Beobachtungen) beobachtete zwei Exemplare von *T. angulata* in einem Labornest von *Formica sanguinea*. Es wurde zwar keine Brut-Prädation beobachtet, aber die Käfer wurden in den Brutkammern und außerhalb des Innennestes gesehen. Die Ameisen ignorierten sie meistens, aber wenn eine Ameise einen Käfer mit ihren Antennen berührte, zuckte sie manchmal aggressiv in Richtung des Käfers. Daraufhin ergriff der Myrmekophile schnell die Flucht, meist begleitet von einem kurzen Anheben der Hinterleibsspitze in Richtung der größeren Ameise. Wir zögern, die Integration dieser Myrmekophilen auf der gleichen Ebene wie die der Gattung *Dinarda* zu betrachten, aber sie sind sicherlich besser integriert als beispielsweise die Gattungen *Stenus* oder *Quedius*, die eher generalisierte Aasfresser und Räuber sind.

Das trophische Netzwerk zwischen den Myrmekophilen und ihren Wirtsameisen ist ein wichtiger Faktor, der das Ökosystem in der Ameisenkolonie prägt. Aber auch extrinsische Faktoren haben Einfluss auf die Gemeinschaft der Myrmekophilen in den *Formica*-Nestern. Parmentier et al. (2015a) untersuchten, wie die Größe der Nesthügel und der Abstand zwischen benachbarten Hügeln in Populationen von *F. polyctena* und *F. rufa* die Gemeinschaftsstruktur der Myrmekophilen beeinflusst. Sie fanden heraus, dass die Gemeinschaft der Myrmekophilen in den Nestern beider Arten sehr ähnlich war und dass „der Artenreichtum pro Einheit (Nest-)Volumen negativ mit der zunehmenden Isolation der Nesthügel korreliert". Dies deutet darauf hin, dass einige isolierte Nesthügel weniger Arten von Myrmekophilen „beherbergen", das heißt, ein Minimum an benachbarten Nestern ist erforderlich, um artenreiche Metagemeinschaften von Myrmekophilen aufrechtzuerhalten.

Schließlich untersuchten Parmentier et al. (2017a) die Frage, ob die cuticulären Kohlenwasserstoffmuster der mit den Roten Waldameisen assoziierten Arthropoden mit denen ihrer Wirtsameisen übereinstimmen. Sie verglichen die Kohlenwasserstoffprofile der von ihnen untersuchten Artengilde in Bezug auf die trophischen Interaktionen in *Formica*-Nestern, insgesamt 22 Arthropodenarten, die meisten von ihnen Käfer (18 Arten), zwei Spinnen, zwei Asseln und einen Springschwanz. Bei allen Käferarten (mit einer Ausnahme) waren die cuticulären Kohlenwasserstoffprofile der Myrmekophilen hoch signifikant unterschiedlich gegenüber denen der Wirtsameisen. Nur bei der Staphyliniden-Art *Xantholinus linearis*, einem fakultativen Myrmekophilen, war der Unterschied nicht signifikant (allerdings stand nur ein Exemplar für den Test zur Verfügung). Daraus können wir schließen, dass zumindest bei diesen 21 myrmekophilen Arten eine Ähnlichkeit ihrer Kohlenwasserstoffprofile mit denen der Ameisen nicht relevant ist für ihr Zusammenleben im Nest.

Parmentier et al. (2017a) betonten, dass die getesteten Arten, wenn auch meist obligate Myrmekophile, nicht hoch spezialisiert sind, wie z. B. *Lomechusa pubicollis*. Leider haben wir keine Informationen darüber, wie genau die Kohlenwasserstoffe dieser hoch spezialisierten Myrmekophilen mit denen ihrer Wirte übereinstimmen. Wir wagen jedoch die Vermutung, dass die Ähnlichkeit der Kohlenwasserstoffprofile nicht von entscheidender Bedeutung ist, da diese Myrmekophilen wahrscheinlich ein viel stärkeres chemisches Signal nachahmen, nämlich ein putatives Brutpheromon ihrer Wirte. Wie sie dies bei zwei Wirtsarten, die sogar unterschiedlichen Unterfamilien angehören (siehe Kap. 8), bewerkstelligen können, bleibt ein weiteres Rätsel. Wir wagen die Vermutung, dass die erwachsenen Käfer hauptsächlich das Brutpheromon der *Myrmica*-Wirte nachahmen und die Käferlarven das Brutpheromon ihrer *Formica*-Wirte. Wir bestreiten nicht, dass die Käfer nach ihrer Adoption durch die Wirtsameisen im Laufe der Zeit einen Teil des koloniespezifischen Gemischs cuticulärer Kohlenwasserstoffe aufnehmen, wenn sie regurgitierte Nahrung erhalten und häufig von den Wirtsameisen geleckt werden. Diese erworbenen chemischen Indikatoren können ihre Duldung durch die Wirte erleichtern, sind aber höchstwahrscheinlich nicht die wichtigsten Mechanismen, die ihrer Myrmekophilie zugrunde liegen.

Parmentier et al. (2017a) fanden bei einigen weniger spezialisierten, aber obligaten Myrmekophilen geringere Konzentrationen von cuticulären Kohlenwasserstoffen. Dies könnte es ihnen ermöglichen, sich der Entdeckung durch ihre Wirte zu entziehen, und tatsächlich stellten die Autoren fest, dass solche Myrmekophile bei den Ameisen weniger Aggressionen auslösten. Andere Symbionten wenden spezifische Ausweichtaktiken an und sind dadurch in der Lage, mit ihren Wirtsameisen zu koexistieren, auch wenn sie andere Kohlenwasserstoffprofile aufweisen. Zusammenfassend lässt sich sagen, dass eines der wichtigsten Ergebnisse der Forschung von Thomas Parmentier und seinen Mitarbeitern darin besteht, dass Ameisen der *Formica rufa*-Gruppe nicht feindseliger „gegenüber Arten sind, die eine hohe Tendenz zur Bruterbeutung haben, im Vergleich zu Arten, die weniger wahrscheinlich oder gar nicht zur Bruterbeutung neigen". Sie fanden auch Hinweise darauf, dass Myrmekophile andere myrmekophile Arten fressen, und dass intra- und interspezifische Prädation zur Stabilisierung dieser vielfältigen Assoziationen mit Wirtsameisen beitragen kann.

Kehren wir nun zu den Arbeiten von Volker Witte und Christoph von Beeren zurück, die zusammen mit ihren Mitarbeitern Pionierarbeit für diese Art von Analysen bei den asiatischen Wanderameisenarten der Gattung *Leptogenys* geleistet haben.

9.3 Der Fall der Wanderameisen, insbesondere der *Leptogenys*-„Wanderameisen"

Wie bereits erwähnt, werden in den Tropen der Alten Welt mehrere Ameisenarten gemeinhin als „echte Wanderameisen" bezeichnet, die zusammen mit den neotropischen Wanderameisenarten zur Unterfamilie der Dorylinae gehören (Borowiec 2016). Diese Wanderameisenkolonien beherbergen eine enorme Anzahl von Myrmekophilen, darunter auch viele Arten von Staphyliniden-Käfern (Seevers 1965; Akre und Rettenmeyer 1966; Kistner 1966, 1979, 1982, 1993, 1997; Kistner und Jacobson 1975, 1990; Kistner et al. 2003; Gotwald 1995; Maruyama et al. 2011; Maruyama und Parker 2017). Eine verblüffend ähnliche Lebensweise, die viele Merkmale des sogenannten Treiberameisen-Syndroms aufweist, entwickelte sich konvergent bei mehreren Arten der Ponerinen-Gattung *Leptogenys*, die in der indomalayischen Ökozone von Maschwitz et al. (1989), Witte (2001) und Witte et al. (2010) untersucht wurden (siehe Abb. 5.26). Viele Myrmekophile, insbesondere Staphyliniden-Käfer wurden in den großen Kolonien dieser Arten gefunden (Kistner 1975, 1989, 2003; Kistner et al. 2008; Maruyama et al. 2010a, b).

Christoph von Beeren und seine Mitarbeiter (2011) untersuchten, ob die Intensität der Aggression der Wirtsameisen gegenüber den parasitären Staphyliniden-Symbionten mit dem Grad der Prädation der Parasiten innerhalb der Wirtsameisenkolonie korreliert. Sie fragten sich, um die von David Kistner (1979) vorgeschlagene Terminologie zu verwenden, ob integrierte myrmekophile Arten („die aufgrund ihrer Lebensweise und der Lebensweise ihrer Wirte als in das soziale Leben der Wirte integriert angesehen werden können") weniger räuberisch sind als nicht integrierte Arten („die nicht in das soziale Leben ihrer Wirte integriert sind, aber das Nest als ökologische Nische nutzen"). Natürlich gibt es viele Abstufungen dazwischen, aber für eine grobe Kategorisierung könnte diese Dichotomie hilfreich sein.

Bei diesen Untersuchungen standen insbesondere zwei *Leptogenys*-Wanderameisenarten im Mittelpunkt: *L. distinguenda* und *L. borneensis*. Die Kolonien sind in der Regel riesig und umfassen bis zu 50.000 Arbeiterinnen. Sie führen Schwarmraubzüge mit 5000 bis 10.000 Arbeiterinnen durch, und fast jede Nacht wandern die Kolonien zu neuen temporären Neststandorten aus. Von Beeren et al. (2011a) untersuchten fünf Staphyliniden-Käferarten, die mit zwei *Leptogenys*-Arten vergesellschaftet sind. Drei dieser Myrmekophilen (*Maschwitzia ulrichi*, *Witteia dentilabrum* und *Togpelenys gigantea*) wurden in Kolonien von *L. distinguenda* gefunden. Die Kolonien von *L. borneensis* beherbergten zwei verschiedene Arten (*Parawroughtonilla hirsutus* und *Leptogenonia roslii*).

Die vergleichende Untersuchung dieser Käfer ergab sowohl im Feld als auch im Labor deutliche Unterschiede. *Maschwitzia ulrichi* und *Witteia dentilabrum* wanderten in der Regel am Ende der Wanderkolonne ihrer *L. distinguenda* -Wirte und vermieden jeden Kontakt mit den Ameisen. Im Labornest verbrachten sie die meiste Zeit in den Abfallkammern der Ameisen. Aufgrund dieser Gewohnheiten wurden diese Arten als „nicht integriert" eingestuft. Im Gegensatz dazu lebte *Togpelenys gigantea* in der Mitte des Nestes und wurde sogar zusammen mit der Ameisenbrut gesehen. Bei Wanderungen bewegten sie sich in der Regel zusammen mit den Ameisen in der Mitte der Ameisenkolonnen. Diese Art wurde daher als räumlich „gut integriert" angesehen. Ein ähnliches Muster wurde bei den Myrmekophilen von *Leptogenys borneensis* gefunden. Beide Myrmekophile (*Parawroughtonilla hirsutus* und *Leptogenonia roslii*) lebten in der Mitte des Wirtsnests und wanderten mit ihren Wirten, mit denen sie häufig Kontakt hatten. Diese Arten wurden ebenfalls als „gut integriert" eingestuft. Diese Charakterisierungen stimmten gut mit dem Verhalten der Wirtsameisen gegenüber den Myrmekophilen überein: Wann immer die Ameisen einem Mitglied der nicht integrierten Arten begegneten, verhielten sie sich ihm gegenüber aggressiv, während Mitglieder der gut integrierten Myrmekophilen entweder ignoriert oder mit den Fühlern betastet wurden, gelegentlich mit klaffenden Mandibeln. Fütterungsversuche im Labor, bei denen den Käfern Ameisenlarven geboten wurden, zeigten eindeutig, dass nur die nicht integrierten Käferarten Ameisenlarven fressen. Alle Larven, die mit integrierten Arten zusammengesetzt wurden, überlebten.

Leider ist nichts darüber bekannt, wovon sich die „integrierten" und „nicht integrierten" Myrmekophilen in natürlichen Nestern ernähren. Ausgehend von Beobachtungen im Labor scheint es, dass sich integrierte Arten bevorzugt von Insekten ernähren, die von den Wirtsameisen eingebracht werden. Diese Art von Kleptoparasitismus ist angesichts der geringen Anzahl dieser Myrmekophilen in den riesigen Wirtskolonien zu vernachlässigen. Obwohl die nicht integrierten Arten sich von Ameisenbrut ernähren, wenn sie Ameisenlarven dargeboten bekommen, gibt es keine Hinweise darauf, dass sie den Nestbereich aufsuchen, in dem die Ameisenbrut untergebracht ist. Wenn sie dies täten, würden sie wahrscheinlich von den Ameisen angegriffen werden. Höchstwahrscheinlich ernähren sie sich von Insektenkadavern, die von den *Leptogenys*-Ameisen zurückgelassen werden, oder sie fressen andere kleine Arthropoden und Käferlarven in den Abfallbereichen des Wirtsameisennestes, doch sie sind sicherlich keine spezialisierten Räuber von Ameisenbrut. Außerdem ist die Zahl dieser nicht integrierten Arten in den *Leptogenys*-Nestern sehr gering. Die Autoren untersuchten 21 Kolonien von *L. distinguenda*, und der Medianwert von *M. ulrichi* pro Nest lag bei 5 (Bereich 0 bis 19), während der Medianwert von *W. dentilabrum* bei 1 lag (Bereich 0 bis 9). Von der integrierten Art *T. gigantea* wurden insgesamt nur drei Individuen gesammelt. Aus sieben *L.-borneensis*-Kolonien wurden insgesamt zwölf Individuen der integrierten Art *P. hirsutus* gesammelt, wobei der Medianwert bei einem Individuum pro Kolonie bei 1 lag (Spanne 0 bis 6). Fünf Individuen wurden von der integrierten Art *L. roslii* gefunden, und der Medianwert pro Kolonie lag bei 1 (Spanne 0 bis 2).

Um es noch einmal zu betonen: Die Zahl der Individuen pro Kolonie ist bei beiden Gruppen extrem niedrig, und daher ist es schwer nachzuvollziehen, dass diese Käfer ein ernsthaftes Problem für die Ameisen darstellen. Vermutungen, über evolutionäre Selektionskräfte, die bei einer Gruppe von Käfern zu einem höheren Integrationsgrad führte als bei der anderen Gruppe, können unserer Ansicht nach nur spekulativ sein. Evolutionäre Wettrüstungsszenarien entbehren angesichts der spärlichen Datenlage einer soliden Grundlage. Ja, Ameisen greifen Mitbewohner an, die ihre Brut fressen, vorausgesetzt, diese Räuber haben kein anderes Täuschungsmittel entwickelt, um in die Brutkammern ihrer Wirte einzudringen. Wie wir bereits festgestellt haben, werden die Staphyliniden-Käfer *Lomechusa* und *Lomechusoides* sogar von ihren Wirten in die Brutkammern getragen, obwohl sowohl die erwachsenen Tiere als auch die Larven die Ameisenbrut fressen (siehe Kap. 8).

Dennoch ist es interessant, dass die *Leptogenys*-Wirtsameisen ein deutlich unterschiedliches Verhalten gegenüber den sogenannten integrierten und nicht integrierten Arten zeigen. Dies ist ein anderes Ergebnis als das von Parmentier et al. (2016b), das mit Myrmekophilen in *Formica*-Nestern erzielt wurde. Die wichtigsten Fragen aus unserer Sicht sind: Welche Eigenschaften haben die integrierten Staphyliniden, die es ihnen ermöglichen, von den Ameisen toleriert zu werden, und wie identifizieren die Ameisen die nicht integrierten Arten als potenzielle Räuber, während sie die integrierten Arten als relativ harmlos einstufen? Solange wir keine Antworten auf diese Fragen haben, ist es nicht möglich, sich ein vernünftiges Szenario für die Selektion von Merkmalen vorzustellen, die einer besseren Integration der Staphyliniden in die Ameisengesellschaft zugrunde liegen.

Wir wollen jedoch nicht entmutigend wirken. Tatsächlich halten wir diese Art von Studien für wichtig, auch wenn wir noch einen weiten Weg vor uns haben, um die Rolle dieser Myrmekophilen im Ökosystem einer Ameisenkolonie zu verstehen. Von Beeren et al. (2011, S. 273) wiesen darauf hin, dass die Anzahl und Häufigkeit der myrmekophilen Arten bei den beiden *Leptogenys*-Arten sehr unterschiedlich ist. Sie schrieben: „Von den untersuchten Taxa sind nur drei Symbiontenarten bekannt, die in *L. borneensis* in geringer Zahl vorkommen. Im Gegensatz dazu werden die Kolonien von *L. distinguenda* von mindestens 15 verschiedenen Arten parasitiert (Witte et al. 2008), von denen einige eine Häufigkeitl von mehr als 1000 Individuen pro Kolonie erreichen. Mehrere Symbionten in *L. distinguenda* erreichen Integrationsniveaus, die mit denen vergleichbar sind, die für die integrierten Staphyliniden-Käfer beobachtet wurden" (Witte et al. 2008; von Beeren et al. 2011). Offensichtlich bieten diese Wirtsameisenarten und ihre Symbionten ein großes Feld für weitere aufschlussreiche Analysen, für die Volker Witte und Christoph von Beeren Pionierarbeit geleistet haben.

9.4 Netzwerke und Erhebungen auf Kolonieebene

In mehreren anderen Untersuchungen wurde versucht, die Vielfalt der Myrmekophilen in Kolonien von Wirtsameisenarten so vollständig wie möglich zu erfassen. An erster Stelle ist hier die lebenslange Sammlung und Untersuchung von Symbionten in den neotropischen Wanderameisen durch Carl und Miriam Rettenmeyer und ihre Mitarbeiter zu nennen (Rettenmeyer et al. 2011). Ähnliche Studien sind die bereits erwähnten zu *Leptogenys*-Wanderameisen (Witte et al. 2008), zu Arten der *Formica-rufa*-Gruppe (Päivinen et al. 2003, 2004; Robinson und Robinson 2013; Parmentier et al. 2014; Robinson et al. 2016), zu einigen *Myrmica*-Arten (Witek et al. 2013, 2014), zu der Ponerinen-Art *Neoponera villosa* (Rocha et al. 2020), zu der Ectatomminae-Art *Ectatomma tuberculatum* (Pérez-Lachaud et al. 2011) und zu der neotropischen Weberameise *Camponotus* sp. aff. *textor* (Pérez-Lachaud und Lachaud 2014). Dabei handelt es sich meist um faunistische Studien, die die Grundlage für alle Versuche bilden, die Wechselbeziehungen zwischen Myrmekophilen und ihren Wirten zu analysieren. Aniek Ivens, Christoph von Beeren, Nico Blüthgen und Daniel Kronauer (2016) schlugen vor, für die Untersuchung der komplexen Gemeinschaften und Wechselbeziehungen zwischen Ameisen und ihren Symbionten die ökologische Netzwerkanalyse anzuwenden. Dieser Ansatz hat sich bei Ökosystemstudien zu Ameisen-Pflanzen-Interaktionen und trophobiotischen Beziehungen zwischen Ameisen und Honigtau produzierenden Hemiptera als sehr fruchtbar erwiesen (Blüthgen und Fiedler 2004; Blüthgen et al. 2003, 2004, 2007; Stadler und Dixon 2008; Bascompte und Jordano 2007 u. a.). Unseres Wissens gibt es keine vergleichbaren Netzwerkstudien über die myrmekophile Gemeinschaft in Ameisennestern und in Ameisenpopulationen, mit Ausnahme vielleicht der bereits diskutierten Arbeit von Parmentier et al. (2016c) über die trophischen Interaktionen in hügelbauenden *Formica*-Nestern. Diese Arbeit deckt nur einen kleinen Teil der zahlreichen Mitbewohner in einem Nest der Roten Waldameise ab, ist aber ein vielversprechender Anfang. Ökologische Netzwerkstudien zur Analyse von Arteninteraktionen innerhalb von Wirtsgesellschaften sind in der Tat eine Herausforderung, und sie sind besonders schwierig für ökologische Gemeinschaften innerhalb von Insektensozietäten. Die umfassendsten Daten über die Vielfalt der Myrmekophilen liegen für die Wanderameisen vor. Allein bei der neotropischen Wanderameise *Eciton burchellii* sind Hunderte von myrmekophilen Arthropodenarten mit den Ameisen assoziiert (Rettenmeyer et al. 2011). Für einige Arten sind die Verhaltensmechanismen, die den Wechselbeziehungen zwischen Gast und Wirt zugrunde liegen, analysiert worden, aber für die meisten ist sehr wenig über ihre Lebensweise innerhalb der Ameisengesellschaft bekannt (Kronauer 2020). In dieser Hinsicht können wir uns noch nicht den Vorschlägen von Ivens et al. (2016) anschließen, die Netzwerkanalyse für die Bewertung des „Grades der Interaktionsspezifität in Gemeinschaften von Wanderameisen und Myrmekophilen" anzuwenden, wenn so wenig über die Verhaltensinteraktionen der Myrmekophilen mit ihren Wirten bekannt ist. Tatsächlich warten viele der gesammelten Exemplare auf eine korrekte Identifizierung und stellen wahrscheinlich oft kryptische Arten dar. Wir möchten deshalb einen Bottom-up-Ansatz vorschlagen, der mit der Analyse der Verhaltensmechanismen und morphologischen Merkmale beginnt, die es den Myrmekophilen ermöglichen, mit ihren Wirtsarten zu koexistieren und sie sogar auszubeuten, und erst in der nächsten Phase die Netzwerkanalyse einsetzt, um zu untersuchen, wie die komplexe Nestgemeinschaft miteinander verbunden ist. Wir glauben, dass dieser Ansatz genügend empirische Daten für eine vernünftige Diskussion über die selektiven Kräfte innerhalb dieses komplexen Netzwerks liefern wird, die die besonderen myrmekophilen Merkmale der Symbionten und das Verhalten der Wirtsameisen gegenüber den Myrmekophilen geprägt haben.

Nach diesen etwas kritischen Bemerkungen beeilen wir uns anzuerkennen, dass Christoph von Beeren und seine Mitarbeiter (2021b) in einer sehr aktuellen, ausgezeichneten Studie eine quantitative faunistische Untersuchung der Myrmekophilen von 6 sympatrischen *Eciton*-Wanderameisenarten in einem Regenwald in Costa Rica durchgeführt haben. Durch die Kombination von DNA-Barcoding und morphologischer Identifizierung von über 2000 Exemplaren entdeckten sie 62 myrmekophile Arten, darunter 49 Käfer-, 11 Fliegen-, eine Tausendfüßler- und eine Silberfischchenart. Mehrere dieser Arten waren neu für die Wissenschaft.

Die Autoren wendeten eine ökologische Netzwerkanalyse an, die auf den Inzidenzen beim Sammeln spezieller myrmekophiler Arten mit allen gemeinsam vorkommenden *Eciton*-Arten basierte. Das daraus resultierende Netzwerk zeigte, dass die meisten Myrmekophilen an eine einzige *Eciton*-Wirtsart gebunden waren, während nur vier Arten echte Wirtsgeneralisten waren. Solche Daten sind zweifellos wichtig, um die Verknüpfung von kryptischer Artenvielfalt mit Wirtsidentität zu erkennen. Unser freundlicher, kritischer Hinweis betrifft das Fehlen von Verhaltensdaten in ökologischen Netzwerken. Wir sind nicht gegen Netzwerksynthesen, aber wir sind der Meinung, dass dieser Ansatz für die Beantwortung von Fragen zur Evolution von Gemeinschaftsinteraktionen nicht von Nutzen ist, weil so wenig über die idiosynkratischen Verhaltensmechanismen bekannt ist, die jeder Symbiose zugrunde liegen.

Betrachten wir nun kurz eine Art Netzwerkanalyse der Diversität von Myrmekophilen in Kolonien der neotropischen Weberameise *Camponotus* sp. aff. *textor* von Gabriela Pérez-Lachaud und Jean-Paul Lachaud (2014). Dabei handelt es sich um relativ kleine Gemeinschaften von Parasiten, Parasitoiden, Prädatoren und Kommensalen. Drei der untersuchten *Camponotus*-Kolonien befanden sich in der apikalen Region der Baumkronen. Jede Kolonie bewohnte einen einzigen Baum, und jede Kolonie hatte nur eine Königin. Die durchschnittliche Koloniegröße variierte (Mittelwert ± Standardfehler: 16.734 ± 4039 Arbeiterinnen: 2656 ± 556 Puppenkokons: 7380 ± 2242 Larven). Die Autoren unternahmen eine systematische Untersuchung der „Makro- und Mikrofaunenvielfalt" innerhalb dieser Weberameisenkolonien. Sie erfassten interne Parasiten, Parasitoide, myrmekophile Parasiten und Kommensalen, und identifizierten in den Weberameisennestern 18 Taxa, die zu drei Klassen gehören. Drei parasitische Wespenarten griffen die Ameisenlarven an und schlüpften später aus den Puppen. Die Ameisenarbeiterinnen wurden von zwei Endoparasiten parasitiert, einem Myrmecolacidae-Fächerflügler (Strepsiptera) und zahlreichen Mermithidae-Fadenwürmern (Nematodes). Eine kleine Anzahl von Ameisenprädatoren wurde gefunden, wie eine nicht identifizierte Syrphiden-Larve (Microdontinae), die sich von Ameisenbrut ernährt, und drei verschiedene Spinnenarten. Es wurden eine Milbenart und eine Nymphe einer Schabe entdeckt, die wahrscheinlich als Aasfresser im Ameisennest leben.

Darüber hinaus registrierten die Autoren Myrmekophile im Nest, die ihrerseits von verschiedenen Parasitoiden oder Prädatoren angegriffen wurden. So wurde beispielsweise die Larve der Microdontinae-Fliege von einer Eulophidae-Wespe parasitiert. In diesem Zusammenhang wollen wir nochmals kurz erwähnen, dass einer von uns (B.H.) ebenfalls eine Syrphiden-Myrmekophile in den Nestern einer australischen *Polyrhachis*-Weberameise (wahrscheinlich *P. australis*) entdeckte (Hölldobler und Wilson 1990). Sie gehört zur Unterfamilie der Pipizinae und wurde erst kürzlich als neue Art der Gattung *Trichopsomyia* beschrieben und *T. formiciphila* genannt (Downes et al. 2017). Die länglichen, schneckenähnlichen Larven ernähren sich wahrscheinlich von Ameisenbrut, wurden aber häufig von parasitischen Wespen befallen, die leider nicht identifiziert werden konnten.

Bei den *Camponotus*-sp.-Weberameisen handelte es sich bei den parasitoiden Wespen um *Horismenus myrmecophagus* (Eucharitidae: Eucharitinae) und die Eucharitinae-Art *Obeza* sp. Eine in den Nestern nachgewiesene Larve eines Marienkäfers (Coccinellidae) ernährte sich wahrscheinlich von Hemipteren (Schildläusen), die in den Nestern vorkamen und den Ameisen wahrscheinlich als Trophobionten dienten. Die Autoren berichteten, dass sogar einige dieser Schildläuse von einem nicht identifizierten Parasitoiden parasitiert waren. Darüber hinaus fanden sie mehrere andere Wespen, Fliegen und sogar einen Rüsselkäfer, dessen Rolle in den Ameisennestern unbekannt blieb. Wir schließen diese Fallstudie mit dem aufschlussreichen Diagramm von Gabriela Pérez-Lachaud und Jean-Paul Lachaud ab, das einige dieser komplizierten Verbindungen einer relativ kleinen Gemeinschaft von Myrmekophilen in den Nestern der *Camponotus*-Weberameise veranschaulicht (Abb. 9.14).

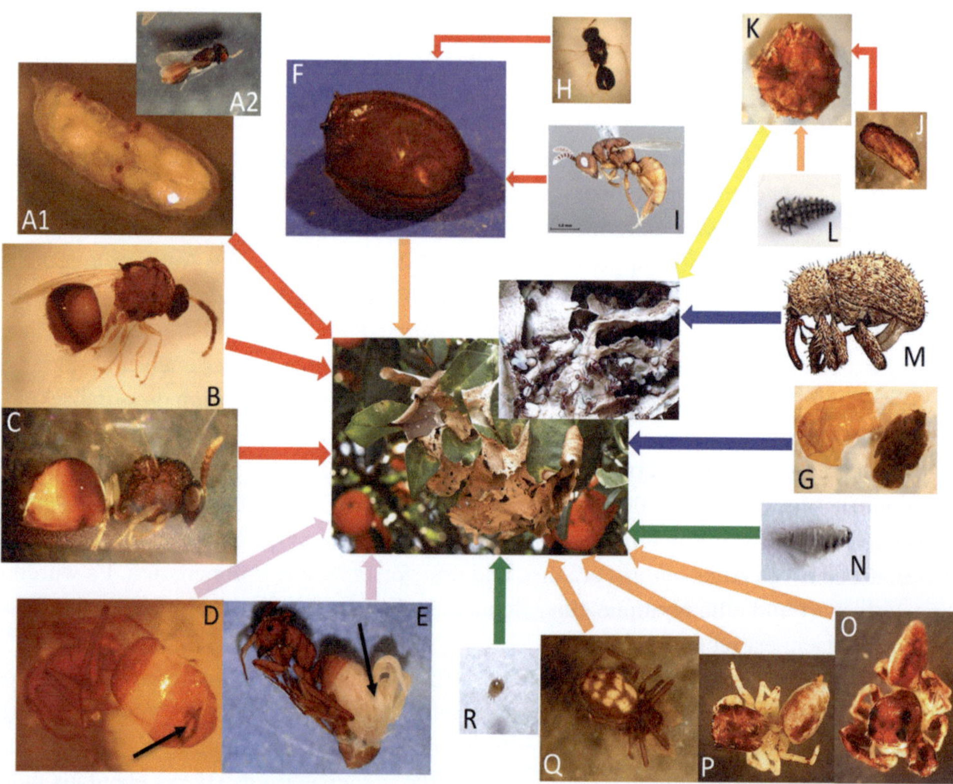

Abb. 9.14 Seidennest von *Camponotus* sp. af. *textor* (*in der Mitte*) und das Interaktionsnetzwerk der *Camponotus*-Weberameise mit ihren „Mitbewohnern". (*A*) *Horismenus myrmecophagus* (Eulophidae, in Gruppen lebender Endoparasitoid von Ameisenlarven/-puppen): (*A1*) parasitierte Ameisenpuppe, (*A2*) erwachsene parasitische Wespe; (*B*) *Obeza* sp. (Eucharitidae, solitärer Ektoparasitoid von Ameisenlarven/-puppen); (*C*) *Pseudochalcura americana* (Eucharitidae, solitärer Ektoparasitoid von Ameisenlarven/-puppen); (*D*) *Caenocholax* sp. (Strepsiptera, Myrmecolacidae, Endoparasit von Larven, Puppen und erwachsenen Ameisen); (*E*) nicht identifiziert (Mermithidae, wahrscheinlich Endoparasit von Larven, Puppen und erwachsenen Ameisen); (*F*) nicht identifiziert (Microdontinae, Prädator von Ameisenbrut); (*G*) nicht identifiziert (Diptera, unbekannt); (*H*) *Horismenus microdonophagus* (Eulophidae, in Gruppen lebender Endoparasitoid von Mikrodontinenlarven); (I) *Camponotophilus delvarei* (Eurytomidae, in Gruppen lebender Ektoparasitoid von Mikrodontinenlarven); (J) unbestimmt (Hymenoptera, Endoparasitoid der Schildlaus *Cryptostigma* sp.); (*K*) *Cryptostigma* sp. (Coccoidea, Trophobiont); (*L*) unbestimmt (Coccinellidae, Prädator von *Cryptostigma* sp. [?]); (*M*) *Melexerus hispidus* (Curculionidae, unbekannte Interaktionen); (*N*) nicht identifiziert (Blattellidae, Aasfresser); (*O*) nicht identifiziert (Salticidae, Prädator von erwachsenen Ameisen oder Ameisenbrut); (*P*) nicht identifiziert (Salticidae, Prädator von erwachsenen Ameisen oder Ameisenbrut); (*Q*) nicht identifiziert (Araneae, Prädator von erwachsenen Ameisen oder Ameisenbrut); (*R*) nicht identifiziert (Acari, Aasfresser). (Mit freundlicher Genehmigung von Gabriela Pérez-Lachaud und Jean-Paul Lachaud)

Wir haben uns für diese Studie entschieden, weil die Vielfalt der myrmekophilen Parasiten, Parasitoiden, Prädatoren und Kommensalen recht begrenzt und die Zahl der Individuen gering ist. Dennoch bleibt die Konstruktion eines Interaktionsnetzwerks eine fragmentarische „Momentaufnahme". Dies soll keine Kritik sein, denn die Einblicke der Autorin und ihres Partners in die naturgeschichtlichen Zusammenhänge sind bewundernswert. Stellen Sie sich jedoch eine riesige Ameisenkolonie mit Hunderten von myrmekophilen Arten vor, für die uns die meisten Daten über die Interaktionen mit Wirten und anderen Mitbewohnern der Kolonie fehlen. Die Erstellung einer Netzwersynthese der Interaktionen in einer solch komplexen, interspezifischen Gemeinschaft wäre entmutigend und höchstwahrscheinlich unproduktiv bei dem derzeitigen Stand unseres Wissens. Unserer Meinung nach sollte auch bei Studien über myrmekophile Lebensgemeinschaften die Einteilung von Arten in Gilden auf der Grundlage oberflächlicher oder lückenhafter Informationen vermieden werden.

9.5 Befall durch myrmekophile Parasiten und Koloniecharakteristiken

Im Folgenden wollen wir kurz die Frage erörtern, inwieweit Ameisenkolonien als Ganzes den Angriffen von Myrmekophilen widerstehen können. Verschiedene Wissenschaftler haben die Hypothese aufgestellt, dass genetisch unterschiedliche Arbeiterinnenpopulationen in einer Kolonie, die entweder durch Polygynie (Kolonie mit mehr als einer sich fortpflanzenden Königin) und/oder Polyandrie (Königinnen, die Spermien von mehr als einem Männchen speichern) zustande kommt, die Widerstandsfähigkeit des Volkes gegenüber Krankheitserregern und möglicherweise auch gegenüber Angriffen von myrmekophilen Parasiten und Parasitoiden erhöhen können (Hamilton 1987; Sherman et al. 1988; Schmid-Hempel 1998; van Baalen und Beekman 2006; Hughes et al. 2008). Experimentelle Belege für diese Hypothese sind relativ spärlich, obwohl einige Studien über Krankheitserreger bestätigende Beweise für Hummeln und Honigbienen (Liersch und Schmid-Hempel 1998; Baer und Schmid-Hempel 1999; Tarpy 2003; Tarpy und Seeley 2006) und für Ameisen (Hughes und Boomsma 2004, 2006; Reber et al. 2008; Ugelvig et al. 2010) lieferten. Dennoch müssen wir uns die Frage stellen: Wenn die Variabilität innerhalb einer Kolonie so vorteilhaft gegen den Befall durch Viren, Bakterien, Mikrosporidien, Parasitoide und vielleicht auch myrmekophile Parasiten ist (Schmid-Hempel 1994), warum sind dann viele Ameisenarten monogyn und in den meisten Fällen auch monandrisch? Tatsächlich finden wir bei einer beträchtlichen Anzahl von Ameisenarten sowohl polygyne als auch monogyne Populationen, und eine unter anderen plausiblen Erklärungen dafür ist, dass die polygynen Populationen einem stärkeren Parasitismusdruck ausgesetzt sein könnten.

Besonders ausgeprägt ist dies in der Untergattung *Serviformica*, deren Arten häufig von sogenannten Sklavenhalterameisen wie *Formica sanguinea*, *Formica subintegra* oder *Polyergus* spp. überfallen werden (Hölldobler und Wilson 1990). Diese Raubameisen rauben die Puppen der *Serviformica*-Arten und transportieren sie zu ihren eigenen Nestern. Wenn diese Puppen schlüpfen, werden die jungen *Serviformica*-Arbeiterinnen auf den Geruch der Sklavenhalterkolonie geprägt und handeln und arbeiten schließlich für die Fitness der nicht verwandten Königinnen und ihrer Paarungspartner. Bei solchen *Serviformica*-Arten gibt es oft einige Populationen mit monogynen Kolonien und andere mit polygnen Kolonien. Offensichtlich sind die Königinnen in monogynen Kolonien tendenziell größer als die Königinnen in polygynen Kolonien. Es wurde vermutet, dass die Begrenztheit der Nistplätze zur Polygynie führen könnte; eine andere Erklärung für die Prävalenz der fakultativen Polygynie, insbesondere bei *Serviformica*-Arten, könnte jedoch der Raubdruck durch parasitische *Formica*- oder *Polyergus*-Arten sein, die die Puppen aus den *Serviformica*-Kolonien plündern. Polygyne Nester sind in der Regel auch polydom, sodass eine weitläufige Verteilung der Kammern, in denen die Puppen untergebracht sind, die *Serviformica*-Kolonien in die Lage versetzen könnten, den von den Räubern verursachten Schaden zu verringern. Es wäre interessant zu wissen, ob *Serviformica*-Populationen, die mit Puppen raubenden Ameisenarten im selben Biotop existieren, häufiger polygyn als monogyn sind. Dies wäre eine weitere Erklärung für das Auftreten von Polygynie, aber sie wird natürlich nicht als alternative Erklärung zur Hypothese der genetischen Variabilität vorgeschlagen.

Diese Überlegungen führen uns zu einer weiteren faszinierenden Arbeit von Jeremy Thomas und seinen Mitarbeitern. Sie bemerkten, dass es nicht selbstverständlich ist, dass eine einfache Beziehung zwischen genetischer Variabilität und Resistenz für alle Arten von parasitären Interaktionen gilt. „Die Interaktionen zwischen sozialen Parasiten [in ihrer Terminologie schließt dies die myrmekophilen Parasiten ein] und ihren Wirten unterscheiden sich grundlegend von denen von Krankheitserregern, da Erstere in Insektengesellschaften eindringen, um die Ressourcen der Kolonie auszubeuten, während Letztere einzelne Ameisen parasitieren (Thomas et al. 2005)" (Gardner et al. 2007, S. 1004). Einzelne Ameisen einer Kolonie können also direkt von Krankheitserregern befallen werden, und aufgrund ihrer genetischen Variabilität können einige Individuen anfälliger sein als andere. Bei myrmekophilen Parasiten wird jedoch in der Regel die gesamte Kolonie oder große Teile davon befallen. Durch das Fressen der Ameisenbrut oder die Parasitierung der Nahrungsressourcen beeinträchtigen myrmekophile Parasiten die Investitionen der gesamten Kolonie in Wachstum und Fortpflanzung (Hölldobler und Wilson 1990; Nash und Boomsma 2008). Dies bringt uns zurück zu einer Studie von *Microdon*-Myrmekophilen, die wir in Kap. 3 kurz angesprochen hatten.

M. G. Gardner und seine Mitarbeiter K. C. Schönrogge, G. M. Elmes und J. A. Thomas (2007) machten eine verblüffende Entdeckung. Sie untersuchten die genetische Variation von Arbeiterinnen in Kolonien von *Formica (Serviformica) lemani*, die häufig von Larven der Syrphidenfliege *Microdon mutabilis* befallen wurden. Wie wir gelernt haben, ernähren sich diese myrmekophilen Parasiten von der Brut ihrer Wirtsameisen. Obwohl Wasmann (1920) und Donisthorpe (1927) berichteten, dass die Larven und Puppen von *M. mutabilis* in Nestern von *Formica fusca*, *F. rufa*, *F. rufibarbis*, *Lasius niger*, *L. brunneus* und *L. flavus* vorkommen, müssen wir diese Berichte mit Vorsicht betrachten. So entdeckten Schönrogge et al. (2002), dass es sich bei den putativen *Microdon mutabilis*, die in Nestern der beiden Wirtsarten *Formica lemani* und *Myrmica scabrinodis* gefunden wurden, in Wirklichkeit um zwei Arten handelt: *Microdon mutabilis* mit *F. lemani* und die bisher unbekannte Art *Microdon myrmicae* mit *Myrmica scabrinodis*. Die Wirtsspezifität könnte also stärker ausgeprägt sein als bisher angenommen. Darüber hinaus stellten Graham Elmes und seine Kollegen (1999) in ihrem Untersuchungsgebiet eine „extreme Wirtsspezifität" fest, das heißt, *Microdon mutabilis* wurde nur in Nestern von *Formica lemani* gefunden und zeigte ein hohes Maß an Koloniespezifität.

Die genetischen Studien von Gardner et al. (2007) deckten eine weitere bemerkenswerte Besonderheit auf. Mit *M. mutabilis* befallene Kolonien von *F. lemani* wiesen eine relativ geringe Verwandtschaft innerhalb der Kolonie und eine hohe geschätzte Königinnenzahl auf. Interessanterweise wiesen befallene Kolonien mit geringerer Königinnenzahl in der Regel einen höheren Grad an Polyandrie pro Königin auf. Im Gegensatz dazu war in zwei Populationen von *F. lemani*, deren Kolonien nicht von *M. mutabilis* befallen waren, die Verwandtschaft innerhalb der Kolonien hoch. Die Autoren argumentierten, dass eine geringe Verwandtschaft innerhalb eines Volkes die Anfälligkeit für einen *Microdon*-Befall erhöht, während eine hohe Verwandtschaft innerhalb eines Volkes die Anfälligkeit für einen Befall verringert. Wie bereits erwähnt, stellten sie fest: „Während eine hohe genetische Vielfalt sozialen Insektenkolonien zugutekommen kann, da sie ihre Resistenz gegenüber Krankheitserregern erhöht, könnte die erhöhte Wahrscheinlichkeit des Eindringens von Sozialparasiten aufgrund der größeren Variation der Erkennungsmerkmale von Nestgenossen ein Kostenfaktor sein."

Es ist ein rätselhaftes Paradoxon, dass die genetisch vielfältigeren *Formica lemani*-Kolonien weniger spezifische kollektive Kohlenwasserstoffprofile zu haben scheinen als Kolonien mit höherer Verwandtschaft innerhalb der Kolonie und daher anfälliger für einen Befall durch *Microdon mutabilis* sind, obwohl *Microdon*-Parasiten eine extreme Koloniespezifität aufweisen und die Wirtsarbeiterinnen nur Eier von *Microdon*-Fliegen tolerieren, die sich in ihrer Kolonie entwickelt haben. Unserem Verständnis nach ist also die Haupthürde für das Eindringen des Parasiten in die Wirtskolonie die Akzeptanz und Toleranz der *Microdon*-Eier. Die von Gardner et al. (2007) vorgebrachten Argumente scheinen jedoch auch die sich entwickelnden parasitären Larven und Puppen einzubeziehen.

Dies ist eine faszinierende Hypothese, auch wenn noch keine experimentellen Beweise vorliegen. Unseres Wissens gibt es keine Vergleiche zwischen den cuticulären Kohlenwasserstoffprofilen von monogynen und polygynen *F. lemani*-Kolonien. Generell ist die Vielfalt der cuticulären Kohlenwasserstoffe bei *F. lemani* vergleichsweise gering (Martin und Drijfhout 2009a), sodass Unterschiede zwischen polygynen und monogynen Kolonien schwer zu erkennen sein könnten. Darüber hinaus werden koloniespezifische Erkennungsmerkmale höchstwahrscheinlich nicht von *Microdon*-Larven hergestellt, sondern von ihren Wirten durch „Kontamination" erworben (obwohl es Behauptungen gibt, dass zumindest ein Teil der Kohlenwasserstoffe, aus denen die Profile auf Kolonieebene bestehen, von den Myrmekophilen hergestellt werden könnten; siehe Kap. 3). Es ist schwer zu erklären, wie die Myrmekophilen für jede der zahllosen Kolonien, die sie parasitieren, spezifische Erkennungsmerkmale für Nestgenossen herstellen können. Selbst ihre Nestgenossinnen, die Ameisen, sind dazu nicht in der Lage (siehe Lenoir et al. 1999, 2001).

Wir wissen nicht, ob die Autoren monogyne und polygyne Kolonien von *F. lemani* im Labor hielten und Beobachtungen zur Austauschbarkeit von *Microdon*-Larven von polygynen Kolonien auf monogyne Kolonien machten. Wenn die *Microdon*-Larven das Brutpheromon der Ameisenlarven auf irgendeine Weise nachahmen, sollte ein Austausch zwischen den Kolonien möglich sein, wie das auch bei den meisten Ameisenlarven der Fall ist. Darüber hinaus stellen wir uns die Frage, ob das von Gardner et al. (2007) berichtete Phänomen mit der Seltenheit von *Microdon mutabilis* oder sogar mit seinem Fehlen im Lebensraum von monogynen *F. lemani*-Kolonien zusammenhängt. Gardner et al. (2007) und zuvor Elmes et al. (1999) sowie noch früher Donisthorpe (1927) beobachteten, dass die erwachsenen Syrphiden beim Verlassen der Wirtsnester nicht weit wegfliegen, sondern in der Regel in der Nähe des Nests herumschweben, aus dem sie geschlüpft sind. Sie legen ihre Eier in der Nähe des Nesteingangs ab. Wie wir in Kap. 3 erörtert haben, ist die Überlebensrate und die Adoption der Eier durch das Wirtsameisenvolk deutlich höher, wenn die Mutterfliege aus demselben Volk stammt. Solche viskosen Populationen sind in der Tat sehr ungleichmäßig verteilt. Abschließend möchten wir betonen, dass wir diese Studie und die vorgeschlagenen Hypothesen faszinierend fanden, aber wir sind nicht der Meinung, dass die aktuellen Daten genügend Beweise liefern, um die Hypothesen als Fakten zu belegen.

Betrachten wir nun die Ergebnisse einer Studie von Matthias Fürst, Maëlle Durey und David Nash, die die Aggression zwischen Kolonien (oder die Ablehnung von Nestgenossen) in polygynen und polydomen Populationen von *Myrmica rubra* analysierten. Es ist seit Langem bekannt, dass die Aggression zwischen benachbarten Ameisengesellschaften in Populationen mit monogynen Kolonien wesentlich stärker ausgeprägt ist als in polygynen Populationen (Hölldobler und Wilson 1977, 1990; Keller 1993). Polygyne (polygame) Kolonien vermehren sich in der Regel durch Ableger, und die Paarung innerhalb der Kolonie ist stärker ausgeprägt als in monogynen Populationen. Folglich sind benachbarte polygyne Kolonien enger miteinander verwandt, auch wenn die Verwandtschaft innerhalb der Kolonie geringer ist als bei monogynen Kolonien. Es wurde vermutet, dass das einer der Gründe ist, warum monogyne Ameisengesellschaften in der Regel mehr territoriale Aggression gegen benachbarte Kolonien zeigen als polygyne Gesellschaften.

Fürst et al. (2012) lieferten harte Beweise, die diese hypothetischen Annahmen für die Knotenameisen (Myrmicinae) *Myrmica rubra* teilweise unterstützen. Obwohl *M. rubra*-Kolonien auch monogyn sein können, waren an den Untersuchungsstandorten von Matthias Fürst und seinen Kollegen alle Kolonien polygyn, bis auf eine. Obwohl in dieser Kolonie nur eine Königin gefunden werden konnte, ergaben genetische Untersuchungen, dass unter den Arbeiterinnen mehrere Matrilinien vertreten waren, was auf mehrere Königinnen schließen lässt. Die Autoren sammelten Daten über die genetische Struktur und die cuticulären Kohlenwasserstoffprofile der Arbeiterinnen innerhalb der Kolonien und bestätigten, dass in Populationen mit polygynen (polydomen) Kolonien benachbarte Kolonien enger miteinander verwandt waren als weiter entfernte Kolonien. Sie wiesen nach, dass sich auch die chemischen Profile zunehmend unterscheiden, je weiter die geografische Entfernung zwischen den verglichenen Kolonien ist. Die genetische Vielfalt innerhalb einer Kolonie nimmt mit der Anzahl der sich fortpflanzenden Königinnen zu, und folglich werden die cuticulären Kohlenwasserstoffprofile breiter.

Wie bereits erwähnt, ist die Aggression zwischen benachbarten, hoch polygynen Kolonien (bei denen es sich in Wirklichkeit um „Schwesternablegern" handeln könnte) sehr gering. Die Autoren registrierten die Anzahl der Königinnen durch Ausgraben der Nester und verwendeten hochvariable Mikrosatelliten-Loci zur Bestimmung der Matrilinien. Häufig war die Zahl der ermittelten Matrilinien höher als die Zahl der bei den Ausgrabungen gefundenen Königinnen. Dies ist nicht verwunderlich, da Königinnen übersehen werden können oder gestorben sind, Arbeiterinnen, die aus einer Nachbarkolonie stammen, zufällig in die fremde Kolonie gekommen sein können oder eine gewisse Reproduktionsverzerrung vorliegt, das heißt, einige Königinnen hatten mehr Nachwuchs als andere.

In den Verhaltens-Aggressions-Bioassays wurde eine fremde „eindringende" Ameise mit fünf „verteidigenden" Ameisen in einer neutralen Arena konfrontiert. Die Anzahl der aggressiven Handlungen und die Art der Aggressionen, mit denen die Verteidigerinnen auf den Eindringling reagierten, wurden aufgezeichnet, und es wurde ein Aggressionsindex berechnet. Es überrascht nicht, dass die Autoren bestätigten, dass die Aggression zwischen Verteidigerinnen und Eindringling mit zunehmender Entfernung zwischen den Kolonien zunahm. Diese Beobachtungen sind eng korreliert mit dem Anstieg der genetischen Entfernung und der zunehmenden Unähnlichkeit der cuticulären Kohlenwasserstoffprofile.

Wie allgemein argumentiert wird, so auch von den Autoren, wird die Diskriminierung zwischen Verwandten und Nicht-Verwandten durch die Verwandtenselektion begünstigt, weil „die inklusive Fitness nur dann steigen kann, wenn die Vorteile der geteilten Arbeit eher den Koloniemitgliedern oder nahen Verwandten als Fremden zugutekommen" (Fürst et al. 2012, S. 516). Allerdings sollte man bei inklusive Fitness Erwägungen unterscheiden, ob man von Ameisen spricht, die sich zufällig oder gezwungenermaßen einer fremden Kolonie angeschlossen haben. Sie erleiden dadurch zweifellos einen Verlust an inklusiver Fitness. Auf der anderen Seite kann die zusätzliche Arbeitskraft für Kolonien von Vorteil sein, und bei einigen Arten wurde gezeigt, dass größere Kolonien Überfälle auf kleinere Kolonien durchführen und Arbeiterinnenpuppen rauben (Hölldobler und Wilson 1990). Diese „gestohlenen" Arbeiterinnen verlieren zwar indirekte Fitnessvorteile, steigern aber die Fitness ihrer nicht verwandten Nestgenossen. Das heißt, dass ihre Arbeit die Fitness der nicht verwandten Königinnen erhöht. Wir vermuten, dass die Art von Aggression, die Fürst et al. (2012) beschrieben, die Territorialität der Kolonie betrifft, das heißt den Wettbewerb um Raum und Ressourcen zwischen Kolonien innerhalb der Population. Die fremde Ameise, auf die die fünf „ansässigen" Ameisen in der Testarena treffen, könnte als fremde Späherin bewertet werden. Insbesondere wenn diese Späherin ein deutlich anderes chemisches Profil aufweist, könnte sie eine ernsthafte Herausforderung für die Integrität des Territoriums der ansässigen Ameisen darstellen.

Warum aber wird diese Studie im Rahmen dieses Kapitels behandelt? Weil sie eine zweite bemerkenswerte Entdeckung beschreibt. Wie wir in Kap. 4 gelernt haben, sind Myrmica-Arten Wirte für myrmekophile Bläulinge, (*Phengaris spp.*), zu denen die Gruppe von David Nash mehrere Untersuchungen veröffentlicht hat, und einige in Kap. 4 besprochen werden. In der oben erwähnten Arbeit berichteten Fürst und Kollegen über ein auffälliges Unterscheidungsvermögen von *Myrmica rubra*-Arbeiterinnen, die in Kolonien leben, in denen *Phengaris alcon*, eine der „Kuckuck"-*Phengaris*-Arten, vorkommt (siehe Kap. 4). Obwohl die Wirtskolonien hochgradig polygyn sind und daher eine hohe genetische Vielfalt innerhalb der Kolonie aufweisen, sind die Ameisen solcher Kolonien weitaus aggressiver gegenüber fremden Eindringlingen als Ameisen, die in Lebensräumen gesammelt wurden, in denen *P. alcon* nicht vorkommt. Besonders rätselhaft ist die Tatsache, dass die Aggressivität gleich hoch ist, unabhängig davon, ob die eingedrungene Ameise aus einer Kolonie in unmittelbarer Nachbarschaft oder aus einer geografisch weit entfernten Kolonie stammt. Fürst et al. (2012) schrieben: „Das Muster der abnehmenden Aggression mit zunehmender kolonieinterner genetischer Diversität war in diesen Gebieten [in denen *P. alcon* häufig vorkommt] nicht erkennbar." In jedem Fall sind diese Ergebnisse auffallend und rätselhaft, insbesondere im Lichte der Studien von Gardner et al. (2007), die nahelegten, dass polygyne Wirtskolonien leichter von myrmekophilen Parasiten infiziert werden können, weil die Kohlenwasserstoffprofile ihrer Wirte breit und weniger spezifisch sind. Die Arbeit von Gardner et al. (2007) betrifft *Microdon*-Larven in polygynen *Formica-lemani*-Kolonien. Darüber hinaus zitierter Fürst et al. (2012) Ergebnisse von Thomas Als (unveröffentlicht, berichtet in Nash und Boomsma 2008), der zeigte, dass die Verwandtschaft innerhalb des Nestes von Kolonien, die mit *Phengaris alcon* infiziert waren, geringer war als die von nicht befallenen Kolonien im Untersuchungsgebiet. Diese Ergebnisse stützen die von Gardener und seinen Kollegen aufgestellte Hypothese, dass eine größere genetische Vielfalt die Infektion durch myrmekophile Parasiten erleichtert. Fürst und Kollegen stellten richtigerweise fest, dass „aufgrund dieser Ergebnisse zu erwarten ist, dass das Aggressionsniveau in Kolonien mit einer hohen Anzahl von Königinnen niedriger ist, was die Aufnahme des Parasiten erleichtert."

Warum aber sind polygyne, genetisch vielfältige *Myrmica*-Kolonien in den *P. alcon*-Habitaten aggressiver gegenüber Artgenossen als in *P. alcon*-freien Gebieten? Fürst und Kollegen stellten die Hypothese auf, dass der Parasitendruck die kontinuierliche evolutionäre Veränderung der kollektiven, koloniespezifischen Kohlenwasserstoffprofile begünstigt, die die Fähigkeit der Parasiten, in die Wirtskolonien einzudringen, abschwächen. David Nash und Kollegen (2008) schlugen ein evolutionäres Wettrüsten zwischen Parasiten und potenziellen Wirtskolonien vor. Fürst et al. (2012) schlussfolgerten: „Zusätzliche Kosten für das Nichterkennen von Eindringlingen, die von sozialen Parasiten verursacht werden, scheinen nach unseren Ergebnissen einen großen Einfluss auf die Wahrnehmungs- oder Ablehnungsschwellen zu haben, die auf adaptive Weise angepasst werden."

So sehr uns die Studie über die Korrelationen zwischen der Abnahme der Aggressivität gegenüber fremden Koloniemitgliedern und der zunehmenden genetischen Diversität innerhalb der Kolonie auch gefällt, sowie die positive Korrelation zwischen der Zunahme der Aggressivität und der geografischen Entfernung und der parallele Vergleich mit den sich verändernden cuticulären Kohlenwasserstoffprofilen, sind wir nicht davon überzeugt, dass der Parasitismus durch *Phengaris alcon* die Evolution einer höheren Spezifität der kollektiven cuticulären Kohlenwasserstoffprofile der Kolonien vorantreibt. Wir verstehen zwar, dass dies in monogynen Ameisenkolonien funktionieren könnte, aber wir können uns keinen möglichen Mechanismus vorstellen, um dies in Populationen von hochgradig polygynen Ameisengesellschaften zu erreichen. Außerdem glauben wir nicht, dass, wie in Kap. 4 erörtert, nachgewiesen wurde, dass die Oberflächenkohlenwasserstoffe von der *P.-alcon*-Raupe als wesentliche Schlüsselreize für die Auslösung des Adoptionsverhalten bei den Wirtsameisen dienen. Sie können als unterstützende Modulatoren fungieren, aber die wesentlichen Schlüsselreize sind höchstwahrscheinlich Allomone, die die Brutpheromone der Wirtsameisen imitieren. Wir gehen davon aus, dass die *P. alcon*-Larven genauso leicht von einer *M. rubra*-Kolonie zu einer anderen übertragen und akzeptiert werden können wie die Ameisenlarven, auch wenn die fremden Arbeiterinnen sich gegenseitig aggressiv behandeln. Warum also sind die Kolonien in den *Phengaris*-Habitaten aggressiver? Wir wissen es nicht, aber es wäre wünschenswert, weitere Vergleiche mit anderen Populationen anzustellen, in denen *P. alcon* vorkommt, und mit Populationen, in denen die Parasiten nicht vorkommen.

In diesem Kapitel haben wir mehrere ökosystemische Studien über Myrmekophile in verschiedenen Wirtsameisenkolonien untersucht. Sie haben gezeigt, dass Myrmekophile je nach Grad der Integration mit den Wirtsameisen in ökologische Gilden unterteilt werden können, die Netzwerkinteraktionen mit Wirtsameisen und Myrmekophilen aufweisen. Diese Netzwerkstudien sind relativ neu und stellen einen vielversprechenden Ansatz dar. Wir sind jedoch der Meinung, dass weitere Untersuchungen der verhaltensphysiologischen Mechanismen der Gast- und Wirtsinteraktionen erforderlich sind, bevor solche Netzwerkstudien produktiv sein können. Wir haben auch untersucht, ob bestimmte soziale Organisationen von Wirtsgesellschaften anfälliger für die Infektion durch bestimmte myrmekophile Parasiten sind. Unserer Ansicht nach sind diese Studien in der Tat sehr faszinierend, aber ihre Schlussfolgerungen bedürfen weiterer empirischer Belege, um sie zu untermauern. In Kap. 10 werden wir herausfinden, inwieweit Wirbeltiere enge Wechselwirkungen mit Ameisen haben.

Wirbeltiere und Ameisen

10

Verschiedene Wirbeltierarten leben mit Ameisen zusammen, jagen sie oder nutzen sie auf andere Weise für ihr tägliches Leben. Wirbeltier- und Arthropoden-Myrmekophile müssen viele der gleichen Herausforderungen bewältigen, die mit dem Auffinden und Eindringen in Ameisennester verbunden sind, aber Wirbeltiere sind mit zusätzlichen Größenproblemen konfrontiert. Nur wenige Wirbeltiere kommen der geringen Größe ihrer Wirtsameisen nahe. Dementsprechend finden die Interaktionen der meisten Myrmekophilen unter den Wirbeltieren mit ganzen Ameisenkolonien oder großen Teilen davon statt. Wir wissen, dass Ameisen auf Besucher reagieren, die so groß wie Elefanten sind, und dass sie im Fall von *Cremato-gaster mimosa* zwischen Vibrationen unterscheiden können, die durch Wind entstehen, und solchen, die von Herbivoren verursacht werden, die an ihren mutualistischen Wirtspflanzen grasen (Hager und Krausa 2019). Der beträchtliche Appetit von myrmekophagen Wirbeltieren könnte die Evolution der aposematischen Färbung einiger Ameisen sowie die Produktion bestimmter schmerzhafter Proteingifte (Schmidt und Blum 1978a), das Versprühen von Säure, und das Gruppenverteidigungs-, Evakuierungs- und Futtersuchverhalten vorangetrieben haben. Dies ist darauf zurückzuführen, dass Wirbeltierprädatoren die Biomasse einer Kolonie in erheblichem Maße belasten. So können beispielsweise Krötenechsen an einem Tag Dutzende von *Pogonomyrmex*-Sammlerinnen aus einer Kolonie fressen (Sherbrooke und Schwenk 2008), während amerikanische Schwarzbären genug Ameisenbrut verzehren, um 31 % der bestehenden *Formica obscuripes*-Kolonien pro Saison auszuschalten oder lahmzulegen (Grinath et al. 2015). Im Gegensatz zu ihren Arthropoden-Gästen sind viele Wirbeltiere groß genug, um zahlreiche Ameisenkolonien über weite räumliche Entfernungen und in einigen Fällen über lange Zeiträume hinweg zu plündern.

Die Beziehungen zwischen Reptilien, Vögeln, Fischen, Säugetieren und Ameisen gehen über die Beziehung zwischen Raubtier und Beute hinaus und umfassen einige der sichtbarsten und erstaunlichsten Symbiosen, die man bisher kennt. Wir beginnen mit der

B. Hölldobler, C. Kwapich, *Die Gäste der Ameisen*,
https://doi.org/10.1007/978-3-662-66526-8_10

Geschichte einiger Vögel, die nomadisierenden Ameisenkolonien folgen, und den vielen Wirbeltieren, die sich in Ameisenhügeln wälzen, um sich mit lebenden Ameisen „einzusalben". Als Nächstes befassen wir uns mit dem Schicksal von Kaulquappen und Blindschlangen, die in den Nestern von pilzzüchtenden Ameisen geboren werden, und fragen, ob beinlose Echsen die Pheromonspuren von Ameisen nützen können. Wir schließen mit einer kurzen Diskussion über die myrmekophilen Vorlieben des Menschen.

10.1 Gefiederte Myrmekophile

Eines der größten Spektakel der Myrmekophilie findet man in den Neotropen, wo Dutzende von Vogelarten, vor allem aus der Familie der Thamnophilidae, mit nomadisierenden Ameisenkolonien assoziiert sind (Abb. 10.1).

Jede *Labidus praedator*- oder *Eciton burchellii*-Wanderameisenkolonie stellt für viele potenzielle Räuber eine enorme und verlässliche Quelle für reichhaltige Beute dar. Eine sorgfältige Analyse des Mageninhalts von Vögeln durch Edwin O. Willis und Yoshika

Abb. 10.1 Ein zweifarbiger Ameisenvogel und ein Bindenbaumsteiger warten darauf, Gliederfüßer zu erbeuten, die von einem Beuteraubschwarm der Heeres- oder Wanderameisen *Eciton burchellii* aufgescheucht wurden. Auf ihrem Raubzug überwältigen die Ameisen eine Geißelspinne. Ameisenvögel sind Parasiten der Wanderameisen und können einer Kolonie 30 % ihrer täglichen Beute wegschnappen. (Mit freundlicher Genehmigung von John Dawson)

Oniki (1978) ergab, dass die Wanderameisen selten und vielleicht nur zufällig von den Vögeln verzehrt werden, die sie begleiten. Die Vögel meiden auch Beutetiere, die bereits von mehreren Wanderameisenarbeiterinnen überwältigt wurden, und ziehen es stattdessen vor, Arthropoden aus der Laubstreu aufzuschnappen, die vor dem Beutezug der Ameisen fliehen. Diese Abneigung der Vögel Wanderameisen zu fressen könnte erklären, warum viele der myrmekophilen Käfer, die Wanderameisenkolonien an der Oberfläche begleiten, in ihrer Färbung und oft auch Form den Ameisenwirten sehr ähnlich sind, während Myrmekophile, die meist in den Nestern unter der Erde leben und somit den hungrigen Vögel verborgen bleiben, eine solche Ähnlichkeit mit ihren Wirten nur selten zeigen.

Man hat den Eindruck, dass Vögel, die mit Ameisen assoziiert sind, *Eciton*- und *Labidus*-Kolonien nutzen, um für sie Beute aufzuscheuchen, so wie Seevögel Scharen von Walen bei der Nahrungssuche begleiten und Schweinevögel Pekaris folgen (Greeney 2012). In Zentralpanama können plündernde *E. burchellii*-Kolonien täglich 22 g Arthropoden aus der Laubstreu und 24 g Brut von überfallenen sozialen Insekten als Beute eintragen und im Biwak Nest verzehren (Franks 1982). Das ist beeindruckend. Aber welche Kosten entstehen den Kolonien, wenn überhaupt, dadurch, dass sie so viele großwüchsige Gäste mit ihren Raubzügen anlocken? Willis und Oniki (1978) vermuteten, dass die Vögel, die den Ameisen folgen, nur Arthropoden erbeuten, die für die Ameisen zu groß oder zu schnell sind, um sie zu überwältigen, oder dass sie den Ameisenkolonien sogar einen Dienst erweisen, indem sie flüchtende Arthropoden zurück in Richtung des anrückenden Schwarms treiben. Um die Art der Beziehung zwischen Vögeln und Ameisen zu klären, verglichen Peter Wrege und Kollegen (2005) die Anzahl der großen Beutetiere, die von *E. burchellii*-Kolonien auf eingegrenzten Versuchsflächen in Anwesenheit der Ameisenvögel gefangen wurden, mit dem Beuteerfolg der Ameisen auf Versuchsflächen, bei denen begleitende Vogelarten ausgeschlossen wurden. Um vogelfreie Zonen zu gewährleisten, standen die Forscher unmittelbar neben dem Areal und gestikulierten mit den Armen. Ab und zu wurde ein hartnäckiger Vogel mit einem Wasserstrahl aus einer Spritzpistole oder durch das Werfen eines Rindenstücks in die nahe gelegene Laubstreu abgeschreckt. Ihr Experiment zeigte, dass die *E. burchellii*-Kolonien in Abwesenheit von Vögeln erfolgreich die großen (> 1,5 cm) Arthropoden aus der Laubstreu fangen, die normalerweise von den Vögeln bevorzugt werden.

Die am häufigsten vorkommenden Vögel, die von Wrege et al. (2005) beobachtet wurden, waren *Gymnopithys leucaspis* (zweifarbige Ameisenvögel) (siehe Abb. 10.1), *Dendrocincla fuliginosa* (Grauwangen-Baumsteiger), *Phaenostictus mcleannani* (Halsband-Ameisenvogel), *Hylophylax naevioides* (Rotmantel-Ameisenwächter), *Neomorphus geoffroyi* (Tajazuikuckuck), *Dendrocolaptes sanctithomae* und *Xiphorhynchus lachrymosus* (Baumsteiger).

Schare von durchschnittlich nur sechs Vögeln konnten satte 30 % der täglichen Arthropoden Beute jeder Ameisenkolonie wegschnappen. Die Verluste der Kolonien stiegen sowohl mit der Größe der Vogelschar als auch mit der Biomasse der Vögel. Da das Wachstum und die Vermehrung (Kolonie-Spaltung) von *Eciton burchellii* von der täglichen Effizienz ihrer Nahrungssuche abhängt, verursachen die Ameisenjäger eindeutig Kosten für die Kolonien. Anstatt als Mutualisten oder Kommensalen zu agieren, die auf Beutetiere abzielen, die zu groß sind, um von den Ameisen-Beutescharen überwältigt zu werden, sind die Ameisenfolger-Vögel echte Parasiten der neotropischen Wanderameisen (Wrege et al. 2005).

Ameisenfolgende Vögel der Familie Thamnophilidae lassen sich grob in drei Stufen der Spezialisierung einteilen, darunter die Folger, die gelegentlich Schwärme in ihren Territorien aufsuchen; die regelmäßig Folgenden, die sowohl Schwärmen folgen als auch Zeit mit unabhängiger Futtersuche verbringen; und 18 Arten von obligaten Ameisenfolgern, die sich ausschließlich entlang der Beutezüge der Wanderameisen ernähren. Sie müssen regelmäßig von ihren Nestern aus die Ameisenschwärme anfliegen (Zimmer und Isler 2003). In einer phylogenetischen Studie von 70 Thamnophilidae-Arten fanden Robb T. Brumfield und Kollegen (2007) heraus, dass sich die Assoziationen mit Wanderameisen im Laufe der Evolution wahrscheinlich von gelegentlichem zu regelmäßigem bis hin zu ständigem Folgen entwickelt haben, wobei es drei unabhängig entstandene evolutionäre Übergänge zu regelmäßigem Folgen gab. Umkehrungen des obligaten Zustands sind nicht bekannt. Willis (1972) verglich den durchschnittlichen Erfolg eines gelegentlichen Ameisenfolgers, der Rotmantel-Ameisenwächter (*H. naevioides*), wenn er unabhängig von Ameisen Futter suchte, mit dem, den er bei seiner Futtersuche entlang den Wanderameisenbeutezügen von *Labidus praedator* und *Eciton burchellii* erzielte. Er stellte fest, dass die Vögel im Durchschnitt 111,8 s brauchten, um Beute zu finden, wenn sie allein auf Nahrungssuche waren, und nur 32,3 s, wenn sie mit Wanderameisen auf Nahrungssuche waren. Die Anwesenheit von Ameisenschwärmen bietet also einen fast 4-fachen Vorteil gegenüber der unabhängigen Futtersuche. Warum verbringen gefleckte Ameisenvögel dann überhaupt Zeit mit der Futtersuche abseits ihrer Ameisen, wenn die Vorteile eines spezialisierten Mitläufers so ausgeprägt sind? Die Antwort könnte in der Zusammensetzung der gemischten Vogelscharen zu finden sein, wo das „Auftauchen" dominanterer Vogelarten die Effizienz anderer Ameisenvögel bei der Nahrungssuche verringert (Willis 1972). Die Artenzusammensetzung in gemischten Scharen variiert je nach geografischer Lokalität beträchtlich (O'Donnell 2017). Als der große Halsband-Ameisenvogel (*P. mcleannani*) auf der Insel Barro Colorado in Panama ausstarb, wurden die kleineren gefleckten Ameisenvögel dort weniger territorial und wechselten von nur gelegentlichem Folgen der Ameisen zu regelmäßigerem Folgen auch außerhalb ihres Territoriums. Diese kompensatorische Reaktion führte dazu, dass sich die Population der Rotmantel-Ameisenwächter auf der Insel innerhalb von 20 Jahren verdoppelte (Touchton und Smith 2011).

Obwohl Ameisenvögel in Bezug auf Morphologie und Körpergröße sehr unterschiedlich sind, haben Forscher kaum Hinweise darauf gefunden, dass sie zwischen den verschiedenen Arten von Arthropoden unterscheiden, die von Ameisenkolonien aufgescheucht werden. In einer Studie mit fünf obligaten Ameisenvogelarten aus Bolivien, darunter *Gymnopithys salvini*, *Rhegmatorhina melanosticta*, *Myrmeciza fortis*, *Phlegopsis nigromaculata* und *Dendrocincla merula*, zeigten nur *P. nigromaculata* und der Baumsteiger *D. merula* eine gewisse Präferenz für die Art der Beute. Zusätzlich zu den anderen Gliederfüßern verzehrten beide Arten zweieinhalb Mal so viele Spinnen wie die anderen Vogelarten (Chesser 1995). Obwohl es nur begrenzte Hinweise auf eine Nahrungsspezialisierung unter den untersuchten Ameisenvögeln gab, gibt es Befunde die zeigen, dass die Vögel innerhalb ihrer interspezifischen Scharen Dominanzhierarchien bilden (Willis und Oniki 1978; Chesser 1995). Größere und aggressivere Vögel kontrollieren den produktiven vorderen Teil des vorrückenden Ameisenschwarms und erhalten daher die meiste Beute. Obwohl ihr Nahrungsspektrum breit gefächert ist, zeigen mindestens zwei Ameisenvogelarten, *Myrmeciza fortis* (Thamnophilidae) und *D. merula* (Dendrocolaptida), deutliche Präferenzen für die Verfolgung von *Labidus praedator* oder *Eciton burchellii* und können als Wirtsspezialisten betrachtet werden (Willson 2004). Die Ameisenvögel selbst werden wiederum von drei Arten von Ithomiini-Schmetterlingen verfolgt, *Mechanitis polymnia isthmia*, *Mechanitis lysimnia doryssus* und *Melinaea lilis imitata*. Weibliche Schmetterlinge, die sich an *E. burchellii* orientieren, fliegen aus großen Entfernungen an, vermutlich durch den Geruch angelockt. Bis zu einem Dutzend auf einmal wurden beobachtet, wie sie tief über der Schwarmspitze flogen und abtauchten, um frischen Ameisenvogelkot zu fressen. Bis zu 30 solcher Ameisen-Schmetterlinge können pro Stunde über einem Schwarm gefangen werden (Ray und Andrews 1980).

Die zyklischen nomadischen und stationären Brutaufzuchtzyklen der *E. burchellii*-Kolonien stellen für die obligaten Ameisenfolgenden Vögel ein großes Problem dar. Um eine zuverlässige Nahrungsquelle aufrechtzuerhalten, müssen die Vögel mehrere Ameisenkolonien verfolgen, wenn sie an jedem Tag ihrer 14-tägigen nomadischen Phase von neuen Übernachtungsplätzen aus auf Beutezug gehen. Große Ameisenkolonien können jedoch sporadisch und weit verstreut sein, und jeden Tag bis zu 200 m weit entfernt ihr neues Biwak Nest errichten (Schneirla 1971; Swartz 2001). Monica Beth Swartz (2001) stellte die Frage, wie Vögel den Überblick über zahlreiche wandernde Superorganismen behalten konnten, von denen jeder seinen eigenen nomadischen und stationären Ablauf hat. Sie beobachtete 222 Vögel, die mit 238 Wanderameisen-Beutezügen in Costa Rica assoziiert waren, und fand sieben Vogelarten, die anscheinend den Standort und den Zeitplan von nicht weniger als drei Kolonien erlernen, indem sie deren Biwaks nacheinander in einer Standardreihenfolge besuchen. Sie schreibt:

Wenn ein Ameisenbeutezug, mit dem die Vögel auf Nahrungssuche waren, für den Tag beendet ist, folgen einige der Vogelarten der Ameisenspur zurück zum Biwak Nest, um es zu untersuchen, und fliegen dann weiter zum nächsten Biwak in ihrem Umkreis oder zu ihrem Schlafplatz, wenn der Tag vorbei ist. Dies kann das räumliche Gedächtnis für die Örtlichkeit des Biwak Nests und die Richtung des letzten Beutezugs stärken, falls das Biwak in der Nacht verlegt wird. Wenn ein Biwak verschwunden zu sein scheint, untersuchen sie den Ort sorgfältig, um festzustellen, ob sich die Position des Biwaks vielleicht nur verschoben hat und dadurch weniger sichtbar ist. Wenn sie es nicht finden können, suchen sie es entlang des Weges, den sie am Vortag mit dem Raubzug zurückgelegt haben. Gelegentlich sind nomadische Ameisengruppen schwer zu lokalisieren, und die suchenden Vögel fliegen wiederholt zum ehemaligen Biwakplatz zurück, was vielleicht der räumlichen Orientierung dient. (Swartz 2001, S. 631)

Während einige Vögel den Standort von Wirtskolonien genau im Auge behalten, finden andere die Ameisen, indem sie den Rufen von lautstarken obligaten Arten lauschen, die bereits einen Schwarm lokalisiert haben. Dies wurde von Johel Chaves-Campos (2003) nachgewiesen, der die Rufe von mit Ameisen assoziierten Vogelarten mit unterschiedlichem Spezialisierungsgrad aufzeichnete und sie dann an Stellen im Wald abspielte, an denen es keine Wanderameisen gab. Nur die Aufnahmen von zwei obligaten Ameisenvogelarten, die dazu neigen, als Erste zu Ameisenschwärmen zu kommen, zogen andere Vogelarten an. Generell gilt: Lauschende Vögel reagierten eher auf die Rufe weniger konkurrenzfähiger untergeordneter Arten, wie dem Zweifarbigen Ameisenvogel (*Gymnopithys leucaspis*), als auf die Rufe dominanter Arten, wie dem Rotspiegel-Ameisenvogel (*Phlegopsis erythoptera*) (Batcheller 2016). Obwohl die Bedeutung von Rufen bei obligaten Arten unterschiedlich sein kann, scheint Erfahrung der wichtigste Faktor zu sein, der bestimmt, ob eine fakultative Art einen Ameisenbeutezug begleitet (Batcheller 2016). Zum Beispiel reagieren Ameisenvögel auf Inseln auf die Rufe von Vögeln, denen sie häufig begegnet sind, aber nicht auf die Rufe von obligaten Arten, die auf ihren Inseln nicht vorkommen (Pollock et al. 2017). Im Wesentlichen lernen einige Ameisenvögel, andere spezialisierte Arten zu belauschen. Obwohl Wirbeltiere (uns eingeschlossen) nicht die einzigen Organismen sind, die ihre Karriere auf den Verhaltensweisen der Ameisen aufbauen, könnte die Notwendigkeit, den Standort und den Futtersuchstatus mehrerer Kolonien gleichzeitig zu überwachen, einzigartig für diese Ameisenvögel sein.

10.2 Einemsen

Auf dem städtischen Campus der Arizona State University kann man Dohlengrackeln (*Quiscalus mexicanus*) dabei zusehen, wie sie mit zur Seite geneigtem Kopf an den Rändern der Bürgersteige kauern, umgeben von Scharen der Drüsenameise *Forelius mccooki*. Auf den ersten Blick könnte man das Schlimmste vermuten, aber die Vögel geben Lebenszeichen von sich, wenn sie sich bewegen, um neue Körperteile den stechend riechenden Ameisen darzubieten, von denen es auf dem Bürgersteig nur so wimmelt (C. L. Kwapich, persönliche Beobachtung). Eine Vielzahl von Wirbeltieren zeigt ein ähnliches Verhalten der Einreibung, die als „Einemsen" bekannt ist, indem sie Ameisen über ihren Körper wandern lassen oder selbst die Ameisen in ihre Haut, Federn oder ihr Fell drücken. Ameisenarten aus den Unterfamilien Formicinae und Dolichoderinae, die sich chemisch verteidigen, werden gegenüber stechenden Myrmicinen bevorzugt, und in einigen Fällen mit Gegenständen wie Zweige zur Teilnahme bewegt (Goodwin 1955; Camacho und Potti 2018). Aaskrähen sitzen Berichten zufolge auf *Formica rufa*-Nesthügeln „wie brütende Hühner" und stinken noch Tage nach dem Einemsen nach dem säurehaltigen Spray der Ameisen (Whitaker 1957). Audubon (1831) beschrieb das Verhalten des Einemsens erstmals, nachdem er wilde Truthähne (*Meleagris gallopavo*) beim Staubbaden auf verlassenen Ameisenhügeln beobachtet hatte (McAtee 1947). Bei Vögeln wurde oft das Einemsen mit dem Staubbaden und Sonnenbaden gleichgesetzt, wird heute aber unterschieden durch das Vorhandensein eines bewohnten Ameisennests oder einer benutzten Ameisenstraße (Abb. 10.2) (Brackbill 1948; Whitaker 1957; Simmons 1966).

Abb. 10.2 Eine Aaskrähe (*Corvus corone*) lässt Ameisen über ihren Körper wandern und trägt Ameisenbündel auf ihr Gefieder auf (*oben*). (Foto: Mit freundlicher Genehmigung von Marie-Lan Taÿ Pamart, CC BY4.0). Ein wilder Truthahn (*Meleagris gallopavo*) wälzt sich in einem bewohnten Ameisenhügel und kombiniert das Einemsen mit einem Staubbad (*unten*). (Sue Chaplin)

Insgesamt gibt es mehr als 200 Vogelarten (Eisner und Aneshansley 2008) und eine Reihe von Säugetieren und Reptilien, die das Einemsen betreiben, darunter nicht nur blutegelgefährdete Schnappschildkröten (Burke et al. 1993), Wildschweine (*Sus scrofa*), die sich in Ameisennestern suhlen (Zakharov und Zakharov 2010; Robinson et al. 2016), und Hauskatzen, die sich „wie verrückt reiben" und „in ekstatischen Verrenkungen wälzen", dort wo Ameisen zerdrückt wurden (Chisholm 1959; Hauser 1964). Der letztgenannte Fall kann auf die Produktion von Iridomyrmecin durch einige Ameisenarten zurückgeführt werden, eine Verbindung, die auch in Katzenminze vorkommt (Choe et al. 2012; Lichman et al. 2020). Bei einer zufälligen Begegnung sammelte der Myrmekologe Jack Longino (1984) die Ameisenart *Camponotus sericeiventris,* die Kapuzineraffen (*Cebus capucinus*) von oben fallen ließen, als sie die Ameisen in das Fell um ihre Genitalien und Achselhöhlen einrieben. Es wird berichtet, dass Grauhörnchen immer wieder zurückkehren, um in flachen Gruben in der Nähe der Nester von mindestens zehn Ameisenarten, darunter *Camponotus nearcticus* und *Crematogaster ashmeadi,* „wild zu springen und herumzupurzeln" (Bagg 1952; Hauser 1964). Hauser (1964) beschreibt Eichhörnchen, die zur Mittagszeit auf den Nestoberflächen von *Pogonomyrmex badius* „ausgestreckt liegen", wenn auch andere kleine Ameisen anwesend waren. Nach unserer Einschätzung handelte es sich bei den kleineren Ameisen wahrscheinlich um die High-Noon-Ameise *Forelius pruinosus*, ein Schädling, der häufig bei den größeren Ernteameisenarten vorkommt.

Trotz der weiten Verbreitung des Einemsens bei Vögeln und anderen Wirbeltieren gibt es kaum zufriedenstellende Hinweise darauf, warum sie durchgeführt wird. Neben Ameisen verwenden Tiere eine Vielzahl von stark riechenden Gegenständen zur Selbstsalbung, darunter Mottenkugeln, Limetten, Tausendfüßler, Zwiebeln, Rauch und Zigarettenstummel. Diese sollen helfen, Parasiten abzuwehren oder lästige Blutegel, Milben, Zecken und Läuse zu vertreiben (Goodwin 1955; Whitaker 1957; Simmons 1966; Burke et al. 1993; Clayton und Vernon 1993). Bei Vögeln wird angenommen, dass das Aufsuchen von Ameisen dazu beiträgt, die Haut und das Gefieder von alten Fetten zu befreien (Kelso und Nice 1963; Simmons 1966) oder die saisonale Mauser einzuleiten (Potter 1970). Einige Forscher haben vorgeschlagen, dass Vögel Ameisen in den Federn als tragbaren Nahrungsvorrat sammeln und lagern (Groskin 1943), oder sie an bestimmten Stellen anzubringen, um eine autoerotische Stimulation zu erreichen (Whitaker 1957).

Eine der überzeugendsten Interpretationen des Einemsens geht davon aus, dass die von Ameisen produzierte Säuren und andere Chemikalien medizinisch als Fungizide und Bakterizide verwendet werden (Ehrlich et al. 1986; Clayton und Vernon 1993). Viele dieser Verbindungen dienen den Ameisen in ihren eigenen Nestern genau zu diesen Zwecken. Zum Zwecke des Einemsens scheinen Vögel eine Vorliebe für Ameisenunterfamilien zu haben, die solche chemischen Abwehrmittel einsetzen (Formicinae und Dolichoderinae). Hannah C. Revis und Deborah Waller (2004) quantifizierten die hemmende Wirkung von ameisenassoziierten Verbindungen gegenüber Kulturen, die mit bakteriellen und Pilz-Parasiten von Federn beschichtet waren. Während reine Ameisensäure alle getesteten Bakterien und Pilzhyphen stark hemmte, hemmten natürliche Konzentrationen von *Camponotus pennsylvanicus*- und *Lasius flavus*-Abwehrsekreten, die Ameisensäure enthalten, das mikrobielle Wachstum auf den Kulturplatten nicht. Ebenso waren polare und unpolare Extrakte verschiedener Ameisenarten gegen vogelassoziierte Bakterien oder Pilzen unwirksam. Diese Extrakte wurden gewonnen, indem man Gruppen von jeweils 50 Arbeiterinnen von *Camponotus pennsylvanicus*, *Pheidole dentata*, *Aphaenogaster rudis*, *Crematogaster lineolata* und *Lasius flavus* in 5 ml Hexan oder Wasser tauchte. Es ist nicht klar, ob diese Ameisenarten von Vögeln bevorzugt werden, die an den getesteten Bakterien und Pilzen leiden, aber wie bei den anderen Hypothesen, die sich auf Einemsen beziehen, konnte keine solide Verbindung zwischen den chemischen Abwehrkräften der Ameisen und dem Schutz vor Mikroben hergestellt werden.

Blauhäher (*Cyanocitta cristata*) fressen Ameisen und betreiben dabei eine besondere aktive Form des Einemsens. Vor dem Verzehr halten die Vögel einzelne Arbeiterinnen von *Formica exsectoides* am Mesosoma fest und ziehen sie über ihre primären Flugfedern und Schwanzfedern (Abb. 10.3).

Tom Eisner und Daniel Aneshansley (2008) untersuchten die Funktion dieses Verhaltens, indem sie Hähern entweder intakte Ameisen oder Ameisen ohne Abwehrdrüsen an-

Abb. 10.3 Ein Blauhäher (*Cyanocitta cristata*) hält eine Arbeiterin von *Formica exsectoides* am Mesosoma fest, bevor er die Abwehrsekrete der Ameise an seinem Gefieder abwischt. Häher benutzen ihre Federn wie eine Serviette, um die Ameisen zu entwaffnen, bevor sie sie fressen. (Thomas Eisner, mit freundlicher Genehmigung von Maria Eisner)

boten. Die Vögel verzehrten die „deaktivierten" Ameisen bereitwillig, ohne sie über ihr Gefieder zu streichen, was darauf hindeutet, dass ihre Federn als eine Art Serviette dienen, um die stechend-sauren Sekrete der Ameisen vor dem Verzehr abzuwischen. Die Vögel sind sehr geschickt im Umgang mit ihrer Beute und schaffen es, die Abwehrsekrete zu entfernen, ohne dass der zerbrechliche Kropf der Ameise zerplatzt, der bis zu einem Drittel des Körpergewichts und die wertvollen Nährstoffe der Ameise enthalten kann. Häher entschärfen auch andere Beutetiere wie Bombardierkäfer, indem sie sie vor dem Verzehr auf dem Boden abwischen (Eisner et al. 2005).

10.3 Fische und amphibische Gefährten

Im Gegensatz zu den Wirbeltieren, die wir bisher in diesem Kapitel kennengelernt haben, ist eine andere Gruppe von Artgenossen tief im Inneren der unterirdischen Kammern von Ameisennestern zu finden. Die Nester der Blattschneiderameisen der Gattung *Atta* bestehen aus riesigen Kammern und Tunneln, die sich über 220 m^2 erstrecken können (Forti et al. 2017) (siehe Abb. 1.13). Natürlich beherbergen diese riesigen Nester auch verschiedene Wirbeltiere als Gäste. Nichols (1940) fand einmal einen 22 cm langen Aal (*Synbranchus marmoratus*) in Kammern eines *Atta-sexdens*-Nests, die um diese Jahreszeit mit Wasser gefüllt waren. Er war mehr als 2 m unter der Oberfläche und 100 m vom nächsten Teich entfernt, der nur zeitweilig existierte. Die Anwesenheit eines Fisches in einem Ameisennest mag unmöglich erscheinen, aber wie viele Aale kann *S. marmoratus* von der Kiemenatmung auf die Atmung durch die Mund- und Rachenschleimhaut umschalten, wenn er sich über trockenes Land bewegt. Auch mehrere Amphibien sind mit Ameisen vergesellschaftet. Andreas Schlüter (1980) zeichnete erstmals die Rufe der männlichen Ameisennestfrösche (*Lithodytes lineatus*) auf, die aus den Nestern der Blattschneiderameise *Atta cephalotes* im peruanischen Regenwald ertönen. Die kurzen Pfiffe der männlichen Frösche locken die Weibchen zur Paarung und zur Ablage ihrer Schaumnester auf Wurzeln an, die die feuchten unterirdischen Gänge der Ameisen durchkreuzen (Schlüter und Regös 1981, 2005). Hier, tief unter der Oberfläche, schlüpfen Dutzende von Kaulquappen und entwickeln sich, während sie von Ameisen umgeben sind (Schlüter et al. 2009) (Abb. 10.4).

Abb. 10.4 Der goldgestreifte Ameisennestfrosch (*Lithodytes lineatus*) paart sich und legt seine Eier tief in Blattschneiderameisennestern ab. Erwachsene Frösche, wie dieser, werden von den Ameisen nicht angegriffen (*oben*). Unpigmentierte Kaulquappen entwickeln sich in den wassergesättigten Kammern eines *Atta-cephalotes*-Nests (*unten*). (Mit freundlicher Genehmigung von Konrad Mebert)

Regös und Schlüter (1984) stellten die Hypothese auf, dass eindringende *L. lineatus* ein chemisches Tarn- oder Abwehrmittel verwenden müssen, um den Spießrutenlauf der beißenden Ameisen zu überleben. Sie stellten fest, dass *L. lineatus*, die am Eingang von *A.-cephalotes*-Nestern gefangen wurden, einen unverwechselbaren, würzigen Geruch hatten, der dem von Liebstöckel (*Levisticum officinale*), einem beliebten Küchenkraut, ähnelte. Wenn sie von Ameisenkolonien getrennt oder in Gefangenschaft aufgezogen wurden, konnten die Frösche den Geruch nicht mehr erzeugen und wurden von den Ameisen bedrängt und getötet, wenn sie in die *Atta*-Nester zurückkehrten (Regös und Schlüter 1984; Schlüter und Regös 1996). Diese Beobachtung wurde von Andre de Lima Barros und Kollegen (de Lima Barros et al. 2016) genauer untersucht, indem sie die Hautsekrete von *L. lineatus* extrahierten und sie auf einen gemeinsam vorkommenden Froschlurch, *Rhinella major* (Bufonidae), auftrugen, der kein myrmekophiles Verhalten zeigt. *Rhinella major* wurde von den Ameisen nicht angegriffen, wenn sie chemisch als *L. lineatus* getarnt waren, löste aber bei den Arbeiterinnen von *Atta laevigata* und *A. sexdens* Aggressionen aus, wenn sie als Kontrolle nur in Wasser getaucht wurden. Wurde die Hälfte des Körpers der Kröte mit *L.-lineatus*-Extrakt und die andere Hälfte mit Wasser bestrichen, wurde nur die mit Wasser bestrichene Hälfte von den angreifenden Ameisen angegangen. Für ein klareres Erkennen der verhaltensbezogenen und chemischen Komponenten der Tarnung von *L. lineatus*, wäre es interessant, mit einem reziproken Experiment zu testen, ob *L. lineatus* von seinen eigenen Wirtsameisen angegriffen wird, wenn man den Frosch mit den Hautextrakten von *R. major* bestreicht.

Obwohl die wichtigen Verbindungen auf der Haut von *L. lineatus* noch nicht identifiziert wurden, deuten die bisherigen Befunde darauf hin, dass sich *L. lineatus* möglicherweise den Koloniegeruch seines Wirts aneignet oder eine inerte, abstoßende oder beruhigende Verbindung aus seiner Umgebung aufnimmt. Die giftigen Hautsekrete von Pfeilgiftfröschen (Dendrobatidae) enthalten zahlreiche Klassen lipophiler Alkaloide, die die Frösche zum großen Teil mit ihrer Nahrung, bestehend aus Myrmicinae und Formicinae Ameisen, aufnehmen (Saporito et al. 2012; Rabeling et al. 2016). *Lithodytes lineatus* gehört zu einer anderen Familie als die Pfeilgiftfrösche, und die Untersuchung des Mageninhalts ergab, dass sie Grillen, Regenwürmer und andere Arthropoden sowie Ameisen verzehren (Parmelee 1999). Der Mageninhalt eines Exemplars von *L. lineatus*, das am Eingang eines *Atta*-Nests gefangen wurde, enthielt nur zwei Nymphen einer Wanze der Gattung *Heza* (Reduviidae), die über eine eigene Batterie chemischer Abwehrstoffe verfügt (Schlüter und Regös 2005). Vielleicht sind diese Wanzen die Quelle der chemischen Tarnung von *L. lineatus*, und deren Verzehr bietet einen chemischen Pass in die Nester pilzzüchtender Ameisen. Im Moment ist die Identität der offenbar chemischen Tarnung, die von Eiern, Kaulquappen und erwachsenen *L. lineatus* verwendet wird, noch ein Rätsel.

Die afrikanische Stinkameise, *Paltothyreus tarsatus* (25 mm), beherbergt einen weiteren amphibischen Gast, den Roten Wendehalsfrosch *Phrynomantis microps* (40–60 mm). Mark Oliver Rödel und Kollegen (2013) entdeckten, dass der Frosch während der Trockenzeit Stinkameisennester bewohnt, vermutlich um die Feuchtigkeit in den unterirdischen Kammern zu nutzen. Obwohl er von seinen Wirten mit den Antennen

Abb. 10.5 Der Frosch *Phrynomantis microps* verbringt einen Teil seines Jahres in den Nestern der afrikanischen Stinkameise *Paltothyreus tarsatus*. Der Frosch stellt eine chemische Tarnung her, die es ihm ermöglicht, unter den Ameisen zu leben, ohne angegriffen zu werden. (Mit freundlicher Genehmigung von Christian Brede)

betastet wird, wird *P. microps* nicht angegriffen und bewegt sich frei unter den Ameisenarbeiterinnen (Abb. 10.5).

Paltothyreus tarsatus Ameisen sind Räuber und Aasfresser, aber wenn man ihnen Termiten und Mehlwürmer vorsetzte, die mit den gefriergetrockneten Hautsekreten von *P. microps*-Fröschen bestrichen waren, zeigten die Ameisengruppen kein aggressives oder räuberisches Verhalten. Obwohl die Wirkung der chemischen Tarnung mit der Zeit nachließ, betrug die mittlere Latenzzeit, bis ein mit dem Froschsekret behandelter Mehlwurm gestochen wurde, 286 s gegenüber 4 s bei unbehandelten Insekten. Aus den Hautsekreten des Frosches wurden zwei neue Peptide isoliert, die, wenn sie synthetisiert und getestet wurden, bei den Ameisen die gleiche hemmende Reaktion hervorriefen wie die natürlichen Sekrete des Frosches. Mehrere Indizien deuten darauf hin, dass *P. microps* im Gegensatz zu *L. lineatus* beide Peptide unabhängig von seiner Nahrung und dem Kontakt mit Ameisen synthetisiert. Erstens werden frisch metamorphosierte *P. microps* nicht angegriffen, wenn sie zum ersten Mal mit Ameisen Kontakt haben, und zweitens produzieren *P. microps*, die mit künstlichem Laborfutter gefüttert werden, weiterhin wirksame Sekrete (Rödel et al. 2013).

10.4 Reptilieneier in Ameisennestern

Unterirdische Nester sind eine attraktive Option für Tiere, die bereits vorhandene und gut verteidigte Höhlen für die Unterbringung ihrer Eier suchen. Ob Ameisennester von Wirbeltieren opportunistisch oder als bevorzugte Eiablageplätze genutzt werden, ist nicht gut dokumentiert. Vereinzelte Berichte deuten darauf hin, dass die beinlosen Wurmschleichen (Amphisbaenia) *Amphisbaena alba*, *A. fuliginosa*, *A. mertensii* und *Anops kingii* ihre Eier fakultativ in oder in der Nähe von Nestern der Blattschneiderameisen ablegen (Übersicht bei Andrade et al. 2006). Auch die Eier der kleinköpfigen Wurmschleiche *Leposternon microcephalum* wurden in Nestern von *Camponotus* sp. gefunden, obwohl Berichte über Assoziationen zwischen Eidechsen und nicht pilzzüchtenden Ameisengattungen selten sind (Andrade et al. 2006). Kwapich hatte das Glück, in Florida (USA) in den oberen Kammern eines Nests der Ponerinae-Schnappkieferameise (*Odontomachus brunneus*) Eier und geschlüpfte Jungtiere des Grünen Anolis (*Anolis carolinensis*) zu entdecken. Grüne Anolis-Mütter legen jede Woche ein einzelnes Ei, anstatt ein großes Gelege auf einmal zu legen (Toda et al. 2013). Die Eidechsen schlüpften an verschiedenen Tagen ab 25 Tage nach der Entdeckung, was darauf hindeutet, dass das Nest entweder mehrmals von demselben Weibchen aufgesucht oder als Gemeinschaftsnest von mehreren Weibchen besucht wurde (Kwapich 2021).

Auch mehrere Schlangen legen ihre Eier in Ameisennestern ab. Die Eier von *Leptodeira annulata*, einer 66 cm langen, froschfressenden Schlange, wurden vollständig eingebettet in den Pilzgärten der Blattschneiderameisen *Acromyrmex octospinosus* und *Atta colombica* gefunden (Brandão et al. 1985; Baer et al. 2009), und Bruner et al. (2012) zogen erfolgreich die Amerikanische Blindschlange *Liotyphlops albirostris* (Abb. 10.6) aus Eiern auf, die in einem Pilzgarten von *Apterostigma goniodes* gefunden worden waren.

Im Nest pflegten und betasteten die Ameisen die Schlangeneier lebhaft mit den Antennen, aber sie bissen nie in die ledrige Schale. Wie viele pilzzüchtenden Ameisenarten bedecken auch *A. goniodes* ihre eigenen Eier, Larven und Puppen mit Teilchen ihres Pilzgartens, eine Maßnahme, die vermutlich die Brut vor mikrobiellen Infektionen schützen soll. Dieses Pflegeverhalten kommt auch den riesigen Eiern der Blindschlangen zugute (Abb. 10.7).

Als Forscher die Pilzbeläge von den Schlangeneiern entfernten, stellten sie fest, dass sie von den Ameisen schnell ersetzt wurden, während Ei-Attrappen, die in das Nest gelegt wurden, weder inspiziert noch mit Pilzen dekoriert wurden (Bruner et al. 2012). Offensichtlich bietet die Symbiose mit den Ameisen ein optimales Mikroklima und den gleichen physischen und verhaltensbedingten Schutz, den auch die Ameisenbrut erfährt.

10.5 Krötenechsen, Blindschlangen und beinlose Eidechsen

Auch wenn Ameisenvögel die Wanderameisen, denen sie folgen, nicht fressen, sind andere Wirbeltierarten spezialisierte Prädatoren von Ameisen oder sogar von Myrmekophilen, die bei Ameisen vorkommen. Diese Prädatoren haben besondere Anpassungen, die es ihnen ermöglichen, die chemische und kollektive Verteidigung der Ameisen zu überwinden, einschließlich der Ameisen der Gattung *Pogonomyrmex*, die für ihren kräftigen und für uns schmerzhaften Stich bekannt ist. Obwohl jeder Stich nur eine geringe Dosis des Giftes beinhaltet, hat das Gift von *Pogonomyrmex* eine ähnliche LD_{50} (letale Dosis, Nagetier tötende Kapazität) pro Milligramm wie die stärksten Schlangengifte (Schmidt und Blum 1978b).

Abb. 10.6 Die Amerikanische Blindschlange *Liotyphlops albirostris* ist ein Gast der pilzzüchtenden Ameise *Apterostigma goniodes*. (Oben: mit freundlicher Genehmigung von Paul Freed; unten: mit freundlicher Genehmigung von Gaspar Bruner)

Das enzymreiche Gift von *Pogonomyrmex*-Arbeiterinnen ist besonders wirksam gegen Wirbeltiere, da es hämolytisch ist und eine schmerzhaft und lang anhaltende Empfindung verursacht (Schmidt und Blum 1978a, b). Trotz der beeindruckenden Abwehrkräfte von *Pogonomyrmex* haben sich viele Arten von Krötenechsen (Iguania, Phrynosomatidae, Phrynosoma) darauf spezialisiert, sie zu fressen. Krötenechsen haben einen gedrungenen Körperbau, sind langsame Eidechsen mit kurzen Hälsen und Köpfen (Abb. 10.8).

Sherbrooke und Schwenk (2008) zeigten, dass Krötenechsen im Gegensatz zu anderen insektenfressenden Eidechsen, die ihre Beute mit dem Maul aufnehmen, besondere morphologische Anpassungen haben, die es ihnen ermöglichen, Ernteameisen ganz zu schlucken. Unmittelbar nach dem Fang drückt die Zunge der Eidechse die Ameisen in die

Abb. 10.7 Eier der Amerikanischen Blindschlange *Liotyphlops albirostris*, im Pilzgarten von *Apterostigma goniodes*. Die Ameisen bedecken ihre eigene Brut und die Eier der Schlange mit einem Pilz, den sie zur Ernährung anbauen. (Mit freundlicher Genehmigung von Gaspar Bruner)

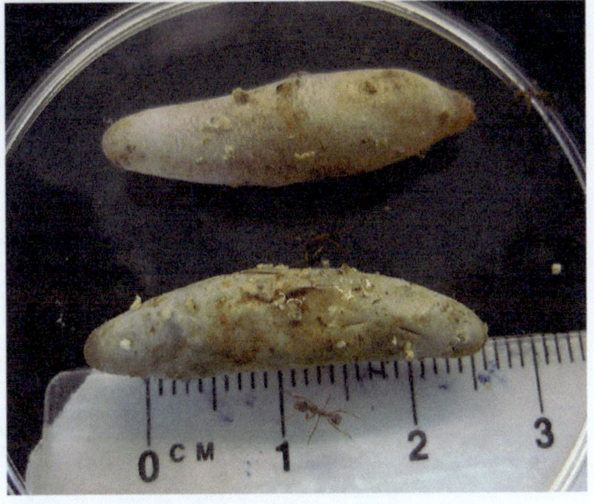

Schleim absondernden Rachenpapillen und weiter in die radial verzweigten Ösophagusfalten, wodurch sie unbeweglich und mit Fäden aus dickem Schleim verklebt werden. Die bäuchlings eingerollten Ameisen werden in ihren Schleimkokons direkt in den Magen befördert, vermutlich ohne jemals die Gelegenheit zu haben, das empfindliche Gewebe der Echse zu stechen. Zusätzlich zu ihrem Beutefangmechanismus haben die Krötenechsen einen speziellen Blutplasmafaktor entwickelt, der sie weniger empfindlich gegenüber dem Gift von *Pogonomyrmex* macht und es bis zu einem gewissen Grad entgiftet (Schmidt et al. 1989). Pianka und Parker (1975) kamen zu dem Schluss, dass Krötenechsen eine „einzigartige Konstellation anatomischer, verhaltensmäßiger, physiologischer und ökologischer Anpassungen besitzen, die eine effiziente Erbeutung von Ameisen als Nahrungsquelle erleichtern". *Pogonomyrmex*-Kolonien werden nicht weiter dezimiert, wenn Räuber wie Eidechsen entlang ihrer Futterrouten campieren. Stattdessen verlegen die Kolonien, wenn zahlreiche Sammlerinnen von einem Räuberechsen gefressen werden, entweder ihre

Abb. 10.8 Die texanische Krötenechse, *Phrynosoma cornutum*, ist ein Räuber der Ernteameise *Pogonomyrmex rugosus* (*oben*). (Bert Hölldobler). Das *untere Bild* zeigt eine juvenile Kurzhorn-Krötenechse (*Phrynosoma hernandesi*) aus dem südlichen Arizona (USA). (Christina Kwapich). Krötenechsen haben besondere morphologische und physiologische Anpassungen, die es ihnen ermöglichen, Ameisen zu fressen, die mit hoch-wirksamen Gift ausgestattet sind

Abb. 10.9   Die Blindschlange *Indotyphlops braminus* (Typhlopidae) ernährt sich von Ameisenbrut und Termiten. Ihre Augen sind mit durchsichtigen Schuppen bedeckt. (Mit freundlicher Genehmigung von Taku Shimada)

Nesteingänge, setzen die Futtersuche aus oder agieren zeitweise mit einer kleineren Sammlerinnengruppe, bis sich im Laufe der Zeit neue Sammlerinnen nachrücken (Hölldobler 1970a; Whitford und Bryant 1979; Kwapich und Tschinkel 2013).

Um in ein Ameisennest einzudringen, müssen räuberische Eindringlinge schnell arbeiten oder sich auf Anpassungen verlassen, die es ihnen ermöglichen, entweder die genauen Geruchserkennungssysteme der Ameisen zu überwinden oder den zahlreichen Abwehrmechanismen der Ameisen zu widerstehen. Myrmekophage Blindschlangen der Familien Typhlopidae und Leptotyphlopidae, wie die afrikanische *Rhinotyphlops* und *Afrotyphlops* (= *Typhlops*), ernähren sich gelegentlich bei Fressexzessen, indem sie sich im Brutnest der Ameisen mit Klumpen unbeweglicher Ameisenbrut vollstopfen (Abb. 10.9).

Die Ameisenbrut wird in die Speiseröhre geschaufelt, indem die Schlange ihre Kiefer schnell aus- und einfährt. Die einzigartige Morphologie und die geringe Fresshäufigkeit der Gruppe, verbunden mit ihrer Vorliebe für kleinwüchsige Ameisenarten, lassen vermuten, dass die Schlangen sich nur für kurze Zeit in den Nestern von Ameisen aufhalten, die sie nicht so leicht überwältigen können (Webb et al. 2001).

Die Flachkopf-Blindschlange, *Antillotyphlops* (= *Typhlops*) *platycephalus*, ist ein Ameisengeneralist, der sich von den erwachsenen Tieren oder der Brut von mindestens 16 in seinem Lebensraum vorkommenden Ameisenarten ernährt (Torres et al. 2000). Diese und andere ameisenassoziierte Schlangen sind in der Lage, eine große Anzahl von Ameisenarten in ihrer Umgebung aufzuspüren und zu unterscheiden – aber wie machen sie das? Jonathan K. Webb und Richard Shine (1992) haben experimentell untersucht, ob die australische Blindschlange *Ramphotyphlops* (= *Anilios*) *nigrescens* Ameisennester finden, indem sie den chemisch markierten Futterstraßen der Ameisen folgt. Sie fütterten wild gefangene Blindschlangen über einen Zeitraum von mehreren Wochen mit der Brut von sechs bevorzugten Ameisenarten. Am Tag des Versuchs wurden Gruppen von zehn Arbeiterinnen auf einem eng eingegrenzten Bereich auf Zeichenpapier in Terrarien mit einer Größe von 55 mal 40 cm platziert. Nach 20 min wurden die Ameisen und die Begrenzungen entfernt, und auf den Papierboden wurden Kieselsteine für die Bodenhaftung gelegt. Über einen Zeitraum von 6 h wurden dann einzelne Schlangen in die Terrarien gesetzt. Schlangen, die sich mehr als 4 cm entlang der „Ameisenstraßen" bewegten, wurden als Spurfolger gewertet. Als Kontrolle boten die Forscher den Schlangen Spuren an, die mit Wasser Fluon (Polytetrafluorethylen, das verwendet wird, um Ameisen daran zu hindern, an den Wänden von Plastikbehältern hochzuklettern), oder Spuren von nicht zur Beute gehörenden wirbellosen Tierarten. Die Schlangen ignorierten Spuren von Nicht-Beutetieren wie Regenwürmern, Asseln und Termiten sowie die Kontrollspuren. Sie folgten jedoch bereitwillig den Routen ihrer größeren Beuteameisen, darunter *Camponotus consobrinus*, *Iridomyrmex purpureus* und zwei Arten von *Myrmecia* (4 oder 5 von 6 Schlangen). Die Schlangen folgten den wochen- und tagealten „Straßen" dieser größeren Ameisenarten, fanden aber nie die Straßen von *Rhytidoponera enigmatica* und *R. metallica*, was die Forscher auf die geringe Größe und die solitäre Natur dieser Ameisen zurückführen.

Ausgehend von den berichteten Ergebnissen besteht kein Zweifel daran, dass die Schlangen von Arealen angezogen werden, in denen sich nur bis zu zehn *Camponotus*-, *Iridomyrmex*- und *Myrmecia*-Arbeiterinnen Stunden oder Tage zuvor aufgehalten hatten. Die Schlangen folgten den 40 mal 2 cm langen bzw. breiten „Ameisenstraßen" im Durchschnitt 27 cm weit (SD = 10,61, N = 18, Spanne = 10–40 cm), was weit über die zufällige Wahrscheinlichkeit hinausgeht, einen identischen Weg in den großen Terrarien zu nehmen. Diese Ergebnisse sind jedoch rätselhaft, da *Myrmecia* Einzeljägerinnen sind, die, soweit bisher bekannt, keine Pheromonspuren verwenden, um Nestgenossen zur Beute zu locken. Außerdem ist es höchst unwahrscheinlich, dass die im Labor simulierten „Ameisenstraßen" den chemisch markierten Futtersuchrouten der beiden anderen Ameisenarten in der Natur ähneln. Im Allgemeinen bestehen Ameisenstraßen aus mäßig flüchtigen Rekrutierungs- und Orientierungspheromonen, die Nester und Nahrungsquellen in Echtzeit miteinander verbinden. Die mehr oder weniger hohe Flüchtigkeit der Spurpheromone verhindert, vorausgesetzt sie werden nicht verstärkt, dass Futtersammlerinnen weiterhin zur ausgeschöpften Futterquelle laufen. Obwohl stabile Stammrouten häufig mit dauerhafteren chemischen Orientierungsmarken gekennzeichnet sind (Hölldobler und Wilson 1970; Hölldobler 1976; Hölldobler et al. 2001; Plowes et al. 2014), und Ameisen in einigen Fällen neues Terrain, Nesteingänge und andere äußere Nestbereiche und Territorien chemisch markieren (Hölldobler und Wilson 1990), ist es doch unwahrscheinlich, dass eine zufällig ausgewählte Gruppe von zehn Ameisen Pheromonspuren oder andere, dauerhaftere chemische Marken hinterlässt, wenn sie aus dem Umfeld ihres Nestes entfernt wird. Das Hinzufügen und Entfernen von Ameisen aus der Papiereingrenzung hat wahrscheinlich Alarmverhalten bewirkt, aber da Alarmpheromone ebenfalls relativ flüchtig sind, dürften sie Stunden nach ihrer Freisetzung keinen Einfluss auf das Verhalten der Schlangen gehabt haben.

Wenn die Schlangen die Ameisen, nachdem diese von der Papierunterlage entfernt wurden, noch stunden- und tagelang wahrnehmen können, deutet dies darauf hin, dass sie nicht die eher flüchtigen Rekrutierungspheromone der Ameisen verwenden, sondern eher winzige Mengen schwererer Verbindungen wie cuticuläre Kohlenwasserstoffe, Enddarm-

Abb. 10.10 Die Texas-Schlankblindschlange *Rena dulcis* (Leptotyphlopidae) folgt den Wanderameisen (*Neivamyrmex*) auf deren Beutezügen. Wie die Wanderameisen ist sie ein Räuber von Ameisenbrut. (Mit freundlicher Genehmigung von Alex Wild/alexanderwild.com)

Inhaltsstoffe oder chemische Fußabdrücke, die Ameisen beim Betreten eines neuen Geländes hinterlassen könnten. Zu solchen Substanzen könnten auch die oben erwähnten Markierungen von Nestplätzen und Territorien gehören (Hölldobler und Wilson 1990). In Anbetracht dieser Ungewissheit können wir noch nicht zu dem Schluss kommen, dass *Ramphotyphlops nigrescens* Ameisenpheromone für die Futtersuche nutzt, obwohl es wahrscheinlich ist, dass sie in einer kargen Umgebung einige mit Ameisen assoziierte Gerüche erkennen können.

Es wird berichtet, dass einige Blindschlangenarten den Raubzügen von Wanderameisen der Gattung *Neivamyrmex* folgen. Watkins et al. (1967) beobachteten vier texanische Blindschlangen, *Rena* (früher *Leptotyphlops*) *dulcis* (Abb. 10.10), die mit *N. nigrescens* in oberirdischen Raubkolonnen unterwegs waren. Die Schlangen wurden weder von den Ameisen angegriffen, noch versuchten sie, die Ameisen oder die Beute, die die Ameisen trugen, zu fressen. Die Schlangen folgten den Berichten zufolge „den sich verzweigenden und verbindenden Kolonnen so genau, dass sie die exakten Windungen eines Kolonnenteiles mitmachten und ihm unter Blättern, Zweigen und anderem Geröll folgen konnten."

Im Labor ließen die Forscher Gruppen von *N. nigrescens* und *N. opacithorax* „Pheromonspuren" entlang einer 54 mal 1 cm langen Strecke legen. Als die Ameisen entfernt wurden, folgten die Schlangen in etwa einem Drittel bzw. zwei Dritteln der Versuche erfolgreich den Pheromonspuren, während sie die aus Wasser bestehenden Kontrollspuren ignorierten. Die Schlangen reckten ihre Köpfe und schwenkten sie von links nach rechts, während sie den Spuren der Ameisen folgten. In einer späteren Studie wiesen Watkins et al. (1969) nach, dass die Schlangen von den zerquetschten Köpfen von *N. nigrescens* angezogen wurden. Obwohl wir nicht erschließen konnten, wie genau die Schlangen zu den zerquetschten Köpfen gelangten, so scheint es, dass die Schlangen einige Geruchshinweise für die Anwesenheit der Ameisen wahrgenommen haben.

Obwohl *Rena dulcis* die Raubkolonnen der Wanderameisen begleiten, ist ihre Ernährung nicht unmittelbar ersichtlich. *Neivamyrmex*-Wanderameisen sind Räuber anderer Ameisenarten, sodass es möglich ist, dass die Schlangen die Ameisenspuren nutzen, um dieselben Nester zu plündern, in die die Wanderameisen eindringen. Gehlbach et al. (1971) wiesen nach, dass *R. dulcis* bereitwillig die Larven und Puppen der Nicht-Wanderameise *Linepithema humile* (= *Iridomyrmex humilis*) als Nahrung annimmt, und fragten, ob das spurenfolgende Verhalten der Schlange von der Art der Brut beeinflusst wurde, die von *N. nigrescens* und *Labidus coecus* bei den Beutezügen getragen wurden. Um Geruchsspuren zu erhalten, wurden achteckige Bahnen in großen Arenen entweder mit 500 Arbeiterinnen allein, mit Arbeiterinnen plus 78 mg Beutebrut oder mit 78 mg Beutebrut allein bestückt oder besiedelt. In separaten Versuchen wurden den Schlangen Spuren von fünf anderen Ameisenarten, Regenwürmern, Termiten sowie konspezifischen und heterospezifischen Schlangenspuren präsentiert, die Individuen jeweils durch fünfmaliges Durchqueren einer Bahn legen durften. Nachdem die Fährtenleger und Bahnbegrenzungen entfernt worden waren, erhielten die Schlangen Zugang zu dem Stoffboden, auf dem die Fährtenleger gelaufen waren. Die Autoren merken an, dass die Ameisen nach 2 Stunden auch auf ihren eigenen Spuren getestet wurden, um sicherzustellen, dass die Spuren so lange hielten.

Die Schlangen folgten den Spuren aller Kontrollarten, zeigten aber bei den Ameisen eine deutliche Vorliebe für die Spuren von *N. nigrescens* und *Labidus coecus*. Spuren, die von Wanderameisen mit heterospezifischer Ameisenbrut gelegt wurden, waren sogar noch attraktiver als die Spuren der Ameisen allein oder verbleibende Geruchsspuren der Brut allein. Beim Verfolgen der Spuren bezüngelten die Schlangen das Stoffsubstrat und drückten manchmal ihre äußeren Nasenlöcher auf den Boden (Gehlbach et al. 1971). Wir stimmen zwar zu, dass die Schlangen wahrscheinlich Geruchsreize verwenden, aber es scheint, dass eine Vielzahl von Tieren die Texas-Schlankblindschlange zur Fährtensuche anregen kann. Bei der Vorgabe von Gerüchen einer solchen Vielzahl von Tieren wurde die Häufigkeit der vorgegebenen Stoffe nicht berücksichtigt. Folglich können wir noch nicht sagen, ob die Schlangen eine Vorliebe für einen bestimmten Geruch oder für dessen relative Konzentration unter den anderen Gerüchen zeigten. Angesichts dieser aufregenden vorläufigen Ergebnisse wäre es angebracht, ein Dosis-Wirkungs-Experiment zu konzipieren, um die Beziehung zwischen der Konzentration der Pheromone von Ameisenstraßen und dem Ausmaß der Schlangenreaktionen auf diese Straßen zu quantifizieren.

Oberflächlich betrachtet ähneln einige der myrmekophilen Gattungen der beinlosen Eidechsen den Blindschlangen, und es wird auch berichtet, dass sie Ameisenspuren folgen und, wie bereits erwähnt, manchmal ihre Eier in Ameisennestern ablegen. Eine beinlose Eidechsengattung, *Amphisbaena* (Squamata: Amphisbaenidae), ist nach einer mythischen griechischen Schlange benannt, die zwei furchtbare Köpfe (einen an jedem Ende) hatte und den Beinamen „Mutter der Ameisen" trug. Obwohl sie nicht aus einem Tropfen Medusenblut entstammen, sind die echten *Amphisbaena* ebenso bezaubernd. *Amphis-*

Abb. 10.11 Die Rote Doppelschleiche *Amphisbaena alba* folgt den aktiven und verlassenen Ameisenstraßen der *Atta*-Blattschneiderameisen. Sie dringt in Ameisennester ein, wo sie sich von Ameisenlarven und der Brut myrmekophiler Käfer ernährt. (Mit freundlicher Genehmigung von Diogo B. Provete)

baena alba ist eine fakultative Partnerin in den Nestern neotropischer Blattschneiderameisen, einschließlich *Atta cephalotes* (Abb. 10.11).

Riley et al. (1986) untersuchten den Kot und den Darminhalt mehrerer Individuen und stellten fest, dass sich die Eidechsen neben nicht ameisenassoziierter Beute auch von den Larven eines ameisenassoziierten Nashornkäfers, *Coelosis biloba* (Coleoptera: Melolonthidae: Dynastinae), ernähren, der in Wirtsnestern gefunden wurde (Eidmann 1937; Pardo-Locarno et al. 2006). Winch und Riley (1985) vermuten, dass *C. biloba* (Abb. 10.12) als Zwischenwirt für den Lungenwurm *Raillietiella gigliolii* (der zu den Cephalobaenidae der Unterklasse Pentastomida gehört) dienen könnte, der die Lungen von *Amphisbaena alba* bewohnt.

Abb. 10.12 Die Larven und Puppen des myrmekophilen Nashornkäfers *Coelosis biloba* werden von der beinlosen Eidechse *Amphisbaena alba* gefressen. Käfer können sich mit dem Lungenwurm *Raillietiella gigliolii* infizieren, wenn sie den Kot von myrmekophilen beinlosen Eidechsen fressen. Das *obere Foto* zeigt männliche und weibliche Käferpuppen; das *untere Foto* zeigt die beiden erwachsenen Tiere. (Oben: Aus Pardo- Locarno et al., „Los estados inmaduros de Coelosis biloba [Coleoptera: Melolonthidae: Dynastinae] y notas sobre su biología," Revista Mexicana de Biodiversidad 77 [2006]: 215–224, Figures 17–20, CC BY-NC 3.0; unten: Mit freundlicher Genehmigung von Stanislav Krejčík)

Die großen Lungenwurmeier werden nicht von den Ameisen gefressen, sondern mit dem übrigen Kot der Eidechsen in Abfallkammern abgelegt, wo sie von Käfern aufgenommen werden und sich unter Laborbedingungen entwickeln. Die Eidechsen ernähren sich nicht nur von diesen Käferlarven, sondern verzehren auch gerne die *Atta*-Brut, wenn sie angeboten wird. Obwohl sie in den Nestern der Blattschneiderameisen leben, werden sie durch die Bisse der großen Arbeiterinnen schnell gereizt und schlagen und wälzen sich, um sie loszuwerden.

Einmal wurde *A. alba* dabei beobachtet, wie sie einer inaktiven Ameisenspur von *Atta laevigata* 53 m lang folgte, bevor sie durch den Nesteingang der Kolonie kroch. Wenn sie den Kopf über der Spur hin- und herbewegte, züngelte sie mit zunehmender Geschwindigkeit, vermutlich um chemische Reize aufzunehmen und sie an das Jacobson'sche Organ weiterzuleiten, das Chemo-Sinnesorgan von Eidechsen und Schlangen, das sich im Mund befindet (Campos et al. 2014).

Riley et al. (1986) wollten wissen welche Zeichen *A. alba* zum Auffinden von *Atta*-Nestern nutzte, und ob sie sich entlang der Futterstraßen der Blattschneiderameisen orientieren konnten. Zu diesem Zweck hielten sie die Eidechsen mehrere Wochen lang in Isolation, kehrten dann in den Wald zurück und setzten sie in der Nähe aktiver *A.-cephalotes*-Spuren aus. Die Eidechsen folgten aktiven Ameisenstraßen in 17 von 24 Versuchen ganz genau. Auch in Abwesenheit von Ameisen waren sie in der Lage, verlassenen Fährten über viele Meter zu folgen, obwohl sie häufiger in die falsche Richtung liefen. Künstliche Pfade, die von den Forschern so angelegt wurden, und denen der Ameisen optisch ähnelten aber nicht chemisch markiert waren, wurden nie verfolgt. Die Fähigkeit von *A. alba*, wie Blindschlangen, verlassenen Ameisenstraßen zu folgen, deutet darauf hin, dass sie offensichtlich langhaltende chemische Orientierungsmarken und nicht die kurzlebigen Rekrutierungspheromone der Ameisen nutzen.

Eidechsen, die jahrelang in Gefangenschaft gehalten wurden, behielten ihre Fähigkeit, den Spuren von Blattschneiderameisen zu folgen, wenn sie in den Wald zurückkehrten (Riley et al. 1986), was entweder auf eine angeborene Verhaltensreaktion auf die mit den *Atta*-Spuren verbundenen chemischen Schlüsselreize, oder auf ein außergewöhnliches Gedächtnis schließen lässt. Es ist zwar wahrscheinlich, dass die Eidechsen die Ameisenfutterstraßen nutzen, um *Atta*-Nester zu finden, aber es ist auch möglich, dass die Eidechsen die chemischen Spuren von Artgenossen, die mit denselben Kolonien assoziiert sind, erkennen und ihnen folgen. Während die 60 cm langen Eidechsen sich dahinschlängeln, werden gehärtete Sekrete aus den Reihen der präkloakalen Drüsen abgeschliffen und als körnige „Pheromonsäckchen" auf der Erde deponiert. Sowohl männliche als auch weibliche *A. alba* besitzen diese ungewöhnlichen Drüsen, die bei beiden Geschlechtern gleich groß sind und identische Mucopolysaccharide und proteinreiche Sekrete produzieren (Antoniazzi et al. 1993; Jared et al. 1999). Weitere Studien über Lernen und Gedächtnis, die Nutzung von Geruchsspuren von Artgenossen und die Verwendung von Pheromonen auf den Ameisenstraßen sind erforderlich, um herauszufinden, wie diese Reptilien Ameisennester finden.

Es sind viele andere Wechselwirkungen zwischen Ameisen und Wirbeltieren bekannt, darunter auch solche mit dem Menschen. In Europa nutzen die Menschen die hügelbauen-

Abb. 10.13 Bei einem Ritual zum Erwachsenwerden tragen junge Sateré-Mawé-Männer aus Brasilien Handschuhe, die mit Tropischen Riesenameisen (*Paraponera clavata*) gefüllt sind. Mehrere hundert Ameisen werden betäubt und in jeden Handschuh aus Palmwedeln eingenäht. (Wolfgang Sauber, Wikimedia Commons/CC BY-SA 3.0)

den Waldameisen der *Formica-rufa*-Gruppe zur biologischen Bekämpfung von Pflanzenfressern in Wäldern und sie ernten auch illegal *Formica*-Brut als Vogelfutter. In Mexiko werden die Larven und Puppen von *Liometopum* mit Reis vermischt, um eine würzige Delikatesse namens Escamoles herzustellen, und fette, junge Blattschneiderameisenköniginnen werden während der Paarungsflugzeit gesammelt und später geröstet oder mit Schokolade bestrichen und als köstliche Leckerei angeboten. Kevin P. Groark (1996) präsentierte einen ethnografischen und toxikologischen Überblick, und neue Daten über die „rituelle und therapeutische Verwendung" roter Ernteameisen der Gattung *Pogonomyrmex* durch die Ureinwohner in Süd- und dem südlichen Mittelkalifornien. Es wurde berichtet, dass die Ameisen in großen Mengen lebendig eingenommen wurden, um lang anhaltende katatonische Zustände hervorzurufen, die von halluzinogenen Visionen begleitet wurden. Das Gift der Ernteameisen wurde auch zu therapeutischen Zwecken verwendet. In Thailand sind die Larven und Puppen der Weberameise *Oecophylla smaragdina* eine beliebte kulinarische Delikatesse und dienen darüber hinaus als Medizin, Vogelfutter und Fischköder. Bereits 1000 v. Chr. berichteten Chirurgen, dass sie Ameisenköpfe als Wundverschlüsse verwendeten (Haddad 2010), und heute näht das Volk der Sateré-Mawé in Brasilien Tropische Riesenameisen (*Paraponera clavata*) in Fäustlinge, die bei wichtigen Initiationsriten getragen werden (Abb. 10.13). Über diese Anwendungen hinaus sind Ameisen in die menschliche Kultur und Fantasie eingegangen. Ameisen tauchen in schriftlichen und mündlichen Überlieferungen aus allen Kontinenten auf, in denen Menschen vorkommen (siehe Ellison und Gotelli 2021).

Epilog

Wir begannen dieses Buch mit Berts Erinnerung, wie er als Junge von seinem Vater, Karl Hölldobler, in die Welt der Myrmekophilen eingeführt wurde. Der alte, jahrzehntelang ungenutzte Steinbruch, der von der Natur zurückerobert worden war, wurde von vielen Ameisenvölkern verschiedener Arten bewohnt. Jedes von ihnen beherbergte mehr Myrmekophile als wir in anderen Lebensräumen gefunden haben. Wie einst Karl Hölldobler sammelte auch Bert später dort viele Exemplare verschiedener Ameisengäste für seine ersten wissenschaftlichen Untersuchungen. Etwa 35 Jahre nach seinem letzten Besuch kehrte Bert an dieses Paradies aus seiner Jugendzeit zurück, um mit großem Entsetzen festzustellen, dass dieses ehemalige Naturjuwel mit der endemischen Population der Ameisengrille (*Myrmecophilus acervorum*) und vielen anderen Myrmekophilen nun als Deponie genutzt worden war. Es war völlig zerstört.

Viele delikate Nest-Ökosysteme von Wirtsameisen und ihren Gästen innerhalb des Hauptökosystems dieses einzigartigen Lebensraums wurden sinnlos ausgelöscht und durch einen sterilen angesäten Rasen ersetzt. Alle Kalksteinbrocken, unter denen sich einst Ameisennester befanden, waren verschwunden, ebenso wie die Hügel von *Formica*-Arten, die Birken und Robinien (*Robinia pseudoacacia*), die viele Honigtau erzeugende Hemiptera beherbergten, die wiederum von den Ameisen besucht wurden.

Überall, wo Ameisen vorkommen, sind ihre Arten eng mit Insekten verbunden, die sich von Pflanzen ernähren. Blattläuse, Schildläuse, Schmierläuse, Buckelzirpen und die Raupen der Lycaenidae- und Riodinidae-Schmetterlinge (Bläulinge, Feuerfalter und Zipfelfalter bzw. Würfelfalter) scheiden zuckerhaltige Lösungen aus, die die Ameisen eifrig sammeln. Im Gegenzug beschützen die Ameisen diese Honigtau produzierenden Insekten. Diese mutualistische Symbiose wird als Trophobiose bezeichnet. Mit Ausnahme der Bläulinge und der Würfelfalter werden in unserem Buch diese sehr interessanten trophobiotischen Interaktionen in den Ökosystemen der Ameisen nicht behandelt.

Die Organisationsstruktur, die die Kolonien vieler Ameisenarten entwickelt haben, ist beeindruckend, aber die Grundlage der Stärke – die Verknüpfung einfacher Zeichen und

Signale – ist auch eine Quelle großer Schwächen. Ameisen sind leicht zu täuschen. Andere Organismen können ihren Code umgehen oder knacken und die sozialen Errungenschaften von Ameisengesellschaften ausnutzen, indem sie beispielsweise einen oder mehrere Schlüsselreize imitieren. Eine beträchtliche Anzahl von sozialparasitären Ameisen lebt mit Kolonien anderer Ameisenarten zusammen und nutzt diese aus. Diese Ameisen werden als Sozialparasiten bezeichnet, und es sind sogar einige Fälle von intraspezifischem Sozialparasitismus (die parasitäre Ausbeutung fremder Kolonien, die derselben Art angehören) beschrieben worden.

Von mehreren hundert Ameisenarten auf der ganzen Welt ist bekannt, dass sie zu Sozialparasiten anderer Ameisen geworden sind, und viele weitere könnten in Zukunft noch entdeckt werden. Dies ist ein spannendes Gebiet der evolutionären Myrmekologie, das in einem eigenen Band behandelt werden sollte. Tausende von Milben, Silberfischchen, Tausendfüßlern, Spinnen, Fliegen, Käfern, Wespen und anderen kleinen Lebewesen, und sogar einige Wirbeltiere haben enge Wechselbeziehungen mit Ameisenarten entwickelt. Die Ameisenkolonie ist „durchlässig" gegenüber Invasionen und stellt eine ökologische Insel dar, die reichlich mit Nährstoffen ausgestattet ist. Die Kolonie und das Nest bieten viele verschiedene Nischen, in die Prädatoren, Kleptoparasiten und andere Symbionten eindringen können. Andere leben auf oder in den Körpern ihrer Wirtsameisen. Wir haben über viele Myrmekophile berichtet, die aufgrund spezieller Anpassungen in verschiedenen Nischen im Ameisennest leben. Die Mittel, mit denen Insekten und andere Arthropoden Ameisen austricksen und ausrauben, sind zahlreich, und in diesem Buch werden eine Reihe von experimentellen Untersuchungen, die einige dieser Tricks aufgedeckt haben, beschrieben und kritisch überprüft. Das Studium der Myrmekophilen ist nicht nur ein wichtiger Teil der Myrmekologie, der Insektensoziobiologie, der Verhaltensökologie und der Populationsbiologie geworden, sondern einige Aspekte versprechen auch faszinierende Erkenntnisse für das Gebiet der evolutionären Parasitologie, wenn auch mehr empirische Studien erforderlich sind, um verschiedene vorgeschlagene Hypothesen in diesem Bereich zu stützen.

Glossar

Adoptionssubstanz Von Myrmekophilen abgegebenes Sekret, das die Wirtsameisen dazu veranlasst, den Parasiten in ihre Kolonie aufzunehmen.

Aktiver Raum Der Raum, in dem die Konzentration eines Pheromons die Schwellenkonzentration erreicht oder überschreitet.

Alarmpheromon Eine chemische Substanz, die, wenn sie von Ameisen aus bestimmten Drüsen abgegeben wird, bei Nestgenossen einen Zustand der Wachsamkeit oder des Alarms hervorruft und in höheren Konzentrationen aggressives Verhalten auslöst.

Allomon Eine chemische Substanz oder Substanzmischung, die bei der Kommunikation zwischen Individuen verschiedener Arten verwendet wird. Sie ruft beim empfangenden Individuum eine Reaktion hervor, die für den Sender günstig ist, aber nicht unbedingt für den Empfänger.

Alterspolyethismus Der regelmäßige Wechsel der Arbeitsrolle durch Koloniemitglieder, wenn sie älter werden.

Anemotaxis Ausgerichtete Bewegung in Reaktion auf eine Luftströmung. Positive Anemotaxis bedeutet, dass die Bewegung in Richtung der Luftströmung gerichtet ist (Aufwind-Anemotaxis). Oft handelt es sich bei diesem Orientierungsverhalten um mäandrierende Bewegungen mit der Hauptrichtung gegen die Windströmung (positive Meno-Anemotaxis).

Ameisenpflanze Auch bekannt als Myrmecophyt. Pflanzenarten, die eng mit Ameisen verbunden sind. Viele bieten Domatien, spezielle Strukturen zur Beherbergung von Ameisenkolonien.

Ameisenschmetterlinge Schmetterlinge aus der Familie der Nymphalidae (Ithomiinae), die Beutezügen von Wanderameisen folgen und sich von den Ausscheidungen der Ameisenvögel ernähren.

Ameisenvögel Tropische Vögel, die Schwärmen von Wanderameisen auf Beutezug folgen und sich von der durch die Ameisen aufgeschreckten Beute ernähren.

Antennation Berührung mit den Fühlern. Dieses Verhalten kann der taktilen Kommunikation und der sensorischen Erkundung dienen.

Antennengeißel Der distale Teil der Insektenantenne, der aus einer Reihe von Geißelgliedern (Segmenten) besteht.

Antennenschaft (Scapus) Das verlängerte Basissegment der Insektenantenne.

Antennomer Segmente eines Insektenfühlers, bei dem alle Segmente mehr oder weniger gleichförmig sind.

Appeasement-Stoff Ein von Insekten abgegebenes Sekret, das die Aggression angreifender Insekten mindert oder ablenkt, sodass die angegriffenen Individuen entkommen können, ohne abstoßende Abwehrsekrete auszustoßen. Es wird häufig von sozial-parasitären Myrmekophilen verwendet, kann aber auch als „sanfte" Verteidigung bei frei lebenden Insekten gegen angreifende Ameisen eingesetzt werden.

Appressorium Eine spezialisierte Zelle von pathogenen Pilzen. Durch sie kann der Pilz in das Integument und in das Innere der Ameise eindringen.

Apterismus Fehlen von Flügeln oder flügelähnlichen Fortsätzen.

Araneophag Neigt dazu, Spinnen als Nahrung zu verzehren.

Ascoma (Plural: Ascomata) Bezieht sich auf den Fruchtkörper eines Schlauchpilzes (Ascomyceten). Er enthält Hunderttausende oder Millionen von Asci, die jeweils Ascosporen tragen.

Ascus (Plural: Asci) Ein Ascus ist die geschlechtliche, Sporen tragende Zelle in Ascomyceten. Jeder Ascus enthält in der Regel acht Ascosporen.

Assortative Paarung Eine Form der nicht zufälligen Paarung, bei der Individuen Partner mit ähnlichen Merkmalen wie sie selbst auswählen.

Bakteriozyt Auch Mycetozyt genannt. Spezialisierte Zellen, die endosymbiotische Organismen wie Bakterien enthalten. In einigen Fällen liefern diese Mikroorganismen essenzielle Aminosäuren. Sie befinden sich normalerweise innerhalb des Mitteldarmepithels.

Beschwichtigungsdrüsenkomplex (oder Appeasement-Drüsenkomplex) Bezieht sich auf mehrere exokrine Drüsen bei myrmekophilen Kurzflüglern (Staphylinidae), die sich in der Nähe des hinteren Endes des Hinterleibs öffnen. Die Sekrete dieser Drüsen dienen der Verteidigung gegen aggressive Wirtsameisen, ohne bei den Ameisen Alarm- oder Abstoßungsreaktionen auszulösen.

Biwak Eine Masse von Arbeiterinnen, die sich in einer Höhle zusammenballen, um in ihrer Mitte die Königin und die Brut mit ihren Körpern zu schützen.

Brut Die unreifen Mitglieder einer Kolonie: Eier, Larven und Puppen.

Budding Eine Art Knospung, die der Vermehrung der Kolonie dient. Ein Teil der Arbeiterinnen zieht mit einer oder mehreren Königinnen zu einem neuen Nest in der Nähe der „Mutterkolonie".

Cephalothorax (Prosoma) Der vordere Teil einiger Gliederfüßer, darunter Spinnen. Der Kopf ist mit dem Thorax, an dem die Beine befestigt sind, verschmolzen.

Cibarium-Pharynx Bezeichnet den Hohlraum zwischen der Basis des Hypopharynx und die Unterseite des **Clypeus**.

Clypeus Ein Sklerit, das den unteren Rand der Oberseite des Kopfes abgrenzt (Gesicht), an das sich das **Labrum** (Oberlippe) entlang des ventralen Randes anschließt.

Dealat   Ein Individuum, das seine Flügel abgeworfen hat; z. B. eine junge, frisch begattete Königin nach ihrem Begattungsflug.

Diplophoresie   Die Nutzung von zwei separaten Wirten während der Ausbreitung.

Diskriminatoren   Auch Erkennungsmerkmale genannt. Anhaltspunkte oder Hinweise, die es ermöglichen, Individuen als Nestgenossen oder Fremde zu klassifizieren.

Disruptive Selektion (diversifizierende Selektion)   Natürliche Selektionsprozesse, die dazu führen, dass in einer Population die extremen Formen eines Merkmals häufiger vorkommen als die Zwischenformen.

Domatium (Plural: Domatien)   Spezialisierte Strukturen wie verdickte Blattstiele, die von Ameisenpflanzen zur Beherbergung von Ameisenkolonien verwendet werden. Sie werden auch Myrmecodomatien genannt.

Dorsales Nektarorgan (auch Newcomer-Drüse)   Bezieht sich auf eine exokrine Drüsenstruktur, die sich auf dem Rücken des siebten Abdominalsegments von Raupen vieler Unterfamilien der Bläulinge (Lycaenidae) befindet. Sie sondert ein honigtauähnliches Gemisch von Substanzen ab.

Dufour-Drüse   Exokrine Drüse, die sich an der Basis des Stachels entleert, auch bekannt als akzessorische Drüse zur Giftdrüse.

Ehrliches Signal   Ein Signal, das den wahren Status, die Absicht oder den Motivationszustand des Signalgebers kommuniziert.

Eklosion   Schlüpfen des erwachsenen Tieres (Imago) aus der Puppe.

Ektoparasitoid   Parasitoide, die auf der Außenseite des Wirtskörpers leben und sich dort ernähren.

Endosymbiose   Bezeichnet symbiotische Organismen, die im Körper des Wirts leben. Einige dieser Symbionten sind intrazellulär.

Epigastrische Falte   Eine Falte auf der Ventralseite des Opisthosomas von weiblichen Spinnen. Sie trennt die Buchlunge (Fächerlunge), das Hauptatmungsorgan der meisten Spinnentiere (Spinnen und Skorpione), von den äußeren Genitalstrukturen und enthält die Öffnung des Eileiters.

Ernteameisen   Ameisenarten, die hauptsächlich Samen sammeln und als Nahrung lagern.

Erweiterter Phänotyp   Äußere Strukturen oder Merkmale, deren Eigenschaften auf angeborene kollektive Verhaltenshandlungen der Erzeuger zurückzuführen sind: z. B. architektonische Konstruktionen von Ameisen, die ihre Umgebung verändern, und Neststrukturen von Einzeltieren, die auf der Grundlage angeborener Verhaltenshandlungen gebaut werden. Außerdem nutzen Parasiten, die das Verhalten ihres Wirts manipulieren, den Wirt als ihren eigenen erweiterten Phänotyp.

Ethogramm   Eine vollständige Beschreibung des Verhaltensrepertoires eines Individuums, einer Kaste oder eines Myrmekophilen.

Eusozial   Im Allgemeinen eine Gruppe von Individuen, die eine Arbeitsteilung bei der Fortpflanzung aufweisen. Das heißt, nur ein oder wenige Individuen pflanzen sich fort, und die Mehrheit bleibt steril und zieht den Nachwuchs gemeinsam auf. In der Regel arbeiten zwei oder mehr Generationen in einer Kolonie zusammen. Es gibt verschiedene

Grade der Eusozialität: Im einen Extrem haben die meisten sterilen Individuen das Potenzial, sich voll funktionsfähig fortzupflanzen; im anderen Extrem haben die sterilen Individuen ihre Fortpflanzungsorgane vollständig verloren.

Exaptation Eine Veränderung der Funktion oder die Entwicklung einer zusätzlichen Funktion eines bestehenden Merkmals.

Extraflorale Nektarien Nektar absondernde Drüsen außerhalb der Blüten, die nicht an der Bestäubung beteiligt sind; sie befinden sich in der Regel auf dem Blatt oder Blattstiel (Blattnektarien) und sind oft mit der Blattgeäder verbunden.

Exuvien Die Überreste des Exoskeletts und ähnlichen Strukturen, die nach der Häutung der Insekten zurückbleiben.

Feindspezifische Alarmrekrutierung Alarmierung und Rekrutierung von Nestgenossen, insbesondere von Soldaten, zur Verteidigung gegen die Invasion einer bestimmten feindlichen Ameisenart.

Femoral Bezieht sich auf den Schenkel oder Femur.

Femur Das dritte Segment des Beins, vom Körper her betrachtet.

Gamergate Eine begattete, eier legende Arbeiterin.

Gaster Hinterer Körperteil der Ameisen, auch Metasoma genannt, der hintere Abschnitt des Abdomens.

Genetische Drift Bezeichnet die zufälligen Schwankungen von Genvarianten in einer Population (Genhäufigkeit), das heißt, das Auftreten von Varianten eines Gens (Allele) nimmt im Laufe der Zeit zufällig zu oder ab.

Gesellschaft Eine Gruppe von Individuen, die der gleichen Spezies angehören und eine kooperative Arbeitsteilung und Kommunikation aufweisen.

Gestaltgeruch Ein gemeinsamer Geruch entsteht durch die Zusammenführung der Erkennungsgerüche von einigen oder allen Individuen einer Kolonie, was zu einem einzigartigen „Gestaltgeruch" führt.

Giftdrüse Bezieht sich auf die Hauptdrüse, die bei vielen Ameisen, Bienen und Wespen mit dem Stachel verbunden ist. Sie produziert giftige und/oder abschreckende Sekrete, die der Verteidigung dienen.

Gramnegative Bakterien Bakterien, die die Violettfärbung, die bei der Gram-Färbemethode verwendet wird, nicht behalten.

Gyne Weibliche reproduktive Kaste, unabhängig davon, ob sie reproduktiv aktiv ist oder nicht.

Hämolymphe Blut der Insekten.

Hemimetabolisch Allmähliche Entwicklung, bei der eine deutliche Differenzierung zwischen Larven-, Puppen- und Erwachsenenstadien fehlt. Die unreifen Stadien werden Nymphen genannt.

Hirnwurm Eine Metazerkarie des Leberegels (*Dicrocoelium dendriticum*), die in das subösophageale Ganglion des Ameisengehirns eindringt, was infolge zu einer solchen Veränderung des Verhaltens der Ameise führt, welches die Vermehrung des Leberegels begünstigt.

Hochzeitsflug Der Begattungsflug von jungen geflügelten Königinnen und Männchen.

Holometabolisch Vollständige Metamorphose während der Entwicklung, mit unterschiedlichen Larven-, Puppen- und Erwachsenenstadien.

Homonymie Bezieht sich auf den Namen eines Taxons, das in der Schreibweise identisch ist mit dem Namen eines anderen Taxons. Solche identischen Namen verschiedener Taxa sind Homonyme.

Honigtau Ausscheidungen von Blattläusen und anderen Insekten, die sich von Pflanzensaft ernähren. Er enthält Zucker und Aminosäuren und ist ein Hauptnahrungsmittel für viele Ameisenarten.

Hyphe (Plural: Hyphen) Eine verzweigte fadenförmige Struktur von Pilzen. Über Hyphen erreicht der Pilz ein vegetatives Wachstum. Die Hyphenmasse wird als Myzel bezeichnet.

Hyphenkörper Segmentierte Fragmente von Hyphen mit unregelmäßiger, oft verdickter Form. Sie können sich durch Knospung vermehren.

Infrabuccaltasche Ein Hohlraum im Mund von Ameisen, in dem sich unverdauliches Material ansammelt und später entsorgt wird.

Inklusive Fitness (Gesamtfitness) Die Summe der direkten evolutionären Fitness eines Individuums (A) (gemessen an der Anzahl der eigenen Nachkommen) plus der Fitnesssteigerung der Verwandten (B) dieses Individuums (A), die durch die Hilfe des Individuums (A) verursacht wird, gewichtet nach dem Grad der Verwandtschaft zwischen Helfer (A) und Individuen, denen geholfen wird (B).

Kairomon Eine chemische Substanz, die von einer Art abgegeben wird und einen adaptiven Nutzen für eine andere Art hat, die diese chemischen Verbindungen wahrnimmt.

Kaste Grundsätzlich gibt es in den meisten Ameisengesellschaften zwei weibliche Kasten: die Königinnenkaste und die Arbeiterkaste. In den meisten Fällen können diese Kasten anhand ihrer äußeren Morphologie leicht unterschieden werden. Die Arbeiterkaste lässt sich in mehrere morphologische Unterkastentypen unterteilen, z. B. Minims, Minors, Medias, Majors und Super-Majors (die beiden letzteren werden auch als Soldatenkaste bezeichnet). Die Arbeiterkaste kann auch nach Altersgruppen unterteilt werden, das heißt nach Altersgruppen, die spezielle Arbeitsaufgaben in der Kolonie übernehmen, obwohl diese Unterteilung weniger starr sein kann.

Klade Eine evolutionäre Gruppierung von Organismen, die einen Vorfahren und alle seine Nachkommen beschreibt.

Kladogramm Ein Diagramm stellt die Reihenfolge dar, in der Gruppen von Organismen im Laufe der Evolution entstanden sind und auf zweigten. Sie sind in der Regel die Grundlage für vergleichende morphologische Studien und/oder phylogenetische Analysen.

Kleptobiose Die Beziehung, in der eine Art die Nahrung einer anderen Art raubt.

Kolonie Eine Gruppe von Individuen, die gemeinsam Nester bauen und ihren Nachwuchs aufziehen und eine Art von Arbeitsteilung und Kommunikation aufweisen.

Koloniespaltung Die Aufspaltung einer Kolonie in zwei etwa gleich große Einheiten. Dies ist die Art der Kolonievermehrung bei den Wanderameisen (Dorylinae).

Kommensalismus Symbiose, bei der Angehörige einer Art vom Zusammenleben mit oder in der Nähe von Ameisen profitieren, während die Ameisen weder profitieren noch Schaden erleiden.

Kommunikation Handlung einer oder mehrerer Individuen (Absender), die das Verhalten anderer Individuen (Empfänger) zum Vorteil der Absender oder zum Vorteil von Absendern und Empfängern beeinflusst.

Kropf (Ingluvies) Der ausdehnbare Mittelteil des Vorderdarms, in dem (bei vielen Ameisenarten) flüssige Nahrung transportiert, gespeichert und an Nestgenossen regurgitiert wird. Er wird auch als „sozialer Magen" bezeichnet.

Labium Die Unterlippe bei Insekten, die sich direkt unter den Mandibeln befindet. Die segmentierten Anhängsel werden Labialpalpen genannt.

Labrum Die Oberlippe bei Insekten. Sie befindet sich an der Basis der oberen Kopfseite des Insekts oberhalb der Mandibeln.

Larvenstadium Während der Entwicklung durchlaufen Insektenlarven mehrere Häutungsstadien. Am Ende des letzten Stadiums beginnt die Verpuppung.

Makrogyne Die größere Königin bei Arten mit zwei Königinnengrößen.

Mandibeln Das Hauptpaar der Mundwerkzeuge, der Oberkiefer.

Mandibeldrüsen Ein Paar exokriner Drüsen, deren Reservoir sich an der Basis des Oberkiefers öffnet. Bei vielen Ameisenarten produziert diese Drüse Alarmpheromone.

Maxillen Das zweite Paar Mundwerkzeuge, der Unterkiefer, das sich in der Regel unter dem Oberkieferpaar, den Mandibeln, befindet. Die Anhängsel der Maxillen werden Maxillarpalpen genannt.

Melanisierung Die Produktion und Ablagerung von Melanin, einem Pigment, das die Widerstandskraft gegen Krankheitserreger, wie z. B. infektiöse Mikroorganismen, erhöht.

Mermithergate Eine abnorme Arbeiterinnenform bei Ameisen, die durch eine Infektion mit Nematodenparasiten der Gattung *Mermis* verursacht wird.

Mesosoma Abschnitt zwischen Kopf und Taille der höheren Hymenoptera, das den eigentlichen Thorax und das mit dem Thorax verschmolzene erste Abdominalsegment (Propodeum) umfasst.

Metanotum Der dorsale Teil des hinteren Segments des Thorax (Metathorax) eines Insekts.

Metapleuraldrüse Exokrine Drüse, die den Ameisen eigen ist und sich im posteroventralen Winkel des Metapleurons befindet; sie produziert antibiotische Substanzen und in einigen Fällen Verteidigungssekrete.

Metasoma Siehe **Gaster**.

Metatarsus Siehe **Tarsus**.

Metazerkarien Das vierte Entwicklungsstadium des Leberegels *Dicrocoelium dendriticum*.

Mikrogyne Die kleinere Königin bei Arten mit zwei Königinnengrößen.

Mimikry

- Bates'sche Mimikry: Die physische Nachahmung eines ungenießbaren oder gut verteidigten Vorbilds. Myrmekomorphe Insekten profitieren davon, dass sie wie Ameisen aussehen, indem sie ameisenscheuenden Fressfeinden entgehen.
- Verhaltensmimikry: Die Nachahmung von Bewegung oder taktilen Reizen der assoziierten Ameisen durch myrmekophile und myrmekomorphe Insekten.
- Chemische Mimikry: Die Nachahmung eines chemischen Signals der Wirtsameisen durch Myrmekophile.
- Topologische Mimikry: Die Nachahmung von Cuticularstrukturen und Behaarung oder Form von Körperteilen von Wirtsameisen durch Myrmekophile.
- Wasmann'sche Mimikry: Die Nachahmung des Erscheinungsbildes der Wirtsameisen durch Myrmekophile, die sich als eine Anpassung entwickelt hat, die die Akzeptanz durch die Wirtsameisen begünstigt.

Mimikry-Umwandlung Tritt auf bei einem Organismus, der während seiner Entwicklung die Morphologie von zwei oder mehr Modellen nachahmt.

Miracidium (Plural: Miracidia) Das erste Wimpernlarvenstadium des Leberegels *Dicrocoelium dendriticum.*

Modulierende Kommunikation Kommunikation, die das Verhalten von Empfängern beeinflusst, und zwar nicht durch die direkte Auslösung einer Verhaltenshandlung, sondern durch eine geringfügige Verschiebung der Wahrscheinlichkeit von Handlungen oder durch eine Senkung der Reaktionsschwelle, die für eine Reaktion auf das verhaltensauslösende Signal erforderlich ist.

Monoallochrone Ovulation Die abwechselnde Produktion eines einzigen Eies durch den rechten und linken Eierstock bei einigen Wirbeltieren.

Monogynie Die Existenz von nur einer funktionierenden Königin in einer Insektengesellschaft.

Monophasische Allometrie Polymorphismus, bei dem die Proportionen der Arbeiterinnen am besten durch die Steigung einer einzigen linearen Regression beschrieben werden.

Mutualismus Symbiose, von der die Mitglieder beider beteiligten Arten profitieren.

Mycetozyt Siehe **Bakteriozyt.**

Mykophag Bevorzugt, Pilze zu fressen.

Myrmekoide Körperform Die Form des Körpers eines Myrmekophilen, der dem der Wirtsameise ähnelt.

Myrmekomorph Ein Organismus, der einer Ameise ähnelt. In der Regel ein Bates'scher Nachahmer.

Myrmekophagie Der Akt des Ameisenfressens.

Myrmekophil Ein Organismus, der zumindest einen Teil seines Lebenszyklus in oder in der unmittelbaren Nähe von Ameisenkolonien verbringt.

Myrmekophyten Höhere Pflanzen, die in einer wechselseitigen Beziehung mit Ameisen leben.

Nebenblatt In der Botanik ist dies ein blattähnlicher Auswuchs auf beiden Seiten (manchmal nur auf einer Seite) der Basis eines Blattstiels.

Newcomer-Drüse Siehe **dorsales Nektarorgan**.

Nomadische Phase Die Periode im Aktivitätszyklus der Wanderameisen, in der die Kolonie verstärkt auf Nahrungssuche geht, da in dieser Zeit auch Hunderttausende von Larven aufgezogen werden. Die Kolonie zieht von einem Biwak zum nächsten, um neue Jagdgründe zu erschließen. Diese Phase wird auch als Wanderungsphase bezeichnet.

Öldrüse Bei Oribatiden-Milben besteht dieses Organ aus paarigen, sackartigen Drüsen, die sich durch schlitzartige Öffnungen zu beiden Seiten der hinteren Ränder des Notogaster (Schild, der den dorsolateralen Bereich des Hinterkörpers bedeckt) öffnen. Die Sekrete dienen hauptsächlich der chemischen Verteidigung und dem Schutz, vielleicht auch der Kommunikation.

Oenozyten Drüsenzellen ohne Gangzellen, die in den Fettkörper eingebettet sind.

Ösophagus Verbindet den Pharynx mit dem Kropf.

Olfaktorische Glomeruli (Singular: Glomerulus) Der Geruch wird von den Chemosensillen auf den Fühlern der Insekten aufgenommen und in den sogenannten paarigen Antennenloben mit den olfaktorischen Glomeruli, dem Geruchszentrum des Insektengehirns, verarbeitet.

Oozyte Weibliche Keimzelle in den Eierstöcken.

Opisthosoma Der hintere Teil einiger Gliederfüßer, einschließlich Spinnen. Ähnlich wie der Hinterleib eines Insekts.

Oviposition Eiablage.

Ovipositor Röhrenförmiges Gebilde, durch das die Eier abgelegt werden. Bei einigen Ameisenunterfamilien ist der Ovipositor stark modifiziert zu einem Stachel, der mit Gift und akzessorischen Drüsen assoziiert ist. Er hat zwei Funktionen – als Ovipositor und zu Verteidigung und Angriff.

Parasitismus Symbiose, bei der Angehörige einer Art auf Kosten einer anderen Art leben, die Wirte aber nicht unbedingt töten.

Parasitoid Symbiose, bei der der Parasit den Wirt tötet, in der Regel nach Abschluss der Entwicklung des Parasiten.

Pedikel Die Taille der Ameise, die entweder aus einem Segment (Petiolus) oder aus zwei Segmenten (Petiolus plus Postpetiolus) besteht. Auch das zweite Segment der Antenne von der Basis nach außen wird als Pedikel bezeichnet.

Petiolus Das erste Segment der Taille bei Hautflüglern. Eigentlich ist es das zweite Hinterleibssegment. Das erste Abdominalsegment ist mit dem Thorax verschmolzen. Die Struktur des mit dem ersten Hinterleibssegment verschmolzenen Thorax wird als **Mesosoma** oder Alitrunk bezeichnet.

Pharynx Der Pharynx der Insekten ist der Teil des Vorderdarms, der mit dem Mund verbunden ist. Er ist muskulös aufgebaut und hat die Funktion des „Saugens und Schluckens" und der Weiterleitung der Nahrung in den Ösophagus.

Pheromon Eine chemische Substanz oder eine Mischung von Substanzen, die von exokrinen Drüsen abgesondert wird, die bei Angehörigen derselben Art spezifische Verhaltensreaktionen auslösen (Releaser-Pheromon) oder spezifische Entwicklungsveränderungen beeinflussen (Primer-Pheromon).

Philopatrisch Neigt dazu, in der Nähe seines Geburtsortes zu bleiben, anstatt sich auszubreiten.

Physogastrisch Die durch die Hypertrophie des Fettkörpers und/oder der Eierstöcke verursachte Schwellung der Gaster.

Planidium (Plural: Planidia) Bezeichnet die Larve des ersten Stadiums von parasitischen und parasitoiden Wespen.

Pleuradrüsen Beziehen sich auf exokrine Drüsen, die mit den seitlichen Skleriten (Pleura) verbunden sind.

Polydom Die Belegung von mehr als einem Nest durch eine einzige Kolonie.

Polygynie Die Koexistenz von zwei oder mehr eier legenden Königinnen in ein und derselben Kolonie, wobei die Königinnen kein antagonistisches Verhalten an den Tag legen und nebeneinander leben, ohne sich aggressiv zu distanzieren. Eine Situation, in der mehrere Königinnen in einer Kolonie leben und sich gegenseitig nicht tolerieren, obwohl sie von den Arbeiterinnen akzeptiert werden, wird als Oligogynie bezeichnet.

Populationsviskosität Bezieht sich auf Populationen mit geringer genetischer Vielfalt oder hoher genetischer Verwandtschaft zwischen Organismen. Die Populationsviskosität ergibt sich aus der begrenzten Fähigkeit der Organismen, sich in ihrer physischen Umgebung zu bewegen.

Porenkuppel Innervierte, drüsige Strukturen, die über die Oberfläche von Raupen und Puppen vieler Lycaeniden-Arten verstreut sind.

Postpetiolus Bei bestimmten Ameisen das zweite Segment der Taille. Es handelt sich um das dritte Hinterleibssegment, da das erste Hinterleibssegment (Propodeum) mit dem Thorax verschmolzen ist.

Postpharyngeale Drüsen Eine paarige Ansammlung fingerförmiger exokriner Drüsen im Kopf der Ameisen, die in den Postpharynx münden. Neben anderen Funktionen spielt diese Drüse eine wichtige Rolle bei der Bildung eines kollektiven chemischen Erkennungszeichens der Kolonie.

Prämentum Bezieht sich auf den Teil des Labiums (Unterlippe), an dem die Labialpalpen und die Paraglossa befestigt sind.

Pronotum Die Oberseite des ersten Segments des Thorax.

Propodealstacheln Das hintere Segment des Mesosomas (Alitrunks) wird Propodeum genannt. Bei mehreren Ameisengattungen ist mit einem Paar harter Stacheln, Haken oder Zähne bewaffnet.

Proventriculus Ein muskulöses röhrenförmiges Organ hinter dem Kropf und vor dem Mitteldarm (Ventriculus). Bei Insekten findet der größte Teil der Verdauung im Mitteldarm statt.

Pseudogynen Ameisenarbeiterinnen mit einem abweichenden Alitrunk (Mesosoma), der dem Alitrunk von Königinnen etwas ähnelt.

Pulvilli (Singular: Pulvillus) Lappen- oder kissenartige Polster zwischen den Tarsalklauen von Insekten, die der Anhaftung des Insekts an der Oberfläche dienen.

Puppe Das letzte Stadium der holometabolen Insekten, in dem die Entwicklung zur endgültigen Erwachsenenform abgeschlossen wird (Metamorphose).

Pygidialdrüse Eine exokrine Drüse, bei der es sich in der Regel um eine paarige Ansammlung von Drüsenzellen handelt, die ihre Sekrete in ein intersegmentales Reservoir ableiten. Das Reservoir öffnet sich durch die intersegmentale Membran zwischen dem Pygidium und dem vorangehenden Tergit.

Pygidium Das letzte äußerlich sichtbare Tergit (obere Segmentplatte) des Abdomens von Insekten, unabhängig von seiner numerischen Bezeichnung.

Raupe Bezeichnet die Larvenstadien von Schmetterlingen und Nachtfaltern. Sie sind die Schmetterlingslarven.

Ritualisierung Die evolutionäre funktionelle Modifizierung eines Verhaltensmusters, einer exokrinen Sekretion oder eines physiologischen Vorgangs zu einem Kommunikationssignal oder modulierenden Signal, das die Effizienz eines Verhalten auslösenden Signals verbessert.

Rüssel Bezieht sich auf das röhrenförmige Fütterungs- und Saugorgan bestimmter Insekten (z. B. Fliegen, Bienen, Motten, Schmetterlinge) und besteht aus den verlängerten Maxillen.

Schwellenkonzentration Eine Konzentration von Pheromonmolekülen in der Luft, die hoch genug ist, um beim wahrnehmenden Organismus eine Verhaltensreaktion hervorzurufen.

Scolopidialsensillen Diese Sinneszellen bilden große Sinnesorgane (wie das Subgenualorgan), die bei Insekten an der Propriozeption und Exterozeption beteiligt sind.

Sensillum basiconica Olfaktorische Sinneszelle in den Fühlern von Insekten.

Sensillum trichodea curvata Riechsinneszelle von einer speziellen Form des Sinneshaars auf den Fühlern der Ameisen.

Setae Haarähnliche Strukturen auf der äußeren Oberfläche des Körpers von Insekten.

Sozialer Magen Siehe **Kropf.**

Sozialer Parasitismus Im engeren Sinne die Koexistenz zweier Ameisenarten in einem Nest, von denen eine parasitär von der anderen abhängig ist. Manchmal wird der Begriff auch auf die parasitären Beziehungen zwischen Myrmekophilen und Ameisen angewandt.

Spermathek (Receptaculum seminis) Ein Organ des Fortpflanzungstrakts bei Ameisenweibchen und einigen anderen wirbellosen Tieren, in dem die Spermien der Männchen gespeichert werden. Bei den meisten Ameisenarten hat nur die Königinnenkaste eine funktionsfähige Spermathek. Bei Ameisenarten, bei denen sogenannte Gamergate (eier legende Arbeiterinnen) an der Fortpflanzung beteiligt sind, haben auch die Arbeiterinnen voll funktionsfähige Spermatheken.

Spinnwarze Bezeichnet das Seidenspinnorgan einer Spinne.

Spinulae Kleine Stacheln, die oft an den Beinen von Insekten zu finden sind.

Spore (Pilzspore) Pilzsporen sind mikroskopisch kleine biologische Partikel, die der Vermehrung von Pilzen dienen.

Sporozyste Eine sackartige Struktur, das zweite Entwicklungsstadium des Leberegels *Dicrocoelium dendriticum*, aus dem die beweglichen Zerkarien, das dritte Entwicklungsstadium, hervorgehen.

Statische Phase   Der Zeitraum im Aktivitätszyklus von Wanderameisenkolonien, in dem die Kolonie am selben Biwakplatz bleibt. In dieser Phase legt die Königin Eier, und neue Arbeiterinnen schlüpfen aus den Puppenkokons.

Stenophag   Sich von einem oder einer begrenzten Anzahl von Nahrungsmitteln ernährend.

Sternaldrüsen   Wie die Tergaldrüsen, nur dass sie sich in der Bauchregion befinden, wo sie mit den Sterniten des Bauches (ventrale Sklerite) verbunden sind.

Sternit   Die ventralen Sklerite oder Bauchplatten.

Sternum   Die ventralen Teile des Körpers.

Stomodeale Trophallaxis   Der Austausch von flüssiger Nahrung von Mund zu Mund. Der Austausch von Flüssigkeit vom Anus zum Mund wird proktodeale Trophallaxis genannt.

Stridulation   Die Erzeugung von Tönen und/oder Vibrationen durch Reiben eines Teils der Körperoberfläche (Schaber) gegen einen anderen, der in der Regel eine geriffelte Oberfläche besitzt.

Strigilation   Schaben oder Ablecken von Substanzen vom Körper eines anderen Tieres.

Stroma   Die Ausbreitungsstruktur von pathogenen Pilzsporen, die aus dem Körper herauswachsen, in der Regel der vordere Thorax (Pronotum) der infizierten Ameise.

Subgenualorgan   Das Organ, das bei Insekten an der Wahrnehmung von Vibrationen des Untergrunds beteiligt ist und sich im unteren Teil des Beins (Tibia) befindet.

Superkolonie   Eine monokoloniale Population, in der sich die Arbeiterinnen frei von einem Nest zu einem anderen bewegen, sodass die gesamte Population eine einzige Kolonie bildet.

Spurpheromon   Eine Substanz oder eine Mischung chemischer Verbindungen, die aus bestimmten exokrinen Drüsen oder der Rektalblase (Hinterdarm) von Ameisen stammt und von einem oder wenigen Individuen entlang einer Spur abgelegt wird, der andere Mitglieder der gleichen Kolonie oder Art folgen.

Symbiont   Ein Organismus, der in Symbiose mit einer anderen Art lebt.

Symbiose   Die enge Lebensbeziehung zwischen Organismen verschiedener Arten. Die Symbiose kann ein Kommensalismus, ein Mutualismus oder ein Parasitismus sein.

Symphil   Eine myrmekophile Art, die eine enge Beziehung zu den Wirtsameisen hat. Sie wird von den Ameisen geleckt und gepflegt. Der Begriff wird nicht mehr häufig verwendet.

Synechthran   Eine myrmekophile Art, die als Aasfresser und Raubtier in der Nähe von oder in Ameisennestern lebt. Der Begriff wird nicht mehr oft verwendet.

Synöke   Eine myrmekophile Art, die von den Wirtsameisen mit Gleichgültigkeit behandelt wird, und die den Ameisen weder schadet noch nützt. Der Begriff wird nicht mehr häufig verwendet.

Tarsus   Fuß eines Insekts; der segmentierte Fortsatz, der an der **Tibia**, dem unteren Beinsegment, befestigt ist. Das erste Segment der Fußwurzel, das an der Tibia befestigt ist, wird Basitarsus oder **Metatarsus** genannt.

Template Bezieht sich auf ein erlerntes Muster von Gerüchen, das im Geruchssystem der Ameisen gespeichert ist.

Tentakelorgane Ausstülpbare Tentakel, die auch als Seitenorgane bezeichnet werden, da sie das dorsale Nektarorgan bei den Raupen vieler Lycaeniden-Arten flankieren.

Tergal Bezeichnet die obere (dorsale) Oberfläche.

Tergaldrüsen Exokrine Drüsen, die sich in der dorsalen Region des Abdomens befinden. Sie bestehen entweder aus einem epidermalen Drüsenepithel, bei dem jede Zelle Sekrete durch winzige Porenkanäle in der Cuticula der Rückensklerite (Tergite) ableitet, oder aus Drüsenzellenbündeln, von denen jede mit einer Gangzelle kombiniert ist, die Sekrete in ein intersegmentales Reservoir ableitet, das sich zwischen zwei Tergiten (Dorsalsklerite) öffnet.

Tergit Dorsalsklerit oder dorsale Segmentplatte.

Thelytoke Parthenogenese Die Erzeugung von Weibchen aus unbefruchteten Eiern.

Tibia Der vierte Teil des Beins zwischen Femur und Tarsus (Fuß).

Topologisch-chemisches Signal Die Kombination von morphologischen Merkmalen (Oberflächenstruktur und Behaarung) mit wenig flüchtigen chemischen Signalen in der sozialen Kommunikation zwischen Ameisen und mit Larven und Puppen, einschließlich Myrmekophilen.

Tracer-Experiment Ein Experiment, bei dem mit einem Farbstoff oder einer radioaktiven Verbindung markiertes Futter an die Ameisen verfüttert wird, sodass die Verteilung des Futters unter den Nestgenossen und Myrmekophilen verfolgt werden kann.

Tribus (Plural Triben) Eine systematische Kategorie (Rangstufe) zwischen Unterfamilie und Gattung.

Trichom Büschel von gelb-goldenen Haaren, die mit exokrinen Drüsenzellen vieler myrmekophiler Käfer verbunden sind. Oft sind diese Trichomhaare auch inerviert, sodass sie als Mechanorezeptoren fungieren können, die die Berührung durch Ameisen wahrnehmen.

Trophallaxis Austausch von Flüssigkeit zwischen Koloniemitgliedern und Myrmekophilen, entweder wechselseitig oder einseitig. Bei der stomodealen Trophallaxis stammt die ausgetauschte Flüssigkeit aus dem Mund, bei der proktodealen Trophallaxis aus dem Anus.

Trophischer Parasitismus Eindringen einer Art in das Sozialsystem einer anderen, um Nahrung zu stehlen.

Trophobiose Die Beziehung zwischen Ameisen und bestimmten Hemipteren (und einigen Schmetterlingsarten), bei der die Hemipteren den Ameisen Honigtau liefern und die Ameisen im Gegenzug den Trophobionten Schutz bieten.

Tympanalorgan Hörorgan bei Insekten. Es besteht aus einer Membran (Tympanon), die über einen Rahmen gespannt ist. Es wird von einer Gruppe mechanisch-sensorischer Neuronen, dem sogenannten Chordotonalorgan, innerviert. Die Membran wird durch Luftschwingungen (Schall) in Schwingung versetzt, und diese Schwingungen werden vom Chordotonalorgan wahrgenommen.

Unterschlundganglion Teil des zentralen Nervensystems der Insekten, gelegen unterhalb des Ösophagus (eine Röhre, die den Pharynx und den Kropf verbindet) im Kopf.

Verwandtenerkennung Erkennung und Unterscheidung von nahen Verwandten und Ablehnung von nicht verwandten Individuen.

Verwandtenselektion Evolutionäre Selektion von Helferverhalten, das Überleben und Fortpflanzung von Familien-Verwandten fördert.

Weber's length Die diagonale Länge des Mesosomas eines Insekts in der Profilansicht. Ein Maß, das zum Vergleich der Größe der Arbeiterinnen verwendet wird.

Xenobiont Jeder Organismus, der in Verbindung oder in enger Umgebung mit anderen Organismen vorkommt. Ameisenarten, die regelmäßig in oder in der Nähe von Kolonien anderer Ameisenarten nisten.

Literatur

Acharya, U, Acharya, JK. 2005. Enzymes of sphingolipid metabolism in *Drosophila melanogaster*. Cellular and Molecular Life Sciences, 62: 128–142.

Agrain, FA, Buffington, ML, Chaboo, CS, Chamorro, ML, Schöller, M. 2015. Leaf beetles are ant nest beetles: The curious life of the juvenile stages of case bearers (Coleoptera, Chrysomelidae, Cryptocephalinae). ZooKeys, 547: 133–164.

Akino, T. 2002. Chemical camouflage by myrmecophilous *beetles Zyras comes* (Coleoptera: Staphylinidae) and *Diaritiger fossulatus* (Coleoptera: Pselaphidae) to be integrated into the nest of *Lasius fuliginosus* (Hymenoptera: Formicidae). Chemoecology, 12: 83–89.

Akino, T. 2008. Chemical strategies to deal with ants: A review of mimicry, camouflage, propaganda, and phytomimesis by ants (Hymenoptera: Formicidae) and other arthropods. Myrmecological News, 11: 173–181.

Akino, T, Knapp, J, Thomas, J, Elmes, G. 1999. Chemical mimicry and host specificity in the butterfly *Maculinea rebeli*, a social parasite of *Myrmica* ant colonies. Proceedings of the Royal Society of London. Series B: Biological Sciences, 266: 1419–1426.

Akino, T, Mochizuki, R, Morimoto, M, Yamaoka, R. 1996. Chemical camouflage of myrmecophilous cricket *Myrmecophilus* sp. to be integrated with several ant species. Japanese Journal of Applied Entomology and Zoology, 40: 39–46.

Akino, T, Yamamura, K, Wakamura, S, Yamaoka, R. 2004. Direct behavioral evidence for hydrocarbons as nestmate recognition cues in *Formica japonica* (Hymenoptera: Formicidae). Applied Entomology and Zoology, 39: 381–387.

Akino, T, Yamaoka, R. 1998. Chemical mimicry in the root aphid parasitoid *Paralipsis eikoae* Yasumatsu (Hymenoptera: Aphidiidae) of the aphid attending ant *Lasius sakagamii* Yamauchi & Hayashida (Hymenoptera: Formicidae). Chemoecology, 8: 153–161.

Akre, RD, Alpert, G, Alpert, T. 1973. Life cycle and behavior of *Microdon cothurnatus* in Washington (Diptera: Syrphidae). Journal of the Kansas Entomological Society, 39: 327–338.

Akre, RD, Garnett, WB, Zack, RS. 1988. Biology and behavior of Microdon piperi in the Pacific Northwest (Diptera: Syrphidae). Journal of the Kansas Entomological Society, 61: 441–452.

Akre, RD, Hill, WB. 1973. Behavior of *Adranes taylori*, a myrmecophilous beetle associated with *Lasius sitkaensis* in the Pacific Northwest (Coleoptera: Pselaphidae; Hymenoptera: Formicidae). Journal of the Kansas Entomological Society, 46: 526–536.

Akre, RD, Rettenmeyer, CW. 1966. Behavior of Staphylinidae associated with army ants (Formicidae: Ecitonini). Journal of the Kansas Entomological Society, 39: 745–782.

Akre, RD, Rettenmeyer, CW. 1968. Trail following by guests of army ants (Hymenoptera: Formicidae: Ecitonini). Journal of the Kansas Entomological Society, 41: 165–174.

Alexander, RD, Moore, TE, Woodruf, RE. 1963. The evolutionary differentiation of stridulatory signals in beetles (Insecta: Coleoptera). Animal Behaviour, 11: 111–115.

Allan, RA, Capon, RJ, Brown, WV, Elgar, MA. 2002. Mimicry of host cuticular hydrocarbons by salticid spider *Cosmophasis bitaeniata* that preys on larvae of tree ants *Oecophylla smaragdina*. Journal of Chemical Ecology, 28: 835–848.

Allan, RA, Elgar, MA. 2001. Exploitation of the green tree ant, *Oecophylla smaragdina*, by the salticid spider *Cosmophasis bitaeniata*. Australian Journal of Zoology, 49: 129–137.

Alpert, GD. 1994. A comparative study of the symbiotic relationships between beetles of the genus *Cremastocheilus* (Coleoptera: Scarabaeidae) and their host ants (Hymenoptera: Formicidae). Sociobiology, 25: 1–276.

Alpert, GD, Ritcher, P. 1975. Notes on the life cycle and myrmecophilous adaptations of *Cremastocheilus armatus* (Coleoptera: Scarabaeidae). Psyche, 82: 283–291.

Als, TD, Nash, DR, Boomsma, JJ. 2001. Adoption of parasitic *Maculinea alcon* caterpillars (Lepidoptera: Lycaenidae) by three *Myrmica* ant species. Animal Behaviour, 62: 99–106.

Als, TD, Nash, DR, Boomsma, JJ. 2002. Geographical variation in host ant specificity of the parasitic butterfly *Maculinea alcon* in Denmark. Ecological Entomology, 27: 403–414.

Als, TD, Vila, R, Kandul, NP, Nash, DR, Yen, S-H, Hsu, Y-F, Mignault, AA, Boomsma, JJ, Pierce, NE. 2004. The evolution of alternative parasitic life histories in large blue butterflies. Nature, 432: 386–390.

Altson, A. 1932. On the feeding habits and breeding of *Ochromyia (Bengalia) depressa*, R.-D., and O. peuhi. Proceedings of the Royal Entomological Society of London, 7: 36–40.

Andersen, SB, Ferrari, M, Evans, HC, Elliot, SL, Boomsma, JJ, Hughes, DP. 2012. Disease dynamics in a specialized parasite of ant socie ties. PLOS One, 7: e36352.

Andersen, SB, Gerritsma, S, Yusah, KM, Mayntz, D, Hywel-Jones, NL, Billen, J, Boomsma, JJ, Hughes, DP. 2009. The life of a dead ant: The expression of an adaptive extended phenotype. American Naturalist, 174: 424–433.

Andrade, D, Nascimento, L, Abe, A. 2006. Habits hidden under ground: A review on the reproduction of the Amphisbaenia with notes on four neotropical species. Amphibia Reptilia, 27: 207–217.

Andries, M. 1912. Zur Systematik, Biologie und Entwicklung von *Microdon Meigen*. Zeitschrift für Wissenschaftliche Zoologie, 103: 300–361.

Antoniazzi, M, Jared, C, Pellegrini, C, Macha, N. 1993. Epidermal glands in Squamata: Morphology and histochemistry of the precloacal glands in *Amphisbaena alba* (Amphisbaenia). Zoomorphology, 113: 199–203.

Araújo, JPM, Evans, HC, Kepler, R, Hughes, DP. 2018. Zombie ant fungi across continents: 15 new species and new combinations within Ophiocordyceps, I: *Myrmecophilous hirsutelloid* species. Studies in Mycology, 90: 119–160.

Araújo, JPM, Hughes, DP. 2016. Diversity of entomopathogenic fungi: Which groups conquered the insect body? Advances in Genetics, 94: 1–39.

Atsatt, PR. 1981. Lycaenid butterflies and ants: Selection for enemy-free space. American Naturalist, 118: 638–654.

Audubon, J-J. 1831. Ornithological biography, or an account of the habits of the birds of the United States of America. Vol. 1. Edinburgh: Adam Black.

Autrum, H. 1936. Über Lautäußerungen und Schallwahrnehmung bei Arthropoden. Zeitschrift für vergleichende Physiologie, 23: 332–373.

Ayre, G. 1962. *Pseudometagea schwarzii* (Ashm.) (Eucharitidae: Hymenoptera), a parasite of *Lasius neoniger Emery* (Formicidae: Hymenoptera). Canadian Journal of Zoology, 40: 157–164.

Baer, B, Den Boer, SPA, Kronauer, D, Nash, DR, Boomsma, JJ. 2009. Fungus gardens of the leaf-cutter ant *Atta colombica* function as egg nurseries for the snake *Leptodeira annulata*. Insectes Sociaux, 56: 289–291.

Baer, B, Schmid-Hempel, P. 1999. Experimental variation in polyandry affects parasite loads and fitness in a bumblebee. Nature, 397: 151–154.

Bagg, A. 1952. Anting not exclusively an avian trait. American Society of Mammalogists, 33: 243.

Bagnères, AG, Morgan, ED. 1991. The postpharyngeal glands and the cuticle of Formicidae contain the same characteristic hydrocarbons. Experientia, 47: 106–111.

Baker, AJ, Heraty, JM, Mottern, J, Zhang, J, Hines, HM, Lemmon, AR, Lemmon, EM. 2020. Inverse dispersal patterns in a group of ant parasitoids (Hymenoptera: Eucharitidae: Oraseminae) and their ant hosts. Systematic Entomology, 45: 1–19.

Barbero, F, Thomas, JA, Bonelli, S, Balletto, E, Schönrogge, K. 2009. Queen ants make distinctive sounds that are mimicked by a butterfly social parasite. Science, 323: 782–785.

Baroni Urbani, C, Buser, MW, Schillinger, E. 1988. Substrate vibration during recruitment in ant social organization. Insectes Sociaux, 35: 241–250.

Barr, B. 1995. Feeding behaviour and mouthpart structure of larvae of *Microdon eggeri* and *Microdon mutabilis* (Diptera, Syrphidae). Dipterists Digest, 2: 1–36.

Baruffaldi, L, Costa, FG, Rodríguez, A, González, A. 2010. Chemical communication in *Schizocosa malitiosa*: Evidence of a female contact sex pheromone and per sis tence in the field. Journal of Chemical Ecology, 36: 759–767.

Bascompte, J, Jordano, P. 2007. Plant-animal mutualistic networks: The architecture of biodiversity. Annual Review of Ecology, Evolution, and Systematics, 38: 567–593.

Batcheller, HJ. 2016. Interspecific information use by army-ant–following birds. Ornithology, 134: 247–255.

Baumann, P. 2005. Biology of bacteriocyte-associated endosymbionts of plant sap sucking insects. Annual Review of Microbiology, 59: 155–189.

Baumgarten, H-T, Fiedler, K. 1998. Parasitoids of lycaenid butterfly caterpillars: Different patterns in resource use and their impact on the hosts' symbiosis with ants. Zoologischer Anzeiger, 236: 167–180.

Baylis, M, Pierce, N. 1992. Lack of compensation by final instar larvae of the myrmecophilous lycaenid butterfly, *Jalmenus evagoras*, for the loss of nutrients to ants. Physiological Entomology, 17: 107–114.

Bequaert, JC, Wheeler, WM. 1922. The predaceous enemies of ants. Bulletin of the American Museum of Natural History, 45: 271–331.

Berghoff, SM, Wurst, E, Ebermann, E, Sendova-Franks, AB, Rettenmeyer, CW, Franks, NR. 2009. Symbionts of societies that fission: Mites as guests or parasites of army ants. Ecological Entomology, 34: 684–695.

Bernardi, R, Cardani, C, Ghiringhelli, D, Selva, A, Baggini, A, Pavan, M. 1967. On the components of secretion of mandibular glands of the ant Lasius (dendrolasius) fuliginosus. Tetrahedron Letters, 8: 3893–3896.

Bernstein, RA. 1974. Seasonal food abundance and foraging activity in some desert ants. American Naturalist, 108: 490–498.

Beros, S, Jongepier, E, Hagemeier, F, Foitzik, S. 2015. The parasite's long arm: A tapeworm parasite induces behavioural changes in uninfected group members of its social host. Proceedings of the Royal Society B: Biological Sciences, 282: 20151473.

Bhattacharya, G. 1939. On the moulting and metamorphosis of *Myrmarachne plataleoides* Camb. Transactions of the Bose Research Institute, 12: 103–114.

Birer, C, Moreau, CS, Tysklind, N, Zinger, L, Duplais, C. 2020. Disentangling the assembly mechanisms of ant cuticular bacterial communities of two Amazonian ant species sharing a common arboreal nest. Molecular Ecology, 29: 1372–1385.

Blochmann, F. 1887. Über das Vorkommen bakterienähnlicher Gebilde in den Geweben und Eiern verschiedener Insekten. Zentralblatt für Bakteriologie, 11: 234–240.

Blüthgen, N, Fiedler, K. 2004. Preferences for sugars and amino acids and their conditionality in a diverse nectar-feeding ant community. Journal of Animal Ecology, 73: 155–166.

Blüthgen, N, Gebauer, G, Fiedler, K. 2003. Disentangling a rainforest food web using stable isotopes: Dietary diversity in a species-rich ant community. Oecologia, 137: 426–435.

Blüthgen, N, Menzel, F, Hovestadt, T, Fiala, B, Blüthgen, N. 2007. Specialization, constraints, and conflicting interests in mutualistic networks. Current Biology, 17: 341–346.

Blüthgen, N, Stork, NE, Fiedler, K. 2004. Bottom-up control and co-occurrence in complex communities: Honeydew and nectar determine a rainforest ant mosaic. Oikos, 106: 344–358.

Bohn, H, Nehring, V, Rodríguez, J, Klass, K-D. 2021. Revision of the genus *Attaphila* (Blattodea: Bla-beroidea), myrmecophiles living in the mushroom gardens of leaf-cutting ants. Arthropod Systematics & Phylogeny, 79: 205.

Bolívar, I. 1905. Les blattes myrmécophiles. Mitteilungen der Schweizerischen Entomologischen Gesellschaft, 11: 134–141.

Bonaldo, AB. 2000. Taxonomia da subfamília Corinninae (Araneae, Corinnidae) nas regiões neotropical e neártica. Iheringia, Série Zoologia, 89: 3–198.

Bonaldo, AB, Brescovit, A. 2005. On new species of the Neotropical spider genus *Attacobius Mello-Leitão*, 1923 (Araneae, Corinnidae, Corinninae), with a cladistic analysis of the tribe Attacobiini. Insect Systematics & Evolution, 36: 35–56.

Bonavita-Cougourdan, A, Clement, J-L, Lange, C. 1993. Functional subcaste discrimination (foragers and brood-tenders) in the ant *Camponotus vagus* Scop.: Polymorphism of cuticular hydrocarbon patterns. Journal of Chemical Ecol ogy, 19: 1461–1477.

Boorman, J. 1997. Book review: The butterflies of Costa Rica and their natural history. Volume II: Riodinidae. By Philip J. DeVries. Bulletin of Entomological Research, 87: 656–656.

Borges, RM, Ahmed, S, Prabhu, CV. 2007. Male ant-mimicking salticid spiders discriminate between retreat silks of sympatric females: Implications for premating reproductive isolation. Journal of Insect Behavior, 20: 389–402.

Borgmeier, T. 1921. Zur Lebensweise von Pseudacteon borgmeieri Schmitz (in litt.) (Diptera: Phoridae). Zeitschrift des deutschen Vereins für Wissenschaft und Kunst, Sao Paulo, 2: 239–248.

Borgmeier, T. 1958. Neue Beitraege zur Kenntnis der neotropischen Phoriden (Diptera, Phoridae). Studia Entomologica, 1: 305–406.

Borowiec, ML. 2013. Two species of myrmecophilous Diapriidae (Hymenoptera) new to Poland. Wiadomosci Entomologiczne, 32: 42–48.

Borowiec, ML. 2016. Generic revision of the ant subfamily Dorylinae (Hymenoptera, Formicidae). ZooKeys, 608: 1–280.

Bossert, WH, Wilson, EO. 1963. The analysis of olfactory communication among animals. Journal of Theoretical Biology, 5: 443–469.

Bousquet, Y, Laplante, S. 2006. Coleoptera Histeridae. Vol. 24. Ottawa: NRC Research Press.

Boyle, JH, Kaliszewska, ZA, Espeland, M, Suderman, TR, Fleming, J, Heath, A, Pierce, NE. 2015. Phylogeny of the Aphnaeinae: Myrmecophilous African butterflies with carnivorous and herbivorous life histories. Systematic Entomology, 40: 169–182.

Brackbill, H. 1948. Anting by four species of birds. Ornithology, 65: 66–77.

Bragança, MAL, Arruda, FV, Souza, LRR, Martins, HC, Della Lucia, TMC. 2016. Phorid flies parasitizing leaf-cutting ants: Their occurrence, parasitism rates, biology and the first account of multiparasitism. Sociobiology, 63: 1015–1021.

Bragança, MAL, Tonhasca, A Jr, Della Lucia, TM. 1998. Reduction in the foraging activity of the leaf-cutting ant *Atta sexdens* caused by the phorid *Neodohrniphora* sp. Entomologia Experimentalis et Applicata, 89: 305–311.

Brake, I. 1999. Prosaetomilichia de Meijere: A junior subjective synonym of *Milichia Meigen*, with a phylogenetic review of the myrmecophila species group (Diptera, Milichiidae). Tijdschrift voor Entomologie, 142: 31–36.

Brandão, CRF, Vanzolini, PE, Vanzolini, P. 1985. Notes on incubatory inquilinism between Squamata (Reptilia) and the neotropical fungus-growing ant genus *Acromyrmex* (Hymenoptera: Formicidae). Papéis Avulsos de Zoologia, 36: 31–36.

Brandstaetter, AS, Endler, A, Kleineidam, CJ. 2008. Nestmate recognition in ants is possible without tactile interaction. Naturwissenschaften, 95: 601–608.

Brandstaetter, AS, Kleineidam, CJ. 2011. Distributed representation of social odors indicates parallel processing in the antennal lobe of ants. Journal of Neurophysiology, 106: 2437–2449.

Brandstaetter, AS, Rössler, W, Kleineidam, CJ. 2010. Dummies versus air pufs: Efficient stimulus delivery for low volatile odors. Chemical Senses, 35: 323–333.

Brandstaetter, AS, Rössler, W, Kleineidam, CJ. 2011. Friends and foes from an ant brain's point of view – neuronal correlates of colony odors in a social insect. PLOS One, 6: e21383–21392.

Brandt, M, Mahsberg, D. 2002. Bugs with a backpack: The function of nymphal camouflage in the West African assassin bugs *Paredocla* and *Acanthaspis* spp. Animal Behaviour, 63: 277–284.

Brian, MV. 1975. Larval recognition by workers of the ant *Myrmica*. Animal Behaviour, 23: 745–756.

Brown, BV. 2012. Small size no protection for acrobat ants: World's smallest fly is a parasitic phorid (Diptera: Phoridae). Annals of the Entomological Society of America, 105: 550–554.

Brown, BV, Feener, DH. 1998. Parasitic phorid flies (Diptera: Phoridae) associated with army ants (Hymenoptera: Formicidae: Ecitoninae, Dorylinae) and their conservation biology. Biotropica, 30: 482–487.

Brown, BV, Feener, DH Jr. 1991. Behavior and host location cues of *Apocephalus paraponerae* (Diptera: Phoridae), a parasitoid of the giant tropical ant, *Paraponera clavata* (Hymenoptera: Formicidae). Biotropica, 23: 182–187.

Brown, BV, Hash, JM, Hartop, EA, Porras, W, de Souza Amorim, D. 2017. Baby killers: Documentation and evolution of scuttle fly (Diptera: Phoridae) parasitism of ant (Hymenoptera: Formicidae) brood. Biodiversity Data Journal, 5: e11277.

Brown, CG, Funk, DJ. 2005. Aspects of the natu ral history of *Neochlamisus* (Coleoptera: Chrysomelidae): Fecal case-associated life history and behavior, with a method for studying insect constructions. Annals of the Entomological Society of Amer i ca, 98: 711–725.

Brückner, A, Klompen, H, Bruce, AI, Hashim, R, von Beeren, C. 2018. Infection of army ant pupae by two new parasitoid mites (Mesostigmata: Uropodina). PeerJ, 5: e3870.

Brumfield, RT, Tello, JG, Cheviron, ZA, Carling, MD, Crochet, N, Rosenberg, KV. 2007. Phylogenetic conservatism and antiquity of a tropical specialization: Army ant following in the typical antbirds (Thamnophilidae). Molecular Phylogenetics and Evolution, 45: 1–13.

Bruner, G, Fernández-Marín, H, Touchon, JC, Wcislo, WT. 2012. Eggs of the blind snake, *Liotyphlops albirostris* are incubated in a nest of the lower fungus-growing ant, *Apterostigma cf. goniodes*. Psyche, 2012: 532314.

Buczkowski, G, Kumar, R, Suib, SL, Silverman, J. 2005. Diet-related modification of cuticular hydrocarbon profiles of the Argentine ant, *Linepithema humile*, diminishes intercolony aggression. Journal of Chemical Ecology, 31: 829–843.

Burke, VJ, Nagle, RD, Osentoski, M, Congdon, JD. 1993. Common snapping turtles associated with ant mounds. Journal of Herpetology, 27: 114–115.

Buschinger, A. 1973. Ameisen des Tribus Leptothoracini (Hym., Formicidae) als Zwischenwirte von Cestoden. Zoologischer Anzeiger, 191: 369–380.

Buschinger, A. 2009. Social parasitism among ants: A review (Hymenoptera: Formicidae). Myrmecological News, 12: 219–235.

Buschinger, A, Maschwitz, U. 1984. Defensive behavior and defensive mechanisms in ants. In Defensive Mechanisms in Social Insects, ed. RH Herman, 95–150. New York: Praeger.

Camacho, C, Potti, J. 2018. Non-foraging tool use in European honey-buzzards: An experimental test. PLOS One, 13: e0206843.

Camargo, RdS, Forti, LC, de Matos, CAO, Brescovit, AD. 2015. Phoretic behaviour of *Attacobius attarum* (Roewer, 1935) (Araneae: Corinnidae: Corinninae) dispersion not associated with predation? Journal of Natural History, 49: 1653–1658.

Cammaerts, MC, Evershed, RP, Morgan, ED. 1982. Mandibular gland secretions of workers of *Myrmica rugulosa* and *M. schencki*: Comparison with four other *Myrmica* species. Physiological Entomology, 7: 119–125.

Cammaerts, R. 1974. Le système glandulaire tégumentaire du coléoptère myrmécophile *Claviger testaceus Preyssler*, 1790 (Pselaphidae)/The integumentary glandular system of the myrmecophilous beetle *Claviger testaceus Preyssler*, 1790 (Pselaphidae). Zeitschrift für Morphologie der Tiere, 77: 187–219.

Cammaerts, R. 1991a. Interactions comportementales entre la fourmi *Lasius flavus* (Formicidae) et de coléoptère myrmécophile *Claviger testaceus* (Pselaphidae), I: Ethogramme et modalités des interactions avec les ouvrières. Bulletin et annales de la Société royale belge d'entomologie, 127: 155–190.

Cammaerts, R. 1991b. Interactions comportementales entre la fourmi *Lasius flavus* (Formicidae) et le coléoptère myrmécophile *Claviger testaceus* (Pselaphidae), II: Fréquence, durée et succession des comportements des ouvrières. Bulletin et annales de la Société royale belge d'entomologie, 127: 271–307.

Cammaerts, R. 1992. Stimuli inducing the regurgitation of the workers of *Lasius flavus* (Formicidae) upon the myrmecophilous beetle *Claviger testaceus* (Pselaphidae). Behavioural Processes, 28: 81–96.

Cammaerts, R. 1995. Regurgitation behaviour of the *Lasius flavus* worker (Formicidae) towards the myrmecophilous beetle *Claviger testaceus* (Pselaphidae) and other recipients. Behavioural Processes, 34: 241–264.

Cammaerts, R. 1996. Factors affecting the regurgitation behaviour of the ant *Lasius flavus* (Formicidae) to the guest beetle *Claviger testaceus* (Pselaphidae). Behavioural Processes, 38: 297–312.

Cammaerts, R. 1999a. Transport location patterns of the guest beetle *Claviger testaceus* (Pselaphidae) and other objects moved by workers of the ant, *Lasius flavus* (Formicidae). Sociobiology, 34: 433–475.

Cammaerts, R. 1999b. A quantitative comparison of the behavioral reactions of *Lasius flavus* ant workers (Formicidae) toward the guest beetle *Claviger testaceus* (Pselaphidae), ant larvae, intruder insects and cadavers. Sociobiology, 33: 145–170.

Cammaerts, R, Detrain, C, Cammaerts, M-C. 1990. Host trail following by the myrmecophilous beetle *Edaphopaussus favieri* (Fairmaire) (Carabidae Paussinae). Insectes Sociaux, 37: 200–211.

Campbell, DL, Brower, AV, Pierce, NE. 2000. Molecular evolution of the wingless gene and its implications for the phylogenetic placement of the butterfly family Riodinidae (Lepidoptera: Papilionoidea). Molecular Biology and Evolution, 17: 684–696.

Campbell, DL, Pierce, NE. 2003. Phylogenetic relationships of the Riodinidae: Implications for the evolution of ant association. In Butterflies as Model Systems, ed. C Boggs, P Ehrlich, W Watt, 395–408. Chicago, IL: University of Chicago Press.

Campbell, KU, Klompen, H, Crist, TO. 2013. The diversity and host specificity of mites associated with ants: The roles of ecological and life history traits of ant hosts. Insectes Sociaux, 60: 31–41.

Campos, VA, Dáttilo, W, Oda, FH, Piroseli, LE, Dartora, A. 2014. Detección y uso de senderos de la hormiga cortadora de hojas *Atta laevigata* (Hymenoptera: Formicidae) por *Amphisbaena alba* (Reptilia: Squamata). Acta Zoológica Mexicana, 30: 403–407.

Cannon, PF, Hywel-Jones, NL, Maczey, N, Norbu, L, Samdup, T, Lhendup, P. 2009. Steps towards sustainable harvest of *Ophiocordyceps sinensis* in Bhutan. Biodiversity and Conservation, 18: 2263–2281.

Carey, B, Visscher, K, Heraty, J. 2012. Nectary use for gaining access to an ant host by the parasitoid *Orasema simulatrix* (Hymenoptera, Eucharitidae). Journal of Hymenoptera Research, 27: 47–65.

Carico, JE. 1978. Predatory behavior in *Euryopis funebris* (Hentz) (Araneae: Theridiidae) and the evolutionary significance of web reduction. Symposia of the Zoological Society London, 42: 51–58.

Carlin, NF, Hölldobler, B. 1986. The kin recognition system of carpenter ants (*Camponotus* spp.), I: Hierarchical cues in small colonies. Behavioral Ecology and Sociobiology, 19: 123–134.

Carlin, NF, Hölldobler, B. 1987. The kin recognition system of carpenter ants (*Camponotus* spp.), II: Larger colonies. Behavioral Ecology and Sociobiology, 20: 209–217.

Carney, WP. 1969. Behavioral and morphological changes in carpenter ants harboring dicrocoeliid metacercariae. American Midland Naturalist, 82: 605–611.

Casacci, LP, Bonelli, S, Balletto, E, Barbero, F. 2019a. Multimodal signaling in myrmecophilous butterflies. Frontiers in Ecol ogy and Evolution, 7: 454.

Casacci, LP, Schönrogge, K, Thomas, JA, Balletto, E, Bonelli, S, Barbero, F. 2019b. Host specificity pattern and chemical deception in a social parasite of ants. Scientific Reports: 9: 1619.

Cazier, MA, Mortenson, MA. 1965. The behavior and habits of the myrmecophilous scarab *Cremastocheilus*. Journal of the Kansas Entomological Society, 38: 19–44.

Ceccarelli, FS. 2010. Ant-mimicking spider, *Myrmarachne* species (Araneae: Salticidae), distinguishes its model, the green ant, *Oecophylla smaragdina*, from a sympatric Batesian O. smaragdina mimic, *Riptortus serripes* (Hemiptera: Alydidae). Australian Journal of Zoology, 57: 305–309.

Chapin, KJ, Hebets, EA. 2016. The behavioral ecology of amblypygids. Journal of Arachnology, 44: 1–14.

Charpentier, Td. 1825. Horae Entomologicae, Adjectis Tabulis Novem Coloratis. Wratislaviae: Apud A. Gosohorsky.

Chaves-Campos, J. 2003. Localization of army-ant swarms by ant-following birds on the Caribbean slope of Costa Rica: Following the vocalization of antbirds to find the swarms. Ornitologia Neotropical, 14: 289–294.

Chen, L, Fadamiro, HY. 2007. Behavioral and electroantennogram responses of phorid fly *Pseudacteon tricuspis* (Diptera: Phoridae) to red imported fire ant *Solenopsis invicta* odor and trail pheromone. Journal of Insect Behavior, 20: 267–287.

Chen, L, Fadamiro, HY. 2018. Pseudacteon phorid flies: Host specificity and impacts on Solenopsis fire ants. Annual Review of Entomology, 63: 47–67.

Chen, L, Porter, SD. 2020. Biology of Pseudacteon decapitating flies (Diptera: Phoridae) that parasitize ants of the *Solenopsis saevissima* complex (Hymenoptera: Formicidae) in South America. Insects, 11: 107.

Chen, Z, Corlett, RT, Jiao, X, Liu, S-J, Charles-Dominique, T, Zhang, S, Li, H, Lai, R, Long, C, Quan, R-C. 2018. Prolonged milk provisioning in a jumping spider. Science, 362: 1052–1055.

Chesser, RT. 1995. Comparative diets of obligate ant-following birds at a site in Northern Bolivia. Biotropica, 27: 382–390.

Chisholm, A. 1959. The history of anting. Emu-Austral Ornithology, 59: 101–130.

Choe, D-H, Villafuerte, DB, Tsutsui, ND. 2012. Trail pheromone of the Argentine ant, *Linepithema humile* (Mayr) (Hymenoptera: Formicidae). PLOS One, 7: e45016.

Choe, J, Perlman, D. 1997. Social conflict and cooperation among founding queens in ants (Hymenoptera: Formicidae). In The Evolution of Social Behavior in Insects and Arachnids, ed. JC Choe, BJ Crespi. Cam-bridge, UK: Cambridge University Press.

Cigliano, MM, Braun, H, Eades, DC, Otte, D. 2020. Orthoptera species file. http://Orthoptera.SpeciesFile.org, version 5.0/5.0.

Claassens, A, Dickson, C. 1977. A study of the myrmecophilous behaviour of the immature stages of *Aloeides thyra* (L.) (Lepidoptera: Lycaenidae) with special reference to the function of the retractile tubercules and with additional notes on the general biology of the species. Entomologist's Record and Journal of Variation, 89: 253–258.

Clausen, CP. 1941. The habits of the Eucharidae. Psyche, 48: 57–69.

Clayton, DH, Vernon, JG. 1993. Common grackle anting with lime fruit and its efect on ectoparasites. The Auk, 110: 951–952.

Clyne, D. 2011. Secrets of the predatory butterfly *Liphyra brassolis* exposed. Metamorphosis Australia, 62.

Corn, M. 1980. Polymorphism and polyethism in the neotropical ant *Cephalotes atratus* (L.). Insectes Sociaux, 27: 29–42.

Cottrell, C. 1984. Aphytophagy in butterflies: Its relationship to myrmecophily. Zoological Journal of the Linnean Society, 80: 1–57.

Couvreur, J. 1990. Le comportement de "présentation d'un leurre" chez *Zodarion rubidum* (Zodariidae). Bulletin de la Sociéte européenne d'Arachnologie hors serie, 1: 75–79.

Covas, R. 2012. Evolution of reproductive life histories in island birds worldwide. Proceedings of the Royal Society B: Biological Sciences, 279: 1531–1537.

Crozier, RH, Dix, MW. 1979. Analysis of two genetic models for the innate components of colony odor in social Hymenoptera. Behavioral Ecology and Sociobiology, 4: 217–224.

Csősz, S. 2012. Nematode infection as significant source of unjustified taxonomic descriptions in ants (Hymenoptera: Formicidae). Myrmecological News, 17: 27–31.

Cushing, PE. 1995a. Description of the spider *Masoncus pogonophilus* (Araneae, Linyphiidae), a harvester ant myrmecophile. Journal of Arachnology, 23: 55–59.

Cushing, PE. 1995b. Natural history of the myrmecophilic spider, *Masoncus pogonophilus Cushing*, and its host ant, *Pogonomyrmex badius* (Latreille). PhD dissertation, University of Florida.

Cushing, PE. 1997. Myrmecomorphy and myrmecophily in spiders: A review. Florida Entomologist, 80: 165–193.

Cushing, PE. 1998. Population structure of the ant nest symbiont *Masoncus pogonophilus* (Araneae: Linyphiidae). Annals of the Entomological Society of America, 91: 626–631.

Cushing, PE. 2012. Spider-ant associations: An updated review of myrmecomorphy, myrmecophily, and myrmecophagy in spiders. Psyche, 2012: 151989.

Daniels, H, Gottsberger, G, Fiedler, K. 2005. Nutrient composition of larval nectar secretions from three species of myrmecophilous butterflies. Journal of Chemical Ecology, 31: 2805–2821.

Darling, DC. 1992. The life history and larval morphology of *Aperilampus* (Hymenoptera: Chalcidoidea: Philomidinae), with a discussion of the phylogenetic affinities of the Philomidinae. Systematic Entomology, 17: 331–339.

Darling, DC. 1999. Life history and immature stages of *Steffanolampus salicetum* (Hymenoptera: Chalcidoidea: Perilampidae). Proceedings of the Entomological Society of Ontario, 130: 3–14.

Darling, DC. 2009. A new species of *Smicromorpha* (Hymenoptera, Chalcididae) from Vietnam, with notes on the host association of the genus. ZooKeys, 20: 155–163.

Darling, DC, Miller, TD. 1991. Life history and larval morphology of *Chrysolampus* (Hymenoptera: Chalcidoidea: Chrysolampinae) in western North America. Canadian Journal of Zoology, 69: 2168–2177.

Dasch, GA, Weiss, E, Chang, KP. 1984. Endosymbiosis of insects. In Bergey's Manual of Systematic Bacteriology, Vol. 1, ed. JG Holt, NR Krieg. Baltimore, MD: Williams & Wilkins.

de Armas, LF, Seiter, M. 2013. *Phrynus gervaisii* (Pocock, 1894) is a junior synonym of *Phrynus barbadensis* (Pocock, 1893) (Amblypygi: Phrynidae). Revista Ibérica de Aracnología, 23: 128–132.

de Bekker, C, Merrow, M, Hughes, DP. 2014. From behavior to mechanisms: An integrative approach to the manipulation by a parasitic fungus (*Ophiocordyceps unilateralis* s.l.) of its host ants (*Camponotus* spp.). Integrative and Comparative Biology, 54: 166–176.

de Bekker, C, Ohm, RA, Evans, HC, Brachmann, A, Hughes, DP. 2017. Ant-infecting *Ophiocordyceps* genomes reveal a high diversity of potential behavioral manipulation genes and a possible major role for enterotoxins. Scientific Reports, 7: 12508.

de Bekker, C, Will, I, Das, B, Adams, RMM. 2018. The ants (Hymenoptera: Formicidae) and their parasites: Effects of parasitic manipulations and host responses on ant behavioral ecology. Myrmecological News, 28: 1–24.

Deeleman-Reinhold, CL. 1992. A new spider genus from Thailand with a unique ant-mimicking device, with description of some other castianeirine spiders (Araneae: Corinnidae: Castianeirinae). Natural History Bulletin of the Siam Society, 40: 167–184.

Deeleman-Reinhold, CL. 2001. Forest spiders of South East Asia: with a revision of the sac and ground Spiders (Araneae: Clubionidae, Corinnidae, Liocranidae, Gnapho-sidae, Prodidomidae, and Trochanterriidae). Leiden: Brill.

Degnan, PH, Lazarus, AB, Brock, CD, Wernegreen, JJ. 2004. Host-symbiont stability and fast evolutionary rates in an ant-bacterium association: Cospeciation of *Camponotus* species and their endosymbionts, *Candidatus Blochmannia*. Systematic Biology, 53: 95–110.

Degnan, PH, Lazarus, AB, Wernegreen, JJ. 2005. Genome sequence of *Blochmannia pennsylvanicus* indicates parallel evolutionary trends among bacterial mutualists of insects. Genome research, 15: 1023–1033.

Degueldre, F, Mardulyn, P, Kuhn, A, Pinel, A, Karaman, C, Lebas, C, Schifani, E, Bračko, G, Wagner, HC, Kiran, K, Borowiec, L, Passera, L, Abril, S, Espadaler, X, Aron, S. 2021. Evolutionary history of inquiline social parasitism in *Plagiolepis* ants. Molecular Phylogenetics and Evolution, 155: 107016.

Dejean, A, Beugnon, G. 1996. Host-ant trail following by myrmecophilous larvae of Liphyrinae (Lepidoptera, Lycaenidae). Oecologia, 106: 57–62.

Dejean, A, Orivel, J, Azémar, F, Hérault, B, Corbara, B. 2016. A cuckoo-like parasitic moth leads African weaver ant colonies to their ruin. Scientific Reports, 6: 1–9.

Dekoninck, W, Lock, K, Janssens, F. 2007. Acceptance of two native myrmecophilous species, *Platyarthrus hoffmannseggii* (Isopoda: Oniscidea) and *Cyphoderus albinus* (Collembola: Cyphoderidae) by the introduced invasive garden ant *Lasius neglectus* (Hymenoptera: Formicidae) in Belgium. European Journal of Entomology, 104: 159.

de Lima Barros, A, López-Lozano, JL, Lima, AP. 2016. The frog *Lithodytes lineatus* (Anura: Leptodactylidae) uses chemical recognition to live in colonies of leaf-cutting ants of the genus *Atta* (Hymenoptera: Formicidae). Behavioral Ecology and Sociobiology, 70: 2195–2201.

Dettner, K. 1993. Defensive secretions and exocrine glands in free-living staphylinid beetles: Their bearing on phylogeny (Coleoptera: Staphylinidae). Biochemical Systematics and Ecology, 21: 143–162.

Dettner, K, Liepert, C. 1994. Chemical mimicry and camouflage. Annual Review of Entomology, 39: 129–154.

d'Ettorre, P, Mondy, N, Lenoir, A, Errard, C. 2002. Blending in with the crowd: Social parasites integrate into their host colonies using a flexible chemical signature. Proceedings of the Royal Society of London. Series B: Biological Sciences, 269: 1911–1918.

DeVries, PJ. 1984. Of crazy-ants and Curetinae: Are *Curetis* butterflies tended by ants? Zoological Journal of the Linnean Society, 80: 59–66.

DeVries, PJ. 1988. The larval ant-organs of *Thisbe irenea* (Lepidoptera: Riodinidae) and their effects upon attending ants. Zoological Journal of the Linnean Society, 94: 379–393.

DeVries, PJ. 1990. Enhancement of symbioses between butterfly caterpillars and ants by vibrational communication. Science, 248: 1104–1106.

DeVries, PJ. 1991a. Evolutionary and ecological patterns in myrmecophilous riodinid butterflies. In Ant-plant interactions, ed. CR Huxley, DF Cutler, 143–156. Oxford: Oxford University Press.

DeVries, PJ. 1991b. Mutualism between *Thisbe irenea* butterflies and ants, and the role of ant ecology in the evolution of larval-ant associations. Biological Journal of the Linnean Society, 43: 179–195.

DeVries, PJ. 1991c. Call production by myrmecophilous riodinid and lycaenid butterfly caterpillars (Lepidoptera): Morphological, acoustical, functional, and evolutionary patterns. American Museum Novitates, 3025: 1–23.

DeVries, PJ. 1991d. Detecting and recording the calls produced by butterfly caterpillars and ants. Journal of Research on the Lepidoptera, 28: 258–262.

DeVries, PJ. 1992. Singing caterpillars, ants and symbiosis. Scientific American, 267: 76–83.

DeVries, PJ. 1997. The butterflies of Costa Rica and their natural history, volume II: Riodinidae. Princeton, NJ: Prince ton University Press.

DeVries, PJ, Baker, I. 1989. Butterfly exploitation of an ant-plant mutualism: Adding insult to herbivory. Journal of the New York Entomological Society, 97: 332–340.

DeVries, PJ, Cocroft, RB, Thomas, J. 1993. Comparison of acoustical signals in *Maculinea* butterfly caterpillars and their obligate host *Myrmica* ants. Biological Journal of the Linnean Society, 49: 229–238.

DeVries, PJ, Harvey, DJ, Kitching, IJ. 1986. The ant associated epidermal organs on the larva of the lycaenid butterfly *Curetis regula* Evans. Journal of Natural History, 20: 621–633.

Di Giulio, A. 2008. Fine morphology of the myrmecophilous larva of *Paussus kannegieteri* (Coleoptera: Carabidae: Paussinae: Paussini). Zootaxa, 1741: 37–50.

Di Giulio, A, Fattorini, S, Kaupp, A, Vigna Taglianti, A, Nagel, P. 2003. Review of competing hypotheses of phylogenetic relationships of Paussinae (Coleoptera: Carabidae) based on larval characters. Systematic Entomology, 28: 508–537.

Di Giulio, A, Fattorini, S, Moore, W, Robertson, J, Maurizi, E. 2014. Form, function and evolutionary significance of stridulatory organs in ant nest beetles (Coleoptera: Carabidae: Paussini). European Journal of Entomology, 111: 692.

Di Giulio, A, Maruyama, M, Komatsu, T, Sakchoowong, W. 2017. Larval juice anyone? The unusual behaviour and morphology of an ant nest beetle larva (Coleoptera: Carabidae: Paussini) from Thailand. Raffles Bulletin of Zoology, 65: 49–59.

Di Giulio, A, Maurizi, E, Barbero, F, Sala, M, Fattorini, S, Balletto, E, Bonelli, S. 2015. The pied piper: A parasitic beetle's melodies modulate ant behaviours. PLOS One, 10: e0130541.

Di Giulio, A, Maurizi, E, Hlavac, P, Moore, W. 2011. The long-awaited first instar larva of *Paussus favieri* (Coleoptera: Carabidae: Paussini). European Journal of Entomology, 108: 127.

Di Giulio, A, Stacconi, MVR, Romani, R. 2009. Fine structure of the antennal glands of the ant nest beetle *Paussus favieri* (Coleoptera, Carabidae, Paussini). Arthropod Structure and Development, 38: 293–302.

Di Giulio, A, Taglianti, AV. 2001. Biological observations on *Pachyteles* larvae (Coleoptera Carabidae Paussinae). Tropical Zoology, 14: 157–173.

Dinter, K, Paarmann, W, Peschke, K, Arndt, E. 2002. Ecological, behavioural and chemical adaptations to ant predation in species of *Thermophilum* and *Graphipterus* (Coleoptera: Carabidae) in the Sahara Desert. Journal of Arid Environments, 50: 267–286.

Di Salvo, M, Calcagnile, M, Talà, A, Tredici, SM, Mafei, ME, Schönrogge, K, Barbero, F, Alifano, P. 2019. The microbiome of the *Maculinea-Myrmica* host-parasite interaction. Scientific Reports, 9: 8048.

Disney, RHL. 1994. Scuttle flies: The Phoridae. London: Chapman & Hall.

Disney, RHL. 1996. A new genus of scuttle fly (Diptera; Phoridae) whose legless, wingless, females mimic ant larvae (Hymenoptera; Formicidae). Sociobiology 27: 95–118.

Disney, RHL. 2000. Revision of European *Pseudacteon* Coquillett (Diptera, Phoridae). Bonner Zoologische Beiträaage, 49: 79–92.

Disney, RHL, Schroth, M. 1989. Observations on *Megaselia persecutrix* Schmitz (Diptera: Phoridae) and the significance of ommatidial size-differentiation. Entomologist's Monthly Magazine, 125: 169–174.

Disney, RHL, Weissflog, A, Maschwitz, U. 1998. A second species of legless scuttle fly (Diptera: Phoridae) associated with ants (Hymenoptera: Formicidae). Journal of Zoology, 246: 269–274.

Dobrzańska, J. 1966. The control of the territory by *Lasius fuliginosus* Latr. Acta Biologiae Experimentalis Sinica, 26: 193–213.

Dodd, F. 1902. Contribution to the life-history of *Liphyra brassolis*. Westwood Entomologist, 35: 153–188.

Donisthorpe, HSJK. 1902. The life history of *Clytra quadripunctata*. Transactions of the Entomological Society of London, 50: 11–23.

Donisthorpe, HSJK. 1915. British ants: Their life-history and classification. Plymouth: William Brendon and Son.

Donisthorpe, HSJK. 1927. The guests of British ants. London: George Routledge and Sons.

Donisthorphe, HSJK, Wilkinson, DS. 1930. Notes on the genus *Paxylomma* (Hym. Brac.), with the description of a new species taken in Britain. Transactions of the Royal Entomological Society of London, 78: 87–93.

Downes, J. 1958. The feeding habits of biting flies and their significance in classification. Annual Review of Entomology, 3: 249–266.

Downes, MF, Skevington, JH, Thompson, F. 2017. A new ant inquiline flower fly (Diptera: Syrphidae: Pipizinae) from Australia. Australian Entomologist, 44: 29–38.

Downey, JC, Allyn, AC. 1973. Butterfly ultrastructure. 1. Sound production and associated abdominal structures in pupae of Lycaenidae and Riodinidae. Bulletin of the Allyn Museum, 14: 1–47.

Downey, JC, Allyn, AC. 1978. Sounds produced in pupae of Lycaenidae. Bulletin of the Allyn Museum, 48: 1–14.

Downey, JC, Allyn, AC. 1979. Morphology and biology of the immature stages of *Leptotes cassius theonus* (Lucas) (Lepid: Lycaenidae). Bulletin of the Allyn Museum, 55: 1–27.

Drijfhout, F, Kather, R, Martin, SJ. 2009. The role of cuticular hydrocarbons in insects. In Behavioral and chemical ecology, ed. W Zhang, H Liu, 24. Hauppauge, NY: Nova Science Publishers.

Duffield, R. 1981. Biology of *Microdon fuscipennis* (Diptera: Syrphidae) with interpretations of the reproductive strategies of *Microdon* species found North of Mexico. Proceedings of the Entomological Society of Washington, 83: 716–724.

Dumpert, K. 1972. Alarmstoffrezeptoren auf der Antenne von *Lasius fuliginosus* (Latr.) (Hymenoptera, Formicidae). Zeitschrift für vergleichende Physiologie, 76: 403–425.

Dupont, ST, Zemeitat, DS, Lohman, DJ, Pierce, NE. 2016. The setae of parasitic *Liphyra brassolis* butterfly larvae form a flexible armour for resisting attack by their ant hosts (Lycaenidae: Lepidoptera). Biological Journal of the Linnean Society, 117: 607–619.

Durán, J-MG, van Achterberg, C. 2011. Oviposition behaviour of four ant parasitoids (Hymenoptera, Braconidae, Euphorinae, Neoneurini and Ichneumonidae, Hybrizontinae), with the description of three new European species. ZooKeys, 125: 59–106.

Dziekańska, I, Nowicki, P, Pirożnikow, E, Sielezniew, M. 2020. A unique population in a unique area: The alcon blue butterfly and its specific parasitoid in the Białowieża Forest. Insects, 11: 687.

Eastwood, R, Kongnoo, P, Reinkaw, M. 2010. Collecting and eating *Liphyra brassolis* (Lepidoptera: Lycaenidae) in southern Thailand. Journal of Research on the Lepidoptera, 43: 19–22.

Ebermann, E, Moser, JC. 2008. Mites (Acari: Scutacaridae) associated with the red imported fire ant, *Solenopsis invicta* Buren (Hymenoptera: Formicidae), from Louisiana and Tennessee, USA. International Journal of Acarology, 34: 55–69.

Edmunds, M. 1978. On the association between *Myrmarachne* spp. (Salticidae) and ants. Bulletin of the British Arachnological Society, 4: 149–160.

Ehrlich, PR, Dobkin, DS, Wheye, D. 1986. The adaptive significance of anting. Auk, 103: 835.

Eibl-Eibesfeldt, E. 1967. Das Parasitenabwehren der Minima-Arbeiterinnen der Blattschneider-Ameise (*Attacephalotes*). Zeitschrift für Tierpsychologie, 24: 278–281.

Eidmann, H. 1937. Die Gäste und Gastverhältnisse der Battschneiderameise *Atta sexdens* L. Zeitschrift für Morphologie und Ökologie der Tiere, 32: 391–462.

Eisner, T. 2005. For love of insects. Cambridge, MA: Harvard University Press.

Eisner, T, Aneshansley, D. 2008. "Anting" in blue jays: Evidence in support of a food-preparatory function. Chemoecology, 18: 197–203.

Eisner, T, Eisner, M. 2000. Defensive use of a fecal thatch by a beetle larva (*Hemisphaerota cyanea*). Proceedings of the National Academy of Sciences, 97: 2632–2636.

Eisner, T, Eisner, M, Aneshansley, D. 2005. Pre-ingestive treatment of bombardier beetles by jays: Food preparation by "anting" and "sand-wiping." Chemoecology, 15: 227–233.

Eisner, T, Jones, TH, Aneshansley, DJ, Tschinkel, WR, Silberglied, RE, Meinwald, J. 1977. Chemistry of defensive secretions of bombardier beetles (Brachinini, Metriini, Ozaenini, Paussini). Journal of Insect Physiology, 23: 1383–1386.

Eisner, T, van Tassell, E, Carrel, JE. 1967. Defensive use of a "fecal shield" by a beetle larva. Science, 158: 1471–1473.

Elgar, MA, Allan, RA. 2004. Predatory spider mimics acquire colony-specific cuticular hydrocarbons from their ant model prey. Naturwissenschaften, 91: 143–147.

Elgar, MA, Allan, RA. 2006. Chemical mimicry of the ant *Oecophylla smaragdina* by the myrmecophilous spider *Cosmophasis bitaeniata*: Is it colony-specific? Journal of Ethology, 24: 239–246.

Elgar, MA, Nash, DR, Pierce, NE. 2016. Eavesdropping on cooperative communication within an ant-butterfly mutualism. The Science of Nature, 103: 1–8.

Elizalde, L, Folgarait, PJ, Muscedere, M. 2012. Behavioral strategies of phorid parasitoids and responses of their hosts, the leaf-cutting ants. Journal of Insect Science, 12: 135.

Ellison, AM, Gotelli, NJ. 2021. Ants (Hymenoptera: Formicidae) and humans: from inspiration and metaphor to 21st-century symbiont. Myrmecological News, 31: 225–240.

Elmes, G, Akino, T, Thomas, J, Clarke, R, Knapp, J. 2002. Interspecific differences in cuticular hydrocarbon profiles of *Myrmica* ants are sufficiently consistent to explain host specificity by *Maculinea* (large blue) butterflies. Oecologia, 130: 525–535.

Elmes, G, Barr, B, Thomas, J, Clarke, R. 1999. Extreme host specificity by *Microdon mutabilis* (Diptera: Syrphiae), a social parasite of ants. Proceedings of the Royal Society of London. Series B: Biological Sciences, 266: 447–453.

Elmes, G, Wardlaw, J, Schönrogge, K, Thomas, J, Clarke, R. 2004. Food stress causes differential survival of socially parasitic caterpillars of *Maculinea rebeli* integrated in colonies of host and non-host *Myrmica* ant species. Entomologia Experimentalis et Applicata, 110: 53–63.

Elmes, GW, Wardlaw, JC, Schönrogge, K, Thomas, JA. 2019. Evidence of a fixed polymorphism of one-year and two-year larval growth in the myrmecophilous butterfly *Maculinea rebeli*. Insect Conservation and Diversity, 12: 501–510.

Elton, CS. 1927. Animal ecology. London: Sidgwick & Jackson.

Elzinga, RJ. 1978. Holdfast mechanisms in certain uropodine mites (Acarina: Uropodina). Annals of the Entomological Society of America, 71: 896–900.

Elzinga, RJ. 1993. Larvamimidae, a new family of mites (Acari, Dermanyssoidea) associated with army ants. Acarologia, 34: 95–103.

Elzinga, RJ, Rettenmeyer, CW. 1974. Seven new species of *Circocylliba* (Acarina: Uropodina) found on army ants. Siete nuevas especies de *Circocylliba* (Acarina: Uropodina) encontrados en hormigas ronchadoras. Acarologia, 16: 595–611.

Erber, D. 1968. Bau, Funktion und Bildung der Kotpresse mitteleuropäischer Clytrinen und Cryptocephalinen (Coleoptera, Chrysomelidae). Zeitschrift für Morphologie der Tiere, 62: 245–306.

Erber, D. 1969. Beitrag zur Entwicklungsbiologie mitteleuropäischer Clytrinen und Cryptocephalinen (Coleoptera, Chrysomelidae). Zoologische Jahrbücher, 96: 453–477.

Erber, D. 1988. Biology of the Camptosomata: Clytrinae, Cryptocephalinae, Chlamisinae, and Lamprosomatinae. In Biology of Chrysomelidae, ed. P Jolivet, E Petitpierre, T Hsiao, 513–552. Norwell, MA: Kluwer.

Erthal, M, Tonhasca, A. 2001. *Attacobius attarum spiders* (Corinnidae): Myrmecophilous predators of immature forms of the leaf-cutting ant *Atta sexdens* (Formicidae). Biotropica, 33: 374–376.

Escherich, K. 1898a. Zur Anatomie und Biologie von *Paussus turcicus* Friv., zugleich ein. Beitrag zur Kenntnis der Myrmekophilie. Zoologische Jahrbücher Abteilung für Systematik, Geographie und Biologie der Tiere, 12: 27–70.

Escherich, K. 1898b. Zur Biologie von *Thorictus foreli* Wasmann. Zoologischer Anzeiger, 21: 483–492.

Escherich, K. 1899a. Über myrmekophile Arthropoden, mit besonderer Berücksichtigung der Biologie. Zoologisches Zentralblatt, 6: 1–8.

Escherich, K. 1899b. Zur Naturgeschichte von *Paussus favieri* Fairm. Verhandlungen der Zoologisch-Botanischen Gesellschaft in Wien. Vienna, 49: 278–283.

Escherich, K. 1906. Die Ameise. Schilderung ihrer Lebensweise. Braunschweig: Fr. Vieweg & Sohn.

Escherich, K. 1907. Neue Beobachtungen über *Paussus* in Erythrea. Zeitschrift für wissenschaftliche Insektenbiologie, 3: 1–8.

Espeland, M, Breinholt, J, Willmott, KR, Warren, AD, Vila, R, Toussaint, EF, Maunsell, SC, Aduse-Poku, K, Talavera, G, Eastwood, R. 2018. A comprehensive and dated phylogenomic analysis of butterflies. Current Biology, 28: 770–778 (e775).

Espeland, M, Hall, JP, DeVries, PJ, Lees, DC, Cornwall, M, Hsu, Y-F, Wu, L-W, Campbell, DL, Talavera, G, Vila, R. 2015. Ancient Neotropical origin and recent recolonisation: Phylogeny, biogeography and diversification of the Riodinidae (Lepidoptera: Papilionoidea). Molecular Phylogenetics and Evolution, 93: 296–306.

Evans, HC. 1982. Entomogenous fungi in tropical forest ecosystems: An appraisal. Ecological Entomology, 7: 47–60.

Evans, HC, Araújo, JPM, Halfeld, VR, Hughes, DP. 2018. Epitypification and re-description of the zombie-ant fungus, *Ophiocordyceps unilateralis* (Ophiocordycipitaceae). Fungal Systematics and Evolution, 1: 13–22.

Evans, HC, Elliot, SL, Hughes, DP. 2011. Hidden diversity behind the zombie-ant fungus *Ophiocordyceps unilateralis*: Four new species described from carpenter ants in Minas Gerais, Brazil. PLOS One, 6: e17024.

Evans, HC, Samson, RA. 1984. Cordyceps species and their anamorphs pathogenic on ants (Formicidae) in tropical forest ecosystems, II: The *Camponotus* (Formicinae) complex. Transactions of the British Mycological Society, 82: 127–150.

Evans, MEG, Forsythe, TG. 1985. Feeding mechanisms, and their variation in form, of some adult ground-beetles (Coleoptera: Caraboidea). Journal of Zoology, 206: 113–143.

Farquharson, C. 1918. Harpagomyia and other Diptera fed by *Crematogaster* ants in S. Nigeria. Proceedings of the Entomological Society of London, 5: 66.

Farrow, R, Dear, J. 1978. The discovery of the genus *Bengalia robineau-desvoidy* (Diptera: callipho-ridae) in Australia. Australian Journal of Entomology, 17: 234.

Feener, DH Jr. 1981. Competition between ant species: Outcome controlled by parasitic flies. Science, 214: 815–817.

Feener, DH Jr. 1987. Size-selective oviposition in *Pseudacteon crawfordi* (Diptera: Phoridae), a parasite of fire ants. Annals of the Entomological Society of America, 80: 148–151.

Feener, DH Jr. 2000. Is the assembly of ant communities mediated by parasitoids? Oikos, 90: 79–88.

Feener, DH Jr, Brown, BV. 1992. Reduced foraging of *Solenopsis geminata* (Hymenoptera: Formicidae) in the presence of parasitic *Pseudacteon* spp. (Diptera: Phoridae). Annals of the Entomological Society of America, 85: 80–84.

Feener, DH Jr, Brown, BV. 1993. Oviposition behavior of an ant-parasitizing fly, *Neodohrniphora curvinervis* (Diptera: Phoridae), and defense behavior by its leaf-cutting ant host Atta cephalotes (Hymenoptera: Formicidae). Journal of Insect Behavior, 6: 675–688.

Feener, DH Jr, Brown, BV. 1997. Diptera as parasitoids. Annual Review of Entomology, 42: 73–97.

Feener, DH Jr, Moss, KAG. 1990. Defense against parasites by hitchhikers in leaf-cutting ants: A quantitative assessment. Behavioral Ecology and Sociobiology, 26: 17–29.

Feldhaar, H, Straka, J, Krischke, M, Berthold, K, Stoll, S, Mueller, MJ, Gross, R. 2007. Nutritional upgrading for omnivorous carpenter ants by the endosymbiont Blochmannia. BMC Biology, 5: 1–11.

Ferguson, ST, Park, KY, Ruf, AA, Bakis, I, Zwiebel, LJ. 2020. Odor coding of nestmate recognition in the eusocial ant *Camponotus floridanus*. Journal of Experimental Biology, 223: 10.

Fernández-Marín, H, Zimmerman, JK, Wcislo, WT. 2006. *Acanthopria* and *Mimopriella* parasitoid wasps (Diapriidae) attack *Cyphomyrmex* fungus-growing ants (Formicidae, Attini). Naturwissenschaften, 93: 17–21.

Fiedler, K. 1990. New information on the biology of *Maculinea nausithous* and *M. teleius* (Lepidoptera: Lycaenidae). Nota Lepidopterologica, 12: 246–256.

Fiedler, K. 1991a. Systematic, evolutionary, and ecological implications of myrmecophily within the Lycaenidae (Insecta: Lepidoptera: Papilionoidea). Bonner Zoologische Monographien, 31: 1–210.

Fiedler, K. 1991b. European and North West African Lycaenidae (Lepidoptera) and their associations with ants. Journal of Research on the Lepidoptera, 28: 239–257.

Fiedler, K. 1998. Lycaenid-ant interactions of the *Maculinea* type: Tracing their historical roots in a comparative framework. Journal of Insect Conservation, 2: 3–14.

Fiedler, K. 2006. Ant-associates of Palaearctic lycaenid butterfly larvae (Hymenoptera: Formicidae; Lepidoptera: Lycaenidae): A review. Myrmecologische Nachrichten, 9: 77–87.

Fiedler, K. 2012. The host genera of ant-parasitic Lycaenidae butterflies: A review. Psyche, 2012: 153975.

Fiedler, K. 2021. The ant associates of Lycaenidae butterfly caterpillars – revisited. Nota Lepidopterologica, 44: 159–174.

Fiedler, K, Hölldobler, B. 1992. Ants and *Polyommatus icarus* immatures (Lycaenidae): Sex-related developmental benefits and costs of ant attendance. Oecologia, 91: 468–473.

Fiedler, K, Hölldobler, B, Seufert, P. 1996. Butterflies and ants: The communicative domain. Experientia, 52: 14–24.

Fiedler, K, Maschwitz, U. 1987. Functional analysis of the myrmecophious relationships between ants (Hymenoptera: Formicidae) and lycaenids (Lepidoptera: Lycaenidae), III: New aspects of the function of the retractile tentacular organs of lycaenid larvae. Zoologische Beiträge (Neue Folge), 31: 409–416.

Fiedler, K, Maschwitz, U. 1988. Functional analysis of the myrmecophilous relationships between ants (Hymenoptera: Formicidae) and lycaenids (Lepidoptera: Lycaenidae), II: Lycaenid larvae as trophobiotic partners of ants – a quantitative approach. Oecologia, 75: 204–206.

Fiedler, K, Maschwitz, U. 1989a. Functional analysis of the myrmecophilous relationships between ants (Hymenoptera: Formicidae) and Lycaenids (Lepidoptera: Lycaenidae), I: Release of food recruitment in ants by lycaenid larvae and pupae. Ethology, 80: 71–80.

Fiedler, K, Maschwitz, U. 1989b. The symbiosis between the weaver ant, *Oecophylla smaragdina*, and *Anthene emolus*, an obligate myrmecophilous lycaenid butterfly. Journal of Natural History, 23: 833–846.

Fiedler, K, Seufert, P, Pierce, NE, Pearson, JG, Baumgarten, H-T. 1992. Exploitation of lycaenid-ant mutualisms by braconid parasitoids. Journal of Research on the Lepidoptera, 31: 153–168.

Fielde, AM. 1903. Artificial mixed nests of ants. Biological Bulletin, 5: 320–325.

Fielde, AM. 1904. Power of recognition among ants. Biological Bulletin, 7: 227–250.

Fischer, G, Friedman, NR, Huang, J-P, Narula, N, Knowles, LL, Fisher, BL, Mikheyev, AS, Economo, EP. 2020. Socially parasitic ants evolve a mosaic of host-matching and parasitic morphological traits. Current Biology, 30: 3639–3646 (e3634).

Fittkau, EJ, Klinge, H. 1973. On biomass and trophic structure of the central Amazonian rain forest ecosystem. Biotropica, 5: 2–14.

Folgarait, PJ. 2013. Leaf-cutter ant parasitoids: Current knowledge. Psyche, 2013: 539780.

Forel, A. 1874. Les fourmis de la Suisse: Systématique, notices anatomiques et physiologiques, architecture, distribution géographique, nouvelles expériences et observations de moeurs. Neue Denkschriften der Allgemeinen Schweizerischen Gesellschaft für die gesammten Naturwissenschaften, 26: 1–452.

Forel, A. 1894. Les formicides de la province d'Oran (Algerie). Bulletin de la Societe Vaudoise des Sciences naturelles, 30: 1–45.

Forti, LC, Camargo, RS, Verza, SS, Andrade, APP, Fujihara, RT, Lopes, JF. 2007. *Microdon tigrinus* Curran, 1940 (Diptera, Syrphidae): Populational fluctuation and specificity to the nest of *Acromyrmex coronatus* (Hymenoptera: Formicidae). Sociobiology, 50: 909–919.

Forti, LC, Protti de Andrade, AP, Camargo, RdS, Caldato, N, Moreira, AA. 2017. Discovering the giant nest architecture of grass-cutting ants, *Atta capiguara* (Hymenoptera, Formicidae). Insects, 8: 39.

Fowler, HG. 1992. Patterns of colonization and incipient nest survival in *Acromyrmex niger* and *Acromyrmex balzani* (Hymenoptera: Formicidae). Insectes Sociaux, 39: 347–350.

Fowler, HG. 1997. Morphological prediction of worker size discrimination and relative abundance of sympartic species of *Pseudacteon* (Dipt., Phoridae) parasitoids of the fire ant, *Solenopsis saevissima* (Hym., Formicidae) in Brazil. Journal of Applied Entomology, 121: 37–40.

Franks, NR. 1982. Ecology and population regulation in the army ant *Eciton burchellii*. In The ecology of a tropical forest: Seasonal rhythms and long-term changes, ed. EG Leigh Jr., AS Rand, DM Windsor, 389–395. Washington, DC: Smithsonian Institution Press.

Franks, NR, Healey, KJ, Byrom, L. 1991. Studies on the relationship between the ant ectoparasite *Antennophorus grandis* (Acarina: Antennophoridae) and its host *Lasius flavus* (Hymenoptera: Formicidae). Journal of Zoology, 225: 59–70.

Franzl, S, Locke, M, Huie, P. 1984. Lenticles: Innervated secretory structures that are expressed at every other larval moult. Tissue and Cell, 16: 251–268.

Freitag, R, Lee, S. 1972. Sound producing structures in adult *Cicindela tranquebarica* (Coleoptera: Cicindelidae) including a list of tiger beetles and ground beetles with flight wing files. Canadian Entomologist, 104: 851–857.

Fric, Z, Wahlberg, N, Pech, P, Zrzavý, J. 2007. Phylogeny and classification of the *Phengaris-Maculinea* clade (Lepidoptera: Lycaenidae): Total evidence and phylogenetic species concepts. Systematic Entomology, 32: 558–567.

Fuchs, S. 1976a. The response to vibrations of the substrate and reactions to the specific drumming in colonies of carpenter ants (*Camponotus*, Formicidae, Hymenoptera). Behavioral Ecology and Sociobiology, 1: 155–184.

Fuchs, S. 1976b. An informational analysis of the alarm communication by drumming behavior in nests of carpenter ants (*Camponotus*, Formicidae, Hymenoptera). Behavioral Ecology and Sociobiology, 1: 315–336.

Funaro, CF, Böröczky, K, Vargo, EL, Schal, C. 2018. Identification of a queen and king recognition pheromone in the subterranean termite *Reticulitermes flavipes*. Proceedings of the National Academy of Sciences, 115: 3888–3893.

Funaro, CF, Schal, C, Vargo, EL. 2019. Queen and king recognition in the subterranean termite, *Reticulitermes flavipes*: Evidence for royal recognition pheromones. PLOS One, 14: e0209810.

Fürst, MA, Durey, M, Nash, DR. 2012. Testing the adjustable threshold model for intruder recognition on *Myrmica* ants in the context of a social parasite. Proceedings of the Royal Society B: Biological Sciences, 279: 516–522.

Gadeberg, RM, Boomsma, JJ. 1997. Genetic population structure of the large blue butterfly *Maculinea alcon* in Denmark. Journal of Insect Conservation, 1: 99–111.

Gaedike, R. 2019. Tineidae II: (Myrmecozelinae, Perissomasticinae, Tineinae, Hieroxestinae, Teichobiinae, and Stathmopolitinae). Leiden, The Netherlands: Koninklijke Brill.

Gardner, MG, Schönrogge, K, Elmes, G, Thomas, J. 2007. Increased genetic diversity as a defence against parasites is undermined by social parasites: *Microdon mutabilis* hoverflies infesting *Formica lemani* ant colonies. Proceedings of the Royal Society B: Biological Sciences, 274: 103–110.

Garnett, WB, Akre, RD, Sehlke, G. 1985. Cocoon mimicry and predation by myrmecophilous Diptera (Diptera: Syrphidae). Florida Entomologist, 68: 615–621.

Gehlbach, FR, Watkins, JF II, Kroll, JC. 1971. Pheromone trail-following studies of typhlopid, leptotyphlopid, and colubrid snakes. Behaviour, 40: 282–294.

Geiselhardt, SF, Peschke, K, Nagel, P. 2007. A review of myrmecophily in ant nest beetles (Coleoptera: Carabidae: Paussinae): Linking early observations with recent findings. Naturwissenschaften, 94: 871–894.

Gentry, JB, Stiritz, KL. 1972. The role of the Florida harvester ant, *Pogonomyrmex badius*, in old field mineral nutrient relationships. Environmental Entomology, 1: 39–41.

Gil, R, Sabater-Muñoz, B, Latorre, A, Silva, FJ, Moya, A. 2002. Extreme genome reduction in *Buchnera* spp.: Toward the minimal genome needed for symbiotic life. Proceedings of the National Academy of Sciences, 99: 4454–4458.

Gil, R, Silva, FJ, Zientz, E, Delmotte, F, González-Candelas, F, Latorre, A, Rausell, C, Kamerbeek, J, Gadau, J, Hölldobler, B, van Ham, RCHJ, Gross, R, Moya, A. 2003. The genome sequence of *Blochmannia floridanus*: Comparative analysis of reduced genomes. Proceedings of the National Academy of Sciences, 100: 9388–9393.

Gilbert, LE. 1976. Adult resources in butterflies: African lycaenid *Megalopalpus* feeds on larval nectary. Biotropica, 8: 282–283.

Gilbert, LE, Morrison, LW. 1997. Patterns of host specificity in *Pseudacteon* parasitoid flies (Diptera: Phoridae) that attack *Solenopsis* fire ants (Hymenoptera: Formicidae). Environmental Entomology, 26: 1149–1154.

Girault, A. 1913. Some chalcidoid Hymenoptera from Northern Queensland. Archiv für Naturgeschichte, 79: 70–90.

Glasier, JRN, Poore, AGB, Eldridge, DJ. 2018. Do mutualistic associations have broader host ranges than neutral or antagonistic associations? A test using myrmecophiles as model organisms. Insectes Sociaux, 65: 639–648.

Godfray, HCJ. 1994. Parasitoids: Behavioral and evolutionary ecology. Princeton, NJ: Princeton University Press.

Godfray, HCJ. 2007. Parasitoids. In Encyclopedia of biodiversity, ed. SA Levin. Cambridge, MA: Academic Press.

Goodwin, D. 1955. Anting. Avicultural, 61: 21–25.

Gösswald, K. 1950. Pflege des Ameisenparasiten *Tamiclea globula* Meig. (Dipt.) durch den Wirt mit Bemerkungen über den Stoffwechsel in der parasitierten Ameise. Verhandlungen der Deutschen Zoolologischen Gesellschaft 1949: 256–264.

Gösswald, K. 1985. Organisation und Leben der Ameisen. Stuttgart: Wissenschaftliche Verlagsgesellschaft.

Gösswald, K. 1990. Die Waldameise: Biologie, Ökologie und forstliche Nutzung, Band 2, Die Waldameise im Ökosystem Wald, ihr Nutzen und ihre Hege. Wiesbaden, Germany: AULA-Verlag.

Gotwald, WH Jr. 1995. Army ants: The biology of social predation. Ithaca, NY: Cornell University Press/Comstock Press.

Greene, MJ, Gordon, DM. 2003. Cuticular hydrocarbons inform task decisions. Nature, 423: 32.

Greene, MJ, Gordon, DM. 2007. Structural complexity of chemical recognition cues affects the perception of group membership in the ants *Linephithema humile* and *Aphaenogaster cockerelli*. Journal of Experimental Biology, 210: 897–905.

Greeney, H. 2012. Antpittas and worm-feeders: A match made by evolution? Evidence for a possible commensal foraging relationship between antpittas (Grallariidae) and mammals. Neotropical Biology and Conservation, 7: 140–143.

Griffiths, HM, Hughes, WO. 2010. Hitchhiking and the removal of microbial contaminants by the leaf-cutting ant *Atta colombica*. Ecological Entomology, 35: 529–537.

Grinath, JB, Inouye, BD, Underwood, N. 2015. Bears benefit plants via a cascade with both antagonistic and mutualistic interactions. Ecology Letters, 18: 164–173.

Groark, KP. 1996. Ritual and therapeutic use of "hallucinogenic" harvester ants (*Pogonomyrmex*) in native south-central California. Journal of Ethnobiology, 16: 1–30.

Groskin, H. 1943. Scarlet tanagers' anting. The Auk, 60: 55–59.

Guerrieri, FJ, Nehring, V, Jørgensen, CG, Nielsen, J, Galizia, CG, d'Ettorre, P. 2009. Ants recognize foes and not friends. Proceedings of the Royal Society B: Biological Sciences, 276: 2461–2468.

Guillem, RM, Drijfhout, F, Martin, SJ. 2014. Chemical deception among ant social parasites. Current Zoology, 60: 62–75.

Guillem, RM, Drijfhout, FP, Martin, SJ. 2016. Species-specific cuticular hydrocarbon stability within European *Myrmica* ants. Journal of Chemical Ecology, 42: 1052–1062.

Haddad, FS. 2010. Suturing methods and materials with special emphasis on the jaws of giant ants (an old-new surgical instrument). Lebanese Medical Journal, 58: 53–56.

Hager, FA, Krausa, K. 2019. Acacia ants respond to plant-borne vibrations caused by mammalian browsers. Current Biology, 29: 717–725.

Haines, IH, Haines, JB. 1978. Colony structure, seasonality and food requirements of the crazy ant, *Anoplolepis longipes* (Jerd.), in the Seychelles. Ecological Entomology, 3: 109–118.

Hale, A, Bougie, T, Henderson, E, Sankovitz, M, West, M, Purcell, J. 2018. Notes on hunting behavior of the spider *Euryopis californica* Banks, 1904 (Araneae: Theridiidae), a novel predator of *Veromessor pergandei* (Mayr, 1886) harvester ants (Hymenoptera: Formicidae). Pan-Pacific Entomologist, 94: 141–145.

Haller, G. 1877. *Antennophorus uhlmanni*, ein neuer Gamaside. Archiv für Naturgeschichte, 46: 57–62.

Hamilton, W. 1987. Kinship, recognition, disease, and intelligence: Constraints of social evolution. In Animal societies: Theory and facts, ed. Y Ito, JL Brown, J Kikkawa, 81–102. Tokyo: Japanese Scientific.

Hashimoto, Y, Endo, T, Yamasaki, T, Hyodo, F, Itioka, T. 2020. Constraints on the jumping and prey-capture abilities of ant-mimicking spiders (Salticidae, Salticinae, Myrmarachne). Scientific Reports, 10: 18279.

Hauser, DC. 1964. Anting by gray squirrels. Journal of Mammalogy, 45: 136–138.

Hebard, M. 1920. A revision of the North American species of the genus *Myrmecophila* (Orthoptera; Gryllidae; Myrmecophilinae). Transactions of the American Entomological Society (1890), 46: 91–111.

Hefetz, A. 2007. The evolution of hydrocarbon pheromone parsimony in ants (Hymenoptera: Formicidae) – interplay of colony odor uniformity and odor idiosyncrasy. Myrmecological News, 10: 59–68.

Henderson, G, Akre, RD. 1986a. Biology of the myrmecophilous cricket, *Myrmecophila manni* (Orthoptera: Gryllidae). Journal of the Kansas Entomological Society, 59: 454–467.

Henderson, G, Akre, RD. 1986b. Morphology of *Myrmecophila manni*, a myrmecophilous cricket (Orthoptera: Gryllidae). Journal of the Entomological Society of British Columbia, 83: 57–62.

Henderson, G, Akre, RD. 1986c. Dominance hierarchies in *Myrmecophila manni*, Orthoptera: Gryllidae. Pan-Pacific Entomologist, 62: 24–28.

Hendricks, P, Norment, G. 2015. Anting behavior by the northwestern crow (*Corvus caurinus*) and American crow (*Corvus brachyrhynchos*). Northwestern Naturalist, 96: 143–146.

Henning, SF. 1983a. Biological groups within the Lycaenidae (Lepidoptera). Journal of the Entomological Society of Southern Africa, 46: 65–85.

Henning, SF. 1983b. Chemical communication between lycaenid larvae (Lepidoptera: Lycaenidae) and ants (Hymenoptera: Formicidae). Journal of the Entomological Society of Southern Africa, 46: 341–366.

Henning, SF. 1984a. Life history and behaviour of the rare myrmecophilous lycaenid *Erikssonia acraeina* Trimen (Lepidoptera: Lycaenidae). Journal of the Entomological Society of Southern Africa, 47: 337–342.

Henning, SF. 1984b. The effect of ant association on lycaenid larval duration (Lepidoptera: Lycaenidae). Entomologist's Record and Journal of Variation, 96: 99–102.

Heraty, JM. 1994. Biology and importance of two eucharitid parasites of *Wasmannia* and *Solenopsis*. In Exotic ants: Biology, impact and control of introduced species, ed. DF Williams, 104–120. Oxford: Westview Press.

Heraty, JM. 2000. Phylogenetic relationships of Oraseminae (Hymenoptera: Eucharitidae). Annals of the Entomological Society of America, 93: 374–390.

Heraty, JM. 2002. Revision of the genera of Eucharitidae (Hymenoptera: Chalcidoidea) of the world. Memoirs of the American Entomological Institute, 68: 1–367.

Heraty, JM, Barber, KN. 1990. Biology of *Obeza floridana* (Ashmead) and *Pseudochalcura gibbosa* (Provancher) (Hymenoptera: Eucharitidae). Proceedings of the Entomological Society of Washington, 92: 248–258.

Heraty, JM, Hawks, D, Kostecki, JS, Carmichael, A. 2004. Phylogeny and behaviour of the Gollumiellinae, a new subfamily of the ant-parasitic Eucharitidae (Hymenoptera: Chalcidoidea). Systematic Entomology, 29: 544–559.

Heraty, JM, Murray, E. 2013. The life history of *Pseudometagea schwarzii*, with a discussion of the evolution of endoparasitism and koinobiosis in Eucharitidae and Perilampidae (Chalcidoidea). Journal of Hymenoptera Research, 35: 1–35.

Heraty, JM, Wojcik, D, Jouvenaz, D. 1993. Species of *Orasema* parasitic on the *Solenopsis saevissima*-complex in South America (Hymenoptera: Eucharitidae, Formicidae). Journal of Hymenoptera Research, 2: 169–182.

Herreid, JS, Heraty, JM. 2017. Hitchhikers at the dinner table: A revisionary study of a group of ant parasitoids (Hymenoptera: Eucharitidae) specializing in the use of extrafloral nectaries for host access. Systematic Entomology, 42: 204–229.

Hickling, R, Brown, RL. 2000. Analysis of acoustic communication by ants. Journal of the Acoustical Society ofAmerica, 108: 1920–1929.

Higuchi, H. 1976. Comparative study on the breeding of mainland and island subspecies of the varied tit, *Parus varius*. Japanese Journal of Ornithology, 25: 11–20.

Hill, C. 1993. The myrmecophilous organs of *Arhopala madytusfruhstorfer* (Lepidoptera: Lycaenidae). Australian Journal of Entomology, 32: 283–288.

Hill, JG. 2009a. First report of the Eastern ant cricket, *Myrmecophilus pergandei* Bruner (Orthoptera: Mymecophilidae), collected from an imported fire ant colony, *Solenopsis invicta X richteri* (Hymenoptera: Formicidae). Journal of Orthoptera Research, 18: 57–58.

Hill, PS. 2009b. How do animals use substrate-borne vibrations as an information source? Naturwissenschaften, 96: 1355–1371.

Hill, WB, Akre, R, Huber, J. 1976. Structure of some epidermal glands in the myrmecophilous beetle *Adranes taylori* (Coleoptera: Pselaphidae). Journal of the Kansas Entomological Society, 49: 367–384.

Hinton, H. 1951. Myrmecophilous Lycaenidae and other Lepidoptera: A summary. Proceedings of the London Entomological Natural History Society, 1949–50: 111–175.

Hiramatsu, M. 2003. A role for guanidino compounds in the brain. Molecular and Cellular Biochemistry, 244: 57–62.

Hlaváč, P. 2005. Revision of the myrmecophilous genus *Lomechusa* (Coleoptera: Staphylinidae: Aleocharinae). Sociobiology, 46: 203–250.

Hlaváč, P, Jászay, T. 2009. A revision of the genus *Zyras (Zyras)* Stephens, 1835 (Coleoptera, Staphylinidae, Aleocharinae), I: Current classification status and the redefinition of the genus. ZooKeys, 29: 49–71.

Hlaváč, P, Newton, AF, Maruyama, M. 2011. World catalogue of the species of the tribe *Lomechusini* (Staphylinidae: Aleocharinae). Zootaxa, 3075: 1–151.

Hobbs, HH III, Lawyer, R. 2003. A preliminary population study of the cave cricket, *Hadenoecus cumberlandicus* Hubbell and Norton, from a cave in Carter County, Kentucky. Journal of Cave and Karst Studies, 65: 174.

Hochkirch, A, Gröning, J. 2008. Sexual size dimorphism in Orthoptera (sens. str.): A review. Journal of Orthoptera Research, 17: 189–196.

Hohorst, W, Graefe, G. 1961. Ameisen – obligatorische Zwischenwirte des Lanzettegels (*Dicrocoelium dendriticum*). Naturwissenschaften, 48: 229–230.

Hojo, MK, Pierce, NE, Tsuji, K. 2015. Lycaenid caterpillar secretions manipulate attendant ant behavior. Current Biology, 25: 2260–2264.

Hojo, MK, Wada-Katsumata, A, Ozaki, M, Yamaguchi, S, Yamaoka, R. 2008. Gustatory synergism in ants mediates a species-specific symbiosis with lycaenid butterflies. Journal of Comparative Physiology A, 194: 1043–1052.

Hölldobler, B. 1966. Futterverteilung durch Männchen im Ameisenstaat. Zeitschrift für vergleichende Physiologie, 52: 430–455.

Hölldobler, B. 1967. Zur Physiologie der Gast-Wirt-Beziehung (Myrmecophilie) bei Ameisen, I: Das Gastverhältnis der *Atemeles*- und *Lomechusa*-Larven (Col. Staphylinidae) zu *Formica* (Hym. Formicidae). Zeitschrift für vergleichende Physiologie, 56: 1–21.

Hölldobler, B. 1968. Der Glanzkäfer als "Wegelagerer" an Ameisenstraßen. Naturwissenschaften, 55: 397.

Hölldobler, B. 1970a. *Steatoda fulva* (Theridiidae), a spider that feeds on harvester ants. Psyche, 77: 202–208.

Hölldobler, B. 1970b. Zur Physiologie der Gast-Wirt-Beziehungen (Myrmecophilie) bei Ameisen, II: Das Gastverhältnis des imaginalen *Atemeles pubicollis* Bris. (Col. Staphylinidae) zu *Myrmica* und *Formica* (Hym. Formicidae). Zeitschrift für vergleichende Physiologie, 66: 215–250.

Hölldobler, B. 1971. Communication between ants and their guests. Scientific American, 224: 86–93.

Hölldobler, B. 1976. Recruitment behavior, home range orientation and territoriality in harvester ants, *Pogonomyrmex*. Behavioral Ecology and Sociobiology, 1: 3–44.

Hölldobler, B. 1977. Communication in social Hymenoptera. In How animals communicate, ed. TA Sebeok, 418–471. Bloomington: Indiana University Press.

Hölldobler, B. 1984. The wonderfully diverse ways of the ant. National Geographic, 165: 779–881.

Hölldobler, B, Carlin, NF. 1987. Anonymity and specificity in the chemical communication signals of social insects. Journal of Comparative Physiology A, 161: 567–581.

Hölldobler, B, Inwood, M, Oldham, N, Liebig, J. 2001. Recruitment pheromone in the harvester ant genus *Pogonomyrmex*. Journal of Insect Physiology, 47: 369–374.

Hölldobler, B, Kwapich, CL. 2017. *Amphotis marginata* (Coleoptera: Nitidulidae) a highwayman of the ant *Lasius fuliginosus*. PLOS One, 12: e0180847.

Hölldobler, B, Kwapich, CL. 2019. Behavior and exocrine glands in the myrmecophilous beetle *Dinarda dentata* (Gravenhorst, 1806) (Coleoptera: Staphylinidae: Aleocharinae). PLOS One, 14: e0210524.

Hölldobler, B, Kwapich, CL, Haight, KL. 2018. Behavior and exocrine glands in the myrmecophilous beetle *Lomechusoides strumosus* (Fabricius, 1775) (formerly called *Lomechusa strumosa*) (Coleoptera: Staphylinidae: Aleocharinae). PLOS One, 13: e0200309.

Hölldobler, B, Lumsden, CJ. 1980. Territorial strategies in ants. Science, 210: 732–739.

Hölldobler, B, Möglich, M, Maschwitz, U. 1981. Myrmecophilic relationship of *Pella* (Coleoptera: Staphylinidae) to *Lasius fuliginosus* (Hymenoptera: Formicidae). Psyche, 88: 347–374.

Hölldobler, B, Wilson, EO. 1970. Recruitment trails in the harvester ant *Pogonomyrmex badius*. Psyche, 77: 385–399.

Hölldobler, B, Wilson, EO. 1977. The number of queens: An important trait in ant evolution. Naturwissenschaften, 64: 8–15.

Hölldobler, B, Wilson, EO. 1990. The ants. Cambridge, MA: Belknap Press of Harvard University Press.

Hölldobler, B, Wilson, EO. 2009. The superorganism: The beauty, elegance, and strangeness of insect societies. New York: W. W. Norton & Company.

Hölldobler, B, Wilson, EO. 2011. The leafcutter ants: Civilization by instinct. New York: W. W. Norton & Company.

Hölldobler, B, Wilson, EO. 2013. Auf den Spuren der Ameisen. Berlin: Springer-Spektrum Verlag.

Hölldobler, K. 1928. Zur Biologie der diebischen Zwergameise (*Solenopsis fugax*) und ihrer Gäste. Biologisches Zentralblatt, 48: 129–142.

Hölldobler, K. 1929. Über die Entwicklung der Schwirrfliege *Xanthogramma citrofasciatum* im Neste von *Lasius alienus* und *niger*. Zoologischer Anzeiger (Wasmann-Festband), 82: 171–176.

Hölldobler, K. 1941. Über das Gastverhältnis von *Atemeles* (Col. Staph.) zu *Myrmica* (Hym. Form.) Mitteilungen der Münchner Entomologischen Gesellschaft, 31: 1054–1059.

Hölldobler, K. 1947. Studien über die Ameisengrille (*Myrmecophila acervorum* Panzer) im mittleren Maingebiet. Mitteilungen der Schweizerischen Entomologischen Gesellschaft, 20: 607–648.

Hölldobler, K. 1948. Über ein parasitologisches Problem: Die Gastpflege der Ameisen und die Symphilieinstinkte. Zeitschrift für Parasitenkunde, 14: 3–26.

Hölldobler, K. 1951. Über eine Milbenschädigung der Roßameise (*Camponotus herculeanus*), die durch eine Fehlreaktion des Wirtes wirksam wird. Zeitschrift für Angewandte Entomologie, 33: 104–107.

Hölldobler, K. 1953. Gibt es in Deutschland Ameisengäste, die echte Täuscher sind? Die Naturwissenschaften, 40: 34–35.

Holmes, A. 2019. First observation of *Myrmarachne* species feeding on ants (Araneae: Salticidae: Myrmarachnini). Peckhamia, 178: 1–4.

Hopping, KA, Chignell, SM, Lambin, EF. 2018. The demise of caterpillar fungus in the Himalayan region due to climate change and overharvesting. Proceedings of the National Academy of Sciences, 115: 11489–11494.

Hoskins, A. 2015. Butterflies of the world. Cape Town, SA: New Holland Publishers.

Hovestadt, T, Thomas, JA, Mitesser, O, Elmes, GW, Schönrogge, K. 2012. Unexpected benefit of a social parasite for a key fitness component of its ant host. American Naturalist, 179: 110–123.

Howard, DF, Tschinkel, WR. 1976. Aspects of necrophoric behavior in the red imported fire ant, *Solenopsis invicta*. Behaviour, 56: 157–178.

Howard, RW, Akre, RD, Garnett, WB. 1990. Chemical mimicry in an obligate predator of carpenter ants (Hymenoptera: Formicidae). Annals of the Entomological Society of America, 83: 607–616.

Howard, RW, Blomquist, GJ. 2005. Ecological, behavioral, and biochemical aspects of insect hydrocarbons. Annual Review of Entomology, 50: 371–393.

Howard, RW, McDaniel, C, Blomquist, GJ. 1980. Chemical mimicry as an integrating mechanism: Cuticular hydrocarbons of a termitophile and its host. Science, 210: 431–433.

Howard, RW, Stanley-Samuelson, DW, Akre, RD. 1990. Biosynthesis and chemical mimicry of cuticular hydrocarbons from the obligate predator, *Microdon albicomatus* Novak (Diptera: Syrphidae) and its ant prey, *Myrmica incompleta* Provancher (Hymenoptera: Formicidae). Journal of the Kansas Entomological Society, 63: 437–443.

Hsieh, H-Y, Perfecto, I. 2012. Trait-mediated indirect effects of phorid flies on ants. Psyche, 2012: 380474.

Hsu, P-W, Hugel, S, Wetterer, JK, Tseng, S-P, Ooi, C-SM, Lee, C-Y, Yang, C-CS. 2020. Ant crickets (Orthoptera: Myrmecophilidae) associated with the invasive yellow crazy ant *Anoplolepis gracilipes* (Hymenoptera: Formicidae): Evidence for cryptic species and potential co-introduction with hosts. Myrmecological News, 30: 103–129.

Hu, Y, Sanders, JG, Łukasik, P, D'Amelio, CL, Millar, JS, Vann, DR, Lan, Y, Newton, JA, Schotanus, M, Kronauer, DJ. 2018. Herbivorous turtle ants obtain essential nutrients from a conserved nitrogen-recycling gut microbiome. Nature Communications, 9: 1–14.

Huang, J-N, Cheng, R-C, Li, D, Tso, I-M. 2011. Salticid predation as one potential driving force of ant mimicry in jumping spiders. Proceedings of the Royal Society B: Biological Sciences, 278: 1356–1364.

Huddleston, T. 1976. A revision of *Elasmosoma Ruthe* (Hymenoptera, Braconidae) with two new species from Mongolia. Annales Historico-Naturales Musei Nationalis Hungarici, 68: 215–225.

Hugel, S, Blard, F. 2005. Présence de Grillons du genre Myrmecophilus à l'île de la Réunion (Orthoptera, Myrmecophilinae). Bulletin de la Société entomologique de France, 110: 387–389.

Huggert, L, Masner, L. 1983. A review of myrmecophilic-symphilic diapriid wasps in the Holarctic realm, with descriptions of new taxa and a key to genera (Hymenoptera: Proctotrupoidea: Diapriidae). Contributions of the American Entomological Institute, 20: 63–89.

Hughes, DP. 2013. Pathways to understanding the extended phenotype of parasites in their hosts. Journal of Experimental Biology, 216: 142–147.

Hughes, DP, Andersen, SB, Hywel-Jones, NL, Himaman, W, Billen, J, Boomsma, JJ. 2011. Behavioral mechanisms and morphological symptoms of zombie ants dying from fungal infection. BMC Ecology, 11: 1–10.

Hughes, DP, Araújo, JP, Loreto, RG, Quevillon, L, de Bekker, C, Evans, HC. 2016. From so simple a beginning: The evolution of behavioral manipulation by fungi. Advances in Genetics, 94: 437–469.

Hughes, DP, Evans, HC, Hywel-Jones, N, Boomsma, JJ, Armitage, SA. 2009. Novel fungal disease in complex leaf-cutting ant societies. Ecological Entomology, 34: 214–220.

Hughes, DP, Pierce, NE, Boomsma, JJ. 2008. Social insect symbionts: Evolution in homeostatic fortresses. Trends in Ecology & Evolution, 23: 672–677.

Hughes, WOH, Boomsma, JJ. 2004. Genetic diversity and disease resistance in leaf-cutting ant societies. Evolution, 58: 1251–1260.

Hughes, WOH, Boomsma, J. 2006. Does genetic diversity hinder parasite evolution in social insect colonies? Journal of Evolutionary Biology, 19: 132–143.

Huhta, V. 2016. Catalogue of the *Mesostigmata* mites in Finland. Memoranda Societatis pro Fauna et Flora Fennica, 92: 129–148.

Hunt, GL Jr. 1977. Low preferred foraging temperatures and nocturnal foraging in a desert harvester ant. American Naturalist, 111: 589–591.

Hunt, J, Richard, F-J. 2013. Intracolony vibroacoustic communication in social insects. Insectes Sociaux, 60: 403–417.

Hutchinson, GE. 1959. Homage to Santa Rosalia or why are there so many kinds of animals? American Naturalist, 93: 145–159.

Huxley, J. 1966. A discussion on ritualization of behaviour in animals and man. Philosophical Transactions of the Royal Society (London) B, 251: 249–271.

Ichinose, K, Rinaldi, I, Forti, LC. 2004. Winged leaf-cutting ants on nuptial flights used as transport by *Attacobius* for dispersal. Ecological Entomology, 29.

Ikeshita, Y, Taniguchi, K, Kitagawa, Y, Maruyama, M, Ito, F. 2017. The rove beetle *Drusilla sparsa* (Coleoptera: Staphylinidae) is a myrmecophilous species associated with a myrmicine ant, *Crematogaster osakensis* (Hymenoptera: Formicidae). Entomological Science, 20: 437–442.

Ingrisch, S. 1995. Eine neue Ameisengrille aus Borneo (Ensifera: Grylloidea). Entomologische Zeitschrift, 105: 421–427.

Inui, Y, Shimizu-Kaya, U, Okubo, T, Yamsaki, E, Itioka, T. 2015. Various chemical strategies to deceive ants in three *Arhopala* species (Lepidoptera: Lycaenidae) exploiting *Macaranga* myrmecophytes. PLOS One, 10: e0120652.

Iorgu, IȘ, Iorgu, EI, Stalling, T, Puskás, G, Chobanov, D, Szövényi, G, Moscaliuc, LA, Motoc, R, Tăuşan, I, Fusu, L. 2021. Ant crickets and their secrets: *Myrmecophilus acervorum* is not always parthenogenetic (Insecta: Orthoptera: Myrmecophilidae). Zoological Journal of the Linnean Society: zlab084.

Ivens, AB, von Beeren, C, Blüthgen, N, Kronauer, DJ. 2016. Studying the complex communities of ants and their symbionts using ecological network analysis. Annual Review of Entomology, 61: 353–371.

Jackson, RR. 1986. Communal jumping spiders (Araneae: Salticidae) from Kenya: Interspecific nest complexes, cohabitation with web-building spiders, and intraspecific interactions. New Zealand Journal of Zoology, 13: 13–26.

Jackson, RR, Nelson, XJ. 2012. Specialized exploitation of ants (Hymenoptera: Formicidae) by spiders (Araneae). Myrmecological News, 17: 33–49.

Jackson, RR, Nelson, XJ, Salm, K. 2008. The natural history of *Myrmarachne melanotarsa*, a social ant-mimicking jumping spider. New Zealand Journal of Zoology, 35: 225–235.

Jackson, RR, Pollard, SD. 2007. Bugs with backpacks deter vision-guided predation by jumping spiders. Journal of Zoology, 273: 358–363.

Jackson, RR, Pollard, S, Nelson, X, Edwards, G, Barrion, A. 2001. Jumping spiders (Araneae: Salticidae) that feed on nectar. Journal of Zoology, 255: 25–29.

Jacobson, EE. 1909. Ein Moskito als Gast und diebischer Schmarotzer der *Crematogaster difformis* Smith und eine andere schmarotzende Fliege. Tjidschrift voor Entomologie, 52: 158–164.

Jacobson, EE. 1910. *Pheidologeton diversus* Jerdon und eine myrmecophile Fliegenart. Tijdschrift voor Entomologie, 53: 328–335.

Jacobson, EE. 1911. Nähere Mitteilungen über die myrmecophile Culicide *Harpagomyia splendens* de Meij. Tjidschrift voor Entomolgie, 54.

Jacobson, HR, Kistner, DH. 1991. Cladistic study, taxonomic restructuring, and revision of the myrmecophilous tribe Leptanillophilini with comments on its evolution and host relationships (Coleoptera: Staphylinidae; Hymenoptera: Formicidae). Sociobiology, 18: 1–150.

Jacobson, HR, Kistner, DH. 1992. Cladistic study, taxonomic restructuring, and revision of the myrmecophilous tribe Crematoxenini with comments on its evolution and host relationships (Coleoptera: Staphylinidae: Hymenoptera: Formicidae). Sociobiology, 20: 91–198.

Janet, C. 1897a. Études sur les fourmis les Guêpes et les Abeilles: Note 14. Rapports des animaux myrmécophiles avec les fourmis. Annals and Magazine of Natural History, 6: 620–623.

Janet, C. 1897b. Sur les rapports de l'*Antennophorus uklniunni* Haller avec le *Lasius mixius* Nyl. Comptes Rendus de l 'Académie des Science, Paris, 124: 583–585.

Janzen, DH, Carroll, CRC. 1983. *Paraponera clavata* (bala, giant tropical ant). In Costa Rican natural history, ed. DH Janzen, 752–753. Chicago, IL: University of Chicago Press.

Jared, C, Antoniazzi, MM, Silva, JRMC, Freymüller, E. 1999. Epidermal glands in Squamata: Microscopical examination of precloacal glands in *Amphisbaena alba* (Amphisbaenia, Amphisbaenidae). Journal of Morphology, 241: 197–206.

Jenkins, M. 1957. The morphology and anatomy of the pygidial glands of *Dianous coerulescens* Gyllenhal (Coleoptera: Staphylinidae). Proceedings of the Royal Entomological Society, London (A), 32: 159–167.

Jennings, D. 1972. An overwintering aggregation of spiders (Araneae) on cottonwood in New Mexico. Entomological News, 83: 61–67.

Johnson, RA. 2000. Water loss in desert ants: Caste variation and the effect of cuticle abrasion. Physiological Entomology, 25: 48–53.

Johnson, RA. 2021. Desiccation limits recruitment in the pleometrotic desert seed-harvester ant *Veromessor pergandei*. Ecology and Evolution, 11: 294–308.

Johnson, SJ, Valentine, PS. 1986. Observations on '*Liphyra brassolis*' Westwood (Lepidoptera: Lycaenidae) in north Queensland. Australian Entomologist, 13: 22–26.

Jordan, KHC. 1913. Zur Morphologie und Biologie der myrmecophilen Gattungen *Lomechusa* und *Atemeles* und einiger verwandter Formen. Zeitschrift für Wissenschaftliche Zoologie, 107: 346–386.

Jorgenson, C, Black, H, Hermann, H. 1984. Territorial disputes between colonies of the giant tropical ant *Paraponera clavata* (Hymenoptera: Formicidae: Ponerinae). Journal of the Georgia Entomological Society, 19: 156–158.

Jouvenaz, DP, Lofgren, CS, Banks, WA. 1981. Biological control of imported fire ants: A review of current knowledge. Bulletin of the Entomological Society of America, 27: 203–209.

Jouvenaz, DP, Wojcik, DP, Naves, MA, Lofgren, CS. 1988. Observações sobre um nematóide parasito (Tetradonematidae) da formiga lava-pé, *Solenopsis* (Formicidae), em Mato Grosso. Pesquisa Agropecuária Brasileira, 23: 525–528.

Junker, EA. 1997. Untersuchungen zur Lebensweise und Entwicklung von *Myrmecophilus acervorum* (Panzer, 1799) (Saltatoria, Myrmecophilidae). Articulata, 12: 93–106.

Jutsum, A, Quinlan, R. 1978. Flight and substrate utilisation in laboratory-reared males of *Atta sexdens*. Journal of Insect Physiology, 24: 821–825.

Kaib, M, Eisermann, B, Schoeters, E, Billen, J, Franke, S, Francke, W. 2000. Task-related variation of postpharyngeal and cuticular hydrocarbon compositions in the ant *Myrmicaria eumenoides*. Journal of Comparative Physiology A, 186: 939–948.

Kaiser, H. 1986. Über Wechselbeziehungen zwischen Nematoden (Mermithidae) und Ameisen. Zoologischer Anzeiger, 217: 156–177.

Kaiser, H. 1991. Terrestrial and semiterrestrial Mermithidae. In Manual of agricultural nematology, ed. WR Nickle, 899–965. Boca Raton, FL: CRC Press.

Kaliszewska, ZA, Lohman, DJ, Sommer, K, Adelson, G, Rand, DB, Mathew, J, Talavera, G, Pierce, NE. 2015. When caterpillars attack: Biogeography and life history evolution of the Miletinae (Lepidoptera: Lycaenidae). Evolution, 69: 571–588.

Kaminski, LA, Volkmann, L, Callaghan, CJ, DeVries, PJ, Vila, R. 2020. The first known riodinid "cuckoo" butterfly reveals deep-time convergence and parallelism in ant social parasites. Zoological Journal of the Linnean Society, 193: 860–879.

Karawajew, W. 1906. Weitere Beobachtungen über Arten der Gattung *Antennophorus*. Mémoires de la Société des Naturalistes de Kiew, 20: 209–230.

Kaston, B. 1948. Spiders of Connecticut. Bulletin of the Connecticut State Geological and Natural History Survey, 70: 1–874.

Kather, R, Martin, SJ. 2015. Evolution of cuticular hydrocarbons in the Hymenoptera: A meta-analysis. Journal of ChemicalEcology, 41: 871–883.

Kelber, C, Rössler, W, Kleineidam, CJ. 2010. Phenotypic plasticity in number of glomeruli and sensory innervation of the antennal lobe in leaf-cutting ant workers (*A. vollenweideri*). Developmental Neurobiology, 70: 222–234.

Keller, L. 1993. Queen number and sociality in insects. Oxford: Oxford University Press.

Kelso, L, Nice, MM. 1963. A Russian contribution to anting and feather mites. Wilson Bulletin, 75: 23–26.

Kemner, NVA. 1923. Hyphaenosymphilie, eine neue, merkwürdige Art von Myrmekophilie bei einem neuen myrmekophilen Schmetterling (*Wurthia aurivillii* n. Sp.) aus Java beobachtet. Arkiv för Zoologi, 15: 1–28.

Khaustov, AA. 2014. A review of myrmecophilous mites of the family Microdispidae (Acari, Heterostigmatina) of Western Siberia. ZooKeys, 454: 13–28.

Kieffer, J. 1904. Nouveaux proctotrypides myrmécophiles. Bulletin de la Société d'Histoire Naturelle de Metz, 23: 31–58.

Kieffer, J, Andre, E. 1911. Species des Hymenopteres d'Europe et d'Algerie. Librerie Scientifique A, 10: 913–1015.

King, JR, Tschinkel, WR. 2016. Experimental evidence that dispersal drives ant community assembly in human-altered ecosystems. Ecology, 97: 236–249.

King, JR, Warren, RJ, Bradford, MA. 2013. Social insects dominate Eastern US temperate hardwood forest macroinvertebrate communities in warmer regions. PLOS One, 8: e75843.

Kistner, DH. 1966. A revision of the African species of the Aleocharine tribe Dorylomimini (Coleoptera: Staphylinidae), II: The genera *Dorylomimus, Dorylonannus, Dorylogaster, Dorylobactrus*, and *Mimanomma*, with notes on their behavior. Annals of the Entomological Society of America, 59: 320–340.

Kistner, DH. 1969. The biology of termitophiles. In Biology of termites, vol. 1, ed. K Krishna, FM Weesner, 525–557. New York: Academic Press.

Kistner, DH. 1975. Myrmecophilous staphylinidae associated with *Leptogenys roger* (Coleoptera; Hymenoptera, Formicidae). Sociobiology, 1: 1–19.

Kistner, DH. 1979. Social and evolutionary significance of social insect symbionts. In Social insects, vol. 1, ed. HR Hermann, 340–413. New York: Academic Press.

Kistner, DH. 1982. The social insects' bestiary. In Social insects, vol. 3, ed. HR Hermann, 1–244. New York: Academic Press.

Kistner, DH. 1989. New genera and species of Aleocharinae associated with ants of the genus *Leptogenys* and their relationships (Coleoptera: Staphylinidae; Hymenoptera: Formicidae). Sociobiology, 15: 299–323.

Kistner, DH. 1993. Cladistic analysis, taxonomic restructuring and revision of the Old World genera formerly classified as Dorylomimini with comments on their evolution and behavior (Coleoptera: Staphylinidae). Sociobiology, 22: 151–383.

Kistner, DH. 1997. New species, new genera, and new records of myrmecophiles associated with army ants (*Aenictus* sp.) with the description of a new subtribe of Staphylinidae (Coleoptera; Formicidae, Aenictinae). Sociobiology, 29: 123–221.

Kistner, DH. 2003. A new species of *Trachydonia* (Coleoptera: Staphylinidae, Aleocharinae) from Malaysia with some notes on its behavior as a guest of *Leptogenys* (Hymenoptera: Formicidae). Sociobiology, 42: 381–389.

Kistner, DH, Berghoff, SM, Maschwitz, U. 2003. Myrmecophilous Staphylinidae (Coleoptera) associated with *Dorylus (Dichthadia) laevigatus* (Hymenoptera: Formicidae) in Malaysia with studies of their behavior. Sociobiology, 41: 207–268.

Kistner, DH, Blum, MS. 1971. Alarm pheromone of *Lasius (Dendrolasius) spathepus* (Hymenoptera: Formicidae) and its possible mimicry by two species of *Pella* (Coleoptera: Staphylinidae). Annals of the Entomological Society of America, 64: 589–594.

Kistner, DH, Hermann, HR. 1982. Social insects. London: Academic Press.

Kistner, DH, Jacobson, HR. 1975. A review of the myrmecophilous Staphylinidae associated with *Aenictus* in Africa and the Orient (Coleoptera, Hymenoptera, Formicidae) with notes on their behavior and glands. Sociobiology, 1: 20–73.

Kistner, DH, Jacobson, HR. 1990. Cladistic analysis and taxonomic revision of the ecitophilous tribe Ecitocharini with studies of their behavior and evolution (Coleoptera, Staphylinidae, Aleocharinae). Sociobiology, 17: 333–480.

Kistner, DH, von Beeren, C, Witte, V. 2008. Redescription of the generitype of *Trachydonia* and a new host record for *Maschwitzia ulrichi* (Coleoptera: Staphylinidae). Sociobiology, 52: 497.

Kitching, RL. 1983. Myrmecophilous organs of the larvae and pupa of the lycaenid butterfly *Jalmenus evagoras* (Donovan). Journal of Natural History, 17: 471–481.

Kitching, RL. 1987. Aspects of the natural history of the lycaenid butterfly *Allotinus major* in Sulawesi. Journal of Natural History, 21: 535–544.

Kitching, RL, Luke, B. 1985. The myrmecophilous organs of the larvae of some British Lycaenidae (Lepidoptera): A comparative study. Journal of Natural History, 19: 259–276.

Kloft, WJ, Woodruff, RE, Kloft, ES. 1979. *Formica integra* (Hymenoptera: Formicidae), IV: Exchange of food and trichome secretions between worker ants and the inquiline beetle, *Cremastocheilus castaneus* (Coleoptera: Scarabaeidae). Tijdschrift voor Entomologie, 122: 47–57.

Kolb, G. 1959. Untersuchungen über die Kernverhältnisse und morphologischen Eigenschaften symbiontischer Mikroorganismen bei verschiedenen Insekten. Zeitschrift für Morphologie und Ökologie der Tiere, 48: 1–71.

Kolbe, W. 1971. Untersuchungen über die Bindung von *Zyras humeralis* (Coleoptera, Staphylinidae) an Waldameisen. Entomologische Blätter, 67: 129–136.

Komatsu, T, Maruyama, M. 2016. Taxonomic recovery of the ant cricket *Myrmecophilus albicinctus* from *M. americanus* (Orthoptera, Myrmecophilidae). ZooKeys, 589: 97–106.

Komatsu, T, Maruyama, M, Hattori, M, Itino, T. 2018. Morphological characteristics reflect food sources and degree of host ant specificity in four Myrmecophilus crickets. Insectes Sociaux, 65: 47–57.

Komatsu, T, Maruyama, M, Itino, T. 2009. Behavioral differences between two ant cricket species in Nansei Islands: Host-specialist versus host-generalist. Insectes Sociaux, 56: 389–396.

Komatsu, T, Maruyama, M, Itino, T. 2010. Differences in host specificity and behavior of two ant cricket species (Orthoptera: Myrmecophilidae) in Honshu, Japan. Journal of Entomological Science, 45: 227–238.

Komatsu, T, Maruyama, M, Itino, T. 2013. Nonintegrated host association of *Myrmecophilus tetramorii*, a specialist myrmecophilous ant cricket (Orthoptera: Myrmecophilidae). Psyche, 2013: 568536.

Komatsu, T, Maruyama, M, Ueda, S, Itino, T. 2008. mtDNA phylogeny of Japanese ant crickets (Orthoptera: Myrmecophilidae): Diversification in host specificity and habitat use. Sociobiology, 52: 553.

Kontschán, J, Szőcs, G, Kiss, B, Khaustov, AA. 2019. Bark beetle associated trematurid mites (Acari: Uropodina: Trematuridae) from Asian Russia with description of a new species. Systematic and Applied Acarology, 24: 1592–1603.

Kronauer DJ, Pierce NE (2011) Myrmecophiles. Current Biology 21:R208–R209

Kronauer, DJ. 2020. Army ants: Nature's ultimate social hunters. Cambridge, MA: Harvard University Press. Kronauer, DJ, Pierce, NE. 2011. Myrmecophiles. Current Biology, 21: R208–R209.

Krull, WH, Mapes, CR. 1952. Studies on the biology of *Dicrocoelium dendriticum* (Rudolphi, 1819), Looss, 1899 (Trematoda: Dicrocoeliidae), including its relation to the intermediate host, *Cionella lubrica* (Muiller), VII: The second intermediate host of *Dicrocoelium dendriticum*. Cornell Veterinarian, 42: 253–276.

Kwapich, CL. 2021. Green anole (*Anolis carolinensis*) eggs associated with nest chambers of the trap-jaw ant *Odontomachus brunneus*. Southeastern Naturalist, 20: 119–124.

Kwapich, CL. In prep. a. Mermithid worm infections alter behavior and development of the Florida harvester ant, *Pogonomyrmex badius*.

Kwapich, CL. In prep. b. *Forelius mccooki* during self-anointing (anting) by the great-tailed grackle, *Quiscalus mexicanus*.

Kwapich, CL, Eriksson, T, Hölldobler, B. In prep. a. Host breadth and behavior of the myrmecophilous Sonoran Desert spider, *Septentrinna bicalcarata*.

Kwapich, CL, Gadau, J, Hölldobler, B. 2017. The ecological and genetic basis of annual worker production in the desert seed harvesting ant, *Veromessor pergandei*. Behavioral Ecology and Sociobiology, 71: 110.

Kwapich, CL, Hölldobler, B. 2019. Destruction of spider-webs and rescue of ensnared nestmates by a granivorous desert ant (*Veromessor pergandei*). American Naturalist, 194: 395–404.

Kwapich, CL, Johnston, A. In prep. A new Hymenorus (Coleoptera: Alleculidae) kleptoparasite of the Florida harvester ant (*Pogonomyrmex badius*).

Kwapich, CL, Sosa-Calvo, J, Johnson, RA, Hölldobler, B. In prep. b. Host-specific polyphenism in the parasitic ant cricket, *Myrmecophilus manni*.

Kwapich, CL, Tschinkel, WR. 2013. Demography, demand, death, and the seasonal allocation of labor in the Florida harvester ant (*Pogonomyrmex badius*). Behavioral Ecology and Sociobiology, 67: 2011–2027.

Kwapich, CL, Tschinkel, WR. 2016. Limited flexibility and unusual longevity shape forager allocation in the Florida harvester ant (*Pogonomyrmex badius*). Behavioral Ecology and Sociobiology, 70: 221–235.

Lachaud, J-P. 1980. Les communications tactiles interspécifique chez les diapriides myrmécophiles *Lepidopria pedestris* Kieffer et *Solenopsia imitatrix* Wasmann et leur hote *Diplorhotrum fugax* Latr. (*Solenopsis fugax* Latr.). Biologie-Écologie Méditerranéenne, 7: 183–184.

Lachaud, J-P. 1981. Les glandes tégumentaires chez deux espéces de Diapriidae: Aspects structuraux et ultrastructuraux. Bulletin Intérieur de la Section Française de l'UIEIS, Toulouse, France: 83–85.

Lachaud, J-P. 1982. Estudio sobre las relaciones trofalacticas entre *Lepidopria pedestris* Kieffer (Hymenoptera, Diapriidae) y su nuesped *Diplorhoptrum fugax* Latreille (Hymenoptera, Formicidae). Folia Entomológica Mexicana, 54: 46–47.

Lachaud, J-P, Klompen, H, Pérez-Lachaud, G. 2016. *Macrodinychus* mites as parasitoids of invasive ants: An overlooked parasitic association. Scientific Reports, 6: 29995.

Lachaud, J-P, Lenoir, A, Hughes, DP, eds. 2013. Ants and their parasites. London: Hindawi Press.

Lachaud, J-P, Lenoir, A, Witte, V, eds. 2012. Ants and their parasites. London: Hindawi Press.

Lachaud, J-P, Passera, L. 1982. Données sur la biologie de trois Diapriidae myrmécophiles: *Plagiopria passerai Masner, Solenopsia imitatrix* Wasmann et *Lepidopria pedestris* Kiefer. Insectes Sociaux, 29: 561–568.

Lachaud, J-P, Pérez-Lachaud, G. 2009. Impact of natural parasitism by two eucharitid wasps on a potential biocontrol agent ant in southeastern Mexico. Biological Control, 48: 92–99.

Lachaud, J-P, Pérez-Lachaud, G. 2012. Diversity of species and behavior of hymenopteran parasitoids of ants: A review. Psyche: 134746.

Lackner, T, Hlaváč, P. 2012. Description of a new species of *Sternocoelis* from Morocco with proposal of the *Sternocoelis marseulii* species group (Coleoptera, Histeridae). ZooKeys, 181: 11–21.

Lackner, T, Yélamos, T. 2001. Contribution to the knowledge of the Moroccan fauna of *Sternocoelis* Lewis, 1888 and Eretmotus Lacordaire, 1854 (Coleoptera: Histeridae). Zapateri Revista Aragon Entomology, 9: 99–102.

Lahav, S, Soroker, V, Hefetz, A, Vander Meer, RK. 1999. Direct behavioral evidence for hydrocarbons as ant recognition discriminators. Naturwissenschaften, 86: 246–249.

Lanan, MC, Rodrigues, PAP, Agellon, A, Jansma, P, Wheeler, DE. 2016. A bacterial filter protects and structures the gut microbiome of an insect. ISME Journal, 10: 1866–1876.

Lange, D, Calixto, ES, Del-Claro, K. 2017. Variation in extrafloral nectary productivity influences the ant foraging. PLOS One, 12: e0169492.

Le Breton, J, Takaku, G, Tsuji, K. 2006. Brood parasitism by mites (Uropodidae) in an invasive population of the pest-ant *Pheidole megacephala*. Insectes Sociaux, 53: 168–171.

LeClerc, MG, McClain, DC, Black, HL, Jorgensen, CD. 1987. An inquiline relationship between the tailless whip-scorpion *Phrynus gervaisii* and the giant tropical ant *Paraponera clavata*. Journal of Arachnology, 15: 129–130.

Lee, JE, Morimoto, K. 1991. Descriptions of the egg and first-instar larva of *Clytra arida* Weise (Coleoptera: Chrysomelidae). Journal of the Faculty of Agriculture, Kyushu University, 35: 93–99.

Lehrer, AZ. 2006a. Contributions taxonomiques et zoogéographique sur la famille des Bengaliidae (Diptera). Bulletin de la Société Entomologique de Mulhouse, 62: 1–11.

Lehrer, AZ. 2006b. Un autre point de vue taxonomique sur les types porte-noms. Fragmenta dipterologica, 5: 1–8.

Lehrer, AZ. 2008. Une nouvelle espèce thaïlandaise du genre *Afridigalia* Lehrer (Diptera, Bengaliidae). Fragmenta dipterologica, 16: 28–29.

Lehtinen, PT. 1987. Association of uropodid, prodinychid, polyaspidid, antennophorid, sejid, microgynid, and zerconid mites with ants. Entomologisk tidskrift, 108: 13–20.

Le Masne, G. 1961a. Observations sur le comportement de *Paussus favieri* Fairm., hôte de la fourmi *Pheidole pallidula* Nyl. Annales de la Faculte des Sciences de Marseille, 31: 111–130.

Le Masne, G. 1961b. Recherches sur la biologie des animaux myrmécophiles, I: L'adoption des *Paussus favieri* Fairm. Par une nouvelle société de *Pheidole pallidula* Nyl. Comptes rendus de l'Académie des Sciences, 253: 1621–1623.

Le Masne, G. 1961c. Recherches sur la biologie des animaux myrmécophiles: Observations sur le régime alimentaire de *Paussus favieri* Fairm., hôte de la fourmi *Pheidole pallidula*. Comptes rendus de l'Académie des Sciences, 253: 1356–1357.

Lenoir, A, Chalon, Q, Carvajal, A, Ruel, C, Barroso, A, Lackner, T, Boulay, R. 2012. Chemical integration of myrmecophilous guests in *Aphaenogaster* ant nests. Psyche: 840860.

Lenoir, A, d'Ettorre, P, Errard, C, Hefetz, A. 2001. Chemical ecology and social parasitism in ants. Annual Review of Entomology, 46: 573–599.

Lenoir, A, Fresneau, D, Errard, C, Hefetz, A. 1999. Individuality and colonial identity in ants: The emergence of the social representation concept. In Information processing in social insects, 219–237. Basel, Switzerland: Birkhäuser Verlag.

Liang, D, Silverman, J. 2000. "You are what you eat": Diet modifies cuticular hydrocarbons and nestmate recognition in the Argentine ant, *Linepithema humile*. Naturwissenschaften, 87: 412–416.

Lichman, BR, Godden, GT, Hamilton, JP, Palmer, L, Kamileen, MO, Zhao, D, Vaillancourt, B, Wood, JC, Sun, M, Kinser, TJ, Henry, LK, Rodriguez-Lopez, C, Dudareva, N, Soltis, DE, Soltis, PS, Buell, CR, O'Connor, SE. 2020. The evolutionary origins of the cat attractant nepetalactone in catnip. Science Advances, 6: eaba0721.

Liebig, J. 2010. Hydrocarbon profiles indicate fertility and dominance status in ant, bee, and wasp colonies. In Insect hydrocarbons: Biology, biochemistry, and chemical ecology, ed. GJ Blomquist, AG Bagnères, 254–281. Cambridge, UK: Cambridge University Press.

Liebig, J, Peeters, C, Oldham, NJ, Markstädter, C, Hölldobler, B. 2000. Are variations in cuticular hydrocarbons of queens and workers a reliable signal of fertility in the ant *Harpegnathos saltator*? Proceedings of the National Academy of Sciences, 97: 4124–4131.

Liersch, S, Schmid-Hempel, P. 1998. Genetic variation within social insect colonies reduces parasite load. Proceedings of the Royal Society of London. Series B: Biological Sciences, 265: 221–225.

Linksvayer, TA, McCall, AC, Jensen, RM, Marshall, CM, Miner, JW, McKone, MJ. 2002. The function of hitchhiking behavior in the leaf-cutting ant *Atta cephalotes*. Biotropica, 34: 93–100.

Líznarová, E, Pekár, S. 2016. Metabolic specialisation on preferred prey and constraints in the utilisation of alternative prey in an ant-eating spider. Zoology, 119: 464–470.

Lohman, DJ, Samarita, VU. 2009. The biology of carnivorous butterfly larvae (Lepidoptera: Lycaenidae: Miletinae: Miletini) and their ant-tended hemipteran prey in Thailand and the Philippines. Journal of Natural History, 43: 569–581.

Loiácono, M. 1985. A new diapriid (Hymenoptera) parasitoid of larvae of *Acromyrmex ambiguus* (Emery) (Hymenoptera, Formicidae) from Uruguay. Revista de la Sociedad Entomológica Argentina, 44: 129–136.

Loiácono, M, Margaria, C, Moreira, DD, Aquino, D. 2013. A new species of *Szelenyiopria Fabritius* (Hymenoptera: Diapriidae), larval parasitoid of *Acromyrmex subterraneus subterraneus* (Forel) (Hymenoptera: Formicidae) from Brazil. Zootaxa, 3646: 228–234.

Loiácono, MS, Margaría, CB, Quirán, E, Molas, BC. 2002. Revision of the myrmecophilous diapriid genus *Bruchopria Kiefer* (Hymenoptera, Proctotrupoidea, Diapriidae). Revista Brasileira de Entomologia, 46: 231–235.

Longino, JT. 1984. True anting by the capuchin, *Cebus capucinus*. Primates, 25: 243–245.

Lucas, C, Pho, D, Jallon, J, Fresneau, D. 2005. Role of cuticular hydrocarbons in the chemical recognition between ant species in the *Pachycondyla villosa* species complex. Journal of Insect Physiology, 51: 1148–1157.

MacKay, WP. 1982. The effect of predation of western widow spiders (Araneae: Theridiidae) on harvester ants (Hymenoptera: Formicidae). Oecologia, 53: 406–411.

Maderspacher, F, Stensmyr, M. 2011. Myrmecomorphomania. Current Biology, 21: R291–R293.

Malicky, H. 1969. Versuch einer Analyse der ökologischen Beziehungen zwischen Lycaeniden (Lepidoptera) und Formiciden (Hymenoptera). Tijdschrift voor Entomologie, 112: 213–298.

Malicky, H. 1970. New aspects of the association between lycaenid larvae (Lycaenidae) and ants (Formicidae, Hymenoptera). Journal of the Lepidopterists' Society, 24: 190–202.

Markl, H. 1967. Die Verständigung durch Stridulationssignale bei Blattschneiderameisen, I: Die biologische Bedeutung der Stridulation. Zeitschrift für vergleichende Physiologie, 57: 299–330.

Markl, H. 1968. Die Verständigung durch Stridulationssignale bei Blattschneiderameisen, II: Erzeugung und Eigenschaften der Signale. Zeitschrift für vergleichende Physiologie, 60: 103–150.

Markl, H. 1970. Die Verständigung durch Stridulationssignale bei Blattschneiderameisen, III: Die Empfindlichkeit für Substratvibrationen. Zeitschrift für vergleichende Physiologie, 69: 6–37.

Markl, H. 1973. The evolution of stridulatory communication in ants. Proceedings of the International Congress IUSSI, London, 7: 258–265.

Markl, H. 1983. Vibrational communication. In Neuroethology and behavioral physiology, ed. F Huber, H Markl, 332–353. Berlin: Springer-Verlag.

Markl, H. 1985. Manipulation, modulation, information, cognition: Some of the riddles of communication. In Experimental behavioral ecology and sociobiology (Fortschritte der Zoologie, no. 31), ed. B Hölldobler, M Lindauer, 163–194. Sutherland, MA: Sinauer Associates.

Markl, H, Fuchs, S. 1972. Klopfsignale mit Alarmfunktion bei Rossameisen (*Camponotus*, Formicidae, Hymenoptera). Zeitschrift für vergleichende Physiologie, 76: 204–225.

Markl, H, Hölldobler, B. 1978. Recruitment and food-retrieving behavior in *Novomessor* (Formicidae, Hymenoptera). Behavioral Ecology and Sociobiology, 4: 183–216.

Marsh, P. 1979. Hybrizontidae. In Catalog of Hymenoptera in Ameri ca North of Mexico, ed. KV Krombein, PD Hurd, DR Smoth, BD Burks, 144–313. Washington, DC: Smithsonian Institution Press.

Marsh, P. 1989. Notes on the genus *Hybrizon* in North America (Hymenoptera: Paxylommatidae). Proceedings of the Entomological Society of Washington, 91: 29–34.

Marson, JE. 1946. The ant mimic *Myrmarachne plataleoides* camb. in India. Entomologists Monthly Magazine, 82: 52–53.

Martin, JO. 1922. Studies in the genus *Hetaerius* (Co., Hiseridae). Entomological News, 33: 272–277.

Martin, S, Drijfhout, F. 2009a. A review of ant cuticular hydrocarbons. Journal of Chemical Ecology, 35: 1151–1161.

Martin, S, Drijfhout, F. 2009b. Nestmate and task cues are influenced and encoded differently within ant cuticular hydrocarbon profiles. Journal of Chemical Ecology, 35: 368–374.

Martins, C, Moreau, CS. 2020. Influence of host phylogeny, geographical location and seed harvesting diet on the bacterial community of globally distributed *Pheidole* ants. PeerJ, 8: e8492.

Martins Neto, RG. 1991. Sistemática dos Ensifera (Insecta, Orthopteroida) da Formação Santana, Cretáceo Inferior do Nordeste do Brasil. Acta Geológica Leopol-densia, 32: 3–160.

Martín-Vega, D, Garbout, A, Ahmed, F, Wicklein, M, Goater, CP, Colwell, DD, Hall, MJ. 2018. 3D virtual histology at the host/parasite interface: Visualisation of the master manipulator, *Dicrocoelium dendriticum*, in the brain of its ant host. Scientific Reports, 8: 8587.

Maruyama, M. 2004. Four new species of Myrmecophilus (Orthoptera, Myrmecophilidae) from Japan. Bulletin of the National Museum of Nature and Science, 30: 37–44.

Maruyama, M. 2006. Revision of the Palearctic species of the myrmecophilous genus *Pella*: Coleoptera, Staphylinidae, Aleocharinae. National Science Museum Monographs, 32: 1–207.

Maruyama, M, Akino, T, Hashim, R, Komatsu, T. 2009. Behavior and cuticular hydrocarbons of myrmecophilous insects (Coleoptera: Staphylinidae; Diptera: Phoridae; Thysanura) associated with Asian *Aenictus* army ants (Hymenoptera; Formicidae). Sociobiology, 54: 19–35.

Maruyama, M, Disney, RHL, Hashim, R. 2008. Three new species of legless, wingless scuttle flies (Diptera: Phoridae) associated with army ants (Hymenoptera: Formicidae) in Malaysia. Sociobiology, 52: 485–496.

Maruyama, M, Hashim, SHYR, Ito, F. 2003. A new myrmecophilous species of *Drusilla* (Coleoptera, Staphylinidae, Aleocharinae) from peninsular Malaysia, a possible Batesian mimic associated with *Crematogaster inflata* (Hymenoptera, Formicidae Myrmicinae). Japanese Journal of Systematic Entomology, 9: 267–275.

Maruyama, M, Komatsu, T, Kudo, S, Shimada, T, Kinomura, K. 2013. The guests of Japanese Ants. Hadanoshi, Kanagawa, Japan: Tokai University Press.

Maruyama, M, Matsumoto, T, Itioka, T. 2011. Rove beetles (Coleoptera: Staphylinidae) associated with *Aenictus laeviceps* (Hymenoptera: Formicidae) in Sarawak, Malaysia: Strict host specificity, and first myrmecoid Aleocharini. Zootaxa, 3102: 1–26.

Maruyama, M, Parker, J. 2017. Deep-time convergence in rove beetle symbionts of army ants. Current Biology, 27: 920–926.

Maruyama, M, von Beeren, C, Hashim, R. 2010a. Aleocharine rove beetles (Coleoptera, Staphylinidae) associated with *Leptogenys Roger*, 1861 (Hymenoptera, Formicidae), I: Review of three genera associated with *L. distinguenda* (Emery, 1887) and *L. mutabilis* (Smith, 1861). ZooKeys, 59: 47–60.

Maruyama, M, von Beeren, C, Witte, V. 2010b. Aleocharine rove beetles (Coleoptera, Staphylinidae) associated with *Leptogenys Roger*, 1861 (Hymenoptera, Formicidae), II: Two new genera and two new species associated with *L. borneensis* Wheeler, 1919. ZooKeys, 59: 61–72.

Maschwitz, U. 1964. Gefahrenalarmstofe und Gefahrenalarmierung bei sozialen Hymenopteren. Zeitschrift für vergleichende Physiologie, 47: 596–655.

Maschwitz, U. 1981. Fliegen als Wegelagerer und Parasiten bei Ameisen. Nachrichten des Entomologischen Vereins Apollo, Frankfurt am Main, N.F., 2: 57–60.

Maschwitz, U, Go, C, Kaufmann, E, Buschinger, A. 2004. A unique strategy of host colony exploitation in a parasitic ant: Workers of *Polyrhachis lama* rear their brood in neighbouring host nests. Naturwissenschaften, 91: 40–43.

Maschwitz, U, Hölldobler, B. 1970. Der Kartonnestbau bei *Lasius fuliginosus* Latr. (Hym. Formicidae). Zeitschrift für vergleichende Physiologie, 66: 176–189.

Maschwitz, U, Nassig, WA, Dumpert, K, Fiedler, K. 1988. Larval carnivory and myrmecoxeny, and imaginal myrmecophily in miletine lycaenids (Lepidoptera, Lycaenidae) on the Malay Peninsula. Lepidoptera Science, 39: 167–181.

Maschwitz, U, Schönegge, P. 1980. Fliegen als Beute und Bruträuber bei Ameisen. Insectes Sociaux, 27: 1–4.

Maschwitz, U, Schroth, M, Hänel, H, Pong, TY. 1984. Lycaenids parasitizing symbiotic plant-ant partnerships. Oecologia, 64: 78–80.

Maschwitz, U, Steghaus-Kovac, S, Gaube, R, Hänel, H. 1989. A South East Asian ponerine ant of the genus *Leptogenys* (Hym., Form.) with army ant life habits. Behavioral Ecology and Sociobiology, 24: 305–316.

Maschwitz, U, Weissflog, A, Seebauer, S, Disney, RHL, Witt, V. 2008. Studies on European ant decapitating flies (Diptera: Phoridae), I: Releasers and phenology of parasitism of Pseudacteon formicarum. Sociobiology, 51: 127–140.

Maschwitz, U, Wüst, M, Schurian, K. 1975. Bläulingsraupen als Zuckerlieferanten für Ameisen. Oecologia, 18: 17–21.

Masner, L. 1959. A revision of ecitophilous diapriid-genus *Mimopria Holmgren* (Hym., Proctotrupoidea). Insectes Sociaux, 6: 361–367.

Masner, L. 1993. Superfamily Proctotrupoidea. In Hymenoptera of the world: An identification guide to families, ed. H Goulet, J Huber, 537–557. Ottawa, Canada: Agriculture Canada Publications.

Masner, L, García, R., Luis, J. 2002. The genera of Diapriinae (Hymenoptera: Diapriidae) in the New World. Bulletin of the American Museum of Natural History, 268: 1–138.

Masters, WM. 1979. Insect disturbance stridulation: Its defensive role. Behavioral Ecology and Sociobiology, 5: 187–200.

Masters, WM. 1980. Insect disturbance stridulation: Characterization of airborne and vibrational components of the sound. Journal of Comparative Physiology, 135: 259–268.

Masters, WM, Tautz, J, Fletcher, NH, Markl, H. 1983. Body vibration and sound production in an insect (*Atta sexdens*) without specialized radiating structures. Journal of Comparative Physiology, 150: 239–249.

Mathew, A. 1934. The life-history of the spider *Myrmarachne plataleoides* (Cambr.) a mimic of the Indian red ant. Journal of the Bombay Natural History Society, 37: 369–374.

Mathew, A. 1954. Observations on the habits of two spider mimics of the red ant, *Oecophylla smaragdina* (Fabr.). Journal of the Bombay Natural History Society, 52: 249–263.

Mathis, KA, Philpott, SM, Moreira, RF. 2011. Parasite lost: chemical and visual cues used by Pseudacteon in search of *Azteca instabilis*. Journal of Insect Behavior, 24: 186–199.

Mathis, KA, Tsutsui, ND. 2016. Cuticular hydrocarbon cues are used for host acceptance by *Pseudacteon* spp. phorid flies that attack *Azteca sericeasur* ants. Journal of chemical ecology, 42: 286–293.

Maurizi, E, Fattorini, S, Moore, W, Di Giulio, A. 2012. Behavior of *Paussus favieri* (Coleoptera, Carabidae, Paussini): A myrmecophilous beetle associated with *Pheidole pallidula* (Hymenoptera, Formicidae). Psyche: 940315.

McAtee, WL. 1947. Wild turkey anting. Ornithology, 64: 130–131.

McInnes, DA, Tschinkel, WR. 1996. Mermithid nematode parasitism of *Solenopsis* ants (Hymenoptera: Formicidae) of Northern Florida. Annals of the Entomological Society of America, 89: 231–237.

McMahan, EA. 1983. Adaptations, feeding preferences, and biometrics of a termite-baiting assassin bug (Hemiptera: Reduviidae). Annals of the Entomological Society of America, 76: 483–486.

Mello-Leitão, CF. 1923. Sobre uma aranha parasita de saúva. Revista do Museu Paulista, 13: 523–525.

Mellor, J. 1922. Notes on a "Bengalia"-like fly, which I have called the "Highwayman" Fly, and its behaviour towards certain species of ants. Sudan Notes and Records, 5: 95–100.

Mendonça, CAF, Pesquero, MA, Carvalho, RdSD, de Arruda, FV. 2019. Myrmecophily and myrmecophagy of *Attacobius lavape* (Araneae: Corinnidae) on *Solenopsis saevissima* (Hymenoptera: Myrmicinae). Sociobiology, 66: 545–550.

Menzel, JG, Tautz, J. 1994. Functional morphology of the subgenual organ of the carpenter ant. Tissue and Cell, 26: 735–746.

Meyer-Hozak, C. 2000. Population biology of *Maculinea rebeli* (Lepidoptera: Lycaenidae) on the chalk grass-lands of Eastern Westphalia (Germany) and implications for conservation. Journal of Insect Conservation, 4: 63–72.

Michener, CD. 1969. Comparative social behavior of bees. Annual Review of Entomology, 14: 299–342.

Molero-Baltanás, R, Bach de Roca, C, Tinaut, A, Pérez, J, Gaju-Ricart, M. 2017. Symbiotic relationships between silverfish (Zygentoma: Lepismatidae, Nicoletiidae) and ants (Hymenoptera: Formicidae) in the Western Palaearctic. A quantitative analysis of data from Spain. Myrmecological News, 24: 107–122.

Moore, W, Di Giulio, A. 2019. Out of the burrow and into the nest: Functional anatomy of three life history stages of *Ozaena lemoulti* (Coleoptera: Carabidae) reveals an obligate life with ants. PLOS One, 14: e0209790.

Moreau, CS. 2020. Symbioses among ants and microbes. Current Opinion in Insect Science, 39: 1–5.

Morel, L, Vander Meer, RK, Lavine, BK. 1988. Ontogeny of nestmate recognition cues in the red carpenter ant (*Camponotus floridanus*). Behavioral Ecology and Sociobiology, 22: 175–183.

Morrill, W. 1975. An unusual predator of the Florida harvester ant. Journal of the Georgia Entomological Society, 10: 50–51.

Morrison, LW. 2000. Biology of *Pseudacteon* (Diptera: Phoridae) ant parasitoids and their potential to control imported *Solenopsis* fire ants (Hymenoptera: Formi-cidae). Recent Research Developments in Entomology, 3: 1–13.

Morrison, LW, Dall'Aglio-Holvorcem, CG, Gilbert, LE. 1997. Oviposition behavior and development of *Pseudacteon* flies (Diptera: Phoridae), parasitoids of *Solenopsis* fire ants (Hymenoptera: Formicidae). Environmental Entomology, 26: 716–724.

Morrison, LW, King, JR. 2004. Host location behavior in a parasitoid of imported fire ants. Journal of Insect Behavior, 17: 367–383.

Morrison, LW, Porter, SD. 2006. Post-release host-specificity testing of *Pseudacteon tricuspis*, a phorid parasitoid of *Solenopsis invicta* fire ants. BioControl, 51: 195–205.

Moser, JC. 1964. Inquiline roach responds to trail-marking substance of leaf-cutting ants. Science, 143: 1048–1049.

Moser, JC. 1967. Mating activities of *Atta texana* (Hymenoptera, Formicidae). Insectes Sociaux, 14: 295–312.

Moser, JC, Nef, SE. 1971. *Pholeomyia comans* (Diptera: Milichiidae) an associate of *Atta texana*: Larval anatomy and notes on biology. Zeitschrift für Angewandte Entomologie, 69: 343–348.

Mota, LL, Kaminski, LA, Freitas, AV. 2020. The tortoise caterpillar: Carnivory and armoured larval morphology of the metalmark butterfly *Pachythone xanthe* (Lepidoptera: Riodinidae). Journal of Natural History, 54: 309–319.

Mou, YC. 1938. Morphologische und histologische Studien über Paussidendrüsen; Mit 40 Abb. im Text. PhD dissertation, Rheinische Friedrich-Wilhelms-Universität zu Bonn.

Moulton, MJ, Song, H, Whiting, MF. 2010. Assessing the effects of primer specificity on eliminating numt coamplification in DNA barcoding: A case study from Orthoptera (Arthropoda: Insecta). Molecular Ecology Resources, 10: 615–627.

Moura, RR, Vasconcellos-Neto, J, de Oliveira Gonzaga, M. 2017. Extended male care in *Manogea porracea* (Araneae: Araneidae): The exceptional case of a spider with amphisexual care. Animal Behaviour, 123: 1–9.

Murray, EA, Carmichael, AE, Heraty, JM. 2013. Ancient host shifts followed by host conservatism in a group of ant parasitoids. Proceedings of the Royal Society B: Biological Sciences, 280: 20130495.

Musthak Ali, T, Baroni Urbani, C, Billen, J. 1992. Multiple jumping behaviors in the ant *Harpegnathos saltator*. Naturwissenschaften, 79: 374–376.

Muzzi, M, Di Giulio, A. 2019. The ant nest "bomber": Explosive defensive system of the flanged bombardier beetle *Paussus favieri* (Coleoptera, Carabidae). Arthropod Structure and Development, 50: 24–42.

Mynhardt, G. 2013. Declassifying myrmecophily in the Coleoptera to promote the study of ant-beetle symbioses. Psyche: 696401.

Mynhardt, G, Wenzel, JW. 2010. Phylogenetic analysis of the myrmecophilous *Cremastocheilus Knoch* (Coleoptera, Scarabaeidae, Cetoniinae), based on external adult morphology. ZooKeys, 34: 129–140.

Nagel, Peter. 1979. Aspects of the evolution of myrmecophilous adaptations in Paussinae (Coleoptera, Carabidae). Miscellaneous Papers of the Agricultural University Wageningen, 18: 15–34.

Nagel, P. 1987. Arealsystemanalyse afrikanischer Fühlerkäfer (Coleoptera, Carabidae, Paussinae): Ein Beitrag zur Rekonstruktion der Landschaftsgenese. Vol. 21. Wiesbaden: Franz Steiner Verlag.

Nash, DR, Als, TD, Maile, R, Jones, GR, Boomsma, JJ. 2008. A mosaic of chemical coevolution in a large blue butterfly. Science, 319: 88–90.

Nash, DR, Boomsma, JJ. 2008. Communication between hosts and social parasites. In Sociobiology of Communication: An Interdisciplinary Perspective, vol. 55, ed. P d'Ettorre, DP Hughes, 55–79. Oxford: Oxford University Press.

Naumann, I. 1986. A revision of the Indo-Australian Smicromorphinae (Hymenoptera: Chalcididae). Memoirs of the Queensland Museum, 22: 169–187.

Nedeljković, Z, Ricarte, A, Zorić, LŠ, Đan, M, Obreht-Vidaković, D, Vujić, A. 2018. The genus *Xanthogramma Schiner*, 1861 (Diptera: Syrphidae) in southeastern Europe, with descriptions of two new species. Canadian Entomologist, 150: 440–464.

Nehring, V, Dani, R, Calamai, L, Turillazzi, S, Bohn, H, Klass, KD, d'Ettorre, P. 2016. Chemical disguise of myrmecophilous cockroaches and its implications for understanding nestmate recognition mechanisms in leaf-cutting ants. BMC Ecology, 16: 35.

Nehring, V, Evison, SE, Santorelli, LA, d'Ettorre, P, Hughes, WO. 2011. Kin-informative recognition cues in ants. Proceedings of the Royal Society B: Biological Sciences, 278: 1942–1948.

Nelson, XJ. 2010. Polymorphism in an ant mimicking jumping spider. Journal of Arachnology, 38: 139–141.

Nelson, XJ, Card, A. 2015. Locomotory mimicry in ant-like spiders. Behavioral Ecology, 27: 700–707.

Nelson, XJ, Jackson, RR. 2006. Compound mimicry and trading predators by the males of sexually dimorphic Batesian mimics. Proceedings of the Royal Society B: Biological Sciences, 273: 367–372.

Nelson, XJ, Jackson, RR. 2007. Complex display behaviour during the intraspecific interactions of myrmecomorphic jumping spiders (Araneae, Salticidae). Journal of Natural History, 41: 1659–1678.

Nelson, XJ, Jackson, RR. 2009a. Aggressive use of Batesian mimicry by an ant-like jumping spider. Biology Letters, 5: 755–757.

Nelson, XJ, Jackson, RR. 2009b. Collective Batesian mimicry of ant groups by aggregating spiders. Animal Behaviour, 78: 123–129.

Nelson, XJ, Jackson, RR. 2012. How spiders practice aggressive and Batesian mimicry. Current Zoology, 58: 620–629.

Nentwig, W. 1982. Why do only certain insects escape from a spider's web? Oecologia, 53: 412–417.

Neupert, S, Hornung, M, Grenwille Millar, J, Kleineidam, CJ. 2018. Learning distinct chemical labels of nestmates in ants. Frontiers in Behavioral Neuroscience, 12: 12.

Newcomer, EJ. 1912. Some observations on the relations of ants and lycaenid caterpillars, and a description of the relational organs of the latter. Journal of the New York Entomological Society, 20: 31–36.

Nichols, JT. 1940. Synbranch eel in ant nest. Copeia, 3: 202.

Noda, T, Meguri, T, Iimure, K, Ono, M, Araki, T. 2011. Potential of D-erythro-C14-sphingosine as an adjuvant for a fungal pesticide of *Nomuraea rileyi*. Bioscience, Biotechnology, and Biochemistry, 75: 373–375.

Nogueira-de-Sá, F, Trigo, JR. 2002. Do fecal shields provide physical protection to larvae of the tortoise beetles Plagiometriona flavescens and Stolas chalybea against natural enemies? Entomologia Experimentalis et Applicata, 104: 203–206.

Notton, DG. 1994. New eastern Palaearctic myrmecophile *Lepidopria* and *Tetramopria* (Hymenoptera, Proctotrupoidea, Diapriidae, Diapriini). Insecta Koreana, 11: 64–74.

O'Donnell, S. 2017. Evidence for facilitation among avian army-ant attendants: Specialization and species associations across elevations. Biotropica, 49: 665–674.

Okubo, T, Yago, M, Itioka, T. 2009. Immature stages and biology of Bornean *Arhopala* butterflies (Lepidoptera, Lycaenidae) feeding on myrmecophytic *Macaranga*. Lepidoptera Science, 60: 37–51.

Oliveira, PS. 1985. On the mimetic association between nymphs of *Hyalymenus* spp. (Hemiptera: Alydidae) and ants. Zoological Journal of the Linnean Society, 83: 371–384.

Oliveira, PS, Sazima, I. 1984. The adaptive bases of ant-mimicry in a neotropical aphantochilid spider (Araneae: Aphantochilidae). Biological Journal of the Linnean Society, 22: 145–155.

Olmstead, KL. 1994. Waste products as chrysomelid defenses. In Novel aspects of the biology of Chrysomelidae, ed. E Petitpierre, 311–318. The Netherlands: Kluwer Academic Publishers.

Olmstead, KL, Denno, RF. 1993. Efectiveness of tortoise beetle larval shields against different predator species. Ecology, 74: 1394–1405.

Orivel, J, Servigne, P, Cerdan, P, Dejean, A, Corbara, B. 2004. The ladybird Thalassa saginata, an obligatory myrmecophile of *Dolichoderus bidens* ant colonies. Naturwissenschaften, 91: 97–100.

Orr, M, Seike, S, Benson, W, Gilbert, L. 1995. Flies suppress fire ants. Nature, 373: 292–293.

Ortega-Morales, AI, Rodríguez, QKS, Garza-Hernández, JA, Adeniran, AA, Hernández-Triana, LM, Rodríguez-Pérez, MA. 2017. First record of the ant cricket *Myrmecophilus (Myrmecophilina) americanus* (Orthoptera: Myrmecophilidae) in Mexico. Zootaxa, 4258: 195–200.

Ott, R, von Beeren, C, Hashim, R, Witte, V, Harvey, M. 2015. *Sicariomorpha*, a new myrmecophilous goblin spider genus (Araneae, Oonopidae) associated with Asian army ants. American Museum Novitates, 3843: 1–14.

Ozaki, M, Wada-Katsumata, A, Fujikawa, K, Iwasaki, M, Yokohari, F, Satoji, Y, Nisimura, T, Yamaoka, R. 2005. Ant nestmate and non-nestmate discrimination by a chemosensory sensillum. Science, 309: 311–314.

Paarmann, W, Erbeling, L, Spinnler, K. 1986. Ant and ant brood preying larvae: An adaptation of carabid beetles to arid environments. In Carabid beetles: Their adaptations and dynamics: XVIIth International Congress of Entomology, ed. PJD Boer, ML Luf, D Mossakowski, F Weber, 79–90. Stuttgart: Gustav Fischer Verlag.

Painting, CJ, Nicholson, CC, Bulbert, MW, Norma-Rashid, Y, Li, D. 2017. Nectary feeding and guarding behavior by a tropical jumping spider. Frontiers in Ecology and the Environment, 15: 469–470.

Päivinen, J, Ahlroth, P, Kaitala, V. 2002. Ant-associated beetles of Fennoscandia and Denmark. Entomologica Fennica, 13: 20–40.

Päivinen, J, Ahlroth, P, Kaitala, V, Kotiaho, JS, Suhonen, J, Virola, T. 2003. Species richness and regional distribution of myrmecophilous beetles. Oecologia, 134: 587–595.

Päivinen, J, Ahlroth, P, Kaitala, V, Suhonen, J. 2004. Species richness, abundance and distribution of myrmecophilous beetles in nests of *Formica aquilonia* ants. Annales Zoologici Fennici, 41: 442–454.

Panzer, GWF. 1799. Faunae Insectorum Germanicae initia oder Deutschlands Insecten. Vol. 68. Nürnberg: Felseckersche Buchhandlung.

Pardo-Locarno, L, Morón, M, Gaigl, A. 2006. Los estados inmaduros de *Coelosis biloba* (Coleoptera: Melolon-thidae: Dynastinae) y notas sobre su biología. Revista Mexicana de Biodiversidad, 77: 215–224.

Park, O. 1932. The myrmecocoles of *Lasius umbratus mixtus aphidicola* Walsh. Annals of the Entomological Society of America, 25: 77–88.

Park, O. 1964. Observations upon the behavior of myrmecophilous pselaphid beetles. Pedobiologia, 4: 129–137.

Parker, J. 2016. Myrmecophily in beetles (Coleoptera): Evolutionary patterns and biological mechanisms. Myrmecological News, 22: 65–108.

Parker, J, Grimaldi, DA. 2014. Specialized myrmecophily at the ecological dawn of modern ants. Current Biology, 24: 2428–2434.

Parker, J, Owens, B. 2018. *Batriscydmaenus* Parker and Owens, new genus, and convergent evolution of a "reductive" ecomorph in socially symbiotic *Pselaphinae* (Coleoptera: Staphylinidae). Coleopterists Bulletin, 72: 219–229.

Parmelee, JR. 1999. Trophic ecology of a tropical anuran assemblage. Scientific Papers of the Natural History Museum, the University of Kansas, 11: 1–59.

Parmentier, T. 2019. Host following of an ant associate during nest relocation. Insectes Sociaux, 66: 329–332.

Parmentier, T, Bouillon, S, Dekoninck, W, Wenseleers, T. 2016a. Trophic interactions in an ant nest microcosm: A combined experimental and stable isotope (δ13C/δ15N) approach. Oikos, 125: 1182–1192.

Parmentier, T, Claus, R, De Laender, F, Bonte, D. 2021. Moving apart together: Co-movement of a symbiont community and their ant host, and its importance for community assembly. Movement Ecology, 9: 1–15.

Parmentier, T, Dekoninck, W, Wenseleers, T. 2014. A highly diverse microcosm in a hostile world: A review on the associates of red wood ants (*Formica rufa* group). Insectes Sociaux, 61: 229–237.

Parmentier, T, Dekoninck, W, Wenseleers, T. 2015a. Metapopulation processes affecting diversity and distribution of myrmecophiles associated with red wood ants. Basic and Applied Ecology, 16: 553–562.

Parmentier, T, Dekoninck, W, Wenseleers, T. 2015b. Context-dependent specialization in colony defence in the red wood ant *Formica rufa*. Animal Behaviour, 103: 161–167.

Parmentier, T, Dekoninck, W, Wenseleers, T. 2016b. Do well-integrated species of an inquiline community have a lower brood predation tendency? A test using red wood ant myrmecophiles. BMC Evolutionary Biology, 16: 1–12.

Parmentier, T, Dekoninck, W, Wenseleers, T. 2016c. Survival of persecuted myrmecophiles in laboratory nests of different ant species can explain patterns of host use in the field. Myrmecological News, 23: 71–79.

Parmentier, T, Dekoninck, W, Wenseleers, T. 2017a. Arthropods associate with their red wood ant host without matching nestmate recognition cues. Journal of Chemical Ecology, 43: 644–661.

Parmentier, T, De Laender, F, Wenseleers, T, Bonte, D. 2018. Prudent behavior rather than chemical deception enables a parasite to exploit its ant host. Behavioral Ecology, 29: 1225–1233.

Parmentier, T, Vanderheyden, A, Dekoninck, W, Wenseleers, T. 2017b. Body size in the ant-associated isopod *Platyarthrus hoffmannseggii* is host-dependent. Biological Journal of the Linnean Society, 121: 305–311.

Pasteels, J. 1968. Le système glandulaire tégumentaire des Aleocharinae (Coleoptera, Staphylinidae) et son évolution chez les espèces termitophiles du genre Termitella. Archives de Biologie, 79: 381–469.

Pearcy, M, Goodisman, MA, Keller, L. 2011. Sib mating without inbreeding in the longhorn crazy ant. Proceedings of the Royal Society B: Biological Sciences, 278: 2677–2681.

Pech, P, Fric, Z, Konvicka, M. 2007. Species-specificity of the *Phengaris* (*Maculinea*)-*Myrmica* host system: Fact or myth? (Lepidoptera: Lycaenidae; Hymenoptera: Formicidae). Sociobiology, 50: 983–1004.

Peeters, C, Heraty, J, Wiwatwitaya, D. 2015. Eucharitid wasp parasitoids in cocoons of the ponerine ant *Diacamma scalpratum* from Thailand. Halteres, 6: 90–94.

Peeters, C, Hölldobler, B, Mofett, M, Ali, TM. 1994. "Wall-papering" and elaborate nest architecture in the ponerine ant *Harpegnathos saltator*. Insectes Sociaux, 41: 211–218.

Peeters, C, Liebig, J. 2009. Fertility signaling as a general mechanism of regulating reproductive division of labor in ants. In Organization of insect societies: From genome to socio-complexity, ed. J Gadau, J Fewell, 220–242. Cambridge, MA: Harvard University Press.

Pekár, S, Cárdenas, M. 2015. Innate prey preference overridden by familiarisation with detrimental prey in a specialised myrmecophagous predator. Naturwissenschaften, 102: 1257.

Pekár, S, Jarab, M. 2011. Assessment of color and behavioral resemblance to models by inaccurate myrmecomorphic spiders (Araneae). Invertebrate Biology, 130: 83–90.

Pekár, S, Jiroš, P. 2011. Do ant mimics imitate cuticular hydrocarbons of their models? Animal Behaviour, 82: 1193–1199.

Pekár, S, Křál, J. 2002. Mimicry complex in two central European zodariid spiders (Araneae: Zodariidae): How *Zodarion* deceives ants. Biological Journal of the Linnean Society, 75: 517–532.

Pekár, S, Mayntz, D, Ribeiro, T, Herberstein, ME. 2010. Specialist ant-eating spiders selectively feed on different body parts to balance nutrient intake. Animal Behaviour, 79: 1301–1306.

Pekár, S, Sobotník, J. 2007. Comparative study of the femoral organ in *Zodarion* spiders (Araneae: Zodariidae). Arthropod Structure and Development, 36: 105–112.

Pereira-Filho, JMB, Saturnino, R, Bonaldo, AB. 2018. Five new species and novel descriptions of opposed sexes of four species of the spider genus *Attacobius* (Araneae: Corinnidae). Zootaxa, 4462: 211–228.

Peretti, AV. 2002. Courtship and sperm transfer in the whip spider *Phrynus gervaisii* (Amblypygi, Phrynidae): A complement to Weygoldt's 1977 paper. Journal of Arachnology, 30: 588–600.

Pérez, R, Condit, R, Lao, S. 1999. Distribución, mortalidad y associación con plantas, de nidos de *Paraponera clavata* (Hymenoptera: Formicidae) en la isla de Barro Colorado, Panamá. Revista de Biología Tropical, 47: 697–709.

Pérez-Lachaud, G, Heraty, JM, Carmichael, A, Lachaud, J-P. 2006. Biology and behavior of *Kapala* (Hymenoptera: Eucharitidae) attacking *Ectatomma*, *Gnamptogenys*, and *Pachycondyla* (Formicidae: Ectatomminae and Ponerinae) in Chiapas, Mexico. Annals of the Entomological Society of America, 99: 567–576.

Pérez-Lachaud, G, Jervis, MA, Reemer, M, Lachaud, J-P. 2014. An unusual, but not unexpected, evolutionary step taken by syrphid flies: The first record of true primary parasitoidism of ants by Microdontinae. Biological Journal of the Linnean Society, 111: 462–472.

Pérez-Lachaud, G, Klompen, H, Poteaux, C, Santamaría, C, Armbrecht, I, Beugnon, G, Lachaud, J-P. 2019. Context dependent life-history shift in *Macrodinychus sellnicki* mites attacking a native ant host in Colombia. Scientific Reports, 9: 8394.

Pérez-Lachaud, G, Lachaud, J-P. 2014. Arboreal ant colonies as "hot-points" of cryptic diversity for myrmecophiles: The weaver ant *Camponotus* sp. af. *textor* and its interaction network with its associates. PLOS One, 9: e100155.

Pérez-Lachaud, G, Valenzuela, JE, Lachaud, J-P. 2011. Is increased resistance to parasitism at the origin of polygyny in a Mexican population of the ant *Ectatomma tuberculatum* (Hymenoptera: Formicidae)? Florida Entomologist, 94: 677–684.

Pérez-Ortega, B, Fernández-Marín, H, Loiácono, M, Galgani, P, Wcislo, W. 2010. Biological notes on a fungus-growing ant, *Trachymyrmex* cf. *zeteki* (Hymenoptera, Formicidae, Attini) attacked by a diverse community of parasitoid wasps (Hymenoptera, Diapriidae). Insectes Sociaux, 57: 317–322.

Perlman, DL. 1993. Colony founding among Ants. PhD dissertation, Harvard University, Department of Organismic and Evolutionary Biology, Cambridge, MA.

Phillips, ZI. 2021. Emigrating together but not establishing together: A cockroach rides ants and leaves. American Naturalist, 197: 138–145

Phillips, ZI, Reding, L, Farrior, CE. 2021. The early life of a leaf-cutter ant colony constrains symbiont vertical transmission and favors horizontal transmission. Ecology and Evolution, 11: 11718–11729.

Phillips, ZI, Zhang, MM, Mueller, UG. 2017. Dispersal of *Attaphila fungicola*, a symbiotic cockroach of leaf-cutter ants. Insectes Sociaux, 64: 277–284.

Pianka, ER, Parker, WS. 1975. Ecology of horned lizards: A review with special reference to *Phrynosoma platyrhinos*. Copeia, 1975: 141–162.

Pierce, NE. 1983. Associations between lycaenid butterflies and ants. News Bulletin of the Entomological Society of Queensland, 11: 91–97.

Pierce, NE. 1985. Lycaenid butterflies and ants: Selection for nitrogen-fixing and other protein-rich food plants. American Naturalist, 125: 888–895.

Pierce, NE. 1987. The evolution and biogeography of associations between lycaenid butterflies and ants. Oxford Surveys in Evolutionary Biology, 4: 89–116.

Pierce, NE. 1989. Butterfly-ant mutualisms. In Toward a more exact ecology, ed. PJ Grubb, JB Whittaker, 299–324. Oxford: Blackwell Science.

Pierce, NE. 1995. Predatory and parasitic Lepidoptera: Carnivores living on plants. Journal of the Lepidopterists' Society, 49: 412–453.

Pierce, NE, Braby, MF, Heath, A, Lohman, DJ, Mathew, J, Rand, DB, Travassos, MA. 2002. The ecology and evolution of ant association in the Lycaenidae (Lepidoptera). Annual Review of Entomology, 47: 733–771.

Pierce, NE, Dankowicz, E. 2022. The natural history of caterpillar-ant associations. In Caterpillars in the middle, ed. J Marquis, S Koptur. Dordrecht: Springer.

Pierce, NE, Easteal, S. 1986. The selective advantage of attendant ants for the larvae of a lycaenid butterfly, *Glaucopsyche lygdamus*. Journal of Animal Ecology, 55: 451–462.

Pierce, NE, Elgar, MA. 1985. The influence of ants on host plant selection by *Jalmenus evagoras*, a myrmecophilous lycaenid butterfly. Behavioral Ecology and Sociobiology, 16: 209–222.

Pierce, NE, Kitching, RL, Buckley, RC, Taylor, MFJ, Benbow, KF. 1987. The costs and benefits of cooperation between the Australian lycaenid butterfly, *Jalmenus evagoras*, and its attendant ants. Behavioral Ecology and Sociobiology, 21: 237–248.

Pierce, NE, Mead, PS. 1981. Parasitoids as selective agents in the symbiosis between lycaenid butterfly larvae and ants. Science, 211: 1185–1187.

Pierce, NE, Nash, DR. 1999. The imperial blue, *Jalmenus evagoras* (Lycaenidae). Monographs on Australian Lepidoptera, 6: 279–315.

Piza, SdT. 1937. Novas espécies de aranhas myrmecomorphas do Brazil e consideraçoes sobre o seu mimetismo. Revista do Museu Paulista, 23: 307–319.

Plateaux, L. 1960a. Adoptions expérimentales de larves entre des fourmis de genres différents: *Leptothorax nylanderi* Förster et *Solenopsis fugax* Latreille. Insectes Sociaux, 7: 163–170.

Plateaux, L. 1960b. Adoptions expérimentales de larves entre des fourmis de genres différents, II: *Myrmica laevinodis* Nylander et *Anergates atratulus* Schenck. Insectes Sociaux, 7: 221–226.

Plateaux, L. 1960c. Adoptions expérimentales de larves entre des fourmis de genres différents, III: *Anergates atratulus* Schenck et *Solenopsis fugax* Latreille, IV: *Leptothorax nylanderi* Förster et *Tetramorium caespitum* L. Insectes Sociaux, 7: 345–348.

Plateaux, L. 1972. Sur les modifications produites chez une fourmi par la présence d'un parasite cestode. Annales des Sciences Naturelles, Zoologie, 14: 203–220.

Platnick, NI, Baptista, RL. 1995. On the spider genus *Attacobius* (Araneae, Dionycha). American Museum Novitates, 3120: 1–9.

Plowes, NJR, Colella, T, Johnson, RA, Hölldobler, B. 2014. Chemical communication during foraging in the harvesting ants *Messor pergandei* and *Messor andrei*. Journal of Comparative Physiology A, 200: 129–137.

Plowes, NJR, Johnson, RA, Hölldobler, B. 2013. Foraging behavior in the ant genus *Messor* (Hymenoptera: Formicidae: Myrmicinae). Myrmecological News, 18: 33–49.

Plowes, RM, Folgarait, PJ, Gilbert, LE. 2012. The introduction of the fire ant parasitoid *Pseudacteon nocens* in North America: Challenges when establishing small populations. BioControl, 57: 503–514.

Plowes, RM, Lebrun, EG, Brown, BV, Gilbert, LE. 2009. A review of *Pseudacteon* (Diptera: Phoridae) that parasitize ants of the *Solenopsis geminata* complex (Hymenoptera: Formicidae). Annals of the Entomological Society of America, 102: 937–958.

Poinar, G. 2012. Nematode parasites and associates of ants: Past and present. Psyche: 192017.

Poinar, G, Yanoviak, SP. 2008. *Myrmeconema neotropicum* ng, n. sp., a new tetradonematid nematode parasitising South American populations of *Cephalotes atratus* (Hymenoptera: Formicidae), with the discovery of an apparent parasite-induced host morph. Systematic Parasitology, 69: 145–153.

Pollard, SD. 1994. Consequences of sexual selection on feeding in male jumping spiders (Araneae: Salticidae). Journal of Zoology, 234: 203–208.

Pollock, HS, Martínez, AE, Kelley, JP, Touchton, JM, Tarwater, CE. 2017. Heterospecific eavesdropping in ant-following birds of the Neotropics is a learned behaviour. Proceedings: Biological Sciences, 284: 20171785.

Pontoppidan, M-B, Himaman, W, Hywel-Jones, NL, Boomsma, JJ, Hughes, DP. 2009. Graveyards on the move: The spatio-temporal distribution of dead *Ophiocordyceps*-infected ants. PLOS One, 4: e4835.

Porter, SD. 1985. *Masoncus* spider: A miniature predator of *Collembola* in harvester ant colonies. Psyche, 92: 145–150.

Porter, SD. 1998a. Biology and behavior of *Pseudacteon* decapitating flies (Diptera: Phoridae) that parasitize *Solenopsis* fire ants (Hymenoptera: Formicidae). Florida Entomologist, 81: 292–309.

Porter, SD. 1998b. Host-specific attraction of *Pseudacteon* flies (Diptera: Phoridae) to fire ant colonies in Brazil. Florida Entomologist, 81: 423–429.

Porter, SD, Alonso, LE. 1999. Host specificity of fire ant decapitating flies (Diptera: Phoridae) in laboratory oviposition tests. Journal of Economic Entomology, 92: 110–114.

Porter, SD, Eastmond, DA. 1982. *Euryopis coki* (Theridiidae), a spider that preys on *Pogonomyrmex* ants. Journal of Arachnology, 10: 275–277.

Porter, SD, Gilbert, LE. 2004. Assessing host specificity and field release potential of fire ant decapitating flies (Phoridae: Pseudacteon). In Assessing host ranges for parasitoids and predators used for classical biological control: A guide to best practice, ed. RG Van Driesche, T Murray, R Reardon, 152–176. Morgantown, WV: USDA Forest Service.

Porter, SD, Kumar, V, Calcaterra, LA, Briano, JA, Seal, DR. 2013. Release and establishment of the little decapitating fly *Pseudacteon cultellatus* (Diptera: Phoridae) on imported fire ants (Hymenoptera: Formicidae) in Florida. Florida Entomologist, 96: 1567–1573.

Porter, SD, Plowes, RM, Causton, CE. 2018. The fire ant decapitating fly, *Pseudacteon bifidus* (Diptera: Phoridae): Host specificity and attraction to potential food items. Florida Entomologist, 101: 55–60.

Potter, EF. 1970. Anting in wild birds, its frequency and probable purpose. The Auk, 87: 692–713.

Pringle, EG, Moreau, CS. 2017. Community analysis of microbial sharing and specialization in a Costa Rican ant-plant-hemipteran symbiosis. Proceedings of the Royal Society B: Biological Sciences, 284: 20162770.

Prószyński, J. 2016. Delimitation and description of 19 new genera, a subgenus and a species of Salticidae (Araneae) of the world. Ecologica Montenegrina, 7: 4–32.

Quinet, Y, Pasteels, J. 1991. Spatiotemporal evolution of the trail network in *Lasius fuliginosus* (Hymenoptera, Formicidae). Belgian Journal of Zoology, 121: 55–72.

Quinet, Y, Pasteels, J. 1995. Trail following and stowaway behaviour of the myrmecophilous staphylinid beetle, *Homoeusa acuminata*, during foraging trips of its host *Lasius fuliginosus* (Hymenoptera: Formicidae). Insectes Sociaux, 42: 31–44.

Rabeling, C. 2020. Social parasitism. Springer Nature Switzerland AG. https://doi.org/10.1007/978-3-319-90306-4_175-1.

Rabeling, C, Sosa-Calvo, J, O'Connell, LA, Coloma, LA, Fernandez, F. 2016. *Lenomyrmex hoelldobleri*: A new ant species discovered in the stomach of the dendrobatid poison frog, *Oophaga sylvatica* (Funkhouser). ZooKeys, 618: 79–95.

Rafiqi, AM, Rajakumar, A, Abouheif, E. 2020. Origin and elaboration of a major evolutionary transition in individuality. Nature, 585: 239–244.

Ramachandra, P, Hill, DE. 2018. Predation by the weaver ant *Oecophylla smaragdina* (Hymenoptera: Formicidae: Formicinae) on its mimic jumping spider *Myrmarachne plataleoides* (Araneae: Salticidae: Astioida: Myrmarachnini). Peckhamia, 174: 1–8.

Ramalho, MO, Bueno, OC, Moreau, CS. 2017a. Microbial composition of spiny ants (Hymenoptera: Formicidae: Polyrhachis) across their geographic range. BMC Evolutionary Biology, 17: 96.

Ramalho, MO, Bueno, OC, Moreau, CS. 2017b. Species-specific signatures of the microbiome from *Camponotus* and *Colobopsis* ants across developmental stages. PLOS One, 12: e0187461.

Ramalho, MO, Moreau, CS, Bueno, OC. 2019. The potential role of environment in structuring the microbiota of *Camponotus* across parts of the body. Advances in Entomology, 7: 47–70.

Ramírez, MJ, Grismado, CJ, Ubick, D, Ovtsharenko, V, Cushing, PE, Platnick, NI, Wheeler, WC, Prendini, L, Crowley, LM, Horner, NV. 2019. Myrmecicultoridae, a new family of myrmecophilic spiders from the Chihuahuan Desert (Araneae: Entelegynae). American Museum Novitates, 2019: 1–24 (24).

Raspotnig, G, Stabentheiner, E, Föttinger, P, Schaider, M, Krisper, G, Rechberger, G, Leis, H. 2009. Opisthonotal glands in the Camisiidae (Acari, Oribatida): Evidence for a regressive evolutionary trend. Journal of Zoological Systematics and Evolutionary Research, 47: 77–87.

Ray, TS, Andrews, CCR. 1980. Antbutterflies: Butterflies that follow army ants to feed on antbird droppings. Science, 210: 1147–1148.

Reber, A, Castella, G, Christe, P, Chapuisat, M. 2008. Experimentally increased group diversity improves disease resistance in an ant species. Ecology Letters, 11: 682–689.

Reemer, M. 2013. Review and phylogenetic evaluation of associations between Microdontinae (Diptera: Syrphidae) and ants (Hymenoptera: Formicidae). Psyche, 2013: 538316.

Reemer, M, Ståhls, G. 2013a. Generic revision and species classification of the Microdontinae (Diptera, Syrphidae). ZooKeys, 288: 1–213.

Reemer, M, Ståhls, G. 2013b. Phylogenetic relationships of Microdontinae (Diptera: Syrphidae) based on molecular and morphological characters. Systematic Entomology, 38: 661–688.

Regnier, F, Wilson, E. 1971. Chemical communication and "propaganda" in slave-maker ants. Science, 172: 267–269.

Regös, J, Schlüter, A. 1984. Erste Ergebnisse zur Fortpflanzungsbiologie von *Lithodytes lineatus* (Schneider, 1799) (Amphibia: Leptodactylidae). Salamandra (Frankfurt am Main), 20: 252–261.

Reichensperger, A. 1924. Neue südamerikanische Histeriden als Gäste von Wanderameisen und Termiten, II: Teil. Revue Suisse de Zoologie, 31: 117–152.

Reichensperger, A. 1948. Die Paussiden Afrikas. Abhandlungen der Senckenberg Gesellschaft für Naturforschung, 479: 5–31.

Renan, I, Assmann, T, Freidberg, A. 2018. Taxonomic revision of the *Graphipterus serrator* (Forskål) group (Coleoptera, Carabidae): An increase from five to 15 valid species. ZooKeys, 753: 23–82.

Rettenmeyer, CW. 1960. Behavior, abundance and host specificity of mites found on Neotropical army ants (Acarina; Formicidae: Dorylinae). Proceedings of the Eleventh International Congress of Entomology, Vienna, 1: 610–612.

Rettenmeyer, CW. 1961. Arthropods associated with neotropical army ants with a review of the behavior of these ants. PhD dissertation, University of Kansas, Lawrence.

Rettenmeyer, CW. 1962a. Notes on host specificity and behavior of myrmecophilous macrochelid mites. Journal of the Kansas Entomological Society, 35: 358–360.

Rettenmeyer, CW. 1962b. The diversity of arthropods found with Neotropical army ants and observations on the behavior of representative species. Proceedings of the North Central Branch of the Entomological Society of America, 17: 14–15.

Rettenmeyer, CW. 1963. The behavior of *Thysanura* found with army ants. Annals of the Entomological Society of America, 56: 170–174.

Rettenmeyer, CW. 1970. Insect mimicry. Annual Review of Entomology, 15: 43–74.

Rettenmeyer, CW, Akre, RD. 1968. Ectosynibiosis between phorid flies and army ants. Annals of the Entomological Society of America, 61: 1317–1326.

Rettenmeyer, CW, Rettenmeyer, ME, Joseph, J, Berghof, SM. 2011. The largest animal association centered on one species: The army ant *Eciton burchellii* and its more than 300 associates. Insectes Sociaux, 58: 281–292.

Revis, HC, Waller, DA. 2004. Bactericidal and fungicidal activity of ant chemicals on feather parasites: An evaluation of anting behavior as a method of self-medication in songbirds. Auk, 121: 1262–1268.

Riley, J, Winch, JM, Stimson, AF, Pope, RD. 1986. The association of *Amphisbaena alba* (Reptilia: Amphisbaenia) with the leaf-cutting ant *Atta cephalotes* in Trinidad. Journal of Natural History, 20: 459–470.

Rink, WJ, Dunbar, JS, Tschinkel, WR, Kwapich, C, Repp, A, Stanton, W, Thulman, DK. 2013. Subterranean transport and deposition of quartz by ants in sandy sites relevant to age overestimation in optical luminescence dating. Journal of Archaeological Science, 40: 2217–2226.

Riva, F, Barbero, F, Bonelli, S, Balletto, E, Casacci, LP. 2017. The acoustic repertoire of lycaenid butterfly larvae. Bioacoustics, 26: 77–90.

Robinson, EJH, Stockan, J, Iason, GR. 2016. Wood ants and their interaction with other organisms. In Wood ant ecology and conservation, ed. J Stockan, EJ Robinson, 177–206. Cambridge, UK: Cambridge University Press.

Robinson, NA, Robinson, EJH. 2013. Myrmecophiles and other invertebrate nest associates of the red wood ant *Formica rufa* (Hymenoptera: Formicidae) in north-west England. British Journal of Entomology and Natural History, 26: 67–88.

Roces, F, Hölldobler, B. 1995. Vibrational communication between hitchhikers and foragers in leaf-cutting ants (*Atta cephalotes*). Behavioral Ecology and Sociobiology, 37: 297–302.

Roces, F, Tautz, J. 2001. Ants are deaf. Journal of the Acoustical Society of America, 109: 3080–3082.

Roces, F, Tautz, J, Hölldobler, B. 1993. Stridulation in leaf-cutting ants. Naturwissenschaften, 80: 521–524.

Rocha, FH, Lachaud, J-P, Pérez-Lachaud, G. 2020. Myrmecophilous organisms associated with colonies of the ponerine ant *Neoponera villosa* (Hymenoptera: Formicidae) nesting in *Aechmea bracteata* bromeliads: A biodiversity hotspot. Myrmecological News, 30: 73–92.

Rödel, M-O, Brede, C, Hirschfeld, M, Schmitt, T, Favreau, P, Stöcklin, R, Wunder, C, Mebs, D. 2013. Chemical camouflage: A frog's strategy to co-exist with aggressive ants. PLOS One, 8: e81950.

Rodríguez, J, Montoya-Lerma, J, Calle, Z. 2013. Primer registro de *Attaphila fungicola* (Blattaria: Polyphagidae) en nidos de *Atta cephalotes* (Hymenoptera: Myrmi-cinae) en Colombia. Boletin Cientifico Centro De Museos De Historia Natural, 17: 219–226.

Roepke, W. 1925. Eine neue myrmekophile Tineide aus Java: *Hypophrictoides dolichoderella* n. g. n. sp. Tijdschrift voor Entomologie, 68: 175–194.

Rognes, K. 2009. Revision of the Oriental species of the *Bengalia peuhi* species group (Diptera, Calliphoridae). Zootaxa, 2251: 1–76.

Rognes, K. 2011. Revision of the *Bengalia spinifemorata* species-group (Diptera, Calliphoridae). Zootaxa, 2835: 1–29.

Ronque, MU, Lyra, ML, Migliorini, GH, Bacci, M, Oliveira, PS. 2020. Symbiotic bacterial communities in rainforest fungus-farming ants: Evidence for species and colony specificity. Scientific Reports, 10: 10172.

Ross, GN. 1964. Life history studies on Mexican butterflies, III: Early stages of *Anatole rossi*, a new myrmecophilous metalmark. Journal of Research on the Lepidoptera, 3: 81–94.

Ross, GN. 1966. Life-history studies on Mexican butterflies, IV: The ecology and ethology of *Anatole rossi*, a myrmecophilous metalmark (Lepidoptera: Riodinidae). Annals of the Entomological Society of America, 59: 985–1004.

Ruiz, E, Martínez, MH, Martínez, MD, Hernández, JM. 2006. Morphological study of the stridulatory organ in two species of *Crematogaster* genus: *Crematogaster scutellaris* (Olivier 1792) and *Crematogaster auberti* (Emery 1869) (Hymenoptera: Formicidae). Annales de la Société entomologique de France, 42: 99–105.

Russell, JA, Moreau, CS, Goldman-Huertas, B, Fujiwara, M, Lohman, DJ, Pierce, NE. 2009. Bacterial gut symbionts are tightly linked with the evolution of herbivory in ants. Proceedings of the National Academy of Sciences, 106: 21236–21241.

Russell, JA, Sanders, JG, Moreau, CS. 2017. Hotspots for symbiosis: Function, evolution, and specificity of ant-microbe associations from trunk to tips of the ant phylogeny (Hymenoptera: Formicidae). Myrmecological News, 24: 43–69.

Sakata, T, Norton, RA. 2001. Opisthonotal gland chemistry of early-derivative oribatid mites (Acari) and its relevance to systematic relationships of Astigmata. International Journal of Acarology, 27: 281–292.

Sala, M, Casacci, LP, Balletto, E, Bonelli, S, Barbero, F. 2014. Variation in butterfly larval acoustics as a strategy to infiltrate and exploit host ant colony resources. PLOS One, 9: e94341.

Sameshima, S, Hasegawa, E, Kitade, O, Minaka, N, Matsumoto, T. 1999. Phylogenetic comparison of endosymbionts with their host ants based on molecular evidence. Zoological Science, 16: 993–1000.

Saporito, RA, Donnelly, MA, Spande, TF, Garrafo, HM. 2012. A review of chemical ecology in poison frogs. Chemoecology, 22: 159–168.

Sauer, C, Stackebrandt, E, Gadau, J, Hölldobler, B, Gross, R. 2000. Systematic relationships and cospeciation of bacterial endosymbionts and their carpenter ant host species: Proposal of the new taxon *Candidatus Blochmannia* gen. nov. International Journal of Systematic and Evolutionary Microbiology, 50: 1877–1886.

Saussure, H. 1877. Gryllides. Mémoires de la Société de Physique et d'Histoire Naturelle de Genève., 25: 111–341.

Savi, P. 1819. Osservazioni sopra la *Blatta acervorum* di Panzer, *Gryllus myrmecophilus* nobis. Bibliotheka Italiana, 15: 217–219.

Schal, C, Sevala, VL, Young, HP, Bachmann, JA. 1998. Sites of synthesis and transport pathways of insect hydrocarbons: Cuticle and ovary as target tissues. American Zoologist, 38: 382–393.

Scharf, I, Modlmeier, AP, Beros, S, Foitzik, S. 2012. Antsocieties buffer individual-level effects of parasite infections. American Naturalist, 180: 671–683.

Schierling, A, Dettner, K. 2013. The pygidial defense gland system of the Steninae (Coleoptera, Staphylinidae): Morphology, ultrastructure and evolution. Arthropod Structure and Development, 42: 197–208.

Schimmer, F. 1909. Beitrag zu einer Monographie der Gryllodeengattung *Myrmecophila* Latr. Zoologische Jahrbücher, 8: 410–534.

Schlüter, A. 1980. Bio-akustische Untersuchungen an Leptodactyliden in einem begrenzten Gebiet des tropischen Regenwaldes von Peru (Amphibia: Salientia: Leptodactylidae). Salamandra, 16: 227–247.

Schlüter, A, Löttker, P, Mebert, K. 2009. Use of an active nest of the leaf cutter ant *Atta cephalotes* (Hymenoptera: Formicidae) as a breeding site of *Lithodytes lineatus* (Anura: Leptodactylidae). Herpetology Notes, 2: 101–105.

Schlüter, A, Regös, J. 1981. *Lithodytes lineatus* (Schneider, 1799) (Amphibia: Leptodactylidae) as a dweller in nests of the leaf cutting ant *Atta cephalotes* (Linnaeus, 1758) (Hymenoptera: Attini). Amphibia-Reptilia, 2: 117–121.

Schlüter, A, Regös, J. 1996. The tadpole of *Lithodytes lineatus* with notes on the frogs resis tance to leaf-cutting ants (Amphibia: Leptodactylidae). Stuttgarter Beiträge zur Naturkunde: Serie A (Biologie), 536: 1–4.

Schlüter, A, Regös, J. 2005. In der Höhle des Löwen – *Lithodytes lineatus*. Amphibia, 4: 23–27.

Schmid, VS, Morales, MN, Marinoni, L, Kamke, R, Steiner, J, Zillikens, A, Jeanne, R. 2014. Natural history and morphology of the hoverfly *Pseudomicrodon biluminiferus* and its parasitic relationship with ants nesting in bromeliads. Journal of Insect Science, 14: 21.

Schmid-Hempel, P. 1994. Infection and colony variability in social insects. In Infection, polymorphism and evolution, ed. WD Hamilton, JC Howard, 43–51. Dordrecht: Springer Verlag.

Schmid-Hempel, P. 1998. Parasites in social insects. Princeton, NJ: Prince ton University Press.

Schmid-Hempel, P. 2021. Sociality and parasite transmission. Behavioral Ecology and Sociobiology, 75: 1–13.

Schmidt, JO, Blum, MS. 1978a. A harvester ant venom: Chemistry and pharmacology. Science, 200: 1064–1066.

Schmidt, JO, Blum, MS. 1978b. The biochemical constituents of the venom of the harvester ant, *Pogonomyrmex badius*. Comparative Biochemistry and Physiology Part C: Comparative Pharmacology, 61: 239–247.

Schmidt, PJ, Sherbrooke, WC, Schmidt, JO. 1989. The detoxification of ant (*Pogonomyrmex*) venom by a blood factor in horned lizards (*Phrynosoma*). Copeia, 1989: 603–607.

Schneider, G, Hohorst, W. 1971. Wanderung der Metacercarien des Lanzett-Egels in Ameisen. Naturwissenschaften, 58: 327–328.

Schneirla, TC. 1971. Army ants: A study in social organization, ed. HR Topof. New York: W. H. Freeman & Co.

Schöller, M. 2011. Larvae of case-bearing leaf beetles (Coleoptera: Chrysomelidae: Cryptocephalinae). Acta Entomologica Musei Nationalis Pragae, 51: 747–748.

Schönrogge, K, Barbero, F, Casacci, LP, Settele, J, Thomas, J. 2017. Acoustic communication within ant societies and its mimicry by mutualistic and socially parasitic myrmecophiles. Animal Behaviour, 134: 249–256.

Schönrogge, K, Barr, B, Wardlaw, JC, Napper, E, Gardner, MG, Breen, J, Elmes, GW, Thomas, JA. 2002. When rare species become endangered: Cryptic speciation in myrmecophilous hoverflies. Biological Journal of the Linnean Society, 75: 291–300.

Schönrogge, K, Wardlaw, JC, Peters, AJ, Everett, S, Thomas, JA, Elmes, GW. 2004. Changes in chemical signature and host specificity from larval retrieval to full social integration in the myrmecophilous butterfly *Maculinea rebeli*. Journal of Chemical Ecol ogy, 30: 91–107.

Schönrogge, K, Wardlaw, JC, Thomas, JA, Thomas, GW. 2000. Polymorphic growth rates in myrmecophilous insects. Proceedings of the Royal Society of London. Series B: Biological Sciences, 267: 771–777.

Schremmer, F. 1978. Zur Bionomie und Morphologie der myrmekophilen Raupe und Puppe der neotropischen Tagfalter-Art *Hamearis erostratus* (Lepidoptera: Riodinidae). Entomologica Germanica, 42: 113–121.

Schröder, D, Deppisch, H, Obermayer, M, Krohne, G, Stackebrandt, E, Hölldobler, B, Goebel, W, Gross, R. 1996. Intracellular endosymbiotic bacteria of *Camponotus* species (carpenter ants): Systematics, evolution and ultrastructural characterization. Molecular Microbiology, 21: 479–489.

Schroth, M, Maschwitz, U. 1984. Zur Larvalbiologie und Wirtsfindung von *Maculinea teleius* (Lepidoptera: Lycaenidae), eines Parasiten von *Myrmica laevinodis* (Hymenoptera: Formicidae). Entomologia Generalis, 9: 225–230.

Schurian, KG, Fiedler, K. 1991. Einfache Methoden zur Schallwahrnehmung bei Bläulings-Larven (Lepidoptera: Lycaenidae). Entomologische Zeitschrift, 101: 393–412.

Schurian, KG, Fiedler, K. 1994. Zur Biologie von *Polyommatus (Lysandra) dezinus* (De Freina & Witt) (Lepidoptera: Lycaenidae). Nachrichten des Entomologischen Vereins Apollo, Frankfurt am Main, N.F., 14: 339–353.

Schurian, KG, Fiedler, K, Maschwitz, U. 1993. Parasitoids exploit secretions of myrmecophilous lycaenid butterfly caterpillars (Lycaenidae). Journal of the Lepidopterists' Society, 47: 150–154.

Schwitzke, C, Fiala, B, Linsenmair, KE, Curio, E. 2015. Eucharitid ant-parasitoid affects facultative ant-plant *Leea manillensis*: Top-down effects through three trophic levels. Arthropod-Plant Interactions, 9: 497–505.

Seevers, CH. 1957. A monograph on the termitophilous staphylinidae (Coleoptera). Fieldiana Zoology, 40: 1–334.

Seevers, CH. 1965. The systematic, evolution and zoogeography of staphylinid beetles associated with army ants (Coleoptera, Staphylinidae). Fieldiana Zoology, 47: 137–351.

Seraphim, N, Kaminski, LA, Devries, PJ, Penz, C, Cal-laghan, C, Wahlberg, N, Silva-Beandão, KL, Freitas, AV. 2018. Molecular phylogeny and higher systematics of the metalmark butterflies (Lepidoptera: Riodinidae). Systematic Entomology, 43: 407–425.

Shamble, PS, Hoy, RR, Cohen, I, Beatus, T. 2017. Walking like an ant: A quantitative and experimental approach to understanding locomotor mimicry in the jumping spider *Myrmarachne formicaria*. Proceedings of the Royal Society B: Biological Sciences, 284: 20170308.

Sharkey, MJ, Carpenter, JM, Vilhelmsen, L, Heraty, J, Liljeblad, J, Dowling, AP, Schulmeister, S, Murray, D, Deans, AR, Ronquist, F. 2012. Phylogenetic relationships among superfamilies of Hymenoptera. Cladistics, 28: 80–112.

Sharma, KR, Enzmann, BL, Schmidt, Y, Moore, D, Jones, GR, Parker, J, Berger, SL, Reinberg, D, Zwiebel, LJ, Breit, B, Liebig, J, Ray, A. 2015. Cuticular hydrocarbon pheromones for social behavior and their coding in the ant antenna. Cell Reports, 12: 1261–1271.

Shaw, SR. 1993. Observations on the ovipositional behavior of *Neoneurus mantis*, an ant-associated parasitoid from Wyoming (Hymenoptera: Braconidae). Journal of Insect Behavior, 6: 649–658.

Shenefelt, RD. 1969. Braconidae 1. Hymenopterorum Catalogus (Nova Editio), 4: 1–176.

Sherbrooke, WC, Schwenk, K. 2008. Horned lizards (*Phrynosoma*) incapacitate dangerous ant prey with mucus. Journal of Experimental Zoology Part A: Ecological Genetics and Physiology, 309: 447–459.

Sherman, PW, Seeley, TD, Reeve, HK. 1988. Parasites, pathogens, and polyandry in social Hymenoptera. American Naturalist, 131: 602–610.

Shimizu-kaya, U. 2014. Exploitation of food bodies on *Macaranga* myrmecophytes by larvae of a lycaenid species, *Arhopala zylda* (Lycaeninae). Journal of the Lepidopterists' Society, 68: 31–36.

Shimizu-kaya, U, Okubo, T, Yago, M, Inui, Y, Itioka, T. 2013. Myrmecoxeny in *Arhopala zylda* (Lepidoptera, Lycaenidae) larvae feeding on *Macaranga* myrmecophytes. Entomological News, 123: 63–70.

Sielezniew, M, Rutkowski, R. 2012. Population isolation rather than ecological variation explains the genetic structure of endangered myrmecophilous butterfly *Phengaris* (= *Maculinea*) *arion*. Journal of Insect Conservation, 16: 39–50.

Sielezniew, M, Rutkowski, R, Ponikwicka-Tyszko, D, Ratkiewicz, M, Dziekańska, I, Švitra, G. 2012. Differences in genetic variability between two ecotypes of the endangered myrmecophilous butterfly *Phengaris* (= *Maculinea*) *alcon*: The setting of conservation priorities. Insect Conservation and Diversity, 5: 223–236.

Silva, VM, Moreira, GF, Lopes, JM, Delabie, JH, Oliveira, AR. 2018. A new species of *Cosmolaelaps* Berlese (Acari: Laelapidae) living in the nest of the ant *Neoponera inversa* (Smith) (Hymenoptera: Formicidae) in Brazil. Systematic and Applied Acarology, 23: 13–24.

Simmons, KEL. 1966. Anting and the problem of self-stimulation. Journal of Zoology, 149: 145–162.

Singer, TL. 1998. Roles of hydrocarbons in the recognition systems of insects. American Zoologist, 38: 394–405.

Sinotte, VM, Freedman, SN, Ugelvig, LV, Seid, MA. 2018. *Camponotus floridanus* ants incur a trade-off between phenotypic development and pathogen susceptibility from their mutualistic endosymbiont *Blochmannia*. Insects, 9: 58.

Šípek, P, Fikáček, M, Bílý, S. 2008. First record of myrmecophily in buprestid beetles: Immature stages of *Habroloma myrmecophila* sp. nov. (Coleoptera: Buprestidae) associated with *Oecophylla* ants (Hymenoptera: Formicidae). Insect Systematics & Evolution, 39: 121–131.

Sivinski, J, Marshall, S, Petersson, E. 1999. Kleptoparasitism and phoresy in the Diptera. Florida Entomologist, 82: 179–197.

Skwarra, E. 1927. Über die Ernährungsweise der Larven von *Clytra quadripunctata* (L.). Zoologischer Anzeiger, 50: 83–96.

Smith, AA. 2019. Prey specialization and chemical mimicry between *Formica archboldi* and *Odontomachus* ants. Insectes Sociaux, 66: 211–222.

Smith, AA, Hölldobler, B, Liebig, J. 2008. Hydrocarbon signals explain the pattern of worker and egg policing in the ant *Aphaenogaster cockerelli*. Journal of Chemical Ecology, 34: 1275–1282.

Smith, AA, Hölldober, B, Liebig, J. 2009. Cuticular hydrocarbons reliably identify cheaters and allow enforcement of altruism in a social insect. Current Biology, 19: 78–81.

Smith, AA, Liebig, J. 2017. The evolution of cuticular fertility signals in eusocial insects. Current Opinion in Insect Science, 22: 79–84.

Sokolov, IM, Sokolova, YY, Fuxa, JR. 2003. Histiostomatid mites (Histiostomatidae: Astigmata: Acarina). Journal of Entomological Science, 38: 699–702.

Song, H, Béthoux, O, Shin, S, Donath, A, Letsch, H, Liu, S, McKenna, DD, Meng, G, Misof, B, Podsiadlowski, L, Zhou, X, Wipfler, B, Simon, S. 2020. Phylogenomic analysis sheds light on the evolutionary pathways towards acoustic communication in Orthoptera. Nature Communications, 11: 4939.

Song, H, Buhay, JE, Whiting, MF, Crandall, KA. 2008. Many species in one: DNA barcoding overestimates the number of species when nuclear mitochondrial pseudogenes are coamplified. Proceedings of the National Academy of Sciences, 105: 13486–13491.

Soroker, V, Fresneau, D, Hefetz, A. 1998. Formation of colony odor in ponerine ant *Pachycondyla apicalis*. Journal of Chemical Ecology, 24: 1077–1090.

Soroker, V, Hefetz, A. 2000. Hydrocarbon site of synthesis and circulation in the desert ant *Cataglyphis niger*. Journal of Insect Physiology, 46: 1097–1102.

Soroker, V, Hefetz, A, Cojocaru, M, Billen, J, Franke, S, Francke, W. 1995a. Structural and chemical ontogeny of the postpharyngeal gland in the desert ant *Cataglyphis niger*. Physiological Entomology, 20: 323–329.

Soroker, V, Vienne, C, Hefetz, A. 1995b. Hydrocarbon dynamics within and between nestmates in *Cataglyphis niger* (Hymenoptera: Formicidae). Journal of Chemical Ecology, 21: 365–378.

Soroker, V, Vienne, C, Hefetz, A, Nowbahari, E. 1994. The postpharyngeal gland as a "Gestalt" organ for nestmate recognition in the ant *Cataglyphis niger*. Naturwissenschaften, 81: 510–513.

Southern, WE. 1963. Three species observed anting on a wet lawn. Wilson Bulletin, 75: 275–276.

Speight, M. 2017. Species accounts of European Syrphidae (Diptera), Glasgow 2011. In Syrph the Net, the Database of European Syrphidae, vol. 65, ed. MCD Speight, E Castella, J-P Sarthou, C Monteil, 285. Dublin: Trinity College Department of Zoology.

Sprenger, PP, Menzel, F. 2020. Cuticular hydrocarbons in ants (Hymenoptera: Formicidae) and other insects: How and why they differ among individuals, colonies, and species. Myrmecological News, 30: 1–26.

Stadler, B, Dixon, AFG. 2008. Mutualism: Ants and their insect partners. Cambridge, UK: Cambridge University Press.

Stalling, T. 2017. A new species of ant-loving cricket *Myrmecophilus* Berthold, 1827 from Cyprus (Orthoptera: Myrmecophilidae). Zoology in the Middle East, 49: 89–94.

Stalling, T, Iorgu, IȘ, Chobanov, DP. 2020. The ant cricket *Myrmecophilus orientalis* on the Dodecanese Islands, Greece (Orthoptera: Myrmecophilidae). Travaux du Muséum National d'Histoire Naturelle "Grigore Antipa," 63: 63–67.

Staniec, B, Pietrykowska-Tudruj, E, Zagaja, M. 2017. Adaptive external larval ultrastructure of *Lomechusa* Gravenhorst, 1806 (Coleoptera: Staphylinidae: Aleocharinae), an obligate myrmecophilous genus. Annales Zoologici, 67: 609–626.

Staniec, B, Zagaja, M. 2008. Rove-beetles (Coleoptera, Staphylinidae) of ant nests of the vicinities of Leżajsk. Annales UMCS, Biologia, 63: 111–127.

Steidle, JL, Dettner, K. 1993. Chemistry and morphology of the tergal gland of freeliving adult Aleocharinae (Coleoptera: Staphylinidae) and its phylogenetic significance. Systematic Entomology, 18: 149–168.

Steiner, FM, Sielezniew, M, Schlick-Steiner, BC, Höttinger, H, Stankiewicz, A, Górnicki, A. 2003. Host specificity revisited: New data on *Myrmica* host ants of the lycaenid butterfly *Maculinea rebeli*. Journal of Insect Conservation, 7: 1–6.

Stiefel, VL, Margolies, DC. 1998. Is host plant choice by a clytrine leaf beetle mediated through interactions with the ant *Crematogaster lineolata*? Oecologia, 115: 434–438.

Stiefel, VL, Nechols, JR, Margolies, DC. 1995. Overwintering biology of *Anomoea flavokansiensis* (Coleoptera: Chrysomelidae). Annals of the Entomological Society of America, 88: 342–347.

Stoeffler, M, Boettinger, L, Tolasch, T, Steidle, JL. 2013. The tergal gland secretion of the two rare myrmecophilous species *Zyras collaris* and *Z. haworthi* (Coleoptera: Staphylinidae) and the effect on *Lasius fuliginosus*. Psyche, 2013: 601073.

Stoeffler, M, Maier, TS, Tolasch, T, Steidle, JL. 2007. Foreign-language skills in rove-beetles? Evidence for chemical mimicry of ant alarm pheromones in myrmecophilous *Pella* beetles (Coleoptera: Staphylinidae). Journal of Chemical Ecology, 33: 1382–1392.

Stoeffler, M, Tolasch, T, Steidle, JL. 2011. Three beetles – three concepts: Different defensive strategies of congeneric myrmecophilous beetles. Behavioral Ecology and Sociobiology, 65: 1605–1613.

Stoll, S, Feldhaar, H, Fraunholz, MJ, Gross, R. 2010. Bacteriocyte dynamics during development of a holometabolous insect, the carpenter ant *Camponotus floridanus*. BMC Microbiology, 10: 1–16.

Stradling, D. 1978. The influence of size on foraging in the ant, *Atta cephalotes*, and the effect of some plant defence mechanisms. Journal of Animal Ecology, 47: 173–188.

Stubbs, AE, Falk, SJ. 2002. British hoverflies: An illustrated identification guide. Reading: UK: British Entomological and Natural History Society.

Sturgis, SJ, Gordon, DM. 2012. Nestmate recognition in ants (Hymenoptera: Formicidae): A review. Myrmecological News, 16: 101–110.

Swann, J. 2016. Family Milichiidae. Zootaxa, 4122: 708–715.

Swartz, MB. 2001. Bivouac checking, a novel behavior distinguishing obligate from opportunistic species of army-ant-following birds. The Condor, 103: 629–633.

Szenteczki, MA, Pitteloud, C, Casacci, LP, Kešnerová, L, Whitaker, MR, Engel, P, Vila, R, Alvarez, N. 2019. Bacterial communities within *Phengaris (Maculinea) alcon* caterpillars are shifted following transition from solitary living to social parasitism of *Myrmica* ant colonies. Ecology and Evolution, 9: 4452–4464.

Tahami, MS, Sadeghi, S, Gorochov, AV. 2017. Cave and burrow crickets of the subfamily Bothriophylacinae (Orthoptera: Myrmecophilidae) in Iran and adjacent countries. Zoosystematica Rossica, 26: 241–275.

Taniguchi, K, Maruyama, M, Ichikawa, T, Ito, F. 2005. A case of Batesian mimicry between a myrmecophilous staphylinid beetle, *Pella comes*, and its host ant, *Lasius (Dendrolasius) spathepus*: An experiment using the Japanese treefrog, *Hyla japonica* as a real predator. Insectes Sociaux, 52: 320–322.

Tarpy, DR. 2003. Genetic diversity within honeybee colonies prevents severe infections and promotes colony growth. Proceedings of the Royal Entomological Society of London: B, 270: 99–103.

Tarpy, DR, Seeley, TD. 2006. Lower disease infections in honeybee (*Apis mellifera*) colonies headed by polyandrous vs monandrous queens. Naturwissenschaften, 93: 195–199.

Tartally, A, Thomas, JA, Anton, C, Balletto, E, Barbero, F, Bonelli, S, Bräu, M, Casacci, LP, Csősz, S, Czekes, Z. 2019. Patterns of host use by brood parasitic *Maculinea* butterflies across Europe. Philosophical Transactions of the Royal Society B, 374: 20180202.

Tautz, J, Fiedler, K. 1992. Mechanoreceptive properties of caterpillar hairs involved in mediation of butterfly-ant symbioses. Naturwissenschaften, 79: 561–563.

Tenenbaum, S. 1913. Chrząszcze (Coleoptera) zebrane w Ordynacyi Zamojskiej w gub. Lubelskiej. Pam. Fizyogr, 21: 1–72.

Thomas, JA. 2002. Larval niche selection and evening exposure enhance adoption of a predacious social parasite, *Maculinea arion* (large blue butterfly), by *Myrmica* ants. Oecologia, 132: 531–537.

Thomas, JA, Elmes, GW. 1993. Specialized searching and the hostile use of allomones by a parasitoid whose host, the butterfly *Maculinea rebeli*, inhabits ant nests. Animal Behaviour, 45: 593–602.

Thomas, JA, Elmes, GW, Sielezniew, M, Stankiewicz-Fiedurek, A, Simcox, DJ, Settele, J, Schönrogge, K. 2013. Mimetic host shifts in an endangered social parasite of ants. Proceedings of the Royal Society B: Biological Sciences, 280: 20122336.

Thomas, JA, Elmes, GW, Wardlaw, JC. 1998. Polymorphic growth in larvae of the butterfly *Maculinea rebeli*, a social parasite of *Myrmica* ant colonies. Proceedings of the Royal Society of London. Series B: Biological Sciences, 265: 1895–1901.

Thomas, JA, Elmes, GW, Wardlaw, JC, Woyciechowski, M. 1989. Host specificity among *Maculinea* butterflies in *Myrmica* ant nests. Oecologia, 79: 452–457.

Thomas, JA, Knapp, JJ, Akino, T, Gerty, S, Wakamura, S, Simcox, DJ, Wardlaw, JC, Elmes, GW. 2002. Parasitoid secretions provoke ant warfare. Nature, 417: 505–506.

Thomas, JA, Schönrogge, K, Elmes, GW. 2005. Specialisations and host associations of social parasites of ants. In Insect evolutionary ecology, ed. M Fellowes, G Holloway, J Rolf, 479–518. Wallingford, UK: CAB International Publishing.

Thomas, JA, Wardlaw, JC. 1992. The capacity of a *Myrmica* ant nest to support a predacious species of *Maculinea* butterfly. Oecologia, 91: 101–109.

Timuş, N, Constantineanu, R, Rákosy, L. 2013. *Ichneumon balteatus* (Hymenoptera: Ichneumonidae): A new parasitoid species of *Maculinea alcon* butterflies (Lepidoptera: Lycaenidae). Entomologica Romanica, 18: 31–35.

Tishechkin, AK, Kronauer, DJ, Von Beeren, C. 2017. Taxonomic review and natural history notes of the army ant-associated beetle genus *Ecclisister Reichensperger* (Coleoptera: Histeridae: Haeteriinae). Coleopterists Bulletin, 71: 279–288.

Toda, M, Komatsu, N, Takahashi, H, Nakagawa, N, Sukigara, N. 2013. Fecundity in captivity of the green anoles, *Anolis carolinensis*, established on the Ogasawara islands. Current Herpetology, 32: 82–88.

Torres, JA, Thomas, R, Leal, M, Gush, T. 2000. Ant and termite predation by the tropical blindsnake *Typhlops platycephalus*. Insectes Sociaux, 47: 1–6.

Touchton, JM, Smith, JNM. 2011. Species loss, delayed numerical responses, and functional compensation in an antbird guild. Ecology, 92: 1126–1136.

Trabalon, M, Plateaux, L, Peru, L, Bagnères, A-G, Hart-mann, N. 2000. Modification of morphological characters and cuticular compounds in worker ants *Leptothorax nylanderi* induced by endoparasites *Anomotaenia brevis*. Journal of Insect Physiology, 46: 169–178.

Trach, VA, Bobylev, AN. 2018. Description of the female of the myrmecophilous mite *Antennophorus goesswaldi* Wiśniewski et Hirschmann, 1992 (Acari: Mesostigmata: Antennophoridae). Acarina, 26: 227–235.

Travassos, MA, DeVries, PJ, Pierce, NE. 2008. A novel organ and mechanism for larval sound production in butterfly caterpillars: *Eurybia elvina* (Lepidoptera: Riodinidae). Tropical Lepidoptera Research, 18: 20–23.

Travassos, MA, Pierce, NE. 2000. Acoustics, context and function of vibrational signalling in a lycaenid butterfly-ant mutualism. Animal Behaviour, 60: 13–26.

Tschinkel, WR. 1992. Brood raiding the fire ant, *Solenopsis invicta* (Hymenoptera: Formicidae): Laboratory and field observations. Annals of the Entomological Society of America, 85: 638–646.

Tschinkel, WR. 2006. The fire ants. Cambridge, MA: Belknap Press of Harvard University Press.

Tschinkel, WR. 2014. Nest relocation and excavation in the Florida harvester ant, *Pogonomyrmex badius*. PLOS One, 9: e112981.

Tschinkel, WR. 2017. Lifespan, age, size-specific mortality and dispersion of colonies of the Florida harvester ant, *Pogonomyrmex badius*. Insectes Sociaux, 64: 285–296.

Tschinkel, WR. 2021. Ant architecture: The wonder, beauty, and science of underground nests. Princeton, NJ: Princeton University Press.

Tschinkel, WR, Kwapich, CL. 2016. The Florida harvester ant, *Pogonomyrmex badius*, relies on germination to consume large seeds. PLOS One, 11: e0166907.

Tschinkel, WR, Rink, WJ, Kwapich, CL. 2015. Sequential subterranean transport of excavated sand and foraged seeds in nests of the harvester ant, *Pogonomyrmex badius*. PLOS One, 10: e0139922.

Tseng, S-P, Hsu, P-W, Lee, C-C, Wetterer, JK, Hugel, S, Wu, L-H, Lee, C-Y, Yoshimura, T, Yang, C-CS. 2020. Evidence for common horizontal transmission of *Wolbachia* among ants and ant crickets: Kleptoparasitism added to the list. Microorganisms, 8: 805.

Ueda, S, Okubo, T, Itioka, T, Shimizu-kaya, U, Yago, M, Inui, Y, Itino, T. 2012. Timing of butterfly parasitization of a plantantscale symbiosis. Ecological Research, 27: 437–443.

Ugelvig, LV, Kronauer, DJ, Schrempf, A, Heinze, J, Cremer, S. 2010. Rapid anti-pathogen response in ant societies relies on high genetic diversity. Proceedings of the Royal Society B: Biological Sciences, 277: 2821–2828.

Ugelvig, LV, Vila, R, Pierce, NE, Nash, DR. 2011. A phylogenetic revision of the *Glaucopsyche* section (Lepidoptera: Lycaenidae), with special focus on the *Phengaris-Maculinea* clade. Molecular Phylogenetics and Evolution, 61: 237–243.

Uppstrom, KA, Klompen, H. 2011. Mites (Acari) associated with the desert seed harvester ant, *Messor pergandei* (Mayr). Psyche: 974646.

Uy, FMK, Adcock, JD, Jefries, SF, Pepere, E. 2019. Intercolony distance predicts the decision to rescue or attack conspecifics in weaver ants. Insectes Sociaux, 66: 185–192.

van Achterberg, C. 1999. The West Palaearctic species of the subfamily Paxylommatinae (Hymenoptera: Ichneumonidae), with special reference to the genus *Hybrizon* Fallén. Zoologische Mededelingen Leiden, 73: 11–26.

van Achterberg, C, Argaman, Q. 1993. *Kollasmosoma* gen. nov. and a key to the genera of the subfamily Neoneurinae (Hymenoptera: Braconidae). Zoologische Mededelingen Leiden, 67: 63–74.

van Baalen, M, Beekman, M. 2006. The costs and benefits of genetic heterogeneity in resistance against parasites in social insects. American Naturalist, 167: 568–577.

Vander Meer, RK, Jouvenaz, DP, Wojcik, DP. 1989. Chemical mimicry in a parasitoid (Hymenoptera: Eucharitidae) of fire ants (Hymenoptera: Formicidae). Journal of Chemical Ecology, 15: 2247–2261.

Vander Meer, RK, Wojcik, DP. 1982. Chemical mimicry in the myrmecophilous beetle *Myrmecaphodius excavaticollis*. Science, 218: 806–808.

Van Pelt, AF. 1958. The occurrence of a *Cordyceps* on the ant *Camponotus pennsylvanicus* (De Geer) in the Highlands, NC region. Journal of the Tennessee Academy of Sciences, 33: 120–122.

Van Pelt, AF, Van Pelt, SA. 1972. *Microdon* (Diptera: Syrphidae) in nests of *Monomorium* (Hymenoptera: Formicidae) in Texas. Annals of the Entomological Society ofAmerica, 65: 977–979.

van Zweden, J, Brask, JB, Christensen, JH, Boomsma, JJ, Linksvayer, TA, d'Ettorre, P. 2010. Blending of heritable recognition cues among ant nestmates creates distinct colony gestalt odours but prevents within-colony nepotism. Journal of Evolutionary Biology, 23: 1498–1508.

van Zweden, JS, d'Ettorre, P. 2010. Nestmate recognition in social insects and the role of hydrocarbons. In Insect hydrocarbons: Biology, biochemistry, and chemical ecology, ed. GJ Blomquist, A-G Bagnères, 222–243. Cambridge, UK: Cambridge University Press.

Varone, L, Briano, J. 2009. Bionomics of *Orasema simplex* (Hymenoptera: Eucharitidae), a parasitoid of *Solenopsis* fire ants (Hymenoptera: Formicidae) in Argentina. Biological Control, 48: 204–209.

Vazquez, RJ, Porter, SD, Briano, JA. 2006. Field release and establishment of the decapitating fly *Pseudacteon curvatus* on red imported fire ants in Florida. BioCon-trol, 51: 207–216.

Vencl, FV, Morton, TC, Mumma, RO, Schultz, JC. 1999. Shield defense of a larval tortoise beetle. Journal of Chemical Ecology, 25: 549–566.

Vieira-Neto, E, Mundim, F, Vasconcelos, H. 2006. Hitchhiking behaviour in leaf-cutter ants: An experimental evaluation of three hypotheses. Insectes Sociaux, 53: 326–332.

von Beeren, C, Blüthgen, N, Hoenle, PO, Pohl, S, Brückner, A, Tishechkin, AK, Maruyama, M, Brown, BV, Hash, JM, Hall, WE, Kronauer, DJ. 2021a. A remarkable legion of guests: Diversity and host specificity of army ant symbionts. Molecular Ecology, https://doi.org/10.1111/mec.16101.

von Beeren, C, Brückner, A, Hoenle, PO, Ospina-Jara, B, Kronauer, DJ, Blüthgen, N. 2021b. Multiple phenotypic traits as triggers of host attacks towards ant symbionts: Body size, morphological gestalt, and chemical mimicry accuracy. Frontiers in Zoology, 18: 1–18.

von Beeren, C, Brückner, A, Maruyama, M, Burke, G, Wieschollek, J, Kronauer, DJ. 2018. Chemical and behavioral integration of army ant-associated rove beetles: A comparison between specialists and generalists. Frontiers in Zoology, 15: 1–16.

von Beeren, C, Hashim, R, Witte, V. 2012a. The social integration of a myrmecophilous spider does not depend exclusively on chemical mimicry. Journal of Chemical Ecology, 38: 262–271.

von Beeren, C, Maruyama, M, Hashim, R, Witte, V. 2011a. Differential host defense against multiple parasites in ants. EvolutionaryEcology, 25: 259–276.

von Beeren, C, Maruyama, M, Kronauer, DJC. 2016. Community sampling and integrative taxonomy reveal new species and host specificity in the army ant-associated beetle genus *Tetradonia* (Coleoptera, Staphylinidae, Aleocharinae). PLOS One, 11: e0165056.

von Beeren, C, Pohl, S, Witte, V. 2012b. On the use of adaptive resemblance terms in chemical ecology. Psyche: 635761.

von Beeren, C, Schulz, S, Hashim, R, Witte, V. 2011b. Acquisition of chemical recognition cues facilitates integration into ant societies. BMC Ecology, 11: 1–13.

von Beeren, C, Tishechkin, AK. 2017. *Nymphister kronaueri* von Beeren & Tishechkin sp. nov., an army ant-associated beetle species (Coleoptera: Histeridae: Haeteriinae) with an exceptional mechanism of phoresy. BMC Zoology, 2: 1–16.

Wagner, D. 1993. Species-specific effects of tending ants on the development of lycaenid butterfly larvae. Oecologia, 96: 276–281.

Wagner, D. 1995. Pupation site choice of a North American lycaenid butterfly: The benefits of entering ant nests. Ecological Entomology, 20: 384–392.

Wagner, D, Brown, MJ, Broun, P, Cuevas, W, Moses, LE, Chao, DL, Gordon, DM. 1998. Task-related differences in the cuticular hydrocarbon composition of harvester ants, *Pogonomyrmex barbatus*. Journal of Chemical Ecology, 24: 2021–2037.

Wagner, D, Del Rio, CM. 1997. Experimental tests of the mechanism for ant-enhanced growth in an ant-tended lycaenid butterfly. Oecologia, 112: 424–429.

Wallace, J. 1970. Defensive function of a case on a chrysomelid larva. Journal of the Georgia Entomological Society, 5: 19–24.

Waller, D. 1980. Leaf-cutting ants and leaf-riding flies. Ecological Entomology, 5: 305–306.

Walsh, JP, Tschinkel, W. 1974. Brood recognition by contact pheromone in the red imported fire ant, *Solenopsis invicta*. Animal Behaviour, 22: 695–704.

Walter, DE, Moser, JC. 2010. *Gaeolaelaps invictianus*, a new and unusual species of Hypoaspidine mite (Acari: Mesostigmata: Laelapidae) phoretic on the red imported fire ant *Solenopsis invicta*

Buren (Hymenoptera: Formicidae) in Louisiana, USA. International Journal of Acarology, 36: 399–407.

Wang, X-L, Yao, Y-J. 2011. Host insect species of *Ophiocordyceps sinensis*: A review. ZooKeys, 127: 43.

Wang, Z, Zhuang, H, Wang, M, Pierce, NE. 2019. *Thitarodes shambalaensis* sp. nov. (Lepidoptera, Hepialidae): A new host of the caterpillar fungus *Ophiocordyceps sinensis* supported by genome-wide SNP data. ZooKeys, 885: 89.

Ward, PS, Blaimer, BB, Fisher, BL. 2016. A revised phylogenetic classification of the ant subfamily Formicinae (Hymenoptera: Formicidae), with resurrection of the genera *Colobopsis* and *Dinomyrmex*. Zootaxa, 4072: 343–357.

Wardlaw, J, Elmes, G, Thomas, J. 1998. Techniques for studying *Maculinea* butterflies, I: Rearing *Maculinea* caterpillars with *Myrmica* ants in the laboratory. Journal of Insect Conservation, 2: 79–84.

Wasmann, E. 1889a. Nachträgliche Bemerkungen zu *Ecitochara* und *Ecitomorpha*. Deutsche Entomologische Zeitschrift, 83: 414.

Wasmann, E. 1889b. Zur Lebens- und Entwicklungsgeschichte von *Dinarda*. Wiener Entomologische Zeitung, 8: 153–162.

Wasmann, E. 1891. Die zusammengesetzten Nester und gemischten Kolonien der Ameisen: ein Beitrag zur Biologie, Psychologie und Entwicklungsgeschichte der Ameisengesellschaften. Münster in Westphalen: Verlag der Aschendorffsche Buchdruckerei.

Wasmann, E. 1894. Kritisches Verzeichniss der myrmekophilen und termitophilen Arthropoden: Mit Angabe der Lebensweise und mit Beschreibung neuer Arten. Berlin: Verlag Felix L. Dames.

Wasmann, E. 1898a. Lebensweise von *Thorictus foreli*. Mit einem anatomischen Anhang und einer Tafel. Natur und Offenbarung, 8: 466–478.

Wasmann, E. 1898b. *Thorictus foreli* als Ectoparasit der Ameisenfühler. Zoologischer Anzeiger, 21: 536–546.

Wasmann E (1899) Die psychischen Fähigkeiten der Ameisen. Zoologica 11:1–133

Wasmann, E. 1901. Zur Lebensweise der Ameisengrillen (*Myrmecophila*). Natur und Offenbarung, 47: 129–157.

Wasmann, E. 1902. Zur Kenntnis der myrmecophilen *Antennophorus* und anderer auf Ameisen und Termiten reitender Acarinen. Zoologischer Anzeiger, 25: 66–76.

Wasmann, E. 1903. Zur näheren Kenntnis des echten Gastverhältnisses (Symphilie) bei den Ameisen- und Termitengästen. Biologisches Zentralblatt, 23: 63–72, 195–207, 232–248, 261–276, 298–310.

Wasmann, E. 1905. Zur Lebensweise einiger in- und ausländischen Arneisengäste. Zeitschrift für wissenschaftliche Insektenbiologie, 10: 329.

Wasmann, E. 1915. Neue Beiträge zur Biologie von *Lomechusa* und *Atemeles*. Zeitschrift für Wissenschaftliche Zoologie, 114: 233–402.

Wasmann, E. 1918. Zur Lebensweise und Fortpflanzung von *Pseudacteon formicarum* Verr. (Diptera, Phoridae). Biologisches Zentralblatt, 38: 317–329.

Wasmann, E. 1920. Die Gastpflege der Ameisen. Berlin: Verlag Gebrüder.

Wasmann, E. 1925. Die Ameisenmimikry. Berlin: Verlag Gebrüder Borntraeger.

Watanabe, C. 1984. Notes on *Paxylommatinae* with review of Japanese species (Hymenoptera, Braconidae). Kontyū, 52: 553–556.

Watkins, JF, Gehlbach, FR, Baldridge, RS. 1967. Ability of the blind snake, *Leptotyphlops dulcis*, to follow pheromone trails of army ants, *Neivamyrmex nigrescens* and *N. opacithorax*. Southwestern Naturalist, 12: 455–462.

Watkins, JF, Gehlbach, FR, Kroll, JC. 1969. Attractant-repellent secretions of blind snakes (*Leptotyphlops dulcis*) and their army ant prey (*Neivamyrmex nigrescens*). Ecology, 50: 1098–1102.

Webb, JK, Branch, WR, Shine, R. 2001. Dietary habits and reproductive biology of typhlopid snakes from southern Africa. Journal of Herpetology, 35: 558–567.

Webb, JK, Shine, R. 1992. To find an ant: Trail-following in Australian blindsnakes (Typhlopidae). Animal Behaviour, 43: 941–948.

Weissflog, A, Maschwitz, U, Disney, RHL, Rościszewski, K. 1995. A fly's ultimate con. Nature, 378: 137.

Weissflog, A, Maschwitz, U, Seebauer, S, Disney, RHL, Seifert, B, Witte, V. 2008. Studies on European ant decapitating flies (Diptera: Phoridae), II: Observations that contradict the reported catholicity of host choice *Pseudaction formicarum*. Sociobiology, 51: 87.

Wernegreen, JJ, Degnan, PH, Lazarus, AB, Palacios, C, Bordenstein, SR. 2003. Genome evolution in an insect cell: Distinct features of an ant-bacterial partnership. Biological Bulletin, 204: 221–231.

Wernegreen, JJ, Kauppinen, SN, Brady, SG, Ward, PS. 2009. One nutritional symbiosis begat another: Phylogenetic evidence that the ant tribe Camponotini acquired *Blochmannia* by tending sap-feeding insects. BMC Evolutionary Biology, 9: 292.

Werren, JH, Baldo, L, Clark, ME. 2008. *Wolbachia*: Master manipulators of invertebrate biology. Nature Reviews Microbiology, 6: 741–751.

Wesołowska, W. 2006. A new genus of ant-mimicking salticid spider from Africa (Araneae: Salticidae: Leptorchestinae). Annales Zoologici, 56: 435–439.

Wesołowska, W, Salm, K. 2002. A new species of *Myrmarachne* from Kenya (Araneae: Salticidae). Wroclaw, 13: 409–415.

Wetterer, J, Hugel, S. 2008. Worldwide spread of the ant cricket *Myrmecophilus americanus*, a symbiont of the longhorn crazy ant, *Paratrechina longicornis*. Sociobi-ology, 52: 157–165.

Wheeler, WM. 1900. The habits of *Myrmecophila nebrascensis* Bruner. Psyche, 9: 111–115.

Wheeler, WM. 1907. The polymorphism of ants, with an account of some singular abnormalities due to parasitism. Bulletin of the American Museum of Natural History, 23: 1–93.

Wheeler, WM. 1908a. Studies on myrmecophiles, II: *Hetaerius*. Journal of the New York Entomological Society, 16: 135–143.

Wheeler, WM. 1908b. Studies on myrmecophiles, I: *Cremastocheilus*. Journal of the New York Entomological Society, 16: 68–79.

Wheeler, WM. 1910. Ants: Their structure, development and behavior. New York: Columbia University Press.

Whitaker, LM. 1957. A résumé of anting, with particular reference to a captive orchard oriole. Wilson Bulletin, 69: 194–262.

Whitford, WG, Bryant, M. 1979. Behavior of a predator and its prey: The horned lizard (*Phrynosoma Cornutum*) and harvester ants (*Pogonomyrmex* spp.). Ecology, 60: 686–694.

Whitman, DW. 2008. The significance of body size in the Orthoptera: A review. Journal of Orthoptera Research, 17: 117–134.

Wild, AL, Brake, I. 2009. Field observations on *Milichia patrizii* ant-mugging flies (Diptera: Milichiidae: Milichiinae) in KwaZulu-Natal, South Africa. African Invertebrates, 50: 205–212.

Williams, R, Whitcomb, W. 1974. Parasites of fire ants in South America. Proceedings of Tall Timbers Conference on Ecological Animal Control by Habitat Management, 5: 49–59.

Willis, EO. 1972. The behavior of spotted antbirds. Ornithological Monographs, 10: 1–162.

Willis, EO, Oniki, Y. 1978. Birds and army ants. Annual Review of Ecology and Systematics, 9: 243–263.

Willson, SK. 2004. Obligate army-ant-following birds: A study of ecology, spatial movement patterns, and behavior in Amazonian Peru. Ornithological Monographs, 55: 1–67.

Wilson, EO. 1971. The insect societies. Cambridge, MA: Belknap Press of Harvard University Press.

Wilson, EO. 1976. The organization of colony defense in the ant *Pheidole dentata* Mayr (Hymenoptera: Formicidae). Behavioral Ecology and Sociobiology, 1: 63–81.

Winch, JM, Riley, J. 1985. Experimental studies on the life-cycle of *Raillietiella gigliolii* (Pentastomida: Cephalobaenida) in the South American worm-lizard *Amphisbaena alba*: A unique interaction involving two insects. Parasitology, 91: 471–481.

Wing, M. 1951. A new genus and species of myrmecophilous Diapriidae with taxonomic and biological notes on related forms. Transactions of the Royal Entomological Society of London, 102: 195–210.

Wirth, S, Moser, JC. 2008. Interactions of histiostomatid mites (Astigmata) and leafcutting ants. In Integrative Acarology: Proceedings of the 6th European Congress, ed. M Bertrand, S Kreiter, K McCoy, A Migeon, 378–384. Monpellier, France: European Association of Acarologists.

Wirth, S, Moser, JC. 2010. *Histiostoma blomquisti* n. sp. (Acari: Histiostomatidae): A phoretic mite of the red imported ant, *Solenopsis Invicta* Buren (Hymenoptera: Formicidae). Acarologia, 50: 357–371.

Wirth, W, Robinson, W, Kempf, W. 1978. The Rev. Thomas Borgmeier, O. f. m. 1892–1975. Proceedings-Entomological Society of Washington (USA), 80: 141–144.

Wisniewski, J, Hirschmann, W. 1992. Gangsystematische Studie von 3 neuen *Antennophorus*-Arten aus Polen (Mesostigmata, Antennophorina). Acarologia, 33: 233–244.

Witek, M, Barbero, F, Markó, B. 2014. *Myrmica* ants host highly diverse parasitic communities: From social parasites to microbes. Insectes Sociaux, 61: 307–323.

Witek, M, Casacci, LP, Barbero, F, Patricelli, D, Sala, M, Bossi, S, Mafei, M, Woyciechowski, M, Balletto, E, Bonelli, S. 2013. Interspecific relationships in co-occurring populations of social parasites and their host ants. Biological Journal of the Linnean Society, 109: 699–709.

Witte, V. 2001. Organisation und Steuerung des Treiberameisenverhaltens bei südostasiatischen Ponerinen der Gattung *Leptogenys*. PhD dissertation, J. W. Goethe-Universität, Frankfurt/Main.

Witte, V, Hänel, H, Weissflog, A, Rosli, H, Maschwitz, U. 1999. Social integration of the myrmecophilic spider *Gamasomorpha maschwitzi* (Araneae: Oonopidae) in colonies of the South East Asian army ant, *Leptogenys distinguenda* (Formicidae: Ponerinae). Sociobiology, 34: 145–159.

Witte, V, Lehmann, L, Lustig, A, Maschwitz, U. 2009. *Polyrhachis lama*, a parasitic ant with an exceptional mode of social integration. Insectes Sociaux, 56: 301–307.

Witte, V, Leingärtner, A, Sabaß, L, Hashim, R, Foitzik, S. 2008. Symbiont microcosm in an ant society and the diversity of interspecific interactions. Animal Behaviour, 76: 1477–1486.

Witte, V, Schliessmann, D, Hashim, R. 2010. Attack or call for help? Rapid individual decisions in a group-hunting ant. Behavioral Ecology, 21: 1040–1047.

Wojcik, D, Smittle, B, Cromroy, H. 1991. Fire ant myrmecophiles: Feeding relationships of *Martinezia dutertrei* and *Euparia castanea* (Coleoptera: Scarabaeidae) with their host ants, *Solenopsis* spp. (Hymenoptera: Formicidae). Insectes Sociaux, 38: 273–281.

Wolschin, F, Hölldobler, B, Gross, R, Zientz, E. 2004. Replication of the endosymbiotic bacterium *Blochmannia floridanus* is correlated with the developmental and reproductive stages of its ant host. Applied and Environmental Microbiology, 70: 4096–4102.

Wrege, PH, Wikelski, M, Mandel, JT, Rassweiler, T, Couzin, ID. 2005. Antbirds parasitize foraging army ants. Ecology, 86: 555–559.

Wright, D. 1983. Life history and morphology of the immature stages of the bog copper butterfly *Lycaena epixanthe* (Bsd. and Le C.) (Lepidoptera: Lycaenidae). Journal of Research on the Lepidoptera, 22: 47–100.

Wunderlich, J. 1994. Beschreibung bisher unbekannter Spinnenarten und -gattungen aus Malaysia und Indonesien (Arachnida: Araneae: Oonopidae, Tetrablemmidae, Telemidae, Pholcidae, Linyphiidae, Nesticidae, Theridiidae und Dictynidae). Beiträge zur Araneologie, 4: 559–579.

Yamamoto, S, Maruyama, M, Parker, J. 2016. Evidence for social parasitism of early insect societies by Cretaceous rove beetles. Nature Communications, 7: 1–9.

Yan, Y, Li, Y, Wang, W-J, He, J-S, Yang, R-H, Wu, H-J, Wang, X-L, Jiao, L, Tang, Z, Yao, Y-J. 2017. Range shifts in response to climate change of *Ophiocordyceps sinensis*, a fungus endemic to the Tibetan Plateau. Biological Conservation, 206: 143–150.

Yanoviak, SP, Kaspari, M, Dudley, R, Poinar, G Jr. 2008. Parasite-induced fruit mimicry in a tropical canopy ant. American Naturalist, 171: 536–544.

Yao, I, Akimoto, SI. 2002. Flexibility in the composition and concentration of amino acids in honeydew of the drepanosiphid aphid *Tuberculatus quercicola*. Ecological Entomology, 27: 745–752.

Yélamos, T. 1995. Revision of the genus *Sternocoelis* Lewis, 1888 (Coleoptera: Histeridae), with a proposed phylogeny. Revue Suisse de Zoologie, 102: 113–174.

Yoder, JA, Domingus, JL. 2003. Identification of hydrocarbons that protect ticks (Acari: Ixodidae) against fire ants (Hymenoptera: Formicidae), but not lizards (Squamata: Polychrotidae), in an allomonal defense secretion. International Journal of Acarology, 29: 87–91.

Yu, DS, Hortsmann, K. 1997. A catalogue of world Ichneumonidae (Hymenoptera). Memoirs of the American Entomological Institute, 58: 1558.

Yu, DS, van Achterberg, K, Horstmann, K. 2007. Biological and taxonomic information of world Ichneumonoidea, 2006. Electronic Compact Disk. Taxapad, Vancouver, Canada. http://www.taxapad.com.

Yu, DW, Davidson, DW. 1997. Experimental studies of species-specificity in *Cecropia*-ant relationships. Ecological Monographs, 67: 273–294.

Yu, DW, Pierce, NE. 1998. A castration parasite of an ant-plant mutualism. Proceedings of the Royal Society of London. Series B: Biological Sciences, 265: 375–382.

Yu, DW, Quicke, D. 1997. *Compsobraconoides* (Braconidae: Braconinae), the first hymenopteran ectoparasitoid of adult *Azteca* ants (Hymenoptera: Formicidae). Journal of Hymenoptera Research, 6: 419–421.

Yu, DW, Wilson, HB, Pierce, NE. 2001. An empirical model of species coexistence in a spatially structured environment. Ecology, 82: 1761–1771.

Yung, CM. 1938. Morphologische und histologische Studien über Paussidendrüsen. Zoologische Jahrbücher/Abteilung für Anatomie und Ontogenie der Tiere, 64: 287–346.

Zagaja, M, Staniec, B, Pietrykowska-Tudruj, E, Trytek, M. 2017. Biology and defensive secretion of myrmecophilous *Thiasophila* spp. (Coleoptera: Staphylinidae: Aleocharinae) associated with the *Formica rufa* species group. Journal of Natural History, 51: 2759–2777.

Zakharov, A, Zakharov, R. 2010. The phenomenon of mixed families in red wood ants. Zoologicheskii Zhurnal, 89: 1421–1431.

Zhou, Y-L, Ślipiński, A, Ren, D, Parker, J. 2019. A Mesozoic clown beetle myrmecophile (Coleoptera: Histeridae). eLife, 8: e44985.

Zientz, E, Beyaert, I, Gross, R, Feldhaar, H. 2006. Relevance of the endosymbiosis of *Blochmannia floridanus* and carpenter ants at different stages of the life cycle of the host. Applied and Environmental Microbiology, 72: 6027–6033.

Zimmer, KJ, Isler, ML. 2003. Family Thamnophilidae (typical antbirds). In Handbook of the birds of the world, vol. 8, ed. JD Hoyo, A Elliott, DA Christie. Barcelona, Spain: Lynx Edicions.

Stichwortverzeichnis